수능특강

사회탐구영역 한국지리

기획 및 개발

박　민(EBS 교과위원)
김은미(EBS 교과위원)
박빛나리(EBS 교과위원)

감수

한국교육과정평가원

책임 편집

김유미

정답과 해설은 EBS*i* 사이트(www.ebs*i*.co.kr)에서 다운로드 받으실 수 있습니다.

교재 내용 문의
교재 및 강의 내용 문의는
EBS*i* 사이트(www.ebs*i*.co.kr)의 학습 Q&A 서비스를
활용하시기 바랍니다.

교재 정오표 공지
발행 이후 발견된 정오 사항을
EBS*i* 사이트 정오표 코너에서 알려 드립니다.
교재 → 교재 자료실 → 교재 정오표

교재 정정 신청
공지된 정오 내용 외에 발견된 정오 사항이 있다면
EBS*i* 사이트를 통해 알려 주세요.
교재 → 교재 정정 신청

수능특강

사회탐구영역 **한국지리**

이 책의 **차례** Contents

Ⅰ 국토 인식과 지리 정보

Ⅱ 지형 환경과 인간 생활

Ⅲ 기후 환경과 인간 생활

Ⅳ 거주 공간의 변화와 지역 개발

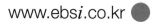

V 생산과 소비의 공간

VI 인구 변화와 다문화 공간

VII 우리나라의 지역 이해

부록

이 책의 **구성과 특징** Structure

핵심 내용 정리

교과서의 핵심 내용을 쉽게 이해할 수 있도록 체계적이고 일목요연하게 정리하였습니다.

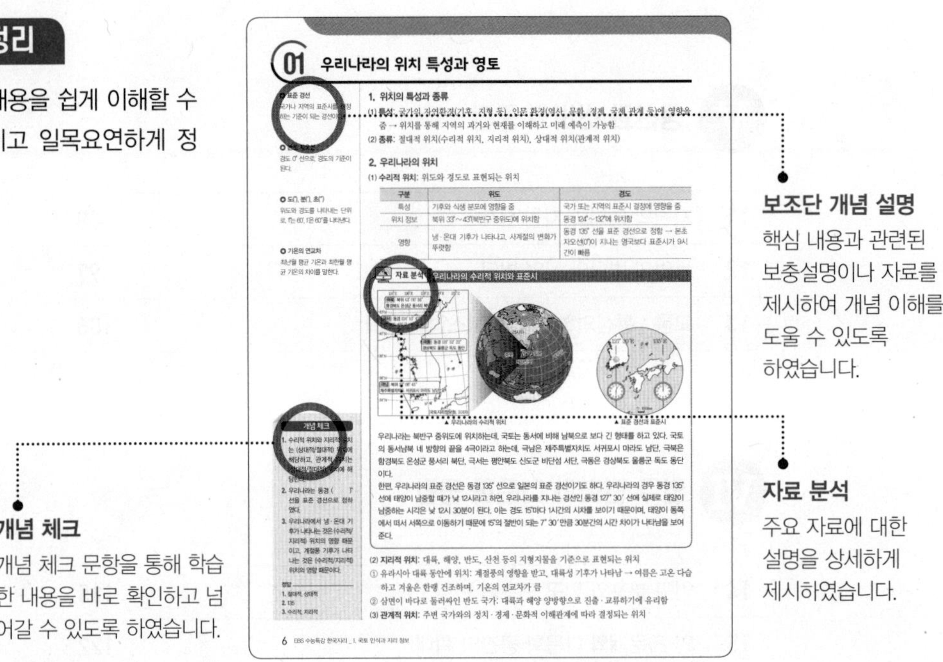

보조단 개념 설명
핵심 내용과 관련된 보충설명이나 자료를 제시하여 개념 이해를 도울 수 있도록 하였습니다.

자료 분석
주요 자료에 대한 설명을 상세하게 제시하였습니다.

개념 체크
개념 체크 문항을 통해 학습한 내용을 바로 확인하고 넘어갈 수 있도록 하였습니다.

수능 기본 문제

기본 개념 및 원리나 간단한 분석 수준의 문항들로 구성하여 교과 내용에 대한 기본 이해 능력을 향상시킬 수 있도록 하였습니다.

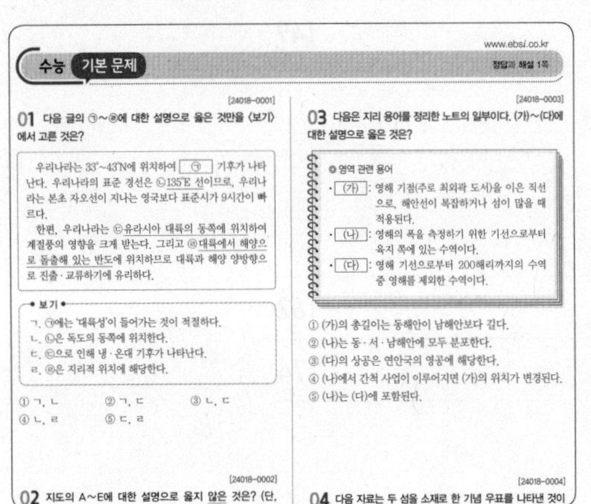

수능 실전 문제

보다 세밀한 분석 및 해석력을 요구하는 다양한 유형의 문항들을 수록하여 응용력과 탐구력 및 문제 해결 능력을 향상시킬 수 있도록 하였습니다.

문항코드
문항코드로 문제를 검색하면 해설 영상이 바로 재생될 수 있도록 하였습니다.

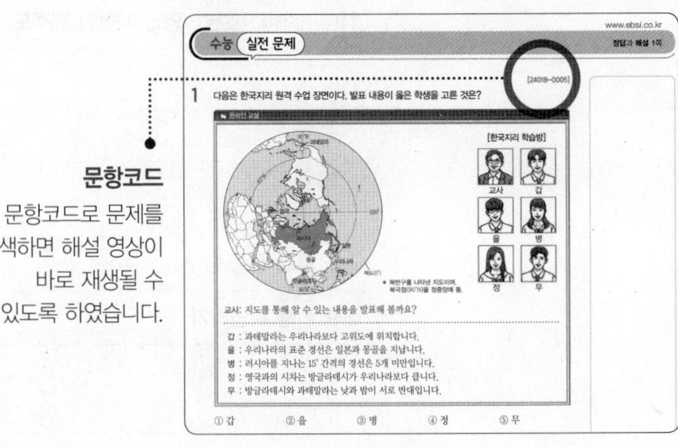

[부록] 기출 자료 집중 탐구 / 대표 기출 확인하기

주요 기출 문제의 자료를 집중 분석하고, 이와 같은 주제 다른 문항을 신규 출제하여 실전력을 보다 향상시킬 수 있도록 하였습니다.

대표 기출 문제 분석을 통해 수능 경향을 확인해 볼 수 있도록 하였습니다.

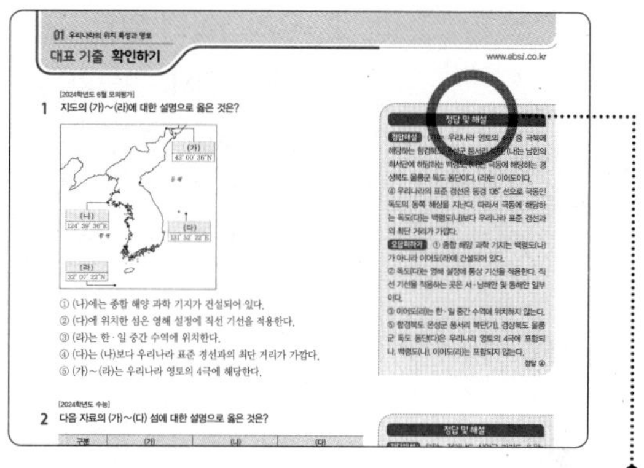

정답 및 해설

대표 기출 문항 정답과 해설을 쉽게 확인할 수 있도록 하였습니다.

정답과 해설

정답과 오답에 대한 자세한 설명을 통해 문제에 대한 이해를 높이고, 유사 문제 및 응용 문제에 대한 대비가 가능하도록 하였습니다.

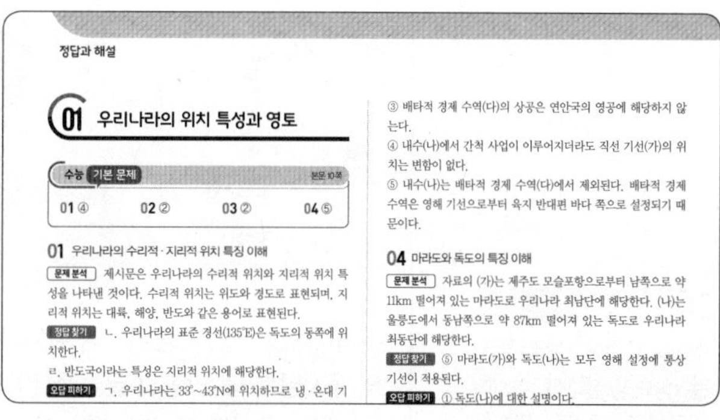

01 우리나라의 위치 특성과 영토

✪ 표준 경선
국가나 지역의 표준시를 설정하는 기준이 되는 경선이다.

✪ 본초 자오선
경도 0° 선으로, 경도의 기준이 된다.

✪ 도(°), 분(′), 초(″)
위도와 경도를 나타내는 단위로, 1°는 60′, 1′은 60″를 나타낸다.

✪ 기온의 연교차
최난월 평균 기온과 최한월 평균 기온의 차이를 말한다.

1. 위치의 특성과 종류

(1) **특성**: 국가의 자연환경(기후, 지형 등), 인문 환경(역사, 문화, 경제, 국제 관계 등)에 영향을 줌 → 위치를 통해 지역의 과거와 현재를 이해하고 미래 예측이 가능함

(2) **종류**: 절대적 위치(수리적 위치, 지리적 위치), 상대적 위치(관계적 위치)

2. 우리나라의 위치

(1) **수리적 위치**: 위도와 경도로 표현되는 위치

구분	위도	경도
특성	기후와 식생 분포에 영향을 줌	국가 또는 지역의 표준시 결정에 영향을 줌
위치 정보	북위 33°～43°(북반구 중위도)에 위치함	동경 124°～132°에 위치함
영향	냉·온대 기후가 나타나고, 사계절의 변화가 뚜렷함	동경 135° 선을 표준 경선으로 정함 → 본초 자오선(0°)이 지나는 영국보다 표준시가 9시간이 빠름

자료 분석 우리나라의 수리적 위치와 표준시

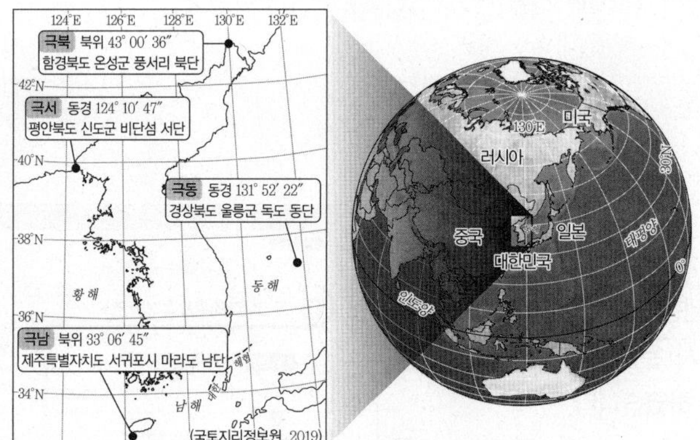

▲ 우리나라의 수리적 위치

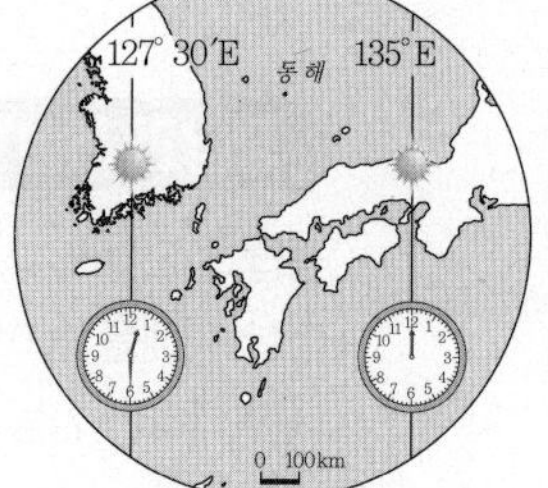

▲ 표준 경선과 표준시

우리나라는 북반구 중위도에 위치하는데, 국토는 동서에 비해 남북으로 보다 긴 형태를 하고 있다. 국토의 동서남북 네 방향의 끝을 4극이라고 하는데, 극남은 제주특별자치도 서귀포시 마라도 남단, 극북은 함경북도 온성군 풍서리 북단, 극서는 평안북도 신도군 비단섬 서단, 극동은 경상북도 울릉군 독도 동단이다.

한편, 우리나라의 표준 경선은 동경 135° 선으로 일본의 표준 경선이기도 하다. 우리나라의 경우 동경 135° 선에 태양이 남중할 때가 낮 12시라고 하면, 우리나라를 지나는 경선인 동경 127° 30′ 선에 실제로 태양이 남중하는 시각은 낮 12시 30분이 된다. 이는 경도 15°마다 1시간의 시차를 보이기 때문이며, 태양이 동쪽에서 떠서 서쪽으로 이동하기 때문에 15°의 절반이 되는 7° 30′만큼 30분간의 시간 차이가 나타남을 보여 준다.

(2) **지리적 위치**: 대륙, 해양, 반도, 산천 등의 지형지물을 기준으로 표현되는 위치

① 유라시아 대륙 동안에 위치: 계절풍의 영향을 받고, 대륙성 기후가 나타남 → 여름은 고온 다습하고 겨울은 한랭 건조하며, 기온의 연교차가 큼

② 삼면이 바다로 둘러싸인 반도 국가: 대륙과 해양 양방향으로 진출·교류하기에 유리함

(3) **관계적 위치**: 주변 국가와의 정치·경제·문화적 이해관계에 따라 결정되는 위치

개념 체크

1. 수리적 위치와 지리적 위치는 (상대적/절대적) 위치에 해당하고, 관계적 위치는 (상대적/절대적) 위치에 해당한다.
2. 우리나라는 동경 (　　)° 선을 표준 경선으로 정하였다.
3. 우리나라에서 냉·온대 기후가 나타나는 것은 (수리적/지리적) 위치의 영향 때문이고, 계절풍 기후가 나타나는 것은 (수리적/지리적) 위치의 영향 때문이다.

정답
1. 절대적, 상대적
2. 135
3. 수리적, 지리적

3. 우리나라의 위상

(1) **지리적 요충지**: 동아시아의 중심지에 해당하며, 유럽과 아시아, 북아메리카를 연결하는 관문 역할을 함

(2) **경제적 · 정치적 역량 강화**: 국제 연합(UN), 경제 협력 개발 기구(OECD), 아시아 · 태평양 경제 협력체(APEC), G20 정상 회의 등 각종 국제기구에서 중요한 역할을 수행함

(3) **문화적 중심지**: 한류의 확산으로 우리나라의 문화적 우수성이 전 세계로 전파되고 있음

4. 우리나라의 영역과 배타적 경제 수역

(1) **영역**: 한 국가의 주권이 미치는 공간적 범위

① 영토, 영해, 영공으로 구성됨

② 국민의 안전을 보장받을 수 있는 생활 터전이자 국가를 구성하는 기본 요소임

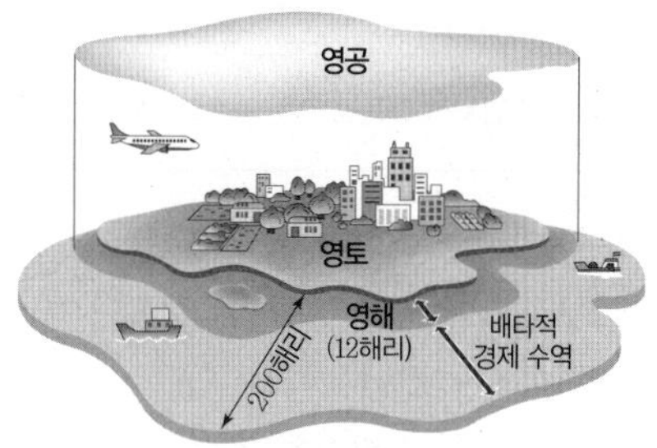

▲ 영역의 구성

(2) **영토**: 땅으로 구성된 국가의 영역

① 영해와 영공을 설정하는 기준이 됨

② 헌법에서 '한반도와 그 부속 도서'로 규정함

③ 총면적은 약 22만 km^2이며, 남한은 약 10만 km^2임

④ 서 · 남해안에서 간척 사업이 지속되면서 범위가 확장됨

(3) **영해**: 연안국의 주권이 미치는 해양의 범위

① 일반적으로 기선으로부터 12해리까지의 수역이며, 통상적으로 외국 선박의 무해 통항권이 인정됨

② 영해 설정의 기준

- 통상 기선: 연안의 최저 조위선에 해당하는 선 → 해안선이 단조롭거나 섬이 해안에서 멀리 떨어져 있을 때 적용됨
- 직선 기선: 영해 기점(주로 최외곽 도서)을 이은 직선 → 해안선이 복잡하거나 섬이 많을 때 적용됨

자료 분석 영해 설정의 기준

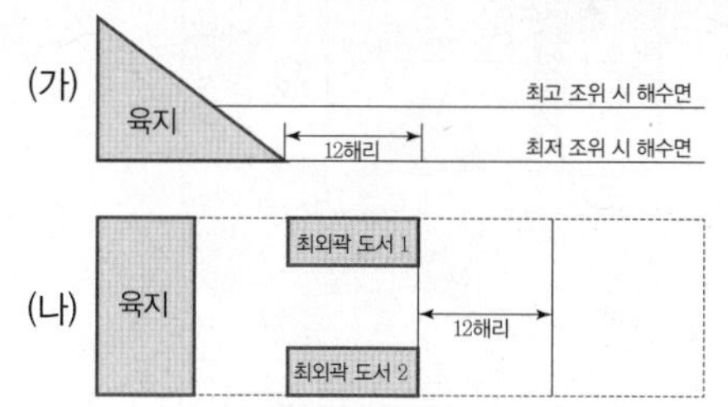

(가)는 연안의 최저 조위선에 해당하는 선, 즉 통상 기선으로부터 12해리까지의 수역을 모식적으로 나타낸 것이다. (나)는 최외곽 도서를 연결한 직선, 즉 직선 기선으로부터 12해리까지의 수역을 모식적으로 나타낸 것이다.

우리나라는 동해안과 서 · 남해안 간에 해안선의 드나듦과 섬의 분포 등에서 큰 차이를 보인다. 해안선이 단조로운 동해안 대부분 및 일부 섬에서는 통상 기선, 해안선이 복잡하고 섬이 많은 서 · 남해안 및 동해안 일부에서는 직선 기선을 적용하는 등 해안에 따라 서로 다른 기준을 적용하여 영해가 설정되어 있다.

③ 우리나라의 영해

- 동해안 대부분, 제주도, 마라도, 울릉도, 독도 등: 통상 기선으로부터 12해리까지의 수역
- 서 · 남해안, 동해안 일부(영일만, 울산만): 직선 기선으로부터 12해리까지의 수역
- 대한 해협: 직선 기선으로부터 3해리까지의 수역

✪ 해리(海里)
해양 및 항공 분야에서 사용하는 거리의 단위이다. 1해리는 위도 1°의 60분의 1에 해당하는 약 1,852m이다.

✪ 무해 통항권
국제법상 다른 국가의 선박이 당사국의 안전과 질서, 재정적 이익을 해치지 않는 한 그 영해를 항해할 수 있는 권한이다.

✪ 최저 조위선
썰물로 인해 해수면이 가장 낮게 내려갈 때의 해안선이다.

개념 체크

1. 한 국가의 주권이 미치는 공간적 범위인 영역은 영토, 영해, (　　)으로 구성된다.
2. 서 · 남해안과 동해안의 영일만, 울산만에서는 (통상/직선) 기선을 기준으로 영해가 설정된다.
3. 대한 해협은 직선 기선으로부터 (　　)해리까지의 수역이 영해로 설정되어 있다.

정답
1. 영공
2. 직선
3. 3

✪ 영해 및 접속 수역법(제3조)

제3조(내수) 영해의 폭을 측정하기 위한 기선으로부터 육지 쪽에 있는 수역은 내수(內水)로 한다.

내수는 영해에는 포함되지 않는다.

✪ 이어도 종합 해양 과학 기지

우리나라 최초의 해양 과학 기지로, 해양, 기상, 환경 등 종합 해양 관측을 수행하기 위해 설치되었다. 특히 태풍의 강도에 큰 영향을 미치는 수온 변화와 바람의 세기, 파도, 기압 등의 수집 자료는 태풍 예보의 정확도를 향상시켜 자연재해를 예방하는 데 유용하게 사용된다.

탐구 활동 우리나라의 영해

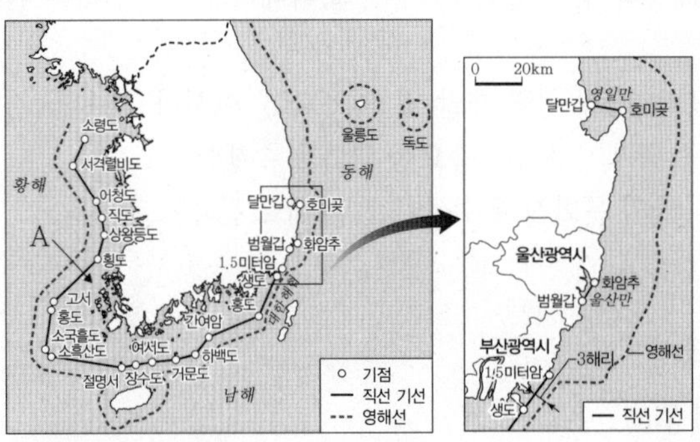

▸▸ 동해안의 영일만, 울산만에 직선 기선이 적용되는 이유를 설명해 보자.

영일만, 울산만은 해안선의 굴곡이 큰 만입부에 해당하기 때문에 통상 기선을 적용하기가 어렵다.

▸▸ 내수(A)에 영토가 추가, 확대되더라도 영해의 범위에 변함이 없는 이유를 직선 기선의 위치와 관련지어 설명해 보자.

지도상으로 보면 육지와 직선 기선 사이의 바다인 내수에 영토가 추가, 확대되더라도 직선 기선의 위치가 이동하지는 않는다. 따라서 직선 기선 바깥쪽 영해의 범위는 변함이 없다.

(4) **영공**: 영토와 영해의 수직 상공

① 당사국의 허가 없이 다른 국가의 비행기가 통과할 수 없으나 국가 간 상호 협의하에 영공을 평화적으로 이용할 수 있음

② 항공 교통이 발달하고 인공위성 및 우주 개발이 활발해지면서 영공의 중요성이 커지고 있음

(5) **배타적 경제 수역(EEZ)**: 영해 기선으로부터 200해리까지의 수역 중 영해를 제외한 수역

① 해수면에서 해저까지 연안국의 천연자원 탐사·개발·보존 및 관리, 어업 활동, 환경 보호, 인공 섬 설치 등과 같은 경제적 권리가 배타적으로 보장됨

② 국제법에 따르는 것을 조건으로 외국의 선박이나 그 상공에서 항공기의 자유로운 통행이 가능함

자료 분석 우리나라 주변 수역 및 이어도

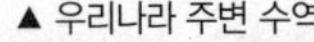

▲ 우리나라 주변 수역

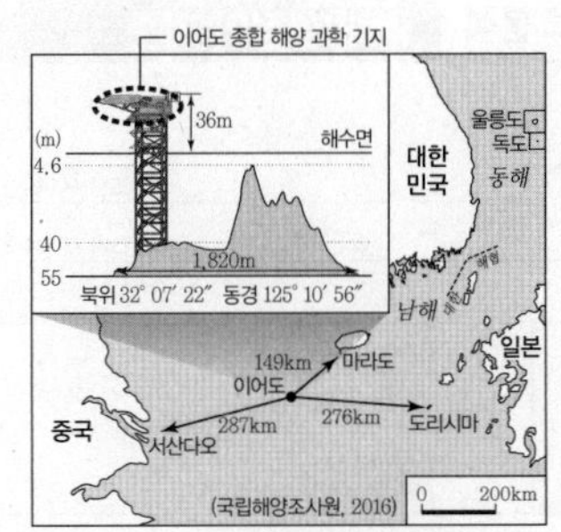

▲ 이어도의 위치

우리나라는 중국, 일본과 배타적 경제 수역이 상당 부분 겹친다. 그래서 우리나라는 이들 국가와의 어업 협정을 통해 겹치는 수역에서 양국이 공동으로 어족 자원을 보존·관리하고 있다. 한·중 잠정 조치 수역은 우리나라와 중국, 한·일 중간 수역은 우리나라와 일본 간 어업 협정을 통해 설정된 것이다. 각각의 수역에서 당사국 외 다른 국가의 경제적 권리는 인정되지 않는다.

한편, 이어도는 마라도에서 남서쪽으로 약 149km 떨어진 거리에 위치한 수중 암초이다. 우리나라 정부는 2003년 이어도에 종합 해양 과학 기지를 건설하여 주변 해역의 환경 및 기상 관련 자료를 수집하고 있다.

개념 체크

1. 배타적 경제 수역(EEZ)은 영해 기선으로부터 (　　) 해리까지의 수역 중 영해를 제외한 수역이다.
2. 한·중 잠정 조치 수역은 (동해/황해)에 설정되어 있다.
3. 마라도에서 남서쪽으로 약 149km 떨어진 거리에 위치한 수중 암초의 이름은 (　　)이다.

정답

1. 200
2. 황해
3. 이어도

5. 독도

(1) 지리적 특색

① 위치 및 구성

- 우리나라의 최동단에 위치하며, 경상북도 울릉군에 속함
- 동도와 서도 및 89개의 부속 도서로 구성됨

② 자연환경 특색

- 지형: 신생대 제3기 해저 화산 활동으로 형성된 화산섬으로 울릉도·제주도보다 먼저 형성되었으며, 전체적으로 경사가 급함
- 기후: 기온의 연교차가 작은 해양성 기후가 나타남

▲ 독도

(2) 가치

영역적 가치	• 우리나라의 독립성, 민족의 정체성, 주권의 상징 역할 • 동해 교통의 요지로, 군사적 요충지이자 해상 전진 기지 역할
경제적 가치	• 한류와 난류가 만나는 조경 수역을 이루어 어족 자원 풍부 • 메테인 하이드레이트(가스 하이드레이트), 해양 심층수 등 풍부
생태적 가치	다양한 동식물의 서식처 → 천연 보호 구역(천연기념물 제336호)으로 지정

6. 동해

(1) 위치: 아시아 대륙 북동부에 위치한 바다로 한반도·러시아의 연해주·일본 열도로 둘러싸임

(2) 동해 표기의 당위성

① 삼국사기, 광개토대왕릉비, 팔도총도, 아국총도, 조선일본유구국도 등의 고문헌과 고지도에 동해라는 명칭이 기록되어 있음

② 우리가 동해 명칭을 사용한 시기가 일본국이 성립된 시기보다 700여 년 앞섬

(3) 동해 표기를 위한 노력: 정부와 민간단체의 노력으로 동해를 단독 표기하거나 동해와 일본해를 함께 표기하는 지도가 나타나고 있음

탐구 활동 | 고지도 속의 독도와 동해

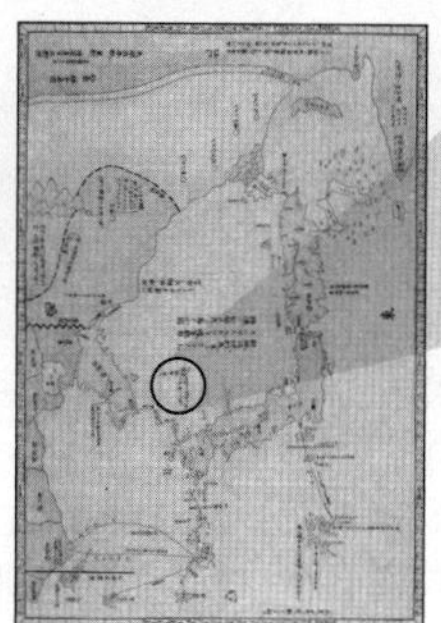

▲ 삼국접양지도(1785년)

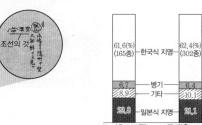

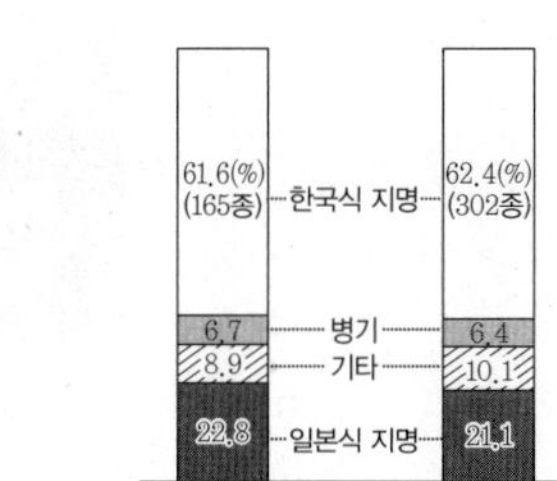

* 1469~1910년까지 간행된 12개국 고지도 대상 분석 결과임.
(한국국토정보공사, 2015)

▲ 고지도에 나타난 독도와 동해 표기 방식 비율

» 지도를 통해 독도가 우리의 영토임을 설명해 보자.

일본인 하야시 시헤이가 그린 삼국접양지도에는 울릉도와 독도가 조선과 같은 색으로 그려져 있고, 섬 옆에 '조선의 것'이라고 표기되어 있다. 이를 통해 일본에서도 독도가 우리의 영토임을 인정하였다는 것을 알 수 있다.

» 그래프를 통해 독도가 우리의 영토임과 동해 표기의 정당성을 설명해 보자.

외국의 고지도에서 독도를 우리의 영토로 나타낸 비율과 동해로 표기한 비율이 높음을 알 수 있다. 이는 독도가 우리의 영토임과 동해 표기의 정당성을 갖출 수 있는 근거가 된다.

✪ 독도의 위치

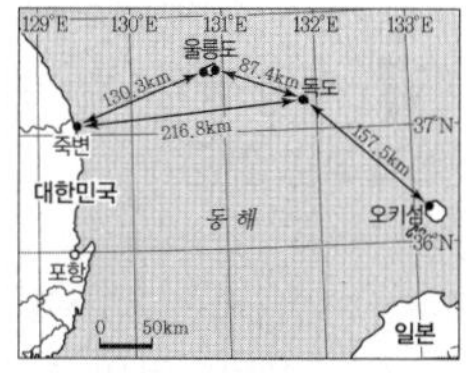

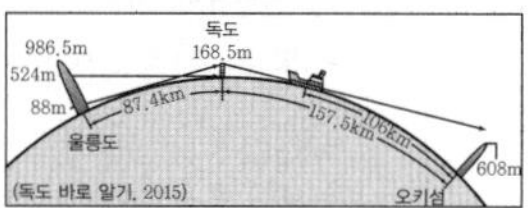

독도는 맑은 날 가장 가까운 유인도인 울릉도에서 육안으로 볼 수 있다.

✪ 메테인 하이드레이트(가스 하이드레이트)

천연가스가 저온 및 고압 상태에서 물 분자와 결합하여 형성된 고체 에너지 자원이다.

✪ 해양 심층수

태양 광선이 거의 도달하지 못하는 수심 200m 이하의 해저에 저온 상태로 보존된 물로, 마그네슘, 칼슘, 인 등의 무기 염류(미네랄)가 풍부하다.

개념 체크

1. 독도는 울릉도·제주도보다 형성 시기가 (이르다/늦다).
2. 독도 주변 심해저에는 메테인 (   )라는 고체 에너지 자원이 있다.
3. 아시아 대륙 북동부에 위치하며, 한반도·러시아의 연해주·일본 열도로 둘러싸인 바다는 (   )이다.

정답
1. 이르다
2. 하이드레이트
3. 동해

[24018-0001]

01 다음 글의 ㉠~㉣에 대한 설명으로 옳은 것만을 〈보기〉에서 고른 것은?

> 우리나라는 33°~43°N에 위치하여 ㉠ 기후가 나타난다. 우리나라의 표준 경선은 ㉡135°E 선이므로, 우리나라는 본초 자오선이 지나는 영국보다 표준시가 9시간이 빠르다.
>
> 한편, 우리나라는 ㉢유라시아 대륙의 동쪽에 위치하여 계절풍의 영향을 크게 받는다. 그리고 ㉣대륙에서 해양으로 돌출해 있는 반도에 위치하므로 대륙과 해양 양방향으로 진출·교류하기에 유리하다.

● 보기 ●

ㄱ. ㉠에는 '대륙성'이 들어가는 것이 적절하다.
ㄴ. ㉡은 독도의 동쪽에 위치한다.
ㄷ. ㉢으로 인해 냉·온대 기후가 나타난다.
ㄹ. ㉣은 지리적 위치에 해당한다.

① ㄱ, ㄴ ② ㄱ, ㄷ ③ ㄴ, ㄷ
④ ㄴ, ㄹ ⑤ ㄷ, ㄹ

[24018-0002]

02 지도의 A~E에 대한 설명으로 옳지 않은 것은? (단, A~D는 각각 지도를 구성하는 4개의 사각형 구역을 가리킴.)

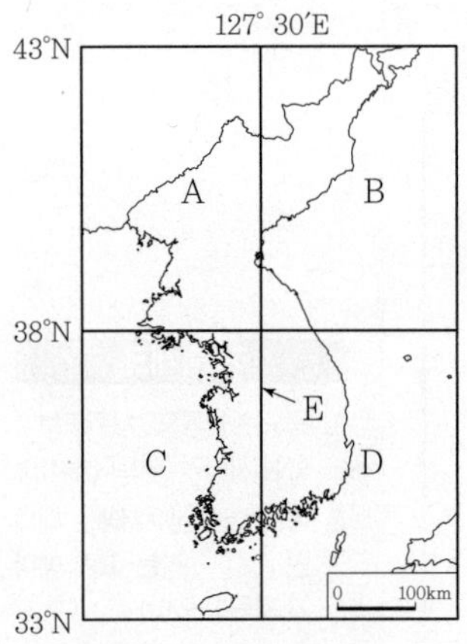

① A에는 우리나라의 최서단에 해당하는 섬이 위치한다.
② C에는 이어도라고 불리는 수중 암초가 위치한다.
③ D에는 한·일 중간 수역이 일부 포함되어 있다.
④ E 선에 태양이 남중하는 시각은 정오보다 늦다.
⑤ B는 D보다 우리나라 영토 내 냉대 기후의 범위가 넓게 나타난다.

[24018-0003]

03 다음은 지리 용어를 정리한 노트의 일부이다. (가)~(다)에 대한 설명으로 옳은 것은?

> ◎ 영역 관련 용어
> - (가) : 영해 기점(주로 최외곽 도서)을 이은 직선으로, 해안선이 복잡하거나 섬이 많을 때 적용된다.
> - (나) : 영해의 폭을 측정하기 위한 기선으로부터 육지 쪽에 있는 수역이다.
> - (다) : 영해 기선으로부터 200해리까지의 수역 중 영해를 제외한 수역이다.

① (가)의 총길이는 동해안이 남해안보다 길다.
② (나)는 동·서·남해안에 모두 분포한다.
③ (다)의 상공은 연안국의 영공에 해당한다.
④ (나)에서 간척 사업이 이루어지면 (가)의 위치가 변경된다.
⑤ (나)는 (다)에 포함된다.

[24018-0004]

04 다음 자료는 두 섬을 소재로 한 기념 우표를 나타낸 것이다. (가), (나) 섬에 대한 설명으로 옳은 것은?

(가)	(나)
제주도 모슬포항으로부터 남쪽으로 약 11km 떨어져 있다. 우표의 아랫부분에 있는 자리돔은 이 섬 주변에 서식하는 대표 어종이다. 우표의 윗부분에는 바다 건너 제주도의 산방산이 표현되어 있다.	울릉도에서 동남쪽으로 약 87km 떨어져 있다. 우표에는 급경사 지형의 섬 모습이 표현되어 있다. 전면에 보이는 슴새는 여름에 우리나라로 날아오는 철새로, 이 섬이 주요 서식지이다.

① (가)는 크게 동도와 서도로 구성된다.
② (나)에는 종합 해양 과학 기지가 설치되어 있다.
③ (가)는 (나)보다 고위도에 위치한다.
④ (나)는 (가)보다 일출 시각이 늦다.
⑤ (가)와 (나)는 모두 영해 설정에 통상 기선이 적용된다.

[24018-0005]

1 **다음은 한국지리 원격 수업 장면이다. 발표 내용이 옳은 학생을 고른 것은?**

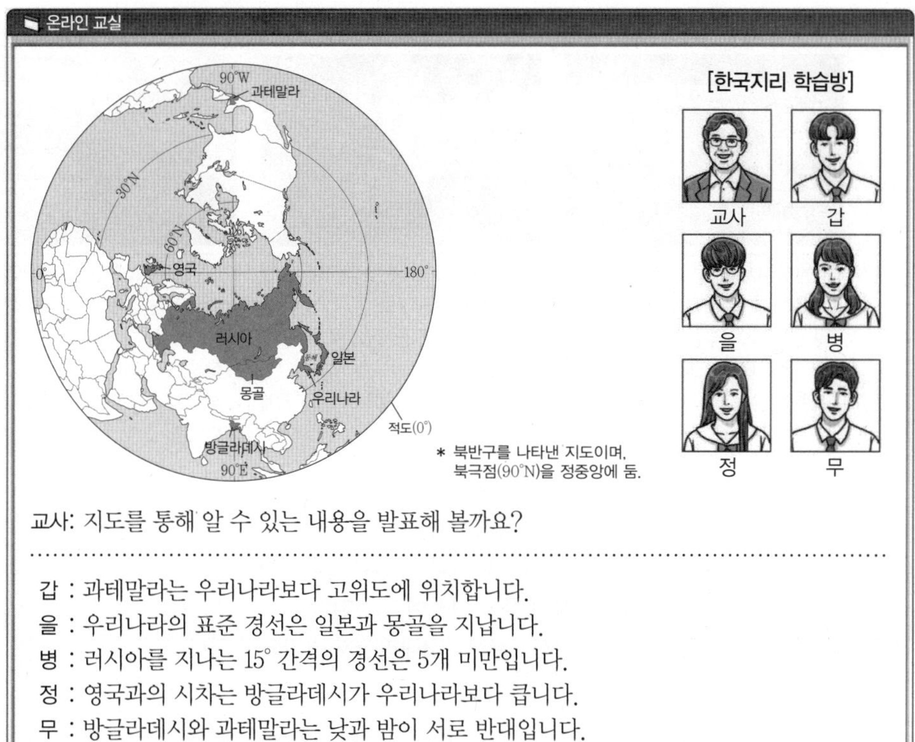

교사: 지도를 통해 알 수 있는 내용을 발표해 볼까요?

갑 : 과테말라는 우리나라보다 고위도에 위치합니다.
을 : 우리나라의 표준 경선은 일본과 몽골을 지납니다.
병 : 러시아를 지나는 15° 간격의 경선은 5개 미만입니다.
정 : 영국과의 시차는 방글라데시가 우리나라보다 큽니다.
무 : 방글라데시와 과테말라는 낮과 밤이 서로 반대입니다.

① 갑 ② 을 ③ 병 ④ 정 ⑤ 무

[24018-0006]

2 **지도의 A～E에 대한 설명으로 옳은 것은? (단, 타 국가의 행위는 우리나라의 사전 허가가 없었음.)**

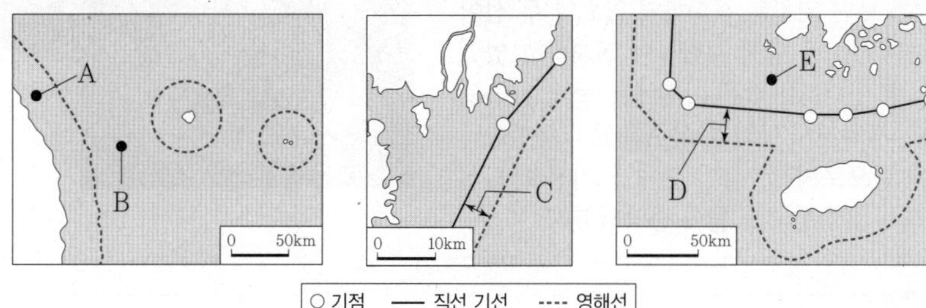

① A는 내수(內水)에 위치한다.
② B에서는 일본 어선의 조업 활동이 보장된다.
③ E의 상공은 우리나라의 영공이다.
④ B는 E보다 일출 시각이 늦다.
⑤ D 길이는 C 길이의 3배이다.

[24018-0007]

3 다음 자료에 대한 설명으로 옳은 것은?

(가)	(나)	(다)

• 강원특별자치도 고성군 현내면에 있는 통일 전망대로, 남북통일 및 안보 교육의 상징 장소임. • 38° 35′ 03″N, 128° 22′ 24″E에 위치함.	• ㉠전라남도 해남군 송지면에 있는 땅끝 전망대로, 위치적 특성으로 인해 관광 장소로 각광을 받고 있음. • 34° 17′ 55″N, 126° 31′ 40″E에 위치함.	• ㉡경상북도 포항시 남구에 있는 해맞이 광장으로, 새해 첫날 해돋이를 보기 위해 많은 관광객이 찾음. • 36° 04′ 36″N, 129° 34′ 13″E에 위치함.

① (가)는 독도보다 저위도에 위치한다.
② (나)는 우리나라 영토 최남단에 해당한다.
③ 우리나라 표준 경선과의 최단 거리는 (나)가 (다)보다 멀다.
④ ㉠의 주변 해역은 영해 설정에 통상 기선이 적용된다.
⑤ ㉡에서는 영해 중 일부가 기선으로부터 3해리까지 설정되어 있다.

[24018-0008]

4 다음 자료의 A, B에 대한 설명으로 옳은 것만을 〈보기〉에서 있는 대로 고른 것은?

현존하는 우리나라 고지도 중 가장 먼저 독도가 그려진 것은 조선 전기에 제작된 팔도총도이다. 이 지도에는 동해에 A, B 두 섬이 표현되어 있다. 이를 보면 위치는 정확하지 않으나 두 섬이 존재한다는 사실을 당시 사람들이 인지하고 있었음을 알 수 있다. 18세기 이후에는 동국대지도, 아국총도, 해좌전도 등과 같이 A를 B의 동쪽이나 동남쪽에 둠으로써 두 섬의 위치를 이전보다 실제에 가깝게 표현한 지도들이 등장하였다.

〈팔도총도 내 A, B의 위치〉

● 보기 ●

ㄱ. A는 우리나라의 최동단이다.
ㄴ. B는 섬 전체가 천연 보호 구역으로 지정되어 있다.
ㄷ. A는 B보다 형성 시기가 이르다.
ㄹ. B는 A보다 면적이 넓다.

① ㄱ, ㄴ ② ㄱ, ㄷ ③ ㄴ, ㄹ ④ ㄱ, ㄷ, ㄹ ⑤ ㄴ, ㄷ, ㄹ

02 국토 인식의 변화와 지리 정보

1. 국토와 국토 인식

(1) **국토의 의의**: 국가를 구성하는 기본 요소이자 민족의 역사·가치관·생활 양식이 담겨 있는 공간, 일상생활이 이루어지는 공간, 다음 세대에게 물려주어야 할 공간

(2) **국토 인식**: 국토를 이용하는 태도나 방식 → 풍수지리 사상, 고지도, 고문헌 등을 통해 조상들의 국토 인식과 그 변화 과정을 파악할 수 있음

2. 풍수지리 사상

(1) **의미**: 산줄기의 흐름, 산의 모양, 바람과 물의 흐름을 파악하여 좋은 터(명당)를 찾는 사상

(2) **배경**: 지모(地母) 사상과 음양오행설 등이 결합하여 우리나라의 환경에 맞게 체계화됨

(3) **영향**

① 양택(陽宅) 풍수: 살아 있는 사람의 주거지를 다루는 풍수

② 음택(陰宅) 풍수: 죽은 사람의 묏자리를 찾는 풍수

③ 비보(裨補) 풍수: 땅의 부족한 기운을 보충하고 넘치는 기운은 눌러 주는 풍수

3. 고지도에 나타난 국토 인식

(1) **조선 전기와 후기 고지도의 특징**

구분	전기	후기
특징	새 왕조 성립 후 국가 통치를 위한 행정적·군사적 목적의 지도가 제작됨	실학사상의 영향으로 과학적이고 자세한 지도가 제작됨
예시	혼일강리역대국도지도, 조선방역지도	정상기의 동국지도, 김정호의 대동여지도, 세계 지도인 지구전후도

(2) **주요 지도**

① 혼일강리역대국도지도

- 현존하는 우리나라의 가장 오래된 세계 지도로 조선 전기(1402년)에 국가 주도로 제작됨
- 지도의 중앙에 중국을 크게 배치함
- 조선을 상대적으로 크게 표현함 → 국토에 대한 자긍심이 반영됨
- 아시아, 아프리카, 유럽이 표현됨 → 아메리카, 오세아니아는 표현되어 있지 않음

자료 분석 조선 전기의 고지도

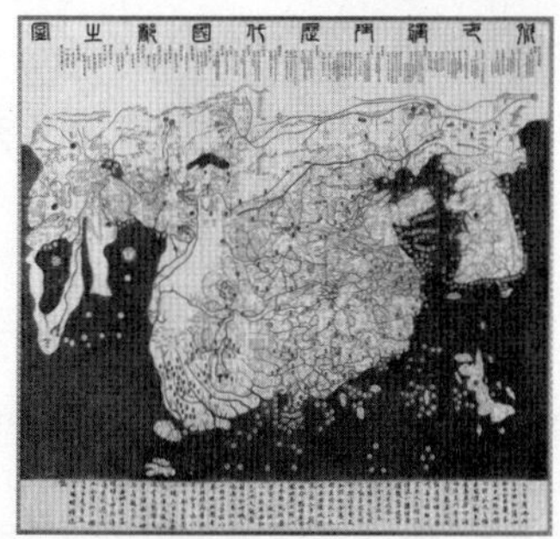
▲ 혼일강리역대국도지도

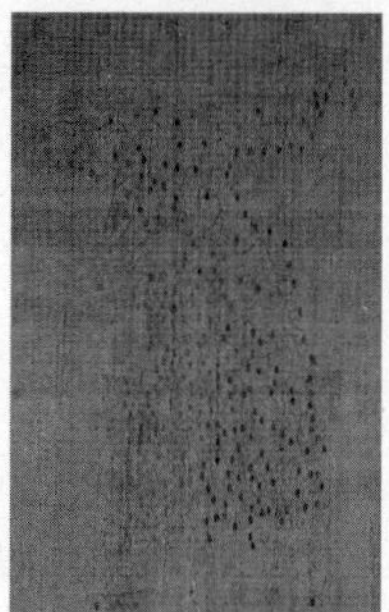
▲ 조선방역지도

혼일강리역대국도지도의 중앙에는 중국이, 동쪽에는 조선이 표현되어 있으며, 조선 아래에는 섬나라인 일본이 표현되어 있다. 중국의 서쪽에는 인도, 아라비아반도, 아프리카 등이 표현되어 있으며, 아프리카의 북쪽으로는 유럽이 표현되어 있다.

조선방역지도는 1557~1558년경에 제작되었다. 중·남부 지방은 대체로 정확하게 표현되었지만, 백두산 일대와 함경도 등 북부 지방은 상대적으로 부정확하게 표현되었다.

✪ 풍수지리 사상의 명당
풍수는 바람을 막고 물을 얻는다는 뜻의 장풍득수(藏風得水)를 줄인 용어이다. 산으로 둘러싸이고 앞쪽으로는 들판이 펼쳐져 있으며, 들판 사이로 하천이 감싸고 흐르는 곳을 명당으로 보았다.

✪ 지모(地母) 사상
땅을 어머니에 비유하여 중요하게 여기는 사상이다.

✪ 음양오행설
우주와 인간의 모든 현상을 설명하는 음양설, 만물의 생성과 소멸을 목(木), 화(火), 토(土), 금(金), 수(水) 다섯 가지 요소의 변화로 이루어졌다고 보는 오행설을 합쳐 부르는 말이다.

✪ 지구전후도

1834년에 목판본으로 제작된 세계 지도로, 아시아, 유럽, 아프리카, 아메리카 등이 표현되어 있다.

개념 체크

1. 풍수지리 사상 중 땅의 부족한 기운을 보충하고 넘치는 기운은 눌러 주는 풍수를 (　　) 풍수라고 한다.
2. 조선 전기인 1402년에 국가 주도로 제작된 세계 지도는 (　　)이다.
3. 조선방역지도는 중·남부 지방이 북부 지방보다 상대적으로 (정확하게/부정확하게) 표현되었다.

정답
1. 비보
2. 혼일강리역대국도지도
3. 정확하게

✪ 동국대지도

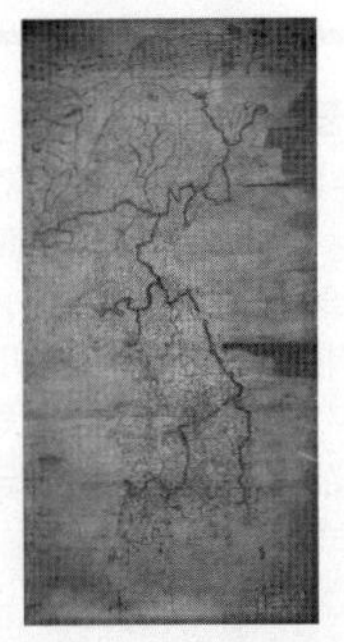

정상기의 동국지도에 기초한 지도로, 18세기 중반에 제작되었다. 조선 전기 지도보다 북부 지방의 정확도가 높아졌다.

✪ 천원지방(天圓地方)

하늘은 둥글고 땅은 네모나다는 인식이다.

✪ 분첩 절첩식 제작

지도 제작에서 휴대와 열람이 편리하도록 병풍처럼 접고 펼 수 있게 만든 방식을 말한다. 대동여지도는 전국을 남북으로는 22개 층으로 나누어 제작되었다.

② 천하도

- 조선 중기 이후 민간에서 제작·유통된 관념적인 세계 지도
- 지도의 중앙에 중국을 배치함 → 중화사상이 반영됨
- 가장 안쪽부터 내대륙 – 내해 – 외대륙 – 외해의 구조로 그려짐
- 천원지방(天圓地方)의 세계관이 반영됨
- 상상의 국가와 지명이 표현됨 → 도교적 세계관이 반영됨

▲ 천하도

③ 대동여지도

- 김정호가 조선 후기까지 축적된 지도 제작 기술을 집대성하여 제작함(1861년)
- 목판본으로 제작됨 → 지도의 대량 생산이 가능함
- 분첩 절첩식으로 제작됨 → 휴대와 열람이 편리함
- 지도표(범례)가 수록됨 → 한정된 지면에 각종 지리 정보가 효과적으로 표현됨
- 도로를 나타낸 선에는 10리마다 방점이 찍혀 있음 → 대략적인 거리 파악이 가능함
- 하천은 쌍선(배가 다닐 수 있는 하천)과 단선(배가 다닐 수 없는 하천)으로 구분됨
- 산줄기는 굵은 선으로 연결하여 표현됨 → 전통적인 산줄기 인식 체계가 반영됨

탐구 활동 | 대동여지도 읽기

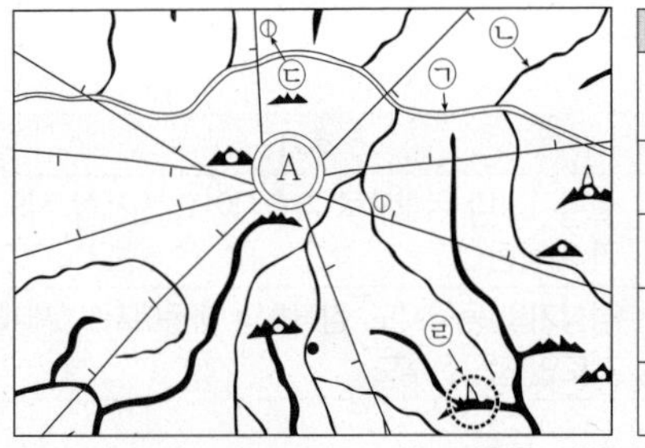

» A에서 ㉢까지의 거리를 분석해 보자.

대동여지도에 표현된 도로에는 10리마다 방점이 찍혀 있다. A에서 북쪽에 있는 ㉢까지는 방점이 1개 있다. 따라서 A에서 ㉢까지 최단 거리를 연결한 도로를 따라가면 10리가 넘는 거리가 된다.

» ㉠, ㉡을 배가 다닐 수 있는 하천과 배가 다닐 수 없는 하천으로 구분하고, ㉢, ㉣의 기능을 설명해 보자.

대동여지도에서 배가 다닐 수 있는 하천은 쌍선, 배가 다닐 수 없는 하천은 단선으로 표현되어 있다. ㉠은 쌍선으로 표현되어 있으므로 배가 다닐 수 있는 하천이고, ㉡은 단선으로 표현되어 있으므로 배가 다닐 수 없는 하천이다. 그리고 ㉢은 역참으로 교통·통신 기관이자 숙박 기능을 갖춘 곳이고, ㉣은 봉수로 연기나 불을 피워 신호를 보내는 통신 수단이다.

개념 체크

1. 천하도에는 상상의 국가들 외에 실제 국가인 우리나라, (　　), 일본이 표현되어 있다.
2. 대동여지도에는 도로에 (　　)리 간격으로 방점이 찍혀 있다.
3. 세종실록지리지는 (관찬/사찬) 지리지, 이중환의 택리지는 (관찬/사찬) 지리지이다.

정답
1. 중국
2. 10
3. 관찬, 사찬

4. 고문헌에 나타난 국토 인식

(1) **지리지:** 지역의 지리적 특성이 종합적 또는 부문별로 저술된 책

① 제작 주체에 따라 국가 주도로 제작된 관찬 지리지, 개인에 의해 제작된 사찬 지리지로 구분됨

② 기술된 지역의 범위에 따라 전국지, 지방지, 읍지 등으로 구분됨

(2) **조선 시대 지리지의 특징**

구분	관찬 지리지	사찬 지리지
특징	• 국가 주도로 제작됨 • 국가 통치에 필요한 자료 수집을 통해 제작됨 • 지역의 연혁, 토지, 성씨, 인구, 산업 등이 백과사전식으로 서술됨	• 국토를 객관적·실용적으로 파악하려는 개인(실학자)에 의해 제작됨 • 특정 주제에 대해 종합적·체계적으로 고찰된 내용이 설명식으로 서술됨
예시	세종실록지리지, 신증동국여지승람	이중환의 택리지, 신경준의 도로고, 정약용의 아방강역고

(3) 이중환의 택리지

① 의의: 살기 좋은 곳의 입지 조건과 우리나라 각 지역의 특성을 체계적 · 종합적으로 설명함

② 구성: 사민총론, 팔도총론, 복거총론, 총론

- 팔도총론: 조선 팔도의 위치, 역사, 지리, 산물을 다룸
- 복거총론: 사람이 살 만한 땅, 즉 가거지(可居地)의 조건을 설명함

③ 가거지의 조건

구분	의미
지리(地理)	풍수지리 사상의 명당에 해당하는 곳
생리(生利)	땅이 비옥하거나 물자 교류가 편리하여 경제적으로 유리한 곳
인심(人心)	당쟁이 없으며 이웃의 인심이 온순하고 순박한 곳
산수(山水)	산과 물이 조화를 이루며 경치가 좋아 풍류를 즐길 수 있는 곳

탐구 활동 **신증동국여지승람과 택리지의 서술 방식**

동쪽은 정의현(旌義縣) 경계까지 80리이고, 서쪽은 대정현(大靜縣) 경계까지 81리이며, 남쪽으로는 바다까지 1백 20리이고, 북쪽으로 바다까지 1리이다.
【건치 연혁】 본래 탐라국(耽羅國)인데 혹은 탁라(乇羅)라고도 한다. 전라도 남쪽 바다 가운데에 있는데 넓이가 4백여 리이다. 처음에 양을나 · 고을나 · 부을나라는 세 사람이 있어 그 땅에 나누어 살고, 그 사는 곳을 도(都)라고 이름하였다. …(후략)…
【산천】 한라산(漢拏山)은 주 남쪽 20리에 있는 진산(鎭山)이다. …(중략)… 그 산꼭대기에 큰 못이 있는데 사람이 떠들면 구름과 안개가 일어나서 지척을 분별할 수가 없다. …(후략)…

–『신증동국여지승람』 제38권, 제주목 –

영주산(瀛州山)이라고도 하는 제주도 한라산 위에는 큰 못이 있는데, 사람들이 시끄럽게 굴면 갑자기 구름과 안개가 짙게 낀다. 정상에는 마치 사람이 일부러 쪼 것 같은 모난 바위가 있고, 그 아래에는 잔디 덮인 길이 나 있어서 향기로운 바람이 산에 가득하다. 이따금 피리와 퉁소 소리가 들려오건만 어디서 나는 소리인지 알 수 없다. 전하는 말로는 신선이 여기서 논다고 한다.

산 북쪽은 제주읍이다. 이곳은 옛 탐라국(耽羅國)이었다가 신라 때에 와서 신라 영토가 되었다. 원(元)나라에서는 이곳을 방성(房星)에 해당하는 곳이라 하여, 암수 준마(駿馬)를 방목하는 목장을 만들었다.

– 이중환, 『택리지』, 복거총론, 산수 –

▸▸ 두 지리지의 서술 방식 차이를 설명해 보자.

자료는 신증동국여지승람과 택리지에서 제주도에 대해 서술한 내용이다. 신증동국여지승람은 제주도의 건치 연혁, 산천 등이 항목별로 구분되어 백과사전식으로 서술되었다. 이와 달리 택리지는 저자 개인의 관점에 따라 국토의 실체를 체계적 · 종합적으로 밝히는 것에 중점을 두었는데, 제주도와 한라산의 지리 정보 및 저자의 주관적인 해석이 설명식으로 서술되었다.

5. 근대 이후 국토 인식의 변화

(1) 일제 강점기의 왜곡된 국토 인식: 식민 지배를 정당화하려는 일제에 의해 소극적 · 부정적인 국토 인식이 강요됨 → '갯벌이 많아 쓸모없는 땅', '나약한 토끼 형상을 한 땅' 등

(2) 산업화 시대의 국토 인식

① 1960년대 경제 개발이 본격화되면서 국토를 개발의 대상으로 바라봄

② 간척 사업, 댐 · 고속 도로 · 공업 단지 등의 건설이 적극적으로 이루어짐

③ 국토의 잠재력이 높아지고 경제 성장이 빠르게 이루어졌지만 환경 파괴 등의 문제가 나타남

(3) 생태 지향적 국토 인식의 필요성

① 생태 지향적 국토 인식: 국토를 개발의 대상으로만 보지 않고, 자연과 인간의 조화를 추구함

② 배경: 성장 위주의 국토 개발에 따른 부작용 발생, 지속 가능한 발전의 필요성 대두

③ 영향: 생태 공원 및 생태 하천 조성, 국립 공원 및 습지 보호 구역 지정 등 국토의 생태적 가치를 보전하려는 노력 등장

✪ 지속 가능한 발전
미래 세대가 필요로 하는 여건을 훼손하지 않는 수준에서 현 세대의 욕구를 충족시키는 발전을 의미한다.

✪ 습지 보호 구역
습지는 생물종이 다양하게 서식하여 생태학적으로 매우 중요한 공간이다. 이러한 습지를 보호하기 위해 만들어진 세계적인 협약이 람사르 협약이다. 우리나라는 순천만 · 보성 갯벌, 창녕 우포늪 등이 람사르 협약에 등록되어 있으며, 이들 습지는 생태 관광지로 각광을 받고 있다.

개념 체크

1. 이중환의 택리지에서는 사람이 살 만한 땅, 즉 가거지의 조건으로 지리, 생리, ( ), 산수가 언급되었다.
2. 이중환의 택리지에서 땅이 비옥하여 경제적으로 유리한 곳을 언급한 것은 가거지의 조건 중 ( )에 해당한다.
3. 생태 지향적 국토 인식을 통해 미래 세대가 필요로 하는 여건을 훼손하지 않는 수준에서 현세대의 욕구를 충족시키는 ( ) 가능한 발전을 이룰 수 있다.

정답
1. 인심
2. 생리
3. 지속

6. 지리 정보의 유형 및 수집과 표현

(1) 지리 정보의 의미: 인간이 생활하는 공간과 지역에 관한 정보

(2) 지리 정보의 유형

① 공간 정보: 장소나 현상의 위치 및 형태에 관한 정보

② 속성 정보: 장소나 현상의 인문적 · 자연적 특성을 나타내는 정보

③ 관계 정보: 다른 장소나 지역과의 상호 작용 및 관계를 나타내는 정보

(3) 지리 정보의 수집

① 지도, 문헌, 통계 자료 등을 활용하거나 현지답사로 수집함

② 원격 탐사: 관측 대상과의 접촉 없이 항공기, 인공위성 등을 통해 지역의 정보를 얻는 기술

(4) 지리 정보의 표현: 도표, 그래프, 수치 지도, 통계 지도 등 다양한 방법으로 표현함

자료 분석 통계 지도의 종류

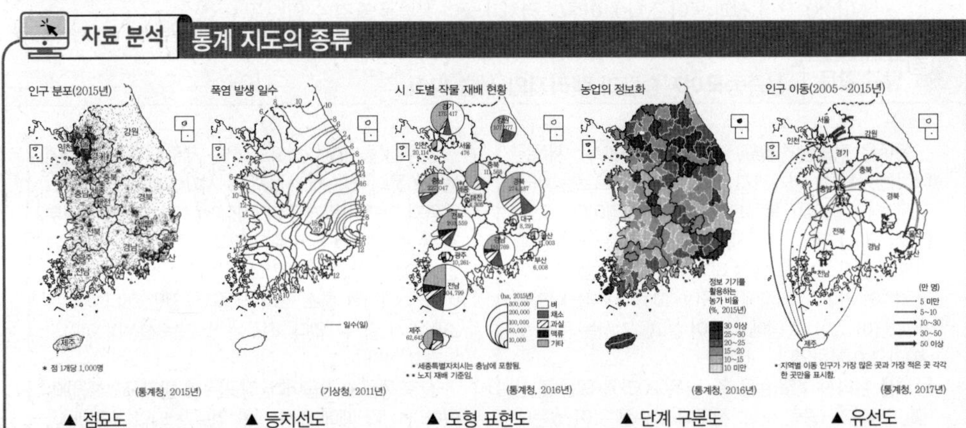

▲ 점묘도 ▲ 등치선도 ▲ 도형 표현도 ▲ 단계 구분도 ▲ 유선도

점묘도는 통곗값을 일정한 단위의 점으로 표현한다. 등치선도는 같은 통곗값을 지닌 지점을 선으로 연결하여 표현한다. 도형 표현도는 통곗값을 원, 막대 등의 도형으로 표현한다. 단계 구분도는 통곗값을 두 가지 이상의 단계로 구분하고 색상이나 음영, 무늬를 달리하여 표현한다. 유선도는 지역 간 통곗값의 이동량과 이동 방향을 화살표 등으로 표현한다.

(5) 지리 정보 시스템(GIS: Geographic Information System)

① 의미: 다양한 지리 정보를 수치화하여 컴퓨터에 입력 · 저장하고, 이용자의 요구에 따라 가공 · 분석 · 처리하여 다양하게 표현해 주는 종합 정보 시스템

② 장점: 중첩 분석 등을 활용하여 복잡한 지리 정보를 빠르고 정확하게 처리할 수 있으며, 합리적인 공간적 의사 결정 수립이 가능함 → 최적 입지 선정, 재난 · 재해 관리, 도시 계획 및 관리 등

7. 지역 조사

(1) 의미: 지역에 대한 정보를 수집 · 분석 · 종합하여 지역성을 파악하는 활동

(2) 지역 조사의 과정

① 조사 계획 수립: 조사 목적을 정하고, 그에 맞는 주제와 지역을 선정함

② 지리 정보 수집

- 실내 조사: 지도 · 문헌 · 인터넷 등으로 지리 정보 수집, 야외 조사 준비
- 야외 조사: 조사 지역을 직접 방문하여 관찰, 측정, 면담, 설문, 촬영 등으로 지리 정보 수집

③ 지리 정보 분석: 수집한 지리 정보를 분석함 → 통계 지도, 그래프, 표 등으로 표현

④ 보고서 작성: 조사 목적과 방법, 분석 자료, 결론이 잘 드러나도록 체계적으로 작성함

✪ 원격 탐사

접근하기 어려운 지역이나 넓은 지역의 지리 정보를 주기적으로 수집하기에 유리하다.

✪ 중첩 분석

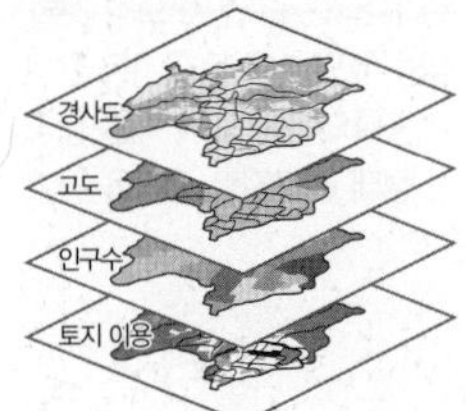

각각의 지리 정보를 담은 데이터 층을 만들고, 이들을 결합하여 분석하는 과정이다. 여러 조건을 동시에 만족하는 지역을 선정하는 데 사용된다.

개념 체크

1. 장소나 현상의 위치 및 형태에 관한 정보는 (공간/관계) 정보에 해당한다.
2. 관측 대상과의 접촉 없이 항공기, 인공위성 등을 통해 지역의 정보를 얻는 기술을 (　　)라고 한다.
3. 통계 지도 중 지역 간 통곗값의 이동량과 이동 방향을 화살표 등으로 표현한 것을 (　　)라고 한다.

정답
1. 공간
2. 원격 탐사
3. 유선도

수능 기본 문제

정답과 해설 2쪽

[24018-0009]

01 다음 자료의 (가)~(다) 지도에 대한 설명으로 옳은 것은? (단, (가)~(다)는 각각 동국대지도, 지구전후도, 천하도 중 하나임.)

> (가) 크게 두 면(面)의 지도로 구성되어 있다. 중국 중심의 세계관을 극복한 지도로 평가받고 있다.
> (나) 지도 중앙에 중국이 그려져 있다. 가장 안쪽부터 바깥쪽으로 내대륙–내해–외대륙–외해의 구조로 되어 있다.
> (다) 백리척(百里尺)이라는 축척이 적용되었다. 이 축척은 실제 거리 100리(里)를 1척(尺)으로 줄인 것이다.

① (가)에는 천원지방(天圓地方)의 세계관이 반영되어 있다.
② (나)에는 경위선망이 그려져 있다.
③ (다)는 분첩 절첩식으로 제작되었다.
④ (가)와 (나)에는 모두 아메리카가 표현되어 있다.
⑤ (가)와 (다)는 모두 실학사상의 영향을 받아 제작되었다.

[24018-0010]

02 다음 자료의 (가)~(다)에 들어갈 내용으로 옳은 것을 〈보기〉에서 고른 것은?

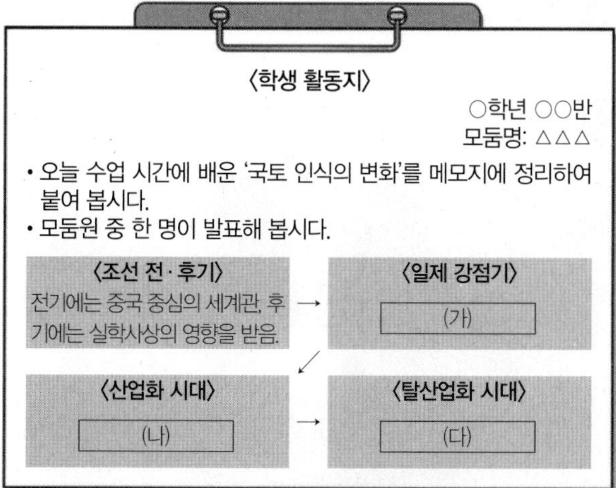

〈학생 활동지〉
○학년 ○○반
모둠명: △△△
• 오늘 수업 시간에 배운 '국토 인식의 변화'를 메모지에 정리하여 붙여 봅시다.
• 모둠원 중 한 명이 발표해 봅시다.
〈조선 전·후기〉
전기에는 중국 중심의 세계관, 후기에는 실학사상의 영향을 받음.
〈일제 강점기〉
(가)
〈산업화 시대〉
(나)
〈탈산업화 시대〉
(다)

● 보기 ●
ㄱ. 지속 가능한 발전을 위한 생태 지향적 국토 인식이 전반적으로 자리 잡음.
ㄴ. 우리 국토를 '토끼 형상의 땅'으로 묘사하는 등 소극적·부정적인 국토 인식이 나타남.
ㄷ. 고속 도로 및 공업 단지 건설 등이 활발히 이루어졌고, 성장 중심의 국토 인식이 주를 이룸.

	(가)	(나)	(다)
①	ㄱ	ㄴ	ㄷ
②	ㄱ	ㄷ	ㄴ
③	ㄴ	ㄱ	ㄷ
④	ㄴ	ㄷ	ㄱ
⑤	ㄷ	ㄴ	ㄱ

[24018-0011]

03 다음 글의 ㉠~㉣에 대한 설명으로 옳은 것만을 〈보기〉에서 있는 대로 고른 것은?

> 지리지는 지역의 지리적 특성을 담은 책으로, 제작 주체에 따라 ㉠관찬 지리지, ㉡사찬 지리지로 구분된다. 조선 시대에 제작된 대표적인 지리지로는 세종실록지리지, 신증동국여지승람, [㉢], 아방강역고, 도로고 등이 있다. …(중략)… [㉢]은/는 사민총론, 팔도총론, 복거총론, 총론으로 구성되어 있는데, 살기 좋은 곳의 조건을 지리, ㉣생리, 인심, 산수로 나타내었다.

● 보기 ●
ㄱ. ㉠은 국가 통치에 필요한 자료 수집을 위해 제작되었다.
ㄴ. ㉡은 대부분 백과사전식으로 서술되었다.
ㄷ. ㉣은 풍수지리 사상의 명당을 언급한 것이다.
ㄹ. ㉢은 ㉡에 해당한다.

① ㄱ, ㄷ　② ㄱ, ㄹ　③ ㄴ, ㄷ
④ ㄱ, ㄴ, ㄹ　⑤ ㄴ, ㄷ, ㄹ

[24018-0012]

04 다음은 한국지리 수업 장면이다. 이를 토대로 학생들의 조사 활동에 대해 파악할 수 있는 내용으로 옳은 것은?

우리 지역의 통근·통학 인구를 조사해 보자.
우리 지역과 다른 시·군 간 인구 이동량을 통계 지도로 표현하자.
통계 자료는 인터넷이나 문헌을 통해 찾아볼 수 있겠어.
인터넷 '국가통계포털'에 들어가서 찾아볼게.

① 지리 정보 수집에 원격 탐사가 활용된다.
② 지리 정보 시스템을 통한 입지 분석이 이루어진다.
③ 지리 정보 중 관계 정보를 살펴볼 수 있는 주제가 선정되었다.
④ 수집되는 통계 자료는 등치선도로 표현하는 것이 가장 적절하다.
⑤ 지리 정보 수집 과정에서 실내 조사와 야외 조사가 모두 이루어진다.

[24018-0013]

1 **다음 자료에 대한 설명으로 옳은 것은?**

(가)

A

(나)

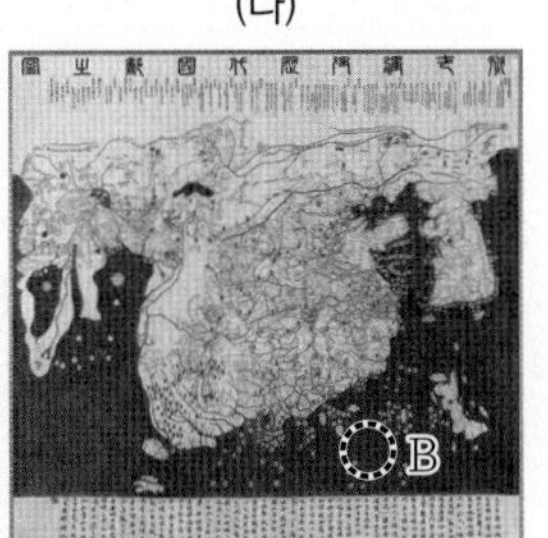

① (가)에는 중국 중심의 세계관이 반영되어 있다.
② (나)는 실학사상의 영향을 받아 제작되었다.
③ (가)는 (나)보다 표현된 육지의 실제 면적이 넓다.
④ A는 (나)에도 표현되어 있다.
⑤ B는 인도양의 일부이다.

[24018-0014]

2 **다음 자료는 대동여지도를 나타낸 것이다. 이에 대한 설명으로 옳은 것은?**

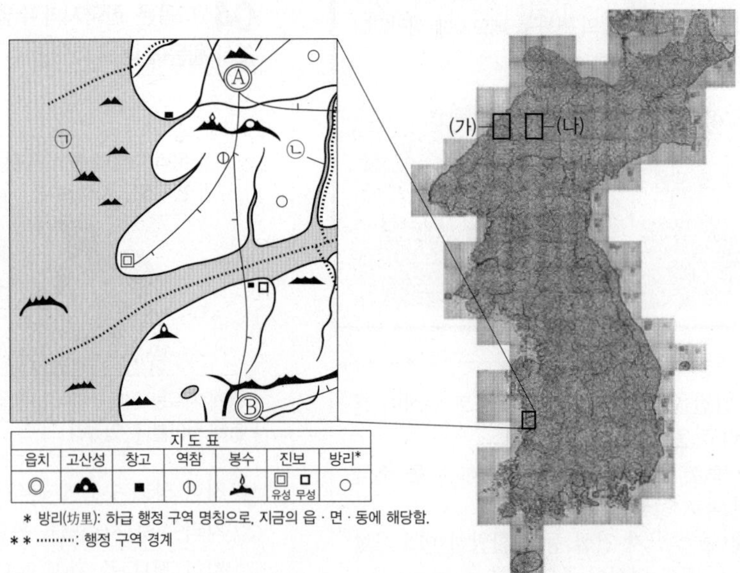

① (가)와 (나)는 끊기지 않고 연결된 하나의 종이 위에 표현되어 있다.
② A에서 배를 타고 내륙으로 이동할 수 있다.
③ B에서 북쪽으로 10리 이내에 창고와 진보가 있다.
④ ㉠은 전체가 밀물 때 물에 잠기고 썰물 때 드러난다.
⑤ ㉡은 남쪽에서 북쪽으로 흐르는 하천이다.

[24018-0015]

3 **(가), (나)는 조선 시대에 제작된 지리지의 일부이다. 이에 대한 설명으로 옳은 것은? (단, (가), (나)는 각각 『신증동국여지승람』, 『택리지』 중 하나임.)**

> (가) 평안도에서는 평양 대동강과 안주 청천강 인근 사람들이 ㉠배가 오감으로써 생기는 이익을 얻고 있다. 그러나 남쪽에 험난한 장산곶이 있어서 남쪽의 배는 드물게 드나든다. 장산곶은 바로 앞에서 기록한 황해도 장연 땅이니, 땅이 바다 가운데로 튀어나와 뿔처럼 뾰족한 지형이라 암초가 도사리고 있고 파도가 거세 뱃사람이 모두 두려워한다.
>
> (나) 평양부(平壤府)
> 동쪽으로 상원군(祥原郡) 경계까지 50리, 강동현(江東縣) 경계까지 47리, …(중략)… 서울과의 거리는 5백 82리이다.
> 【건치 연혁】 ㉡본래 삼조선(三朝鮮)과 고구려의 옛 도읍으로 …(후략)…
> 【진관】 군(郡) 1, 현(縣) 6
> 【관원】 부윤(府尹) · 서윤(庶尹) · 판관(判官) · 교수(敎授) · 역학훈도(譯學訓導) 각 1인

① (가)는 국가 통치에 필요한 자료 수집을 위해 제작되었다.
② (나)는 (가)보다 제작 시기가 이르다.
③ (가)는 관찬 지리지, (나)는 사찬 지리지이다.
④ ㉠은 가거지(可居地)의 조건 중 지리(地理)에 해당한다.
⑤ ㉡은 지리 정보 중 관계 정보에 해당한다.

[24018-0016]

4 **다음 〈조건〉만을 고려하여 ○○ 커피 전문점 입지를 선정하고자 할 때, 가장 적합한 곳을 후보지 A~E에서 고른 것은?**

● 조건 ●

• 평가 항목별 배점 기준은 다음과 같으며, 점수의 합이 가장 큰 지역을 선정함.

점수	유동 인구(만 명/일)	간선 도로와의 최단 거리(km)	가장 가까운 경쟁 업체와의 최단 거리(km)
3	2 이상	1 이내	2 이상
2	1~2	1~2	1~2
1	1 미만	2 이상	1 이내

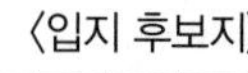
〈입지 후보지〉

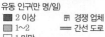

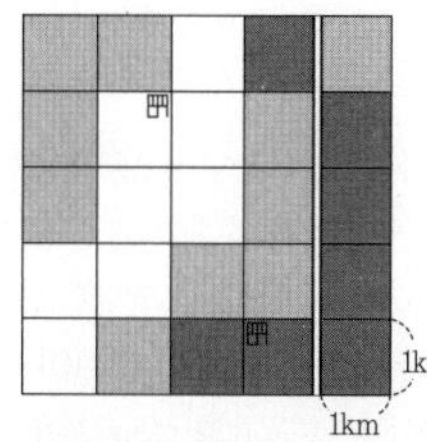

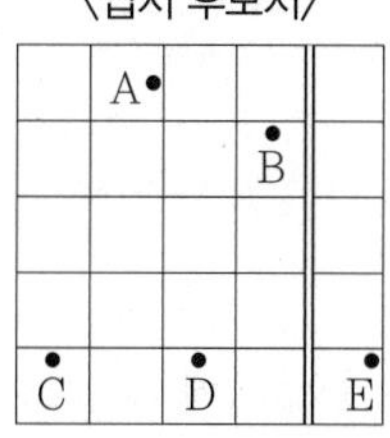

유동 인구(만 명/일)
■ 2 이상 ▦ 1~2 □ 1 미만
田 경쟁 업체 ═ 간선 도로

① A ② B ③ C ④ D ⑤ E

03 한반도의 형성과 산지 지형

✪ 한반도의 지질 시대별 암석 구성

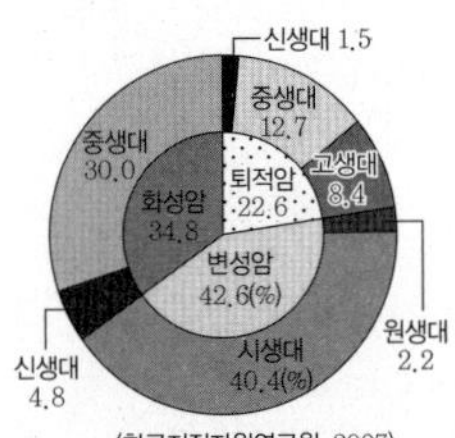

(한국지질자원연구원, 2007)

✪ 관입(貫入)

마그마가 기존의 암석을 뚫고 들어가는 것을 말한다.

✪ 한반도의 지체 구조

(한국지리지, 2008)

✪ 지괴(地塊)

형성 시기와 특징이 유사하여 다른 지역과 구분이 가능한 지각의 한 덩어리를 말한다.

개념 체크

1. 편마암과 편암은 대표적인 (　　)으로, 우리나라에서 분포 면적이 가장 넓다.
2. 고생대의 조선 누층군에는 (　　)이, 평안 누층군에는 (　　)이 주로 분포한다.
3. 중생대의 (　　) 누층군은 (육성층/해성층)으로, 그 일부 지역에는 공룡 발자국 화석이 분포한다.

정답
1. 변성암
2. 석회암, 무연탄
3. 경상, 육성층

1. 한반도의 지체 구조

(1) 한반도의 암석 분포

① 변성암: 시·원생대의 편마암 및 편암이 대표적임, 한반도 암석의 약 42.6%를 차지하며 분포 면적이 가장 넓음

② 화성암: 중생대에 마그마가 관입하여 형성된 화강암의 분포 범위가 가장 넓음, 신생대의 화산 활동으로 형성된 화산암(현무암 등)이 분포함

③ 퇴적암: 고생대와 중생대 퇴적암이 대부분이며, 신생대 퇴적암의 분포 면적은 좁음

(2) 한반도의 지체 구조

① 오랜 기간에 걸쳐 형성된 구조로 시·원생대 지층부터 신생대 지층까지 분포함

② 지체 구조의 분포와 특징

지질 시대	분포 지역	특징
시·원생대	평북·개마 지괴, 경기 지괴, 영남 지괴	• 변성암이 주로 분포 • 암석이 풍화·침식에 강한 편이며, 형성 시기가 오래되었음
고생대	평남 분지, 옥천 습곡대	• 시·원생대의 지괴 사이에 분포 • 고생대 초기: 해성층인 조선 누층군 형성 → 석회암 분포 • 고생대 말기: 육성층인 평안 누층군 형성 → 무연탄 분포
중생대	경상 분지	• 호수(또는 습지)에서 퇴적된 육성층으로 두꺼운 수평층을 이룸 • 경상 누층군 일부 지역에 공룡 발자국 화석 분포
신생대	두만 지괴, 길주·명천 지괴	동해안 일부 지역에 형성, 갈탄 분포

탐구 활동 한반도의 암석 분포와 지질 구조

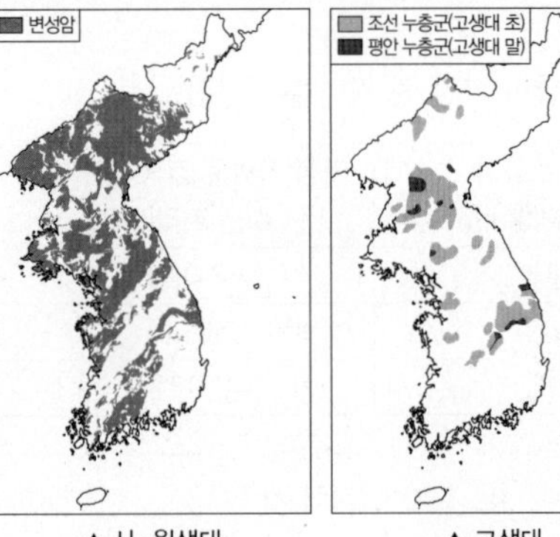

▲ 시·원생대

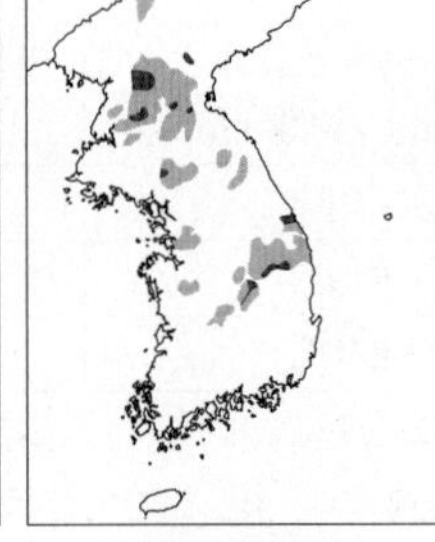

▲ 고생대

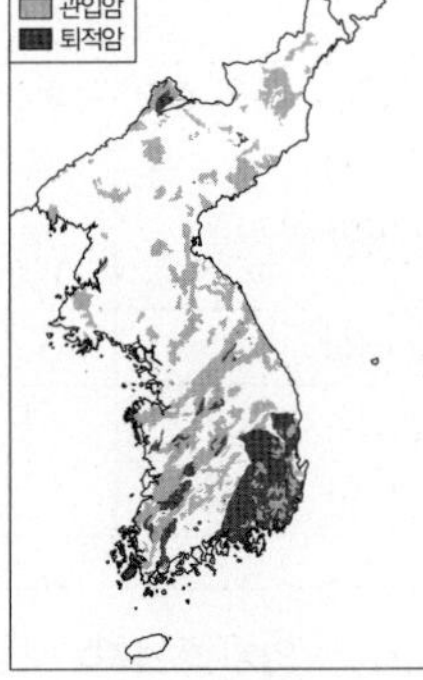

▲ 중생대

▲ 신생대

▸▸ 한반도의 암석 분포 및 지질 구조를 설명해 보자.

시·원생대에 형성된 평북·개마 지괴, 경기 지괴, 영남 지괴는 안정된 지각으로 한반도의 바탕을 이루며, 열과 압력에 의해 본래의 성질이 변한 변성암이 주로 분포한다. 조선 누층군과 평안 누층군은 시·원생대의 지괴 사이에 분포하는 평남 분지와 옥천 습곡대를 구성하는 주요 지층이다. 조선 누층군은 고생대 초기 얕은 바다에서 퇴적된 해성층으로 석회암이 매장되어 있고, 평안 누층군은 고생대 말기~중생대 초기에 걸쳐 습지에서 퇴적된 육성층으로 무연탄이 매장되어 있다. 중생대 중기~말기에는 거대한 호수였던 경상 분지를 중심으로 육성층인 경상 누층군이 형성되었으며, 공룡 발자국 화석 등이 발견된다. 또한 대보 조산 운동, 불국사 변동 등 중생대의 지각 변동으로 마그마가 관입하여 화강암(관입암)이 형성되었다. 신생대 제3기에 형성된 두만 지괴, 길주·명천 지괴 등에는 갈탄이 매장되어 있다. 신생대 제3기 말~제4기에 화산 활동으로 형성된 백두산, 제주도, 울릉도, 독도 등에는 화산암이 분포한다.

2. 한반도의 지형 형성 과정

(1) 한반도의 지각 변동

① 지질 시대별 주요 지각 변동

지질 시대	선캄브리아대		고생대			중생대			신생대	
	시생대	원생대	캄브리아기	···	석탄기 - 페름기	트라이아스기	쥐라기	백악기	제3기	제4기
지질 계통	변성암 복합체		조선 누층군	결층	평안 누층군		대동 누층군	경상 누층군	제3계	제4계
주요 지각 변동	변성 작용		조륙 운동			송림 변동	대보 조산 운동	불국사 변동	요곡·단층 운동	화산 활동
						마그마 관입으로 화강암 형성				

② 중생대의 지각 변동

지각 변동	시기	특징
송림 변동	중생대 초기	• 주로 한반도 북부 지방에 영향을 미침 • 랴오둥(동북동–서남서) 방향의 지질 구조선 형성
대보 조산 운동	중생대 중기	• 매우 격렬했던 지각 변동으로 한반도 전역에 영향을 미침 • 중국(북동–남서) 방향의 지질 구조선 형성 • 넓은 범위에 걸쳐 대보 화강암 형성
불국사 변동	중생대 말기	• 영남 지방 중심의 지각 변동 • 불국사 화강암 형성

③ 신생대의 지각 변동

지각 변동	시기	특징
경동성 요곡 운동	신생대 제3기	• 융기축이 동해안에 치우친 비대칭 융기 운동 • 태백산맥, 함경산맥 등 높은 산지 형성
화산 활동	신생대 제3기 말~제4기	백두산, 제주도, 울릉도, 독도 등 형성

자료 분석 동해 지각 확장과 경동성 요곡 운동에 따른 지형 발달

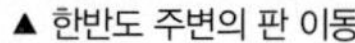
▲ 한반도 주변의 판 이동

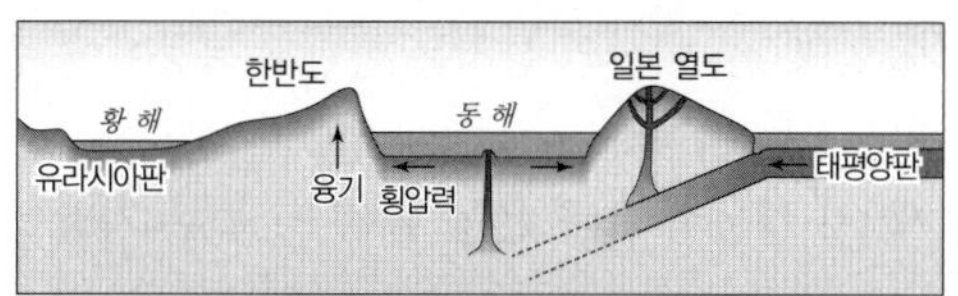

▲ 동해 지각 확장과 횡압력 작용

한반도는 전체적으로 동쪽이 높고 서쪽은 낮은 동고서저(東高西低)의 비대칭적인 지형 골격을 이루며, 특히 중부 지방에서 전형적인 동고서저의 지형이 나타난다. 신생대 제3기에는 일본이 한반도에서 분리되면서 그 사이에 동해가 형성되었는데, 동해 지각의 확장으로 한반도에 동쪽으로 치우친 지반 융기가 일어났다. 이 운동의 결과 동해안을 따라 고도가 높고 연속성이 뚜렷한 태백산맥, 함경산맥 등이 형성되었다.

(2) 기후 변화와 지형 발달

① 신생대 제4기의 기후 변화는 해수면 변동, 기온과 강수량 변화 등을 유발하여 지형 변화를 가져옴

② 간빙기(후빙기)에는 빙기에 비해 침식 기준면 역할을 하는 해수면이 상승하여 이에 따른 변화가 나타남

구분	빙기	간빙기(후빙기)
기후	한랭 건조(식생 빈약)	온난 습윤(식생 발달)
해수면	하강	상승
풍화 작용	물리적 풍화 작용 우세	화학적 풍화 작용 우세

▲ 빙기와 간빙기(후빙기)의 특성 비교

✪ 지질 구조선
지각 변동에 의해 형성되는 것으로, 소규모의 절리에서부터 대규모의 단층선에 이르기까지 다양하게 나타난다. 이는 화강암의 배열, 산지나 골짜기의 배열에 영향을 끼친다.

✪ 침식 기준면
하천이 하방 침식을 할 수 있는 최저 고도를 의미한다. 침식 기준면은 일반적으로 해수면과 일치한다.

✪ 물리적 풍화 작용
암석 구성 광물의 화학적 성질 변화 없이 암석이 작은 입자로 부서지는 현상이다.

✪ 화학적 풍화 작용
암석의 구성 광물이 화학적 성질 변화를 일으키면서 분해되는 현상으로, 기온이 높고 강수량이 많을수록 활발하다.

개념 체크

1. 중생대의 지각 변동인 송림 변동, 대보 조산 운동, 불국사 변동으로 마그마가 관입하여 (　　)이 형성되었으며, 송림 변동은 (　　) 방향, 대보 조산 운동은 (　　) 방향의 지질 구조선이 형성되는 데 영향을 끼쳤다.
2. 신생대 제3기 (　　) 운동의 영향으로 동해안을 따라 태백산맥, 함경산맥 등이 형성되었다.
3. 빙기는 현재보다 해수면이 (높았고/낮았고), (물리적/화학적) 풍화 작용이 우세하였다.

정답
1. 화강암, 랴오둥, 중국
2. 경동성 요곡
3. 낮았고, 물리적

✪ 최종 빙기와 후빙기의 해수면 변동

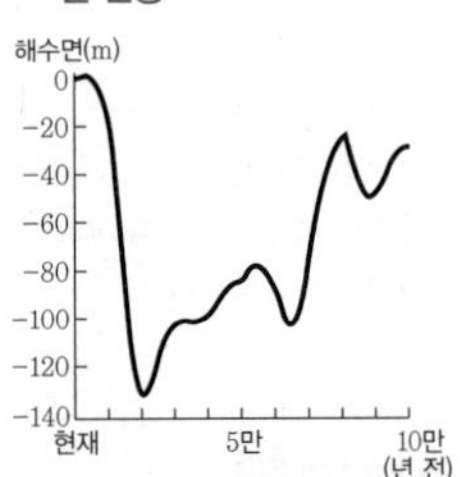

최종 빙기 최성기에는 현재보다 해수면이 100m 이상 낮았다. 이 시기에 오늘날의 황해는 육지로 드러나 있었고, 수심이 깊은 동해의 경우 호수의 형태로 존재하였기 때문에 울릉도, 독도는 이 시기에도 섬이었다.

✪ 우리나라의 산맥 분포

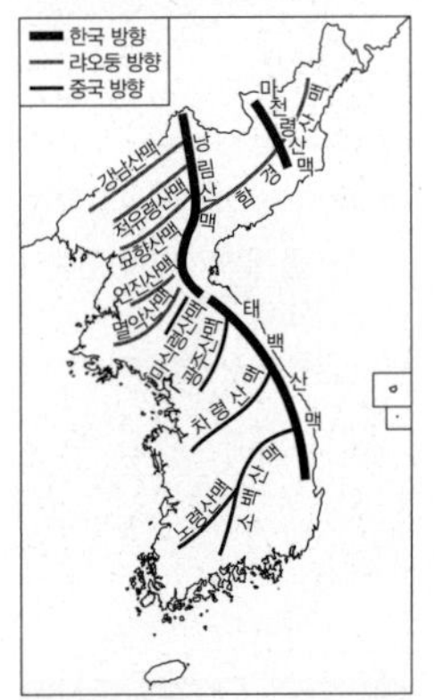

개념 체크

1. 최종 빙기에 하천 상류부에서는 (침식/퇴적) 작용이, 하천 하류부에서는 (침식/퇴적) 작용이 활발하였다.
2. 경동성 요곡 운동으로 융기하여 형성된 산지는 (　　) 차 산맥, 지질 구조선을 따라 차별적인 풍화와 침식 작용을 받아 형성된 산지는 (　　)차 산맥이다.
3. 1차 산맥은 2차 산맥보다 해발 고도가 (높은/낮은) 편이다.

정답
1. 퇴적, 침식
2. 1, 2
3. 높은

탐구 활동 신생대 제4기 기후 변화가 지형 형성 작용에 끼친 영향

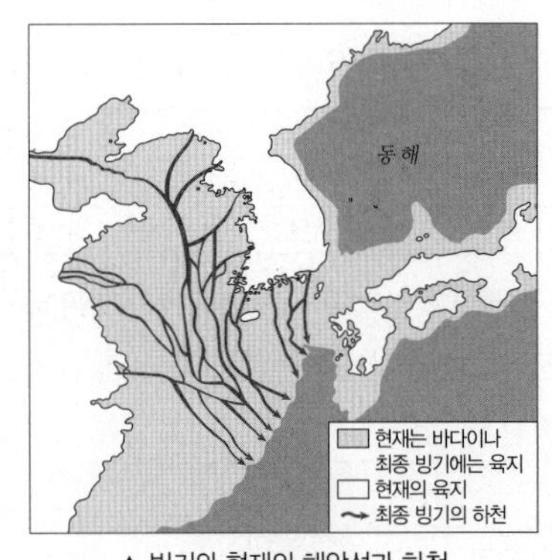

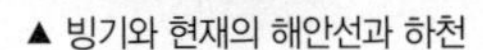
▲ 빙기와 현재의 해안선과 하천

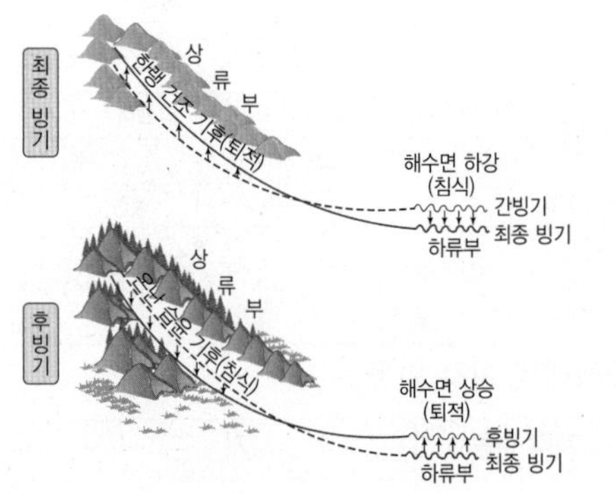

▲ 기후 변화에 따른 지형 형성

▶ **최종 빙기의 기후 특징과 지형 형성 작용을 설명해 보자.** 최종 빙기에 한반도는 현재보다 한랭 건조하고 식생이 빈약하였으며, 동결과 융해가 반복되면서 암석의 물리적 풍화 작용이 활발하게 이루어졌다. 하천 상류부는 물리적 풍화 작용으로 인한 풍화 산물의 공급은 많아졌지만 강수량이 적어 퇴적물을 운반할 수 있는 유량이 충분하지 않아 하곡에서 퇴적 작용이 우세하게 나타났다. 반면에 하천 하류부는 해수면이 하강하면서 하천의 침식력이 강해져 깊은 골짜기가 형성되었다.

▶ **후빙기의 기후 특징과 지형 형성 작용을 설명해 보자.** 후빙기에 한반도는 최종 빙기보다 기온이 높고 강수량이 많았다. 이로 인해 하천 상류부는 빙기에 퇴적되었던 물질이 제거되면서 하상(河床, 하천의 바닥)이 다시 낮아졌으며, 하천 하류부는 해수면이 상승하면서 침식 기준면이 높아져 퇴적 작용이 활발하였다. 이 시기의 퇴적 작용으로 하천 하류부에는 범람원, 삼각주 등의 지형이 형성되었다. 또한 해수면이 상승하면서 서·남해안에는 복잡한 해안선이 형성되었고, 동해안에는 만입 지역에서 사주가 발달하면서 석호가 형성되었다.

3. 산지 지형의 특색과 주민 생활

(1) 산지 지형

① 산지 분포의 특색
- 국토의 약 70%가 산지로 산지 비율이 높으나 해발 고도가 낮은 산지가 많음
- 해발 고도 2,000m 이상의 산지는 한반도 북동부에 주로 발달함

② 동고서저의 경동 지형
- 신생대 제3기 경동성 요곡 운동 발생 → 중부 지방을 중심으로 동고서저의 비대칭적인 지형을 이룸
- 함경산맥과 태백산맥의 동쪽은 급경사면이며 서쪽은 완경사면임
- 황해로 흐르는 하천은 동해로 흐르는 하천보다 대체로 하천의 유로가 길고 하상의 경사가 완만함

③ 지질 구조선에 따른 산맥의 방향
- 중생대의 송림 변동으로 랴오둥 방향, 대보 조산 운동으로 중국 방향의 지질 구조선 형성
- 지질 구조선을 따라 오랫동안 침식이 진행되어 일정 방향으로 골짜기와 산맥 발달

④ 1차 산맥과 2차 산맥

구분	1차 산맥	2차 산맥
형성 원인	경동성 요곡 운동으로 융기한 산지	지질 구조선을 따라 차별적인 풍화와 침식 작용을 받아 형성된 산지
특징	해발 고도가 높고 연속성이 강함	해발 고도가 낮고 연속성이 약함
사례	함경산맥, 태백산맥 등	차령산맥, 노령산맥 등

(2) 흙산과 돌산

구분	흙산	돌산
형태	사면과 정상부까지 기반암이 풍화된 토양(풍화층)이 주로 나타남	사면과 정상부에 기반암이 많이 노출됨
기반암 특성	주로 변성암(편마암)	주로 화강암
토양층 두께	두꺼움	불규칙하고 암석 노출이 많음
식생 밀도	높고 안정적임 – 우거진 숲	낮음
사례	지리산, 덕유산 등	금강산, 북한산 등

(3) 고위 평탄면과 토지 이용

① 태백산맥, 소백산맥 등의 일부 지역에 해발 고도가 높고 경사가 완만한 사면이 발달함

② 오랜 풍화와 침식으로 평탄해진 지형이 경동성 요곡 운동으로 융기한 이후에도 평탄한 기복을 유지함

자료 분석 고위 평탄면의 이용

▲ 여름 채소 재배, 풍력 발전 단지

▲ 목장

고위 평탄면은 해발 고도가 높기 때문에 여름철에 저지대보다 서늘하다. 또한 수분 증발량이 적고 겨울철에 눈이 많이 내리기 때문에 강수량이 적은 봄철에도 토양이 오랜 기간 수분을 유지한다. 경사가 완만한 고위 평탄면은 이러한 기후 특성을 바탕으로 여름철에도 배추, 무, 당근 등의 채소 재배가 이루어진다. 고위 평탄면에서 채소의 상업적 재배가 본격적으로 시작된 것은 고랭지와 대도시를 연결하는 교통로가 개설된 이후부터이다. 고위 평탄면은 목초 재배에도 유리하여 목장으로도 이용되며, 바람의 특성이 풍력 발전에 유리하여 전기를 생산하기 위한 풍력 발전기가 설치되어 있다.

(4) 산지 지형과 인간 생활

① 산지 지형의 이용 변화: 과거에는 주로 농업이나 임업, 광업에 종사하는 주민이 많았지만, 최근 교통이 발달하면서 뛰어난 경관을 바탕으로 관광 및 레저 산업 등이 발달함

② 산지 지역의 환경 훼손과 대책

- 환경 훼손: 도로, 댐, 스키장, 골프장 등의 건설 → 삼림 훼손, 산사태 증가, 동식물의 서식지 파괴 등의 문제 발생
- 대책: 생태 지향적 관점에서 산지를 이용하고 개발 → 자연 휴식년제 확대, 생태 통로 건설 등

✪ 고랭지 농업

고원이나 산지와 같이 여름철이 서늘한 곳에서 하는 농업을 말한다. 감자, 메밀 등의 식량 작물이나 배추 등의 채소를 재배하는데, 채소의 수확기는 대체로 늦여름~초가을이다. 한편, 고랭지 농업이 확대되면서 삼림 파괴가 이루어졌으며, 그에 따라 여름철 집중 호우 때 토양 침식이 증가하고 있다.

✪ 자연 휴식년제

자연 생태계 보전을 위해 오염이 심하거나 훼손될 우려가 있는 지역을 정하여 일정 기간 사람들이 출입하지 못하도록 하는 제도이다.

▲ 제도 시행 이전
지리산 노고단 일대의 모습

▲ 제도 시행 이후
지리산 노고단 일대의 모습

개념 체크

1. 지리산, 덕유산 등은 주된 기반암이 (　　)인 흙산, 북한산, 금강산 등은 주된 기반암이 (　　)인 돌산으로 분류된다.
2. 고위 평탄면은 해발 고도가 높고 경사가 완만한 지형으로 여름철에 서늘한 기후를 이용하여 (　　) 농업이 이루어진다.

정답
1. 변성암(편마암), 화강암
2. 고랭지

수능 기본 문제

[24018-0017]

01 다음 자료의 (가)와 관련이 깊은 암석을 그래프의 A~E에서 고른 것은?

○○ 지역 아트 밸리는 과거에 (가) 채석장이 있던 곳이다. (가) 은/는 단단하고 색이 밝으며 예로부터 궁궐, 사찰의 석탑, 석등의 재료로 널리 쓰여 왔는데, 이곳에서 채석된 (가) 은/는 근래에 청와대, 국회 의사당, 대법원 등의 국가 주요 기관 건물에 사용될 만큼 품질이 우수하다. 해당 채석장은 양질의 (가) 감소로 인해 방치되어 있다가 ○○ 지역의 노력으로 복합 문화 예술 공간으로 탈바꿈하였다.

〈한반도의 지질 시대별 암석 구성〉

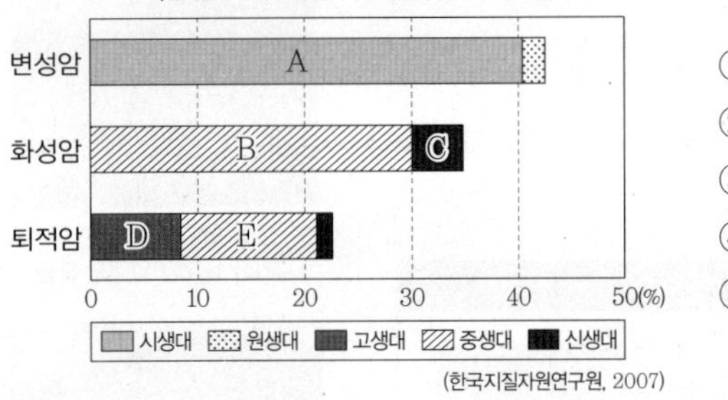

(한국지질자원연구원, 2007)

① A
② B
③ C
④ D
⑤ E

[24018-0018]

02 다음 자료의 (가), (나) 암석이 주로 분포하는 지역을 지도의 A~D에서 고른 것은?

(가)	(나)
기존 암석이 열과 압력을 받아 성질이 변한 암석에 해당하며, 줄무늬가 아름답고 고와 공원이나 정원 등의 조경석으로 많이 활용된다.	식물질이 열과 압력을 받아 형성된 암석의 한 종류로, 고생대 말기에서 중생대 초기에 걸쳐 형성된 육성층에 주로 분포한다.

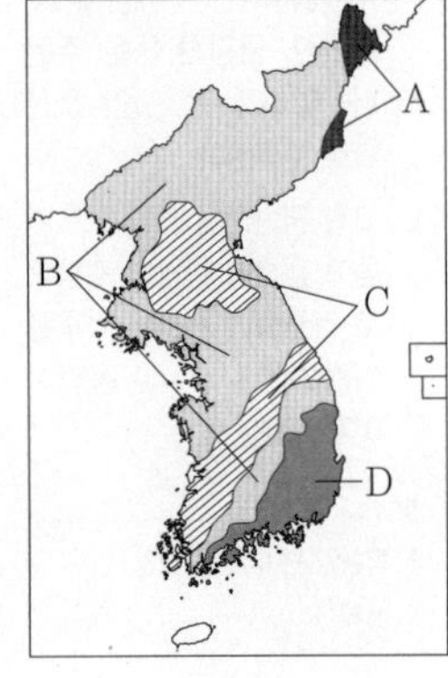

	(가)	(나)
①	A	C
②	B	A
③	B	C
④	C	D
⑤	D	A

[24018-0019]

03 다음은 학술 대회의 한 장면이다. (가)~(다)에 해당하는 내용으로 옳은 것은?

기록이 없는 지질 시대를 찾아 나서다

제1차 경제 개발 5개년 계획(1962~1966년)에 앞서 시행되었던 국가사업 중 하나가 우리나라에 매장되어 있는 광물 자원을 파악하는 지질 조사였습니다. 이 광물 자원은 주로 (가) 지층 중에서 (나) 인 (다) 에 매장되어 있으며, 이는 사회 간접 자본 확충 등에 필요한 시멘트 공업의 주원료로 이용되어 우리나라 경제 성장의 밑거름이 되었습니다.

	(가)	(나)	(다)
①	고생대	육성층	평안 누층군
②	고생대	해성층	조선 누층군
③	중생대	육성층	경상 누층군
④	중생대	해성층	조선 누층군
⑤	신생대	해성층	경상 누층군

[24018-0020]

04 다음 자료의 ㉠~㉥에 대한 설명으로 옳지 않은 것은?

〈한반도의 주요 지각 변동과 특징〉

• 중생대의 지각 변동

㉠송림 변동	북부 지방을 중심으로 발생하였으며, ㉡ 방향의 지질 구조선 형성
대보 조산 운동	한반도 전역에 영향을 끼쳤으며, ㉢ 방향의 지질 구조선 형성
불국사 변동	㉣ 중심의 지각 변동

• 신생대의 지각 변동

㉤경동성 요곡 운동	비대칭적인 지반 융기가 일어났으며, 함경산맥 등의 높은 산지 형성
화산 활동	㉥ 등 형성

① ㉠의 영향으로 낭림산맥, 마천령산맥이 형성되었다.
② ㉡에는 '랴오둥', ㉢에는 '중국'이 들어갈 수 있다.
③ ㉣에는 '영남 지방'이 들어갈 수 있다.
④ ㉤으로 인해 황해로 흐르는 하천은 동해로 흐르는 하천보다 대체로 유로가 길다.
⑤ ㉥에는 '울릉도, 독도'가 들어갈 수 있다.

[24018-0021]

05 다음 글의 ㉠~㉤에 대한 설명으로 옳지 않은 것은?

신생대 제4기의 기후 변화는 해수면 변동에 영향을 미쳤고, 기후·식생적 변화를 수반하며 풍화 양상이나 물질 공급 특성을 변화시키기도 하였다. ㉠최종 빙기에 하천 상류 지역에서는 사면에서 공급되는 ㉡풍화 산물이 골짜기를 점차 메우면서 그 모습이 변화하였으며, 하천 하류 지역에서는 [㉢](으)로 침식 작용이 활발해져 깊은 골짜기가 형성되었다. ㉣후빙기에 하천 상류 지역에서는 퇴적되었던 물질이 제거되면서 하상이 낮아졌고, 하천 하류 지역에서는 [㉤](으)로 퇴적 작용이 활발해져 충적 평야가 형성되었다.

① ㉡은 화학적 풍화 작용보다 물리적 풍화 작용으로 형성된 비율이 높다.
② ㉠은 ㉣보다 동해의 면적이 넓다.
③ ㉠은 ㉣보다 한강 발원지와 하구 간의 거리가 멀다.
④ ㉣은 ㉠보다 식생 밀도가 높다.
⑤ ㉢에는 '해수면 하강', ㉤에는 '해수면 상승'이 들어갈 수 있다.

[24018-0022]

06 지도의 (가)~(라) 산맥에 대한 설명으로 옳은 것은?

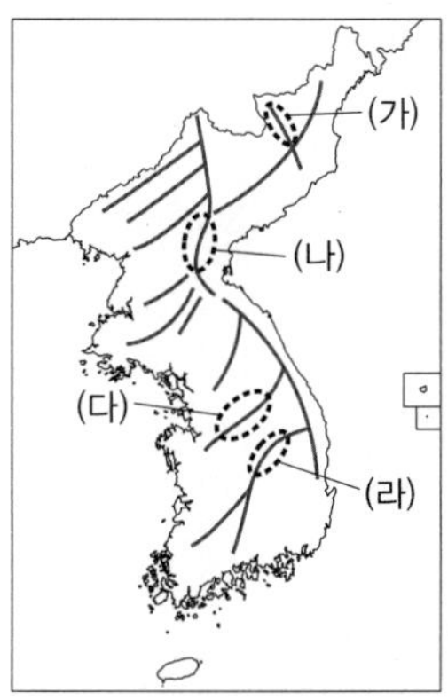

① (나)에는 한반도에서 최고 지점의 해발 고도가 가장 높은 산이 위치한다.
② (라)는 한국 방향의 산맥이다.
③ (다)는 (가)보다 평균 해발 고도가 높고 연속성이 뚜렷하다.
④ (가)~(라)는 모두 백두대간에 위치한다.
⑤ (가)~(라) 중 2차 산맥에 해당하는 산맥은 (다)이다.

[24018-0023]

07 다음 자료의 (가), (나)에 대한 설명으로 옳은 것만을 〈보기〉에서 고른 것은?

보기
ㄱ. (가)의 기반암은 주상 절리가 잘 발달한다.
ㄴ. (나)의 기반암은 변성암에 속한다.
ㄷ. (가)는 (나)보다 토양층의 두께가 두껍다.
ㄹ. (가)는 소백산맥, (나)는 태백산맥에 위치한다.

① ㄱ, ㄴ ② ㄱ, ㄷ ③ ㄴ, ㄷ
④ ㄴ, ㄹ ⑤ ㄷ, ㄹ

[24018-0024]

08 그림은 지도를 보고 학생이 생각하는 모습을 간략하게 표현한 것이다. (가)에 들어갈 내용으로 적절한 것만을 〈보기〉에서 고른 것은?

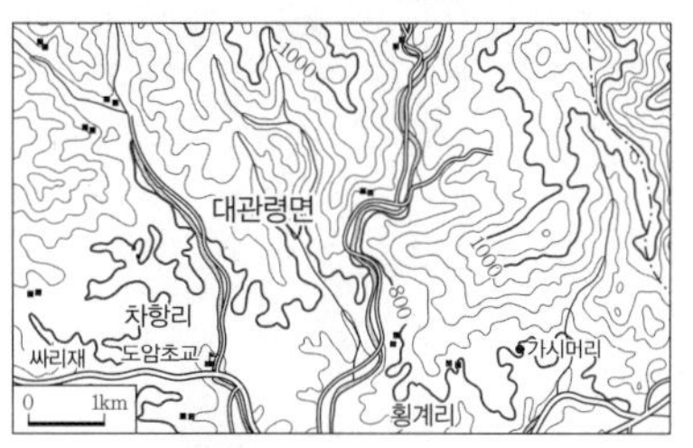

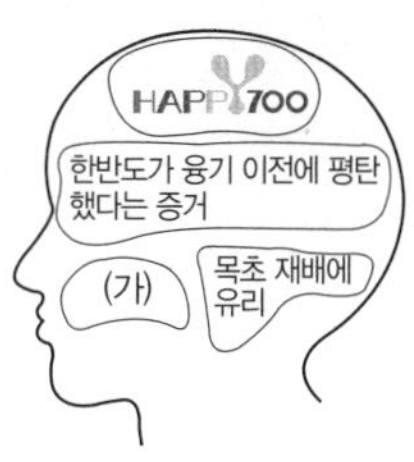

보기
ㄱ. 유동성이 큰 용암이 분출하여 형성
ㄴ. 벼농사에 유리한 기후 및 지형 조건
ㄷ. 바람이 강하여 풍력 발전 단지 조성에 유리
ㄹ. 고랭지 농업 확대에 따른 토양 침식 증가 우려

① ㄱ, ㄴ ② ㄱ, ㄷ ③ ㄴ, ㄷ
④ ㄴ, ㄹ ⑤ ㄷ, ㄹ

[24018-0025]

1 다음은 메타버스 전시회의 한 장면이다. (가)~(다) 암석을 그림의 A~D에서 고른 것은? (단, A~D는 각각 석회암, 편마암, 현무암, 화강암 중 하나임.)

▲ 총석정 ▲ 삼도담도 ▲ 금강전도

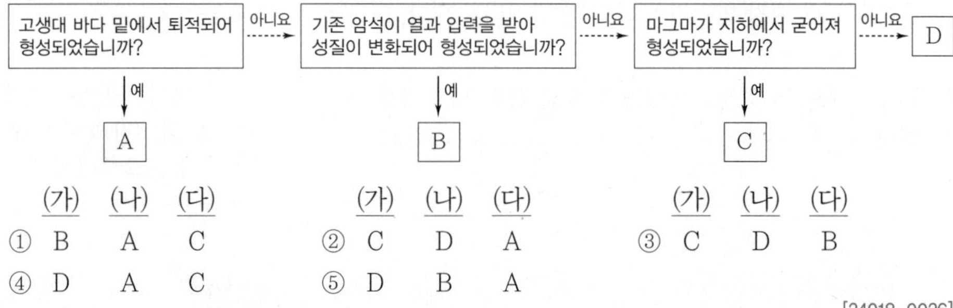

	(가)	(나)	(다)
①	B	A	C
②	C	D	A
③	C	D	B
④	D	A	C
⑤	D	B	A

[24018-0026]

2 지도는 지질 시대별 지층과 암석 분포를 나타낸 것이다. 이에 대한 설명으로 옳은 것은? (단, (가)~(다)는 각각 고생대, 중생대, 신생대 중 하나임.)

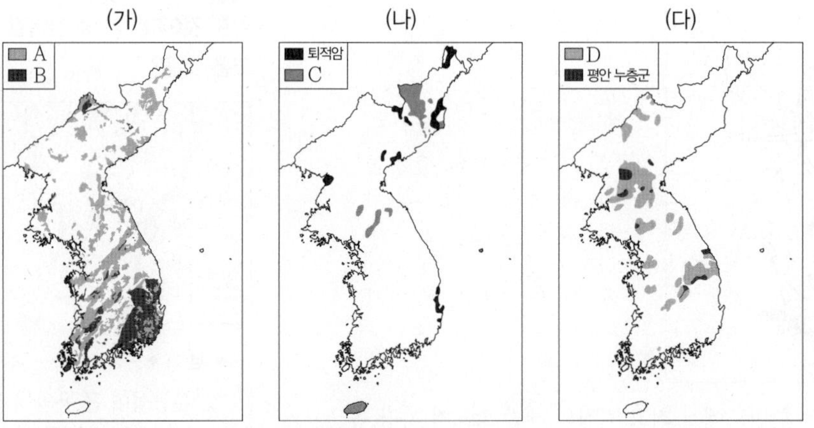

① (가)~(다)를 오래된 지질 시대부터 배열하면 (가) → (다) → (나) 순이다.
② A는 화산암에 속하는 다공질(多孔質)의 암석이다.
③ B에는 해양 생물 화석이 널리 분포한다.
④ C는 A보다 우리나라 석조 문화재의 재료로 많이 이용되었다.
⑤ D는 C보다 용식 작용을 받아 형성된 동굴의 발견 가능성이 높다.

[24018-0027]

3 다음 자료에 대한 설명으로 옳은 것은?

(가)약 2만 4,000년 전에서 1만 9,000년 전 사이 한반도를 포함한 동북아시아의 대부분 지역은 스텝*식생으로 덮여 있었으며 현재의 몽골 초원과 유사하였다. 또한 한반도는 호수의 형태로 존재했던 동해를 끼고 있는 대륙의 해안이었기 때문에, 수렵·채집민이 이동해 들어오기도 수월하였고 생활 여건도 괜찮은 곳이었다. 약 1만 년 전부터 전 세계적으로 주된 생계 경제 활동이 수렵·채집에서 농경으로 전환되는 모습이 뚜렷하게 나타났는데, 동북아시아도 예외는 아니었다. 한반도에서 벼 농경이 시작된 시기는 아직 여러 의견이 분분한데, 학자들은 대체로 (나)약 3,500년 전에서 3,000년 전 사이로 본다.

*스텝: 반건조 기후 조건에서 짧은 풀들이 자라는 초원

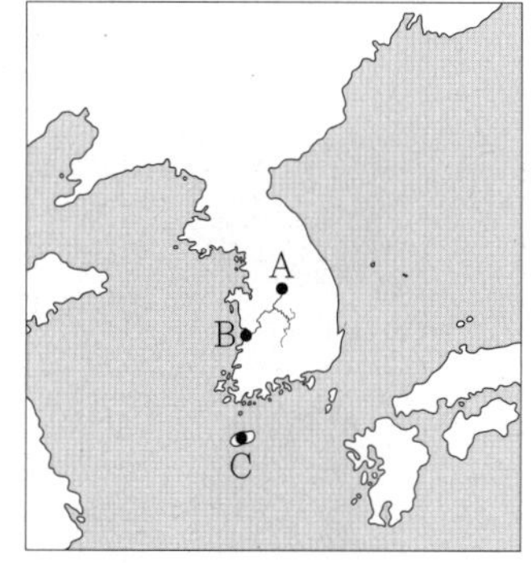

① (가) 시기는 (나) 시기보다 화학적 풍화 작용이 우세하다.
② (나) 시기는 (가) 시기보다 속리산의 해발 고도가 높다.
③ (가) 시기에 B 지역의 하천은 감조 구간이 나타났을 것이다.
④ (가) 시기에 C 지역은 육지와 연결되었다.
⑤ (나) 시기에 A 지역은 B 지역보다 하천의 퇴적 작용이 활발하다.

[24018-0028]

4 다음 자료에 대한 설명으로 옳은 것만을 〈보기〉에서 있는 대로 고른 것은?

한반도는 고생대까지 비교적 지각이 안정되어 있었다. 중생대에는 큰 지각 변동을 겪었는데, 중생대 초기에는 ㉠송림 변동, 중생대 중기에는 ㉡대보 조산 운동, 중생대 말기에는 불국사 변동이 일어났다. 세 지각 변동은 마그마의 관입을 수반하여 [㉢]이/가 만들어졌다. ㉣경기 지괴, 영남 지괴 등지에 분포하는 [㉢]은/는 대보 조산 운동으로, 경상 분지 등지에 분포하는 [㉢]은/는 불국사 변동의 영향으로 만들어진 것이 많다. 한편, 오늘날 한반도 산지 지형의 기본 골격은 신생대 지각 변동으로 형성되었으며, 신생대 제3기에는 ㉤경동성 요곡 운동이 발생하였고, 신생대 제3기 말에서 제4기에는 화산 활동이 활발하였다.

〈우리나라의 산맥 분포〉

(가)
(나)
(다)

* (가)~(다)는 각각 랴오둥, 중국, 한국 방향의 산맥 중 하나로 분류함.

보기

ㄱ. ㉢은 덕유산과 같은 흙산의 주된 기반암을 이룬다.
ㄴ. ㉣의 기반암은 주로 중생대에 형성된 퇴적암으로 이루어져 있다.
ㄷ. (가)는 ㉤으로 형성된 1차 산맥에 해당한다.
ㄹ. (나)는 ㉠, (다)는 ㉡으로 형성된 지질 구조선과 대체로 방향이 일치한다.

① ㄱ, ㄴ ② ㄷ, ㄹ ③ ㄱ, ㄴ, ㄷ ④ ㄱ, ㄴ, ㄹ ⑤ ㄴ, ㄷ, ㄹ

[24018-0029]

5 **다음은 한국지리 수업 시간에 제작한 우리나라 국립 공원 홍보물의 일부이다. (가)~(다)에 대한 설명으로 옳은 것은? (단, (가)~(다)는 각각 지도에 표시된 세 산 중 하나임.)**

주요 깃대종*이 알려 주는 국립 공원

▲ 산굴뚝나비

(가) 국립 공원에는 용암이 굳은 수직 암벽이 있는 영실 기암 등의 명승지와 물장오리 오름 습지 등의 람사르 습지가 있으며, 일대 지형들은 유네스코 세계 유산 중 자연 유산에 등재되었습니다.

▲ 반달가슴곰

(나) 국립 공원은 우리나라 최초의 국립 공원으로 3개 도(道) 산하의 4개 군(郡)·1개 시(市)에 걸친 넓은 면적을 지녔으며, 흙으로 덮인 산 정상부와 길게 뻗은 능선을 볼 수 있습니다.

▲ 오색딱따구리

(다) 국립 공원은 세계적으로 드문 도심 인근의 자연공원으로, 오랜 세월 풍화를 받아 형성된 바위 봉우리인 백운대, 인수봉, 만경대가 우뚝 솟아 있는 모습으로도 유명합니다.

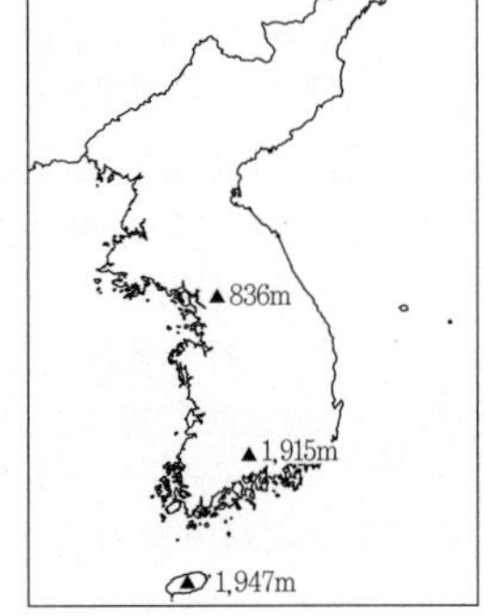

* 수치는 최고 지점의 해발 고도임.

* 깃대종: 특정 지역의 생태·지리·문화적 특성을 반영하는 상징적인 야생 동식물

① (가)의 주된 기반암은 한반도 암석 구성에서 차지하는 비율이 가장 높다.
② (다)의 정상부에는 분화구가 존재한다.
③ (다)는 (가)보다 식생의 수직적 분포가 뚜렷하게 나타난다.
④ (나)와 (다)는 모두 2차 산맥에 위치한다.
⑤ (가)~(다) 중 주된 기반암의 형성 시기는 (나)가 가장 이르다.

[24018-0030]

6 **다음은 교양 프로그램 방송 장면이다. (가) 지역에 대한 설명으로 옳은 것만을 〈보기〉에서 있는 대로 고른 것은?**

제가 다녀온 (가)'안반데기' 일대는 해발 고도 1,100m 정도의 산맥 정상부를 따라 이어진 평탄면으로, 강원특별자치도 평창군과 강릉시에 걸쳐 있습니다. 안반데기라는 이름은 지형이 떡메로 떡쌀을 칠 때 밑에 받치는 안반처럼 우묵하면서도 평평하게 생겼다고 해서 지어졌다고 합니다. 하늘 아래 첫 동네라고도 불리는 안반데기는 밤하늘 여행을 즐기는 별 바라기들에게 별 보기 명소로 널리 알려진 곳으로, 전국 최대 규모의 고랭지 배추밭이 조성되어 있는 곳이기도 합니다.

보기

ㄱ. 주로 대규모의 시설 작물 재배가 이루어진다.
ㄴ. 기반암의 차별적인 풍화·침식으로 형성되어 분지 형태를 이룬다.
ㄷ. 적설 기간이 길어 강수량이 적은 봄에도 수분이 안정적으로 공급된다.

① ㄱ ② ㄴ ③ ㄷ ④ ㄱ, ㄴ ⑤ ㄴ, ㄷ

04 하천 지형과 해안 지형

1. 하천에 대한 이해

(1) **유역**: 하천으로 빗물이 모여드는 범위, 유역 간 경계는 분수계로 이루어짐

(2) **하계망**: 하나의 본류와 이에 합류하는 지류로 이루어진 전체적인 수계

(3) **하천 상·하류 간 평균값의 상대적 특징**

구분	경사	하폭	유량	퇴적물의 입자 크기	퇴적물의 원마도
상류	급함	좁음	적음	큼	낮음
하류	완만함	넓음	많음	작음	높음

2. 우리나라 하천의 특색

(1) **하천 유로의 특색**

① 중·북부 지방은 동해안을 따라 높은 산맥이 있어 두만강을 제외한 큰 하천은 황해로 흐름

② 남부 지방은 중앙부에 소백산맥, 동해안에 태백산맥이 있어 큰 하천 중 낙동강과 섬진강은 남해, 금강과 영산강은 황해로 흐름

③ 동해로 흐르는 하천은 두만강을 제외하면 대체로 유로가 짧고 경사가 급함

(2) **유량 변동이 큼**

① 강수량이 여름에는 많고 겨울에는 적기 때문에 하천의 유량 변동이 심함, 하상계수가 큼

② 여름에는 홍수 위험이 크고, 그 외의 계절에는 강수량이 적어 수력 발전과 하천 교통에 불리함

③ 대책: 댐, 저수지, 보 등의 수리 시설 건설 및 산림녹화를 통한 녹색 댐 기능 강화

(3) **감조 하천**

① 하천의 하류 구간에서 밀물과 썰물의 영향으로 수위가 주기적으로 오르내리는 하천

② 조차가 큰 해안으로 유입되고 하류의 하상 경사가 완만한 하천에서 잘 나타남

③ 밀물 때 바닷물의 유입으로 주변 농경지가 염해를 입을 수 있고, 하천 유역 내 집중 호우와 밀물이 겹치면 홍수 피해가 커질 수 있음

④ 낙동강, 금강, 영산강 하구에는 염해 방지, 용수 확보 등을 위해 하굿둑이 건설되어 있음

자료 분석 하천 상·하류와 감조 구간의 특징 이해

▲ 금강 유역

* 2023년 2월 1일의 수위 변화로 해당 일에 강수는 없었음.
** 수위는 해발 고도 0m 기준임. (국가수자원종합관리시스템)

▲ 금강 세 지점의 일 수위 변화

그래프는 금강 세 지점의 일 수위 변화를 나타낸 것이다. 금강은 조차가 큰 황해로 흘러드는데, 밀물과 썰물의 영향은 하천 하구로부터 멀어질수록 감소하며, 이는 하천의 수위 변화에 반영된다. (나)와 (다)는 수위 변화가 거의 없지만, (가)는 하굿둑의 바깥쪽에 위치하여 수위 변화가 주기적으로 나타난다. 하굿둑은 염해 방지, 용수 확보 등을 위해 건설되었으며, (나)는 과거 감조 구간에 위치하였으나 현재는 하굿둑의 건설로 인해 밀물과 썰물의 영향을 받지 않는다. (나)는 하천 하류, (다)는 하천 상류에 위치하는데, 하구로부터 멀리 떨어진 (다)가 (나)보다 해발 고도를 기준으로 한 수위가 높게 나타난다.

✪ 유역과 분수계

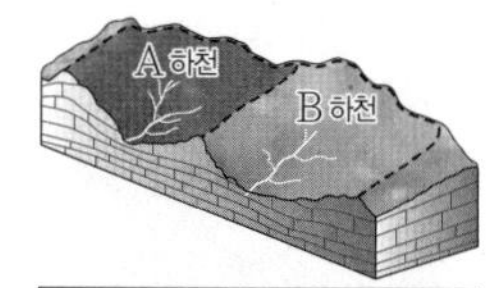

A 하천 유역 B 하천 유역
--- 분수계

하천으로 빗물이 모여드는 범위를 유역이라고 하며, 하천 유역은 분수계로 구분된다.

✪ 원마도

퇴적물의 둥근 정도를 말한다. 자갈이 물에 의해 운반될 때 서로 부딪치면 모서리 부분이 마모되면서 원마도가 높아진다.

✪ 하상계수

하천의 임의 지점에서 일 년 중 최대 유량을 최소 유량으로 나눈 값이다. 유량 변동 계수라고도 한다.

✪ 녹색 댐

삼림 자체를 의미한다. 삼림이 빗물을 머금었다가 서서히 흘려보내는 인공 댐과 같은 기능을 한다고 하여 붙여진 이름이다.

개념 체크

1. 하천 상류는 하천 하류보다 평균 유량은 (많고/적고), 퇴적물의 평균 입자 크기는 (크다/작다).
2. 우리나라의 하천은 강수량의 계절 차가 (커서/작아서) 유량 변동이 심하고 하상계수가 (크다/작다).
3. 낙동강, 금강, 영산강 하구에는 염해 방지, 용수 확보 등을 위해 (　　　)이 건설되어 있다.

정답
1. 적고, 크다
2. 커서, 크다
3. 하굿둑

✪ 하상(河床)
하천의 바닥을 의미한다.

✪ 하안 단구 퇴적층의 둥근 자갈과 모래

✪ 선상지

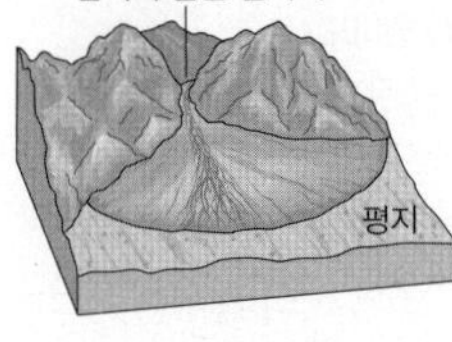

✪ 복류(伏流)
땅 위를 흐르는 물이 일부 구간만 땅속으로 스며들어 흐르는 것을 말한다. 모래와 같이 입자가 큰 조립질이 주로 퇴적되어 있는 곳은 배수가 잘되어 물이 쉽게 스며들어 흐르기 때문에 복류 현상이 나타난다. 선상지의 선앙 등에서 볼 수 있다.

✪ 용천
지하수가 지상으로 솟아오르는 것을 말한다.

3. 하천 중·상류 일대의 지형

(1) 감입 곡류 하천

① 산지 사이를 곡류하는 하천으로 주변에는 하안 단구가 분포함
② 신생대 지각 변동의 영향으로 지반 융기량이 많았던 대하천 중·상류의 산지 지역에 발달함
③ 하천 주변의 경관이 아름다워 관광 자원, 래프팅 활동 장소 등으로 이용됨

(2) 하안 단구

① 하천 주변에 분포하는 계단 모양의 지형으로 과거의 하천 바닥이나 범람원이 지반 융기 또는 해수면 하강에 따른 하천 침식으로 형성됨
② 하안 단구면은 하상보다 해발 고도가 높아 집중 호우 시에도 침수 가능성이 낮고 경사가 완만하여 농경지, 주거지 등으로 이용됨

자료 분석 | 감입 곡류 하천과 하안 단구의 형성 과정

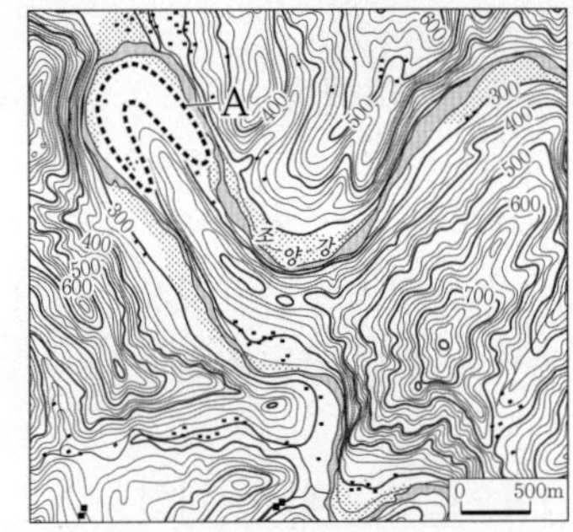

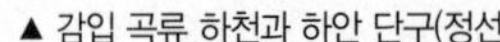

▲ 감입 곡류 하천과 하안 단구(정선)

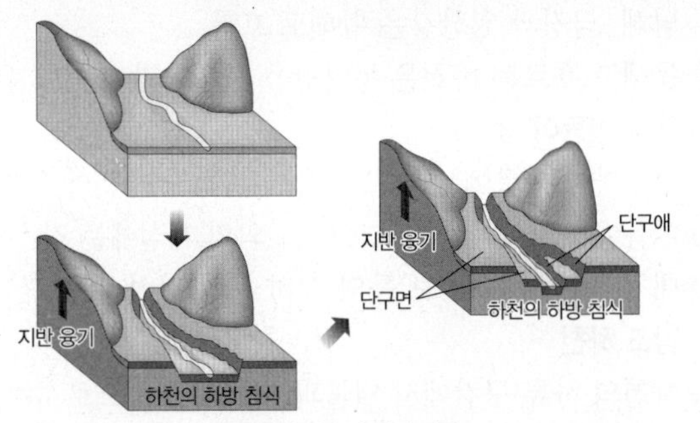

▲ 하안 단구의 형성 과정

지도에서 조양강은 산지 사이를 굽이쳐 흐르는 감입 곡류 하천이다. 감입 곡류 하천은 지반 융기로 인해 하방 침식이 우세하게 진행되어 발달한다. 감입 곡류 하천 주변에는 하안 단구가 나타나기도 하는데, 지도의 A는 하안 단구에 해당한다. 하안 단구는 대부분 지반 융기나 해수면 하강에 따른 하천 침식으로 형성된다. 우리나라의 하안 단구는 하천의 양안보다는 한쪽 부분(특히 감입 곡류 하천의 퇴적 사면 쪽)에서만 나타나는 경우가 흔하다.

(3) 선상지

① 형태와 분포: 하천이 운반한 물질이 부채 모양으로 퇴적된 지형으로, 주로 산지에서 평지로 이어지는 골짜기가 나타나는 하천 중·상류에 분포함
② 형성 원인: 하천의 유로가 좁고 경사가 급한 산지에서 넓고 완만한 평지에 이르는 곳은 유속이 감소하면서 토사가 퇴적됨
③ 지형 특색: 선정, 선앙, 선단으로 구분됨
- 선정: 선상지의 정상부로 계곡물을 이용할 수 있어 취락이 입지
- 선앙: 선상지의 중앙부로 하천이 복류하며, 논으로 개간하여 이용하는 경우가 많음
- 선단: 선상지의 말단부로 용천이 분포하여 주거지, 논 등으로 이용

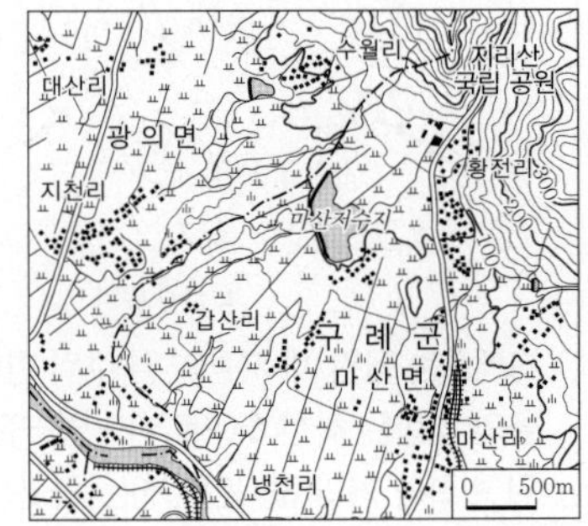

▲ 선상지(구례)

개념 체크

1. (　　　)은 산지 사이를 곡류하는 하천으로, 지반 융기량이 많았던 대하천 중·상류의 산지 지역에 발달한다.
2. 하안 단구는 침수 가능성이 (높고/낮고) 경사가 완만하여 (　　　,　　　) 등으로 이용된다.
3. 땅 위를 흐르는 물이 일부 구간만 땅속으로 스며들어 흐르는 것을 (　　　)라고 한다.

정답
1. 감입 곡류 하천
2. 낮고, 농경지, 주거지
3. 복류

(4) 침식 분지

① 산지로 둘러싸인 저지대로 암석이 차별적인 풍화와 침식 작용을 받아 형성됨
② 변성암이나 퇴적암이 화강암을 둘러싸고 있는 지역에서 주로 발달함
③ 주거 및 농경 생활의 중심지로 발달함 예 한강 유역의 춘천 · 양구(해안면), 낙동강 유역의 거창 등
④ 산지로 둘러싸여 있어 기온 역전 현상이 나타나기도 하며, 이로 인해 안개도 발생함

자료 분석 침식 분지의 특징

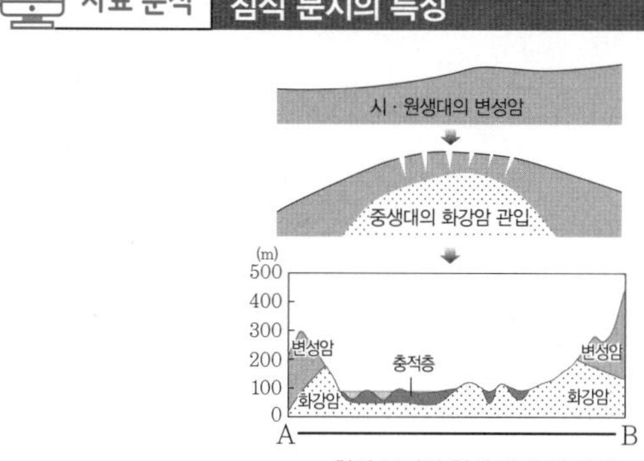

▲ 침식 분지의 형성 과정 및 단면

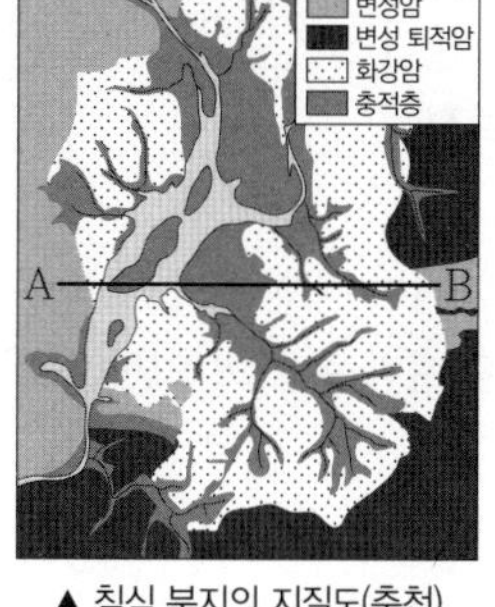

▲ 침식 분지의 지질도(춘천)

북한강과 소양강이 합류하는 곳에 위치한 춘천에서 평지의 기반암은 중생대에 관입한 화강암이고, 산지의 기반암은 주로 변성암이다. 이곳에서 화강암은 변성암보다 풍화와 침식에 약해 쉽게 제거된 반면 변성암은 화강암보다 풍화와 침식에 강해 산지로 남게 되면서 침식 분지가 형성되었다. 평지의 하천 부근에는 하천의 범람으로 형성된 충적층이 분포한다. 내부의 평지는 농업용수가 풍부하고 비옥한 충적층이 형성되어 있어 벼농사에 유리하므로 일찍부터 농경 생활의 중심지로 이용되었다.

4. 하천 중 · 하류 일대의 지형

(1) 자유 곡류 하천

① 평야 위를 곡류하는 하천으로 측방 침식이 우세하여 유로 변경이 잘 이루어짐
② 대하천 중 · 하류의 범람원 위를 흐르는 지류 하천에서 잘 형성됨
③ 하천의 유로 변경 과정에서 우각호, 구하도 등이 형성됨
④ 최근에는 직강 공사를 실시한 곳이 많아 자유 곡류 하천이 많이 사라짐

(2) 범람원

① 하천의 범람에 의해 운반된 물질이 장기간에 걸쳐 퇴적되어 형성된 지형
② 지형 특징: 자연 제방과 배후 습지로 구성

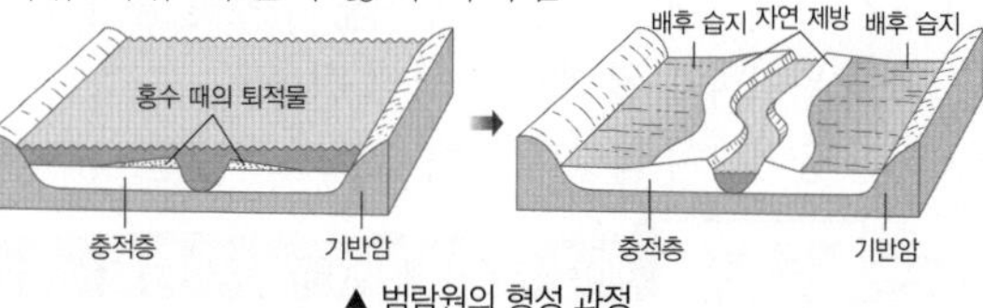

▲ 범람원의 형성 과정

구분	자연 제방	배후 습지
해발 고도	높음	낮음 → 홍수 시 침수 위험성이 큼
물질	모래질 토양 → 배수 양호	점토질 토양 → 배수 불량
전통적 토지 이용	밭(ㅛ), 과수원(ㅎ)	논(ㅛ)

* 전통적 토지 이용의 괄호 안은 지형도 기호임.

(3) 삼각주

① 하천 하구에서 유속의 감소로 하천이 운반하던 토사가 쌓여 형성된 퇴적 지형
② 조류에 의해 제거되는 토사의 양보다 하천이 공급하는 토사의 양이 많은 지역에서 잘 형성됨
③ 낙동강 하구 등지에 발달함 → 농경지 등으로 이용

✪ 차별 침식
풍화나 침식에 강한 암석과 약한 암석이 일정한 지역에 같이 분포할 경우 약한 암석 부분은 빨리 침식되고 강한 암석 부분은 느리게 침식되는 현상이다.

✪ 기온 역전
일반적으로 기온은 고도가 높아질수록 낮아지는데, 기온이 역전된 대기층에서는 오히려 높아진다. 이러한 기온 역전 현상은 겨울철 분지나 골짜기에서 잘 나타난다. 이는 밤에 차가운 공기가 산 사면을 따라 하강하여 분지나 골짜기의 바닥에 고이기 때문이다.

✪ 우각호(牛角湖)
U자 형태의 호수로, 곡류 하천의 유로 변경으로 형성된다.

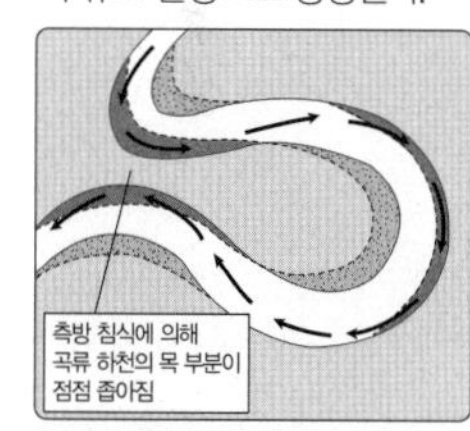

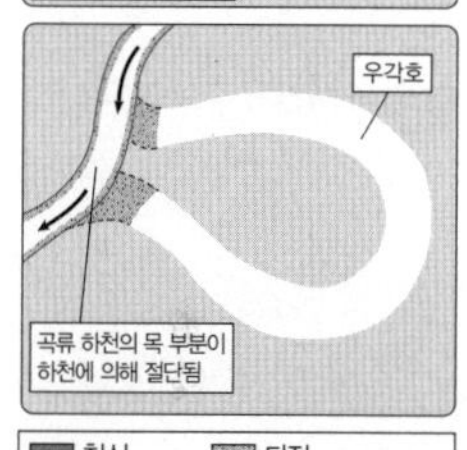

침식 퇴적 → 빠른 흐름 ----- 초기의 하천 유로

▲ 자유 곡류 하천과 우각호 형성

✪ 직강 공사
곡류하던 물길(하천 유로)을 직선의 형태로 바꾸는 것을 말한다.

개념 체크

1. (　　)는 산지로 둘러싸인 저지대로, 암석이 차별적인 풍화와 침식 작용을 받아 형성된 지형이다.
2. 자연 제방은 배후 습지보다 해발 고도가 (높고/낮고), 배수가 (양호하다/불량하다).

정답
1. 침식 분지
2. 높고, 양호하다

✪ 파랑
바다 또는 호수에서 일어나는 물결이다.

✪ 연안류
해안을 따라 한 방향으로 이동하는 해수의 흐름으로, 해안의 퇴적물(모래, 점토 등)을 운반한다.

✪ 조류
조수 간만의 차에 의해 발생하는 해수의 흐름으로, 조차가 큰 지역과 폭이 좁은 수로에서 빠르게 이동한다.

✪ 곶과 만

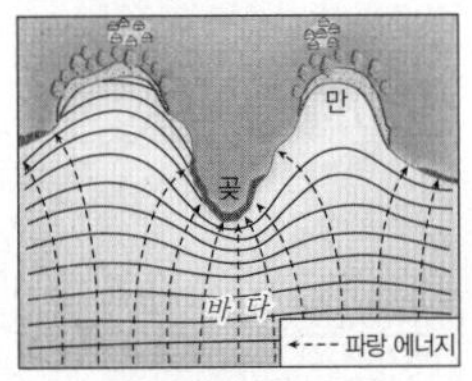

✪ 암석 해안의 주요 지형

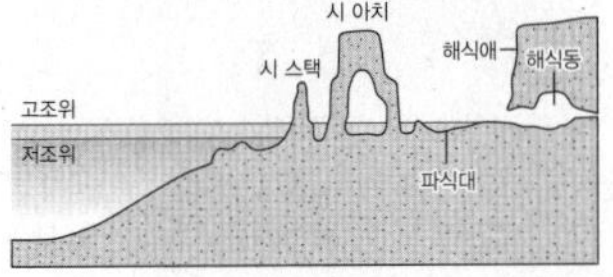

개념 체크

1. 육지가 바다 쪽으로 돌출한 해안인 (　　)은 파랑 에너지가 집중되어 (　　) 작용이 활발하고, 바다가 육지 쪽으로 들어간 해안인 (　　)은 파랑 에너지가 분산되어 (　　) 작용이 활발하다.
2. 과거의 파식대나 해안 퇴적 지형이 지반 융기 또는 해수면 하강에 의해 현재 해수면보다 높은 곳에 위치하게 된 지형을 (　　)라고 한다.

정답
1. 곶, 침식, 만, 퇴적
2. 해안 단구

5. 해안과 해안 지형

(1) 해안 지형을 형성하는 작용

① 해안 지형은 파랑, 연안류, 조류, 바람 등의 침식·퇴적 작용으로 형성됨
② 해안 지형은 지반의 융기, 기후 변화에 따른 해수면 변동의 영향을 받음

(2) 곶과 만에서의 지형 형성 작용

구분	곶	만
형태	육지가 바다 쪽으로 돌출한 해안	바다가 육지 쪽으로 들어간 해안
특징	파랑 에너지 집중 → 침식 작용 활발	파랑 에너지 분산 → 퇴적 작용 활발
주요 지형	해식애, 파식대, 시 스택 등	사빈, 해안 사구, 석호, 갯벌 등

(3) 우리나라 해안의 특징

① 동해안
- 태백산맥과 함경산맥이 해안선과 대체로 평행하여 해안선이 단순함
- 석호 발달, 신생대 지반 융기의 영향으로 해안 단구 분포

② 서·남해안
- 산맥과 해안선의 방향이 대체로 교차하여 해안선이 복잡함
- 한강, 금강 등 큰 하천의 운반 물질이 많고 조차가 크며 수심이 얕아 갯벌 발달
- 큰 조차에 따른 특수 항만 시설 발달 ㉠ 인천의 갑문, 군산 등지의 뜬다리 부두

(4) 해안 침식 지형

① 형성: 주로 곶에서 파랑의 침식 작용으로 형성됨
② 암석 해안
- 해식애: 파랑의 침식 작용으로 형성된 급경사의 해안 절벽
- 해식동: 해식애의 약한 부분이 집중적으로 침식되어 형성된 동굴
- 시 아치: 파랑의 침식 작용으로 바위가 뚫려 형성된 아치 모양의 지형
- 시 스택: 파랑의 침식 작용으로 주변부가 제거되고 남은 돌기둥 혹은 작은 바위섬
- 파식대: 파랑의 침식 작용으로 형성된 비교적 평탄한 지형, 해식애가 육지 쪽으로 후퇴하면서 점점 넓어짐

③ 해안 단구
- 과거의 파식대나 해안 퇴적 지형이 지반 융기 또는 해수면 하강에 의해 현재 해수면보다 높은 곳에 위치하게 된 계단 모양의 지형
- 지반 융기량이 많았던 동해안에 주로 발달, 농경지로 이용되거나 취락이 입지

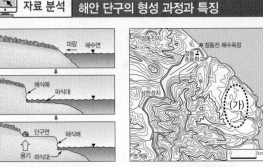

자료 분석 | 해안 단구의 형성 과정과 특징

▲ 해안 단구의 형성 과정

▲ 해안 단구(정동진)

해안 단구는 서해안보다 지반 융기량이 많았던 동해안에 잘 발달해 있다. 과거에 형성된 파식대나 해안 퇴적 지형이 지반 융기 또는 해수면 하강에 의해 형성된 것으로, 지형도에서 등고선 간격이 넓은 (가)가 해안 단구면이다. 해안 단구면은 과거 바닷물의 영향을 직접 받았던 곳이기 때문에 둥근 자갈이 발견되기도 한다.

(5) 해안 퇴적 지형

① 형성: 주로 만에서 파랑, 연안류, 조류 등의 퇴적 작용으로 형성됨

② 다양한 지형

- 사빈: 하천 또는 주변의 암석 해안으로부터 공급되어 온 모래가 파랑 및 연안류의 퇴적 작용을 받아 형성됨, 주로 해수욕장으로 이용
- 해안 사구: 사빈의 모래가 바다로부터 불어오는 바람에 날려 퇴적되어 형성된 모래 언덕
- 사주: 파랑 및 연안류에 의해 운반된 모래가 퇴적되어 형성된 좁고 긴 모래 지형
- 육계도와 육계사주: 사주에 의해 육지와 연결된 섬을 육계도라 하고, 육계도와 연결된 사주를 육계사주라고 함
- 석호: 후빙기 해수면 상승으로 형성된 만의 입구에 사주가 발달하여 바다와 분리되면서 형성된 호수, 동해안에 많이 발달해 있음, 관광 자원으로 활용

③ 갯벌: 조류의 퇴적 작용으로 형성됨, 밀물 때는 침수되고 썰물 때는 드러남

- 형성: 하천에 의한 토사 공급량이 많고 조차가 크며 수심이 얕은 곳에서 잘 발달함
- 기능과 이용: 다양한 종류의 생물이 서식하고 오염 물질 정화 기능이 있음, 양식장이나 염전으로 이용

6. 하천 및 해안의 이용과 변화

(1) 인간 활동에 의한 하천 지형의 변화

① 하천에 댐, 저수지, 보 건설 및 모래 준설

- 목적: 물 자원 확보, 전력 생산, 건설 자재 생산 등
- 영향: 수몰 지역 발생, 안개 발생 빈도 증가, 해안으로 공급되는 모래의 양 감소

② 하천 중·하류의 습지 개간 및 하천 직강화

- 목적: 농경지 확보, 시가지 확대 등
- 영향: 하천 주변의 생태계 파괴, 하천 하류 일대의 홍수 위험성 증가

③ 도시를 흐르는 하천의 변화

- 복개되어 교통로로 이용되는 하천이 많음
- 콘크리트 제방 공사, 직강 공사, 위락 시설 건설, 하천 골재 채취 등으로 하천 지형 및 생태계 파괴
- 근래 생태 하천으로 복원하는 사업 진행

많음 / 강우량 / 적음 — 도시화 이후의 하천 수위 변화 — 도시화 이전의 하천 수위 변화 — 높음 / 하천 수위 / 낮음 — 강우 — 강우 시작 후 경과 시간 →

▲ 도시화 이전·이후의 하천 수위 변화

(2) 인간 활동에 의한 해안 지형의 변화

① 간척: 방조제를 건설하여 갯벌을 농경지, 공업용지 등으로 이용

② 하굿둑, 방조제 건설: 해안에 공급되는 토사의 양 감소, 갯벌·사빈·사구의 축소 가능성 증가

③ 해안에 도로, 제방, 휴양 시설 등 건설: 모래의 침식이 활발해지면서 사빈 침식, 사구 파괴 등의 문제 발생

(3) 해안 침식의 대책

① 해안 침식을 방지할 수 있는 환경친화적인 해안 이용 및 보호 관리

② 모래 포집기, 그로인 등의 시설을 활용하여 모래 침식 완화

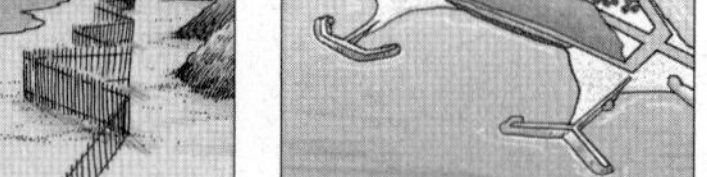

▲ 모래 포집기 ▲ 해안 침식 방지 시설

- 모래 포집기: 모래 침식 부분에 울타리같이 설치한 인공 구조물
- 그로인: 일정한 간격을 두고 바다 쪽으로 축조한 인공 구조물

✪ 석호의 분포

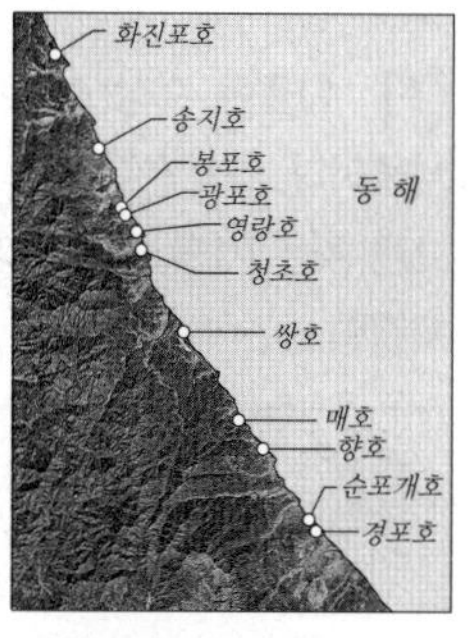

✪ 해안선의 길이와 변화

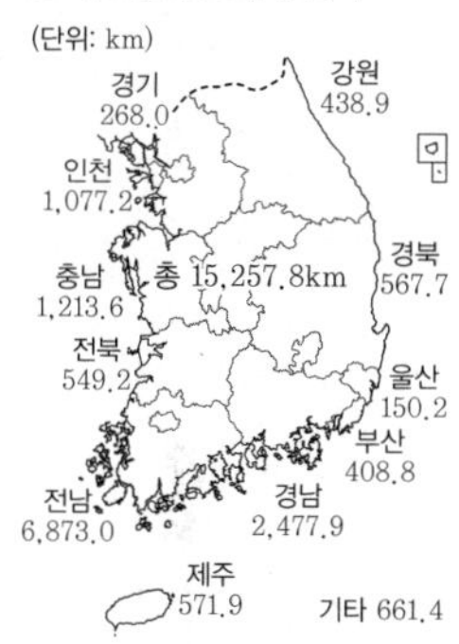

* 기타는 지적 등록 기준 지적도에 포함되지 않는 도서부, 인공 구조물 등임.
(2022년) (국립해양조사원)

2022년 통계 기준 해안선 총길이는 15,257.8km로, 2014년 통계 대비 자연 해안선은 105.7km 감소한 9,771.4km, 인공 해안선은 400.7km 증가한 5,486.4km이다. 이러한 변화의 주요 원인은 연안 매립, 방파제·해안 도로 건설 등이다.

✪ 그로인 설치 후의 변화

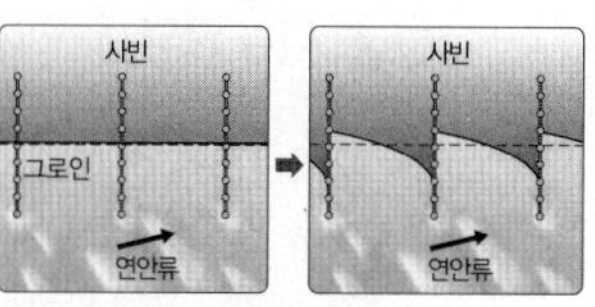

개념 체크

1. 사빈의 모래가 바람에 날려 퇴적되어 형성된 모래 언덕을 (　　)라고 한다.
2. 도시화가 이루어지면 강우 발생 시 하천의 최고 수위에 도달하는 시간은 도시화 이전보다 (빨라진다/느려진다).

정답
1. 해안 사구
2. 빨라진다

[24018-0031]

01 다음은 수상 스포츠에 대한 사회 관계망 서비스(SNS) 게시물이다. (가)에 대한 (나)의 상대적 특성을 그림의 A~E에서 고른 것은? (단, (가), (나)는 각각 동일 하천 유역의 서로 다른 지점임.)

geo-love
(가) 에서 도심의 전경과 함께 즐기는 수상 스포츠. 패들 보드 위에 서서 노를 저어 가세요.
#뚝섬 #흔들리는 물결

geo-holic
(나) 에서 자연의 절경과 함께 즐기는 수상 스포츠. 보트를 붙잡으며 노를 저어 가세요.
#어라연 #파도 같은 급류

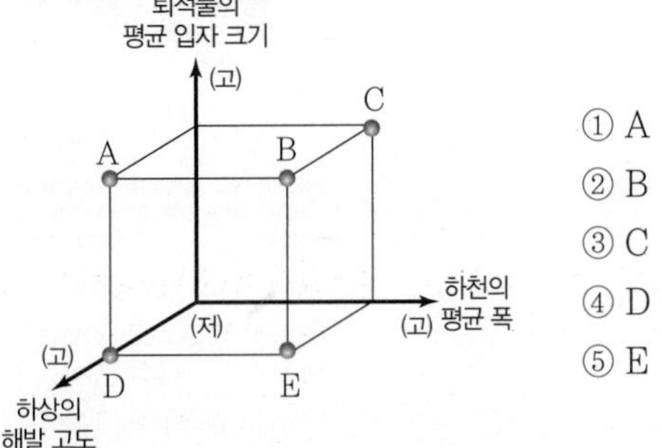

* (고)는 큼, 높음, 넓음을, (저)는 작음, 낮음, 좁음을 의미함.

① A
② B
③ C
④ D
⑤ E

[24018-0032]

02 다음 글의 ㉠~㉤에 대한 설명으로 옳지 않은 것은?

- 우리나라에서 ㉠대부분의 큰 하천은 황·남해로 흘러든다. 또한 우리나라 하천은 강수 특성의 영향으로 ㉡하상계수가 크게 나타나는데, 우리나라의 수자원 장기 종합 계획에는 이에 대비하는 내용이 담겨 있다.
- 황·남해로 흘러드는 하천에는 ㉢감조 구간이 잘 나타난다. ㉣하굿둑 건설에 따라 포구의 기능을 잃게 된 ㉤영산포에는 과거에 감조 구간에 위치했었다는 것을 보여 주는 우리나라 유일의 내륙 등대가 남아 있다.

① ㉠에는 동고서저의 지형 특성이 반영되어 있다.
② ㉡으로 인해 우리나라는 하천 교통 발달에 불리하다.
③ ㉢에서는 밀물 때가 썰물 때보다 홍수 발생 가능성이 크다.
④ ㉣의 목적으로 염해 방지와 용수 확보를 들 수 있다.
⑤ ㉤의 배들은 밀물 때 바다 쪽으로 운항하기에 유리하였다.

[24018-0033]

03 다음 글의 ㉠~㉦에 대한 설명으로 옳은 것은?

범람원은 ㉠자연 제방과 ㉡배후 습지로 구성되어 있으며, 평야 위를 곡류하는 하천인 ㉢ 은/는 대하천 중·하류의 범람원 위를 흐르는 지류 하천에서 잘 발달한다. ㉣삼각주는 하천으로부터 공급된 물질이 하천 하구에 퇴적된 지형이고, ㉤선상지는 하천이 운반한 물질이 부채 모양으로 퇴적된 지형으로 주로 하천 중·상류에 분포한다. 대하천 중·상류의 산지 지역에 나타나는 ㉥하안 단구는 산지 사이를 곡류하는 하천인 ㉦ 주변에 분포한다.

① ㉣은 하천에 의한 토사 공급량보다 조류에 의한 토사 제거량이 많을 때 잘 발달한다.
② ㉤에서는 하천이 복류하는 구간이 나타난다.
③ ㉡은 ㉠보다 평균 해발 고도가 높다.
④ ㉢은 ㉦보다 유로 변경이 제한적이다.
⑤ ㉣은 ㉥보다 퇴적 물질의 평균 입자 크기가 크다.

[24018-0034]

04 다음은 답사 보고서의 일부이다. 이에 대한 설명으로 옳은 것만을 〈보기〉에서 있는 대로 고른 것은?

강원 평화 지역 국가 지질 공원 답사 보고서

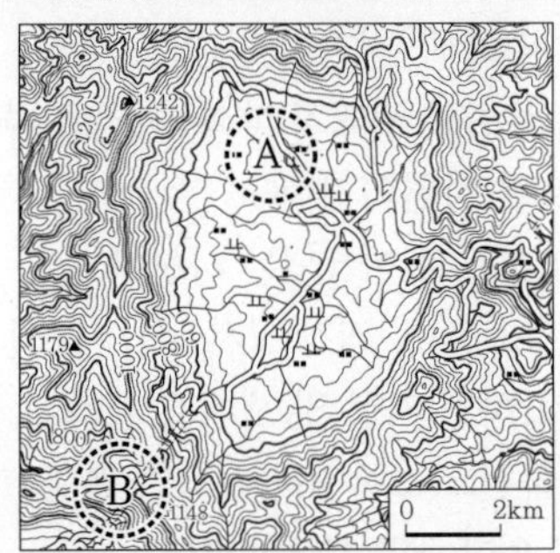

- □□ 지역의 (가) 지형 관련 명칭: 해안(亥安) 분지, 펀치볼(punch bowl)
- 20◇◇년 1월 19일 새벽 6시의 기온: 관측 결과 (나) 에서는 −12.4℃, (다) 에서는 1.4℃로 기온 역전 현상이 나타남.

● 보기 ●

ㄱ. (가) 지형은 주로 하천 중·상류 지역에 분포한다.
ㄴ. (가) 지형은 기반암의 차별 풍화·침식으로 형성된다.
ㄷ. (나)는 B의 한 지점, (다)는 A의 한 지점일 것이다.
ㄹ. B는 A보다 주된 기반암의 형성 시기가 이르다.

① ㄱ, ㄴ ② ㄷ, ㄹ ③ ㄱ, ㄴ, ㄷ
④ ㄱ, ㄴ, ㄹ ⑤ ㄴ, ㄷ, ㄹ

[24018-0035]

05 그래프에 대한 설명으로 옳은 것만을 〈보기〉에서 있는 대로 고른 것은? (단, (가)~(라)는 각각 강원, 경남, 전남, 충남 중 하나임.)

〈해안선 총길이의 지역별 비율〉

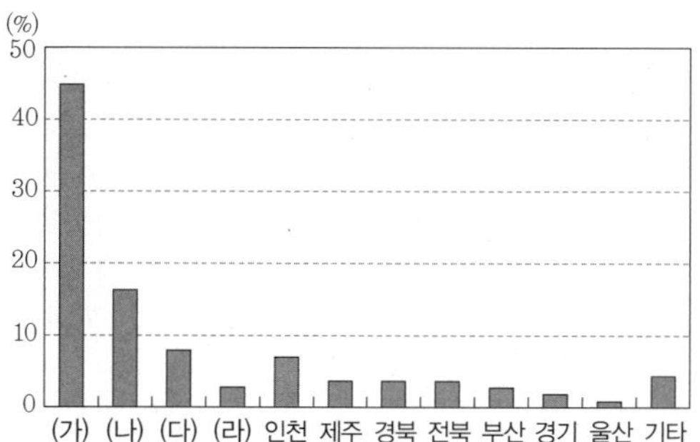

* 기타는 지적 등록 기준 지적도에 포함되지 않는 도서부, 인공 구조물 등임.
(2022년) (국립해양조사원)

● 보기 ●

ㄱ. (가)는 (나)보다 갯벌의 면적이 넓다.
ㄴ. (다)의 해안 지역은 (라)의 해안 지역보다 신생대 지반 융기의 영향을 크게 받았다.
ㄷ. (나)는 동해, (라)는 남해와 접해 있다.

① ㄱ ② ㄴ ③ ㄷ
④ ㄱ, ㄴ ⑤ ㄴ, ㄷ

[24018-0036]

06 지도의 A~D 지형에 대한 설명으로 옳지 않은 것은?

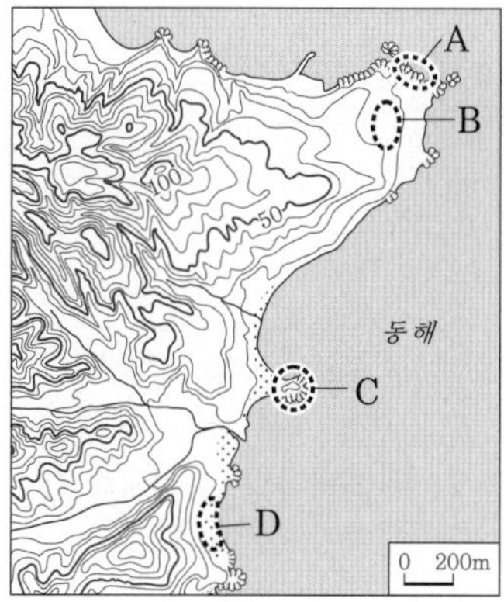

① A는 침식에 의해 육지 쪽으로 후퇴한다.
② B의 퇴적층에서는 원마도가 높은 자갈이 발견된다.
③ C는 사주에 의해 육지와 연결된 육계도이다.
④ D는 파랑과 연안류의 퇴적 작용으로 형성되었다.
⑤ A는 만(灣), D는 곶(串)에서 주로 발달한다.

[24018-0037]

07 사진의 A~E 지형에 대한 설명으로 옳은 것은? (단, A~E는 각각 갯벌, 사빈, 사주, 석호, 해안 사구 중 하나임.)

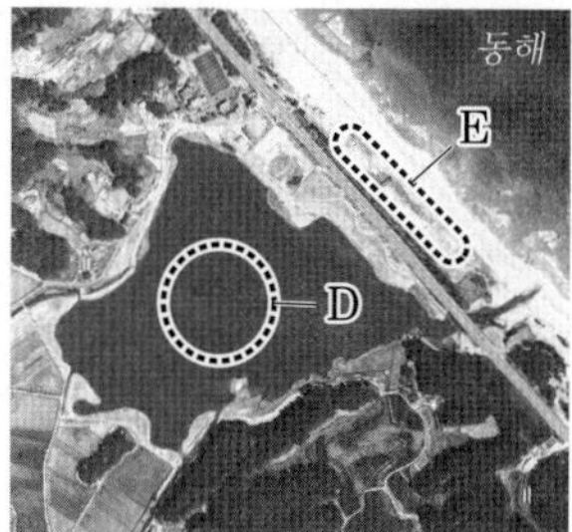

① A는 하루 종일 바닷물에 잠기는 곳이다.
② C는 담수를 저장하는 물 저장고 역할을 한다.
③ D는 동해안보다 서해안 지역에 많이 분포한다.
④ B는 A보다 오염 물질을 정화하는 기능이 크다.
⑤ D와 E는 모두 현재보다 해수면이 낮았던 빙기에 형성되었다.

[24018-0038]

08 다음 자료의 ㉠~㉢에 대한 설명으로 옳은 것만을 〈보기〉에서 있는 대로 고른 것은?

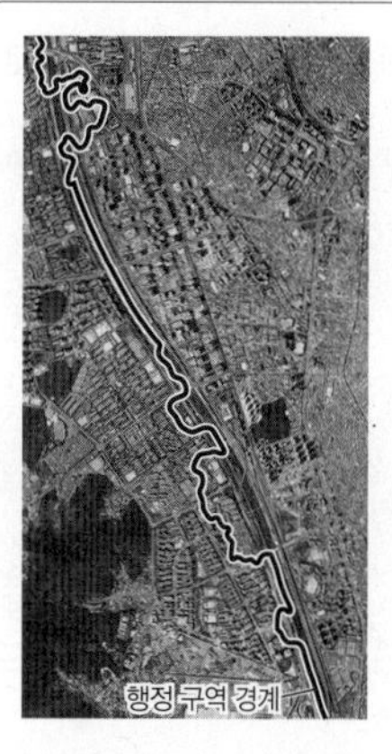

서울특별시와 경기도 광명시 사이의 행정 구역 경계 일부는 과거에 ㉠ 하던 안양천의 하도를 따라 설정되어 있다. 이후 안양천은 ㉡하천 직강화, 하천 복개 등의 사업이 이루어졌으며, 이와 관련하여 행정 구역들의 일부가 섬처럼 고립되어 있는 점이 흥미롭다. 한편, 근래에 안양천을 ㉢생태 하천으로 복원하는 사업이 이루어졌는데, 이는 해당 사업의 모범 사례로 꼽힌다.

*복개: 하천에 덮개 구조물을 씌워 겉으로 드러나지 않도록 함.

● 보기 ●

ㄱ. ㉠에는 '자유 곡류'가 들어갈 수 있다.
ㄴ. ㉡으로 인해 하천 하류 일대의 홍수 위험이 감소한다.
ㄷ. ㉢으로 인해 도시 열섬 현상이 완화될 수 있다.
ㄹ. ㉢은 ㉡보다 하천의 자정 능력을 증가시킬 수 있다.

① ㄱ, ㄴ ② ㄴ, ㄷ ③ ㄷ, ㄹ
④ ㄱ, ㄴ, ㄹ ⑤ ㄱ, ㄷ, ㄹ

[24018-0039]

1 **다음 자료의 (가)~(다) 하천에 대한 설명으로 옳은 것은? (단, (가)~(다)는 각각 낙동강, 오십천, 한강 중 하나임.)**

〈삼수령 기념탑과 실질적인 삼수령 분수계의 위치〉

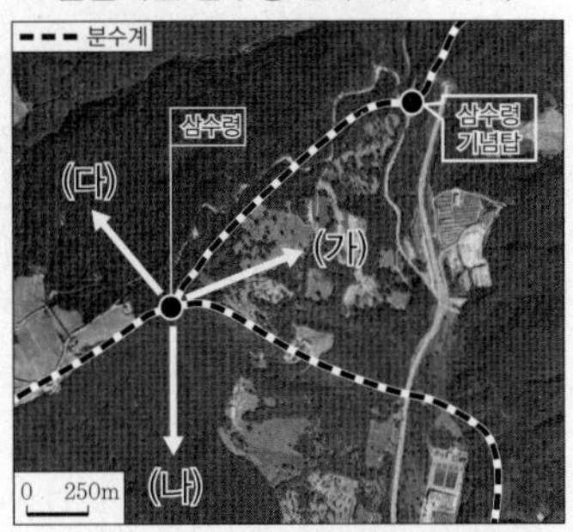

태백의 삼수령(三水嶺)이라는 지명은 세 개의 물길이 갈라지는 고개라는 의미인데, 이곳은 우리나라에서 유일하게 세 바다로 유입되는 물길을 가르는 분수령을 이룬다. 그 이유는 무엇일까? 의문은 지도를 보면 풀린다. 이 고개는 백두대간에서 뻗어 나온 낙동정맥이 동남쪽으로 갈라지는 곳으로, 삼수령에 떨어진 빗물이 동쪽으로 흐르면 삼척 방향의 (가) 이 되고, 남쪽으로 흐르면 (나) 의 근원인 황지천의 물줄기가 되며, 북쪽으로 흐르면 정선의 아우라지를 거쳐 (다) 의 근원인 골지천의 물줄기가 된다. 한편, 이곳을 방문하는 사람들은 삼수령 기념탑이 있는 곳을 삼수령이라고 생각하기 쉬우나, 진정한 의미의 삼수령 위치는 기념탑이 있는 지점에서 매봉산 능선을 따라 남서쪽으로 약 1km 거리의 지점이다.

① (가)의 하구에는 삼각주가 넓게 발달해 있다.
② (가)는 (다)보다 하구 연안에 갯벌이 넓게 발달해 있다.
③ (나)는 (가)보다 경유하는 시 · 군 단위의 행정 구역 수가 많다.
④ (가)~(다) 중 하구 퇴적물의 평균 입자 크기는 (나)가 가장 크다.
⑤ (가)~(다) 중 하구에 하굿둑이 설치되어 있는 하천은 (다)이다.

[24018-0040]

2 **다음 자료에 대한 설명으로 옳지 않은 것은?**

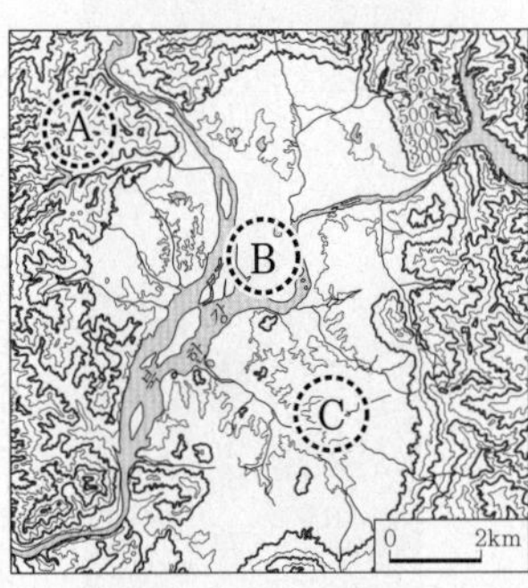

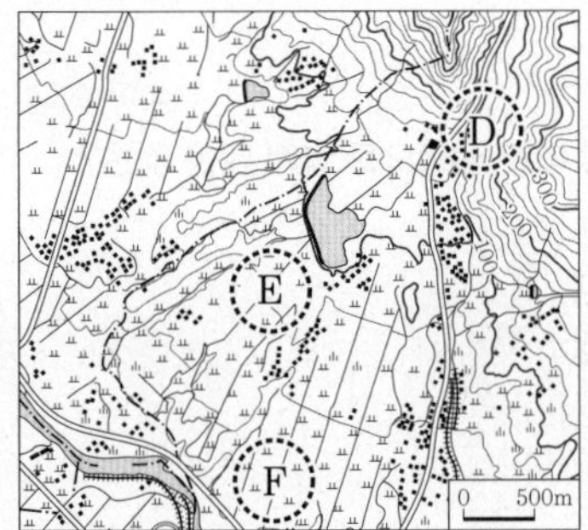

지명은 그 지역의 특징을 반영하는 경우가 많은데, 찬 우물 마을이라는 의미를 지닌 (가) 은/는 용천이 나타나기에 알맞은 지형 조건을 갖추고 있다. 한편, 이중환의 『택리지』에서 우두촌(牛頭村)은 강가에 살 만한 곳 중 평양 다음인 곳으로, 두 가닥 물이 옷깃처럼 합류하는 그 안쪽에 위치하였다고 서술되어 있으며, (나) 에는 우두평야가 발달해 있다.

① C의 기반암은 마그마가 관입하여 형성되었다.
② E의 논은 인근 저수지의 물을 농업용수로 사용할 것이다.
③ A의 기반암은 C의 기반암보다 산지의 정상부를 이룰 때 기반암의 노출 비율이 높다.
④ D는 E보다 전통 취락 발달에 유리하였다.
⑤ (가)는 F, (나)는 B와 관계가 깊을 것이다.

[24018-0041]

3 **지도에 대한 설명으로 옳지 않은 것은?**

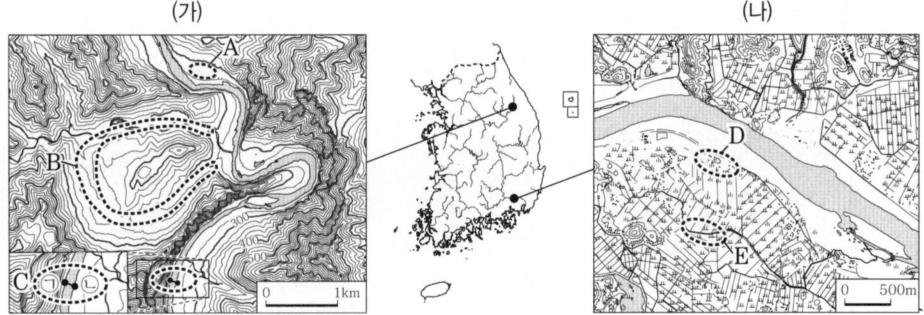

① (가)는 (나)보다 신생대 지반 융기의 영향을 크게 받았다.
② B는 과거에 하천이 흘렀던 곳이다.
③ C에서 ㉠-㉡의 하천 바닥 단면은 대략 와 같은 형태로 나타난다.
④ A는 E보다 홍수 시 침수 가능성이 높다.
⑤ D는 E보다 토양의 투수성이 높다.

[24018-0042]

4 **다음은 한국지리 수업 장면이다. 발표 내용이 옳은 학생만을 고른 것은?**

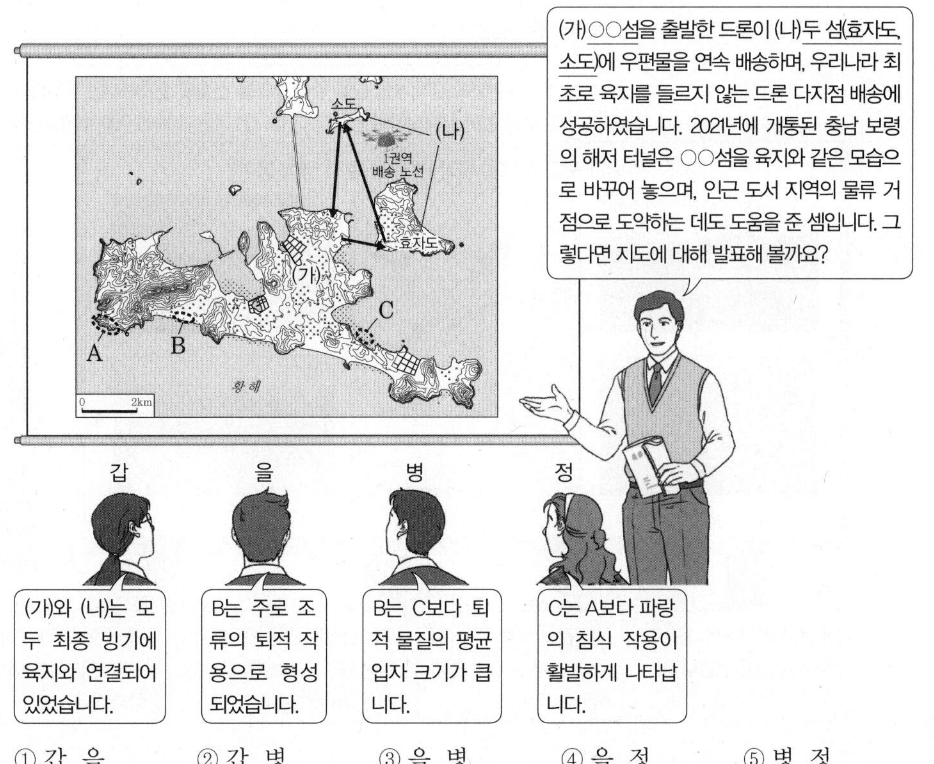

(가)○○섬을 출발한 드론이 (나)두 섬(효자도, 소도)에 우편물을 연속 배송하며, 우리나라 최초로 육지를 들르지 않는 드론 다지점 배송에 성공하였습니다. 2021년에 개통된 충남 보령의 해저 터널은 ○○섬을 육지와 같은 모습으로 바꾸어 놓으며, 인근 도서 지역의 물류 거점으로 도약하는 데도 도움을 준 셈입니다. 그렇다면 지도에 대해 발표해 볼까요?
소도
(나)
1권역 배송 노선
효자도
(가)
A
B
C
황해
0 2km
갑
을
병
정
(가)와 (나)는 모두 최종 빙기에 육지와 연결되어 있었습니다.
B는 주로 조류의 퇴적 작용으로 형성되었습니다.
B는 C보다 퇴적 물질의 평균 입자 크기가 큽니다.
C는 A보다 파랑의 침식 작용이 활발하게 나타납니다.

① 갑, 을　② 갑, 병　③ 을, 병　④ 을, 정　⑤ 병, 정

[24018-0043]

5 다음 자료는 강원특별자치도 강릉시 해안 지형 다큐멘터리 촬영을 위한 장면 설정이다. ㉠~㉤에 대한 설명으로 옳지 않은 것은?

A 촬영 장면
㉠ (으)로 형성된 만의 입구에 사주가 발달하여 형성된 ㉡호수인 경포호를 보여 준 후, 일대의 해송림을 산책하는 관광객과 인터뷰한다.
B 촬영 장면
㉢지반 융기 또는 해수면 하강에 의해 해수면보다 높은 곳에 위치하게 된 계단 모양의 지형으로, 천연기념물로 지정되어 있다는 내레이션으로 시작한다.
C 촬영 장면
일대 지형이 바다를 향해 부채를 펼쳐 놓은 모양과 같은 바다 부채길에서 ㉣해식애와 ㉤시스택을 감상하며 트레킹하는 사람들의 모습을 줌 인한다.

① ㉠에 들어갈 적절한 내용은 '후빙기 해수면 상승'이다.
② ㉡의 물은 주변 농경지의 주요 농업용수로 이용된다.
③ ㉢은 서해안보다 동해안 지역에 많이 분포한다.
④ ㉡과 ㉤은 모두 자연 상태에서 시간이 지나면 규모가 축소된다.
⑤ ㉣과 ㉤은 모두 파랑 에너지가 집중되는 곶(串)에서 주로 발달한다.

[24018-0044]

6 다음은 한국지리 수업 장면이다. 발표 내용이 옳은 학생만을 있는 대로 고른 것은? (단, (가)~(라)는 각각 댐, 방조제, 보, 하굿둑 중 하나임.)

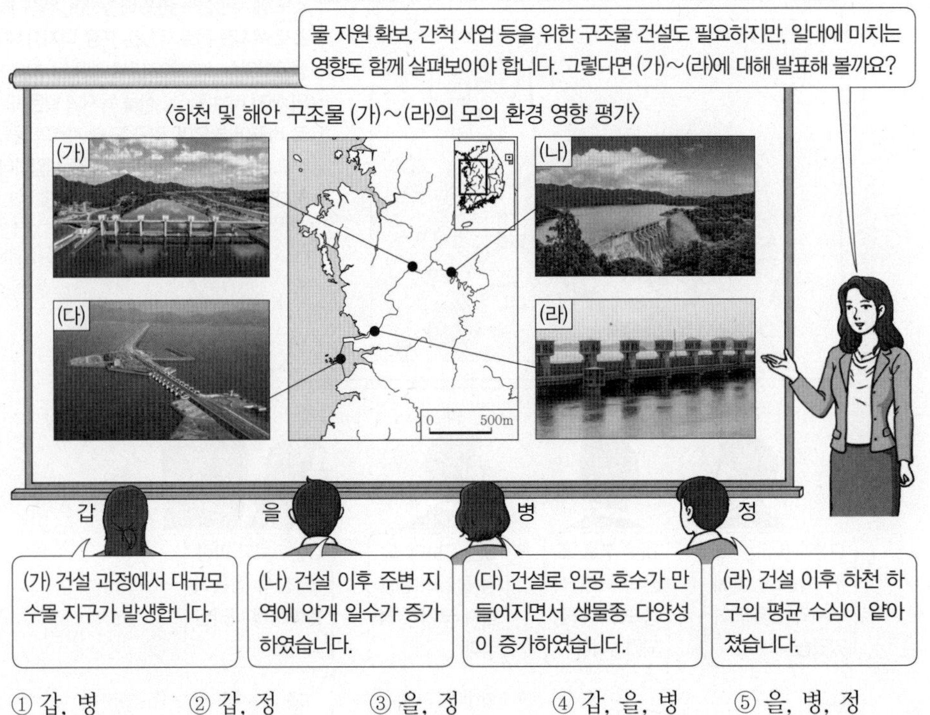

물 자원 확보, 간척 사업 등을 위한 구조물 건설도 필요하지만, 일대에 미치는 영향도 함께 살펴보아야 합니다. 그렇다면 (가)~(라)에 대해 발표해 볼까요?
〈하천 및 해안 구조물 (가)~(라)의 모의 환경 영향 평가〉
(가)
(나)
(다)
(라)
0 500m
갑
을
병
정
(가) 건설 과정에서 대규모 수몰 지구가 발생합니다.
(나) 건설 이후 주변 지역에 안개 일수가 증가하였습니다.
(다) 건설로 인공 호수가 만들어지면서 생물종 다양성이 증가하였습니다.
(라) 건설 이후 하천 하구의 평균 수심이 얕아졌습니다.

① 갑, 병 ② 갑, 정 ③ 을, 정 ④ 갑, 을, 병 ⑤ 을, 병, 정

05 화산 지형과 카르스트 지형

1. 화산 지형

(1) 화산 지형의 형성과 분포 및 유형

① 형성: 지하의 마그마가 지각의 틈을 통해 지표로 분출하여 만들어짐, 주로 신생대에 형성됨

② 분포: 백두산, 제주도, 울릉도, 철원·평강 일대 등

③ 유형

종상(종 모양) 화산	순상(방패 모양) 화산	용암 대지
• 경사가 급함 • 점성이 크고 유동성이 작은 조면암·안산암질 용암의 분출로 형성됨 • 울릉도, 한라산의 산정부	• 경사가 완만함 • 점성이 작고 유동성이 큰 현무암질 용암의 분출로 형성됨 • 백두산·한라산의 산록부	• 용암으로 메워진 대지 • 점성이 작고 유동성이 큰 현무암질 용암의 분출로 형성됨 • 철원·평강, 개마고원 일부 등

(2) 주요 화산 지형

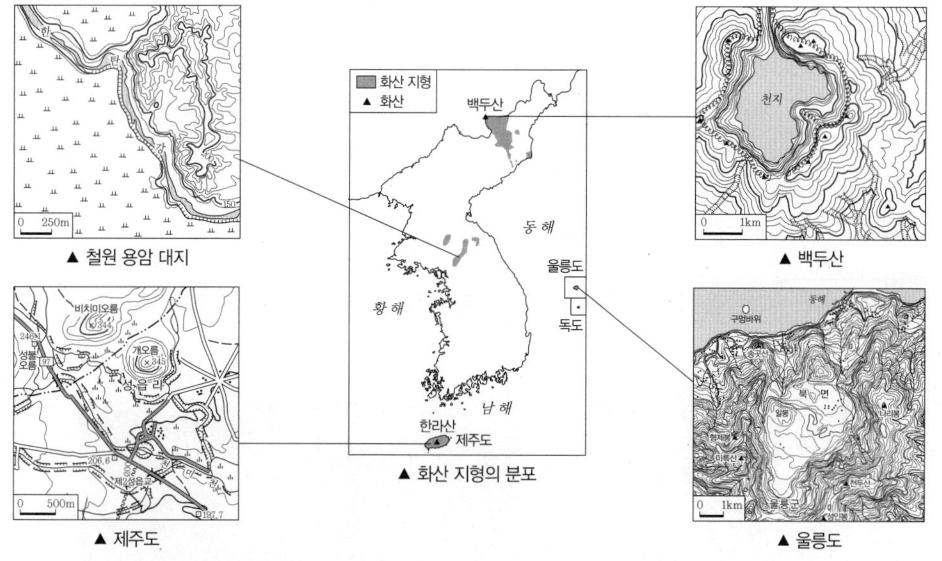

▲ 철원 용암 대지 ▲ 백두산 ▲ 제주도 ▲ 울릉도 ▲ 화산 지형의 분포

① 백두산

• 우리나라에서 해발 고도가 가장 높은 산으로 경사가 급한 산 정상부를 제외하면 전체적으로 경사가 완만한 지형을 이룸

• 천지: 분화 후 분화구 부근이 함몰되어 형성된 칼데라에 물이 고인 칼데라호

• 백두산과 그 주변의 개마고원 북부 지역은 우리나라에서 가장 넓은 화산 지대를 이룸

② 제주도

• 한라산: 산록 부분은 순상 화산, 산의 정상 부분은 종상 화산을 이루는 복합 화산

• 백록담: 분화구에 물이 고인 화구호

• 기생 화산(측화산): 소규모 용암 분출이나 화산 쇄설물에 의해 형성된 작은 화산

✪ 개마고원

함경도 삼수·갑산·풍산·장진군 등에 넓게 발달한 고원으로, 북부 일부에 용암 대지가 분포한다.

✪ 칼데라

마그마가 분출한 이후 분화구 부근이 함몰되어 형성된 커다란 분지로, 분화구보다 규모가 크다.

✪ 기생 화산(측화산)

대개 큰 화산의 옆에 생긴 작은 화산을 말한다. 제주도에서는 '오름' 또는 '악'이라고 부른다. 제주도에는 기생 화산이 360여 개 있다.

▲ 성불오름

개념 체크

1. 점성이 크고 유동성이 작은 용암이 굳어 경사가 급한 형태로 나타나는 화산은 (순상/종상) 화산이며, 점성이 작고 유동성이 큰 용암이 굳어 경사가 완만한 방패 형태를 지니는 화산은 (순상/종상) 화산이다.

2. 백두산 천지는 분화구 부근이 함몰되어 형성된 (　　)에 물이 고인 호수이며, 한라산 (　　)은 분화구에 물이 고인 화구호에 속한다.

3. 제주도에는 ○○오름, ○○악으로 불리는 360여 개의 (　　)이 분포한다.

정답

1. 종상, 순상
2. 칼데라, 백록담
3. 기생 화산(측화산)

✪ 주상 절리
분출한 용암이 냉각되는 과정에서 다각형의 기둥 모양으로 절리가 형성되는데, 이를 주상 절리라고 한다.

✪ 울릉도와 독도 화산체
울릉도와 독도는 동해의 해저 화산 활동으로 형성된 화산섬으로, 해저로부터 솟은 거대한 화산체의 산정부 일부가 해수면 위로 드러나 있는 것이다.

✪ 중앙 화구구
화구 또는 칼데라 내부에 만들어진 상대적으로 작은 화산체로, 울릉도의 알봉이 이에 해당한다.

- 용암 동굴: 점성이 작은 용암이 흘러내릴 때 주로 표층부와 하층부의 냉각 속도 차이에 의해 형성됨 ㉠ 만장굴, 김녕굴, 벵뒤굴 등
- 주상 절리 발달: 용암이 냉각되는 과정에서 수축하면서 형성된 주상 절리가 발달함
- 지표수 부족: 지표수가 부족하여 주로 밭농사가 이루어지며 건천이 나타남, 해안에는 용천대가 발달함

탐구 활동 제주도의 용천과 전통 취락 분포

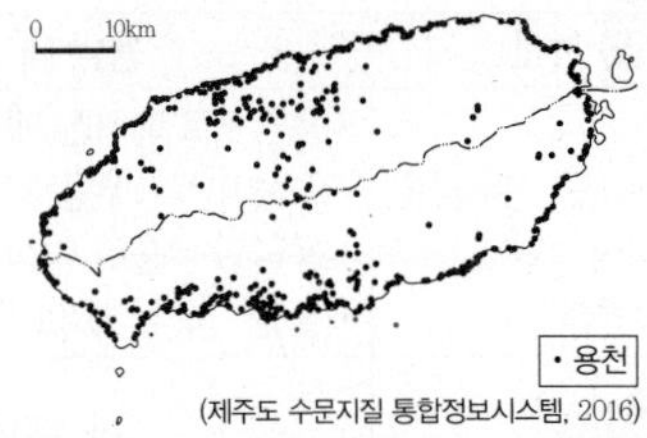

(제주도 수문지질 통합정보시스템, 2016)
▲ 제주도의 용천 분포

(제주도 수문지질 통합정보시스템, 2016)
▲ 제주도의 전통 취락 분포

▸▸ **제주도의 용천 분포가 해안가를 따라 나타나는 이유를 설명해 보자.** 제주도는 신생대에 여러 차례에 걸친 화산 활동을 거쳐 형성되었다. 제주도의 지표는 투수성이 높은 화산암 풍화토의 비율이 높고, 이로 인해 지표수는 대부분 지하로 스며들어 흘러가다 해안 지대에 이르러 샘의 형태로 솟아 용천대를 이룬다.

▸▸ **제주도의 전통 취락 분포와 용천과의 관계를 설명해 보자.** 제주도의 전통 취락은 용수를 구하기 쉬운 곳을 중심으로 자리 잡고 있다. 제주도는 수직 절리가 발달하는 화산암으로 인해 대부분의 하천이 건천의 형태로 나타나며 물을 구하기 쉽지 않다. 이로 인해 전통 취락은 물을 구하기 좋은 용천을 중심으로 발달하였다.

③ 울릉도와 독도

- 울릉도: 주로 점성이 큰 조면암질 용암이 분출하여 형성된 화산섬, 섬 중앙부에 칼데라 분지(나리 분지)와 칼데라 분지 내부에서 용암이 분출하여 형성된 중앙 화구구(알봉)가 있는 이중 화산체, 해안에 주상 절리 분포
- 독도: 동해의 해저에서 용암이 분출하여 형성된 화산섬

탐구 활동 한탄강 · 임진강 용암 대지와 토지 이용

▲ 한탄강 용암 대지

▲ 임진강 용암 대지와 주상 절리(연천군 동이리)

▸▸ **한탄강 · 임진강 용암 대지와 임진강 주상 절리의 형성 과정을 설명해 보자.** 철원 · 평강 · 연천 일대에는 평강군 오리산에서 분출한 용암이 하곡과 낮은 대지를 메우면서 넓은 용암 대지가 형성되었으며, 용암이 굳으면서 주상 절리가 형성되었다. 임진강 주상 절리는 용암 대지가 하천의 침식을 받아 하곡 양안에 형성된 주상 절리가 드러난 것이다.

▸▸ **한탄강 · 임진강 용암 대지의 토지 이용을 설명해 보자.** 철원 · 평강 · 연천 일대에 형성된 용암 대지에는 미립질 토양으로 덮인 넓은 평야가 발달하였다. 용암 대지는 일대의 하천(한탄강, 임진강)을 따라 수리 시설을 설치한 후 벼농사에 이용하고 있으며, 화산 지형(주상 절리)이 발달한 아름다운 협곡을 관광 산업에 이용하고 있다.

개념 체크

1. (　　)는 용암이 냉각되는 과정에서 다각형의 기둥 모양으로 갈라진 틈, 즉 수직 절리가 형성된 것이다.
2. 제주도에는 강수가 지하로 스며들어 흘러가다 해안가에서 샘의 형태로 솟아오르는 (　　)이 발달하였다.
3. 울릉도의 알봉과 같이 칼데라 내부에 만들어진 작은 화산체를 (　　)라고 한다.

정답
1. 주상 절리
2. 용천
3. 중앙 화구구

④ 철원 · 평강 일대의 용암 대지
- 점성이 작은 현무암질 용암이 열하 분출(틈새 분출)하여 당시의 골짜기나 분지를 메워 형성됨
- 한탄강 · 임진강 주변에 주상 절리가 발달함, 수리 시설을 이용하여 벼농사가 이루어짐

2. 카르스트 지형

(1) 형성과 분포

① 형성: 석회암의 주성분인 탄산 칼슘이 빗물이나 지하수의 용식 작용을 받아 형성됨

② 분포: 고생대의 조선 누층군이 분포하는 강원도 남부, 충청북도 북동부, 경상북도 북부 일대를 중심으로 분포

석회암

▲ 석회암 분포

(2) 주요 지형

① 돌리네
- 석회암 지대에서 빗물이 지하로 스며드는 배수구(싱크홀)의 주변이 빗물에 용식되어 형성된 깔때기 모양의 우묵한 지형
- 적색의 석회암 풍화토가 형성되어 있으며, 배수가 양호하여 주로 밭으로 이용됨
- 용식 작용이 진행되면서 두 개 이상의 돌리네가 합쳐지면 우발라가 됨

② 석회 동굴
- 석회암 지대에서 지하수의 용식 작용을 받아 형성된 동굴로 절리 밀도가 높은 지역에서 잘 발달함, 동굴 내부에 종유석 · 석순 · 석주 등이 발달함
- 관광 자원으로 활용됨 ㉠ 고수 동굴(단양), 고씨굴(영월), 환선굴(삼척) 등

(3) 토양과 자원

① 석회암 풍화토: 석회암이 용식된 후 남은 철분 등이 산화되어 형성된 붉은색의 토양

② 석회석: 시멘트 공업의 주된 원료로 이용됨

자료 분석 **카르스트 지형의 형성과 특징**

폴리에 (넓은 용식 분지)
싱크홀
돌리네
석회 동굴
종유석
석순
석주

▲ 카르스트 지형의 모식도

▲ 카르스트 지형도(충청북도 단양군)

우리나라의 카르스트 지형은 고생대 조선 누층군(강원도 남부, 충청북도 북동부, 경상북도 북부)의 옥천대와 평안 누층군(평안남도, 함경남도 남서부, 황해도 북부)의 평남 분지에서 잘 나타난다. 카르스트 지형은 탄산 칼슘을 주성분으로 하는 석회암이 빗물과 지하수에 용식되면서 형성되는 지형 경관으로, 지표에는 돌리네, 싱크홀, 우발라와 같은 움푹 파인 지형(지형도의)과 붉은색 토양(테라로사)이 나타나며, 지하에는 종유석이나 석순 등이 발달한 동굴이 발달한다. 돌리네는 석회암이 용식 작용을 받아 형성된 내부 배수구(싱크홀)를 통해 물이 잘 빠지며, 농경지는 주로 밭으로 이용된다.

✪ 열하 분출(틈새 분출)
지각의 길게 벌어진 틈으로 솟아오른 용암이 주변으로 넘쳐 흐르는 방식으로 나타나는 화산 분출이다.

✪ 석회암
주로 탄산 칼슘 성분으로 이루어진 퇴적암이다. 고생대 조선 누층군에 주로 분포한다.

✪ 용식 작용
이산화 탄소가 녹아 있는 물이 탄산 칼슘을 주성분으로 하는 석회암을 용해하는 화학적 풍화 작용이다. 석회암이 용식 작용을 받아 형성된 지형을 카르스트 지형이라고 한다.

✪ 돌리네
석회암이 용식 작용을 받아 형성된 움푹 파인 구덩이로, 지역에 따라 '움밭' 또는 '못밭'이라고도 한다.

✪ 종유석, 석순, 석주
종유석은 석회 동굴의 천장에 달린 고드름 모양의 탄산 칼슘 덩어리이고, 석순은 동굴 천장에서 바닥으로 떨어진 물방울에서 침전된 죽순 모양의 탄산 칼슘 덩어리이며, 종유석과 석순이 붙어서 기둥 모양을 이룬 것이 석주이다.

✪ 환선굴
강원특별자치도 삼척시에 있는 석회 동굴이다. 남한에서 규모가 가장 크고 복잡한 구조를 지닌 동굴로 알려져 있으며, 천연기념물로 지정되어 있다.

개념 체크

1. 카르스트 지형은 석회암의 주성분인 탄산 칼슘이 빗물이나 지하수의 (　　) 작용을 받아 형성된다.
2. 카르스트 지형이 발달한 지역에서 석회암이 용식된 후 남은 철분이 산화되어 형성되는 토양의 색은 (　　)이다.

정답
1. 용식
2. 붉은색 또는 적색

[24018-0045]

01 다음은 한국지리 온라인 수업 장면의 일부이다. 교사의 질문에 옳게 답한 학생을 고른 것은?

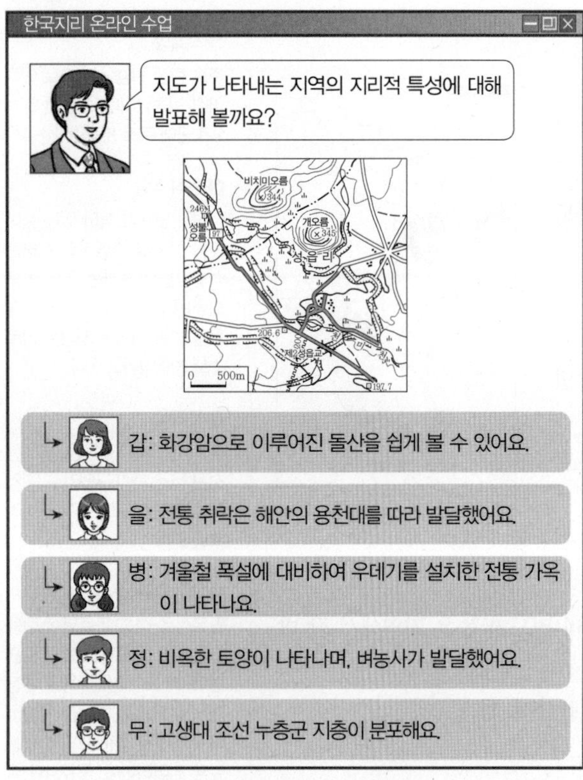

한국지리 온라인 수업
지도가 나타내는 지역의 지리적 특성에 대해 발표해 볼까요?
비치미오름
개오름
성읍리
0 500m
갑: 화강암으로 이루어진 돌산을 쉽게 볼 수 있어요.
을: 전통 취락은 해안의 용천대를 따라 발달했어요.
병: 겨울철 폭설에 대비하여 우데기를 설치한 전통 가옥이 나타나요.
정: 비옥한 토양이 나타나며, 벼농사가 발달했어요.
무: 고생대 조선 누층군 지층이 분포해요.

① 갑　② 을　③ 병　④ 정　⑤ 무

[24018-0046]

02 다음 글의 ㉠~㉥에 대한 설명으로 옳은 것은?

> 한탄강 세계 지질 공원의 소이산 주변에는 현무암질 용암이 골짜기를 메워 형성된 ㉠용암 대지가 펼쳐져 있으며, 한탄강과 ㉡임진강을 따라 현무암 절벽과 ㉢주상 절리, 폭포가 발달한다.
> 제주도 세계 지질 공원의 ㉣한라산 주변에는 ㉤다수의 하천이 형성되어 있지만 연중 항상 물이 흐르는 경우는 거의 없다. 한편, 제주도 남서부의 ㉥산방산은 완경사의 제주도 해안에 우뚝 솟은 화산체로서, 이곳에서 바라보는 해안 풍경이 멋진 것으로 잘 알려져 있다.

① ㉠은 유동성이 큰 용암이 열하 분출하여 형성되었다.
② ㉢은 암석의 탄산 칼슘 성분이 물, 공기와 접촉하여 형성된다.
③ ㉣의 정상부에는 칼데라호가 분포한다.
④ ㉥은 방패 모양으로 경사가 완만하다.
⑤ ㉤은 ㉡보다 연평균 유량이 많다.

[24018-0047]

03 다음 자료의 ㉠~㉣에 대한 설명으로 옳은 것만을 〈보기〉에서 고른 것은?

> ㉠카르스트 지형은 단양 주민들의 삶에 깊이 자리 잡고 있다. 추사 김정희가 '백 척의 돌 무지개'로 표현한 우리나라 명승 제45호 단양 석문(石門)은 ㉡석회 동굴이 무너진 후 남은 동굴 천장의 일부가 구름다리처럼 형성된 것이다.
>
> 
> ▲ 석문
>
> 이 외에도 석회석을 주재료로 활용하는 [㉢] 공장, ㉣돌리네를 활용한 못밭 등이 나타난다.

보기

ㄱ. ㉠－마그마가 지표로 분출하는 지역에서 나타난다.
ㄴ. ㉡－석회암이 기계적 풍화 작용을 받아 형성된다.
ㄷ. ㉢－'시멘트'가 들어갈 수 있다.
ㄹ. ㉣－붉은색을 띠는 간대토양이 분포한다.

① ㄱ, ㄴ　② ㄱ, ㄷ　③ ㄴ, ㄷ
④ ㄴ, ㄹ　⑤ ㄷ, ㄹ

[24018-0048]

04 표는 지형과 관련된 지리 탐구 계획이다. 탐구 주제에 적합한 조사 지역을 선정한 학생을 고른 것은?

학생	탐구 주제	조사 지역
갑	돌리네에서 재배하는 주요 농작물	A
을	유동성이 큰 용암이 분출하면서 형성된 넓은 평야	B
병	종유석과 석순이 발달한 지하 동굴	C
정	분화구의 함몰로 형성된 칼데라 분지	D
무	중생대의 공룡 발자국을 따라 걷는 해안 산책로	E

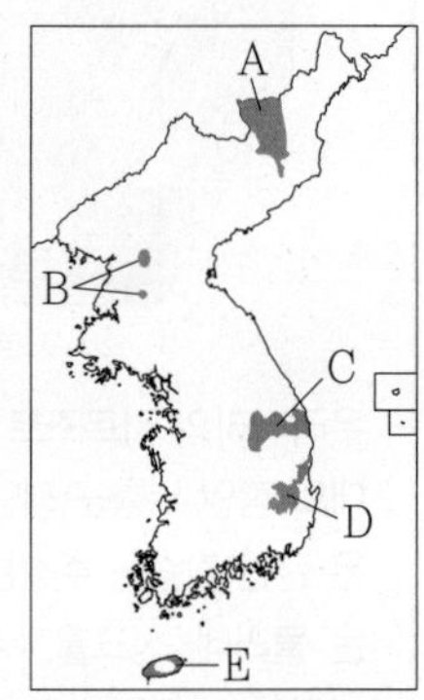

① 갑　② 을　③ 병　④ 정　⑤ 무

[24018-0049]

1 다음 자료는 세 국가 지질 공원 명소의 방문객이 사회 관계망 서비스에 올린 내용이다. ㉠~㉤에 대한 설명으로 옳은 것은?

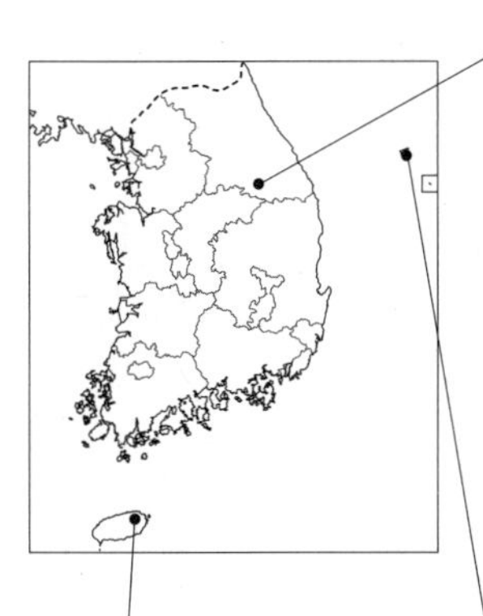

랜턴을 켜고 천연기념물 제260호로 지정된 ㉠백룡 동굴을 낮은 포복으로 탐험하였다. 주변 댐 건설 계획이 취소되지 않고 진행되었다면 이 장관을 볼 수 없었을 것이다.

좋아요 · 댓글 달기 · 공유하기

geography

말굽 모양의 분화구를 중심으로 국제 트레킹 대회가 열리는 ㉡거문오름이다. 여기서 흘러나온 용암류가 흘러가면서 ㉢주변에 다수의 동굴이 만들어졌는데, 동굴 내부 옆면에는 용암이 흘러간 흔적이 그대로 나타난다.

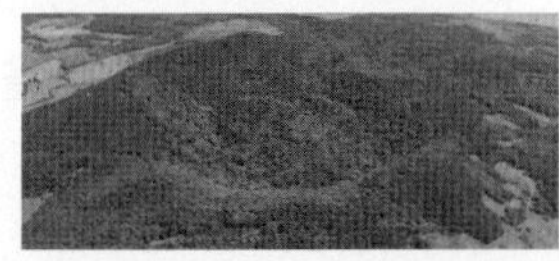

좋아요 · 댓글 달기 · 공유하기

길이 약 300m 초대형 면발 모양의 ㉣주상 절리인 국수바위를 보니 갑자기 배가 고파졌다. 내일은 ㉤나리 분지로 이동하는데, 가는 길이 험하다고 하니 멀미가 나면 어떻게 하지?

좋아요 · 댓글 달기 · 공유하기

① ㉠의 내부에는 공룡 발자국 화석이 있다.
② ㉡은 분화구의 함몰로 형성된 칼데라이다.
③ ㉢은 용암의 냉각 속도 차이로 형성되었다.
④ ㉣은 화강암이 노출되면서 갈라진 것이다.
⑤ ㉤은 지하수의 용식 작용으로 형성되었다.

[24018-0050]

2 지도의 A~E에 대한 설명으로 옳은 것은?

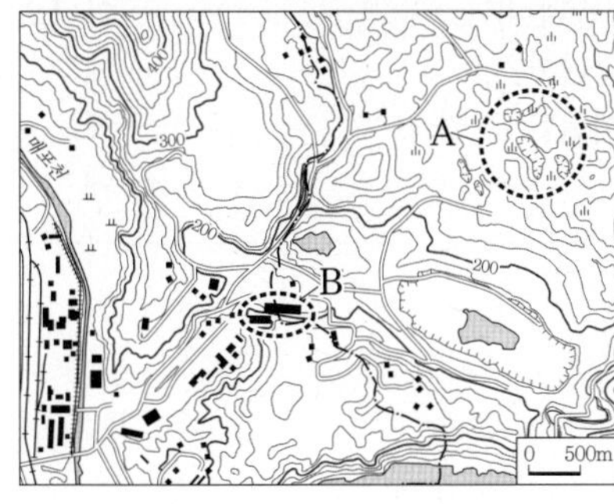

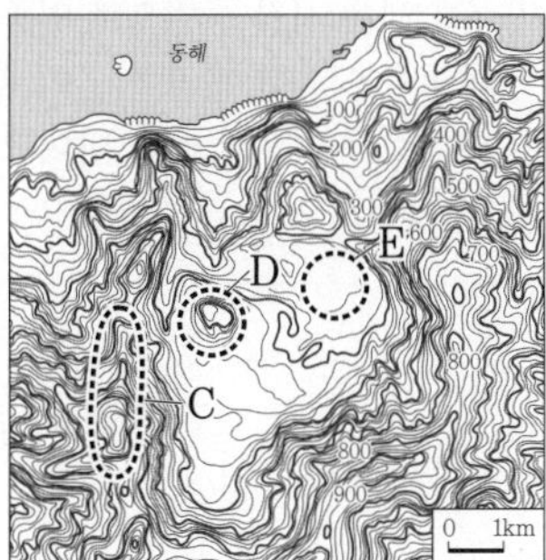

① A는 신생대 경동성 요곡 운동으로 융기한 고위 평탄면이다.
② B의 공장에서는 화강암을 주원료로 이용한다.
③ D에는 회백색을 띠는 성대 토양이 주로 분포한다.
④ E의 지하에는 종유석이 발달한 미로형 동굴이 분포한다.
⑤ D는 C가 형성된 이후 용암이 분출하여 형성된 중앙 화구구이다.

[24018-0051]

3 다음은 농업 경관 답사 후 작성한 보고서의 일부이다. 이를 바탕으로 답사 경로를 지도의 A~E에서 고른 것은?

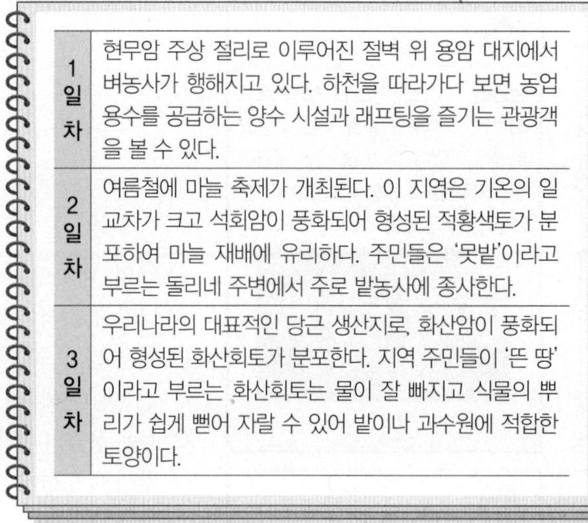

1일차	현무암 주상 절리로 이루어진 절벽 위 용암 대지에서 벼농사가 행해지고 있다. 하천을 따라가다 보면 농업 용수를 공급하는 양수 시설과 래프팅을 즐기는 관광객을 볼 수 있다.
2일차	여름철에 마늘 축제가 개최된다. 이 지역은 기온의 일교차가 크고 석회암이 풍화되어 형성된 적황색토가 분포하여 마늘 재배에 유리하다. 주민들은 '못밭'이라고 부르는 돌리네 주변에서 주로 밭농사에 종사한다.
3일차	우리나라의 대표적인 당근 생산지로, 화산암이 풍화되어 형성된 화산회토가 분포한다. 지역 주민들이 '뜬 땅'이라고 부르는 화산회토는 물이 잘 빠지고 식물의 뿌리가 쉽게 뻗어 자랄 수 있어 밭이나 과수원에 적합한 토양이다.

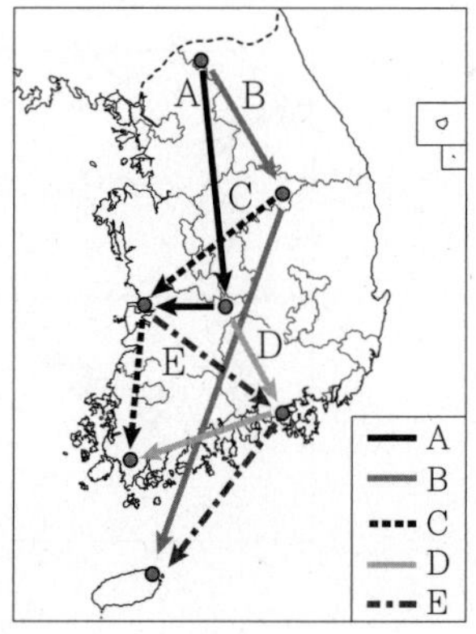

① A ② B ③ C ④ D ⑤ E

[24018-0052]

4 다음은 우리나라 답사 지역에 대해 스무고개를 하고 있는 장면이다. (가)에 해당하는 지역을 지도의 A~E에서 고른 것은?

학생	교사
한 고개: 신생대 화산 활동으로 이루어졌습니까?	→ 아니요
두 고개: 백두대간에 속하는 산맥이 지나갑니까?	→ 예
세 고개: 유네스코 세계 지질 공원으로 인증되었습니까?	→ 아니요
네 고개: 천연 동굴을 이용한 관광 산업이 활발합니까?	→ 예
다섯 고개: 기차 폐선로를 이용한 레일 바이크를 체험할 수 있습니까?	→ 예
여섯 고개: 그럼 이 지역은 (가) 입니까?	→ 예

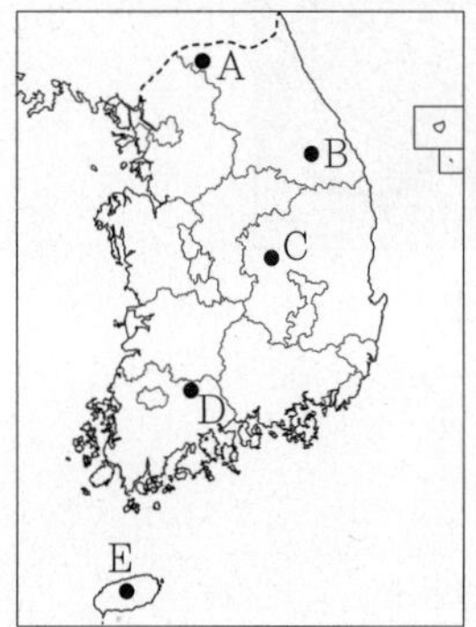

① A
② B
③ C
④ D
⑤ E

06 우리나라의 기후 특성과 주민 생활

1. 기후

(1) 날씨와 기후

① 날씨: 어떤 지역에서 비교적 짧은 기간에 나타나는 대기의 상태

② 기후: 일정한 지역에서 장기간에 걸쳐 나타나는 대기의 평균적이고 종합적인 상태

(2) 기후 요소와 기후 요인

① 기후 요소: 기후를 구성하는 대기 현상 ㉠ 기온, 강수, 바람, 습도 등

② 기후 요인: 기후 요소에 영향을 미치는 요인으로 지역 간 기후 차이의 원인이 됨

위도	저위도에서 고위도로 가면서 일사량의 감소로 기온이 낮아짐
해발 고도	해발 고도가 높아질수록 기온이 낮아짐
수륙 분포	• 육지는 바다보다 비열이 작아 태양 복사 에너지를 많이 받는 여름에는 기온이 많이 올라가고, 태양 복사 에너지를 적게 받는 겨울에는 기온이 많이 내려감 • 비슷한 위도에서 해안 지역은 내륙 지역보다 기온의 연교차와 기온의 일교차가 작은 편임
지형	높은 산지에서 바람받이 사면은 비 그늘 사면보다 강수량이 많음
해류	동위도에서 난류가 흐르는 해안은 한류가 흐르는 해안보다 기온이 높음

2. 우리나라의 기후 특성

(1) **냉·온대 기후**: 중위도에 위치하여 냉대 및 온대 기후가 나타남

(2) **대륙성 기후**: 유라시아 대륙 동안에 위치하여 비슷한 위도의 대륙 서안에 비해 기온의 연교차가 큼

(3) **계절풍 기후**: 여름에는 따뜻하고 습한 바다에서 불어오는 바람의 영향을 받고, 겨울에는 차고 건조한 대륙에서 불어오는 바람의 영향을 받음

탐구 활동 **비슷한 위도에 위치한 리스본과 서울의 기후 차이**

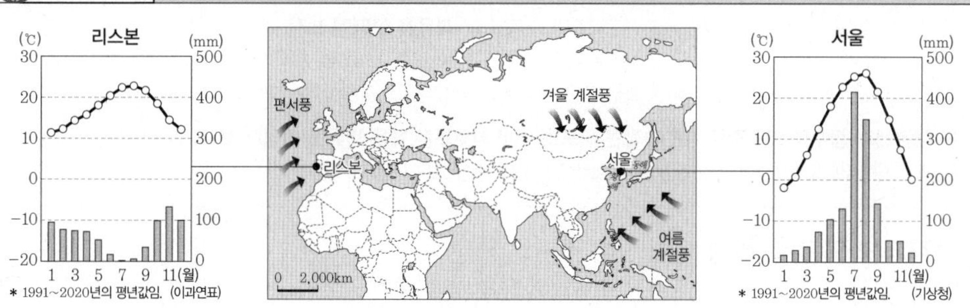

▶ **리스본과 비교한 서울의 상대적 기후 특성을 기온의 연교차, 강수 시기 측면에서 설명해 보자.**

서울은 리스본보다 기온의 연교차가 크고, 여름철에 강수가 집중된다.

▶ **리스본과 서울의 수리적 위치와 지리적 위치를 설명해 보자.**

리스본과 서울은 모두 북위 38° 부근으로 비슷한 위도에 있다. 하지만 서울은 유라시아 대륙 동안에, 리스본은 유라시아 대륙 서안에 위치한다.

▶ **리스본과 서울의 지리적 위치 차이가 두 지역의 기후에 어떤 영향을 끼쳤는지 설명해 보자.**

대륙 서안에 위치한 리스본은 여름철에 아열대 고압대의 영향으로 덥고 건조하며, 겨울철에 해양에서 불어오는 편서풍의 영향으로 비교적 온화하고 비가 자주 내린다. 반면에 대륙 동안에 위치한 서울은 여름철에 해양에서 불어오는 남풍 계열의 계절풍의 영향을 받아 덥고 습하며, 겨울철에 대륙에서 불어오는 북서 계절풍의 영향을 받아 춥고 건조하다.

✪ 바람받이 사면과 비 그늘 사면의 강수 분포

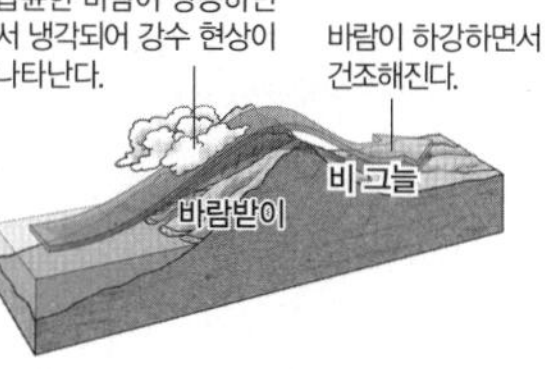

여름에 습한 남서풍이 불어올 때 소백산맥 서쪽이 동쪽보다 강수량이 많은 것은 위와 같은 원리와 관계가 깊다.

✪ 기온의 연교차

일 년 중에서 월평균 기온이 가장 높은 달과 가장 낮은 달의 월평균 기온 차이이다.

✪ 기온의 일교차

하루 중에서 최고 기온과 최저 기온의 차이이다. 건조하고 일사량이 많은 봄과 가을에 크고, 상대적으로 구름이 많고 습도가 높으며 강수가 잦은 장마철에 작다.

✪ 온대 기후와 냉대 기후

최한월 평균 기온 −3℃를 기준으로 그 이상은 온대 기후, 그 미만은 냉대 기후이다. 중부 지방의 경우 대체로 내륙에서는 냉대 기후, 해안에서는 온대 기후가 나타난다.

개념 체크

1. 높은 산지에서 (　　) 사면은 비 그늘 사면보다 강수량이 많다.
2. 기온의 (　　)는 일 년 중에서 월평균 기온이 가장 높은 달과 가장 낮은 달의 월평균 기온 차이이다.
3. 우리나라는 유라시아 대륙 (　　)에 위치하여 비슷한 위도의 대륙 서안에 비해 기온의 연교차가 크다.

정답
1. 바람받이
2. 연교차
3. 동안

✪ 기온 역전층의 기온 변화

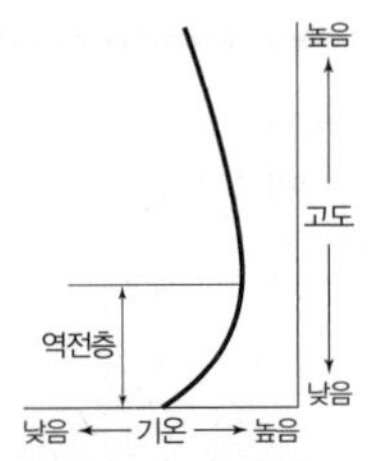

✪ 연 강수량

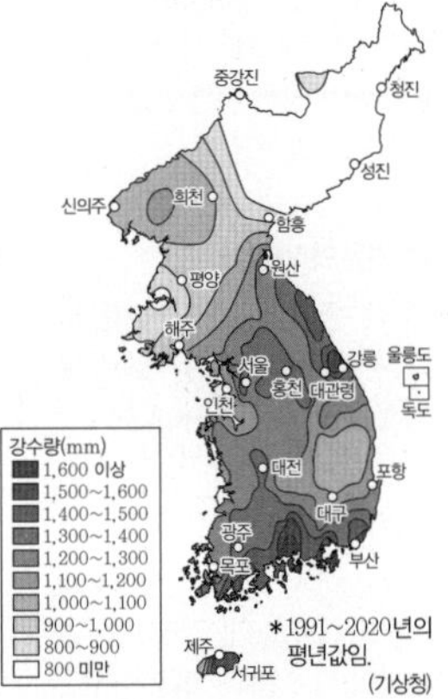

3. 우리나라의 기온 특성

(1) **연평균 기온의 분포**: 위도가 높아질수록, 해안에서 내륙으로 갈수록 대체로 낮아짐, 동위도에서는 대체로 동해안이 서해안보다 높음

(2) **기온 분포의 지역 차**

1월 평균 기온	• 동위도에서는 해안 지역이 내륙 지역보다 높음 • 동위도에서는 동해안이 서해안보다 높음
8월 평균 기온	• 1월 평균 기온에 비해 지역 차가 작음 • 위도가 높아질수록 낮아지며, 동위도에서는 해발 고도가 높은 산지가 주변보다 낮음
기온의 연교차	내륙 지역이 해안 지역보다 크고, 서해안이 동해안보다 큼

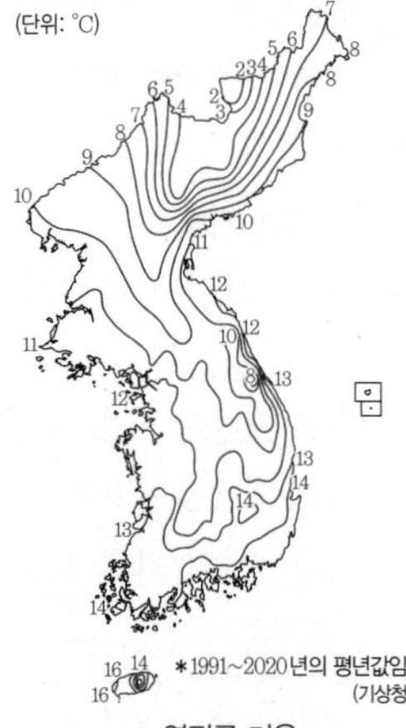

▲ 연평균 기온

(3) **국지적 기온 분포**

기온 역전 현상	• 고도가 높아질수록 기온이 상승하는 역전층이 나타나는 현상 • 기온의 일교차가 크고 바람이 없는 맑은 날 밤에 분지 지형이나 계곡에서는 지표 부근의 기온이 상층보다 더 낮은 기온 역전 현상이 발생함 → 안개, 냉해 등이 나타남
열섬 현상	• 도시 중심부의 기온이 주변 지역에 비해 높게 나타나는 현상 • 원인: 건물·공장·자동차 등에서 발생하는 인공 열, 넓은 포장 면적, 좁은 녹지 면적 등 • 대책: 바람길 조성, 건물 옥상 녹화 사업, 하천 복원 등

탐구 활동 지역마다 기온 분포가 다르게 나타나는 이유

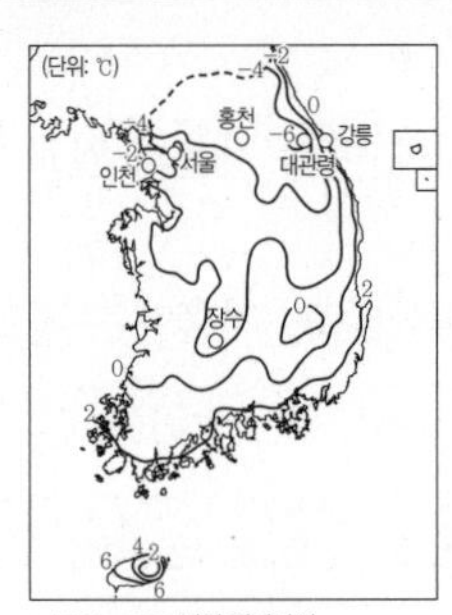

* 1991~2020년의 평년값임. (기상청)

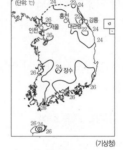

▲ 1월 평균 기온 ▲ 8월 평균 기온

▸ 인천, 홍천, 강릉의 1월 평균 기온을 비교하고, 차이가 발생하는 이유를 설명해 보자.

1월 평균 기온은 강릉>인천>홍천 순으로 높다. 비슷한 위도에서의 1월 평균 기온은 수륙 분포의 영향으로 바다의 영향을 많이 받는 해안 지역이 내륙 지역보다 높다. 또한 수심이 깊은 동해의 영향을 받는 동해안 지역이 수심이 얕은 황해의 영향을 받는 서해안 지역보다 높다.

▸ 서울의 1월과 8월 평균 기온이 주변 지역보다 높은 이유를 설명해 보자.

서울은 도시화로 포장 면적이 넓고 냉·난방 시설 가동에 따른 인공 열 발생량이 많아 주변 지역보다 기온이 높은 열섬 현상이 나타나기 때문이다.

▸ 대관령과 장수의 8월 평균 기온이 같은 위도의 해안 지역보다 낮은 이유를 설명해 보자.

태백 산지에 위치한 대관령과 소백 산지에 위치한 장수의 해발 고도가 높기 때문이다.

4. 우리나라의 강수 특성

(1) **강수 특성**

① 습윤 기후로 연 강수량이 약 1,200~1,300mm로 많은 편임

② 강수의 계절 차가 큼: 여름에 강수가 집중되어 여름 강수 집중률이 높음

③ 강수의 연 변동이 큼: 해에 따라 기단의 발달, 장마 기간, 태풍의 발생 횟수 및 강도, 집중 호우의 발생 정도 차이가 큼 → 홍수와 가뭄이 자주 발생함

(2) **강수 분포의 지역 차**: 풍향과 지형이 지역 간 강수량 차이에 큰 영향을 줌

다우지	남서 기류의 바람받이 사면(한강 중·상류, 청천강 중·상류 일대), 제주도와 남해안 일대 등
소우지	상승 기류가 발생하기 어려운 평야 지역(대동강 하류), 개마고원, 관북 해안, 영남 내륙 지역 등
다설지	울릉도, 영동 지방(강릉, 속초 일대), 대관령 일대, 호남 서해안 및 소백산맥 서사면 등

개념 체크

1. 동위도에서 1월 평균 기온은 해안 지역이 내륙 지역보다 높고, 동해안이 서해안보다 (높다/낮다).
2. 기온의 연교차는 내륙 지역이 해안 지역보다 크고, 서해안이 동해안보다 (크다/작다).
3. 한강 중·상류, 청천강 중·상류 일대는 (　　) 기류의 바람받이 사면으로 다우지를 이룬다.

정답
1. 높다
2. 크다
3. 남서

탐구 활동 | 강수 분포의 지역 차이가 나타나는 이유

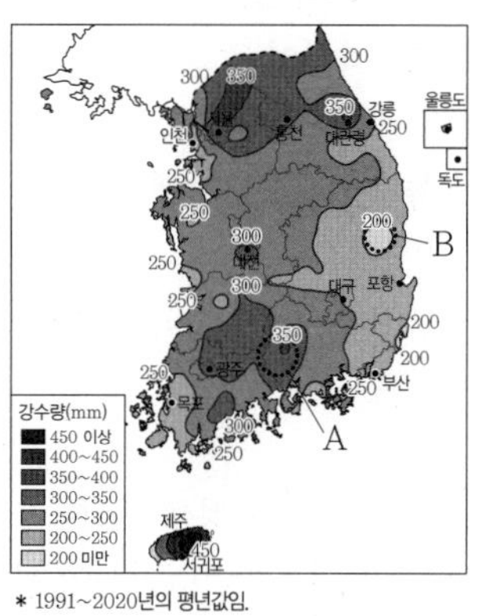

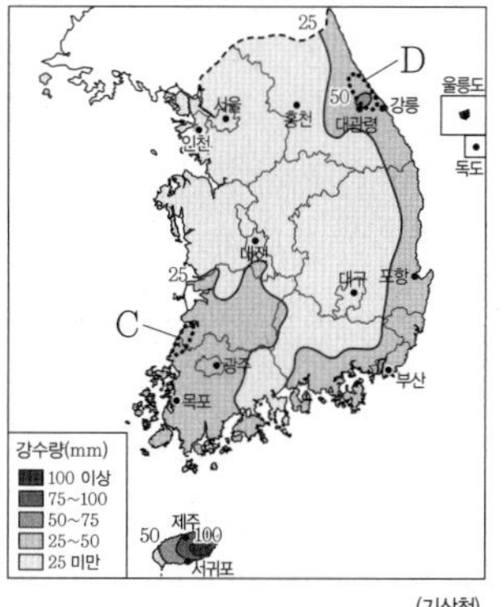

* 1991~2020년의 평년값임. (기상청)

▲ 8월 강수량 ▲ 1월 강수량

▸ A와 B 지역의 8월 강수량 차이를 지형과 관련하여 설명해 보자.

A 지역은 지리산 부근으로 여름철 습한 남서 기류의 바람받이에 해당하여 8월 강수량이 많다. B 지역은 영남 내륙 지역으로 남서 기류가 유입될 때 남서 기류의 비 그늘에 해당하여 8월 강수량이 적다.

▸ C와 D 지역에서 눈이 많이 내리는 날 바람의 방향을 설명해 보자.

C 지역은 북서풍이 강하게 불어올 때, D 지역은 북동 기류가 강하게 유입될 때 눈이 많이 내린다.

5. 우리나라의 바람 특성

(1) 계절풍

① 계절에 따라 풍향과 성질이 달라짐

② 여름: 북태평양에서 발달한 고기압의 영향으로 고온 다습한 남서 혹은 남동풍이 주로 붊 → 벼농사, 대청마루 등의 발달에 영향

③ 겨울: 시베리아에서 발달한 고기압의 영향으로 한랭 건조한 북서풍이 탁월함 → 김장, 온돌 등의 발달에 영향

* 1991~2020년의 평균값임. (기상청)

▲ 7월 바람 ▲ 1월 바람

(2) 높새바람

① 의미: 늦봄에서 초여름 사이에 부는 북동풍으로, 푄 현상에 의해 영서 및 경기 지방에 영향을 미치는 고온 건조한 바람

② 영향: 기온과 습도의 동서 차이를 유발하며, 강원 영서 및 경기 지방에 가뭄 피해를 일으킴

6. 계절의 변화

(1) 우리나라 기후에 영향을 미치는 기단

기단	시기	특징
시베리아	겨울(늦가을~초봄)	한랭 건조하며 한파, 삼한 사온, 꽃샘추위에 영향을 줌
오호츠크해	늦봄~초여름	냉량 습윤하며 높새바람, 장마 전선에 영향을 줌
북태평양	여름	고온 다습하며 장마 전선, 무더위에 영향을 줌
적도	여름~초가을	고온 다습하며 태풍에 영향을 줌

✪ 남서 기류

남서쪽에서 유입되는 공기의 흐름이다. 북태평양 고기압에서 우리나라 쪽의 저기압 혹은 전선으로 유입되는 다습한 기류로 많은 비를 내리게 한다.

✪ 북동 기류

북동 방향에서 유입되는 기류이다. 북동 기류가 유입될 때 남북 방향인 태백산맥 동쪽은 바람받이가 되어 수증기가 응결하는 현상이 나타난다.

✪ 푄 현상

습윤한 바람이 산지를 넘어 불 때 바람받이 사면에서는 수증기가 응결하여 구름과 비가 되며, 산을 넘어 내려오는 비 그늘 사면에서는 공기가 고온 건조해지는 현상을 말한다.

✪ 우리나라에 영향을 미치는 주요 기단

개념 체크

1. 강릉, 속초 등의 영동 지방은 겨울에 ( )가 유입될 때 눈이 많이 내린다.
2. 여름에는 ( ) 고기압의 영향으로 고온 다습한 남서·남동풍이 주로 분다.
3. ( )은 늦봄에서 초여름 사이에 영서 및 경기 지방에 영향을 미치는 고온 건조한 바람이다.

정답
1. 북동 기류
2. 북태평양
3. 높새바람

(2) 계절별 기후 특성

① 봄
- 잦은 날씨 변화: 이동성 고기압과 저기압이 교대로 통과하여 맑은 날씨와 흐린 날씨가 반복됨
- 꽃샘추위: 초봄에 시베리아 기단의 일시적인 확장으로 나타나는 추위
- 건조한 날씨: 대기가 건조하여 산불 발생 빈도가 높고, 가뭄이 발생함
- 황사 현상: 중국 내륙의 흙먼지가 편서풍을 타고 이동해 옴
- 높새바람: 주로 늦봄~초여름에 동해안에서 태백산맥을 넘어 서쪽 사면으로 부는 고온 건조한 바람, 오호츠크해 기단이 한반도에 영향을 미칠 때 나타남

② 장마철
- 장마 전선: 한대 기단과 열대 기단의 경계면을 따라 형성되는 정체 전선
- 장마: 6월 하순을 전후하여 대체로 남부 지방부터 시작되고, 장마 전선이 북상과 남하를 반복하다가 북태평양 기단이 확장하면서 7월 하순을 전후하여 한반도의 북쪽으로 올라감
- 집중 호우: 장마 전선에 다습한 남서 기류가 빠르게 유입될 경우 발생 가능성이 높음

③ 한여름
- 남고북저형의 기압 배치: 북태평양 고기압의 영향을 받아 무더위가 나타남
- 폭염: 고온 다습한 날씨가 지속되면서 열대야 및 열대일이 나타남
- 소나기: 지표면의 국지적인 가열에 의해 발생하는 대류성 강수

④ 가을
- 가을장마: 북쪽으로 올라가 있던 장마 전선이 북태평양 기단의 약화로 다시 남쪽으로 내려와 짧은 기간 비가 내리기도 함
- 청명한 날씨: 이동성 고기압의 영향으로 맑은 날이 많음, 농작물의 결실과 수확에 유리함

⑤ 겨울
- 서고동저형의 기압 배치: 시베리아 고기압이 확장하면서 북서풍이 강하게 불어와 한랭 건조함
- 삼한 사온: 시베리아 고기압의 주기적인 확장과 약화로 기온의 하강과 상승이 반복됨
- 폭설: 북서 계절풍이나 북동 기류의 영향으로 일부 지역에서 발생함

자료 분석 한여름과 겨울의 일기도

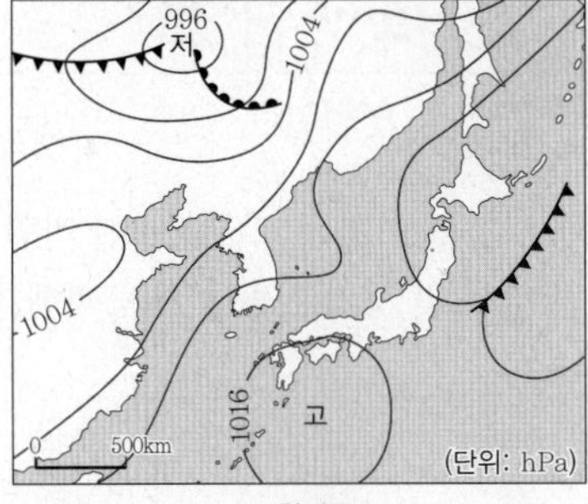

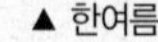

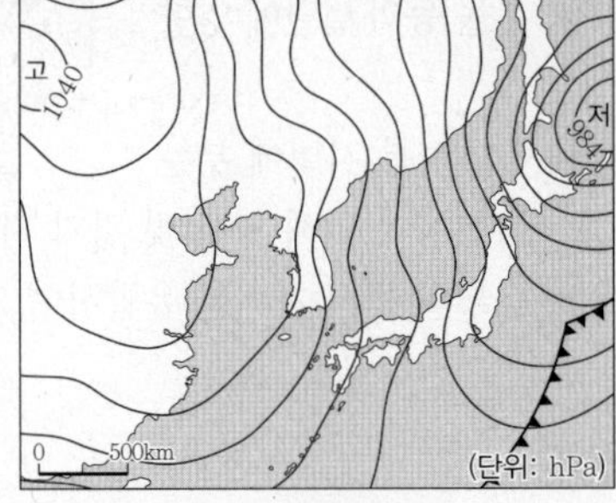

▲ 한여름 ▲ 겨울

한여름에는 열대 해양성 기단인 북태평양 기단이 발달하면서 남쪽에 고기압, 북쪽에 저기압이 분포하는 남고북저형의 기압 배치를 보이는 경우가 많다. 겨울에는 대륙성 기단인 시베리아 기단이 발달하면서 서쪽에 고기압, 동쪽에 저기압이 분포하는 서고동저형의 기압 배치를 보이는 경우가 많다. 바람은 고기압에서 저기압으로 불기 때문에 남고북저형의 기압 배치를 보이는 한여름에는 주로 남동풍이나 남서풍이 불고, 서고동저형의 기압 배치를 보이는 겨울에는 주로 북서풍이 분다.

✪ 전선성 강수와 장마

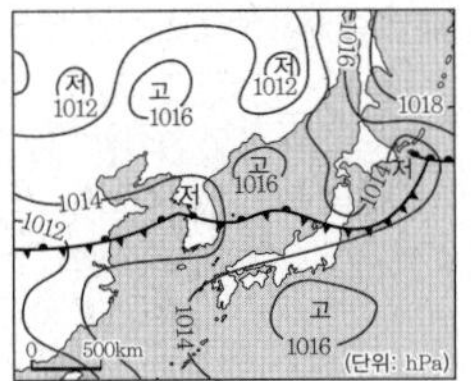

두 기단의 세력이 비슷하여 한 곳에 오래 머물러 있으면 그 경계면을 따라 강수 현상이 나타난다. 장마 전선에 따른 강수는 전선성 강수에 해당한다.

✪ 대류성 강수

강한 일사로 인해 대류 현상이 발생하여 나타나는 강수 현상이다. 한여름의 소나기는 대류성 강수에 해당한다.

✪ 열대야와 열대일

밤(오후 6시~다음 날 오전 9시) 최저 기온이 25℃ 이상이면 열대야, 일 최고 기온이 30℃ 이상이면 열대일이라고 한다.

개념 체크

1. 황사는 중국 내륙의 흙먼지가 (　　)을 타고 이동해 오는 현상이다.
2. (　　) 전선은 한대 기단과 열대 기단의 경계면을 따라 형성되는 정체 전선이다.
3. (　　)에는 서고동저형의 기압 배치가 주로 나타난다.

정답
1. 편서풍
2. 장마
3. 겨울

7. 기후 특성과 주민 생활

(1) 기온과 주민 생활

① 의생활: 여름에는 통풍이 잘되는 삼베 · 모시옷, 겨울에는 보온에 유리한 솜옷을 입음

② 식생활: 김장(겨울이 따뜻한 남부 지방이 북부 지방보다 김장을 담그는 시기가 늦고 짜게 담금), 계절에 맞는 음식이 발달함 ㉠ 봄 – 화전, 여름 – 삼계탕 등

③ 가옥 구조: 겨울이 추운 북부 지방은 폐쇄적, 여름이 무더운 남부 지방은 개방적임

(2) 강수와 주민 생활

① 수리 시설: 강수량이 여름에 집중되고 봄에는 건조하여 홍수와 가뭄에 대비한 수리 시설(댐, 저수지, 보 등)을 설치하여 이를 극복하고자 함

② 가옥: 홍수가 잦은 곳에서는 터돋움집을 짓고, 눈이 많이 내리는 울릉도에서는 우데기를 설치함

③ 산업: 서해안의 소우지에서는 긴 일조 시간을 이용하여 천일제염업이 활발함

(3) 바람과 주민 생활

① 남향의 배산임수 취락 입지: 한랭한 겨울 계절풍을 막을 수 있고 일사량을 많이 받을 수 있음

② 제주도의 전통 가옥: 강한 바람에 대비하여 새라는 풀로 새끼를 꼬아 지붕을 그물처럼 얽어맴

③ 호남 지방의 까대기: 바람과 눈이 집 안으로 들어오는 것을 막기 위한 시설

탐구 활동 | 지역별 전통 가옥 구조

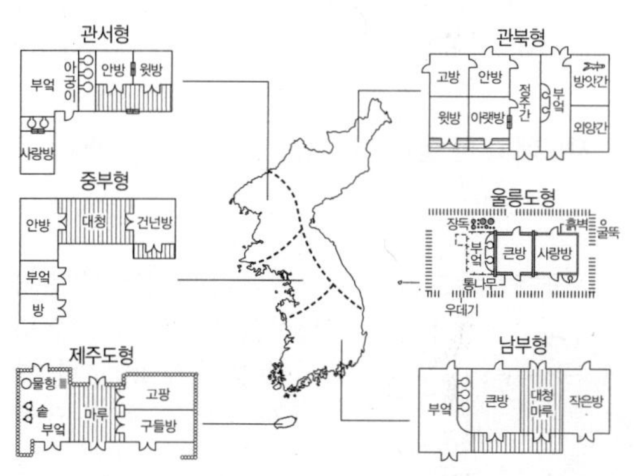

▸ **관북형과 남부형 가옥의 차이점을 기후와 관련하여 설명해 보자.** 관북형은 겨울이 매우 춥기 때문에 방을 '田'자형으로 배치한 폐쇄적인 구조이다. 또한 추운 겨울에 실내에서 활동할 수 있는 공간인 정주간을 설치하였다. 남부형은 넓은 대청마루를 설치하고 '一'자형의 개방적인 구조를 갖추어 통풍이 잘되므로 무더운 여름을 지내기에 유리하다.

▸ **울릉도형 가옥에 우데기가 발달한 이유를 설명해 보자.** 눈이 많이 내리는 울릉도에서는 겨울에 실내 활동 공간을 확보하기 위해 방설벽인 우데기를 설치하였다.

▸ **제주도형 가옥의 부엌 아궁이 배치가 다른 지역과 차이 나는 이유를 설명해 보자.** 겨울이 비교적 온화한 제주도의 전통 가옥에는 온돌이 없는 경우가 많았고, 부엌의 아궁이를 집 바깥쪽으로 배치하여 주로 취사 용도로 이용하였다.

8. 기후가 경제생활에 미치는 영향

(1) 날씨와 경제생활

① 제조업: 원자재 구매, 생산 및 출고량 조절 등에 날씨 정보를 활용함 ㉠ 음료 및 빙과류 제조업, 냉 · 난방기 제조업

② 서비스업: 상업은 날씨에 따라 진열 및 판매 상품이 달라짐, 택배 및 운송 서비스업은 날씨에 따라 배달 소요 시간이 달라짐

(2) 기후와 경제생활

① 농업: 벼농사(여름철 고온 다습한 기후), 그루갈이(남부 지방의 겨울철 온화한 기후), 고랭지 채소 재배(고위 평탄면의 서늘한 여름 기후)

② 지역 축제: 기후 특색을 활용하여 축제 개최 ㉠ 겨울에 열리는 산천어 축제(화천)

✪ 터돋움집
집을 지을 때 흙이나 돌로 터를 돋우어 높인 다음 그 위에 지은 집을 말한다.

✪ 까대기

건물이나 담 따위에 임시로 덧붙여서 만든 시설물이다. 북서풍이 강하게 부는 전북, 전남 등지에서 볼 수 있다.

✪ 정주간
관북 지방의 전통 가옥에서 볼 수 있다. 부엌과 방 사이에 벽이 없고 부뚜막과 방바닥이 하나로 연결된 넓은 공간으로 거실과 같은 역할을 한다.

✪ 그루갈이
한 해에 같은 경지에서 두 가지 작물을 번갈아 심어 수확하는 농업 방식이다. 우리나라 남부 지방에서 여름~가을에 벼를 재배한 후 늦가을~초여름에 보리를 재배하는 것을 사례로 들 수 있다.

개념 체크

1. 김장을 담그는 시기는 북부 지방이 남부 지방보다 (이르다/늦다).
2. 전통 가옥 구조는 북부 지방이 남부 지방보다 (개방적/폐쇄적)이다.
3. 눈이 많이 내리는 울릉도의 전통 가옥에는 방설벽인 (　　)가 설치되었다.

정답
1. 이르다
2. 폐쇄적
3. 우데기

수능 기본 문제

[24018-0053]

01 다음 자료의 (가)~(다)에 들어갈 기후 요인으로 가장 적절한 것은?

〈기후 요인이 기온 분포에 미치는 영향〉

구분	수원	태백	전주	포항
연평균 기온(℃)	12.5	9.0	13.7	14.6
기온의 연교차(℃)	28.1	26.1	26.5	23.8

* 1991~2020년의 평년값임. (기상청)

- (가) 의 영향으로 태백은 수원보다 연평균 기온이 낮다.
- (나) 의 영향으로 전주는 수원보다 연평균 기온이 높다.
- (다) 의 영향으로 포항은 전주보다 기온의 연교차가 작다.

	(가)	(나)	(다)
①	위도	수륙 분포	해발 고도
②	위도	해발 고도	수륙 분포
③	수륙 분포	위도	해발 고도
④	해발 고도	위도	수륙 분포
⑤	해발 고도	수륙 분포	위도

[24018-0054]

02 다음 글의 ㉠~㉣에 대한 설명으로 옳은 것만을 〈보기〉에서 고른 것은?

우리나라는 계절의 변화가 뚜렷한 냉·온대 기후가 나타나며, 계절에 따라 풍향이 바뀌는 ㉠계절풍 기후의 특성이 나타난다. 겨울에는 한랭 건조한 ㉡북서 계절풍이 불고 강수량이 적으며, ㉢여름에는 고온 다습한 남서·남동 계절풍이 불고 강수량이 많다. 또한 우리나라는 대륙의 영향을 크게 받는 ㉣대륙성 기후가 나타난다.

• 보기 •

ㄱ. ㉠은 북반구 중위도에 위치하여 나타난다.
ㄴ. ㉡은 시베리아 고기압의 영향으로 발생한다.
ㄷ. ㉢은 겨울에 비해 기온의 지역 차가 크다.
ㄹ. ㉣로 인해 우리나라는 같은 위도의 대륙 서안보다 기온의 연교차가 크다.

① ㄱ, ㄴ ② ㄱ, ㄷ ③ ㄴ, ㄷ
④ ㄴ, ㄹ ⑤ ㄷ, ㄹ

[24018-0055]

03 그래프는 지도에 표시된 세 지역의 기후 값을 나타낸 것이다. (가)~(다) 지역에 대한 설명으로 옳은 것은?

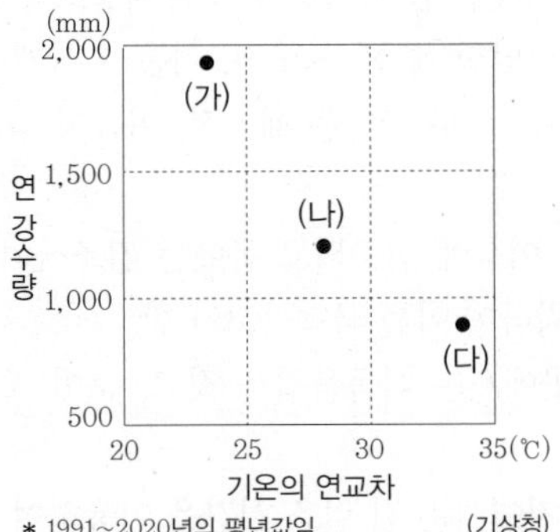

* 1991~2020년의 평년값임. (기상청)

① (가)에는 주로 냉대림이 분포한다.
② (다)의 전통 가옥에는 정주간이 나타난다.
③ (가)는 (다)보다 김장 적정 시기가 이르다.
④ (나)는 (다)보다 단풍 절정 시기가 이르다.
⑤ (다)는 (가)보다 바다의 영향을 많이 받는다.

[24018-0056]

04 다음 자료에 대한 설명으로 옳은 것만을 〈보기〉에서 고른 것은?

〈양산시 지표면 온도 분포〉

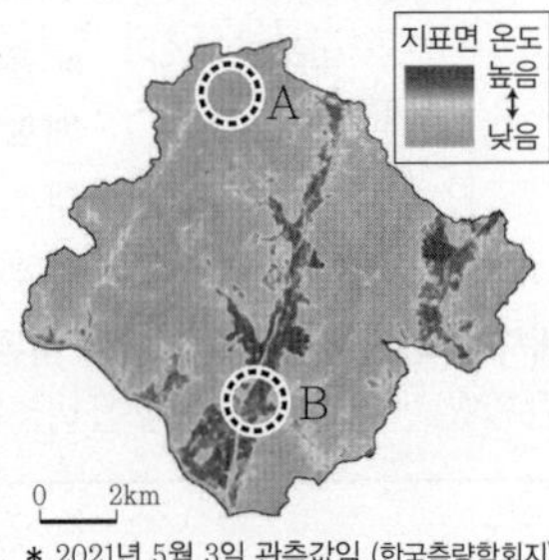

* 2021년 5월 3일 관측값임.(한국측량학회지)

경남 양산시는 시 승격 당시인 1996년 약 17만 명이던 인구가 2021년 약 35만 명으로 두 배 이상 증가할 만큼 급격한 성장을 하였으며, 건물의 밀집도가 높은 B 지역 등에서 지도와 같은 (가) 현상이 뚜렷하게 나타나고 있다.

• 보기 •

ㄱ. A는 B보다 인공 열 발생량이 많다.
ㄴ. A는 B보다 지표면의 투수성이 높다.
ㄷ. (가) 현상은 옥상 녹화, 바람길 조성 등을 통해 완화될 수 있다.
ㄹ. (가) 현상은 해발 고도가 높아질수록 기온이 상승하는 현상이다.

① ㄱ, ㄴ ② ㄱ, ㄷ ③ ㄴ, ㄷ
④ ㄴ, ㄹ ⑤ ㄷ, ㄹ

[24018-0057]

05 지도는 우리나라의 연 강수량 분포를 나타낸 것이다. A~G 지역에 대한 설명으로 옳은 것은?

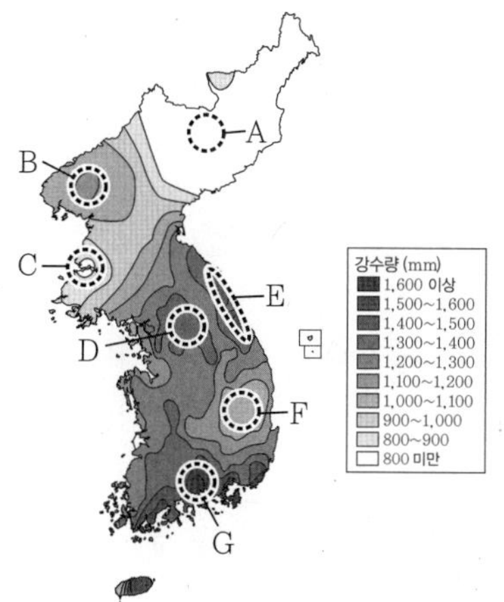

* 1991~2020년의 평년값임. (기상청)

① C는 지형적 요인에 의한 다우지이다.
② E는 북서 계절풍에 의한 다설지이다.
③ G는 D보다 여름 강수 집중률이 높다.
④ A, F는 대체로 해발 고도가 낮고 평탄하다.
⑤ B, D, G는 남서 기류의 바람받이에 해당한다.

[24018-0058]

06 지도는 두 시기의 전형적인 기압 배치를 나타낸 것이다. (가) 시기와 비교한 (나) 시기의 상대적 특성을 그림의 A~E에서 고른 것은? (단, (가), (나)는 각각 겨울, 한여름 중 하나임.)

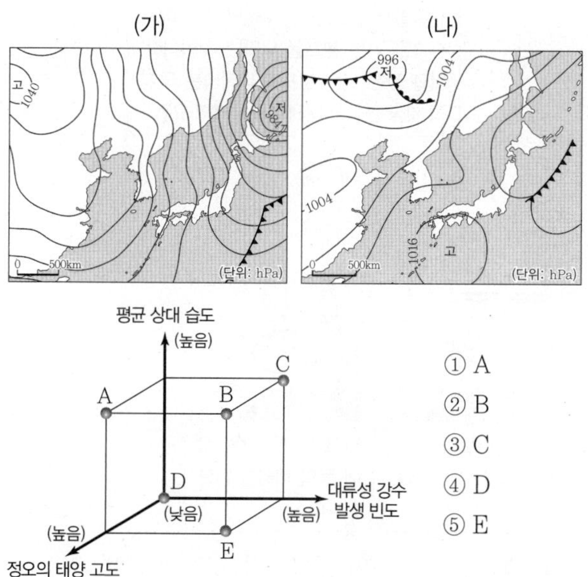

① A
② B
③ C
④ D
⑤ E

[24018-0059]

07 그래프는 지도에 표시된 세 지역의 기후 값을 나타낸 것이다. (가)~(다) 지역을 지도의 A~C에서 고른 것은?

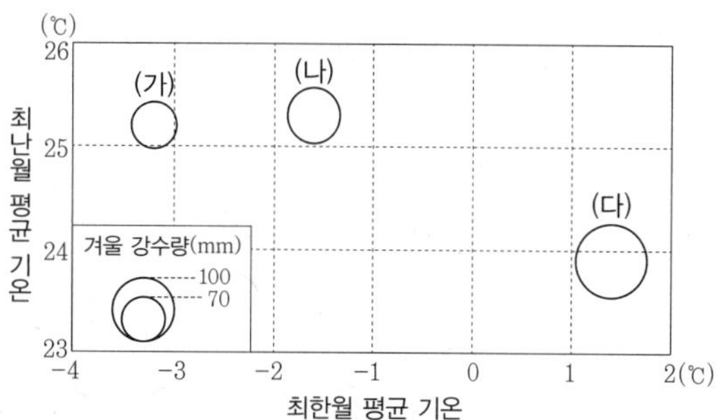

* 최한월 평균 기온과 최난월 평균 기온은 원의 가운데 값임.
** 1991~2020년의 평년값임. (기상청)

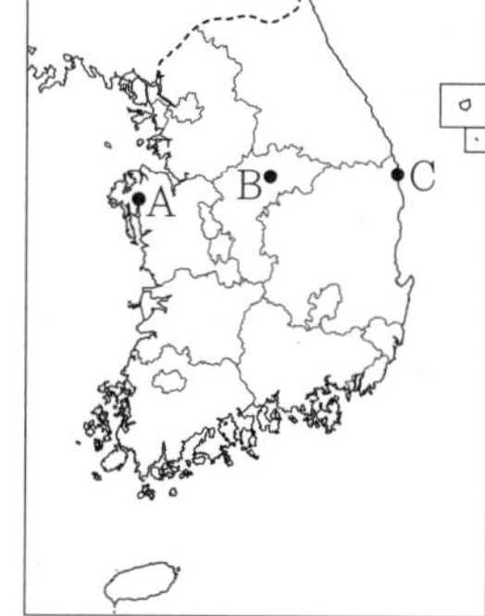

	(가)	(나)	(다)
①	A	B	C
②	A	C	B
③	B	A	C
④	B	C	A
⑤	C	A	B

[24018-0060]

08 다음 자료의 (가)~(다)에 들어갈 기후 요소로 가장 적절한 것은?

〈기후가 주민 생활에 영향을 끼친 사례〉

- (가) 의 영향: 대동강 하구를 비롯한 서해안 지역에서는 천일제염업이 발달함.
- (나) 의 영향: 남부 지방으로 갈수록 음식에 젓갈과 소금을 많이 활용함.
- (다) 의 영향: 제주도에서는 전통 가옥의 처마를 낮게 하고, 지붕을 그물처럼 엮어맴.

	(가)	(나)	(다)
①	강수	기온	바람
②	강수	바람	기온
③	기온	강수	바람
④	기온	바람	강수
⑤	바람	기온	강수

[24018-0061]

1 그래프는 지도에 표시된 네 지역의 기후 값을 나타낸 것이다. (가)~(라) 지역에 대한 설명으로 옳은 것은?

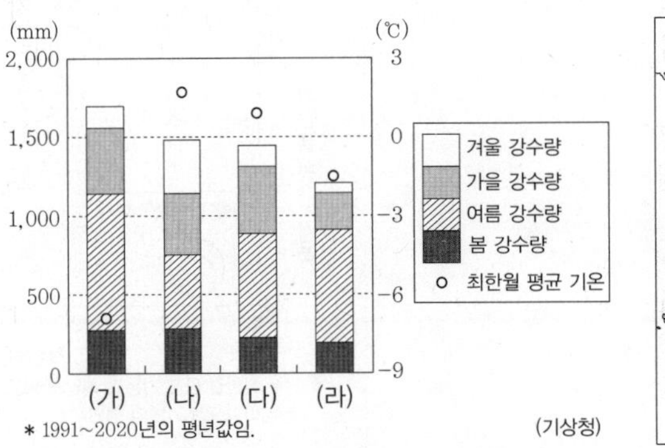

* 1991~2020년의 평년값임. (기상청)

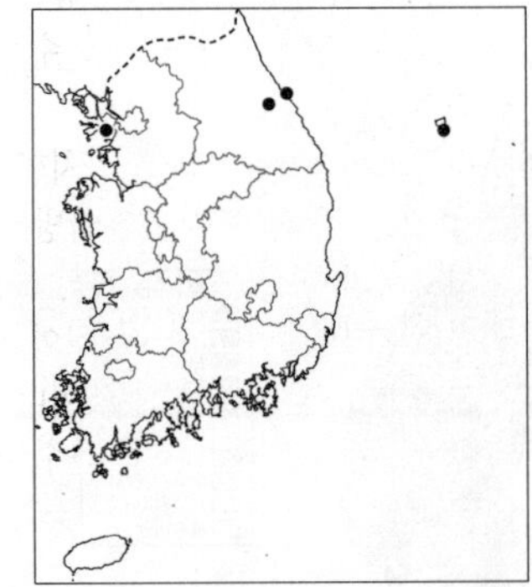

① (가)의 전통 가옥에는 우데기가 설치되어 있다.
② (가)는 (나)보다 기온의 연교차가 크다.
③ (나)는 (라)보다 여름 강수 집중률이 높다.
④ (다)는 (가)보다 해발 고도가 높다.
⑤ (다)는 서해안, (라)는 동해안에 위치해 있다.

[24018-0062]

2 다음은 한국지리 수업 장면이다. 발표 내용이 옳은 학생만을 있는 대로 고른 것은?

(한국지역지리학회지)
지도는 2010년 1월 19일 오전 6시에 강원특별자치도 양구군 해안면 일대에서 관측된 기온 분포를 나타낸 것입니다. 이와 같은 기온 분포가 나타나는 국지적 기상 현상에 대해 발표해 볼까요?
갑
을
병
정
바람이 강하게 부는 날에 주로 발생합니다.
다른 계절보다 장마철에 가장 발생 빈도가 높습니다.
해안 평야보다 산간 분지에서 잘 나타납니다.
안개로 인한 교통 장애 등의 피해를 일으킵니다.

① 갑, 을 ② 갑, 병 ③ 병, 정 ④ 갑, 을, 정 ⑤ 을, 병, 정

[24018-0063]

3 **다음 글의 (가)~(다)에 해당하는 지역을 그래프의 A~C에서 고른 것은?**

> (가) 신생대 화산 활동으로 형성된 용암 대지 위에 강원도 제일의 곡창 지대가 펼쳐진 지역이다. 한탄강 유역에 발달한 수직 단애의 하곡과 주상 절리, 폭포 등이 관광 자원으로 활용되고 있다.
> (나) 중국과의 국경 지대에 위치한 지역으로, 압록강 중류에 위치한다는 뜻에서 유래한 지명을 갖고 있다. 예로부터 국방상 요충지였으며, 중국으로 통하는 길목에 위치하여 교통 요지로서의 구실도 겸하였다.
> (다) 저위도에 위치하고 한라산이 겨울 계절풍을 막아 주는 병풍 역할을 하여 우리나라에서 겨울이 가장 온화한 지역이다. 아름다운 자연 경관을 바탕으로 관광 산업이 발달하였으며, 감귤과 한라봉 등의 과수 재배지로도 유명하다.

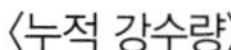

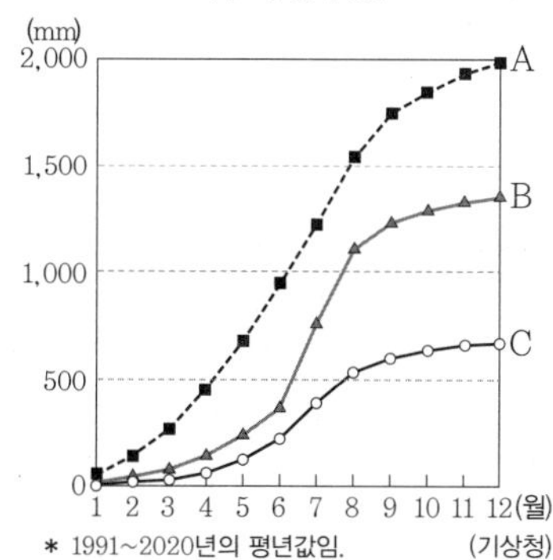

* 1991~2020년의 평년값임. (기상청)

	(가)	(나)	(다)
①	A	B	C
②	A	C	B
③	B	A	C
④	B	C	A
⑤	C	B	A

[24018-0064]

4 **다음 자료는 호남 지방 세 지역의 (가), (나) 시기 풍향과 풍속을 나타낸 것이다. 이에 대한 설명으로 옳은 것만을 〈보기〉에서 고른 것은? (단, (가), (나)는 각각 1월, 7월 중 하나임.)**

(가)

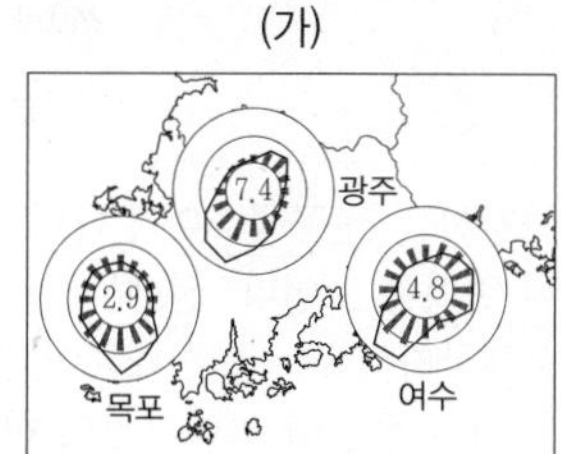

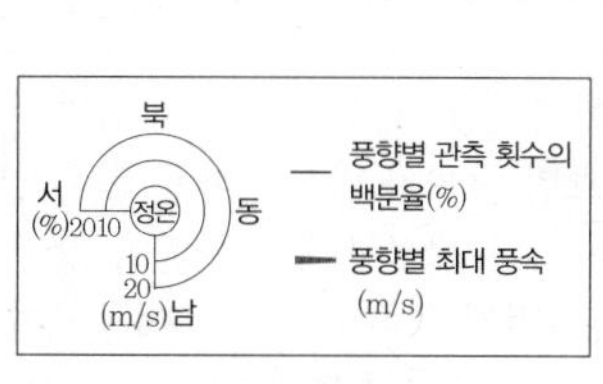

(나)

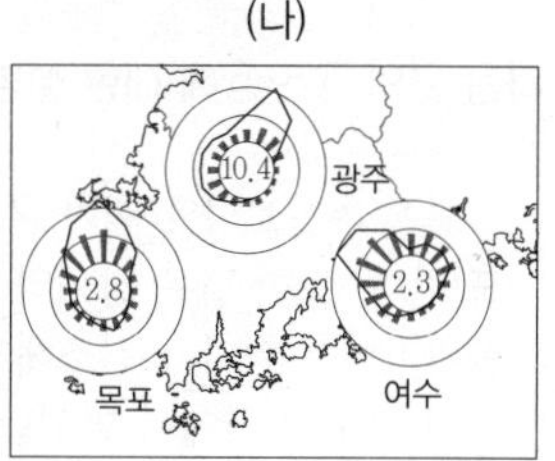

* 1991~2020년의 평년값임. (기상청)

보기

ㄱ. (가) 시기에 여수는 북서풍이 남서풍보다 발생 빈도가 높다.
ㄴ. (나) 시기에 광주는 목포보다 평균 풍속이 빠르다.
ㄷ. (가) 시기는 (나) 시기보다 세 지역 모두 강수량이 많다.
ㄹ. (나) 시기는 (가) 시기보다 호남 지방 전통 가옥의 까대기 설치와 관계가 깊다.

① ㄱ, ㄴ ② ㄱ, ㄷ ③ ㄴ, ㄷ ④ ㄴ, ㄹ ⑤ ㄷ, ㄹ

[24018-0065]

5 **그래프는 지도에 표시된 다섯 지역의 기온과 상대 습도를 나타낸 것이다. 이와 같은 기상 현상이 나타난 원인으로 옳은 것은?**

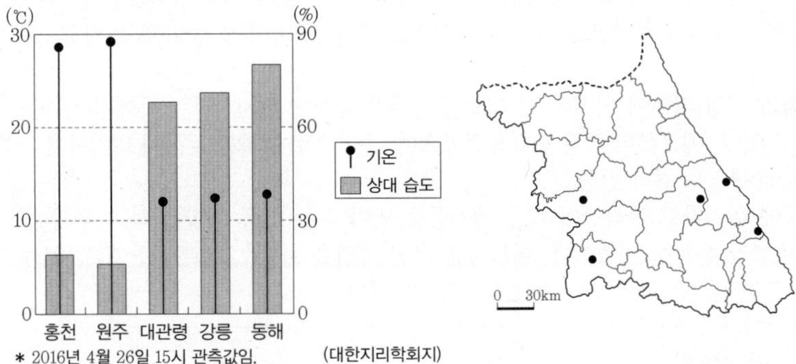

① 저위도의 바다에서 남서 기류가 유입되었기 때문이다.
② 기온 역전 현상으로 인해 대기가 안정되었기 때문이다.
③ 동해로부터 중부 지방으로 북동풍이 불어왔기 때문이다.
④ 도시화와 산업화로 인해 열섬 현상이 심화되었기 때문이다.
⑤ 한대 기단과 열대 기단의 경계면을 따라 정체 전선이 형성되었기 때문이다.

[24018-0066]

6 **다음 글의 ㉠~㉤에 대한 설명으로 옳지 않은 것은?**

> 봄은 겨울보다 날씨가 온화하지만, 때로는 기온이 급격히 하강하는 ㉠꽃샘추위가 나타나기도 한다. 또한 맑은 날씨와 흐린 날씨가 반복되며 ㉡잦은 날씨 변화를 보인다. 봄에는 기온이 올라가면서 대기가 건조해져 다른 계절보다 ㉢산불이 많이 발생한다. 또한 중국 내륙이나 몽골의 건조 지역에서 발생한 흙먼지가 우리나라로 이동하여 ㉣황사 현상이 나타나기도 한다. 늦봄에서 초여름까지 발달하는 ㉤오호츠크해 기단이 우리나라에 영향을 미치면 영서 지방에는 푄 현상으로 고온 건조한 높새바람이 분다.

① ㉠은 시베리아 기단이 일시적으로 확장하여 발생한다.
② ㉡은 이동성 고기압과 저기압이 우리나라 부근을 교대로 통과하기 때문이다.
③ ㉢이 겨울보다 봄에 자주 발생하는 것은 겨울보다 강수량이 적기 때문이다.
④ ㉣은 주로 편서풍을 타고 우리나라로 이동해 온다.
⑤ ㉤은 냉량 습윤한 해양성 기단이다.

[24018-0067]

7 그림은 지도에 표시된 세 지역의 전통 가옥 구조를 나타낸 것이다. 이에 대한 설명으로 옳은 것은? (단, (가)~(다)는 각각 지도에 표시된 세 지역 중 하나임.)

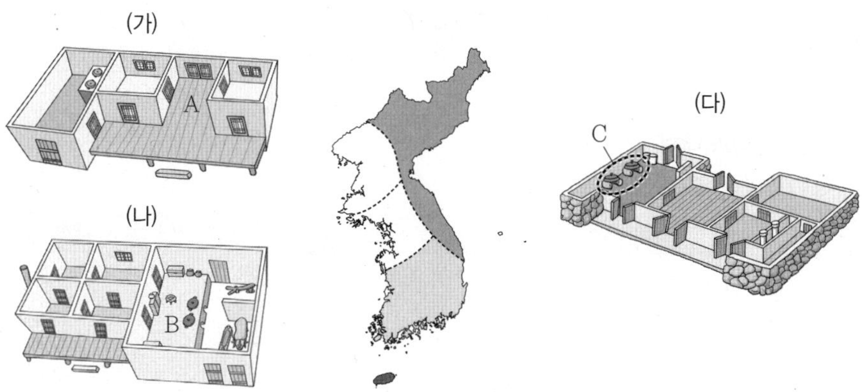

① (가)는 (나)보다 그루갈이 재배 면적이 넓다.
② (나)는 (다)보다 봄꽃의 개화 시기가 이르다.
③ A는 주로 관북 지역의 전통 가옥에서 볼 수 있다.
④ B는 통풍을 중시하는 개방적 가옥 구조에서 나타난다.
⑤ C의 아궁이는 대부분 방의 온돌과 연결되어 있다.

[24018-0068]

8 지도는 첫 서리일과 마지막 서리일을 나타낸 것이다. 이에 대한 설명으로 옳은 것은? (단, (가), (나)는 각각 첫 서리일, 마지막 서리일 중 하나임.)

(가)

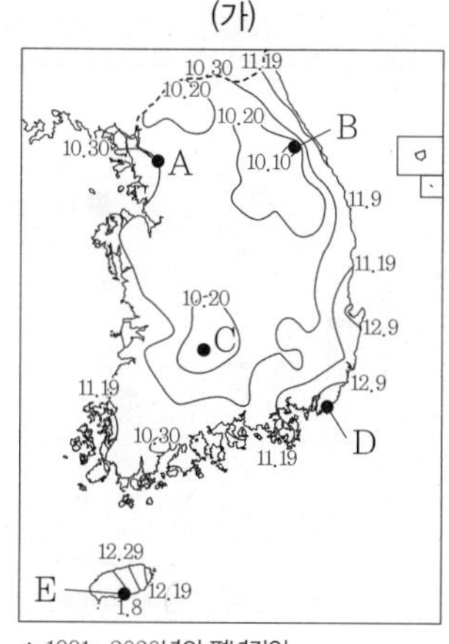

(나)

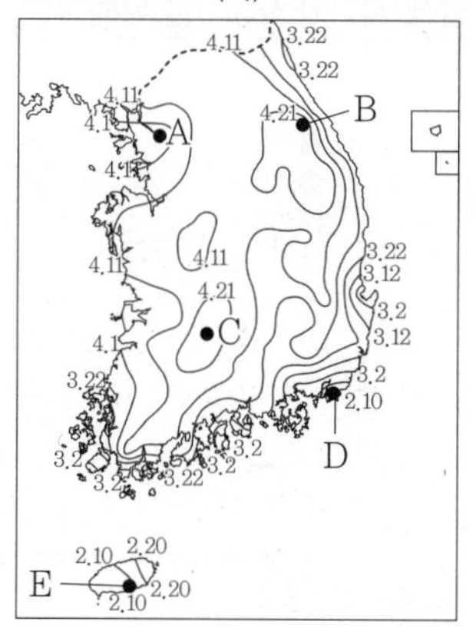

* 1991~2020년의 평년값임.
(기상청)

① (가)에서 (나)까지의 기간에는 주로 북태평양 기단의 영향을 받는다.
② (가)는 마지막 서리일, (나)는 첫 서리일이다.
③ A는 B보다 서리가 내리는 기간이 길다.
④ C는 D보다 최한월 평균 기온이 높다.
⑤ E는 A~E 중에서 무상 기간이 가장 길다.

07 자연재해와 기후 변화

✪ 태풍의 가항 반원과 위험 반원

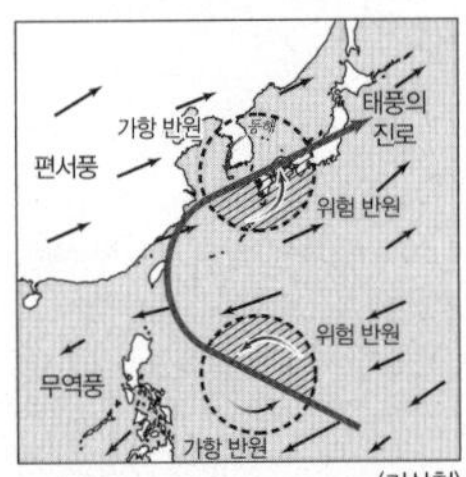

(기상청)

그림에서 태풍 진행 방향의 오른쪽은 위험 반원, 왼쪽은 가항 반원에 해당한다. 위험 반원 지역은 가항 반원 지역보다 태풍의 중심을 향해 불어 들어오는 바람과 무역풍 또는 편서풍의 방향이 일치하여 바람이 강하다.

1. 자연재해

(1) 자연재해의 의미와 유형

① 의미: 자연환경 요소들이 인간 생활에 피해를 주는 현상

② 유형: 기후적 요인(폭염, 한파, 냉해, 홍수, 가뭄, 대설, 태풍 등), 지형적 요인(지진, 화산 활동 등), 복합적 요인(산사태 등)

(2) 자연재해별 특징과 대책

① 기온과 관련된 자연재해와 대책

구분	의미	특징 및 영향	대책
폭염	매우 심한 더위	열사병 발생 위험 증가, 전력 소비량 급증	야외 행사 자제, 물 많이 마시기
한파	기온이 급격하게 내려가는 현상, 한랭한 공기의 유입으로 발생	저체온증 및 동상 위험 증가, 수도관 동파 위험 증가	외출 자제, 수도 계량기 및 수도관 등에 보온 조치

② 강수와 관련된 자연재해와 대책

구분	의미	특징 및 영향	대책
홍수	하천이 범람하여 그 주변 지역에 피해를 주는 현상	지표 상태, 배수 관리 체계에 따라 피해 정도가 달라짐	녹색 댐인 삼림 관리, 다목적 댐·보·저수지 건설을 통한 하천 유량 조절 능력 향상
가뭄	오랜 기간 비가 내리지 않거나 강수량이 적어 물 부족을 겪는 현상	진행 속도가 느림, 농업용수 부족, 산불 발생 가능성이 높아짐	
대설	짧은 시간에 많은 눈이 내리는 현상	비닐하우스·축사 등의 붕괴, 교통 장애 유발	신속한 제설 작업, 자가용 이용 자제

③ 바람 및 강수와 관련된 자연재해인 태풍

- 의미: 중심 부근의 최대 풍속이 17m/s 이상으로 폭풍우를 동반하는 열대 저기압
- 대책: 강풍 및 호우에 대비한 시설 점검, 위험 지역 접근 금지 등

탐구 활동 자연재해의 발생 시기와 도(道)별 피해액

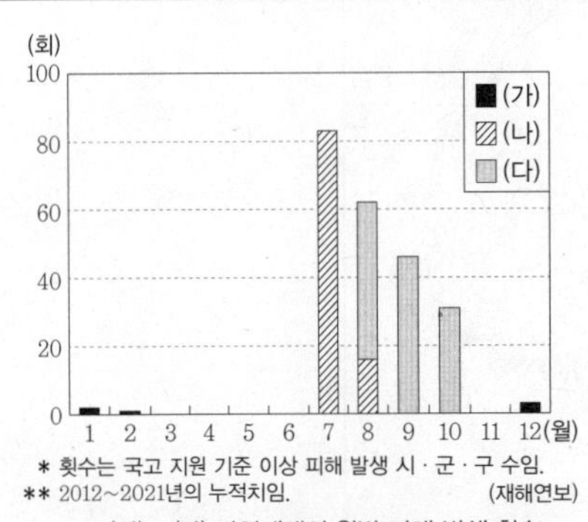

* 횟수는 국고 지원 기준 이상 피해 발생 시·군·구 수임.
** 2012~2021년의 누적치임. (재해연보)

▲ (가)~(다) 자연재해의 월별 피해 발생 횟수

(천억 원)
A B C D
전남 경북 경남 강원 충북 전북 경기 충남 제주

* 2012~2021년의 누적 피해액이며, 2021년도 환산 가격 기준임. (재해연보)

▲ A~D 자연재해의 원인별, 도(道)별 피해액

» 자연재해의 월별 피해 발생 횟수를 보고, (가)~(다)에 해당하는 자연재해를 파악해 보자. (단, (가)~(다)는 각각 대설, 태풍, 호우 중 하나임.) (가)는 겨울철인 12~2월에 주로 발생하는 대설, (나)는 여름철인 7~8월에 주로 발생하는 호우, (다)는 8~10월에 주로 발생하는 태풍이다.

» 자연재해의 원인별, 도(道)별 피해액을 보고, A~D에 해당하는 자연재해를 파악해 보자. (단, A~D는 각각 대설, 지진, 태풍, 호우 중 하나임.) 경북의 피해액이 많은 A는 지진, 태백 산지가 있는 강원에 피해액이 많은 B는 대설, 전남, 경북, 경남 등 남부 지방에서 피해액이 많은 D는 태풍, 충북, 전남, 경기 등에서 피해액이 많은 C는 호우이다.

개념 체크

1. 폭염, 한파, 대설, 태풍 등은 (　　)적 요인에 의한 자연재해이다.
2. (　　)가 예보되면 수도 계량기 및 수도관 등에 보온 조치가 필요하다.
3. (　　)은 중심 부근의 최대 풍속이 17m/s 이상으로 폭풍우를 동반하는 열대 저기압이다.

정답
1. 기후
2. 한파
3. 태풍

자료 분석 **황사의 이동과 피해 및 대책**

강한 상승 기류를 타고 상공으로 올라간 황사는 편서풍에 실려 동쪽으로 이동한다.
황해를 지나 한반도에 도달한다.
강풍이 건조한 지역에 지속적으로 불면 황사가 발생한다.
우리나라에 황사가 날아온다.

▲ 황사의 발생과 이동

* 1991~2020년의 평년값임. (기상청)

▲ 지역별 황사 발생 일수

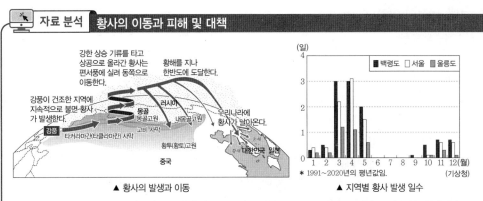

황사는 중국 서부의 타커라마간(타클라마칸) 사막, 몽골·중국의 고비 사막 등지에서 건조한 봄철이나 겨울철에 주로 발생한다. 이 황사가 편서풍을 타고 우리나라로 이동해 오면 호흡기 및 안과 질환, 항공기 결항, 정밀 기계 및 전자 기기 고장 등의 피해를 발생시킬 수 있다. 근래 기후 변화, 삼림 파괴 등으로 인해 사막화가 진행되면서 황사에 대한 우려가 커졌다.

백령도, 서울, 울릉도의 월별 황사 발생 일수는 모두 봄철(3~5월)에 집중되어 있다. 세 지역의 연간 황사 발생 일수는 백령도(10.8일) > 서울(8.9일) > 울릉도(3.8일) 순으로 많은데, 이는 주요 황사 발원지와 거리가 가까운 지역일수록 대체로 황사가 많이 이동해 오기 때문이다.

2. 기후 변화의 원인과 양상

(1) 기후 변화의 의미와 특징

① 의미: 기후가 자연적 요인 또는 인위적 요인으로 장기간에 걸쳐 점차 변화하는 현상

② 특징: 기온·강수 변화 등 다양하게 나타남, 지구 온난화·사막화 등

(2) 기후 변화의 원인

① 자연적 요인: 태양 활동, 지구와 태양 간 거리의 주기적인 변화 등

② 인위적 요인: 화석 에너지 소비에 따른 온실가스 배출량의 증가, 삼림 파괴, 산업화·도시화로 인한 지표 상태의 변화

(3) 기후 변화의 양상

① 전 지구적 규모의 기후 변화

- 기온 변화: 기온이 상승하는 지구 온난화 현상이 전 지구적으로 나타남
- 강수 변화: 기온 변화와 달리 지역에 따라 변화 양상이 다르게 나타남, 일부 지역은 사막화 현상이 나타남

② 우리나라의 기후 변화

- 기온 변화: 지난 109년(1912~2020년)간 연평균 기온은 매 10년당 0.2℃ 상승함, 산간 지역이나 농어촌 지역에 비해 대도시의 기온 상승 폭이 큰 편임
- 강수 변화: 지난 109년(1912~2020년)간 연 강수량은 매 10년당 17.71mm 증가하였으나 연 강수 일수는 감소 추세임
- 기타: 열대야·열대일 발생 빈도는 증가, 한파일·서리일 발생 빈도는 감소 추세임

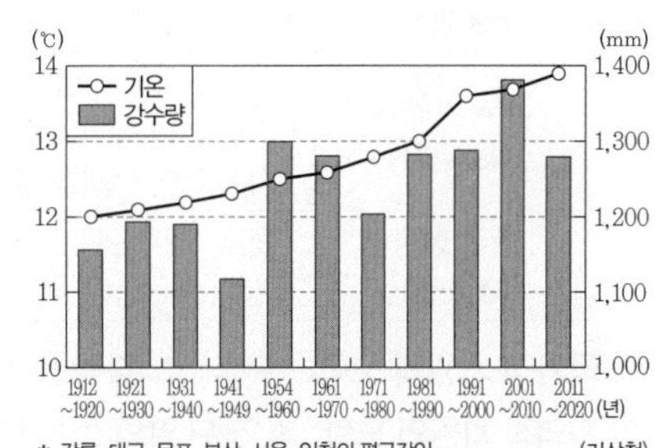

* 강릉, 대구, 목포, 부산, 서울, 인천의 평균값임. (기상청)

▲ 우리나라의 10년별 평균 기온과 강수량 변화

✪ 온실가스

이산화 탄소, 메테인 등은 지표에서 복사하는 장파 에너지의 일부를 흡수하여 온실 효과를 일으키는 기체이다.

✪ 온실 효과

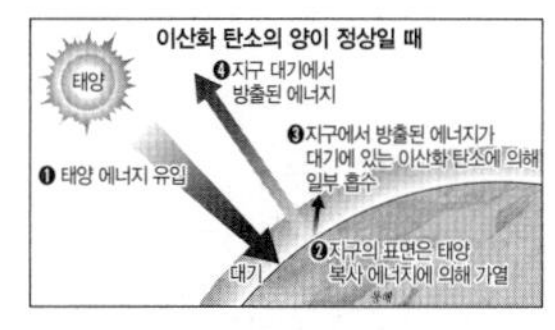

온실가스가 태양 복사 에너지는 통과시키는 반면 지구 복사 에너지는 흡수하여 지표면을 보온하는 역할을 하는 것을 의미한다. 따라서 지구 대기에 온실가스가 증가하면 지구 복사 에너지를 더 많이 흡수하여 지구 대기의 온도가 높아지게 된다.

✪ 우리나라의 열대야 일수 변화

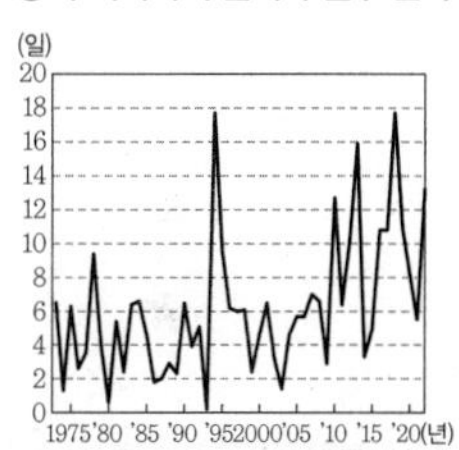

* 수치는 연도별 전국 평균값임. (기상청)

열대야 일수는 해에 따른 변동이 크지만 증가하는 추세이다.

개념 체크

1. 황해에 위치한 백령도는 동해에 위치한 울릉도보다 연간 황사 발생 일수가 (많다/적다).
2. 지난 109년 동안 우리나라는 연평균 기온이 (상승/하강)하였고, 연 강수량이 (증가/감소)하였으며, 연 강수 일수는 (증가/감소)하였다.

정답

1. 많다
2. 상승, 증가, 감소

✪ 탄소 배출권 거래제
국가나 기업 간에 탄소 배출 허용량을 거래할 수 있는 제도이다. 국가나 기업마다 배출할 수 있는 탄소의 총량을 규정한 후 사용하지 않은 분량은 초과 배출한 국가나 기업에 판매할 수 있다.

✪ 로컬 푸드
지역에서 생산된 농산물을 의미한다. 지역 내에서 생산된 농산물을 소비하는 것은 글로벌 푸드에 비해 운송 거리가 짧은 농산물을 소비하는 것이기 때문에 운송 과정에서 발생하는 이산화 탄소를 줄일 수 있는 소비 방법이다.

✪ 탄소 발자국
사람이 활동하거나 상품을 생산·소비하는 과정에서 직간접적으로 발생하는 이산화 탄소의 총량을 의미한다.

개념 체크

1. 지구 온난화로 우리나라는 과거에 비해 (여름/겨울)이 길어지고 (여름/겨울)은 짧아졌다.
2. 지구 온난화가 계속되면 농작물 재배 북한계선 및 재배 적지는 (북상/남하)할 것이다.
3. (　　) 운동은 가까운 지역에서 생산된 농산물을 소비하여 운송 과정에서 발생하는 이산화 탄소 배출량을 줄이는 운동이다.

정답
1. 여름, 겨울
2. 북상
3. 로컬 푸드

3. 기후 변화의 영향

(1) 전 지구적 영향

① 해수면 상승: 평균 기온 상승으로 극지 및 고산 지역의 빙하 감소, 해수 온도 상승에 따른 바닷물의 열팽창

② 생태계 변화: 극지 및 고산 식물의 서식지 축소, 열대 및 아열대 식물의 서식지 확대, 동식물의 서식 환경 급변에 따른 생물 종 다양성 감소 등

(2) 우리나라에 미친 영향

① 계절 변화: 여름은 길어지고 겨울은 짧아짐

② 작물 변화: 농작물 재배 북한계선 및 재배 적지 북상

③ 식생 변화: 난대림 분포 면적 확대, 냉대림 분포 면적 축소

④ 기타: 병충해 및 열대성 질병의 발생 증가, 태풍의 세력 강화 등

탐구 활동 | 기후 변화의 영향

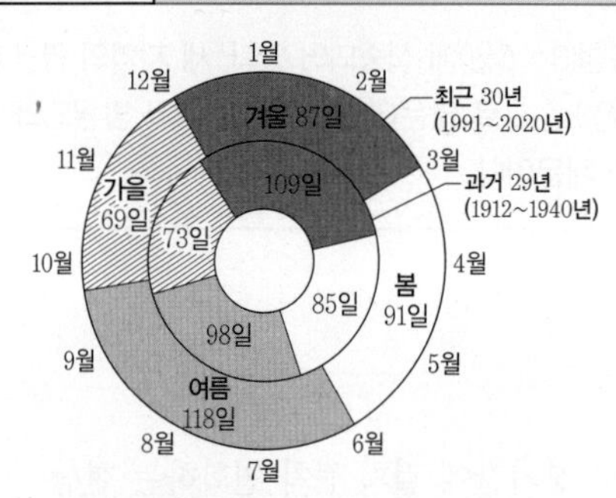

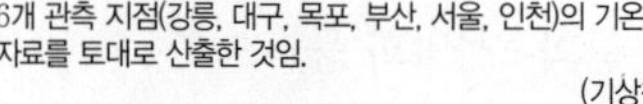

* 6개 관측 지점(강릉, 대구, 목포, 부산, 서울, 인천)의 기온 자료를 토대로 산출한 것임.
(기상청)

▲ 우리나라의 계절 길이 변화

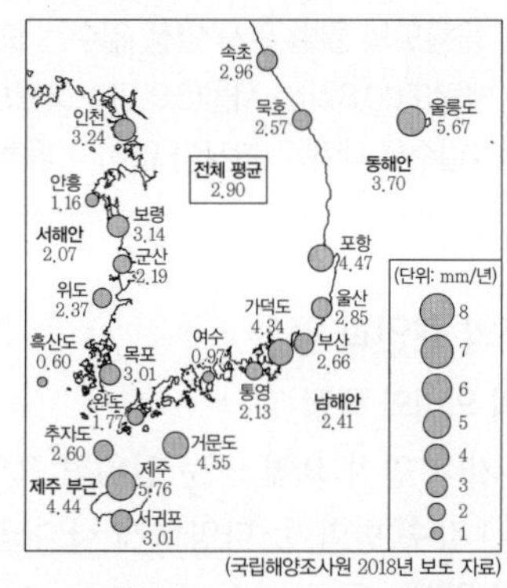

▲ 우리나라 주변 해역의 1989~2017년 평균 해수면 상승률

⏩ 시기별 사계절 기간은 어떻게 변화되었는지 설명해 보자. 과거 29년(1912~1940년) 대비 최근 30년(1991~2020년)에 여름 일수는 늘어나고 겨울 일수는 줄어들었으며, 봄과 여름의 시작은 빨라지고 가을과 겨울의 시작은 늦어졌다.

⏩ 지도와 같은 현상이 나타나는 원인과 그 영향을 설명해 보자. 해수면 상승은 지구 온난화로 인해 빙하가 녹는 현상, 수온 상승에 따른 바닷물의 팽창 등과 관련이 있으며, 해수면이 상승하면 낮은 지대가 침수되는 현상이 발생할 수 있다.

4. 기후 변화의 대책

(1) 지구적 차원의 노력

기후 변화 협약 (1992년)	• 브라질 리우데자네이루에서 열린 유엔 환경 개발 회의에서 채택(1994년 발효) • 전 세계 국가들이 기후 변화 방지를 위해 노력하겠다는 일반적인 원칙을 담고 있음
교토 의정서 (1997년)	• 일본 교토에서 열린 기후 변화 협약으로 제3차 당사국 총회에서 채택(2005년 발효) • 기후 변화 협약의 목적 달성을 위해 온실가스를 어느 국가가, 얼마만큼, 어떻게 줄이는가에 대한 문제를 결정함
파리 협정 (2015년)	선진국에만 온실가스 감축 의무를 부과한 교토 의정서의 한계를 극복하고 모든 국가가 온실가스 감축에 참여할 수 있는 장치를 마련함(2016년 발효)

(2) 국가적 차원의 노력: 온실가스 감축을 위한 국가 전략 수립, 친환경 정책 도입 등

(3) 지역적 차원의 노력: 지역 단위의 소규모 친환경 에너지 발전 시설 보급 및 공동 이용, 로컬 푸드(지역 농산물) 소비를 위한 기반 마련 등

(4) 개인적 차원의 노력: 탄소 발자국 인증 제품 사용, 대중교통 이용, 로컬 푸드 소비 등

5. 우리나라의 식생 분포

(1) 식생의 분포

① 수평 분포: 위도에 따른 기온 차이가 반영되어 남부 지방에서 북부 지방으로 가면서 난대림 → 온대림 → 냉대림이 나타남

- 냉대림: 고산 지역과 개마고원 일대에 주로 분포
- 온대림: 우리나라 대부분의 지역에 분포
- 난대림: 남해안, 제주도 및 울릉도의 해발 고도가 낮은 지역에 분포

② 수직 분포: 해발 고도가 높아지면서 기온이 낮아져 해발 고도에 따라 다양한 식생이 나타남, 한라산에서 뚜렷하게 나타남

(2) 식생과 인간 활동

농지 개간, 산업화 및 도시화에 따른 삼림 축소, 산성비 등은 식생을 파괴하는 데 영향을 끼침 → 조림 사업, 경제림 조성을 통해 해결 가능

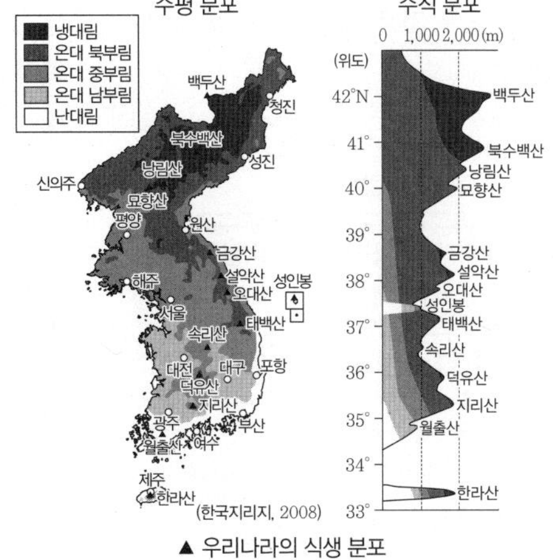

▲ 우리나라의 식생 분포

✪ 냉대림, 온대림, 난대림

냉대림은 주로 침엽수, 온대림은 주로 낙엽 활엽수와 침엽수, 난대림은 주로 상록 활엽수로 이루어진다.

✪ 한라산 식생의 수직 분포

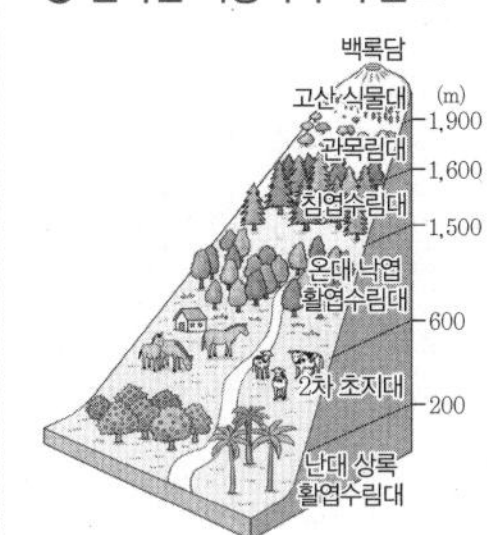

한라산은 식생의 수직 분포가 뚜렷하게 나타난다. 2차 초지대는 인위적으로 조성된 것으로, 이곳에서 제주도의 목축업이 주로 행해진다.

✪ 등고선식 경작

경사지에서 해발 고도가 같은 지점을 따라 이랑이나 고랑 등을 만들어 작물을 재배하는 방법이다. 비가 올 때 고랑과 이랑이 지표수의 유속을 감소시켜 토양 유실을 줄일 수 있다.

6. 우리나라의 토양 분포

(1) 우리나라 토양의 특징

① 토양은 암석의 풍화 산물과 생물에서 비롯된 유기물로 구성되며 식물 성장의 토대임

② 집중 호우로 인한 유기물 유실과 화학 비료의 과다 사용으로 산성화된 경우가 많음

(2) 토양의 종류: 성숙토와 미성숙토로 구분

① 성숙토: 토양 생성 기간이 길어 토양층의 발달이 뚜렷함

- 성대 토양: 기후와 식생의 성질이 많이 반영된 토양, 회백색토 · 갈색 삼림토 · 적색토 등
- 간대토양: 모암(기반암)의 성질이 많이 반영된 토양, 석회암 풍화토 등
  - 석회암 풍화토: 석회암 분포 지역인 강원도 남부, 충청북도 북동부 지역에 주로 분포

② 미성숙토: 토양 생성 기간이 짧거나 운반 및 퇴적으로 형성되어 토양층의 발달이 미약함

- 충적토: 하천 주변의 충적지에 분포, 비옥하여 농경에 활용
- 염류토: 서 · 남해안 일대의 간척지와 하구 부근에 주로 분포, 염분을 제거한 후 농경에 이용

춘천 강릉 서울 충주 안동 대전 대구 전주 광주 부산 여수 제주
염류토
충적토
갯벌
화산회토
석회암 풍화토
적황색토
갈색 삼림토 및 암설토
(농촌진흥청, 2017)

▲ 우리나라의 토양 분포

(3) 토양과 인간 활동

① 농지 개간, 산업화 및 도시화에 따른 개발 등으로 토양 침식과 오염이 가속화되고 화학 비료 사용 증가로 토양의 산성화가 심화됨

② 해결 노력: 사방 공사, 계단식 경작, 등고선식 경작, 유기질 비료 사용 등

개념 체크

1. 식생의 수평 분포는 (　　　), 수직 분포는 (　　　)에 따른 기온 차이를 반영한다.
2. (　　　)은 남해안과 제주도 및 울릉도의 해발 고도가 낮은 지역에 주로 분포한다.
3. (　　　) 풍화토는 강원도 남부와 충청북도 북동부 지역에 주로 분포한다.

정답

1. 위도, 해발 고도
2. 난대림
3. 석회암

[24018-0069]

01 다음은 세 자연재해에 관한 안전 안내 문자 내용의 일부이다. (가)~(다)에 대한 설명으로 옳은 것은? (단, (가)~(다)는 각각 폭염, 한파, 호우 중 하나임.)

(가) 경보가 발효되었으니 노약자 외출 자제, 동파 방지, 화재 예방 등에 만전을 기해 주시기 바랍니다.

(나) 주의보 발효 중이니 산사태와 상습 침수 위험 지역에서 신속히 대피하여 주시기 바랍니다.

(다) 경보 발효 중, 물 충분히 마시기, 무더위 쉼터 이용, 실외 작업장 안전 수칙 지키기

① (가)는 주로 장마 전선의 정체에 따라 발생한다.
② (나)로 인해 난방용 전력 소비량이 급증한다.
③ (다)는 주로 시베리아 기단의 영향으로 발생한다.
④ (가)는 (다)보다 온열 질환 발병에 영향이 크다.
⑤ (나)는 (가)~(다) 중 연평균 피해액이 가장 많다.

[24018-0070]

02 다음 자료는 어느 자연재해 발생 시 행동 요령이다. 이 자연재해에 대한 설명으로 옳은 것은?

탁자 아래로 들어가 몸을 보호하고 탁자 다리를 꽉 잡습니다.

전기와 가스를 차단하고, 문을 열어 출구를 확보합니다.

계단을 이용하여 신속하게 이동합니다. (엘리베이터 사용 금지)

가방이나 손으로 머리를 보호하며, 건물과 거리를 두고 대피합니다.

① 도시화로 발생 빈도가 높아지고 있다.
② 호흡기 및 안과 질환 발병률을 증가시킨다.
③ 저위도와 고위도 지역 간 열 교환을 촉진한다.
④ 건축물의 내진 설계를 통해 피해를 줄일 수 있다.
⑤ 해안 지역에 강풍으로 인한 해일 피해가 발생한다.

[24018-0071]

03 그래프는 (가)~(다) 자연재해의 월별 발생 횟수를 나타낸 것이다. 이에 대한 설명으로 옳은 것은? (단, (가)~(다)는 각각 대설, 태풍, 호우 중 하나임.)

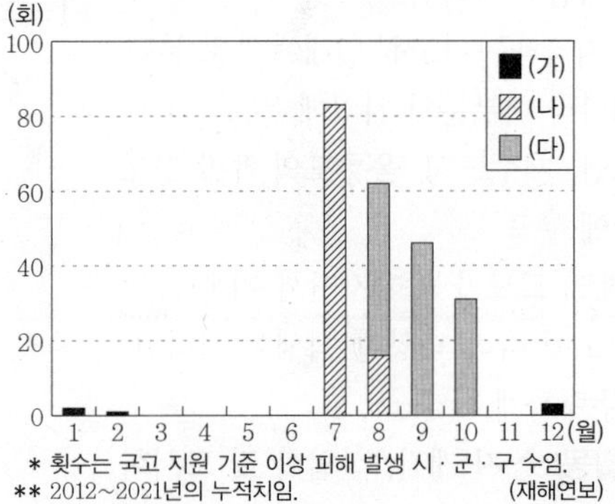

* 횟수는 국고 지원 기준 이상 피해 발생 시 · 군 · 구 수임.
** 2012~2021년의 누적치임. (재해연보)

① (가)는 주로 북태평양 기단의 영향으로 발생한다.
② (나)에 대비한 전통 가옥 시설로는 우데기가 있다.
③ (다)는 폭풍우를 동반하는 열대 저기압이다.
④ (가)는 (나)보다 우리나라 연 강수량에 미치는 영향이 크다.
⑤ 2012~2021년 선박 피해액은 (다)보다 (나)에 의한 것이 많다.

[24018-0072]

04 다음 자료는 (가) 현상에 관한 것이다. 이에 대한 설명으로 옳은 것만을 〈보기〉에서 고른 것은? (단, A, B는 각각 백령도, 울릉도 중 하나임.)

〈(가) 현상에 관한 고문헌 기록〉

서울에 흙비가 내렸다. 전라도의 전주와 남원에는 비가 내린 뒤에 연기 같은 안개가 사방에 꽉 끼었으며, 기와와 풀과 나무에는 모두 누르고 흰 빛깔이 있었는데, 쓸면 먼지가 되고 흔들면 날아 흩어졌다.

– 『명종실록』 –

〈(가) 현상의 월별 발생 일수〉

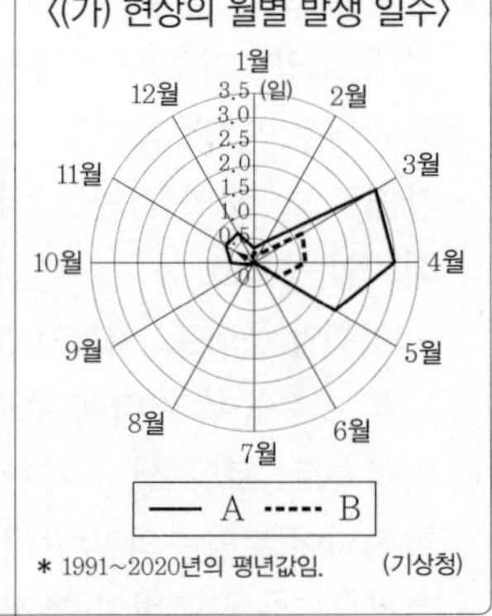

* 1991~2020년의 평년값임. (기상청)

● 보기 ●

ㄱ. (가)는 주로 저위도의 해상에서 발생한다.
ㄴ. (가)는 실내 공기 정화기의 수요를 높인다.
ㄷ. (가)는 경기 · 영서 지방에 가뭄 피해를 일으킨다.
ㄹ. B는 A보다 우리나라 표준 경선과의 최단 거리가 가깝다.

① ㄱ, ㄴ ② ㄱ, ㄷ ③ ㄴ, ㄷ
④ ㄴ, ㄹ ⑤ ㄷ, ㄹ

[24018-0073]

05 그래프는 수도권과 영남 지방의 자연재해별 피해액 비율을 나타낸 것이다. (가)~(다)에 해당하는 자연재해로 옳은 것은?

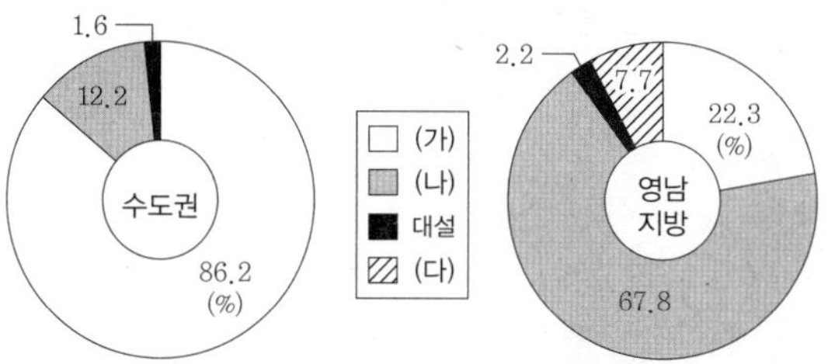

* 2021년도 환산 가격을 토대로 한 2012~2021년의 누적 피해액 기준임.
** 대설, 지진, 태풍, 호우만을 고려함. (재해연보)

	(가)	(나)	(다)
①	지진	태풍	호우
②	태풍	지진	호우
③	태풍	호우	지진
④	호우	지진	태풍
⑤	호우	태풍	지진

[24018-0074]

06 그래프와 같은 변화 추세가 지속될 경우, 우리나라에서 나타날 현상에 대한 추론으로 옳은 것은?

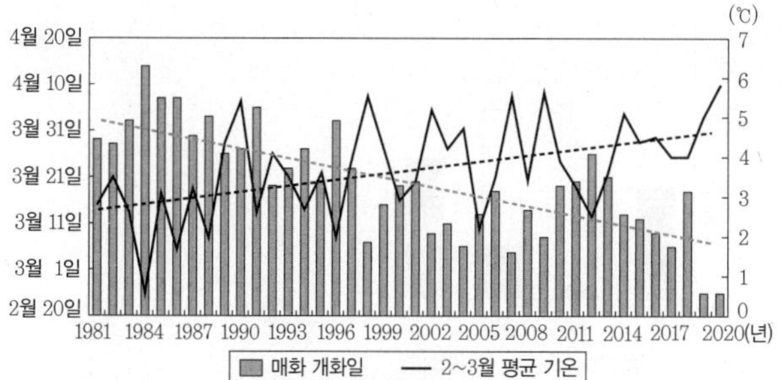

* 매화 개화일은 11개 지점(서울, 인천, 대전, 청주, 전주, 광주, 여수, 안동, 대구, 포항, 부산), 2~3월 평균 기온은 전국 45개 지점의 평균값임.
** 점선은 매화 개화일과 2~3월 평균 기온의 변화 추세를 나타냄. (기상청)

① 대관령의 무상 기간이 늘어날 것이다.
② 내장산 단풍의 시작 시기가 빨라질 것이다.
③ 한라산 고산 식물의 분포 범위가 넓어질 것이다.
④ 동해에서 한류성 어족의 어획량이 늘어날 것이다.
⑤ 남부 지방의 감귤 재배 가능 지역이 줄어들 것이다.

[24018-0075]

07 다음 글의 ㉠~㉤에 대한 설명으로 옳지 않은 것은?

> 우리나라 ㉠식생의 수평 분포는 남쪽에서 북쪽으로 가면서 난대림, 온대림, 냉대림의 순서로 나타난다. 남해안과 제주도 및 울릉도의 저지대는 ㉡난대림, 개마고원과 일부 고산 지역은 ㉢냉대림이 분포하며, 냉대림과 난대림 사이의 지역에서는 혼합림이 나타난다. ㉣식생의 수직 분포는 제주도의 한라산에서 가장 잘 나타나는데, 저지대에서 고지대로 가면서 난대림, ㉤2차 초지대, 온대림, 냉대림, 관목대, 고산 식물대가 순서대로 나타난다.

① ㉠은 위도에 따른 기온 차이를 반영한다.
② ㉡은 주로 상록 활엽수로 이루어져 있다.
③ ㉢이 분포하는 해발 고도 하한선은 백두산이 한라산보다 높다.
④ ㉣은 해발 고도 상승에 따른 기온 하강과 관계가 깊다.
⑤ ㉤은 주로 목축을 위해 인위적으로 조성된 식생이다.

[24018-0076]

08 그림의 (가)~(다)에 해당하는 토양을 지도의 A~C에서 고른 것은? (단, A~C는 각각 석회암 풍화토, 염류토, 충적토 중 하나임.)

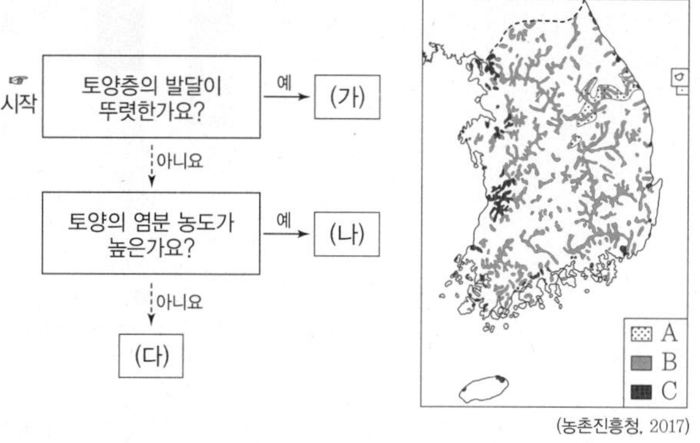

(농촌진흥청, 2017)

	(가)	(나)	(다)
①	A	B	C
②	A	C	B
③	B	A	C
④	B	C	A
⑤	C	B	A

[24018-0077]

1 지도는 (가), (나) 현상의 연간 일수를 나타낸 것이다. 이에 대한 설명으로 옳은 것만을 〈보기〉에서 있는 대로 고른 것은? (단, (가), (나)는 각각 열대야, 한파 중 하나임.)

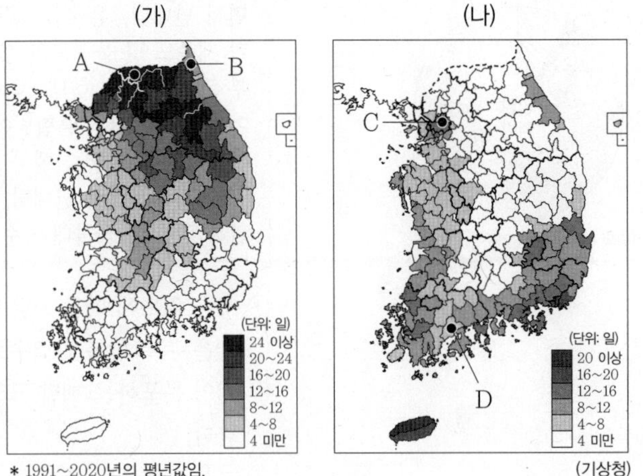

* 1991~2020년의 평년값임. (기상청)

보기

ㄱ. (가)는 시베리아 기단이 세력을 확장할 때 주로 발생한다.
ㄴ. (나)의 전국 평균 일수는 지구 온난화가 지속되면 감소할 것이다.
ㄷ. A와 B의 (가) 일수 차이는 수륙 분포와 관계가 깊다.
ㄹ. C가 D보다 (나) 일수가 많은 주요인은 열섬 현상이다.

① ㄱ, ㄴ ② ㄱ, ㄷ ③ ㄴ, ㄹ ④ ㄱ, ㄷ, ㄹ ⑤ ㄴ, ㄷ, ㄹ

[24018-0078]

2 그래프에 대한 설명으로 옳은 것은? (단, (가)~(다)는 각각 지진, 태풍, 호우 중 하나이며, A~C는 각각 경북, 전남, 충북 중 하나임.)

〈자연재해별 · 시설별 피해액 비율〉

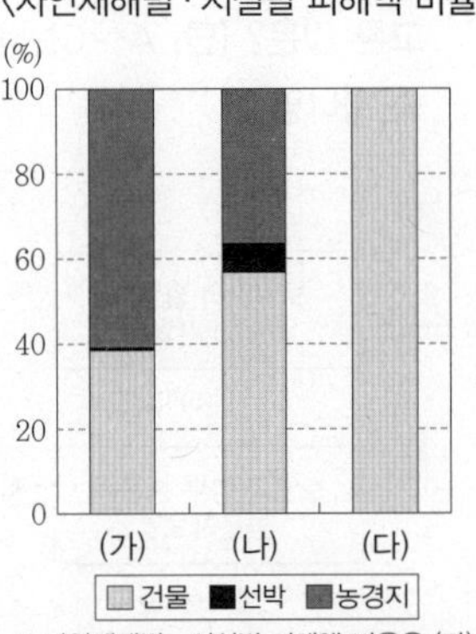

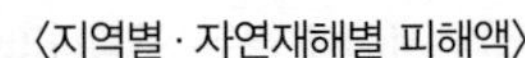
〈지역별 · 자연재해별 피해액〉

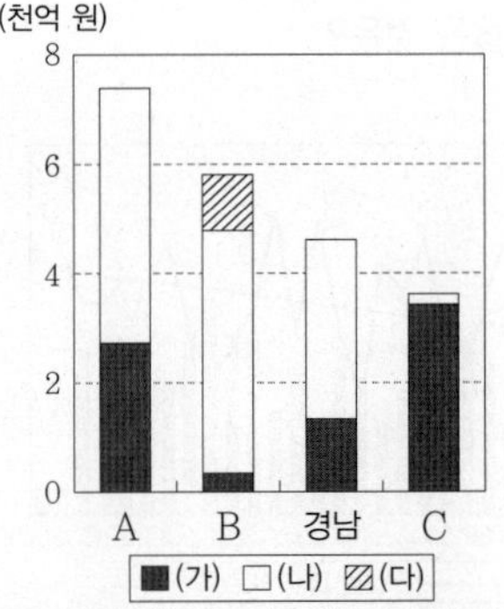

* 자연재해별 · 시설별 피해액 비율은 (가)~(다) 각 자연재해에 의한 전국 건물, 선박, 농경지 피해액의 합을 100%로 한 비율임.
** 2021년도 환산 가격을 토대로 한 2012~2021년의 누적 피해액 기준임. (재해연보)

① (가)는 주로 지형적 요인에 의해 발생하는 자연재해이다.
② (나)의 2012~2021년 피해액은 경북이 경남보다 많다.
③ (다)는 (가)보다 여름철 발생 비율이 높다.
④ B의 대부분은 한강 유역에 속한다.
⑤ A는 C보다 고위도에 위치해 있다.

[24018-0079]

3 표는 우리나라의 계절별 평균 기온, 강수량, 강수 일수 변화를 나타낸 것이다. 이에 대한 설명으로 옳은 것만을 〈보기〉에서 있는 대로 고른 것은?

구분	평균 기온(℃)		강수량(mm)		강수 일수(일)	
	1912~1940년	1991~2020년	1912~1940년	1991~2020년	1912~1940년	1991~2020년
봄(3~5월)	10.6	12.7	227.3	242.2	35.5	31.2
여름(6~8월)	23.4	24.3	608.1	705.4	50.1	45.8
가을(9~11월)	14.4	15.8	242.3	276.2	35.2	29.1
겨울(12~2월)	0.0	2.1	100.3	91.0	33.5	27.0

*6개 관측 지점(강릉, 대구, 목포, 부산, 서울, 인천)의 평균값임. (기상청)

보기

ㄱ. 사계절 모두 강수량이 증가하였다.
ㄴ. 계절 평균 기온의 최대 차이가 감소하였다.
ㄷ. 평균 기온 상승 폭은 여름이 겨울보다 크다.
ㄹ. 연 강수 일수 대비 연 강수량 비율이 증가하였다.

① ㄱ, ㄴ ② ㄱ, ㄷ ③ ㄴ, ㄹ ④ ㄱ, ㄷ, ㄹ ⑤ ㄴ, ㄷ, ㄹ

[24018-0080]

4 다음은 한국지리 보고서의 일부이다. 그림의 (가), (나)에 들어갈 내용으로 옳은 것은?

〈우리나라의 기후 변화〉

우리나라는 전 지구 평균에 비해 더 빠른 온난화 속도를 보인다. 이에 따라 이상 기후 현상 역시 그 발생 빈도가 증가하고 있으며, 이로 인한 재산 및 인명 피해 규모가 커지고 있다. 그림은 기상청에서 발표한 과거(1912~1940년)와 최근(1991~2020년)의 우리나라 (가), (나)를 상대적으로 나타낸 것이다.

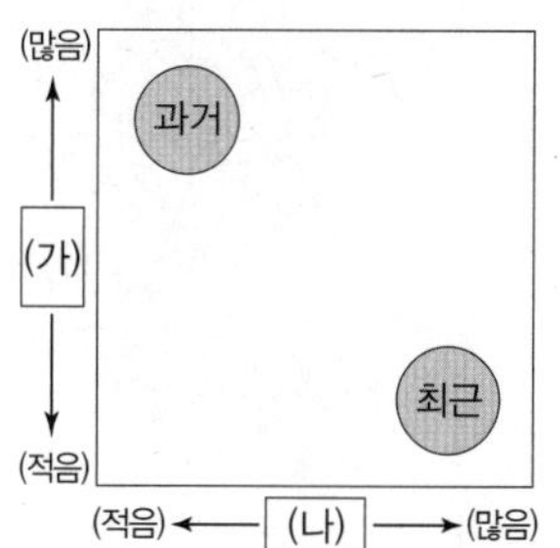

	(가)	(나)
①	결빙 일수	한파 일수
②	서리 일수	열대야 일수
③	서리 일수	한파 일수
④	호우 일수	폭염 일수
⑤	호우 일수	열대야 일수

[24018-0081]

5 **다음 자료는 우리나라의 식생 분포를 나타낸 것이다. 이에 대한 설명으로 옳은 것은?**

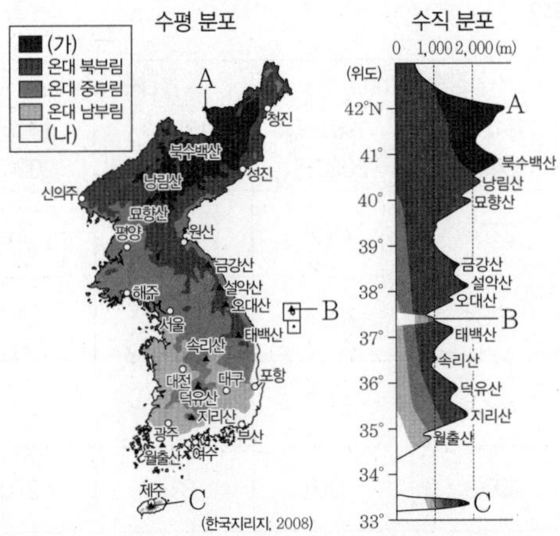

① (가)는 주로 낙엽 활엽수로 이루어져 있다.
② (나)는 우리나라의 식생 중에서 분포 면적이 가장 넓다.
③ B의 저지대에서는 동백나무와 후박나무를 볼 수 있다.
④ A는 C보다 식생의 수직 분포가 다양하게 나타난다.
⑤ C의 (가)는 지구 온난화의 영향으로 분포 면적이 확대될 것이다.

[24018-0082]

6 **지도는 두 토양이 주로 분포하는 지역을 나타낸 것이다. (가), (나) 토양에 대한 설명으로 옳은 것만을 〈보기〉에서 있는 대로 고른 것은?**

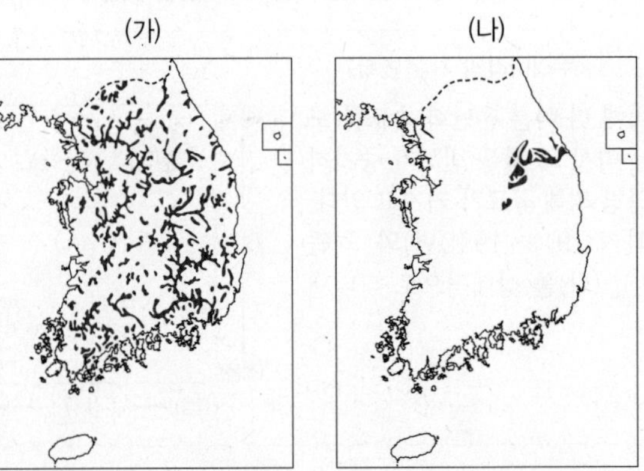

보기
ㄱ. (가)는 주로 기후와 식생의 영향으로 형성된 성대 토양이다.
ㄴ. (나) 분포 지역의 주된 기반암은 고생대 조선 누층군에 속한다.
ㄷ. (나) 분포 지역은 (가) 분포 지역보다 경지 중 밭 비율이 높다.

① ㄱ ② ㄴ ③ ㄷ ④ ㄱ, ㄴ ⑤ ㄴ, ㄷ

08 촌락의 변화와 도시 발달

1. 촌락의 형성과 변화

(1) 전통 촌락의 특징

① 대체로 인구 규모가 작고 인구 밀도가 낮음
② 1차 산업 종사자 비율이 비교적 높으며, 제조업 발달이 미약함
③ 도시에 비해 전통적 생활 양식과 가치관이 많이 남아 있음

(2) 전통 촌락의 입지

① 도시에 비해 사회·경제적 요인보다는 자연적 요인의 영향을 많이 받음
② 생활용수 확보에 유리하고 농경지와 가까운 산기슭에 입지한 경우가 많음
③ 겨울에 차가운 북서풍을 막고 햇볕을 많이 받기 위해 남사면의 산기슭에 입지하는 것을 선호함
④ 상업적 농업 발달 및 다른 지역과의 상호 작용 증가 등으로 사회·경제적 조건의 중요성이 커짐
⑤ 자연적 조건 및 사회·경제적 조건에 따른 입지 특성

구분		입지 특성
자연적 조건	범람원, 삼각주	주로 자연 제방에 입지: 배후 습지보다 해발 고도가 높고 배수가 양호하여 하천 범람에 의한 피해가 상대적으로 작음
	용천대	물을 얻기 쉬움 ㉠ 제주도의 해안 취락, 선상지의 선단 취락 등
	하안 단구	침수 위험이 낮은 편이고 비교적 평탄하여 농경에 유리함
사회·경제적 조건	교통	역원(驛院) 취락: 관리와 여행객에게 숙식을 제공함 ㉠ 양재역(良才驛), 조치원(鳥致院) 등
		나루터 취락: 하천이나 해협을 건너기 위한 지점의 나루터를 중심으로 형성된 취락 ㉠ 한강의 마포, 예성강의 벽란도(碧瀾渡) 등
	병영	군사가 주둔했던 지역에 발달함 ㉠ 통영 등

자료 분석 하회 마을을 통해 본 촌락의 형태와 특징

▲ 하회 마을(안동시 풍천면 하회리)

하회(河回) 마을은 경상북도 안동시에 위치하며, 물(낙동강)이 마을을 감싸며 흘러가는 모습에서 마을 이름이 유래하였다고 전해 온다.
하회 마을은 풍산 류씨(柳氏)를 중심으로 마을을 이루고 살아왔으며, 가옥의 밀집도가 높은 집촌을 이룬다. 또한 2010년 유네스코 세계 문화유산으로 등재되었으며, 자연환경과 전통 마을의 경관이 잘 보존되어 있어 역사적·문화적 가치가 크다.

(3) 전통 촌락의 기능에 따른 분류와 경관

① 농촌: 주로 벼농사가 이루어짐, 협동 노동의 필요성으로 주로 집촌(集村)을 이룸
② 어촌: 해안 지역의 항구를 중심으로 형성됨, 경지가 있는 경우 기능적으로 반농반어촌을 이룸
③ 산지촌: 산간 지역에 위치하여 밭농사·목축업·임업 등이 발달함, 주로 산촌(散村)을 이룸

(4) 촌락의 변화: 도시화 및 도시와의 접근성이 촌락의 변화에 큰 영향을 미침

① 도시와의 접근성이 낮은 촌락: 경지 면적보다 농가 수가 빠르게 감소하여 농가당 경지 면적이 증가함, 청장년층 중심의 인구 유출로 노년층 인구 비율이 높아짐
② 도시와의 접근성이 높은 촌락: 아파트·공장 등 도시적 경관이 증가하며 겸업농가 비율이 높아짐, 도시와의 접근성이 낮은 촌락보다 인접한 도시로 통근하는 주민의 비율이 높음

✪ 용천(湧泉)
물이 솟아나는 샘을 용천이라고 한다. 빗물이 지하로 잘 스며드는 제주도는 지표수가 부족하여 전통 촌락은 주로 용수를 쉽게 얻을 수 있는 해안의 용천대를 따라 형성되었다.

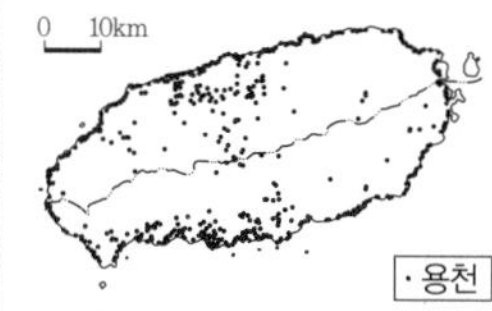

(제주도 수문지질 통합정보시스템, 2016)

✪ 역원 취락
고려 및 조선 시대에 주요 도로를 따라 교통 기능과 숙박 기능을 중심으로 형성된 취락이다.

✪ 통영과 벽란도
통영은 오늘날의 해군 본부에 해당하는 삼도수군통제영(三道水軍統制營)을 줄인 말로 오늘날의 통영시이고, 벽란도는 고려 시대에 개경의 외항으로 당시 상업의 주요 중심지였다.

✪ 집촌(集村)과 산촌(散村)
집촌은 특정 장소에 가옥이 모여 분포하는 촌락이고, 산촌은 가옥이 흩어져 분포하는 촌락이다.

개념 체크

1. 범람원이나 삼각주에서 취락은 주로 (배후 습지/자연 제방)에 입지한다.
2. 벼농사가 이루어지는 농촌은 협동 노동의 필요성 때문에 주로 (산촌/집촌)을 이룬다.

정답
1. 자연 제방
2. 집촌

✪ 슬로 시티(slow city) 운동
느리고 여유 있는 삶을 지향하며 지역의 자연환경 보전과 전통문화 보존을 바탕으로 지역을 매력적인 장소로 만들기 위한 운동이다. 전남 완도군 청산도, 전북특별자치도 전주시 한옥 마을 등이 슬로 시티로 지정되었다.

✪ 귀농, 귀촌
귀농(歸農)은 도시에서 다른 일을 하던 사람이 그 일을 그만두고 영농을 위해 농촌으로 돌아가는 것을 말하며, 귀촌(歸村)은 농촌에 내려와 농업 이외의 직업을 주업으로 하는 생활을 말한다.

✪ 6차(=1차+2차+3차) 산업
1차 산업(농림업, 수산업)+2차 산업(식품 및 특산품 제조, 가공)+3차 산업(체험, 관광, 서비스)을 연계하여 새로운 부가 가치를 창출하는 활동을 뜻한다.

✪ 정주 체계
도시와 촌락이 기능적으로 상호 작용하면서 형성되는 계층 구조를 말한다. 정주 체계 중에서 도시만을 대상으로 한 것이 도시 체계이다.

개념 체크

1. 산업화 과정에서 인구 유출이 활발한 촌락은 그 영향으로 노년층 인구 비율이 (증가/감소)하였다.
2. 촌락은 도시에 비해 토지 이용의 집약도가 (높다/낮다).
3. 어촌의 어업 생산량 중 양식업 생산량 비율은 1970년대에 비해 2020년대에 (높다/낮다).

정답
1. 증가
2. 낮다
3. 높다

탐구 활동 | **촌락(전북특별자치도 고창군)의 인구와 가구 수 및 인구 구조 변화**

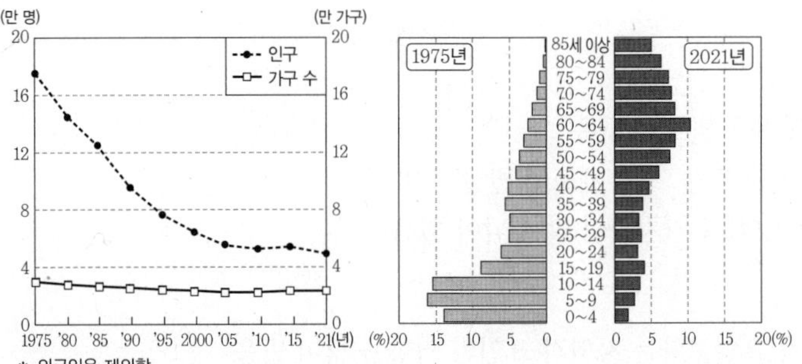

* 외국인은 제외함.
** 2010년의 행정 구역을 기준으로 함.

(단위: %)

연령층	1975년	2021년
65세 이상	4.7	35.4
15~64세	49.6	56.2
0~14세	45.7	8.4

(통계청)

(통계청)

▲ 전북특별자치도 고창군의 인구와 가구 수 변화 ▲ 전북특별자치도 고창군의 연령층별 인구 구조 변화

▶ 그래프를 분석하여 1975~2021년 고창군의 가구당 인구를 비교해 보자.

고창군의 인구는 1975년 약 17.5만 명에서 2021년 약 5.0만 명으로 약 71.5% 감소하고, 가구 수는 1975년 약 3.1만 가구에서 2021년 약 2.4만 가구로 약 21.8% 감소하였으므로 가구당 인구는 감소하였다. 고창군의 가구당 인구는 1975년 약 5.7명, 2021년 약 2.1명이다.

▶ 1975년과 2021년의 유소년층 및 노년층 인구 구조를 비교해 보자.

유소년층 인구 비율은 1975년이 높고, 노년층 인구 비율은 2021년이 높다. 청장년층 인구 비율은 2021년이 1975년보다 다소 높지만 상대적으로 고령층인 50~60대 연령층의 비율이 높다.

(5) 촌락의 다양한 변화

① 여가 공간으로의 변화 예 슬로 시티(slow city) 지정, 체험 마을 운영 등
② 지방 자치 단체를 중심으로 귀농·귀촌 홍보 및 관련 사업 운영
③ 1·2·3차 산업을 결합하여 부가 가치를 창출하는 6차 산업의 활성화

2. 우리나라의 정주 공간 및 도시 발달 과정

(1) 도시와 촌락의 관계

① 도시와 촌락의 상대적 특징 비교

촌락	도시
1차 산업 종사자 비율이 높음	2·3차 산업 종사자 비율이 높음
하위 계층의 정주 공간	상위 계층의 정주 공간
토지 이용의 집약도가 낮음	토지 이용의 집약도가 높음

② 상호 보완적 관계인 도시와 촌락
- 도시와 그 주변의 촌락은 정주 체계를 바탕으로 기능적으로 상호 보완적인 관계임
- 도시는 행정 기관, 상업 시설 등이 모여 있는 중심지로 촌락에 각종 재화와 서비스를 공급함
- 촌락은 도시에 식량을 공급하고, 자연환경과 전통문화 등을 바탕으로 도시인에게 여가 공간을 제공함

③ 촌락의 변화
- 농촌: 농공 단지·농촌 체험 마을 조성 등으로 2·3차 산업 종사자 비율이 높아짐, 상업적 농업 및 친환경 농업 발달, 위탁 영농 회사와 영농 조합 증가
- 어촌: 2020년대는 1970년대에 비해 어업 생산량 중 연근해 어업 생산량 비율이 낮고 양식업 생산량 비율이 높음, 어촌 체험 마을 운영 사례와 어촌 경관을 관광 자원으로 활용하는 사례가 많음

(2) 시기별 도시 분포

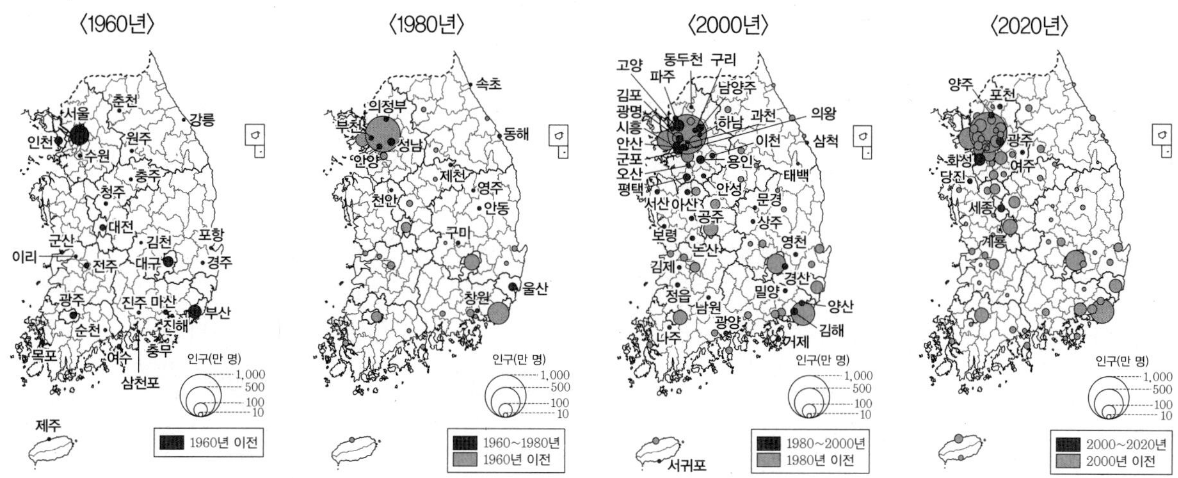

* 도시 명칭은 이전 시기 지도에 표현된 이후에 도시가 된 경우만 제시함.
** 행정 구역은 2020년, 인구는 각 시기를 나타냄.

(통계청, 국토지리정보원)

일제 강점기	• 초기: 한반도 식량 기지화에 따라 쌀 수출항인 군산, 목포 등 성장 • 후기: 지하자원과 수력 자원이 풍부한 관북 해안 지역의 청진, 함흥 등 공업 도시 발달
광복 후~1950년대	북한 동포의 월남과 해외 동포의 귀국으로 대도시 인구 급증
1960년대	경제 개발 정책에 따른 이촌 향도 현상으로 서울, 부산 등 대도시 인구 급증
1970년대	• 이촌 향도 현상이 지속되면서 서울, 부산, 대구 등 대도시 인구 성장 • 수출 위주의 공업화 정책에 따라 남동 임해 지역의 울산, 창원, 포항, 여수 등 공업 도시 발달
1980년대 이후	• 서울, 부산, 대구 등 대도시의 기능을 분담하는 성남, 안산, 고양, 김해, 양산, 경산 등의 위성 도시 및 신도시 성장 • 지방 중소 도시는 인구가 정체하거나 감소한 경우가 많음

✪ 위성 도시
대도시와 밀접한 관계를 맺고 그 기능의 일부를 분담하는 도시로, 대도시 주변에 발달한다.

✪ 우리나라의 도시화율

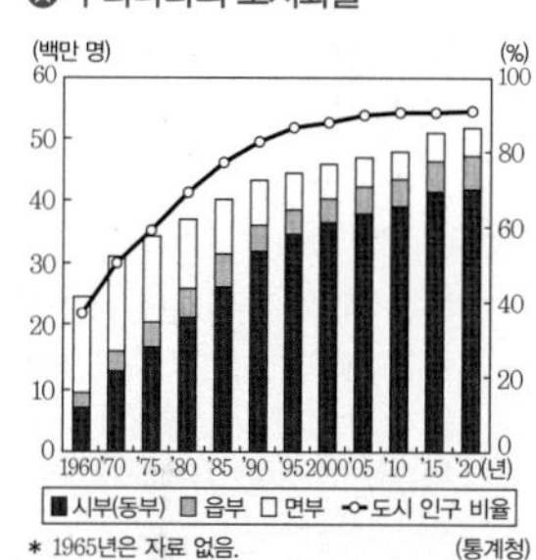

* 1965년은 자료 없음. (통계청)

우리나라는 도시화가 빠르게 진행되어 2020년 기준 도시화율(도시 인구 비율)은 90% 이상이다.

탐구 활동 주요 시·군별 인구 변화

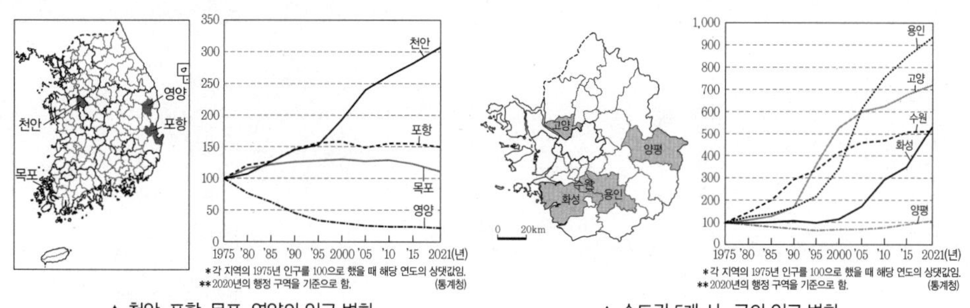

▲ 천안, 포항, 목포, 영양의 인구 변화 ▲ 수도권 5개 시·군의 인구 변화

▸ 천안, 포항, 목포, 영양의 인구 변화를 설명해 보자. 수도권과 인접한 충남 천안은 1990년대 후반 이후 자동차 산업, 첨단 산업 등이 발달하면서 인구가 급증하였고, 경북 포항은 1970~1980년대에 대규모 제철소가 건설되고 가동을 시작하면서 인구가 증가하였다. 지방의 중소 도시인 전남 목포는 인구가 정체하다가 근래 감소하는 현상이 나타났으며, 대도시와 멀리 떨어져 있는 촌락인 경북 영양은 인구가 지속해서 감소하였다.

▸ 수도권의 지역별 인구 증감 현황을 설명해 보자. 수원은 도시화의 역사가 오래되었으며 인구가 꾸준히 성장하였다. 수도권 1기 신도시가 입지한 고양은 1990년대에, 이 지역보다 서울과의 거리가 먼 용인은 2000년대에 대규모 주거 단지가 입지하면서 인구가 급증하였다. 양평은 인구가 감소하다가 근래 서울과의 전철 연결, 전원주택 증가 등의 영향으로 인구가 증가하였다. 화성은 근래 수도권 2기 신도시, 제조업 발달 등으로 인구가 급증하였다.

개념 체크

1. 남동 임해 지역의 포항, 울산, 창원, 여수 등은 1970년대 ( ) 위주의 공업화 정책으로 발달하였다.
2. 2001년 이후 도시로 승격된 지역 중에서 인구가 가장 많은 도시는 경기 서남부 해안에 위치하고 제조업이 발달하였으며 수도권 2기 신도시가 입지한 경기의 ( )이다.

정답
1. 수출 2. 화성

✪ 중심지 이론

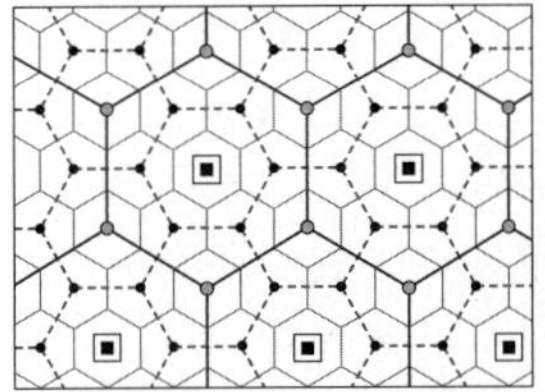

(경제지리학, 2011)

중심지의 계층 구조와 분포에 관한 이론이다. 중심지는 주변 지역에 재화와 서비스를 제공하는 지역이며, 이 중심지로부터 재화와 서비스를 제공받는 지역을 배후지라고 한다.

✪ 종주 도시화

인구 규모 1위 도시의 인구가 2위 도시의 인구보다 2배 이상이 되는 상태를 말한다.

✪ 혁신 도시

균형적인 국토 성장을 위해 수도권에 소재하였던 공공 기관을 지방으로 이전하여 조성한 도시이다.

✪ 기업 도시

민간 기업이 주도하여 개발하는 도시이며, 산업·연구·관광 등 특정 경제 기능 중심의 자족적 복합 기능을 갖춘 도시이다.

✪ 중추 도시 생활권

지역 발전의 거점 역할을 하는 중심 도시와 주변 지역이 상호 연계 및 협력하며 동일 생활권을 형성하는 지역이다.

개념 체크

1. 우리나라는 인구 규모 1위 도시인 서울의 인구가 2위 도시인 부산의 인구보다 2배 이상 많으므로 (　　)가 나타난다.
2. 대도시는 중소 도시보다 중심지 기능이 (다양/단순)하고, 배후지 면적이 (넓다/좁다).

정답
1. 종주 도시화
2. 다양, 넓다

3. 우리나라의 도시 체계

(1) 중심지로서의 도시

① 주변 지역이나 다른 도시 및 촌락에 재화와 서비스를 제공하는 중심지 기능을 함

② 높은 계층의 도시일수록 그 수는 적지만 중심지 기능이 다양하고 배후지 면적이 넓음

(2) 도시 체계

① 의미

- 도시 간 상호 작용에 따라 나타나는 도시 간의 계층 구조
- 도시 간 상호 작용의 지표: 도시 간 인적·물적 이동, 도시 간 정보 이동, 도시 간 교통량 등

② 도시(중심지)와 계층 구조: 도시가 보유한 기능에 따른 계층 구조가 나타남

중심지	중심지 기능	중심지 수	중심지 간의 평균 거리*	사례
고차 중심지	많다	적다	멀다	대도시
저차 중심지	적다	많다	가깝다	소도시

* 가장 가까운 동일 계층 중심지 간의 평균 거리를 의미함.

(3) 우리나라의 도시 체계

① 특징: 서울을 중심으로 한 수직적 도시 체계를 이룸, 인구와 기능이 서울에 집중하여 종주 도시화 현상이 나타남

② 도시 분포: 수도권, 남동 임해 지역 등에 인구 규모가 큰 대도시 분포

③ 발전 방향: 균형 있는 도시 체계를 조성하기 위해 혁신 도시와 기업 도시를 건설하고 지방에 중추 도시 생활권 육성

자료 분석 우리나라 도시의 인구 규모 순위 변화와 도시 체계

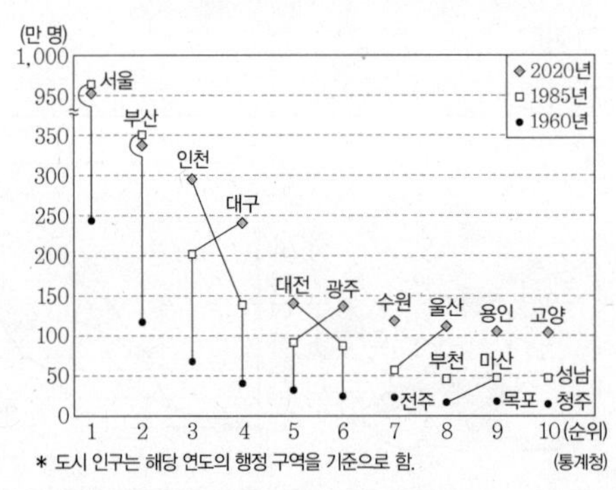

▲ 인구 규모에 따른 도시 순위 변화

(대한지리학회지, 2015)

▲ 일일 인구 이동을 통해 본 우리나라의 도시 체계

우리나라의 도시 성장은 수도권, 서울과 부산을 연결하는 경부축, 남동 임해 지역을 중심으로 두드러졌으며, 근래에는 수도권과 인접한 충청권의 아산, 천안 등의 도시들도 빠르게 성장하였다. 서울은 우리나라에서 인구가 가장 많은 최상위 계층 도시이다.

도시 간의 계층성은 지역 간 물자 이동량, 통행량 등을 통해 파악할 수 있는데, 위 지도는 일일 인구 이동을 통해 본 우리나라의 도시 체계를 나타낸 것이다. 이를 통해 파악할 수 있는 우리나라 도시 간의 계층성은 서울이 최상위 계층 도시이며, 부산·인천·대구·대전·광주를 비롯한 광역시들이 대체로 그 뒤를 이은 상위 계층 도시에 해당한다.

[24018-0083]

01 다음 글의 ㉠~㉤에 대한 설명으로 옳지 않은 것은?

우리나라 전통 촌락의 입지는 도시에 비해 ㉠사회·경제적 요인보다는 자연적 요인의 영향을 많이 받았다. 산지에서는 ㉡남사면의 산기슭에 입지하는 것을 선호하였고, 범람원이나 삼각주에서는 ㉢배후 습지보다 자연 제방에 입지하는 것을 선호하였다. ㉣제주도는 지표수가 부족하여 주로 생활용수를 쉽게 얻을 수 있는 ㉤용천 주변에 촌락이 형성되었다.

① ㉠에 의한 전통 촌락의 입지 사례로 역원 취락을 들 수 있다.
② ㉡은 북사면의 산기슭보다 겨울에 햇볕을 많이 받을 수 있다.
③ ㉢은 자연 제방에 입지하는 것이 배후 습지에 입지하는 것보다 홍수 시 침수 피해가 적기 때문이다.
④ ㉣은 빗물이 지하로 잘 스며들기 때문에 나타나는 현상이다.
⑤ ㉤은 선상지의 경우 주로 선앙에 분포한다.

[24018-0084]

02 그래프는 두 지역의 인구 구조를 나타낸 것이다. (가), (나) 지역에 대한 설명으로 옳은 것은? (단, (가), (나)는 각각 도시(동부), 촌락(면부) 중 하나임.)

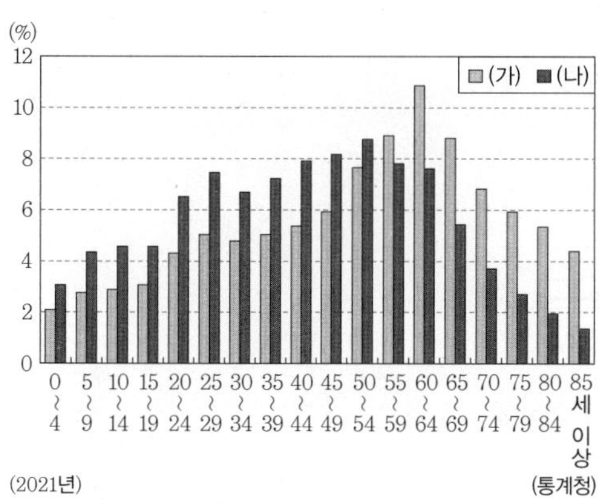

① (가)는 (나)보다 인구 밀도가 높다.
② (가)는 (나)보다 토지 이용의 집약도가 높다.
③ (나)는 (가)보다 상위 계층의 정주 공간이다.
④ (나)는 (가)보다 지역 내 1차 산업 취업자 수 비율이 높다.
⑤ (가)에서 (나)로의 인구 이동은 귀농·귀촌에 해당한다.

[24018-0085]

03 그래프는 지도에 표시된 지역의 두 시기 인구 구조를 나타낸 것이다. (가) 시기와 비교한 (나) 시기의 상대적 특성을 그림의 A~E에서 고른 것은? (단 (가), (나)는 각각 1970년, 2021년 중 하나임.)

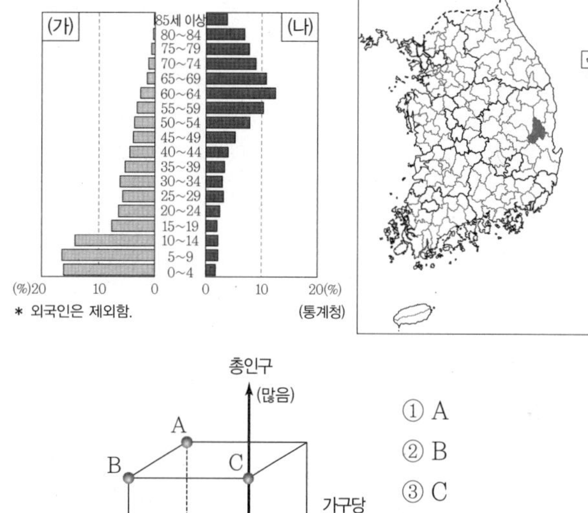

① A
② B
③ C
④ D
⑤ E

[24018-0086]

04 그래프는 지도에 표시된 세 지역의 인구 변화를 나타낸 것이다. (가)~(다) 지역을 지도의 A~C에서 고른 것은?

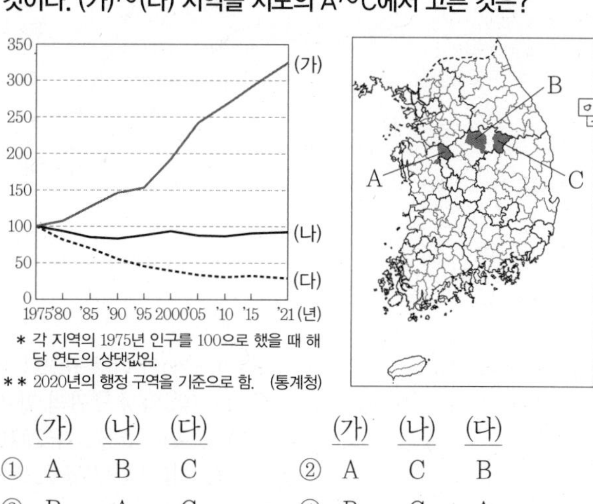

	(가)	(나)	(다)
①	A	B	C
②	A	C	B
③	B	A	C
④	B	C	A
⑤	C	B	A

[24018-0087]

1 **그래프는 지도에 표시된 세 지역의 인구 변화를 나타낸 것이다. (가)~(다) 지역에 대한 설명으로 옳은 것은?**

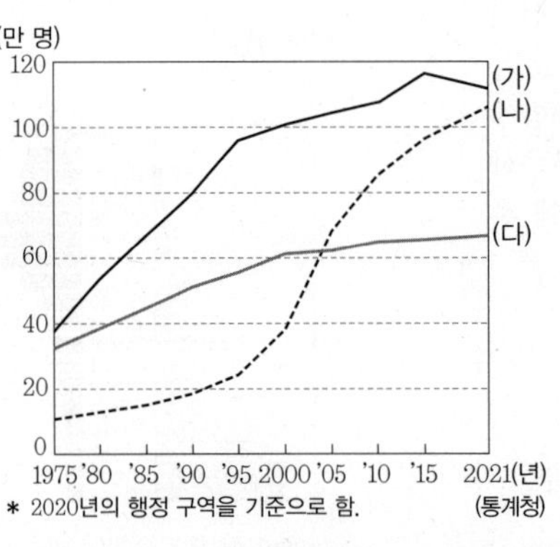

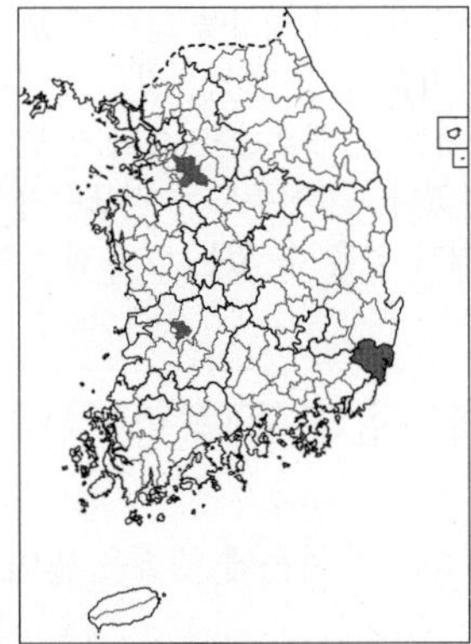

① (가)는 중화학 공업 육성 정책을 배경으로 성장하였다.
② (나)는 전북특별자치도청 소재지이다.
③ (다)는 서울의 주거 기능을 분담하면서 성장하였다.
④ (나)는 (다)보다 시(市) 승격 시기가 이르다.
⑤ (가)는 수도권, (나)는 영남권, (다)는 호남권에 위치한다.

[24018-0088]

2 **그래프는 세 권역의 시·군별 인구 규모와 순위를 나타낸 것이다. 이에 대한 설명으로 옳은 것만을 〈보기〉에서 고른 것은? (단, (가), (나)는 각각 영남권, 충청권 중 하나임.)**

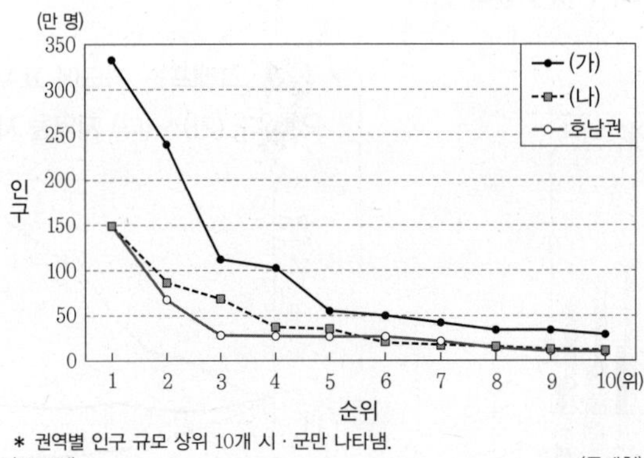

보기

ㄱ. (가)의 인구 규모 상위 3위까지는 모두 광역시이다.
ㄴ. (나)와 호남권의 인구 규모 2위 지역은 모두 도청 소재지이다.
ㄷ. (나)는 (가)보다 2021년 기준 도시화율이 높다.
ㄹ. (가)의 인구 규모 1위 지역은 내륙에, (나)의 인구 규모 1위 지역은 해안에 위치한다.

① ㄱ, ㄴ ② ㄱ, ㄷ ③ ㄴ, ㄷ ④ ㄴ, ㄹ ⑤ ㄷ, ㄹ

[24018-0089]

3 표는 지도에 표시된 두 지역의 의료 기관 수를 나타낸 것이다. 이에 대한 설명으로 옳은 것은? (단, A~C는 각각 종합 병원, 병원, 의원 중 하나임.)

(단위: 개)

지역 \ 의료 기관	A	B	C	한방 병원	한의원
(가)	2	15	205	2	102
(나)	0	2	7	0	5

(2020년) (통계청)

① (가)는 (나)보다 정주 체계에서 상위 계층이다.
② (가)는 (나)보다 지역 내 1차 산업 취업자 수 비율이 높다.
③ A 의료 기관은 한의원보다 내원자들의 평균 이동 거리가 짧다.
④ B 의료 기관은 한방 병원보다 최소 요구치 범위가 넓다.
⑤ A 의료 기관당 연간 이용자 수는 C 의료 기관당 연간 이용자 수보다 적다.

[24018-0090]

4 그래프는 지도에 표시된 세 지역의 산업별 취업자 수 비율을 나타낸 것이다. (가)~(다) 지역의 인구 변화를 그래프의 A~C에서 고른 것은?

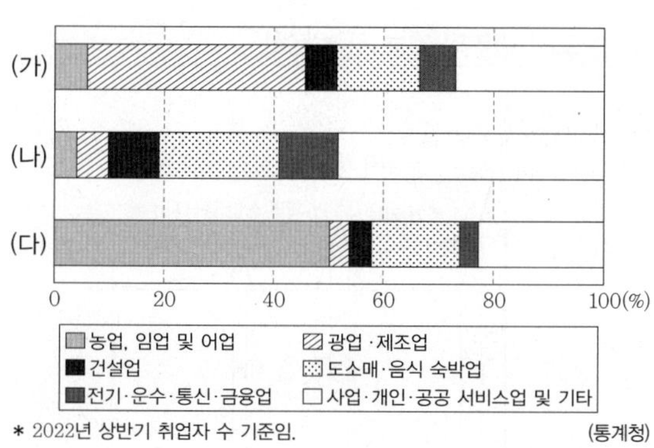

* 2022년 상반기 취업자 수 기준임. (통계청)

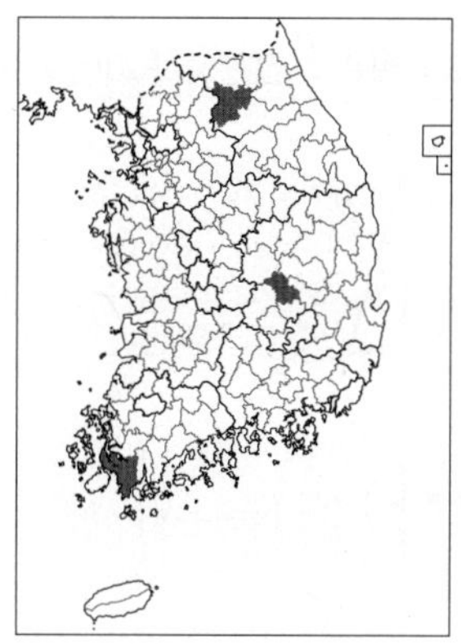

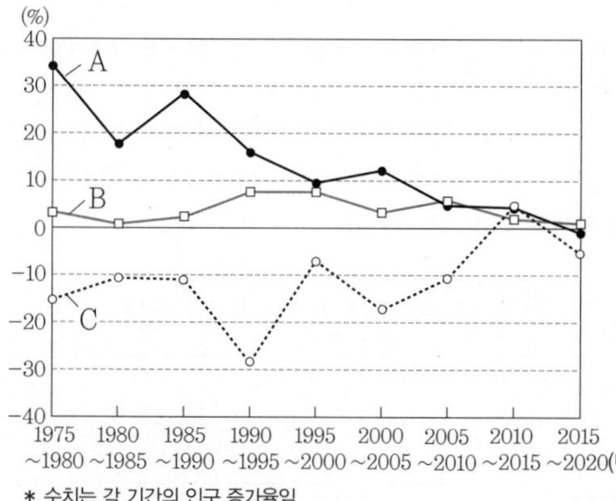

* 수치는 각 기간의 인구 증가율임.
** 2020년의 행정 구역을 기준으로 함. (통계청)

	(가)	(나)	(다)
①	A	B	C
②	A	C	B
③	B	A	C
④	B	C	A
⑤	C	B	A

09 도시 구조와 대도시권

1. 도시의 지역 분화와 내부 구조

(1) 도시의 지역 분화

① 의미: 도시가 성장하고 기능이 다양해지면서 도시 내부가 기능에 따라 여러 지역으로 나뉘는 현상

② 특징

- 지역 분화 현상은 소도시보다 대도시에서 뚜렷하게 나타남
- 지역 분화의 결과 상업 지역, 공업 지역, 주거 지역 등이 형성됨

(2) 도시의 지역 분화 요인

① 지역에 따라 접근성, 지대 및 지가가 달라 지역 분화가 발생함

접근성	• 통행이 발생한 지역으로부터 특정 지역이나 시설로의 접근 용이성 • 위치, 거리, 교통의 편리성, 통행 시각 등의 영향을 받음 • 교통이 편리한 지역이 높으며, 도시 중심부가 주변(외곽) 지역보다 높음
지대	• 토지 이용을 통해 얻을 수 있는 수익 또는 타인의 토지를 이용하고 지불해야 하는 비용 • 접근성과 지대는 비례하는 경향이 나타남
지가	• 토지의 가격 • 접근성과 지대가 높은 도심과 사거리와 같이 여러 교통로가 교차하는 지역은 그 주변 지역보다 높게 나타남

② 도시 내 각 기능에 따라 지역별 지대 지불 능력에 차이가 있음

✪ 접근성과 지대 및 지가와의 관계
도시 내부에서는 접근성이 높을수록 대체로 지대와 지가가 높아지며, 접근성이 높은 도심으로부터 거리가 멀어질수록 지대와 지가가 낮아지는 경향이 있다.

✪ 지대 지불 능력
지대를 감당할 수 있는 정도를 나타내는 능력이다. 도심으로부터의 거리에 따라 기능별 지대 지불 능력도 다르게 나타난다.

탐구 활동 접근성과 지대 차이에 따른 도시 내부의 기능 지역 분화

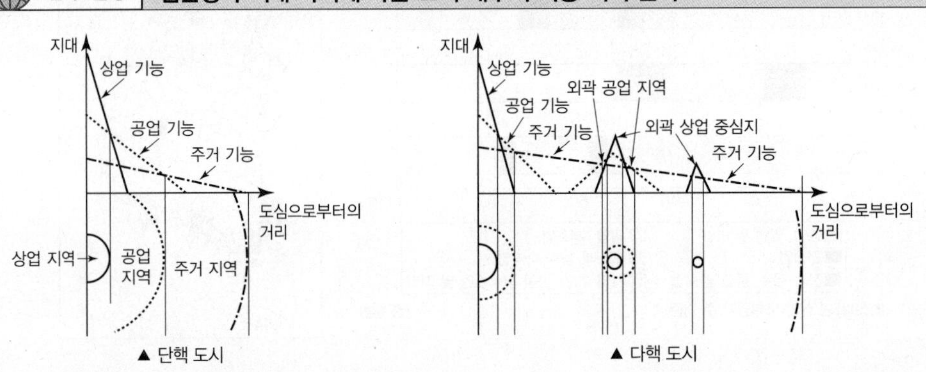

▶ 도시 내부의 기능 지역 분화를 설명해 보자. 상업 기능은 접근성이 높은 지점에 입지하면 소비자 확보에 유리하지만, 접근성이 낮은 지점에 입지하면 소비자 확보가 어려워 그 기능을 유지하기가 어렵다. 따라서 상업 기능은 접근성이 높은 도심에 입지하려는 경향이 강하다. 주거 기능은 도심에서 상업 기능보다 지대 지불 능력이 낮기 때문에 도심에 입지하기가 어렵다. 주거 기능은 상업 기능 및 공업 기능보다 지대 지불 능력이 높은 주변(외곽) 지역에 입지한다.

▶ 단핵 도시와 다핵 도시의 지역 분화를 비교하여 설명해 보자. 단핵 도시는 도시 중심이 하나인 도시로, 도심에서 주변으로 가면서 대체로 상업 지역, 공업 지역, 주거 지역 순으로 분화되어 나타난다. 다핵 도시는 도심 이외에 부도심이 발달한 도시이다. 다핵 도시는 도심뿐만 아니라 부도심을 중심으로 한 지역 분화가 나타나기도 한다.

③ 도시의 지역 분화 과정

집심 현상	상업·업무 기능 등이 도심으로 집중하는 현상
이심 현상	주거·공업 기능 등이 도심에서 주변(외곽) 지역으로 이동하는 현상

개념 체크

1. 도시 내부가 기능에 따라 여러 지역으로 나뉘는 현상을 (　　) 현상이라고 한다.
2. 상업·업무 기능이 도심으로 집중하는 현상을 (　　) 현상이라고 한다.
3. 주거·공업 기능이 도심에서 주변(외곽) 지역으로 이동하는 현상을 (　　) 현상이라고 한다.

정답
1. 지역 분화
2. 집심
3. 이심

자료 분석 부산광역시의 지가와 중심지 분포

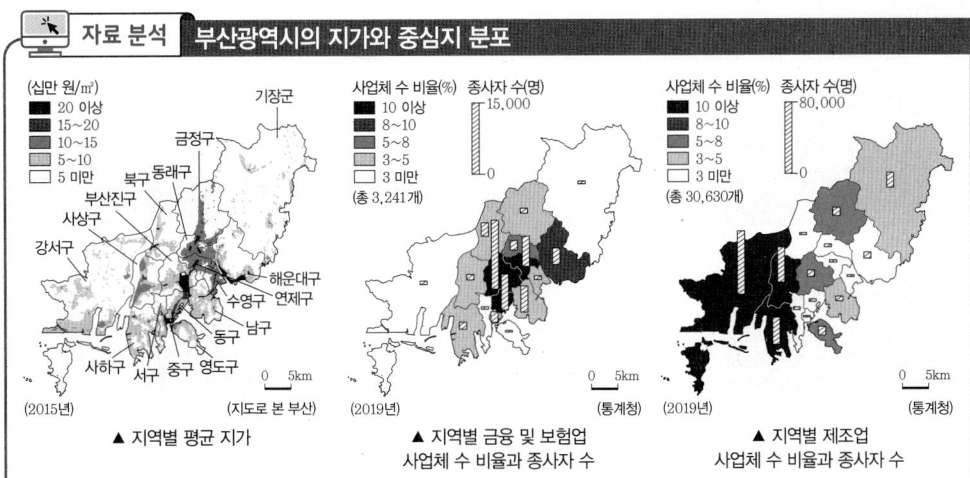

▲ 지역별 평균 지가

▲ 지역별 금융 및 보험업 사업체 수 비율과 종사자 수

▲ 지역별 제조업 사업체 수 비율과 종사자 수

부산광역시의 지역별 평균 지가는 도심에 해당하는 중구 일대에서 높으며, 기장군, 강서구 등 외곽 지역에서 낮은 경향이 나타난다. 부도심에 해당하는 부산진구의 서면 일대는 그 주변보다 평균 지가가 높으며, 신규 개발이 이루어지고 관광객이 많이 찾는 해운대구의 해안 지역(해운대) 일대도 평균 지가가 높다. 도시에서 금융 및 보험업, 제조업 기능은 도시의 지가 분포와 밀접한 관련이 있다. 접근성이 높은 지역은 유동 인구가 많고 지대가 높아 지대 지불 능력이 높은 기능이 입지한다. 부산광역시에서 금융 및 보험업 사업체 수 비율과 종사자 수는 지가가 높은 편인 중구, 부산진구 일대에서 높거나 많고, 강서구, 기장군 등에서 낮거나 적다. 제조업 사업체 수 비율 및 종사자 수 비율은 도심에 비해 상대적으로 지가가 낮은 강서구, 사상구, 사하구에서 높다.

(3) 도시 내부 구조

① 도심

- 주로 도시 중심부에 형성되며 접근성, 지대 및 지가가 높음
- 높은 지대를 지불할 수 있는 중추 관리 기능, 고급 상가, 전문 서비스업 등 고차 중심 기능이 입지함
- 주거 기능의 이심 현상으로 인구 공동화 현상이 나타남
- 주간 인구 지수가 높음

(만 명/km²) 중구(도심) / 은평구(주변(외곽) 지역), 1975~2021(년)

* 2010년의 행정 구역을 기준으로 함. (통계청)

▲ 서울 도심(중구)과 주변(외곽) 지역(은평구)의 인구 밀도 변화

② 부도심

- 도심의 일부 기능을 분담함
- 도시가 성장함에 따라 도심과 주변(외곽) 지역을 연결하는 교통의 결절에 형성됨
- 접근성이 양호하여 지대 및 지가가 대체로 높음

③ 중간 지역

- 상점, 공장, 주택 등이 혼재하는 지역
- 최근 일부 대도시에서는 거주 또는 업무 환경이 열악한 곳을 중심으로 재개발이 이루어짐

④ 주변(외곽) 지역

- 지대가 낮아 주택·학교·공장 등이 입지하며, 신흥 주택 지역이 형성되기도 함
- 도심으로부터 이전해 온 공업 기능이 입지하거나 농촌 경관이 남아 있기도 함
- 주변 지역 바깥으로는 개발 제한 구역을 지정하여 시가지의 무질서한 팽창(도시 스프롤 현상)을 억제하기도 함

✪ 중추 관리 기능

은행이나 대기업 본사 등과 같이 도시의 기능을 유지하는 데 중요한 역할을 담당하는 기능을 말한다.

✪ 인구 공동화 현상

주거 기능의 이심 현상으로 도심의 상주인구가 감소하는 현상을 말한다.

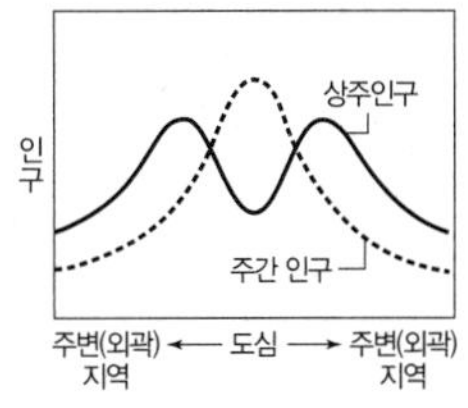

✪ 주간 인구 지수

'주간 인구 지수=(주간 인구÷상주인구)×100'이다.

✪ 서울의 구(區)별 주간 인구 지수

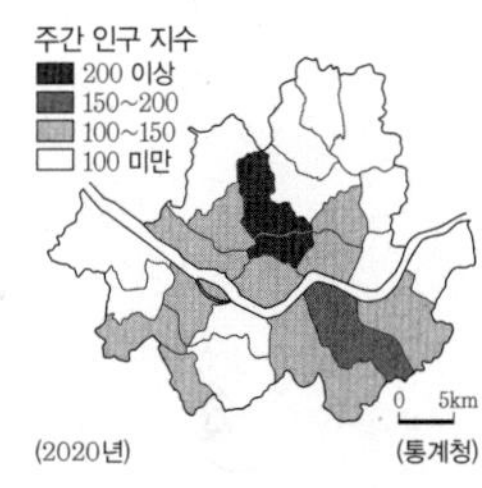

개념 체크

1. 도심에 위치한 지역은 주거 기능의 이심 현상으로 인구 밀도가 (높아진다/낮아진다).
2. 도심의 일부 기능을 분담하는 (　　　)은 도심과 주변(외곽) 지역을 연결하는 교통의 결절에 발달한다.

정답
1. 낮아진다
2. 부도심

✪ 광역 교통 체계
광역 도로, 도시 철도 또는 광역 철도 등 대도시권의 광범위한 교통 수요를 충족하기 위한 교통 체계를 의미한다.

탐구 활동 도시 내부의 지역 특성 비교

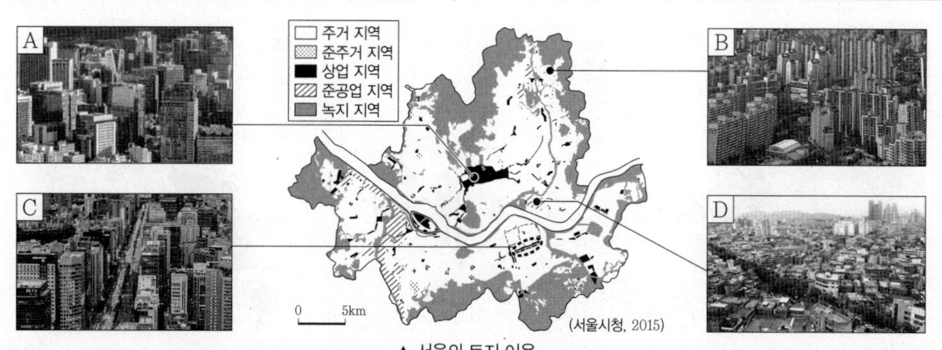

▲ 서울의 토지 이용

▸ A~D 지역은 도시 내부 구조상 어느 지역에 해당하는지 설명해 보자. (단, A~D는 각각 도심, 부도심, 중간 지역, 주변(외곽) 지역 중 하나임.) 도시 내부는 중심부에 위치한 도심, 도심과 주변(외곽) 지역을 연결하는 교통이 편리한 곳에 형성된 부도심, 중간 지역, 주변(외곽) 지역으로 분화되어 있다. A는 도시 중심부에 위치하고 업무용 빌딩이 밀집해 있으므로 도심, B는 도시 외곽에 위치하고 아파트가 밀집해 분포하므로 주변(외곽) 지역이다. C는 업무용 빌딩이 많으므로 부도심, 나머지 D는 중간 지역이다.

▸ A~D 지역의 특성을 도시 내부 구조를 들어 설명해 보자. 서울의 경우 도심(A)은 중구와 종로구 일부에 형성되어 있다. 이곳은 대기업 본사, 금융 기관 본점, 백화점 등이 입지해 있고, 고층 건물들이 밀집해 있으며, 주간 인구 지수가 높다. 사진의 부도심(C)이 위치하는 곳은 강남구 주요 도로 주변으로, 이곳에는 정보 통신 기술(IT) 기업 및 전문 서비스 업체가 발달해 있고, 대규모 상가가 모여 있어 유동 인구가 많은 편이다. 중간 지역(D)이 위치하는 곳은 성동구 일대로, 이 지역은 전철역을 중심으로 인쇄 업체, 제화 업체 등 각종 제조업체가 밀집해 있다. 주변(외곽) 지역(B)은 노원구 일대로, 이 지역에는 대규모 아파트 단지가 조성되어 있어 상주인구가 많고 주간 인구 지수는 낮은 편이다.

2. 대도시권의 형성과 확대

(1) 대도시권의 형성

① 대도시권: 기능적으로 상호 밀접한 관계가 있는 대도시와 그 인근 지역, 대도시를 중심으로 일상적인 생활이 이루어지는 범위, 대도시로 통근 및 통학이 가능한 범위

② 형성 배경

- 대도시의 지가 상승, 교통 체증, 환경 문제 등이 발생하면서 인구와 기능의 교외화 현상 발생
- 정부의 인구 분산 정책
- 대도시와 인근 지역 간에 광역 교통 체계 발달

③ 형성 과정

대도시로 인구와 기능이 집중되면서 집적 불이익 발생 ➡ 주거와 공업 기능 등이 도시 인근으로 분산되는 교외화 현상 ➡ 대도시와 인근 도시 및 근교 농촌이 하나의 생활권 형성

(2) 대도시권의 공간 구조

중심 도시		대도시권의 중심 지역으로 도심과 부도심이 발달한 다핵 구조가 나타남
통근 가능권	교외 지역	중심 도시와 연속된 지역으로 중심 도시의 주거·공업 기능 등이 이전하며 확대됨
	대도시 영향권	도시 경관은 미약하나 통근 형태 및 토지 이용이 중심 도시의 영향을 받음
	배후 농촌 지역	중심 도시로의 최대 통근 가능 지역으로 상업적 원예 농업이 발달함

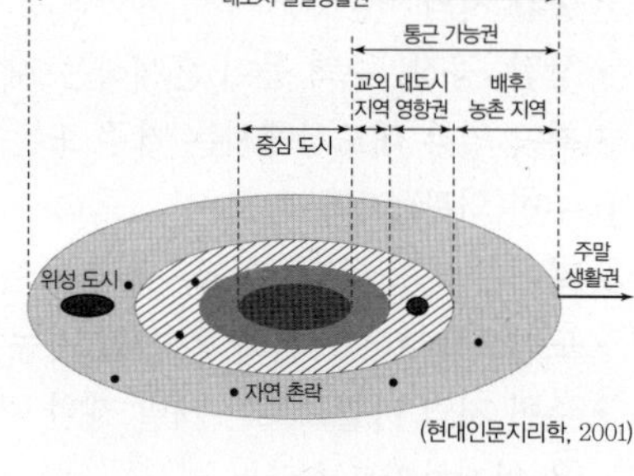

(현대인문지리학, 2001)

개념 체크

1. 중심 도시인 대도시를 중심으로 일상생활이 이루어지는 범위를 (　　)이라고 한다.
2. 대도시권에서 중심 도시로의 최대 통근 가능 지역으로 상업적 원예 농업이 발달한 지역은 (　　)이다.

정답
1. 대도시권
2. 배후 농촌 지역

(3) 대도시권의 확대

① 배경: 교통수단의 발달과 교통망의 확충 → 대도시로의 이동이 편리해져 대도시 인근 지역으로 거주지 확대

② 우리나라 대도시권 확대의 특징

- 1980년대 이후 서울의 과밀화를 해결하기 위해 주거와 공업 기능 등을 인천 및 경기도 일대로 분산
- 서울의 주택 문제를 해결하기 위해 1980년대 후반 이후 경기도 일대에 신도시 건설, 주민들의 통근 편의를 위해 수도권 외곽으로 지하철 및 도로 교통망 확충

자료 분석 | 수도권의 시기별 인구 증가율(%)과 주간 인구 지수

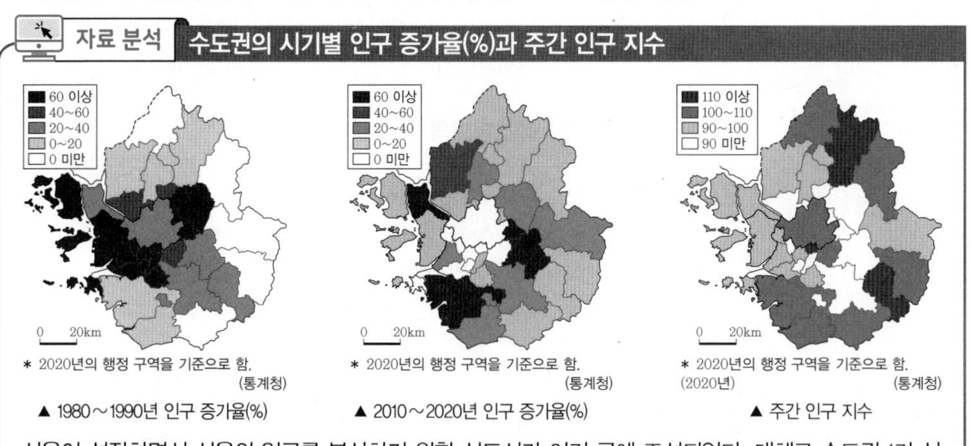

* 2020년의 행정 구역을 기준으로 함. (통계청)
▲ 1980~1990년 인구 증가율(%)

* 2020년의 행정 구역을 기준으로 함. (통계청)
▲ 2010~2020년 인구 증가율(%)

* 2020년의 행정 구역을 기준으로 함. (2020년) (통계청)
▲ 주간 인구 지수

서울이 성장하면서 서울의 인구를 분산하기 위한 신도시가 여러 곳에 조성되었다. 대체로 수도권 1기 신도시는 수도권 2기 신도시보다 서울과 가까운 곳에 건설되었다. 신도시 건설과 택지 개발로 서울 대도시권의 인구가 증가하였는데, 지역에 따라 인구 증가 시기에 다소 차이가 있다. 1980~1990년에는 주로 공업 기능을 분담하면서 성장한 안산, 시흥, 경기도청 소재지인 수원을 제외하면 군포, 부천, 의왕 등 대체로 서울과 가까운 지역의 인구 증가율이 높았다. 2010~2020년에는 서울과 인접하고 1980~1990년에 인구가 많이 증가한 일부 지역에서 인구가 감소하는 현상도 나타났다. 수도권의 주간 인구 지수는 서울이 높고 경기와 인천이 낮은데, 경기의 경우 서울과 인접한 지역에서 낮고 먼 지역에서 높은 경향이 나타난다. 서울과 인접한 지역 중 성남은 근래 정보 통신 산업 발달 등의 영향으로 일자리가 증가하여 주간 인구 지수가 100보다 높다. 경기 중에서 비교적 제조업이 발달한 포천, 이천 등은 주간 인구 지수가 높은 편이다.

(4) 대도시권의 변화

① 대도시 교외 지역의 주민 생활

- 대도시와의 접근성이 향상되면서 인구 유입이 증가하고 대도시로 통근하는 주민이 늘어남
- 대단위 아파트 단지가 조성되고 각종 시설이 입지하면서 도시적 생활 양식이 확산되어 촌락적 요소는 감소함

② 토지 이용의 변화: 대도시권이 확대됨에 따라 대도시 교외 지역 중 교통이 편리한 곳에는 대형 쇼핑센터, 고속 도로 주변에는 대형 물류 센터가 들어서기도 함

③ 배후 농촌 지역의 변화

- 도시적 경관(아파트 단지, 공장 등) 증가
- 원예 작물과 특용 작물 등 고소득 상품 작물의 시설 재배 확대 → 토지 이용의 집약도 상승
- 겸업농가 증가 → 농업 외 소득 비율 증가, 주민 구성이 다양해지면서 전통적 생활 공동체 의식 약화
- 도시 사람들이 여가를 즐기는 관광농원, 펜션 등의 여가 공간으로 개발되기도 함

✪ 물류 센터
생산과 소비 사이의 유통 과정에서 거래 매매 외에 물건의 이동이 행해지는 것을 통제하고 관리하는 중심 시설을 의미한다.

개념 체크

1. 서울의 주택 부족 문제 해결을 위해 1980년대 후반 이후 수도권에 (　　　)가 건설되었다.
2. 배후 농촌 지역은 도시로 통근하는 주민이 늘어나고 도시인의 여가 공간이 입지하면서 겸업농가 비율이 (증가/감소)하였다.

정답
1. 신도시
2. 증가

[24018-0091]

01 그림은 단핵 구조의 도시에서 도심으로부터의 거리에 따른 기능별 지대 변화를 나타낸 것이다. 이에 대한 설명으로 옳은 것만을 <보기>에서 있는 대로 고른 것은?

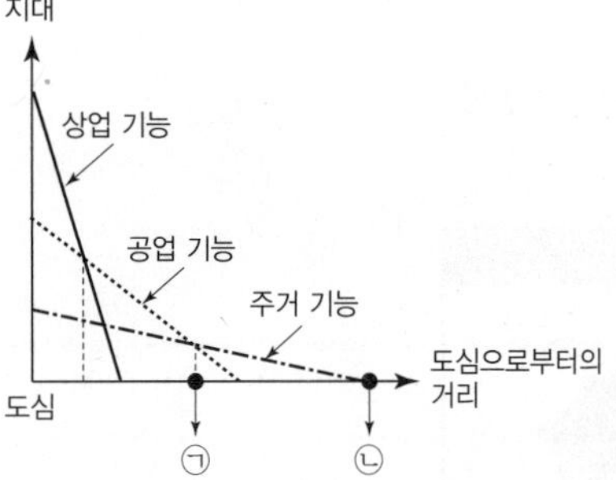

보기

ㄱ. 도시가 성장하면 도심의 상업 기능의 지대가 낮아진다.
ㄴ. ㉠에서는 공업 기능과 주거 기능이 혼재하여 입지한다.
ㄷ. ㉠-㉡ 구간에서는 상업 기능이 주거 기능보다 지대 지불 능력이 높다.

① ㄱ ② ㄴ ③ ㄷ
④ ㄱ, ㄴ ⑤ ㄴ, ㄷ

[24018-0092]

02 지도는 광주광역시의 두 지역을 나타낸 것이다. (나) 지역과 비교한 (가) 지역의 상대적 특성을 그림의 A～E에서 고른 것은?

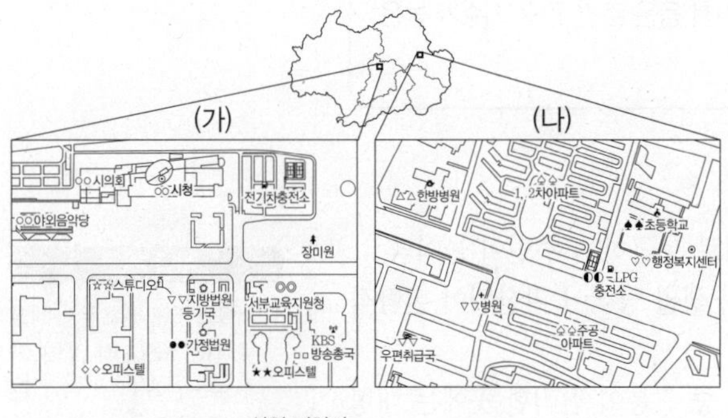

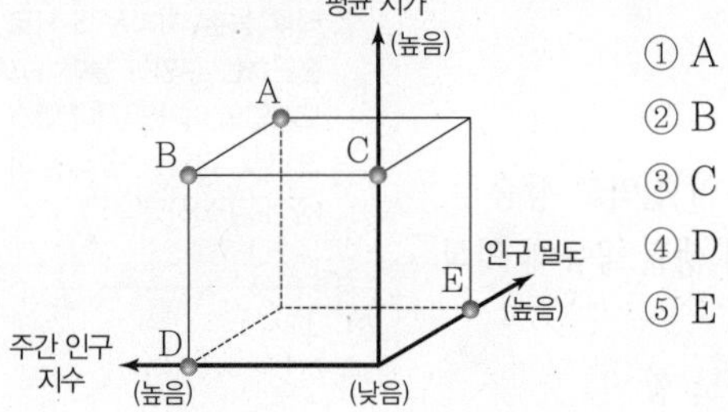

① A
② B
③ C
④ D
⑤ E

[24018-0093]

03 다음은 한국지리 수행 평가의 일부이다. ㉠～㉣ 중 답안 내용이 옳은 것만을 고른 것은?

※ 대도시권의 형성과 변화에 대한 물음에 답하시오.

○ 대도시권의 범위를 쓰시오.
- 일반적으로 주말 생활권까지의 범위를 말한다. ····· ㉠

○ 대도시권의 형성 배경을 두 가지 쓰시오.
- 인구와 기능의 교외화 현상이 발생하였다.
- 대도시와 인근 지역 간에 광역 교통 체계가 발달하였다. ····· ㉡

○ 교외 지역의 변화 내용을 쓰시오.
- 중심 도시의 주거 기능을 분담하면서 주간 인구 지수가 대체로 낮아진다. ····· ㉢

○ 배후 농촌 지역의 변화 내용을 두 가지 쓰시오.
- 토지 이용의 집약도가 높아진다.
- 지역 내 전업농가 비율이 높아진다. ····· ㉣

① ㉠, ㉡ ② ㉠, ㉢ ③ ㉡, ㉢
④ ㉡, ㉣ ⑤ ㉢, ㉣

[24018-0094]

04 그래프는 지도에 표시된 세 지역의 인구 변화를 나타낸 것이다. (가)～(다) 지역을 지도의 A～C에서 고른 것은?

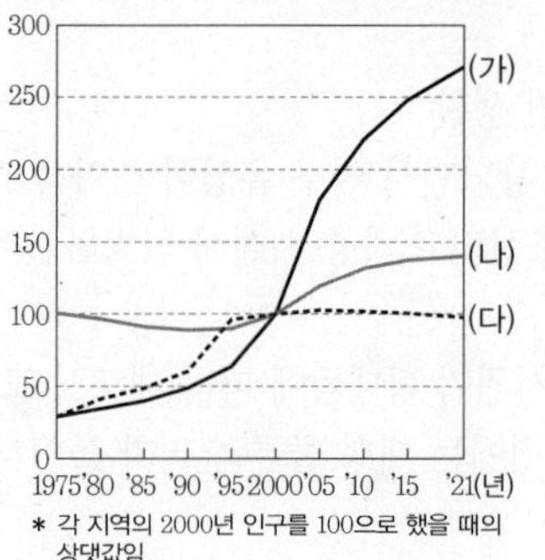

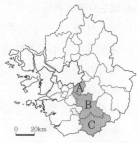

* 각 지역의 2000년 인구를 100으로 했을 때의 상댓값임.
** 2020년의 행정 구역을 기준으로 함. (통계청)

	(가)	(나)	(다)
①	A	B	C
②	A	C	B
③	B	A	C
④	B	C	A
⑤	C	B	A

[24018-0095]

05 다음은 대도시권의 형성과 변화 단원의 형성 평가지이다. (가)에 들어갈 내용으로 옳은 것은?

※ 다음 퀴즈의 정답에 해당하는 글자를 지우면 아래 〈글자판〉의 글자가 모두 지워집니다. (단, 중복되는 글자는 각각 지울 것)

(1) 대도시와 밀접한 관계를 맺고 그 기능의 일부를 분담하는 도시
(2) 주거 기능의 이심 현상으로 도심의 상주인구가 감소하는 현상
(3) 수도권에 소재하였던 공공 기관을 지방으로 이전하여 조성한 도시
(4) (가)

〈글자판〉

위	접	성	인	도	혁	시	신
구	도	시	공	동	근	화	성

① 특정 장소에 가옥이 모여 있는 촌락
② 상업·업무 기능 등이 도심으로 집중하는 현상
③ 도시 내부가 기능에 따라 여러 지역으로 나뉘는 현상
④ 통행이 발생한 지역으로부터 특정 지역이나 시설로의 접근 용이성
⑤ 토지 이용을 통해 얻을 수 있는 수익 또는 타인의 토지를 이용하고 지불해야 하는 비용

[24018-0096]

06 그래프는 지도에 표시된 지역의 인구 변화를 나타낸 것이다. (가) 시기에 나타난 이 지역의 변화 모습에 대한 추론으로 옳지 않은 것은?

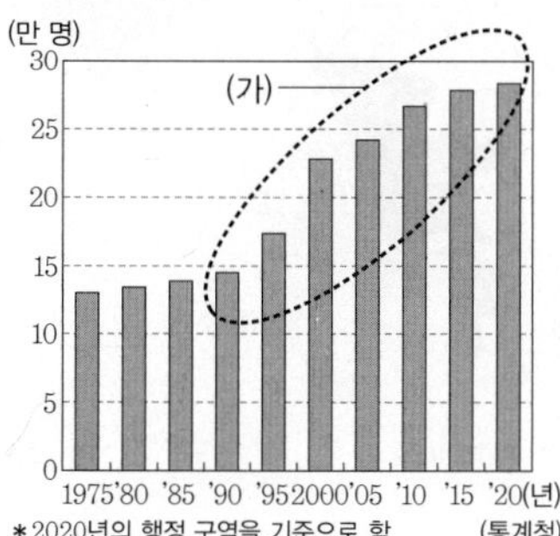

*2020년의 행정 구역을 기준으로 함. (통계청)

① 경지 면적이 감소하였을 것이다.
② 토지 이용의 집약도가 높아졌을 것이다.
③ 아파트 거주 가구 수가 증가하였을 것이다.
④ 인접한 광역시로 통근하는 사람이 많아졌을 것이다.
⑤ 지역 내 1차 산업 취업자 비율이 증가하였을 것이다.

[24018-0097]

07 그림은 수도권 세 지역 간의 통근·통학 인구 이동을 나타낸 것이다. (가)~(다) 지역에 대한 설명으로 옳은 것은? (단, (가)~(다)는 각각 서울, 인천, 경기 중 하나임.)

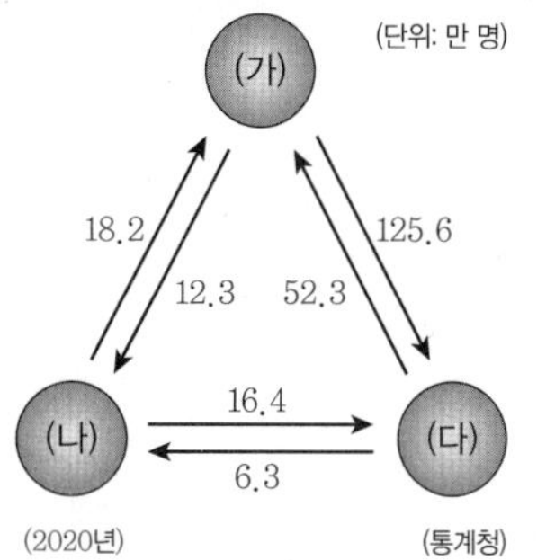

① (가)는 (나)보다 제조업 출하액이 적다.
② (나)는 (다)보다 정주 체계에서 상위 중심지이다.
③ (다)의 인구 분산을 위한 수도권 1기 신도시는 (가)에 건설되었다.
④ (가)~(다) 중 주간 인구 지수가 가장 높은 곳은 (나)이다.
⑤ 인천은 경기로의 통근·통학 유출 인구가 경기로부터의 통근·통학 유입 인구보다 적다.

[24018-0098]

08 표는 지도에 표시된 세 지역의 용도별 토지 이용 비율을 나타낸 것이다. (가)~(다) 지역에 대한 설명으로 옳지 않은 것은?

(단위: %)

용도 \ 지역	(가)	(나)	(다)
농경지	14.0	15.4	8.4
대지*	14.8	12.4	1.9
공장용지	0.2	8.2	0.1
임야	34.3	33.6	81.9
기타	36.7	30.4	7.7

*대지는 토지 중에서 가옥, 건축물 등을 지을 용도로 사용되는 토지를 말함.
(2020년) (통계청)

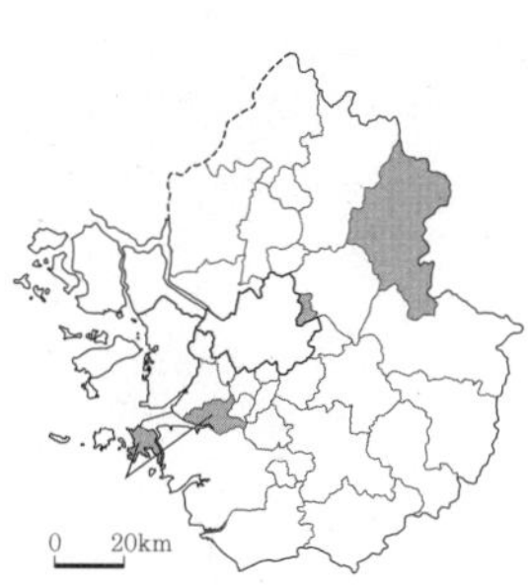

① (가)는 (나)보다 주간 인구 지수가 높다.
② (가)는 (다)보다 지역 내 아파트 거주 인구 비율이 높다.
③ (나)는 (가)보다 지역 내 총생산이 많다.
④ (나)는 (다)보다 제조업 출하액이 많다.
⑤ (다)는 (가)보다 서울로의 통근·통학 인구 비율이 낮다.

[24018-0099]

1 그래프는 지도에 표시된 세 지역의 상주인구와 주간 인구 지수 변화를 나타낸 것이다. (가)~(다) 지역을 지도의 A~C에서 고른 것은?

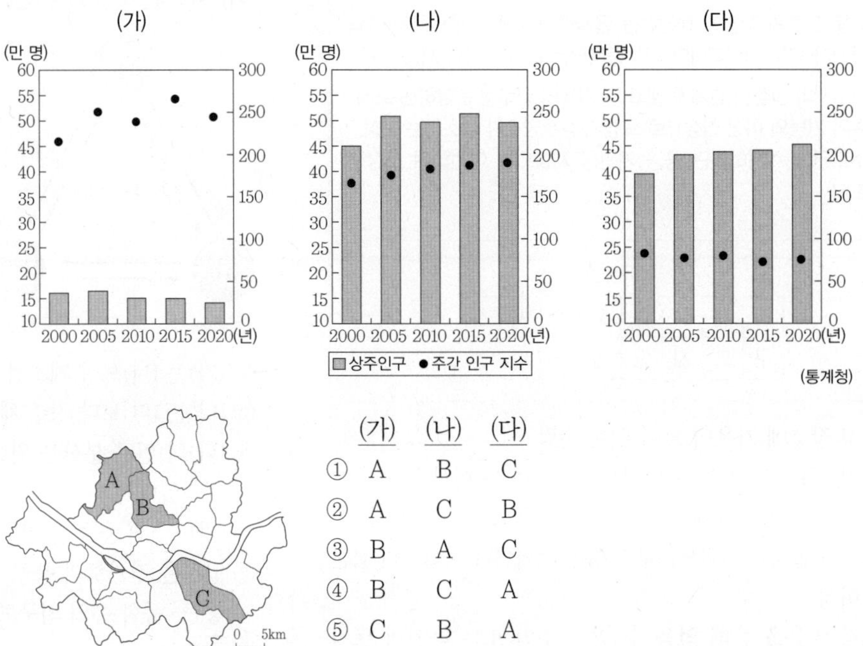

	(가)	(나)	(다)
①	A	B	C
②	A	C	B
③	B	A	C
④	B	C	A
⑤	C	B	A

[24018-0100]

2 지도는 세 지표의 부산광역시 지역별 분포를 나타낸 것이다. (가)~(다)에 해당하는 지표로 옳은 것은?

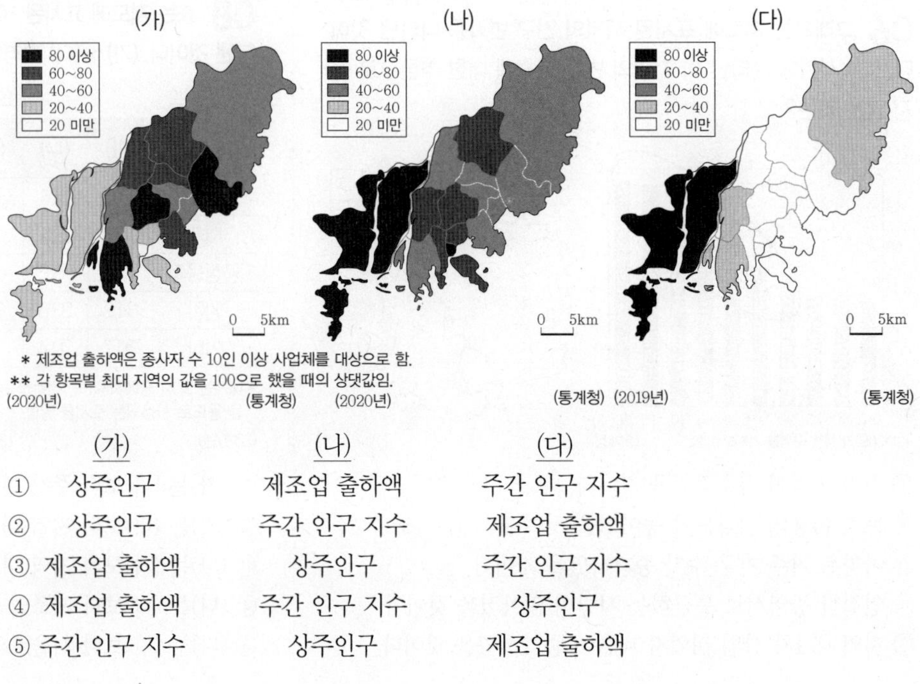

	(가)	(나)	(다)
①	상주인구	제조업 출하액	주간 인구 지수
②	상주인구	주간 인구 지수	제조업 출하액
③	제조업 출하액	상주인구	주간 인구 지수
④	제조업 출하액	주간 인구 지수	상주인구
⑤	주간 인구 지수	상주인구	제조업 출하액

[24018-0101]

3 그림은 대도시권의 공간 구조를 나타낸 것이다. ㉠~㉤에 대한 설명으로 옳은 것만을 〈보기〉에서 고른 것은? (단, ㉠~㉤은 각각 교외 지역, 대도시 영향권, 배후 농촌 지역, 중심 도시, 통근 가능권 중 하나임.)

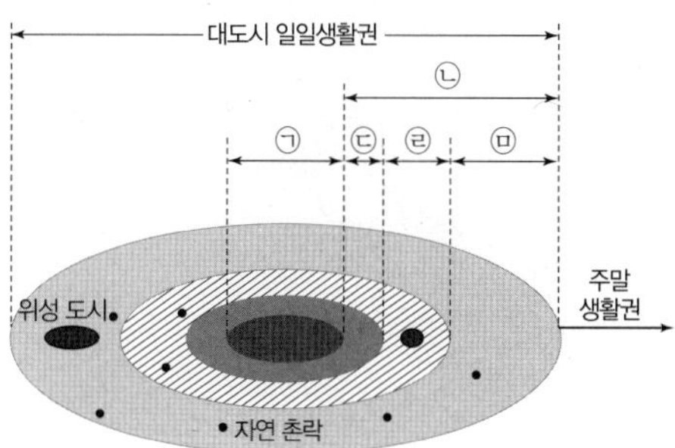

보기

ㄱ. 대도시권이 성장하면서 해당 대도시권의 총인구에서 차지하는 ㉠의 인구 비율은 지속적으로 높아진다.
ㄴ. ㉣의 범위는 교통이 발달함에 따라 중심 도시와 가까운 쪽으로 축소된다.
ㄷ. ㉤은 대도시권이 성장하면서 지역 내 식량 작물 재배 면적 비율이 낮아진다.
ㄹ. ㉡은 통근 가능권, ㉢은 교외 지역이다.

① ㄱ, ㄴ ② ㄱ, ㄷ ③ ㄴ, ㄷ ④ ㄴ, ㄹ ⑤ ㄷ, ㄹ

[24018-0102]

4 그래프는 지도에 표시된 세 지역의 주간 인구 지수 변화를 나타낸 것이다. (가)~(다) 지역에 대한 설명으로 옳은 것만을 〈보기〉에서 고른 것은?

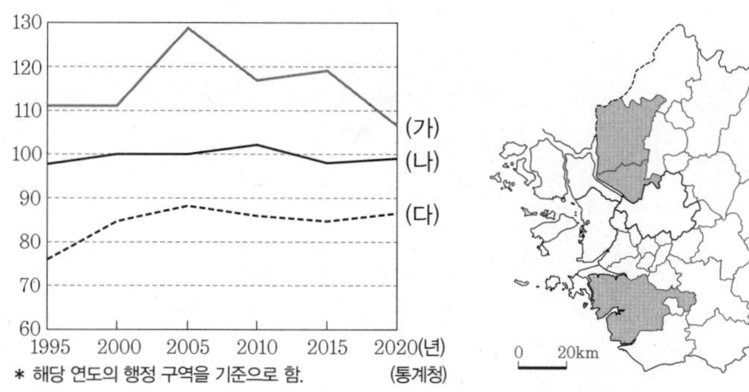

* 해당 연도의 행정 구역을 기준으로 함. (통계청)

보기

ㄱ. (가)는 출근 시간대에 유출 인구가 유입 인구보다 많다.
ㄴ. (다)는 1990년대 후반에 지역 내 일자리 수가 증가하였다.
ㄷ. (가)는 (나)보다 제조업 출하액이 많다.
ㄹ. (나)는 (다)보다 2020년에 서울로의 통근자 수가 많다.

① ㄱ, ㄴ ② ㄱ, ㄷ ③ ㄴ, ㄷ ④ ㄴ, ㄹ ⑤ ㄷ, ㄹ

[24018-0103]

5 그래프는 지도에 표시된 세 지역의 통근·통학 인구와 부산·울산으로의 통근·통학 인구 비율을 나타낸 것이다. (가)~(다) 지역에 대한 설명으로 옳은 것만을 〈보기〉에서 고른 것은?

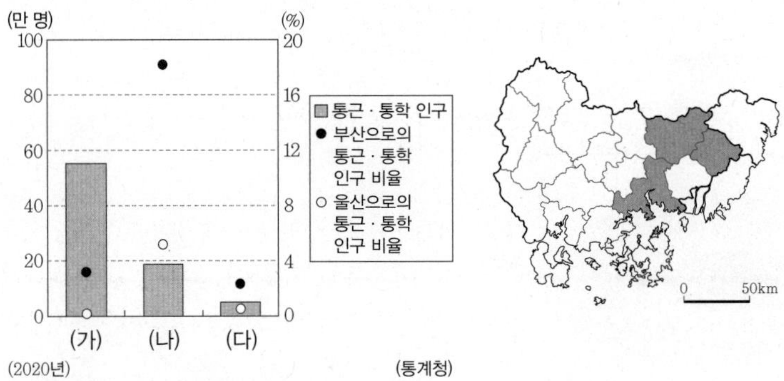

보기

ㄱ. (가)는 경상남도청 소재지이다.
ㄴ. (가)는 (나)보다 제조업 출하액이 많다.
ㄷ. (나)는 (다)보다 지역 내 1차 산업 취업자 비율이 높다.
ㄹ. 창원에서 울산으로의 통근·통학 인구는 양산에서 울산으로의 통근·통학 인구보다 많다.

① ㄱ, ㄴ ② ㄱ, ㄷ ③ ㄴ, ㄷ ④ ㄴ, ㄹ ⑤ ㄷ, ㄹ

[24018-0104]

6 그래프는 시·도별 총인구와 주간 인구 지수를 나타낸 것이다. 이에 대한 설명으로 옳은 것만을 〈보기〉에서 있는 대로 고른 것은? (단, A~E는 각각 경기, 서울, 울산, 인천, 제주 중 하나임.)

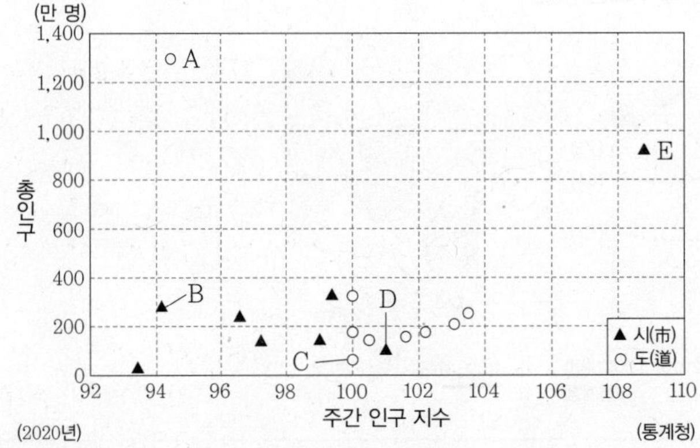

보기

ㄱ. B는 광역시 중에서 출근 시간대에 순 유출 인구가 가장 적다.
ㄴ. C는 도(道) 중에서 다른 시·도와의 통근·통학 인구가 가장 적다.
ㄷ. A와 E는 수도권, D는 영남권에 위치한다.

① ㄱ ② ㄴ ③ ㄱ, ㄴ ④ ㄱ, ㄷ ⑤ ㄴ, ㄷ

10 도시 계획과 지역 개발

1. 도시 계획의 이해

(1) 도시 계획의 의미와 목적

① 의미: 사람들이 거주하는 도시 공간을 효율적으로 만들고 주거 환경을 개선하여 도시의 여러 기능을 합리적으로 배치하기 위한 계획

② 목적: 급속한 산업화 · 도시화에 따라 발생한 도시 문제의 완화 및 해소, 난개발 방지 및 도시 경관 정비를 통한 주민 삶의 질 향상 등

(2) 우리나라의 도시 계획

1970년대	도시 계획법에서 용도 지역의 종류를 구분하고 개발 제한 구역을 설정함
1980년대	도시 문제에 장기적으로 대처하기 위해 20년 단위의 도시 기본 계획을 제도화함
1990년대 이후	• 지역 간 균형 발전, 삶의 질 향상 등에 초점을 맞춤 • 최근에는 지역 주민이 참여하는 지속 가능한 도시 계획으로 변화하고 있음

✪ 용도 지역
토지를 경제적 · 효율적으로 이용하고 공공복리를 증진하기 위해 도시 관리 계획으로 결정하는 지역이다. 지역은 크게 도시 지역, 관리 지역, 농림 지역, 자연환경 보전 지역으로 나뉘며, 도시 지역은 다시 주거 지역, 상업 지역, 공업 지역, 녹지 지역으로 나뉜다.

✪ 도시 재생
인구 감소, 산업 구조의 변화, 도시의 무분별한 확장, 주거 환경의 노후화 등으로 쇠퇴하는 도시를 지역 역량의 강화, 새로운 기능의 도입 · 창출 및 지역 자원의 활용을 통해 경제적 · 사회적 · 물리적 · 환경적으로 활성화하는 것을 말한다.

자료 분석 서울특별시의 도시 계획과 변화 모습

서울특별시의 도시 계획은 크게 세 시기로 나누어 볼 수 있다. 제1기는 1960～1979년으로 기반 시설 확충기이다. 이 시기는 인구 급증에 따라 도시 기반 시설을 조성하였던 시기로 상하수도를 확충하고 도로와 하천을 정비하였다. 주요 계획으로는 청계천 복개 및 고가 도로 건설, 여의도 종합 개발 계획 등이 있다. 제2기는 1980～1999년의 도시 성장기로 부도심을 개발하고 교통 시설을 정비하였다. 주요 계획으로는 잠실 지구 개발 계획, 난지 생태 공원 조성 등이 있다. 제3기는 2000년부터 현재까지로 도시의 양적 성장 대신 질적 변화를 추구하는 시기이다. 이 시기에는 청계천을 복원하고 대중교통 시스템을 개선하였다.

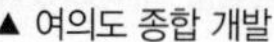
▲ 여의도 종합 개발

▲ 잠실 지구 개발

▲ 청계천 복원

2. 도시 재개발의 이해

(1) 도시 재개발의 목적과 필요성

① 목적: 토지 이용의 효율성 증대, 도시 미관 개선, 생활 기반 시설 확충을 통한 쾌적한 주거 환경 조성, 지역 경제 활성화를 이루는 도시 재생 등

② 필요성: 급속한 도시화로 기반 시설 부족 및 불량 주택 문제 발생, 소득 수준 향상으로 쾌적한 주거 환경 및 생활 환경에 대한 요구 증대, 자동차 보급 증가로 도로와 주차장의 필요성 증대, 업무용 빌딩의 수요 증가 등

(2) 도시 재개발의 방법

철거 재개발	기존의 시설을 완전히 철거하고 새로운 시설물로 대체하는 방법 → 원거주민의 낮은 재정착률, 자원 낭비 등의 문제점이 있음
보존 재개발	역사 · 문화적으로 보존할 가치가 있는 지역의 환경 악화를 예방하고 유지 · 관리하는 방법
수복 재개발	기존 건물을 최대한 유지하는 수준에서 필요한 부분만 수리 · 개조하여 부족한 점을 보완하는 방법

개념 체크

1. 기존의 시설을 완전히 철거하고 새로운 시설물로 대체하는 도시 재개발 방법은 (　　) 재개발이다.
2. 역사 · 문화적으로 보존할 가치가 있는 지역의 환경 악화를 예방하고 유지 · 관리하는 도시 재개발 방법은 (　　) 재개발이다.

정답
1. 철거
2. 보존

✪ 도시 재개발
우리나라는 1970년대부터 도시 재개발과 관련된 법령을 제정하여 도시 재개발이 이루어지고 있다.

✪ 원거주민의 재정착률
개발 지역의 원거주민이 개발 후 해당 지역으로 다시 돌아가서 사는 비율을 의미한다.

✪ 젠트리피케이션
낙후된 지역이 재개발로 활성화된 이후 대규모 자본이 유입되면서 원거주민이 다른 지역으로 빠져나가는 현상이다.

(3) 도시 재개발의 유형

유형	내용
도심 재개발	• 배경: 도심의 규모 확대로 주택이나 낡은 시설 등이 입지한 지역을 상업·업무 지역 등으로 개발 • 영향: 고층 건물의 증가로 효율적인 토지 이용 가능, 공공 주차장 개발과 주차 공간 확보로 교통 문제 완화, 보행자 공간 또는 공원 확보 등
주거지 재개발	• 목적: 노후 주거 지역의 환경 개선과 생활 기반 시설 확충 등 • 방법: 단독 주택을 철거하고 주로 아파트 단지를 건설하는 철거 재개발이 많이 이루어짐, 근래에는 노후 아파트 재개발도 활발하게 이루어지고 있음 • 영향: 노후 주거 지역 감소, 주거 환경 개선 등
산업 지역 재개발	• 목적: 도시 내의 노후 산업 단지나 노후 재래시장 등의 시설 개선 • 영향: 안정적인 일자리 창출, 양질의 지식 기반 산업 발전 촉진 등

(4) 도시 재개발의 영향과 바람직한 방향

① 긍정적 영향
- 토지 이용의 효율성이 높아지고 도시 경관이 정비되어 쾌적한 도시 환경이 만들어짐
- 도로와 주차 공간, 도보 환경 등이 개선되어 주민의 삶의 질이 향상됨

② 부정적 영향
- 재개발로 늘어난 인구만큼 공공시설이 확충되지 못하면 주민 생활에 불편이 초래됨
- 주택 철거 재개발의 경우 주거 비용 증가 등으로 원거주민의 재정착률이 낮아 기존 공동체의 해체 문제 발생, 자영업자는 기존 상권 해체로 영업 환경 변화, 젠트리피케이션으로 갈등 발생
- 개발업자와 원거주민 또는 재개발 지역 내 원거주민 간 이권을 둘러싼 갈등 발생

③ 바람직한 방향
- 지역 주민, 지역 단체, 행정 기관 등이 참여하는 민주적인 절차를 거쳐 재개발 진행
- 재개발에 공공적인 목적 도입, 원거주민의 재정착률을 높이기 위한 노력 등

탐구 활동 | 도시 재개발의 사례

(가) 서울특별시 관악구에 위치한 ○○동에서는 2001년부터 ○○ 지역 재개발 사업이 추진되었다. ○○ 지역 재개발 사업은 기존의 달동네 지역을 전면 철거하고 새로운 아파트 단지를 건설하는 방식을 채택하였다. 그 결과 주택의 유형뿐만 아니라 거주하는 주민들도 대부분 바뀌었다.

(나) 부산광역시 사하구에 위치한 '☆☆ 마을'은 피란민들이 정착하면서 만들어진 허름한 달동네였다. 그러나 2009년 '마을 미술 프로젝트' 사업 대상지로 선정되어 학생과 작가, 주민들이 마을 담벼락과 건물 외벽에 그림을 그려 넣고 조형물을 설치하면서 관광객들이 즐겨 찾는 곳으로 변화하였다.

▸ (가), (나)는 각각 어떤 방식으로 도시 재개발이 추진되었는지 설명해 보자.
(가)는 기존 건물과 시설을 완전히 철거하고 대규모 아파트 단지가 들어선 철거 재개발 방식으로 추진되었다. (나)는 기존 마을의 모습을 간직한 채 벽화나 조형물 등으로 환경을 개선하는 수복 재개발 방식으로 추진되었다.

▸ (가), (나) 재개발의 장단점을 비교하여 설명해 보자.
(가)의 장점은 토지 이용의 효율성이 높아 수익성과 경제성이 좋다는 것이고, 단점은 원거주민의 재정착률이 낮고 기존 공동체가 해체될 위험이 크다는 것이다. (나)의 장점은 기존 건물을 최대한 유지·보수하여 이용하기 때문에 지역 공동체가 유지될 수 있다는 것이고, 단점은 거주 환경 개선의 효과가 낮고 관광지화되는 경우 주민 사생활 침해, 지나친 상업화의 위험이 있다는 것이다.

개념 체크

1. 도심의 규모 확대로 주택이나 낡은 시설 등이 입지한 지역을 상업·업무 지역 등으로 개발하는 도시 재개발 유형은 (　　) 재개발이다.
2. 지역의 잠재력을 살려 지역 주민의 삶의 질을 높이기 위한 다양한 활동을 (　　)이라고 한다.

정답
1. 도심
2. 지역 개발

3. 지역 개발

(1) **지역 개발의 의미:** 지역의 잠재력을 살려 지역 주민의 삶의 질을 높이기 위한 다양한 활동

(2) **지역 개발의 목적:** 지역의 발전을 극대화하고 지역 간 격차를 줄임으로써 주민의 복지를 향상하고 국토를 균형 있게 발전시키는 것

(3) **지역 개발의 방법**

구분	성장 거점 개발(불균형 개발)	균형 개발
추진 방식	주로 하향식 개발	주로 상향식 개발
채택 국가	주로 개발 도상국	주로 선진국
개발 방법	투자 효과가 큰 지역을 선정하여 집중 투자	낙후 지역에 먼저 투자
개발 목표	경제 성장의 극대화, 경제적 효율성 추구	지역 간 균형 발전, 경제적 형평성 추구
장점	자원의 효율적 투자 가능	지역 간 균형 성장, 지역 주민의 의사 결정 존중
단점	• 파급 효과보다 역류 효과가 크면 지역 격차가 심화될 수 있음 • 지역 주민의 참여도가 낮음	• 투자의 효율성이 낮음 • 지역 이기주의가 초래될 수 있음

(4) **우리나라의 국토 개발**: 제1차 국토 종합 개발 계획은 성장 거점 개발, 제3차 국토 종합 개발 계획은 균형 개발 방식을 채택함

① 국토 개발 과정

구분	수립 배경	추진 전략 및 주요 정책 과제
제1차 국토 종합 개발 계획 (1972~1981년)	• 국력 신장 • 공업화 추진	• 대규모 공업 기반 구축 • 교통·통신망, 수자원 및 에너지 공급망 정비
제2차 국토 종합 개발 계획 (1982~1991년)	• 국민 생활 환경의 개선 • 수도권 과밀 완화	• 국토의 다핵 구조 형성과 지역 생활권 조성 • 서울, 부산 양대 도시의 성장 억제 및 관리
제3차 국토 종합 개발 계획 (1992~2001년)	• 사회 간접 자본 시설 미흡에 따른 경쟁력 약화 • 자율적 지역 개발 전개	• 지방 육성과 수도권 집중 억제 • 신산업 지대 조성 및 산업 구조 고도화 • 남북 교류 지역의 개발 관리
제4차 국토 종합 계획 (2000~2020년)	21세기 여건 변화에 주도적으로 대응	• 개방형 통합 국토 축 형성 • 지역별 경쟁력 고도화 • 건강하고 쾌적한 국토 환경 조성 • 고속 교통 정보망 구축 • 남북한 교류 협력 기반 조성
제4차 국토 종합 계획(1차 수정) (2006~2020년)	• 행정 중심 복합 도시 등 국토 공간 구조 변화 반영 • 남북 교류 협력 확대 및 대외 환경 변화에 대응	• 행정 중심 복합 도시 건설, 공공 기관 지방 이전, 혁신 도시와 기업 도시 건설 추진 • 개방형 국토 축+다핵 연계형 국토 구조
제4차 국토 종합 계획(2차 수정) (2011~2020년)	• 4대강 살리기 사업 등 국책 사업 반영 • 자유 무역 협정 시대의 글로벌 추세를 수용한 글로벌 국토 실현	• 광역 경제권 형성으로 지역별 특화 발전, 국제 경쟁력 강화 • 지역 특성을 고려한 전략적 성장 거점 육성
제5차 국토 종합 계획 (2020~2040년)	• 인구 감소와 구조 변화로 국토 정책 방향 전환 불가피 • 기후 변화 대응과 삶의 질에 대한 정책 요구 증가 • 4차 산업 혁명 시대에 적합한 혁신적 생활 공간 조성과 국토 관리	• 개성 있는 지역 발전과 연대, 협력 촉진 • 지역 산업 혁신과 문화 관광 활성화 • 세대와 계층을 아우르는 안심 생활 공간 조성 • 품격 있고 환경친화적 공간 창출 • 인프라의 효율적 운영과 국토 지능화 • 대륙과 해양을 잇는 평화 국토 조성

(국토교통부)

② 지역 개발과 지역 갈등

• 원인: 지역 개발에 따른 이익과 피해 발생, 환경 문제 및 개발에 관한 생각 차이 등

• 영향: 자기 지역의 이익을 지나치게 우선시하는 님비 현상, 핌피 현상 등 지역 이기주의 심화

(5) **바람직한 지역 개발**: 지역 격차 완화를 위한 균형 발전 전략 및 도시·촌락 주민 모두 다양한 서비스에 접근할 수 있는 지역 행복 생활권의 추진, 지역 간 협력을 바탕으로 한 지역 개발

✪ 파급 효과

핵심부 성장의 영향으로 주변부가 발전하는 효과이다.

✪ 역류 효과

주변 지역에서 성장 거점 지역으로 인구, 자본 등이 집중되어 주변 지역의 발전을 저해하는 효과이다.

✪ 혁신 도시의 분포

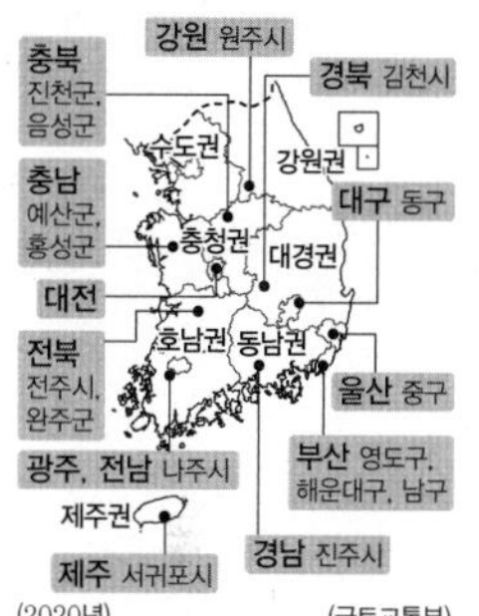

수도권 과밀 문제를 해소하고 지방의 자립적·혁신적 발전 역량을 확충하기 위한 균형 발전 정책으로 혁신 도시 건설을 추진하고 있다. 혁신 도시는 수도권에 집중된 공공 기관을 지방으로 이전시켜 조성하는 미래형 도시이다.

개념 체크

1. 성장 가능성이 큰 지역에 우선적으로 집중 투자하는 개발 방식은 (   )이다.
2. 주변 지역에서 성장 거점 지역으로 인구, 자본 등이 집중되어 주변 지역의 발전을 저해하는 효과를 (   ) 효과라고 한다.

정답

1. 성장 거점 개발
2. 역류

✪ 수도권 집중 현황

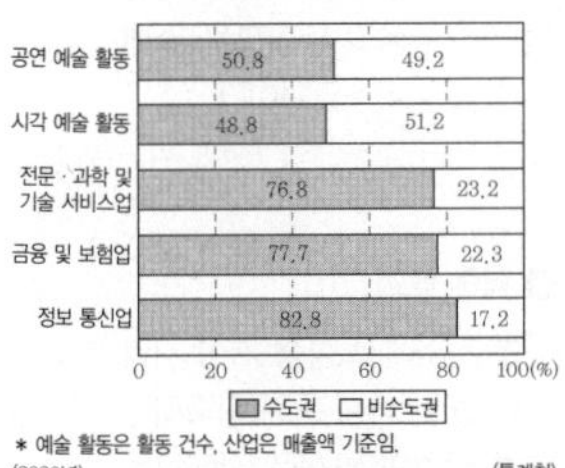

그래프는 예술 및 주요 산업의 수도권 집중도를 나타낸 것이다. 예술 활동 부문은 수도권 집중도가 50% 내외이고, 정보 통신업, 금융 및 보험업 등은 수도권 집중도가 75% 이상으로 높다.

4. 국토 개발에 따른 공간 및 환경 불평등

(1) 공간 불평등

① 수도권과 비수도권의 격차
- 원인: 1960년대 이후 추진된 성장 위주의 하향식 개발
- 현황: 수도권은 핵심 기능의 집중도가 매우 높음
- 영향: 수도권에서는 집값 상승과 교통 혼잡 등의 집적 불이익 문제 발생, 비수도권에서는 경제 침체와 인구 유출 현상 등의 문제 발생

② 도시와 농촌의 격차
- 원인: 1960년대 이후 이촌 향도 현상
- 현황: 도시에 인구와 산업이 집중되면서 농촌에서는 고령화, 생활 기반 시설 부족, 교육 여건 불리 등의 문제 발생
- 해결 노력: 촌락의 정주 기반 강화, 농촌 특색에 맞는 산업 육성으로 소득 증가 방안 모색

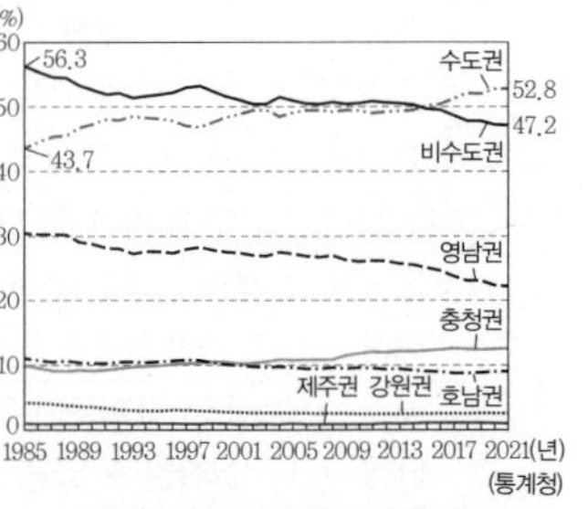

▲ 권역별 지역 내 총생산 비율 변화

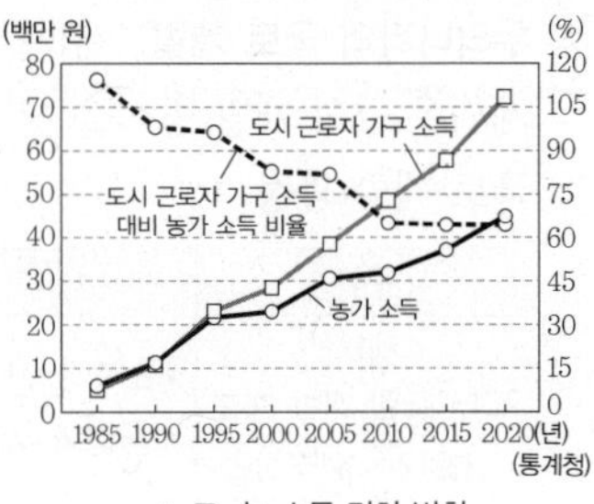

▲ 도·농 소득 격차 변화

(2) 환경 불평등

① 의미: 지역을 개발하고 이용하는 과정에서 발생하는 경제적 수혜 지역과 환경 오염 부담 지역이 일치하지 않는 것

② 원인: 환경 오염 시설의 불균등한 분포 등

③ 영향: 지역 간 갈등으로 이어져 사회적 갈등이 발생할 수 있음

탐구 활동 시·도별 전력 생산량 및 판매량 비율과 주요 대기 오염 물질 배출량

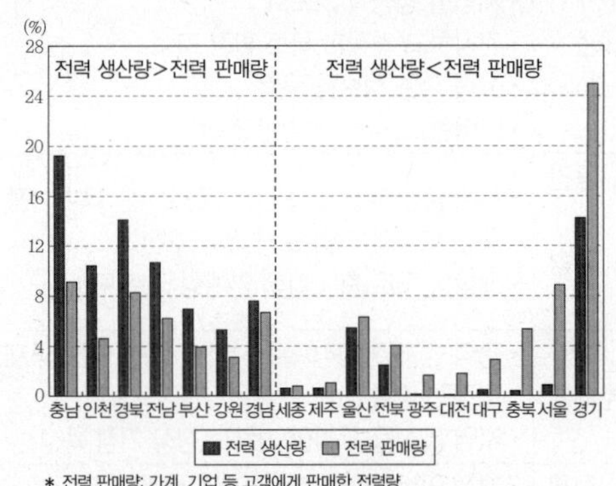

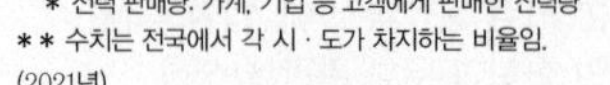

* 전력 판매량: 가계, 기업 등 고객에게 판매한 전력량
** 수치는 전국에서 각 시·도가 차지하는 비율임.
(2021년) (통계청)

▲ 시·도별 전력 생산량 및 판매량 비율

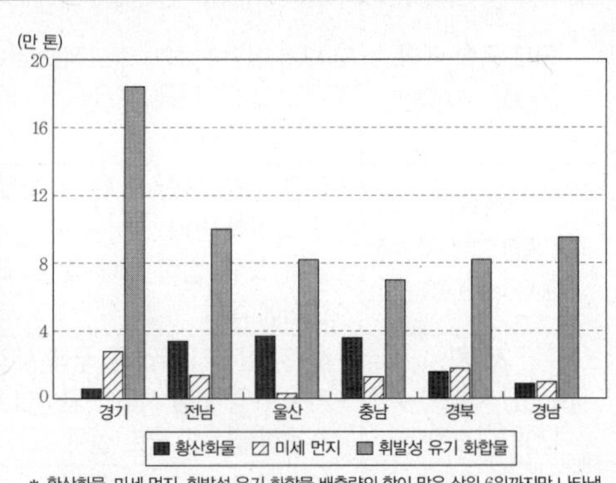

* 황산화물, 미세 먼지, 휘발성 유기 화합물 배출량의 합이 많은 상위 6위까지만 나타냄.
(2020년) (환경부)

▲ 시·도별 주요 대기 오염 물질 배출량

▸▸ 전력 생산량이 전력 판매량보다 많은 지역은 어디이고, 그 이유는 무엇인지 설명해 보자.

전력 생산량이 전력 판매량보다 많은 지역 중에서 충남, 인천은 화력 발전량이 많고, 경북과 전남, 부산은 원자력 발전량이 많다. 한편, 전력 생산량보다 전력 판매량이 특히 많은 곳은 경기이다.

▸▸ 주요 대기 오염 물질 배출량이 많은 지역은 어디이고, 그 이유는 무엇인지 설명해 보자.

산성비의 원인 물질 중 하나인 황산화물은 인위적으로는 주로 화석 에너지의 연소로 발생한다. 황산화물 배출량은 대규모 석유 화학 단지가 입지한 울산, 충남, 전남 등에서 많다. 천식 악화, 폐 기능 저하 등을 초래하는 미세 먼지는 주로 화석 에너지 연소, 자동차 배기가스 등으로 인해 발생한다. 미세 먼지 배출량은 경기, 경북, 전남 등에서 많다. 벤젠, 톨루엔 등과 같이 악취를 풍기거나 광화학 스모그를 일으키기도 하는 물질인 휘발성 유기 화합물은 주로 석유 화학 공장, 페인트나 접착제와 같은 건축 자재 등에서 발생한다. 휘발성 유기 화합물 배출량은 경기, 전남, 경남 등에서 많다.

개념 체크

1. 권역별 지역 내 총생산 비율에서 수도권이 차지하는 비율은 (높아지는/낮아지는) 추세이다.
2. 지역 내 총생산이 많은 권역부터 순서대로 나열하면 ( )>( )>( )>호남권>강원권>제주권이다.
3. 지역을 개발하고 이용하는 과정에서 발생하는 경제적 수혜 지역과 환경 오염 부담 지역이 일치하지 않는 것을 의미하는 말은 ( )이다.

정답
1. 높아지는
2. 수도권, 영남권, 충청권
3. 환경 불평등

[24018-0105]

01 다음 자료는 도시 재개발 계획의 사례이다. (가), (나) 사례에 해당하는 재개발 방식(방법)에 대한 설명으로 옳은 것만을 <보기>에서 고른 것은? (단, (가), (나)는 각각 수복 재개발, 철거 재개발 중 하나임.)

(가) 주거 취약 지역인 ◈◈시 △△동의 ♤♤ 마을이 정부의 '도시새뜰마을사업' 대상으로 선정되었다. 이에 따라 예산이 투입되어 공·폐가 정비, 노후 주택 집수리 등 재생 사업이 추진된다.

(나) ◎◎시 ◇◇동 일대는 노후 불량 주택이 밀집되어 주거 환경이 열악하다. 이 지역에서는 지하 4층~지상 최고 41층의 아파트 10개 동이 들어서는 개발 계획이 행정 절차를 마치고 공사가 시작될 예정이다.

● 보기 ●

ㄱ. (가)는 (나)보다 투입될 자본의 규모가 크다.
ㄴ. (가)는 (나)보다 기존 건물의 활용도가 높다.
ㄷ. (나)는 (가)보다 원거주민의 재정착률이 높다.
ㄹ. (나)는 (가)보다 개발 후 건물의 평균 층수가 높다.

① ㄱ, ㄴ ② ㄱ, ㄷ ③ ㄴ, ㄷ ④ ㄴ, ㄹ ⑤ ㄷ, ㄹ

[24018-0106]

02 다음 글은 우리나라의 국토 종합 (개발) 계획에 대한 것이다. ㉠~㉣에 대한 설명으로 옳은 것은?

1972년부터 10년을 주기로 국토 종합 (개발) 계획이 수립·시행되면서 우리나라 국토의 체계적 개발에 큰 역할을 하였다. 국토 종합 개발 계획의 명칭은 2003년부터 국토 종합 계획으로 변경되었다. 국토 종합 (개발) 계획은 생산 환경을 중시하였던 ㉠1970년대의 거점 개발, 생활 환경을 중시하였던 ㉡1980년대의 광역 개발, 자연환경을 중시하였던 ㉢1990년대의 균형 개발, 국토 환경을 중시하였던 ㉣2000년대 이후의 균형 발전으로 정리할 수 있다. 그리고 국토 종합 계획은 여전히 진행 중이다.

① ㉠은 경제적 효율성보다 경제적 형평성을 중시하는 개발 방식으로 추진되었다.
② ㉡은 수도권과 남동 연안 지역에 우선적으로 투자하는 지역 개발 정책이다.
③ ㉢ 시기에 4대강의 수자원 개발을 위한 대규모 댐이 여러 개 건설되었다.
④ ㉣ 시기에 혁신 도시, 기업 도시 정책이 추진되었다.
⑤ ㉢, ㉣ 계획의 시행으로 전국에서 수도권이 차지하는 인구 비율이 낮아졌다.

[24018-0107]

03 다음은 한국지리 수행 평가의 일부이다. ㉠~㉤ 중 답안 내용이 옳지 않은 것은?

※ 공간 불평등에 대한 물음에 답하시오.

○ 수도권과 비수도권의 격차가 커진 원인을 서술하시오.
 – 균형 개발이 이루어졌기 때문입니다. ………… ㉠
○ 수도권과 비수도권의 격차 확대로 인해 수도권 및 비수도권에서는 어떤 문제가 발생하였는지 서술하시오.
 – 수도권은 집적 불이익 문제가 발생하였습니다. …… ㉡
 – 비수도권은 인구 유출 문제가 발생하였습니다. …… ㉢
○ 도시와 농촌의 인구 분포 격차가 확대된 이유를 서술하시오.
 – 산업화 과정에서 도시를 중심으로 일자리가 증가하여 이촌 향도가 활발하였기 때문입니다. ………… ㉣
○ 농촌에서는 이촌 향도로 어떤 문제가 발생하였는지 서술하시오.
 – 노동력 부족, 교육 환경 불리 등의 문제가 발생하였습니다. ………… ㉤

① ㉠ ② ㉡ ③ ㉢ ④ ㉣ ⑤ ㉤

[24018-0108]

04 다음은 도시 계획과 지역 개발 단원의 형성 평가지이다. (가)에 들어갈 내용으로 옳은 것은?

※ 다음 퀴즈의 정답에 해당하는 글자를 지우면 아래 <글자판>의 글자가 모두 지워집니다. (단, 중복되는 글자는 각각 지울 것)

(1) 혐오 시설이 자기 지역으로 들어오는 것을 반대하는 현상
(2) 지역을 개발하고 이용하는 과정에서 발생하는 경제적 수혜 지역과 환경 오염 부담 지역이 일치하지 않는 현상
(3) 낙후된 지역이 재개발로 활성화된 이후 대규모 자본이 유입되면서 원거주민이 다른 지역으로 빠져나가는 현상
(4) (가)

<글자판>	님	수	환	젠	비	경	현	트	상	복	리
	불	재	피	개	케	발	이	평	션	등	

① 핵심부 성장의 영향으로 주변부가 발전하는 효과
② 성장 가능성이 큰 지역에 우선적으로 집중 투자하는 개발 방식
③ 기존의 시설을 완전히 철거하고 새로운 시설물로 대체하는 도시 재개발 방법
④ 주변 지역에서 성장 거점 지역으로 인구, 자본 등이 집중되어 주변 지역의 발전을 저해하는 효과
⑤ 기존 건물을 최대한 유지하는 수준에서 필요한 부분만 수리·개조하여 부족한 점을 보완하는 도시 재개발 방법

[24018-0109]

1 **지도는 (가), (나) 도시의 분포를 나타낸 것이다. 이에 대한 설명으로 옳은 것은? (단, (가), (나)는 각각 기업 도시, 혁신 도시 중 하나임.)**

(가)

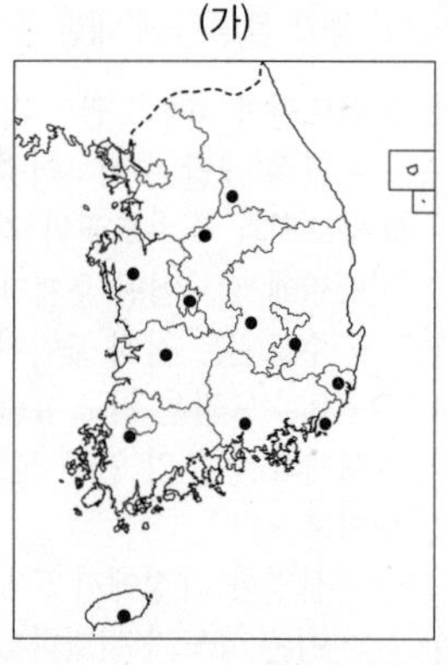

(나)

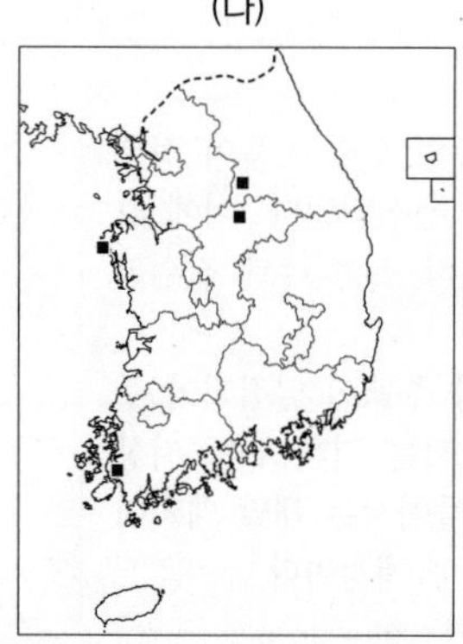

① (가)는 주로 각 시 · 도의 낙후된 농촌에 조성되었다.
② (나)의 각 지역에는 수도권에서 이전한 공공 기관이 입지한다.
③ 충북은 (가), (나)가 모두 동일한 시 · 군에 위치한다.
④ (가)와 (나) 계획에는 모두 공간 불평등 문제를 완화하려는 목적이 담겨 있다.
⑤ (가)와 (나)는 모두 제3차 국토 종합 개발 계획 기간부터 건설되기 시작하였다.

[24018-0110]

2 **다음 자료는 우리나라 국토 종합 (개발) 계획의 주요 목표를 나타낸 것이다. (가)~(다)에 대한 설명으로 옳은 것은? (단, (가)~(다)는 각각 제1차 · 제3차 · 제4차 국토 종합 (개발) 계획 중 하나임.)**

(가) 고도 경제 성장을 위한 기반 시설 조성을 목표로 수도권과 동남 해안 공업 벨트 중심의 거점 개발 추진
(나) 국민 복지 향상과 환경 보전이 주요 목표이고, 서해안 산업 지대와 지방 도시 육성을 통한 지방 분산형 국토 개발 추진
(다) 지역 간의 통합, 동북아 지역과의 통합을 목표로 균형 개발, 개발과 환경의 조화를 통한 개방형 통합 국토 추진

① (가)는 시민 참여단의 의견을 바탕으로 수립되었다.
② (가) 추진 시기에 수도권의 인구 집중도가 낮아졌다.
③ (나)는 파급 효과를 기대할 수 있는 지역 개발 방식을 채택하였다.
④ (다) 추진 시기에 행정 중심 복합 도시가 건설되고 공공 기관의 지방 이전이 나타났다.
⑤ (다) 시기의 개발 방식은 성장 가능성이 큰 지역에 집중적으로 투자하는 개발 방식이었다.

[24018-0111]

3 **(가), (나) 지역 개발 사례에 대한 설명으로 옳은 것만을 〈보기〉에서 고른 것은?**

(가) ◇◇시는 지난 수십 년 동안 석회석 채광으로 형성된 호수와 석회석 절개지 등의 경관을 관광지로 개발하였다. 이 관광지는 스카이 글라이딩, 드라마 촬영지로도 활용되고 있다.
(나) ◎◎시는 경북 혁신 도시 조성으로 인한 원도심의 공동화 현상을 개선하기 위해 원도심과 혁신 도시를 연결하는 약 6km의 도로를 개설하였다. 이 도로 건설로 원도심과 혁신 도시 간의 이동 시간이 줄어들어 원도심 인근 도시 개발에 긍정적인 효과를 미칠 것을 기대하고 있다.

보기
ㄱ. (가)는 주거 복지 향상을 위한 지역 개발 사례에 해당한다.
ㄴ. (나)는 원도심의 쇠퇴를 방지하기 위한 목적의 지역 개발에 해당한다.
ㄷ. (가)는 하향식 지역 개발, (나)는 상향식 지역 개발에 해당한다.
ㄹ. (가)와 (나)는 모두 지역 특성을 토대로 지역 개발 계획이 수립되었다.

① ㄱ, ㄴ ② ㄱ, ㄷ ③ ㄴ, ㄷ ④ ㄴ, ㄹ ⑤ ㄷ, ㄹ

[24018-0112]

4 **그래프는 권역별 인구와 1차 화석 에너지 공급량, 주요 대기 오염 물질별 배출량 비율을 나타낸 것이다. 이에 대한 설명으로 옳은 것은? (단, (가)~(다)는 각각 수도권, 영남권, 충청권 중 하나임.)**

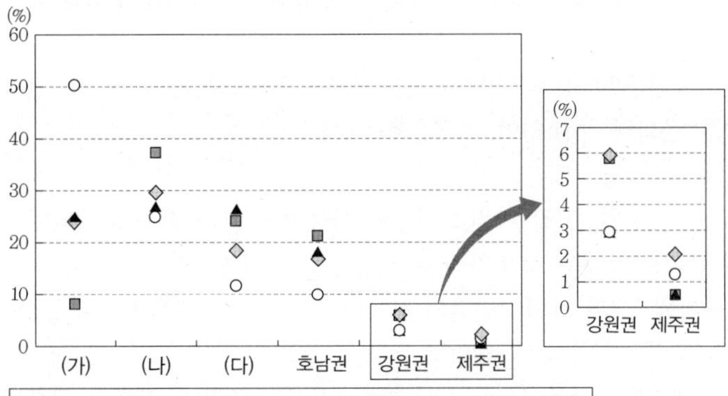

(2020년) (통계청)

① (가)는 영남권, (나)는 충청권, (다)는 수도권이다.
② (가)~(다) 중 1인당 초미세 먼지 배출량은 수도권이 가장 많다.
③ (가)~(다) 중 황산화물 배출량 비율이 가장 높은 곳은 영남권이다.
④ 단위 면적당 초미세 먼지 배출량은 영남권이 수도권보다 많다.
⑤ 충청권은 초미세 먼지 배출량 비율이 1차 화석 에너지 공급량 비율보다 높다.

자원의 의미와 자원 문제

✪ 가채 연수

현재 확인된 자원의 가채 매장량을 연간 생산량으로 나눈 값으로, 새로운 매장지의 발견, 수요 증감 등에 따라 가변적이다.

✪ 우리나라 주요 자원의 가채 연수

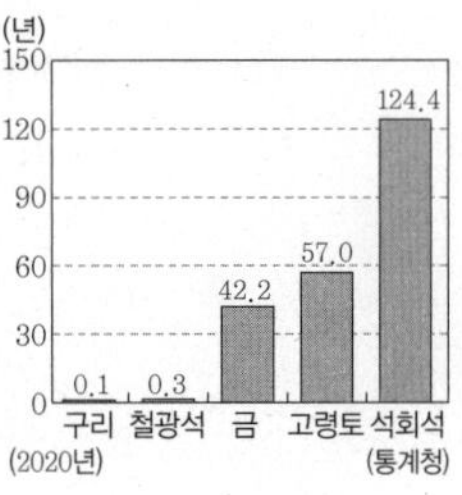

✪ 자원 민족주의

자원 보유국이 자원의 공급 및 가격 조정을 통해 자원을 전략 무기화하는 것으로, 자원 보유국이 자국의 국제적 영향력을 강화하고 경제 성장을 이루려는 현상을 말한다.

1. 자원의 특성과 분류

(1) 자원의 의미: 자연물 중에서 일상생활과 경제 활동에 쓸모가 있고, 기술적 · 경제적으로 이용 가능한 것

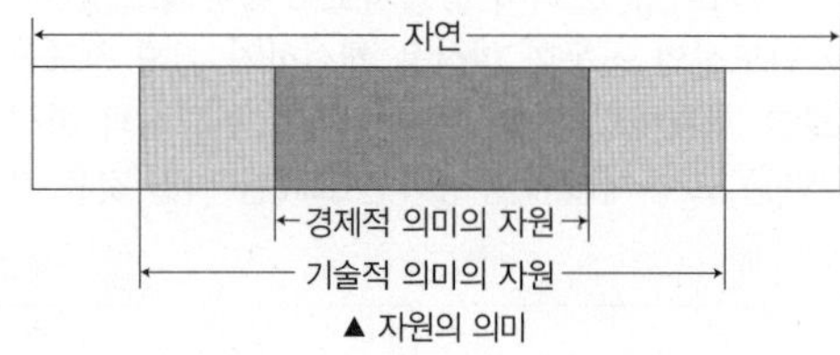

▲ 자원의 의미

- 기술적 의미의 자원: 기술의 발달로 개발과 이용이 가능한 자원
- 경제적 의미의 자원: 기술적으로 개발이 가능하면서 동시에 경제적 가치를 지닌 자원

(2) 자원의 특성

① 유한성: 대부분의 자원은 매장량이 한정되어 있어 언젠가는 고갈됨 → 가채 연수를 통해 해당 자원을 얼마나 더 채굴할 수 있는지를 알 수 있음

② 편재성: 특정 자원은 일부 지역에 편중되어 분포함 → 자원 민족주의 등장의 배경이 됨

③ 가변성: 자원을 이용하는 기술적 수준, 경제적 조건, 문화적 배경 등에 따라 자원의 의미와 가치가 달라짐

구분	사례
기술적 수준	검은 액체에 불과하였던 석유는 내연 기관이 발명되면서 자원으로서의 가치가 상승함
경제적 조건	1990년대 이후 저가의 텅스텐이 중국에서 수입되면서 우리나라 텅스텐 광산이 폐광되었으나 최근 다시 개발을 추진하고 있음
문화적 배경	이슬람교도는 돼지고기를 금기시하고, 힌두교도는 소고기를 금기시함

(3) 자원의 분류

① 의미에 따른 분류

- 좁은 의미의 자원: 주로 천연자원을 의미함 ㉠ 생물 자원(동물, 식물 등), 무생물 자원(광물 자원, 에너지 자원 등)
- 넓은 의미의 자원: 천연자원뿐만 아니라 인적 자원, 문화적 자원 등을 포괄함 ㉠ 인적 자원(인구, 기술, 창의력 등), 문화적 자원(언어, 종교, 제도 등)

② 재생 가능성에 따른 분류

- 재생 불가능한 자원(비재생 자원, 고갈 자원): 인간이 사용함에 따라 점차 고갈되며 재생이 거의 불가능하거나 생성 속도가 매우 느린 자원 ㉠ 석유, 석탄, 천연가스 등
- 재생 가능한 자원(재생 자원, 순환 자원): 인간의 사용량과 상관없이 지속적으로 공급되거나 순환되는 자원 ㉠ 수력, 조력, 지열, 풍력, 태양광 · 열 등
- 사용량과 투자 정도에 따라 재생 수준이 달라지는 자원: 사용량 조절 및 재활용 여부에 따라 재생 가능성이 달라지는 자원 ㉠ 구리, 철광석 등

사용함에 따라 고갈되는 재생 불가능한 자원 / 사용량과 투자 정도에 따라 재생 수준이 달라지는 자원 / 사용량과 무관하게 재생 가능한 자원

고갈 가능성 높음	화석 연료	식물 동물 삼림 토양	비금속 광물	금속 광물	대기 물	태양광·열 조력 풍력 수력	무한대로 재생 가능함

▲ 재생 가능성에 따른 분류

개념 체크

1. 특정 자원이 일부 지역에 치우쳐 분포하는 것을 자원의 (   )이라고 한다.
2. 종교에 따라 특정 고기를 금기시하는 것은 자원의 가변성 중 (기술적 수준/문화적 배경)과 관련이 깊다.
3. 재생 불가능한 자원의 사례로는 석유, 석탄, (구리/천연가스) 등이 있다.

정답
1. 편재성
2. 문화적 배경
3. 천연가스

2. 광물 자원의 분포와 이용

(1) 우리나라 광물 자원의 특성

① 주요 광물 자원은 대부분 북한에 분포함

② 남한은 금속 광물의 매장량이 적고 비금속 광물의 매장량이 대체로 풍부함

(2) 주요 광물 자원의 분포와 이용

구분	주요 분포 지역	이용 및 특징
텅스텐	강원(영월)	• 특수강 및 합금용 원료로 이용됨 • 저가의 중국산이 수입되면서 국내 텅스텐 광산이 폐광되었으나 최근 다시 개발을 추진하고 있음
철광석	강원(양양, 홍천)	• 제철 공업의 원료로 이용됨 • 대부분 북한에 매장되어 있으며, 남한에서는 대부분 수입함(주요 수입 상대국: 오스트레일리아, 브라질 등)
석회석	강원(삼척, 영월), 충북(단양, 제천)	• 시멘트 공업의 주된 원료이며, 제철 공업의 첨가물로 이용됨 • 고생대 조선 누층군에 분포하며, 생산량이 많고 가채 연수가 긺
고령토	경북, 강원, 경남(산청, 하동)	도자기 및 내화 벽돌, 화장품의 원료로 이용됨

자료 분석 주요 광물 자원의 지역별 생산량 비율

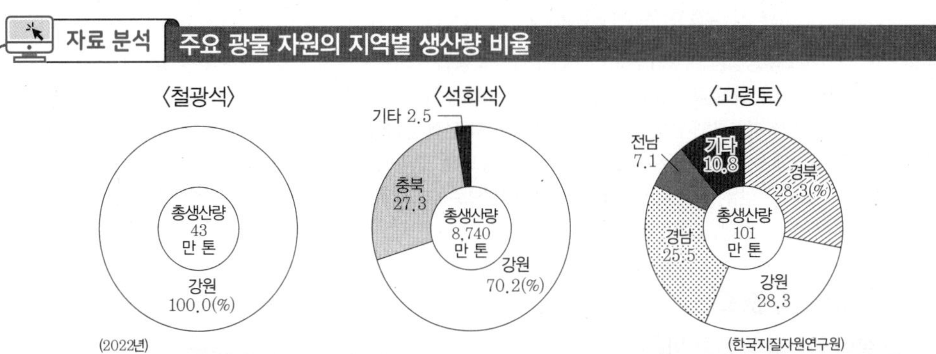

철광석은 전량 강원에서 생산되며, 석회석, 고령토와 비교할 때 국내 생산량이 적은 편이다. 석회석은 강원, 충북 순으로 생산량이 많으며, 세 광물 자원 중 국내 생산량이 가장 많다. 고령토는 경북, 경남 등 영남 지방과 강원의 생산량이 많은 편이다.

3. 에너지 자원의 분포와 이용

(1) 에너지 자원의 소비 구조 변화

① 1960년대 석탄 및 신탄(땔나무, 숯) 중심에서 1970년대 이후 석유 중심으로 변화함

② 1990년대 이후 천연가스의 소비 비율이 높아지고, 신·재생 에너지 개발이 활발해짐

(2) 주요 에너지 자원의 분포와 수급

① 석탄: 탄화 정도에 따라 무연탄, 역청탄, 갈탄 등으로 분류함

무연탄	• 주로 고생대 평안 누층군에 분포함 • 강원 남부(태백, 정선 등)를 중심으로 생산이 활발하였으나 석탄 산업 합리화 정책(1989년) 이후 생산량이 급감함
역청탄	주로 제철 공업과 화력 발전의 연료로 이용되며, 수입에 의존함
갈탄	주로 신생대 지층에 분포하며, 석탄 액화 공업에 이용됨

② 석유

• 주로 화학 공업의 원료 및 수송용 연료로 이용됨

• 전량 수입에 의존함

✪ 주요 광물 자원의 분포

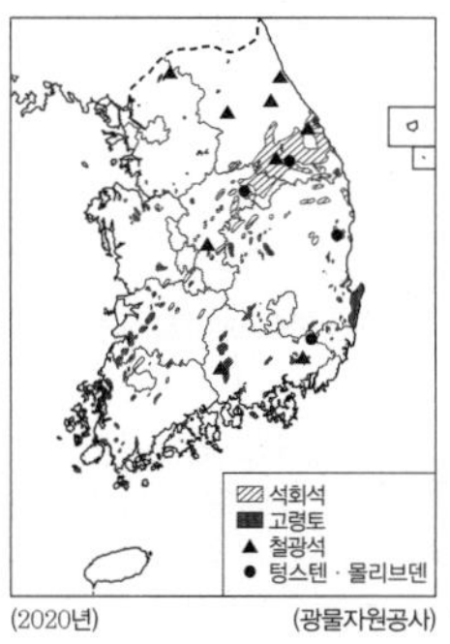

✪ 석탄 산업 합리화 정책

에너지 소비 구조 변화와 채굴 비용 상승 등으로 인해 석탄 산업의 경제성이 낮아짐에 따라 국내 탄광 수를 상당 부분 줄이게 된 정책이다.

✪ 석탄 액화 공업

고체 연료인 석탄을 휘발유 및 경유 등의 액체 연료로 전환하는 공업이다.

✪ 1차 에너지 공급 구성비 변화

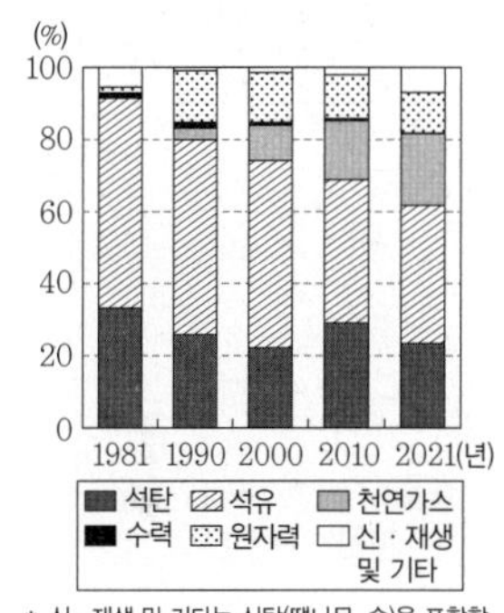

* 신 · 재생 및 기타는 신탄(땔나무, 숯)을 포함함.
(에너지경제연구원)

개념 체크

1. 제철 공업의 원료로, 강원에서 소량 생산되나 그 양이 적어 대부분 수입에 의존하는 광물 자원은 ( )이다.
2. 석회석 생산량 상위 2개 도(道)는 강원, ( )이다.
3. 2021년 1차 에너지원 공급 구성비는 석유>( )>( )>원자력 순으로 높다.

정답
1. 철광석 2. 충북
3. 석탄, 천연가스

✪ 화석 에너지의 연소 시 대기 오염 물질 배출량 순서
석탄이 가장 많으며, 그다음으로 석유, 천연가스 순으로 많다.

✪ 국내 화석 에너지 생산 지역
석탄(무연탄)은 강원, 전남에서 소량 생산되고 있다. 천연가스는 울산 앞바다에서 생산되어 왔으나 2021년 말에 생산이 종료되었다.

✪ 주요 발전소의 분포

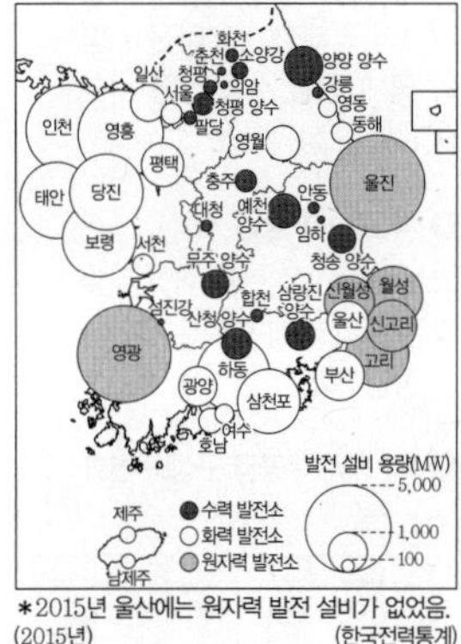

*2015년 울산에는 원자력 발전 설비가 없었음.
(2015년) (한국전력통계)

③ 천연가스
- 주로 가정용 연료로 이용되며, 수송·발전용 소비량이 증가 추세임
- 다른 화석 에너지보다 연소 시 대기 오염 물질 배출량이 적음

탐구 활동 | 시·도별 1차 에너지 공급량

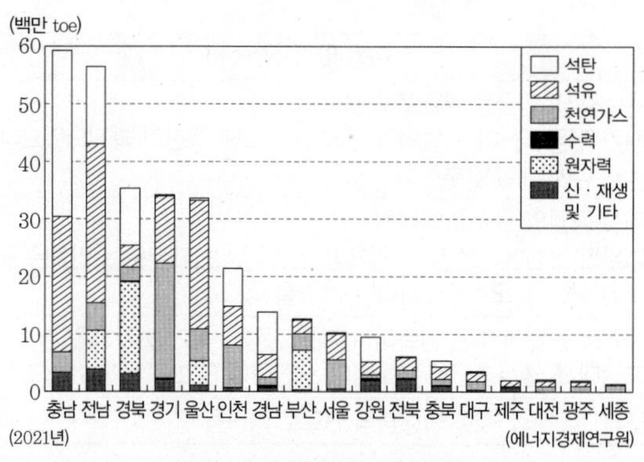

▲ 시·도별 1차 에너지 공급량

» **1차 에너지 공급량 상위 2개 지역을 찾고, 공급량이 많은 이유를 설명해 보자.**

1차 에너지 공급량 1위는 충남, 2위는 전남이다. 이들 두 지역에는 모두 대규모 석유 화학 단지, 제철 공장, 화력 발전소 등 에너지 소비량이 많은 산업 시설과 발전 시설이 입지하고 있기 때문이다.

» **지역 내 천연가스, 원자력의 공급량 비율이 높은 지역을 찾고, 그 배경을 설명해 보자.**

지역 내 천연가스 공급량 비율이 높은 지역으로는 서울, 경기, 세종이 대표적이다. 특히 수도권은 인구가 많이 거주하여 주로 가정용 연료로 이용되는 천연가스의 공급량 비율이 높다. 지역 내 원자력 공급량 비율이 높은 지역으로는 부산, 경북이 있다. 부산은 인구 규모에 비해 석유 화학 공업, 제철 공업 등 에너지 소비가 많은 공업의 발달이 미약하여 화석 에너지의 공급량 비율이 낮은 반면 원자력을 통해 얻는 전력이 많은 편이라서 전체 공급량에서 원자력이 차지하는 비율이 높다. 경북은 울진, 경주 두 지역에 원자력 발전소가 있어 다른 시·도에 비해 지역 내 원자력 공급량 비율이 높다. 울산, 전남에도 원자력 발전소가 있지만 석유, 석탄의 공급량 비율이 상대적으로 높으므로 부산, 경북보다는 지역 내 원자력 공급량 비율이 낮다.

4. 전력의 생산과 분포

(1) 발전 설비 용량과 발전량 비율

① 화력, 원자력 발전의 비율이 높음

② 발전 설비 용량과 발전량은 모두 화력 > 원자력 > 수력 순으로 많음

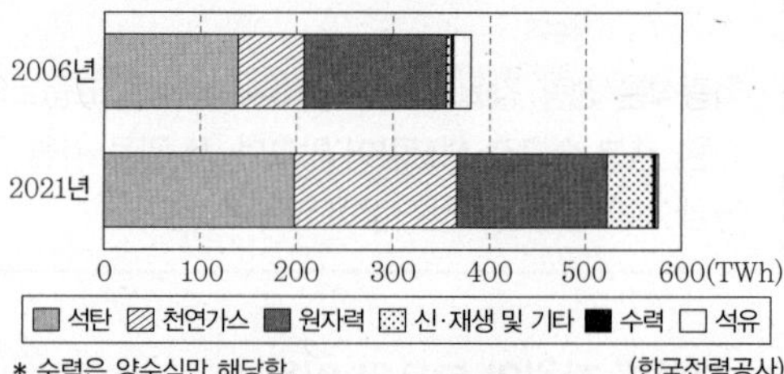

* 수력은 양수식만 해당함. (한국전력공사)

▲ 1차 에너지원별 발전량 변화

(2) 수력

① 입지: 유량이 풍부하고 낙차가 큰 곳(한강, 낙동강 등 대하천의 중·상류)

② 장점: 발전 시 대기 오염 물질 배출량이 적음

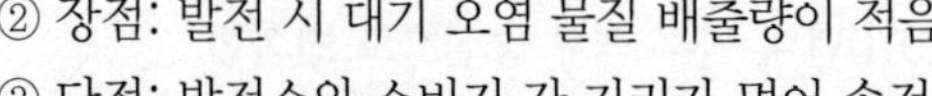

③ 단점: 발전소와 소비지 간 거리가 멀어 송전비가 많이 듦, 기후적 제약이 많아 발전량의 계절 차가 큼, 댐 건설로 수몰 지역이 발생하고 생태계가 변화함

(3) 화력

① 입지: 연료 수입에 유리하고 대소비지와 가까운 지역 → 자연적 입지 제약이 작음

② 장점: 발전소 건설 비용과 송전비가 저렴함

③ 단점: 발전 시 대기 오염 물질 배출량이 많고, 연료 수입에 많은 비용이 듦

(4) 원자력

① 입지: 지반이 견고하고 다량의 냉각수를 확보할 수 있는 곳(경북 울진·경주, 부산, 울산, 전남 영광)

② 장점: 소량의 연료로 대용량 발전이 가능함, 발전 시 대기 오염 물질 배출량이 적음

③ 단점: 발전 후 폐기물 처리 비용이 비쌈, 방사능 누출 및 안전성 문제에 대한 우려가 큼

개념 체크

1. 충남은 경기보다 1차 에너지 공급량이 (많다/적다).
2. 울산은 서울보다 지역 내 1차 에너지 공급량에서 석유가 차지하는 비율이 (높다/낮다).
3. 원자력 발전소가 있는 시·도는 (   ), 울산, 경북, 전남이며, 이 중 원자력 발전량이 가장 많은 곳은 (   )이다.

정답
1. 많다
2. 높다
3. 부산, 경북

5. 자원 문제와 대책

(1) 자원 문제

① 부존자원이 적은 데 비해 자원의 소비량이 많음
② 제철 · 석유 화학 등 에너지를 많이 소비하는 중화학 공업이 국가 경제에서 차지하는 비율이 높음 → 화석 에너지의 대부분을 수입하고 있어 국제 에너지 자원 가격 변동에 큰 영향을 받음
③ 최근 자원 민족주의 움직임 및 중국 · 인도 등 개발 도상국의 경제 성장으로 자원 수급에 어려움이 있음
④ 무분별한 자원 개발과 소비로 생태계가 파괴되고 기후 변화가 나타나고 있음

(2) 자원 문제에 대한 대책

① 자원 이용의 효율성 증대: 자원 절약과 재활용 확대, 에너지 절약형 산업 육성 등
② 자원의 안정적인 확보: 해외 자원 개발에 적극적으로 참여, 자원 수입 상대국의 다변화 등
③ 신 · 재생 에너지의 이용 확대: 화석 에너지 가격 변동 및 고갈 가능성에 대비 → 조력, 풍력, 태양광 등 신 · 재생 에너지 이용 확대 필요

(3) 신 · 재생 에너지

① 기존 화석 에너지를 변환하여 이용하거나 수소 · 산소 등의 화학 반응을 통해 전기 · 열을 이용하는 신(新)에너지와 햇빛 · 물 · 지열 등을 활용하여 에너지를 얻는 재생 에너지로 구분됨
② 특징
- 고갈 위험성이 낮고, 화석 에너지보다 대기 오염 물질 배출량이 적어 친환경적임
- 화석 에너지보다 경제적 효율성(투자 비용을 고려한 수익의 정도)은 낮지만 개발의 필요성이 높아지고 있음

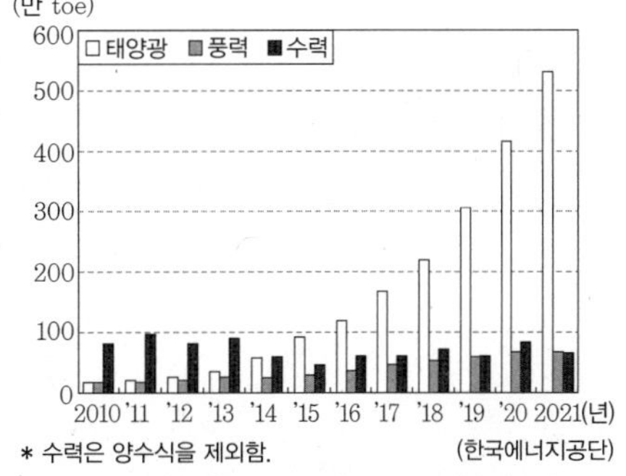

* 수력은 양수식을 제외함. (한국에너지공단)
▲ 태양광 · 풍력 · 수력 에너지의 생산량 변화

③ 분포
- 태양광 · 태양열: 주로 일사량이 풍부한 지역 예 해남, 고흥, 영광, 무안, 신안 등
- 풍력: 주로 바람이 많은 해안이나 산지 지역 예 제주, 대관령, 태백, 영덕 등
- 조력: 조수 간만의 차가 큰 해안 지역 예 안산(시화호 조력 발전소)

탐구 활동 | 신 · 재생 에너지의 지역별 생산량 비율

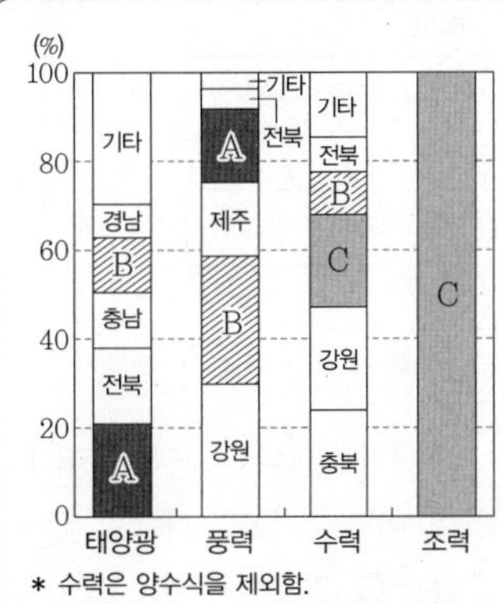

* 수력은 양수식을 제외함.
(2021년) (한국에너지공단)

▸▸ 그래프의 A~C 지역이 어디인지 설명해 보자.

A는 태양광의 생산량 비율이 가장 높은 전남이다. 태양광은 호남 지방(전남, 전북)의 생산량 비율이 높은 것이 특징이다. B는 풍력에서 강원 다음으로 생산량 비율이 높고, 수력에서 생산량 비율이 네 번째로 높은 경북이다. 경북은 태백산맥 및 동해안 지역을 중심으로 풍력 발전이 활발하고, 낙동강 유역에서 수력 발전이 이루어지고 있으며, 일사량이 많은 지역을 중심으로 태양광 발전이 활발하다. C는 우리나라에서 유일하게 조력 발전소가 있어 조력의 생산량 비율이 100%이고, 한강 유역에서 수력 발전이 이루어지고 있어 수력의 생산량 비율도 높은 편인 경기이다.

✪ 신(新)에너지와 재생 에너지
신(新)에너지에는 수소 에너지, 연료 전지 등이 있고, 재생 에너지에는 태양광 · 태양열, 풍력, 수력, 지열, 조력 등이 있다.

✪ 조력 발전

밀물과 썰물로 인해 발생하는 해수면의 높이차를 전기 에너지로 변환하는 방식으로, 제방(방조제)과 수문을 설치한다는 점에서 수력 발전과 유사하다.

개념 체크

1. 제철, 석유 화학과 같은 중화학 공업은 경공업보다 에너지를 (많이/적게) 소비한다.
2. 주로 바람이 많은 해안이나 산지 지역에 분포하며, 강원, 경북의 생산량 비율이 전국의 50% 이상인 신 · 재생 에너지는 (　　　)이다.
3. 국내 유일의 조력 발전소는 (경기/경북)에 위치한다.

정답
1. 많이
2. 풍력
3. 경기

[24018-0113]

01 다음 자료에 대한 설명으로 옳은 것은? (단, (가)~(다)는 각각 고령토, 석회석, 철광석 중 하나임.)

그래프는 (가)~(다) 자원의 가채 연수(남한 기준)를 나타낸 것이다. 가채 연수는 가채 매장량을 연간 생산량으로 나눈 값으로, '자원의 ㉠ '을/를 보여 준다. 즉, 대부분의 자원은 매장량이 한정되어 있어 언젠가는 고갈된다는 것이다.

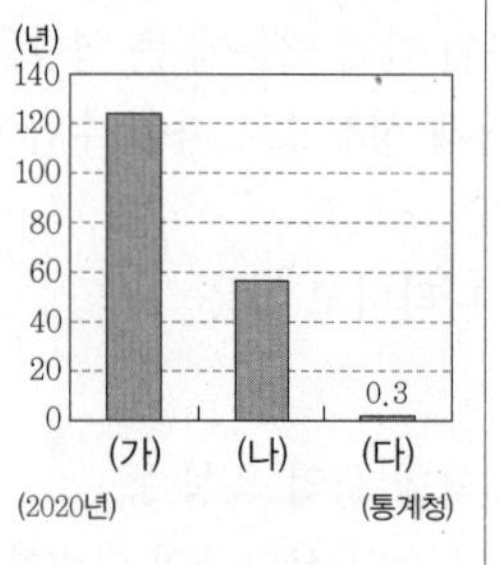

① (가)의 상당량은 오스트레일리아, 브라질 등지에서 수입된다.
② (나)는 주로 고생대 조선 누층군에 분포한다.
③ (다)는 도자기, 내화 벽돌, 화장품의 주요 원료이다.
④ (가)와 (나)는 비금속 광물, (다)는 금속 광물이다.
⑤ ㉠에는 '편재성'이 들어가는 것이 적절하다.

[24018-0114]

02 다음 글의 (가), (나)에 해당하는 자원의 유형을 그림의 A~D에서 고른 것은?

(가) 조력 발전은 조수 간만의 차를 이용하여 전기를 생산하는 방식이다. 우리나라는 2011년 시화호에 발전소를 준공하였는데, 여기에서 생산된 전기는 각 가정과 산업 시설 등지에 공급되고 있다.
(나) 메테인 하이드레이트는 탐사 기술의 발달로 동해 심해저에 분포하고 있음이 확인되었으며, 2007년 소량 시추되었다. 현재 개발과 이용을 위한 연구가 진행 중이며, 상용화는 아직 이루어지지 않고 있다.

사용함에 따라 고갈되는 재생 불가능 자원		A	
사용량과 투자에 따라 재생 수준이 달라지는 자원	B		
사용량과는 무관한 재생 가능 자원		C	D

← 경제적 의미의 자원 →
← 기술적 의미의 자원 →
← 자연 →

	(가)	(나)
①	A	C
②	C	A
③	C	B
④	D	A
⑤	D	B

[24018-0115]

03 그래프는 두 광물 자원의 생산량 비율 상위 1, 2위 지역을 나타낸 것이다. 이에 대한 설명으로 옳은 것은? (단, (가), (나)는 각각 고령토, 석회석 중 하나이며, A~C는 각각 지도에 표시된 세 지역 중 하나임.)

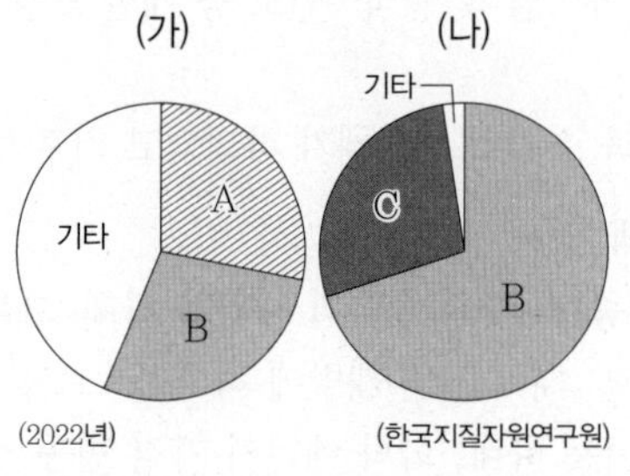

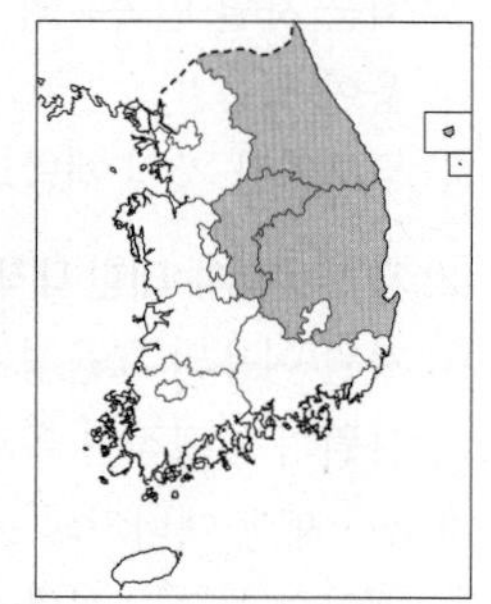

① (가)는 (나)보다 국내 생산량이 많다.
② (나)는 (가)보다 국내 가채 연수가 짧다.
③ B에는 원자력 발전소가 있다.
④ C에서는 석탄이 생산되고 있다.
⑤ A는 C보다 1차 에너지 공급량이 많다.

[24018-0116]

04 그래프의 (가)~(라)에 해당하는 자원의 특징을 그림의 A~D에서 고른 것은?

〈우리나라의 1차 에너지원별 공급량 비율 변화〉

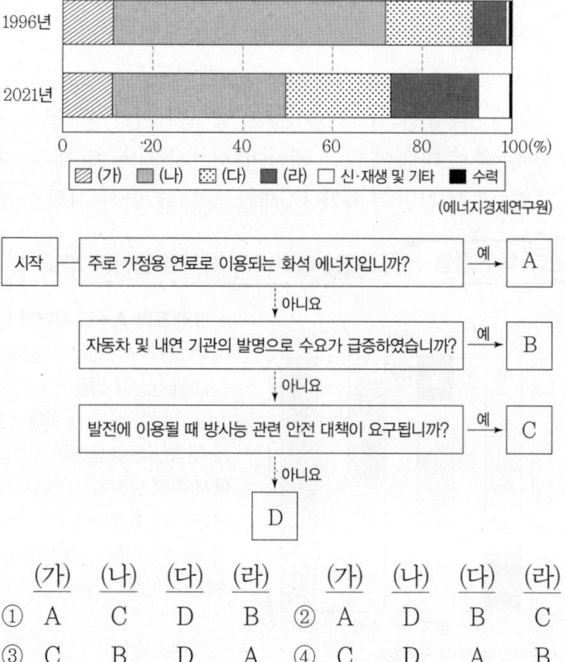

	(가)	(나)	(다)	(라)		(가)	(나)	(다)	(라)
①	A	C	D	B	②	A	D	B	C
③	C	B	D	A	④	C	D	A	B
⑤	D	B	C	A					

[24018-0117]

05 그래프는 네 지역의 1차 에너지원별 공급량을 나타낸 것이다. (가)~(라) 지역에 대한 설명으로 옳은 것은? (단, (가)~(라)는 각각 경기, 경북, 울산, 전남 중 하나임.)

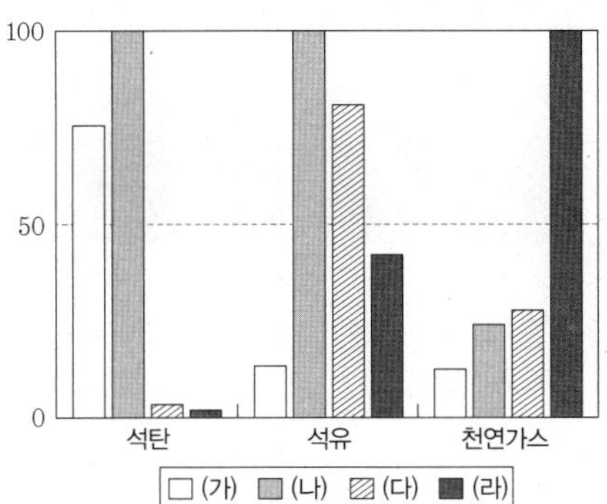

* 수치는 가장 높은 지역의 값을 100으로 했을 때의 상댓값임.
(2021년) (에너지경제연구원)

① (다)는 호남권에 속한다.
② (나)는 (라)보다 태양광 발전량이 많다.
③ (다)는 (나)보다 인구 밀도가 낮다.
④ (가)와 (라)는 행정 구역 경계를 맞대고 있다.
⑤ (가), (다), (라)에는 모두 원자력 발전소가 있다.

[24018-0118]

06 그래프는 우리나라의 1차 에너지원별 발전량 변화를 나타낸 것이다. A~D에 대한 설명으로 옳은 것은? (단, A~D는 각각 석유, 석탄, 원자력, 천연가스 중 하나임.)

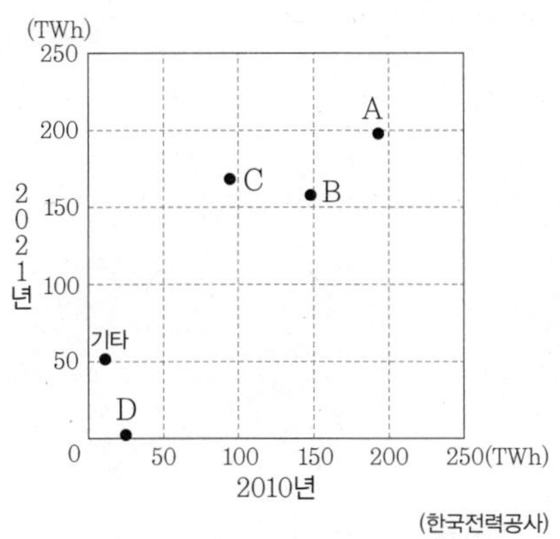

(한국전력공사)

① A는 경기보다 충남의 공급량이 많다.
② B는 가정 난방용, 수송용 연료 등으로 이용된다.
③ C는 국내 1차 에너지 공급 구성에서 차지하는 비율이 가장 높다.
④ B는 D보다 국내에서 상용화된 시기가 이르다.
⑤ C는 A보다 연소 시 대기 오염 물질 배출량이 많다.

[24018-0119]

07 다음 자료의 (가)~(다) 지역을 지도의 A~D에서 고른 것은?

여행 지역	여행 경험 내용
(가)	람사르 협약에 등록된 갯벌에서 생태 탐방 프로그램에 참가하였다. 여러 진기한 생물종을 볼 수 있어서 좋았다. …(중략)… 국내 최대 규모의 태양광 발전 단지를 둘러보았는데, 그 부지는 과거에 염전이었다고 한다.
(나)	전통 시장에서 특산물인 굴비를 샀다. 식당에서 굴비 정식을 주문하였는데, 반찬이 푸짐하게 나왔다. …(중략)… 원자력 발전소 옆을 지나가게 되었다. 잠시 차를 세우고 발전소를 배경으로 가족사진을 촬영하였는데, 날씨가 기가 막히게 좋았다.
(다)	이순신 장군의 유적지를 둘러보며 역사 공부를 하였다. …(중략)… 화력 발전소에 근무하는 지인이 있어서 발전소 일부 시설을 둘러볼 수 있었다. 이 발전소는 인근의 대규모 석유 화학 공단에 다량의 전력을 공급하고 있다는 얘기를 들었다.

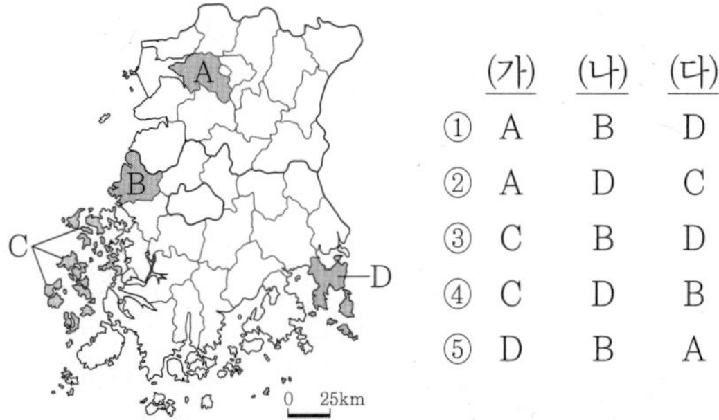

	(가)	(나)	(다)
①	A	B	D
②	A	D	C
③	C	B	D
④	C	D	B
⑤	D	B	A

[24018-0120]

08 그래프는 세 신·재생 에너지의 지역별 발전량 비율을 나타낸 것이다. 이에 대한 설명으로 옳은 것은? (단, (가)~(다)는 각각 수력, 태양광, 풍력 중 하나이며, A, B는 각각 경기, 제주 중 하나임.)

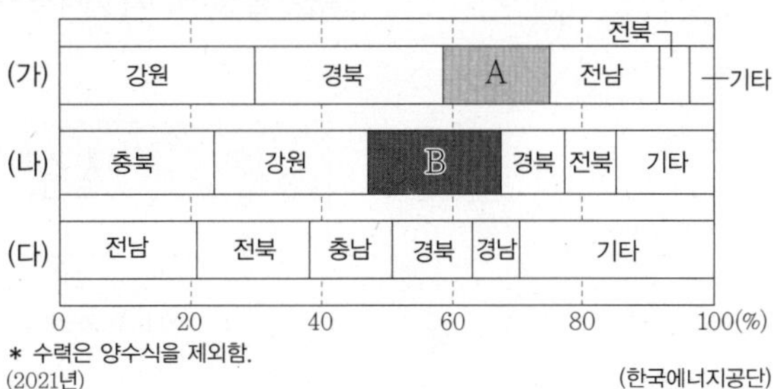

* 수력은 양수식을 제외함.
(2021년) (한국에너지공단)

① (가)는 일조 시수가 긴 지역에서 개발 잠재력이 높다.
② (나)는 여름보다 겨울에 발전량이 많다.
③ (가)는 (다)보다 국내 발전량이 많다.
④ A에는 조력 발전소가 있다.
⑤ B는 A보다 1차 에너지 공급량이 많다.

수능 실전 문제

[24018-0121]

1 **다음 자료에 대한 설명으로 옳은 것은? (단, (가)~(다)와 A~C는 각각 고령토, 석회석, 철광석 중 하나임.)**

〈자원별 광산 수〉

(개)

	(가)	(나)	(다)
강원	2	8	54
충북		5	33
경북		28	9

■(가) ▒(나) □(다)

(2021년) (한국지질자원연구원)

〈자원의 이용〉

레미콘은 [A](으)로 만든 시멘트와 골재를 운반하는 차량이다.	용광로는 [B]을/를 녹이는 공정에 사용되는 설비이다.	도자기는 [C]을/를 분쇄하여 점토로 가공한 것을 원료로 한다.

① (나)는 금속 광물이다.
② (가)는 (다)보다 국내 가채 연수가 길다.
③ (다)는 (나)보다 전국 대비 경남의 생산량 비율이 높다.
④ A는 B보다 수입 의존도가 높다.
⑤ 강원은 C보다 A의 광산 수가 많다.

[24018-0122]

2 **그래프는 1차 에너지 공급 특성을 나타낸 것이다. 이에 대한 설명으로 옳은 것은? (단, A~D는 각각 석유, 석탄, 원자력, 천연가스 중 하나임.)**

〈특별 · 광역시의 1차 에너지 공급량 비율〉

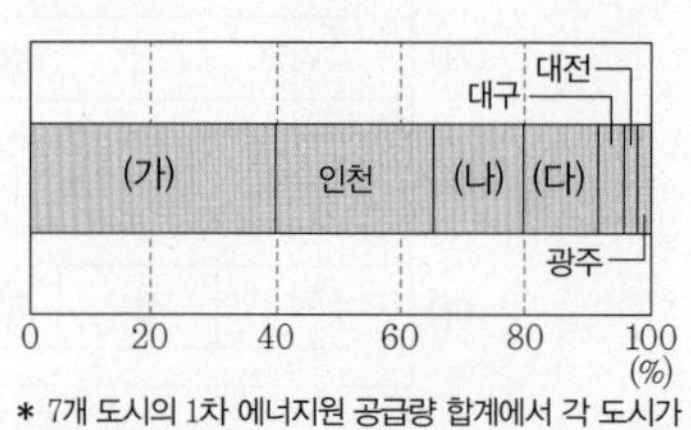

* 7개 도시의 1차 에너지원 공급량 합계에서 각 도시가 차지하는 비율임.
(2021년) (에너지경제연구원)

〈(가)~(다)의 1차 에너지원별 공급량 비율〉

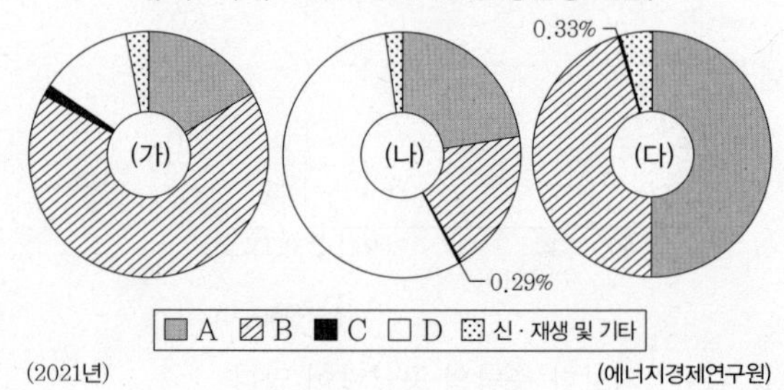

(2021년) (에너지경제연구원)

① (가)는 (나)보다 총인구가 많다.
② (가)와 (다)는 행정 구역 경계를 맞대고 있다.
③ A는 C보다 연소 시 대기 오염 물질 배출량이 많다.
④ B는 A보다 수송용 연료로 많이 이용된다.
⑤ 경북은 D보다 B의 공급량이 많다.

[24018-0123]

3 다음은 한국지리 수업 장면이다. 발표 내용이 옳은 학생만을 고른 것은?

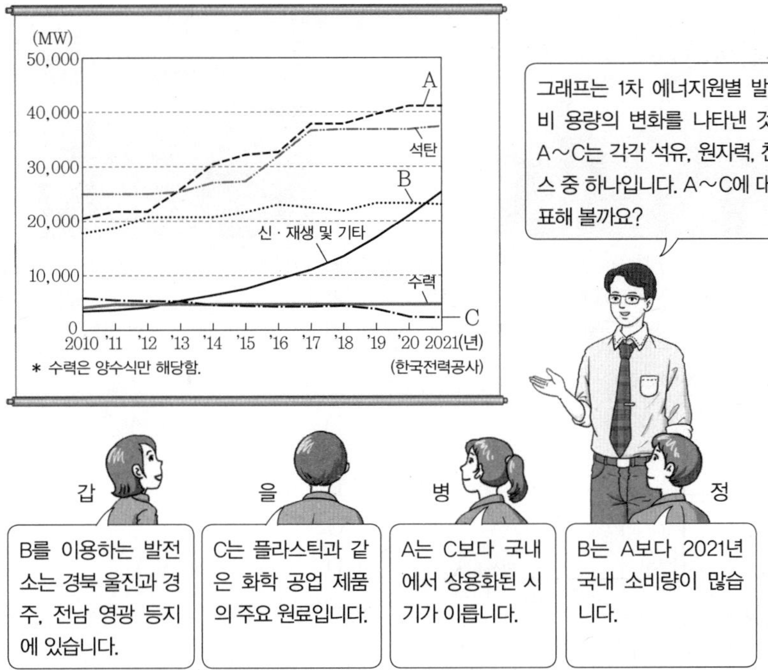

(MW)
50,000
40,000
30,000
20,000
10,000
0
A
석탄
B
신·재생 및 기타
수력
C
2010 '11 '12 '13 '14 '15 '16 '17 '18 '19 '20 2021(년)
* 수력은 양수식만 해당함.
(한국전력공사)
그래프는 1차 에너지원별 발전 설비 용량의 변화를 나타낸 것이고, A~C는 각각 석유, 원자력, 천연가스 중 하나입니다. A~C에 대해 발표해 볼까요?
갑
을
병
정
B를 이용하는 발전소는 경북 울진과 경주, 전남 영광 등지에 있습니다.
C는 플라스틱과 같은 화학 공업 제품의 주요 원료입니다.
A는 C보다 국내에서 상용화된 시기가 이릅니다.
B는 A보다 2021년 국내 소비량이 많습니다.

① 갑, 을 ② 갑, 병 ③ 을, 병 ④ 을, 정 ⑤ 병, 정

[24018-0124]

4 그래프는 각 권역의 화석 에너지원별 발전량을 나타낸 것이다. (가)~(다)에 대한 설명으로 옳은 것은?

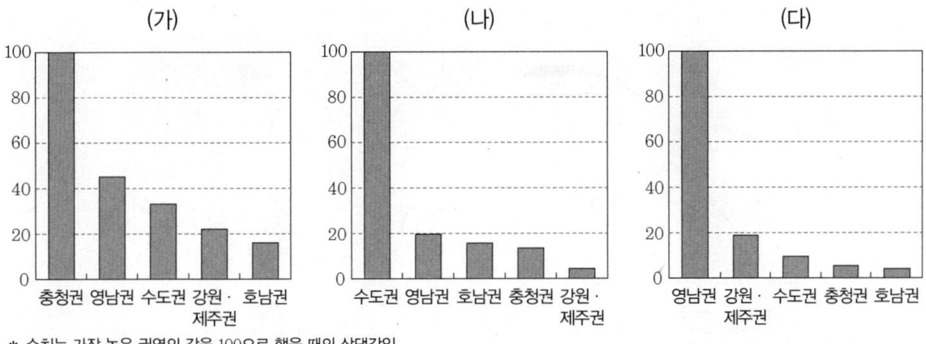

① (나)는 크게 유연탄과 무연탄으로 나뉜다.
② (다)는 자연에서 기체 상태로 매장되어 있다.
③ (나)는 (다)보다 국내 발전량이 많다.
④ (다)는 (가)보다 제철 공업의 연료로 많이 이용된다.
⑤ (가)~(다) 중 연소 시 대기 오염 물질 배출량이 가장 적은 것은 (가)이다.

[24018-0125]

5 다음 자료의 (가) 발전과 비교한 (나) 발전의 상대적 특성을 그림의 A~E에서 고른 것은?

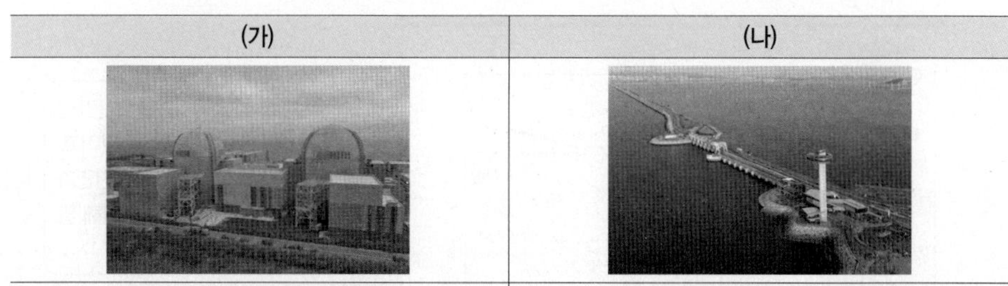

(가)	(나)
우라늄이라는 광물 자원이 연료로 이용된다. 국제 에너지 가격 변동에 따른 위기에 대응하고자 안정적인 전력 공급을 위한 대안으로 개발되기 시작하였다.	방조제에 수문을 설치하고 조차를 이용한다. 우리나라 해안이 갖는 천혜의 자연조건을 활용한 것으로, 해양 에너지 개발의 모범 사례로 꼽힌다.

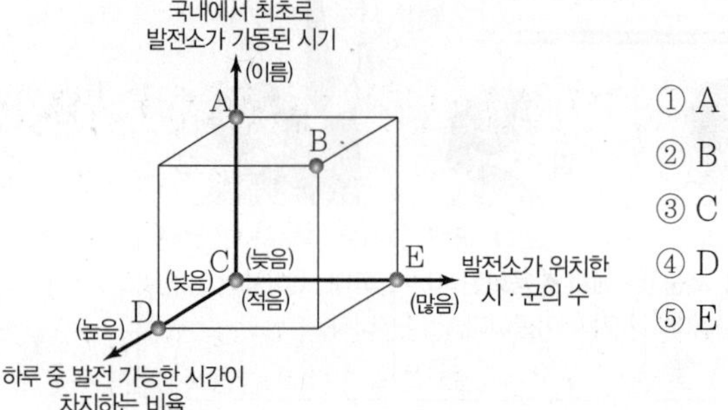

① A
② B
③ C
④ D
⑤ E

[24018-0126]

6 그래프는 지도에 표시된 다섯 지역의 신 · 재생 에너지원별 발전량을 나타낸 것이다. 이에 대한 설명으로 옳은 것은? (단, A~C는 각각 수력, 태양광, 풍력 중 하나임.)

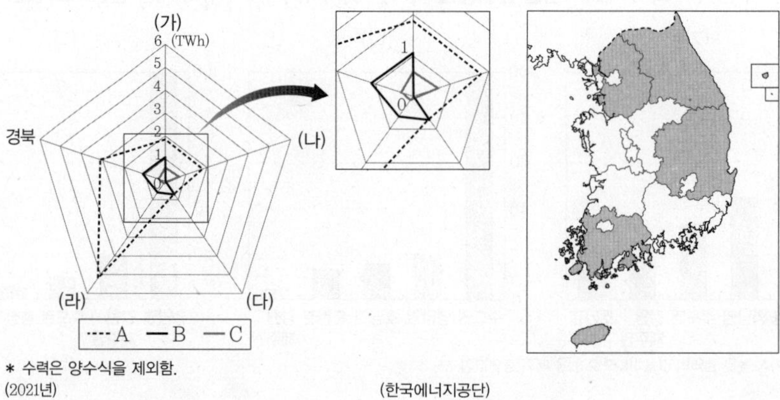

* 수력은 양수식을 제외함.
(2021년) (한국에너지공단)

① (가)에는 원자력 발전소가 있다.
② (다)에서는 석탄이 생산되고 있다.
③ (나)는 (라)보다 천연가스 공급량이 많다.
④ C는 충북보다 전남의 발전량이 많다.
⑤ A는 B보다 발전 시 소음 발생량이 많다.

12 농업의 변화와 공업 발달

1. 농업의 변화

(1) 농업의 입지 요인

① 자연적 요인: 기온, 강수량, 무상 기간, 지형, 토양 등으로 과거 농업에 큰 영향을 끼침

② 사회·경제적 요인: 교통, 소비 시장의 규모, 소비자의 기호, 농업 정책 등으로 최근 농업에 미치는 영향이 커짐

(2) 농촌 인구의 변화

① 이촌 향도 현상 발생 → 농촌 인구의 사회적 감소 현상이 나타남

② 청장년층 중심의 인구 유출과 노년층 인구 비율의 증가 → 노동력 부족 및 노동력의 고령화 현상 발생

③ 유소년층 인구의 감소로 초등학교 통폐합 → 초등학생의 평균 통학 거리가 멀어짐

(3) 경지의 변화

① 산업화 및 도시화로 농경지가 공장, 도로, 주택 등으로 전환되어 경지 면적이 감소함

② 경지 면적 감소율에 비해 농가 수 감소율이 더 큰 결과 농가당 경지 면적이 증가함

③ 노동력 부족으로 휴경지가 증가하고 그루갈이가 감소하여 경지 이용률이 낮아짐

(4) 영농 방식의 변화

① 노동력 부족 문제 해결을 위해 영농의 기계화가 추진되어 농업의 노동 생산성이 높아짐

② 영농 조합, 농업 회사 법인, 위탁 영농 회사 등이 증가하여 전문적 농업 경영 방식이 증가함

(5) 농산물 시장 개방과 농업의 변화

① 세계 무역 기구(WTO) 및 자유 무역 협정(FTA)의 영향으로 농축산물 시장 개방이 가속화됨

② 해외 농산물 수입 증가로 우리 농산물과 수입 농산물의 경쟁 심화 → 식량 자급률이 낮아짐

탐구 활동 **농촌 인구와 경지 면적의 변화**

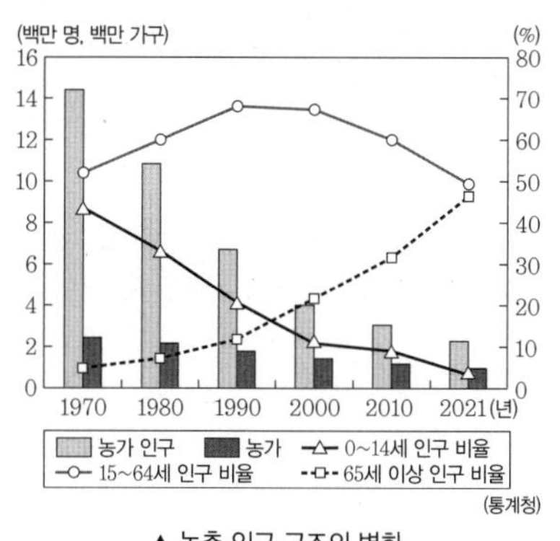

▲ 농촌 인구 구조의 변화

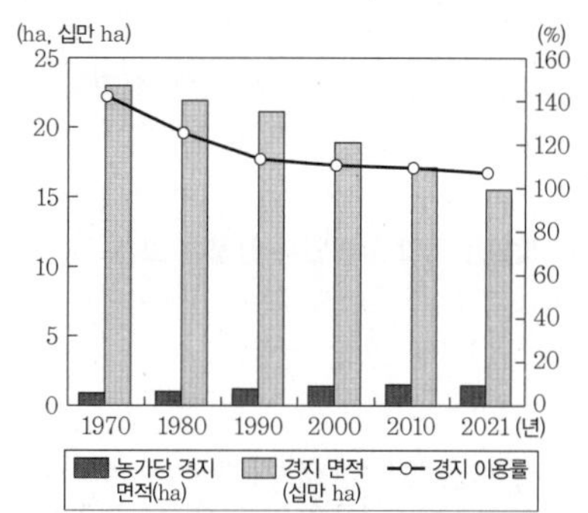

▲ 경지 면적, 경지 이용률의 변화

▸▸ 농촌의 농가당 인구 변화와 고령화 현상으로 인한 문제점을 설명해 보자.

농촌은 이촌 향도 현상으로 농가 인구와 농가 수가 감소하였으며, 농가당 인구 역시 감소하였다. 이는 농가 인구 감소가 농가 수 감소보다 큰 것을 통해 파악할 수 있다. 농촌의 고령화 현상은 유소년층 인구 비율은 감소하고 노년층 인구 비율이 증가하는 것을 통해 파악할 수 있으며, 이로 인해 노동력 부족, 초등학교 통폐합 등의 사회 문제가 발생하고 있다.

▸▸ 농촌의 경지 면적 변화 특징을 설명해 보자.

산업화와 도시화로 농경지가 공장, 도로, 주택 등으로 전환되면서 경지 면적이 감소하였다. 한편, 경지 면적 감소보다 농가 수 감소가 빠르게 진행되면서 농가당 경지 면적은 증가하였으며, 휴경지 증가 및 그루갈이 감소 등으로 인해 경지 이용률이 낮아졌다.

✪ 무상 기간
마지막 서리가 내린 후부터 첫 서리가 내릴 때까지 서리가 내리지 않는 기간이다.

✪ 휴경지
작물을 재배하지 않는 농경지로, 농촌 노동력이 부족해지면서 기계화가 어려운 농경지가 휴경지화되는 사례가 증가하였다.

✪ 그루갈이
종류가 다른 작물을 같은 경지에서 일 년 중 다른 시기에 재배하여 수확하는 농법으로, 주로 남부 지방에서 행해진다.

✪ 경지 이용률
전체 경지 면적에 대해 일 년 동안 실제로 농작물을 재배한 면적의 비율을 의미한다.

개념 체크

1. 농가 인구가 농촌을 떠나 도시로 이동하는 (　　) 현상은 농촌 인구의 (　　) 감소를 가져온다.
2. 1970~2021년에는 경지 면적 감소율에 비해 농가 수 감소율이 (크며/작으며), 농가당 경지 면적은 (증가/감소)하였다.

정답
1. 이촌 향도, 사회적
2. 크며, 증가

✪ 식량 자급률 변화

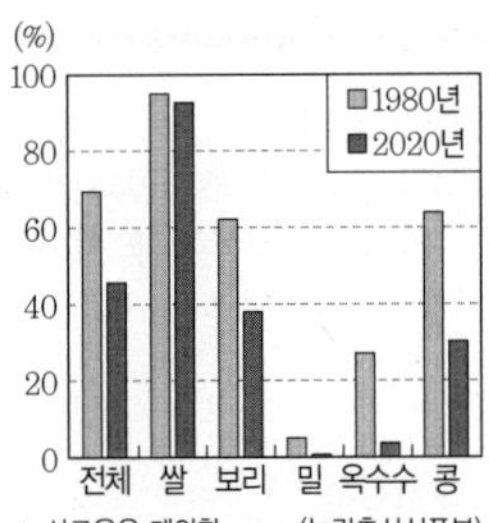

✪ 주요 농축산물의 1인당 소비량 변화

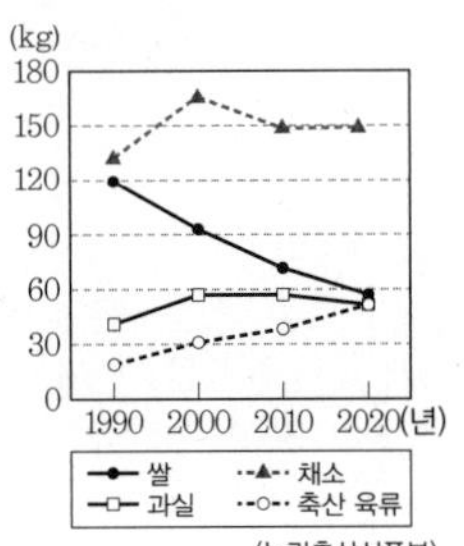

✪ 지리적 표시제

농산물 및 그 가공품의 특징이 지리적 특성에 기인하는 경우 그 지역의 특산품임을 인증하는 제도이다.

✪ 로컬 푸드 운동

특정 지역에서 생산한 먹을거리를 가능한 한 그 지역 안에서 소비하는 것을 촉진하는 활동이다.

개념 체크

1. 영농의 다각화 및 상업화가 이루어지면서 식량 작물의 재배 면적 비율은 (증가/감소), 채소와 과수의 재배 면적 비율은 (증가/감소)하였다.
2. 보리는 주로 남부 지방에서 벼의 (　　　) 작물로 재배된다.
3. (　　　)는 농산물 및 그 가공품의 특징이 해당 지역의 지리적 특성으로 인해 나타남을 인증해 주는 제도이다.

정답
1. 감소, 증가
2. 그루갈이
3. 지리적 표시제

(6) 농업 구조의 변화

① 영농의 다각화 및 상업화가 이루어짐 → 식량 작물의 재배 면적 비율은 감소, 채소·과수 등의 재배 면적 비율은 증가 추세임

② 대도시에 인접한 근교 농촌을 중심으로 상품 작물의 재배 면적 비율이 높아짐

③ 식품 안전성에 대한 인식 확산으로 친환경 농산물 수요가 증가함

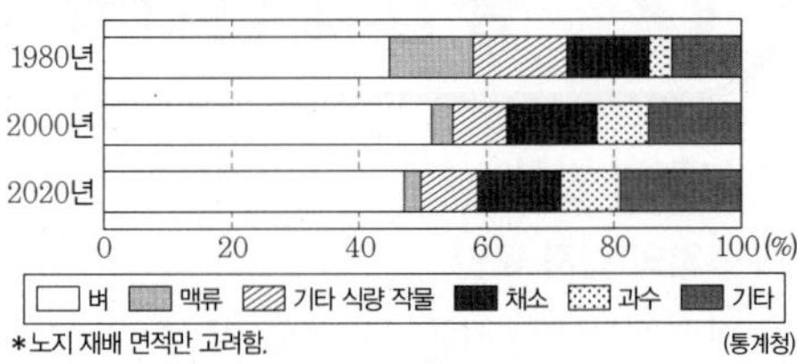

▲ 작물별 재배 면적 비율의 변화

(7) 주요 농산물의 생산과 소비 변화

쌀(벼)	• 중·남부 지방의 평야 지역에서 널리 재배됨 • 식생활 변화로 1인당 소비량 감소, 농산물 시장 개방 → 재배 면적 감소 추세
보리	• 주로 벼의 그루갈이 작물로 남부 지방에서 재배됨 • 식생활 변화로 소비량 감소 및 수익성 악화
원예 작물	• 식생활 변화, 소득 증대, 교통 발달로 재배 면적 비율이 증가함 • 근교 지역: 대도시와 가까운 지역으로 시설 재배 면적 비율이 높음 • 원교 지역: 대도시에서 멀지만 유리한 기후 조건, 교통 발달 등으로 경쟁력 확보

탐구 활동 도(道)별 주요 작물의 생산량 및 주요 작물의 권역별 생산량 비율

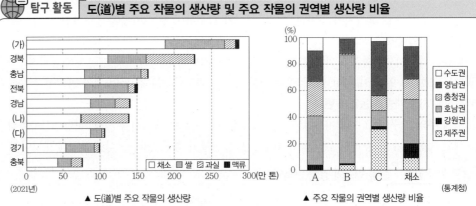

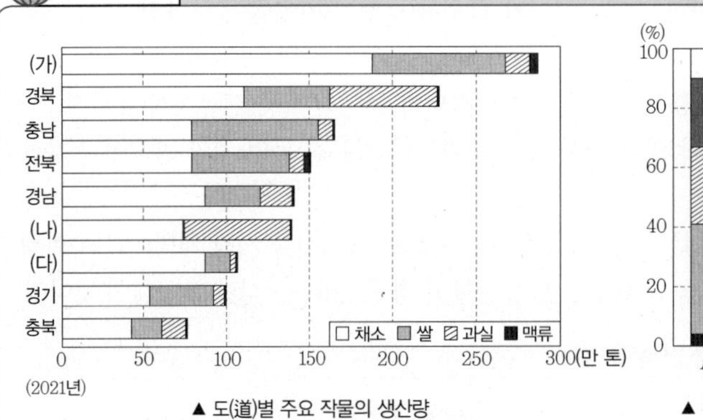

▲ 도(道)별 주요 작물의 생산량

(%) 100 / 80 / 60 / 40 / 20 / 0 — A, B, C, 채소 — 수도권, 영남권, 충청권, 호남권, 강원권, 제주권 (통계청)

▲ 주요 작물의 권역별 생산량 비율

» **(가)~(다) 지역은 각각 어느 지역인지 설명해 보자.** (가)는 평야가 넓고, 채소, 쌀, 맥류의 생산량이 가장 많은 전남이다. (나)는 벼농사가 거의 이루어지지 않으며, 채소와 과실의 생산량이 많은 제주이다. (다)는 산지의 비율이 높고 고랭지 농업이 발달하여 채소 생산량이 많고, 쌀, 과실, 맥류의 생산량이 적은 강원이다.

» **A~C 작물은 각각 무엇인지 설명해 보자.** A는 제주권을 제외한 나머지 권역에서 대부분 생산되며, 호남권의 생산량 비율이 가장 높은 쌀이다. B는 호남권에서 대부분 생산되는 맥류이다. C는 영남권의 생산량 비율이 가장 높으며, 제주권에서도 많이 생산되는 과실이다.

2. 농업의 문제점과 해결 방안

(1) 농업의 문제점

① 청장년층 인구 및 경지 면적의 감소 등으로 농업 생산 기반이 약화됨

② 농산물 유통 경로가 복잡하여 산지 가격과 소비자 가격의 차이가 큼

③ 농약, 화학 비료의 사용으로 환경 오염 문제가 발생함

④ 농산물 시장 개방의 확대로 경쟁이 심화됨

(2) 농업 문제의 해결 노력

① 지리적 표시제, 농산물 브랜드화 등으로 농업의 부가 가치를 높임

② 농산물 유통 구조 정비, 로컬 푸드 운동 등으로 유통 구조를 개선함

③ 유기 농업, 무농약 농업 등 친환경 농업 확대를 통해 식품 안전성을 강화함

3. 공업의 발달과 특징

(1) 공업의 발달 과정

1960년대	• 풍부한 노동력을 바탕으로 섬유, 의복, 신발 등 노동 집약적 경공업 발달 • 노동력이 풍부한 서울, 부산, 대구 등 대도시를 중심으로 발달
1970~1980년대	• 제철, 석유 화학, 자동차, 조선 등 자본·기술 집약적 중화학 공업 발달 • 원료 수입과 제품 수출에 유리한 남동 임해 지역을 중심으로 발달
1990년대 이후	• 반도체, 컴퓨터 등 기술·지식 집약적 첨단 산업이 수도권을 중심으로 발달 • 생산 공장의 해외 이전이 나타나고, 탈공업화가 진행되고 있음

(2) 공업의 변화와 특징

① 공업 구조의 고도화: 노동 집약적 경공업 → 자본·기술 집약적 중화학 공업 → 기술·지식 집약적 첨단 산업

② 공업의 지역적 편재: 수도권과 영남권을 중심으로 공업 발달 → 국토의 불균형 성장 초래

③ 공업의 이중 구조: 대기업은 사업체 수 비율이 매우 낮으나 종사자 수 비율과 출하액 비율이 상대적으로 높음 → 중소기업 육성 및 지원 정책 필요

탐구 활동 | 공업의 지역적 편재와 이중 구조

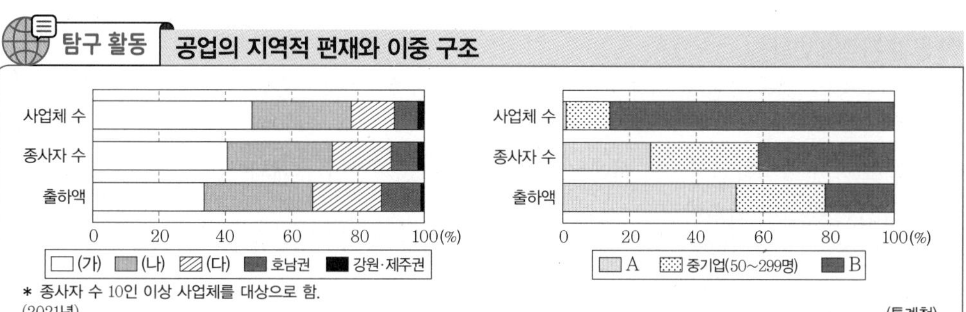

▲ 권역별 제조업 사업체 수, 종사자 수, 출하액 비율　▲ 기업 규모별 제조업 사업체 수, 종사자 수, 출하액 비율

▸ (가)~(다) 권역을 파악하고, 세 권역 중 사업체당 출하액이 가장 많은 권역과 가장 적은 권역을 설명해 보자.

2021년 기준 권역별 사업체 수 비율, 종사자 수 비율, 출하액 비율은 모두 수도권>영남권>충청권>호남권>강원·제주권 순으로 높다. 따라서 (가)는 수도권, (나)는 영남권, (다)는 충청권이다. 사업체당 출하액은 출하액을 사업체 수로 나누어 파악할 수 있다. 수도권의 경우 사업체 수 비율이 출하액 비율보다 높은 반면, 영남권과 충청권은 사업체 수 비율보다 출하액 비율이 높다. 특히 충청권은 사업체 수 비율(13%) 대비 출하액 비율(21%)이 높으며, (가)~(다) 권역 중 사업체당 출하액이 가장 많다. 따라서 사업체당 출하액이 가장 많은 권역은 충청권, 가장 적은 권역은 수도권이다.

▸ A, B 기업을 구분하고, 그래프를 통해 파악할 수 있는 공업 구조의 특징을 설명해 보자.

A는 대기업으로 사업체 수 비율(1%)보다 출하액 비율(52%)이 높으며, B는 소기업으로 사업체 수 비율(86%)보다 출하액 비율(21%)이 낮다. 우리나라는 대기업의 사업체 수 비율은 매우 낮으나 종사자 수 비율과 출하액 비율이 상대적으로 높은 공업의 이중 구조가 나타나고 있으며, 종사자당 출하액은 대기업>중기업>소기업 순으로 많다.

4. 공업의 입지 유형

유형	특징	예시
원료 지향형	원료의 무게와 부피에 비해 제품의 무게와 부피가 적은 공업	시멘트
	원료가 쉽게 부패 또는 변질되는 공업	통조림
시장 지향형	제조 과정에서 제품의 무게나 부피가 증가하는 공업	가구
	제품이 변질 및 파손되기 쉬운 공업	제빙, 제과
	소비자와 잦은 접촉이 필요한 공업	인쇄
적환지 지향형	부피가 크거나 무거운 원료를 해외에서 수입하는 공업	제철, 정유
노동 지향형	생산비에서 노동비가 차지하는 비율이 높은 공업	섬유
집적 지향형	한 가지 원료로 여러 제품을 생산하는 계열화된 공업	석유 화학
	제품 생산에 많은 부품이 필요한 조립형 공업	자동차, 조선

✪ 시대별 주요 수출 품목의 변화

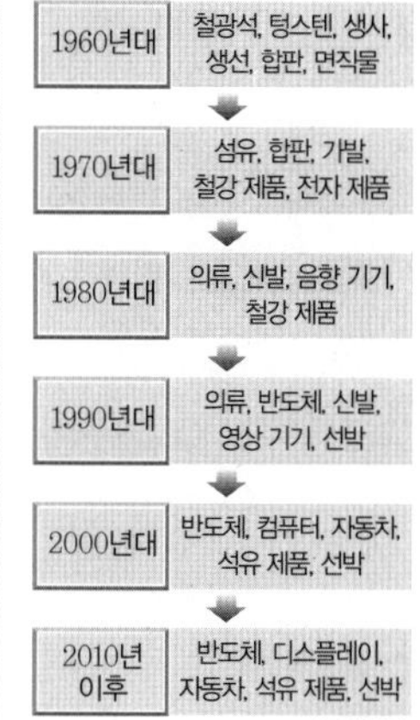

1960년대 철광석, 텅스텐, 생사, 생선, 합판, 면직물
1970년대 섬유, 합판, 가발, 철강 제품, 전자 제품
1980년대 의류, 신발, 음향 기기, 철강 제품
1990년대 의류, 반도체, 신발, 영상 기기, 선박
2000년대 반도체, 컴퓨터, 자동차, 석유 제품, 선박
2010년 이후 반도체, 디스플레이, 자동차, 석유 제품, 선박
(무역협회)

✪ 공업의 입지 요인

• 자연적 요인: 기후, 토지, 원료, 지형, 용수 등
• 사회·경제적 요인: 노동력, 소비 시장, 교통, 기술, 자본, 정부 정책 등

✪ 적환지

운송 수단이 바뀌는 곳을 말한다. 자동차·철도에서 배로, 또는 배에서 자동차·철도로 운송 수단이 바뀌는 항구가 대표적인 적환지이다.

개념 체크

1. 우리나라는 노동 집약적 경공업에서 자본·기술 집약적 중화학 공업, (　　)으로 공업 구조가 고도화되었다.
2. 우리나라는 대기업의 사업체 수 비율이 매우 (높고/낮고) 종사자 수 비율과 출하액 비율이 상대적으로 (높은/낮은) 공업의 이중 구조가 나타난다.
3. (　　) 공업은 제조 과정에서 제품의 무게나 부피가 증가하거나 제품의 변질 및 파손이 잘 발생하는 공업 유형이다.

정답
1. 기술·지식 집약적 첨단 산업
2. 낮고, 높은
3. 시장 지향형

5. 공업 지역의 형성과 변화

(1) 주요 공업 지역

수도권 공업 지역	• 풍부한 자본과 노동력, 넓은 소비 시장 등 → 우리나라 최대의 종합 공업 지역 • 첨단 산업이 빠르게 성장함 • 집적 불이익을 해소하기 위해 충청권으로 공업을 분산함
태백산 공업 지역	• 풍부한 지하자원을 바탕으로 시멘트 공업 등 원료 지향형 공업이 발달함 • 소비 시장과의 먼 거리 등으로 인해 공업의 집적도가 낮음
충청 공업 지역	• 편리한 교통, 수도권에 인접한 지리적 위치를 바탕으로 수도권에서 분산되는 공업이 입지함 • 대전·청주(첨단 산업), 서산(석유 화학), 당진(제철), 아산(전자, 자동차) 등
호남 공업 지역	• 중국과의 접근성이 좋아 대중국 교역의 거점 지역으로 성장함 • 공업의 지역적 불균형 문제를 완화하기 위해 공업 단지가 조성됨
영남 내륙 공업 지역	• 최근 기술 집약적인 첨단 산업이 발달하고 있음 • 대구(섬유), 구미(전자, 섬유) 등
남동 임해 공업 지역	• 원료 수입과 제품 수출에 유리, 정부의 정책적 지원 → 중화학 공업 발달 • 포항·광양(제철), 울산(자동차, 석유 화학, 조선), 거제(조선), 여수(석유 화학), 창원(기계) 등

(2) 공업 지역의 변화

① 수도권 공업 지역과 남동 임해 공업 지역은 공업 집중에 따른 집적 불이익이 발생함 → 공업 분산

② 기업 조직이 성장하면서 대도시에는 본사와 연구소, 지방이나 해외에는 생산 공장이 입지하는 공간적 분업이 이루어짐

③ 산업 단지 조성, 산업 클러스터 육성 등을 통한 정부의 공업 분산 정책이 실시됨

④ 연구 개발 및 관련 정보, 고급 기술 인력 등이 풍부한 수도권에 지식 기반 산업이 발달함

탐구 활동 제조업 업종별 출하액 비율과 주요 제조업의 시·도별 출하액

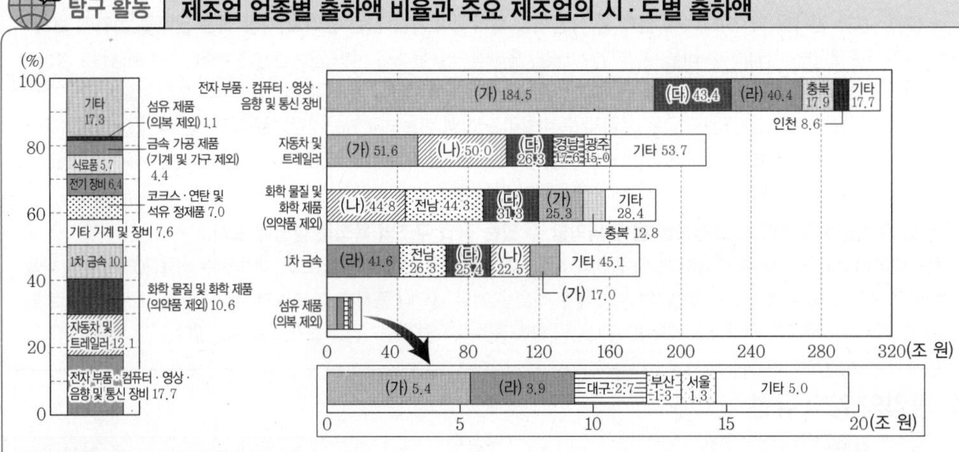

* 종사자 수 10인 이상 사업체를 대상으로 함.
(2021년) (통계청)

▲ 제조업 업종별 출하액 비율 ▲ 주요 제조업의 시·도별 출하액

▶ (가)~(라)는 각각 어느 시·도인지 설명해 보자.

(가)는 경기로 전자 부품·컴퓨터·영상·음향 및 통신 장비, 자동차 및 트레일러, 섬유 제품(의복 제외) 제조업의 출하액이 가장 많다. (나)는 울산으로 화학 물질 및 화학 제품(의약품 제외) 제조업의 출하액이 가장 많으며, 자동차 및 트레일러 제조업의 출하액은 경기 다음으로 많다. (다)는 충남으로 전자 부품·컴퓨터·영상·음향 및 통신 장비 제조업의 출하액이 경기 다음으로 많으며, 다른 주요 제조업 업종의 출하액도 많다. (라)는 경북으로 1차 금속 제조업의 출하액이 가장 많으며, 섬유 제품(의복 제외) 제조업의 출하액은 경기 다음으로, 전자 부품·컴퓨터·영상·음향 및 통신 장비 제조업의 출하액은 경기와 충남 다음으로 많다.

✪ 주요 공업 지역

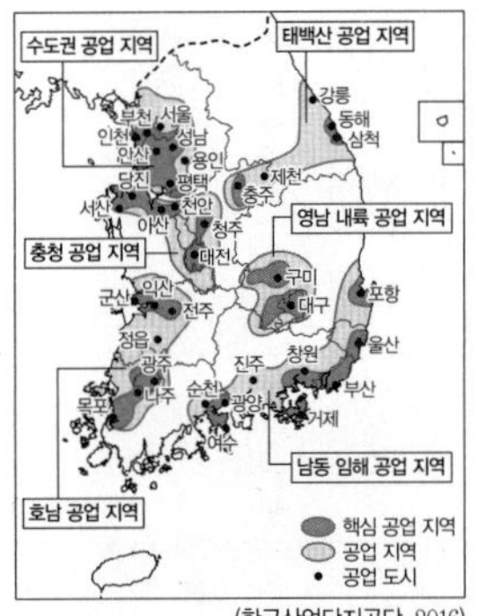

(한국산업단지공단, 2016)

✪ 집적 불이익
공업이 특정 장소에 과도하게 집적하여 발생하는 지가 상승, 교통 혼잡, 환경 오염 등의 불이익을 말한다.

✪ 공간적 분업
기업의 규모가 커지면서 본사, 연구소, 생산 공장 등의 기업 기능이 지리적으로 분리되어 입지하는 현상이다.

✪ 산업 클러스터
산업 집적지로, 직접 생산을 담당하는 기업뿐만 아니라 연구 개발 기능을 담당하는 대학, 연구소와 각종 지원 기능을 담당하는 서비스 업체가 한곳에 모여 있어 정보와 지식 공유를 통한 이익을 누릴 수 있다.

개념 체크

1. 풍부한 자본과 노동력, 넓은 소비 시장을 갖추고 있는 우리나라 최대의 종합 공업 지역은 ( ) 공업 지역이다.
2. 수도권 공업 지역과 남동 임해 공업 지역은 공업의 과도한 집중으로 지가 상승, 환경 오염 등의 ( ) 현상이 나타나고 있다.
3. 기업 조직이 성장하면서 ( )에는 본사와 연구소, 지방이나 해외에는 ( )이 주로 입지하는 공간적 분업이 나타난다.

정답
1. 수도권
2. 집적 불이익
3. 대도시, 생산 공장

[24018-0127]

01 다음 글에 대한 설명으로 옳은 것은?

〈우리나라 농업의 변화와 특징〉

21세기에 진입하면서 지방 농촌의 소멸 우려가 커지고 있다. ㉠이촌 향도 현상으로 인구 감소가 나타나고 있으며, ㉡15세 이상 농가 인구(2000년 357만 명, 2019년 214만 명) 감소, 60세 이상 농가 경영주 비율(2000년 50.1%, 2019년 77.9%) 증가 등 인구 구조의 변화 또한 나타났다. 이 외에도 ㉢경지 면적(2000년 189만 ha, 2019년 158만 ha)과 ㉣농업 외 소득 비율(2000년 32.2%, 2019년 42.1%) 등의 변화를 통해 농촌의 위기가 이미 우리 곁으로 다가왔음을 파악할 수 있다.

① ㉠은 농촌 인구의 사회적 증가를 가져왔다.
② ㉡으로 농촌 노동력 부족 현상이 완화된다.
③ ㉢은 산업화와 도시화 현상이 확대되면서 감소하였다.
④ ㉣의 변화를 통해 농가의 겸업 규모가 축소되었음을 파악할 수 있다.
⑤ 2000~2019년 농가 인구 1인당 경지 면적은 감소하였다.

[24018-0128]

02 다음 자료의 (가)~(다)에 들어갈 내용으로 옳은 것은?

[서술형 문항] 우리나라 농업 현황 변화에 관한 자료를 통해 알 수 있는 사실을 세 가지만 서술하시오.

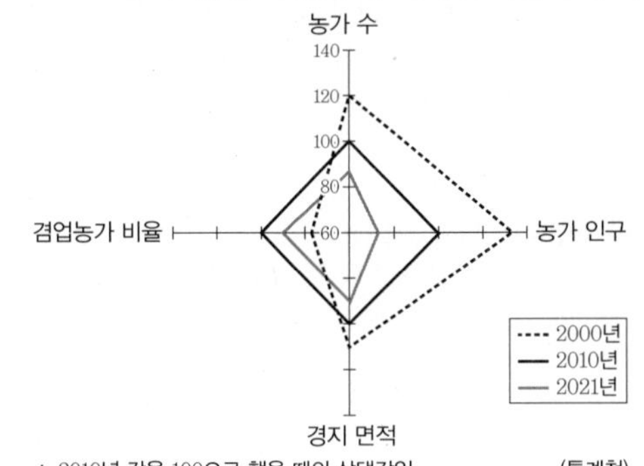

* 2010년 값을 100으로 했을 때의 상댓값임. (통계청)

〈모범 답안 예시〉
• 2000~2021년 농가당 경지 면적은 (가) 하였다.
• 2000년 대비 2021년 겸업농가 비율은 (나) 하였다.
• 2010~2021년 농가당 가구원 수는 (다) 하였다.

	(가)	(나)	(다)
①	감소	감소	증가
②	감소	증가	감소
③	감소	증가	증가
④	증가	감소	감소
⑤	증가	증가	감소

[24018-0129]

03 그래프는 세 권역의 작물별 재배 면적 비율을 나타낸 것이다. (가)~(다) 권역을 지도의 A~C에서 고른 것은?

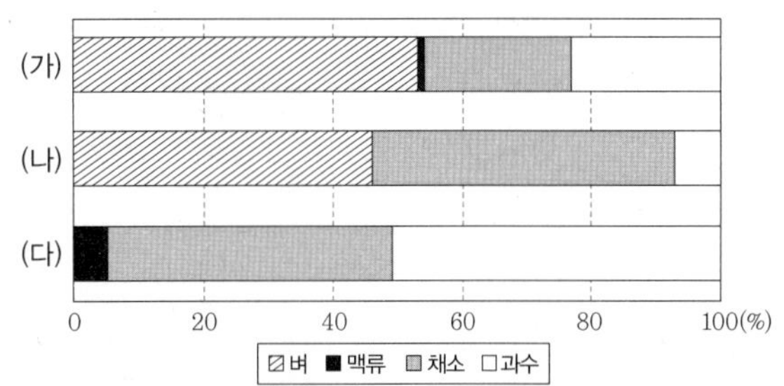

* 권역별 벼, 맥류, 채소, 과수의 재배 면적 합을 100%로 했을 때 각 작물이 차지하는 비율임.
(2021년) (통계청)

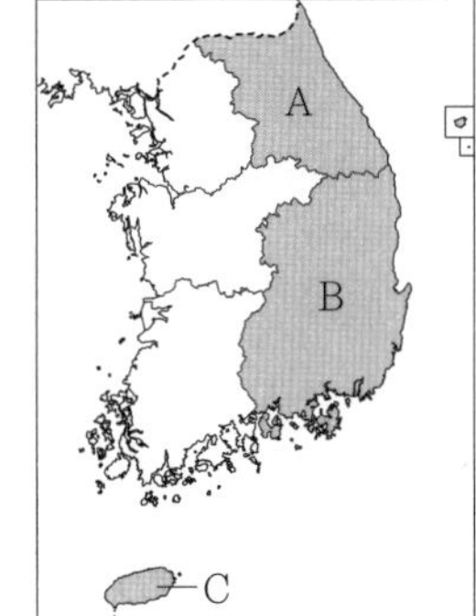

	(가)	(나)	(다)
①	A	B	C
②	A	C	B
③	B	A	C
④	B	C	A
⑤	C	A	B

[24018-0130]

04 그래프의 (가)~(다)에 대한 설명으로 옳지 않은 것은? (단, (가)~(다)는 각각 과실, 쌀, 채소 중 하나임.)

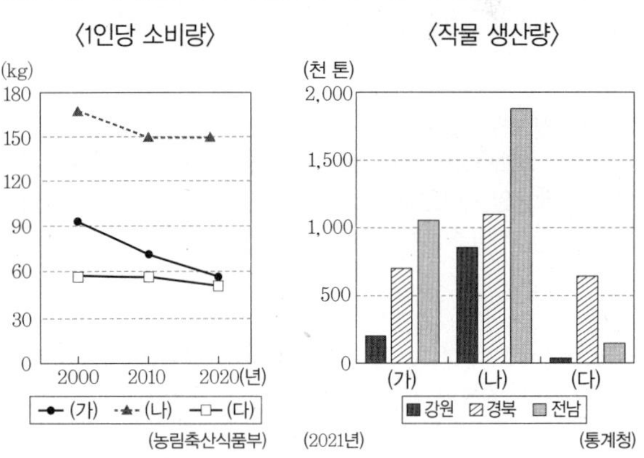

① (가)는 우리나라의 주곡 작물이다.
② (나)는 김장철에 소비량이 증가한다.
③ (다)는 경북에서 시설 재배 면적이 노지 재배 면적보다 넓다.
④ (가)는 (다)보다 식량 자급률이 높다.
⑤ (가)는 쌀, (나)는 채소, (다)는 과실이다.

[24018-0131]

05 그래프는 지도에 표시된 세 지역의 농업 특징을 나타낸 것이다. (가)~(다) 지역에 대한 설명으로 옳은 것은?

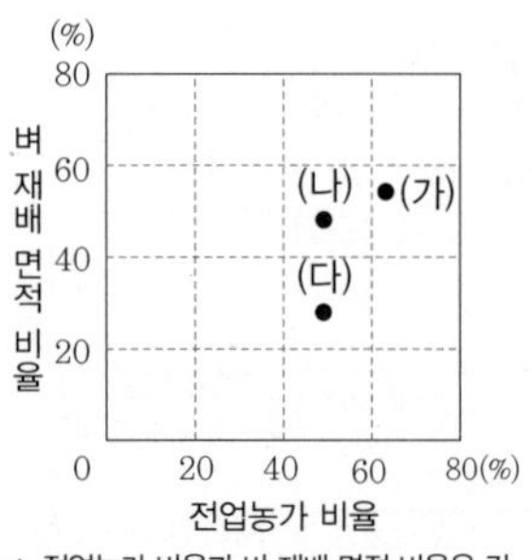

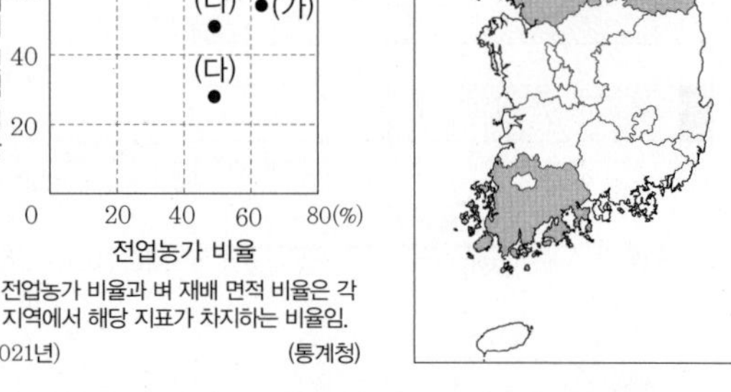

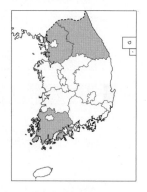

* 전업농가 비율과 벼 재배 면적 비율은 각 지역에서 해당 지표가 차지하는 비율임.
(2021년) (통계청)

① (가)는 (나)보다 지역 내 겸업농가 비율이 높다.
② (나)는 (다)보다 고랭지 채소 재배 면적이 넓다.
③ (다)는 (가)보다 맥류 생산량이 많다.
④ (나)와 (다)는 행정 구역 경계가 접해 있다.
⑤ (가)는 경기, (나)는 강원, (다)는 전남이다.

[24018-0132]

06 다음은 농업의 변화와 공업 발달 단원의 형성 평가지이다. (가)에 들어갈 내용으로 옳은 것은?

※ 다음 퀴즈의 정답에 해당하는 글자를 지우면 〈글자판〉의 글자가 모두 지워집니다. (단, 중복되는 글자는 각각 지울 것)

(1) 3음절, 운송 수단이 바뀌는 지점, 대표적인 예로 자동차나 철도에서 선박으로 바뀌는 항구를 들 수 있음.
(2) 4음절, 기업 및 생산 공장, 연구 개발 기능을 갖춘 대학과 연구소 및 지원 서비스 업체가 한곳에 집적된 산업 공간
(3) 4음절, 우리나라의 주요 공업 지역 중 수도권 공업 지역은 최대의 종합 공업 지역이며, ○○○○ 공업 지역은 최대의 중화학 공업 지역임.
(4) 4음절, (가)

① 농촌 인구가 도시로 이동하는 인구의 사회적 이동 현상
② 일 년 내 종류가 다른 작물을 같은 경지에서 경작하여 수확하는 농법
③ 농산물 및 그 가공품이 해당 지역의 지리적 특성을 잘 반영하고 있음을 인증하는 제도
④ 기업의 규모가 확대되는 과정에서 본사, 생산 공장, 연구소 등이 나누어져 입지하는 현상
⑤ 공업이 특정 지역에 과도하게 집적하면서 발생하는 손실로 임대료 상승, 교통 체증, 환경 오염 등이 있음

[24018-0133]

07 다음 글의 ㉠~㉥에 대한 설명으로 옳은 것은?

우리나라는 자원의 해외 의존도가 높아 ㉠가공 무역이 발달하였으며, 1960년대 ㉡섬유 및 의복, 신발 등 경공업에서 1970~1980년대 ㉢금속 및 제철, 석유 화학 등 중화학 공업, 1990년대 이후에는 ㉣반도체, 컴퓨터 등 첨단 산업으로 성장의 주축이 변화하였다. 이 과정에서 ㉤국토의 지역적 불균형, 집적 불이익, ㉥공업의 이중 구조 등이 나타났다.

① ㉠은 원료 자원을 수출하고 완제품을 수입하는 방식이다.
② ㉡은 ㉢보다 자본 집약적이다.
③ ㉣의 최대 공업 지역은 남동 임해 공업 지역이다.
④ ㉤은 수도권·영남권 중심의 공업 발달 과정에서 나타났다.
⑤ ㉥은 소수의 대기업이 다수의 중소 기업보다 출하액 비율이 낮아지면서 나타났다.

[24018-0134]

08 다음은 한국지리 퀴즈의 일부이다. A 도시의 제조업 업종별 출하액 비율 그래프로 옳은 것은?

※ (가)~(다) 도시를 지도에서 찾아 지운 후 남은 도시 A를 쓰시오. (단, (가)~(다)와 A는 각각 지도에 표시된 도시 중 하나임.)

(가) 제철 공업의 대표 도시이다. 1973년 우리나라 최초로 고로에서 철광석과 유연탄을 함께 녹여 쇳물을 만든 후 철강 제품을 생산하는 종합 제철소가 설립되었다.
(나) 인구 규모 제2의 도시이다. 1990년대를 기점으로 신발, 섬유, 합판 등 경공업에서 자동차 부품, 조선 기자재 제조 등 1차 금속과 기계 및 운송 장비 제조업으로 주력 산업이 변화하였다.
(다) 1990년대 이후 호남 지방의 자동차 공업 중심지로 크게 성장하였으며, 최근에는 차세대 성장 동력으로 광(光) 산업을 육성하고 있다.

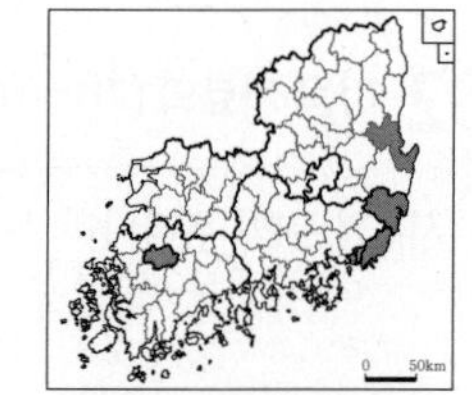

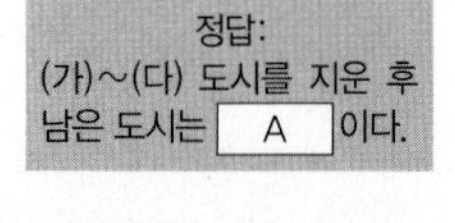

정답:
(가)~(다) 도시를 지운 후 남은 도시는 A 이다.

① 1차 금속 / 비금속 광물 제품 / 금속 가공 제품(기계 및 가구 제외) / 기타
② 코크스·연탄 및 석유 정제품 / 자동차 및 트레일러 / 화학 물질 및 화학 제품(의약품 제외) / 기타
③ 화학 물질 및 화학 제품(의약품 제외) / 코크스·연탄 및 석유 정제품 / 1차 금속 / 기타
④ 자동차 및 트레일러 / 전기 장비 / 전자 부품·컴퓨터·영상·음향 및 통신 장비 / 기타
⑤ 1차 금속 / 기타 기계 및 장비 / 자동차 및 트레일러 / 기타

0 20 40 60 80 100(%)

* 종사자 수 10인 이상 사업체를 대상으로 함.
** 지역별 출하액 기준 상위 3개 제조업만 표현함.
(2021년) (통계청)

[24018-0135]

1 그래프는 세 작물의 권역별 재배 면적 비율을 나타낸 것이다. (가)~(다) 작물에 대한 설명으로 옳은 것만을 〈보기〉에서 있는 대로 고른 것은? (단, (가)~(다)는 각각 과수, 맥류, 채소 중 하나임.)

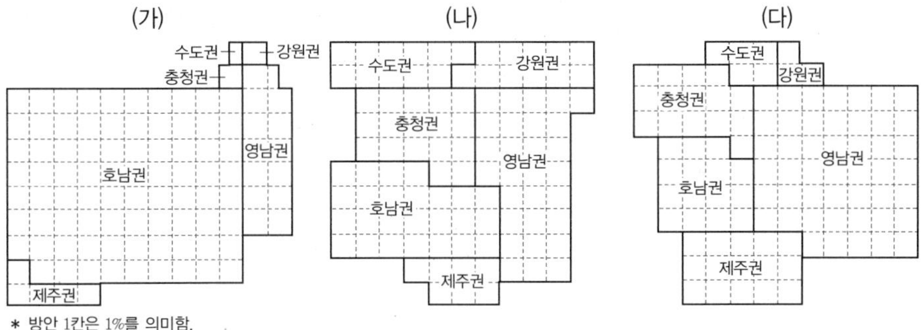

* 방안 1칸은 1%를 의미함.
(2020년) (통계청)

● 보기 ●

ㄱ. (가)는 주로 벼의 그루갈이 작물로 재배된다.
ㄴ. (다)는 산업화 이전까지 쌀과 함께 대표적 주곡 작물로 인식되었다.
ㄷ. (가)는 (나)보다 고랭지에서 재배되는 비율이 높다.

① ㄱ ② ㄷ ③ ㄱ, ㄴ ④ ㄴ, ㄷ ⑤ ㄱ, ㄴ, ㄷ

[24018-0136]

2 (가)~(다) 지도에 표현된 농업 관련 지표로 옳은 것은? (단, (가)~(다)는 각각 농가당 과실 생산량, 외국인 농업 노동자 수, 전업농가 비율 중 하나임.)

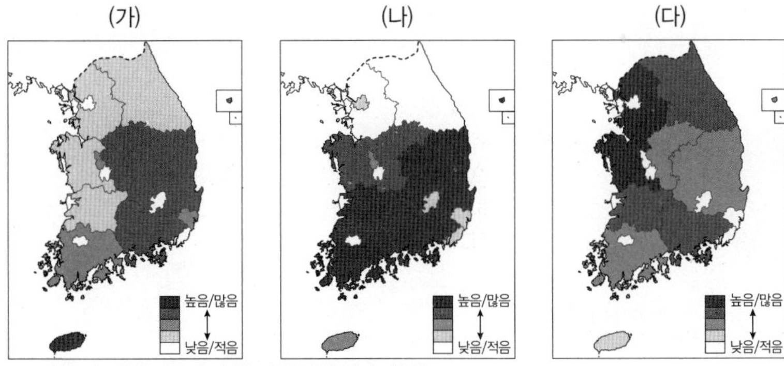

* 전업농가 비율은 지역 내 전체 농가 중 전업농가의 비율임.
** 외국인 농업 노동자는 등록 외국인 중 농업 부문 체류자로 2022년 9월 기준임.
(2021년) (통계청)

	(가)	(나)	(다)
①	전업농가 비율	외국인 농업 노동자 수	농가당 과실 생산량
②	농가당 과실 생산량	전업농가 비율	외국인 농업 노동자 수
③	농가당 과실 생산량	외국인 농업 노동자 수	전업농가 비율
④	외국인 농업 노동자 수	전업농가 비율	농가당 과실 생산량
⑤	외국인 농업 노동자 수	농가당 과실 생산량	전업농가 비율

[24018-0137]

3 **그래프에 대한 설명으로 옳은 것은? (단, (가)~(다)는 각각 섬유 및 의복, 전자 부품 및 컴퓨터, 코크스 · 연탄 및 석유 정제품 제조업 중 하나임.)**

〈도시별 출하액 비율 순위〉

〈전국 사업체 · 종사자 수〉

* 종사자 수 10인 이상 사업체를 대상으로 함.
** 출하액 비율 순위는 제조업 업종별 전국 출하액에서 해당 도시의 출하액이 차지하는 비율이 높은 순서임.
(2020년) (통계청)

① (가)는 (나)보다 적환지에 입지하는 경향이 크다.
② (가)는 (다)보다 출하액이 많다.
③ (나)는 (다)보다 우리나라 공업화를 주도한 시기가 이르다.
④ (다)는 (나)보다 사업체당 종사자 수가 많다.
⑤ A는 대구, B는 울산이다.

[24018-0138]

4 **그래프는 지도에 표시된 (가)~(다) 지역의 제조업 업종별 근로자 급여액 비율을 나타낸 것이다. 이에 대한 설명으로 옳은 것만을 〈보기〉에서 있는 대로 고른 것은? (단, A, B는 각각 자동차 및 트레일러, 화학 물질 및 화학 제품(의약품 제외) 제조업 중 하나임.)**

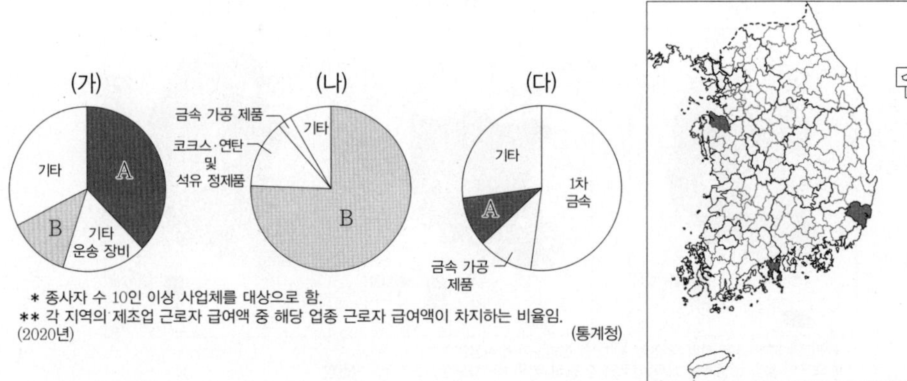

* 종사자 수 10인 이상 사업체를 대상으로 함.
** 각 지역의 제조업 근로자 급여액 중 해당 업종 근로자 급여액이 차지하는 비율임.
(2020년) (통계청)

보기

ㄱ. (다)는 남동 임해 공업 지역에 속한다.
ㄴ. (가)는 (나)보다 2010~2020년 제조업 출하액이 많다.
ㄷ. A는 B보다 계열화된 조립형 공업으로 고용 파급 효과가 크다.
ㄹ. B는 A보다 국제 원유 가격 변동이 생산비에 미치는 영향이 크다.

① ㄱ, ㄴ ② ㄱ, ㄷ ③ ㄱ, ㄴ, ㄷ ④ ㄱ, ㄷ, ㄹ ⑤ ㄴ, ㄷ, ㄹ

[24018-0139]

5 **그래프는 세 제조업의 지역별 출하액 비율을 나타낸 것이다. (가)~(다) 제조업에 대한 설명으로 옳은 것은? (단, (가)~(다)는 각각 1차 금속, 식료품, 자동차 및 트레일러 제조업 중 하나임.)**

(가)

경기 / 충북 / 충남 / 전북 / 경남 / 인천 / 기타

(나)

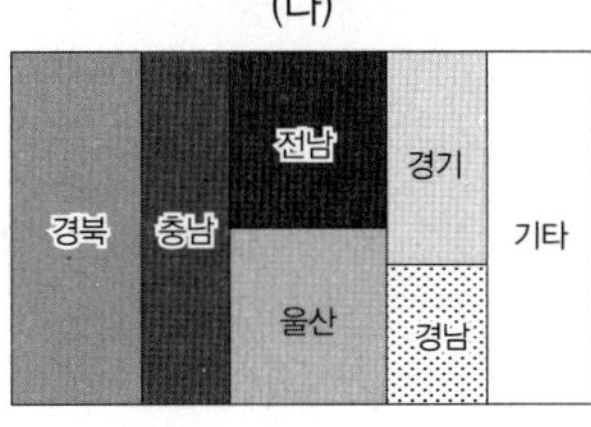

(다)

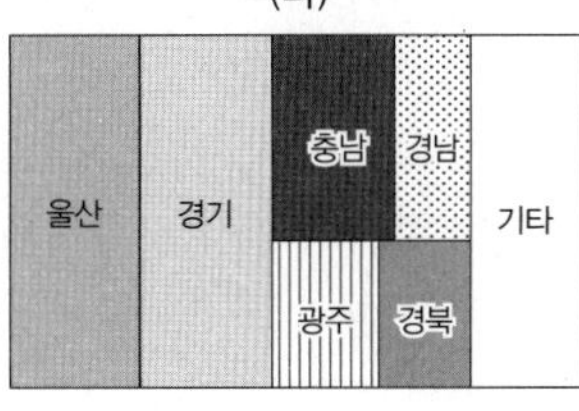

* 종사자 수 10인 이상 사업체를 기준으로 함.
(2020년) (통계청)

① (가)는 (나)보다 농수산품을 주재료로 이용하는 비율이 높다.
② (가)는 (다)보다 총매출액 대비 연구 개발비 비율이 높다.
③ (나)는 (다)보다 완제품의 제조에 필요한 부품 수가 많다.
④ (다)는 (가)보다 2000년대 이후 수출액이 적다.
⑤ (가)는 1차 금속, (나)는 식료품, (다)는 자동차 및 트레일러 제조업이다.

[24018-0140]

6 **그래프는 특별·광역시별 제조업 현황을 나타낸 것이다. (가)~(다) 지역에 대한 설명으로 옳은 것은?**

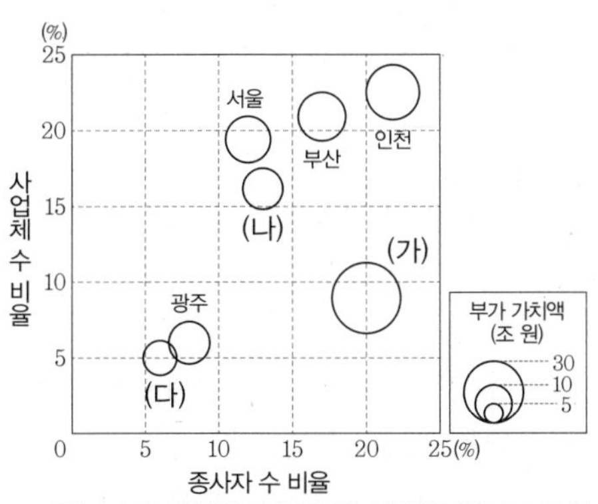

* 종사자 수 및 사업체 수 비율은 특별·광역시의 합을 100%로 할 때 각 지역이 차지하는 비율로, 원의 가운데 값임.
** 종사자 수 10인 이상 사업체를 대상으로 함.
(2021년) (통계청)

① (가)는 (나)보다 섬유 및 의복 제조업의 출하액이 많다.
② (가)는 (다)보다 광역시로 지정된 시기가 이르다.
③ (나)는 (가)보다 지역 내 인구 중 제조업 종사자 비율이 높다.
④ (나)와 (다)는 모두 영남 지방에 속한다.
⑤ (가)~(다) 중 (나)의 제조업 노동 생산성이 가장 낮다.

13 교통·통신의 발달과 서비스업의 변화

1. 상업 및 소비 공간의 변화

(1) 상업의 의미와 발달

① 의미: 생산과 소비를 연결하는 여러 가지 유통 활동

② 발달

- 물물 교환에서 사람들이 일정한 장소에 모여 물건을 사고파는 시장으로 발전함
- 일정 주기로 열리는 정기 시장이 인구 증가, 교통 발달, 생활 수준의 향상 등에 따라 상설 시장으로 변함

(2) 상업의 입지

① 상업의 입지 요인

- 경제적 요인: 접근성, 지가, 유동 인구, 집적 이익 등
- 사회적 요인: 소비자의 생활 방식, 교통·통신의 발달, 도시 성장 등

② 최소 요구치와 재화의 도달 범위

- 최소 요구치: 중심지가 기능을 유지하기 위한 최소한의 수요
- 재화의 도달 범위: 중심지 기능이 영향을 미치는 최대한의 공간 범위

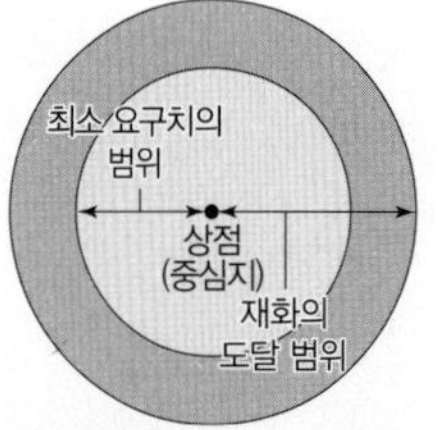

▲ 상점(중심지) 유지 가능

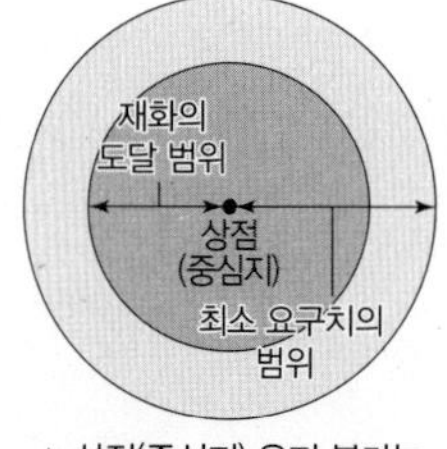

▲ 상점(중심지) 유지 불가능

상점(중심지)이 유지되기 위해서는 재화의 도달 범위가 최소 요구치의 범위와 같거나 넓어야 한다. 인구 밀도가 증가하거나 소비자의 구매력이 향상되면 최소 요구치의 범위는 축소되고, 교통이 발달하면 재화의 도달 범위는 확대된다.

③ 상품에 따른 소비자의 구매 행태

일상용품	• 구매 빈도가 높아 이동 거리와 이동 비용을 최소화하기 위해 대부분 주거지와 가까운 상점에서 구매함 • 상점 수가 많고, 소비자 분포에 따라 분산 입지하는 경향이 있음
전문 상품	• 이동 거리가 멀고 이동 비용이 비싸더라도 백화점이나 전문 상가에서 구매하려는 경향이 있음 • 상점 수가 적고, 특정 지역에 집중 입지하는 경향이 있음

(3) 상업과 소비 공간의 변화

① 소비자 구매 행태의 변화

- 여성의 사회 진출과 맞벌이 부부의 증가, 자가용 승용차 이용의 보편화, 대형 냉장고의 보급 등으로 인한 대량 구입 및 구입 품목의 다양화 → 대형 마트의 성장
- 상품 구입과 여가 활동, 외식 등을 함께 하려는 경향 증가 → 대형 복합 쇼핑몰의 증가
- 정보 통신의 발달로 인한 TV 홈 쇼핑, 인터넷 쇼핑 등 전자 상거래 발달

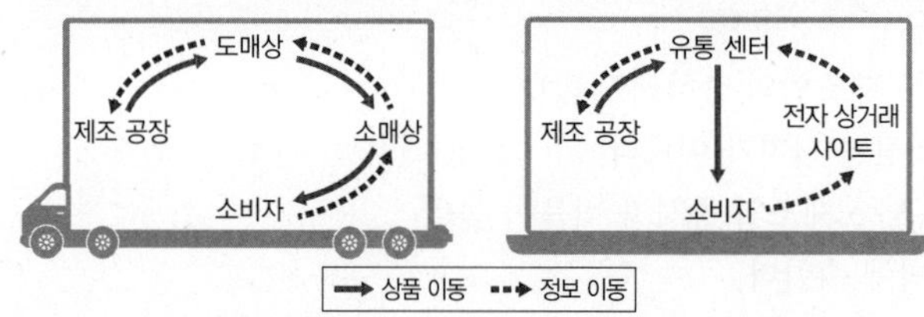

▲ 오프라인 유통 구조 ▲ 온라인 유통 구조

온라인 유통 구조는 오프라인 유통 구조에 비해 유통 단계가 단순하고, 상거래 활동의 시·공간적 제약이 작다.

✪ 정기 시장과 상설 시장

정기 시장은 일정한 주기로 열리는 시장으로, 최근에 운영되는 정기 시장은 대부분 5일장 형태이다. 상설 시장은 일정 지역 내에서 매일 물품의 매매·교환이 이루어지는 곳이다.

✪ 최소 요구치의 범위

최소 요구치를 확보할 수 있는 공간 범위로, 해당 지역의 인구 밀도가 높아지거나 소비자의 구매력이 높아질수록 좁아진다.

✪ 온라인 쇼핑 거래액 변화

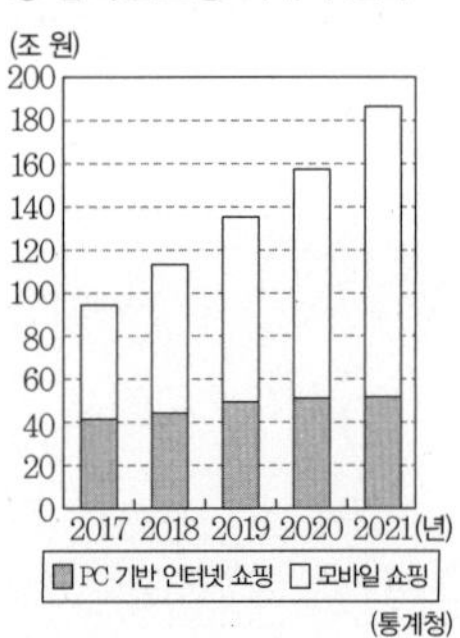

온라인 쇼핑은 PC 기반 인터넷 쇼핑과 모바일 쇼핑을 중심으로 빠르게 성장하고 있다.

개념 체크

1. 중심지가 기능을 유지하기 위한 최소한의 수요인 (　　)의 범위는 재화의 도달 범위보다 같거나 (넓어야/좁아야) 한다.
2. 일상용품 판매 상점은 전문 상품 판매 상점과 비교할 때 상점 수는 (많고/적고), 소비자가 구매하기 위해 방문하는 빈도는 (높다/낮다).

정답
1. 최소 요구치, 좁아야
2. 많고, 높다

② 다양한 소비 공간의 등장

편의점	일상생활에 필요한 기본적인 상품을 대체로 24시간 판매함
대형 복합 쇼핑몰	영화관, 식당, 스포츠 센터 등 다양한 시설이 쇼핑센터와 결합된 공간
무점포 소매업	방문 판매, 인터넷 쇼핑 등 점포 없이 소비자에게 상품을 판매하는 소매업
직거래 장터	생산자와 소비자를 직접 연결해 주는 매장으로 농산물 거래가 주로 이루어짐

탐구 활동 **주요 소매 업태별 특성 비교**

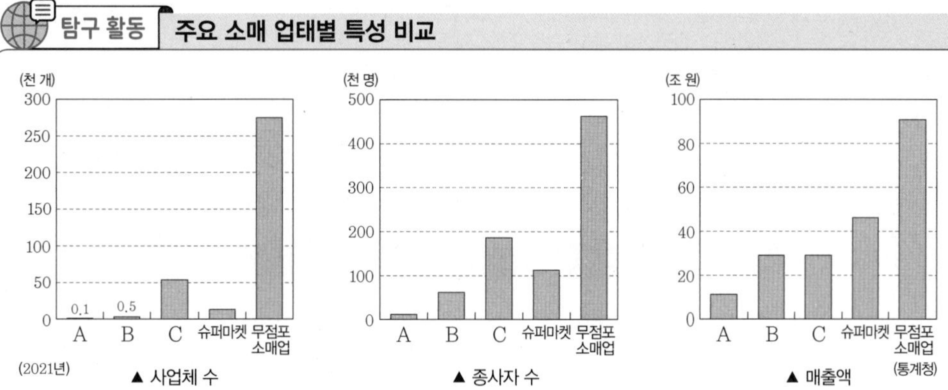

▲ 사업체 수 ▲ 종사자 수 ▲ 매출액

A~C는 각각 어떤 소매 업태인지 설명해 보자. A는 백화점으로 사업체 수, 종사자 수, 매출액이 모두 가장 적다. 백화점은 대도시의 도심이나 부도심에 입지하며, 최소 요구치와 사업체당 매출액 규모가 크다. B는 사업체 수와 종사자 수는 백화점보다 많고 편의점보다 적은 대형 마트이다. 한편, C는 편의점으로 A(백화점)와 B(대형 마트)보다 사업체 수와 종사자 수가 월등하게 많으며, 매출액은 B(대형 마트)와 비슷하다. 편의점의 최소 요구치와 사업체당 매출액 규모는 백화점이나 대형 마트보다 작다.

2. 서비스 산업의 고도화와 공간 변화

(1) 산업 구조

① 산업 구조의 변화

구분	산업 구조	특징
전 공업화 사회	• 농업 중심의 사회 • 1차 산업의 비율이 높음	• 산업화 이전 사회 • 주요 생산 요소: 토지, 노동력
공업화 사회	2차 산업의 비율이 크게 증가함	• 급속한 산업화와 도시화 • 주요 생산 요소: 자본, 노동력
탈공업화 사회	• 2차 산업의 비율이 감소함 • 3차 산업의 비율이 크게 증가함	• 서비스업의 다변화, 전문화 • 주요 생산 요소: 지식, 정보

② 우리나라 산업 구조의 변화

- 1960년대까지 농업 중심의 산업 구조였음
- 1990년대부터 2차 산업 종사자 비율이 감소하고 3차 산업 종사자 비율은 크게 증가함

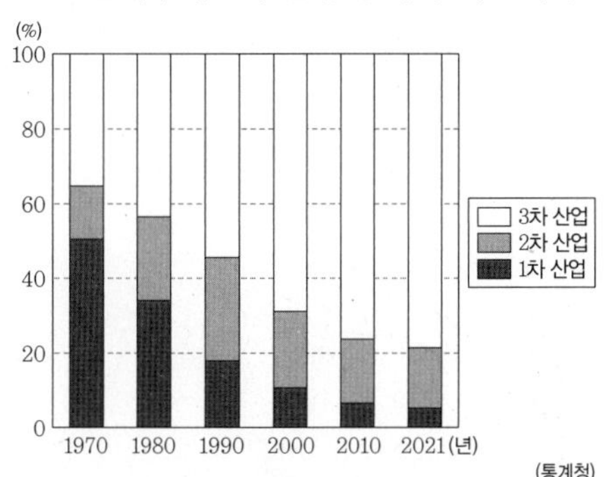

▲ 우리나라의 산업별 취업자 수 비율 변화

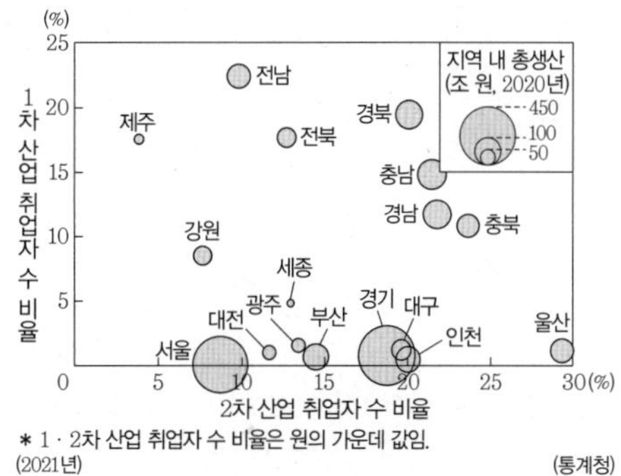

▲ 시·도별 산업 구조와 지역 내 총생산

소매 업태
물건을 생산자나 도매상에게서 사들여 소비자에게 직접 판매하는 사업체 유형을 말한다.

탈공업화 사회의 특징
서비스업 중심의 경제 활동, 지식 기반 서비스업의 비율 증가, 전문직·연구직 등의 종사자 비율 증가 등이다.

시대별 산업 구조의 변화

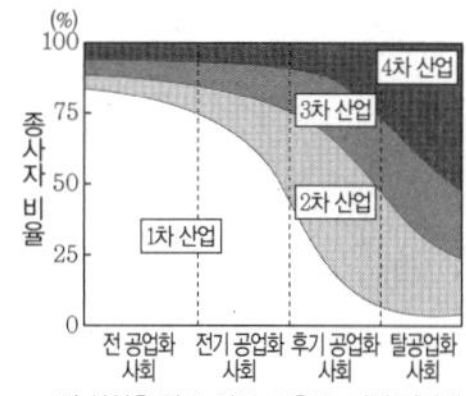

＊4차 산업은 정보, 의료, 교육 등 지식 집약적 산업을 말함.

개념 체크

1. 영화관, 식당, 스포츠 센터 등 다양한 시설이 쇼핑센터와 결합된 공간은 (   )이며, 일상생활에 필요한 기본적인 상품을 대체로 24시간 판매하는 공간은 (   )이다.
2. 2차 산업 비율이 감소하고 3차 산업 비율이 크게 증가하면서 서비스업의 다변화 및 전문화 현상이 나타나는 것은 (   ) 사회 단계의 특징이다.
3. 1970년 (   ) 산업>(   ) 산업>(   ) 산업 순으로 많았던 산업별 취업자 수는 2021년 (   ) 산업>(   ) 산업>(   ) 산업 순으로 변화하였다.

정답
1. 대형 복합 쇼핑몰, 편의점
2. 탈공업화
3. 1차, 3차, 2차, 3차, 2차, 1차

(2) 서비스 산업의 고도화

① 수요 주체에 따른 서비스업의 분류

구분	특징	사례
소비자 서비스업	• 개인 소비자가 이용하는 서비스업 • 소비자의 이동 거리를 최소화하기 위해 분산 입지하려는 경향이 큼	소매업, 숙박 및 음식점업 등
생산자 서비스업	• 기업의 생산 활동을 지원하는 서비스업 • 기업과의 접근성이 높고 관련 정보 획득에 유리한 지역에 집중하려는 경향이 큼 → 주로 대도시의 도심 또는 부도심에 입지	금융업, 보험업, 부동산업, 전문 서비스업 등

② 서비스 산업의 고도화

- 탈공업화 사회에서는 다른 산업으로 파급 효과가 큰 생산자 서비스업의 비율이 증가함
- 서비스업의 외부화 경향이 강화되면서 서비스업의 업종과 규모가 다양해지고 기능이 전문화됨

자료 분석 **서비스업의 특성**

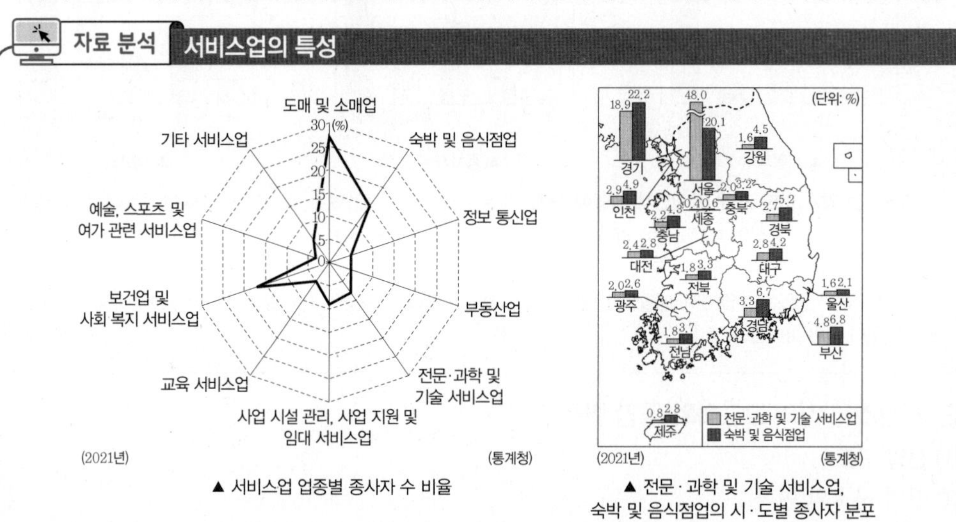

▲ 서비스업 업종별 종사자 수 비율

▲ 전문·과학 및 기술 서비스업, 숙박 및 음식점업의 시·도별 종사자 분포

서비스업 중 종사자 수 비율이 높은 것은 도매 및 소매업, 숙박 및 음식점업, 보건업 및 사회 복지 서비스업이다. 이들 업종은 대체로 인구 규모에 비례하여 지역별로 분포하는 경향이 크다. 숙박 및 음식점업은 대표적인 소비자 서비스업에 해당하며, 대체로 인구 규모가 큰 지역일수록 종사자 수가 많다. 한편, 정보 통신업, 전문·과학 및 기술 서비스업은 생산자 서비스업에 속하며, 이들 서비스업은 서울을 포함한 수도권의 집중도가 높다. 이는 생산자 서비스업은 주 고객인 기업과의 접근성이 높고 관련 정보 획득에 유리한 지역에 집중하려는 경향이 크기 때문이다.

3. 교통·통신의 발달과 공간 변화

(1) 운송비 구조와 교통수단별 특성

① 운송비 구조: 총운송비=기종점 비용+주행 비용

기종점 비용	주행 거리와 관계없이 일정함, 보험료·터미널 유지비·하역비 등의 고정 비용
주행 비용	주행 거리에 따라 증가함, 도로는 해운보다 주행 비용 증가율이 높음

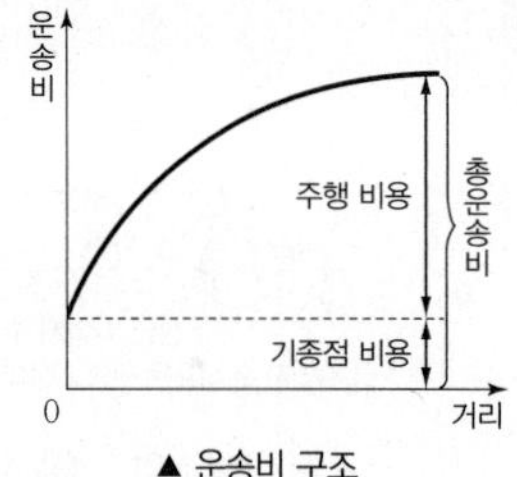

▲ 운송비 구조

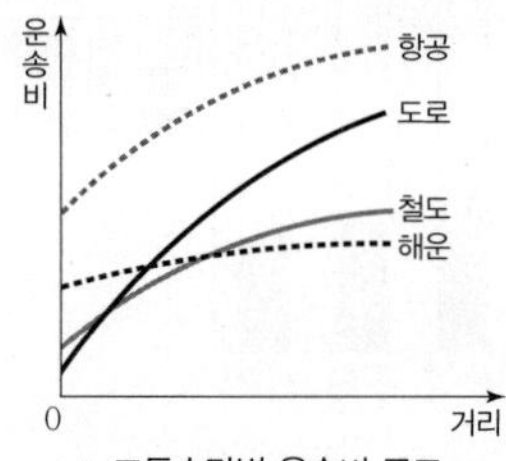

▲ 교통수단별 운송비 구조

✪ 공급 주체에 따른 서비스업 분류
국가나 공공 단체가 공공의 복리를 위해 제공하는 교육, 의료 등은 공공 서비스업이라고 한다. 반면에 개인이나 민간단체가 제공하는 도·소매업, 금융업 등은 민간 서비스업이라고 한다.

✪ 서비스업의 외부화
기업이 핵심 사업 부문에 집중하고, 비용 절감과 조직의 간소화 등으로 업무의 효율성을 높이기 위해 특정 서비스 업무를 외부 기업에 맡기는 현상을 말한다.

✪ 하역비
화물 수송 과정에서 화물을 싣고 내리는 데 드는 비용이다.

✪ 단위 거리당 운송비
총운송비를 운송 거리로 나눈 값으로, 일반적으로 1km당 운송비를 말한다. 교통수단과 운송 거리에 따라 다르게 나타난다.

개념 체크

1. 서비스업을 수요 주체에 따라 분류할 때 (   )은 기업의 생산 활동을 지원하는 서비스업으로, 주로 대도시의 도심이나 부도심에 입지하는 경향이 크다.
2. 서비스업 중 종사자 수 비율이 가장 높은 업종은 (도매 및 소매업/정보 통신업)이다.
3. 주행 거리와 관계없이 일정하게 발생하는 보험료, 터미널 유지비, 하역비 등의 고정 비용은 (   )으로 해운이 도로보다 (높다/낮다).

정답
1. 생산자 서비스업
2. 도매 및 소매업
3. 기종점 비용, 높다

② 교통수단별 특성

구분	운송비 구조	특성
도로	• 기종점 비용이 가장 저렴함 • 주행 비용 증가율이 철도와 해운보다 높음	• 기동성과 문전 연결성이 좋음 • 지형적 제약이 작음
철도	• 기종점 비용과 주행 비용 증가율이 도로와 해운의 중간임 • 중 · 장거리 수송에 유리함	• 정시성과 안전성이 우수함 • 지형적 제약이 큼
해운	• 기종점 비용이 비싸나 주행 비용 증가율이 도로나 철도보다 낮음 • 대량 화물의 장거리 수송에 유리함	• 기상 조건의 제약이 큼 • 화물 수송 분담률이 높은 편임
항공	• 기종점 비용과 주행 비용이 비쌈 • 장거리 여객 수송과 고부가 가치 화물 수송에 유리함	• 기상 조건의 제약이 큼 • 신속한 수송에 유리함

탐구 활동 교통수단별 수송 분담률

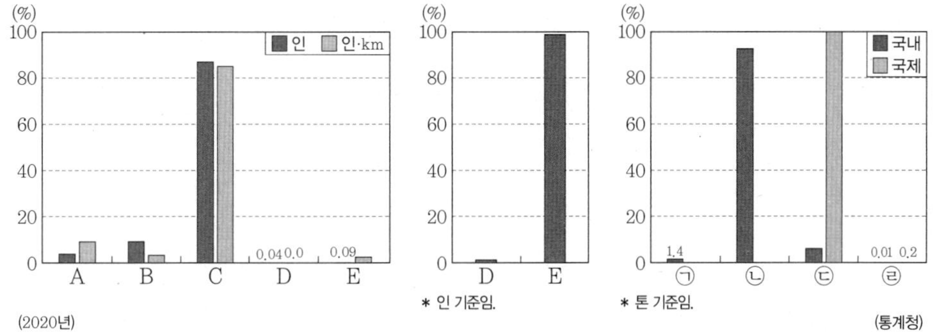

(%) 100 80 60 40 20 0
■ 인 ■ 인·km
A B C D E
0.04 0.0 0.09

(%) 100 80 60 40 20 0
D E
* 인 기준임.

(%) 100 80 60 40 20 0
■ 국내 ■ 국제
1.4 0.01 0.2
㉠ ㉡ ㉢ ㉣
* 톤 기준임.

(2020년) (통계청)

▲ 국내 여객 수송 분담률 ▲ 국제 여객 수송 분담률 ▲ 화물 수송 분담률

» A~E 교통수단은 각각 무엇인지 설명해 보자. A~C 교통수단 중 국내 여객 수송 분담률이 가장 높은 것은 도로이며, 도로 다음으로는 지하철>철도 순으로 높다. 따라서 A는 철도, B는 지하철, C는 도로이다. 지하철은 철도와 비교해서 짧은 거리를 이동할 때 주로 이용하기 때문에 인 · km 여객 수송 분담률이 낮게 나타난다. D와 E는 항공과 해운 중 하나인데, 국제 여객 수송 분담률이 높은 E는 항공, 나머지 D는 해운이다.

» ㉠~㉣ 교통수단은 무엇인지 설명해 보자. ㉠~㉣ 교통수단 중 국내 화물 수송 분담률이 가장 높은 것은 도로이며, 국제 화물 수송 분담률은 해운이 대부분을 차지한다. 따라서 ㉡은 도로이며, ㉢은 해운이다. ㉠은 철도로 국내 화물 수송에만 이용되고 국제 화물 수송에는 이용되지 않는다. ㉣은 항공으로 국내 화물 수송 분담률이 가장 낮고, 해운과 함께 국제 화물 수송에 이용되지만 국제 화물 수송 분담률은 매우 낮다.

(2) 교통 · 통신의 발달과 공간 변화

① 교통의 발달
- 20세기 초: 근대적 교통수단인 철도가 등장함
- 1960년대 후반: 경부 고속 도로의 건설로 본격적인 도로 교통 시대를 맞이함
- 1970년대 이후: 서울, 부산, 대구 등에 지하철이 개통되면서 대도시 교통난 해소에 도움을 줌
- 2000년대 이후: 경부, 호남, 강릉 고속 철도가 개통됨

② 교통 · 통신의 발달에 따른 생활의 변화
- 교통로를 따라 통근 · 통학권이 확대되어 대도시권이 형성됨
- 지나친 집중으로 인한 집적 불이익이 발생하면 교통이 편리한 다른 지역에 다시 집중하는 공간의 재조직이 이루어짐
- 무점포 상점이 증가함에 따라 도시 외곽 지역에 물류 단지, 복합 화물 터미널 등이 들어섬
- 기업의 관리 기능을 담당하는 본사는 대도시, 생산 기능을 담당하는 공장은 지방에 입지하는 공간적 분업 현상이 심화됨
- 일상생활의 시 · 공간적 제약이 완화되면서 재택근무, 화상 회의 등이 확대됨

✪ 문전 연결성
문 앞에서 문 앞을 연결하는 특성으로, 교통수단 중에서는 도로가 문전 연결성이 가장 좋다.

✪ 정시성
시간이나 시기가 일정한 특성으로, 철도는 전용 레일을 사용하므로 정시성이 높다.

✪ 무점포 상점
점포를 열지 않고 판매 행위를 하는 상점을 말한다. 가장 대표적인 무점포 상점으로는 방문 판매, 인터넷 상점이 있다.

개념 체크

1. 정시성과 안전성이 우수하지만 지형적 제약이 큰 교통수단은 (도로/철도)이며, 국제 화물 수송 분담률이 높은 교통수단은 (항공/해운)이다.
2. 여객 수송 분담률과 화물 수송 분담률이 모두 가장 높은 교통수단은 (도로/철도)이다.
3. 통신 발달에 따라 일상생활의 (　　) 제약이 완화되면서 재택근무, 화상 회의 등이 확대되고 있다.

정답
1. 철도, 해운
2. 도로
3. 시 · 공간적

[24018-0141]

01 다음 글의 밑줄 친 A 식당의 공사 전과 후의 중심지 기능 범위를 나타낸 그림으로 가장 적절한 것은?

> 장기간의 적자로 폐업 위기에 있던 A 식당을 운영하는 ○○씨는 작년 말 컨설턴트의 조언을 받아 식당 구조 변경 공사를 실시하였다. 인근에 입주가 시작된 신규 아파트 단지와 식당 사이에 신설 도로가 개통되었다는 점과 강변을 조망할 수 있는 입지적 특징을 살려 고객과 상권 확대를 위해 한쪽 벽면을 유리창으로 변경하고 주차장을 확대하였다. 공사를 통해 새로운 모습으로 변모한 A 식당은 기존 고객층은 그대로 유지하면서 추가로 신규 고객을 유치하여 흑자로 돌아섰으며, 내년에는 맞은편 건물을 매입하여 별관을 신설할 계획이다.

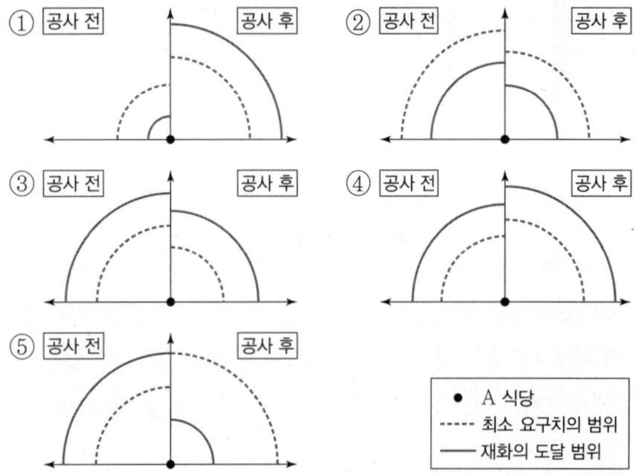

[24018-0142]

02 그래프는 소매 업태의 두 시기 특징을 나타낸 것이다. (가)~(다)에 들어갈 지표로 옳은 것은?

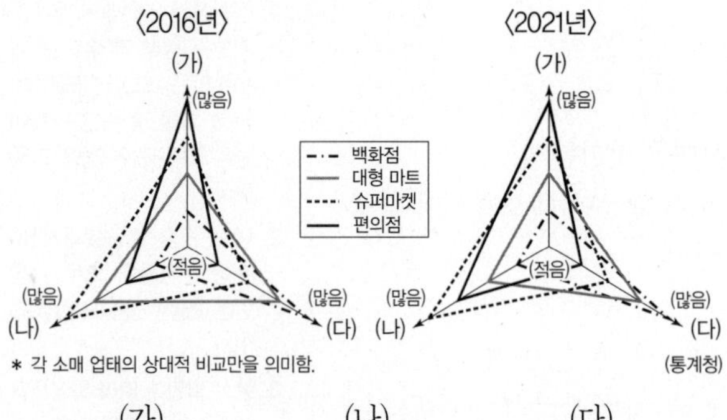

* 각 소매 업태의 상대적 비교만을 의미함.

	(가)	(나)	(다)
①	매출액	종사자 수	매장당 고객 수
②	매출액	매장당 고객 수	종사자 수
③	종사자 수	매출액	매장당 고객 수
④	종사자 수	매장당 고객 수	매출액
⑤	매장당 고객 수	종사자 수	매출액

[24018-0143]

03 다음은 서비스업 단원의 형성 평가지이다. (가)에 들어갈 내용으로 옳은 것은?

> ※ 다음 퀴즈의 정답에 해당하는 글자를 지우면 〈글자판〉의 글자가 모두 지워집니다.
>
> (1) 3음절, 일상생활에 필요한 기본적인 상품을 판매하는 소비 공간으로, 대체로 24시간 영업을 실시함.
>
> (2) 4음절, 일정한 주기로 열리는 시장으로, 주로 5일에 한 번 열리는 형태가 많음.
>
> (3) 5음절, 중심지의 기능을 유지하기 위한 최소한의 수요로, 재화의 도달 범위보다 작아야 기능이 유지됨.
>
> (4) 6음절, ______(가)______
>
> 〈글자판〉
>
> | 정 | 생 | 기 | 자 | 치 | 서 |
> |---|---|---|---|---|---|
> | 소 | 최 | 시 | 구 | 점 | 비 |
> | 요 | 편 | 산 | 의 | 장 | 스 |

① 일정 지역 내에서 매일 물품의 매매 및 교환이 이루어지는 곳
② 물건을 생산자나 도매상에게 사들여 소비자에게 판매하는 사업체 유형
③ 인터넷 쇼핑, 방문 판매 등 매장 없이 소비자에게 상품을 판매하는 소매업
④ 금융업, 보험업, 부동산업 등에서 기업의 생산 활동을 위해 제공하는 3차 산업 활동
⑤ 지식과 정보가 주요 생산 요소로 서비스업의 다변화 및 전문화 현상이 나타나는 사회

[24018-0144]

04 다음 글의 ㉠~㉢에 대한 설명으로 옳은 것은?

> 서비스업은 수요 주체에 따라 ㉠최종 소비자에게 직접 제공하는 서비스업과 기업의 생산 활동, 즉 ㉡재화나 다른 서비스 생산에 투입되는 간접적 요소를 제공하는 서비스업으로 구분할 수 있다. 한편, 통계청에서는 지역별 ㉢서비스업의 매출액, 사업체 수, 세부 업종 등 다양한 자료를 제공하고 있으며, 이를 통해 각 서비스업의 입지 경향을 파악할 수 있다.

① ㉠은 공공 서비스업에 해당한다.
② ㉡의 주요 업종으로 도·소매업과 숙박업이 있다.
③ ㉢의 경우 강원권이 영남권보다 규모가 크다.
④ ㉠은 ㉡보다 사업체당 매출액이 많다.
⑤ ㉡은 ㉠보다 대도시의 도심이나 부도심에 집중하는 경향이 크다.

[24018-0145]

05 그래프는 세 지역의 소매 업태별 매출액 비율을 나타낸 것이다. (가)~(다)에 해당하는 지역을 지도의 A~C에서 고른 것은?

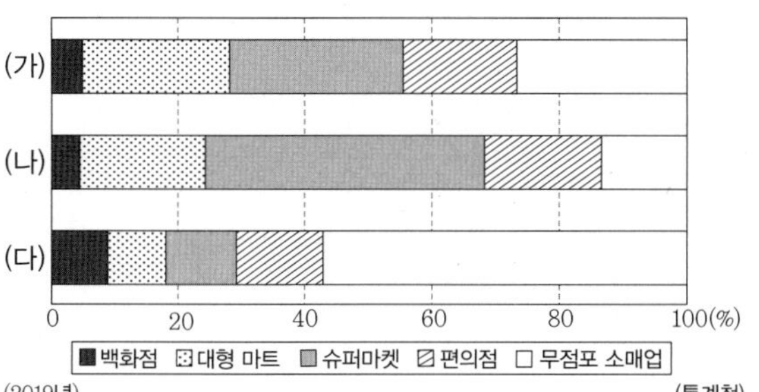

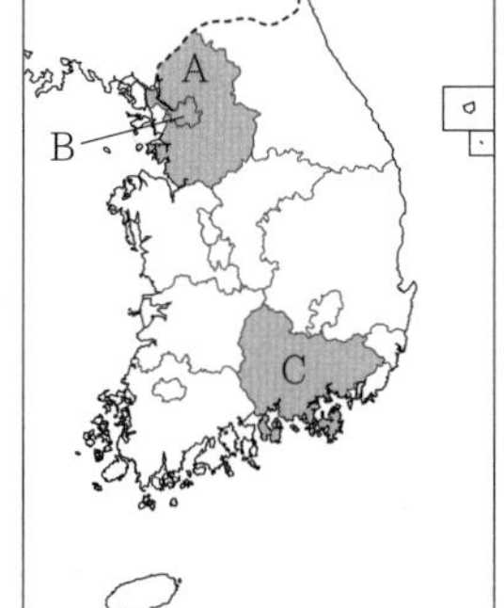

	(가)	(나)	(다)
①	A	B	C
②	A	C	B
③	B	A	C
④	B	C	A
⑤	C	A	B

[24018-0146]

06 그림의 (가)~(다) 교통수단에 대한 설명으로 옳은 것만을 〈보기〉에서 고른 것은? (단, (가)~(다)는 각각 도로, 항공, 해운 중 하나임.)

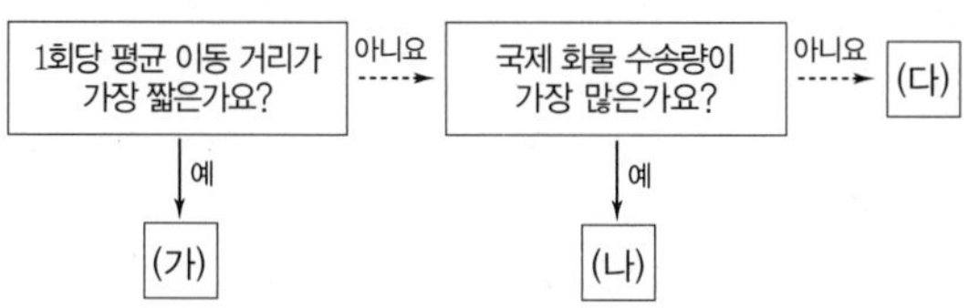

보기

ㄱ. (가)는 (나)보다 문전 연결성이 낮다.
ㄴ. (나)는 (다)보다 국제 여객 수송 분담률이 낮다.
ㄷ. (다)는 (가)보다 기상 상태에 따른 운행 취소율이 낮다.
ㄹ. (가)는 도로, (나)는 해운, (다)는 항공이다.

① ㄱ, ㄴ ② ㄱ, ㄷ ③ ㄴ, ㄷ
④ ㄴ, ㄹ ⑤ ㄷ, ㄹ

[24018-0147]

07 그래프의 (가)~(다) 교통수단의 상대적 순위를 그림의 A~I에서 고른 것은? (단, (가)~(다)는 각각 도로, 철도(지하철 포함), 항공 중 하나임.)

〈교통수단별 수송 분담률 (2015~2020년)〉

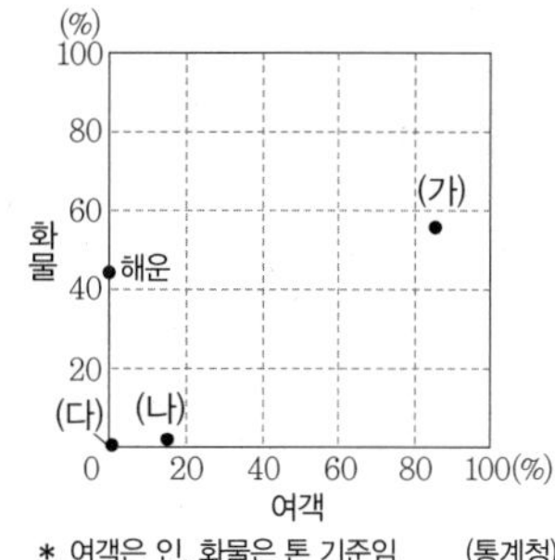

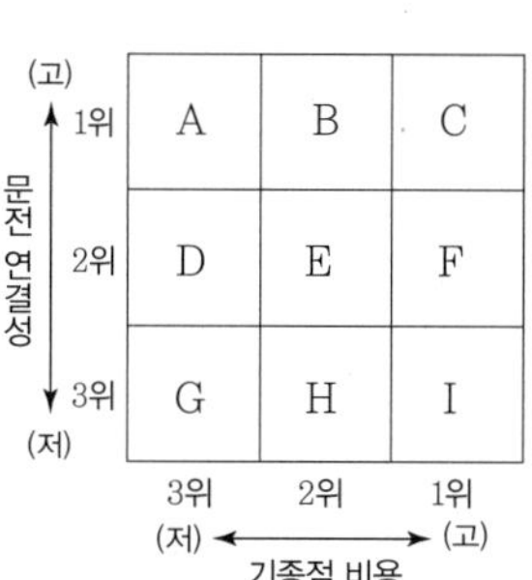

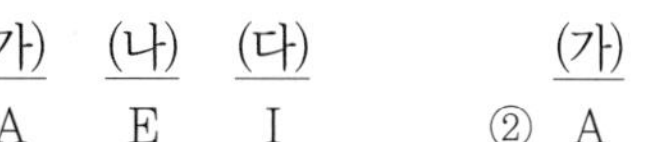

* 여객은 인, 화물은 톤 기준임. (통계청)

	(가)	(나)	(다)
①	A	E	I
②	A	H	F
③	C	E	G
④	D	B	I
⑤	G	E	C

[24018-0148]

08 그래프는 (가)~(라) 교통수단별 국내 수송 분담률의 상대적 특성을 나타낸 것이다. 이에 대한 설명으로 옳은 것만을 〈보기〉에서 고른 것은? (단, (가)~(라)는 각각 지하철, 철도, 항공, 해운 중 하나임.)

〈여객 수송 분담〉

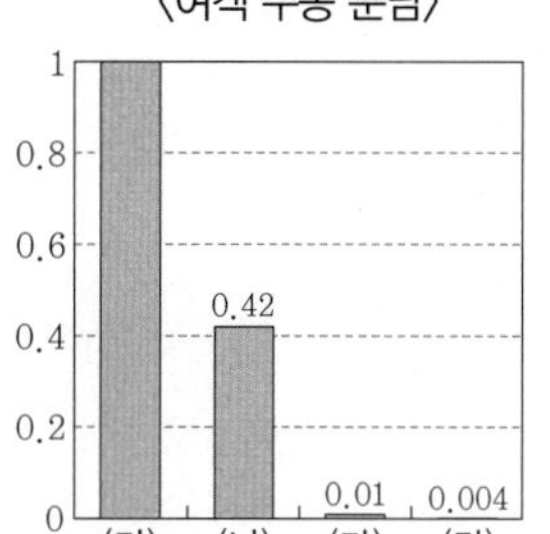

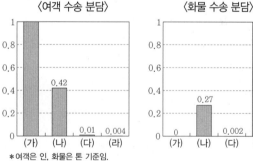

〈화물 수송 분담〉

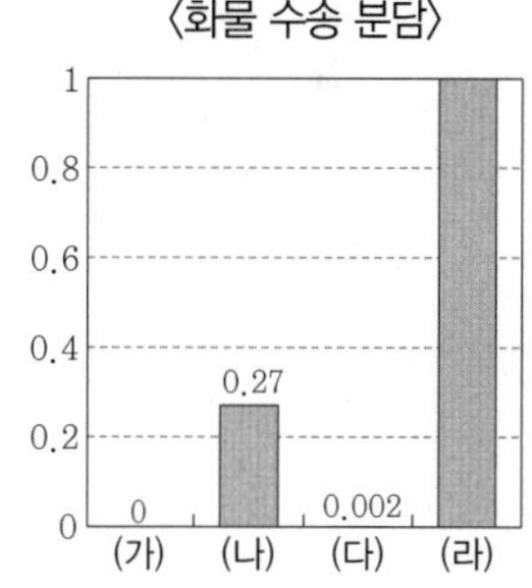

* 여객은 인, 화물은 톤 기준임.
** 최대 교통수단의 값을 1로 했을 때의 상댓값임.
(2019년) (통계청)

보기

ㄱ. (가)는 (나)보다 평균 수송 거리가 멀다.
ㄴ. (나)는 (다)보다 기종점 비용이 비싸다.
ㄷ. (다)는 (라)보다 운행 시 평균 수송 속도가 빠르다.
ㄹ. (라)는 (가)보다 운행 시 기상 조건의 영향을 많이 받는다.

① ㄱ, ㄴ ② ㄱ, ㄷ ③ ㄴ, ㄷ
④ ㄴ, ㄹ ⑤ ㄷ, ㄹ

[24018-0149]

1 지도는 어느 지역의 두 소매 업태 분포를 나타낸 것이다. (가)에 대한 (나)의 상대적 특성을 그림의 A~E에서 고른 것은? (단, (가), (나)는 각각 백화점, 편의점 중 하나임.)

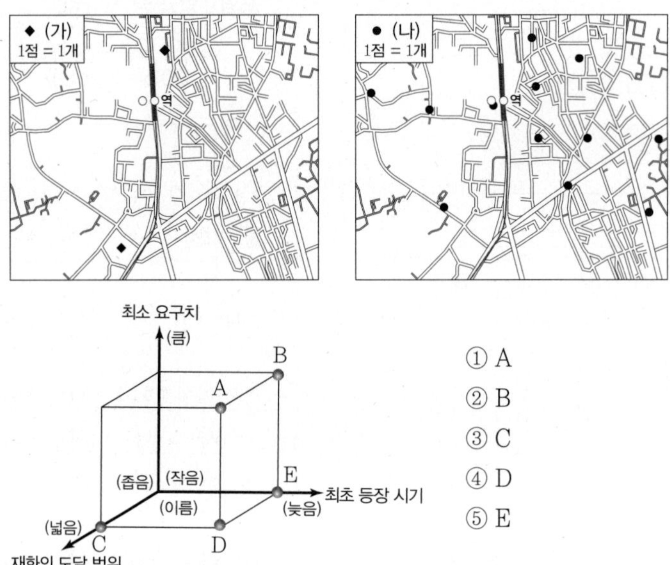

① A
② B
③ C
④ D
⑤ E

[24018-0150]

2 그래프는 소매 업태별 종사자의 고용 행태를 나타낸 것이다. (가)~(라)에 대한 설명으로 옳은 것만을 〈보기〉에서 있는 대로 고른 것은? (단, (가)~(라)는 각각 대형 마트, 백화점, 통신 판매업, 편의점 중 하나임.)

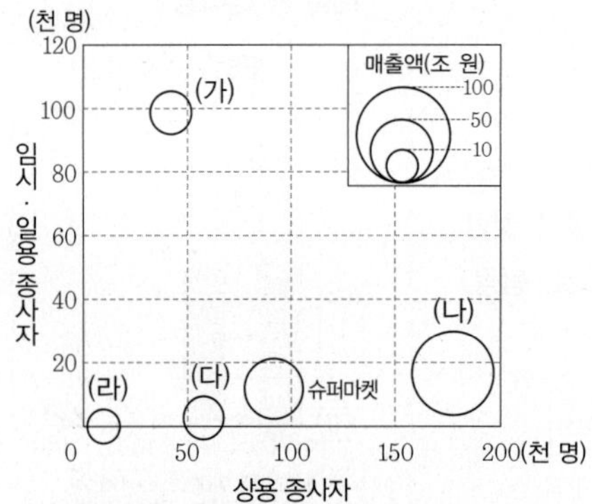

* 상용 종사자와 임시·일용 종사자는 원의 가운데 값임.
** 상용 종사자는 정규직 또는 고용 계약 기간이 1년 이상인 근로자이며, 임시·일용 종사자는 아르바이트, 파트타임 등 고용 계약 기간 1년 미만인 근로자임.

(2021년) (통계청)

● 보기 ●

ㄱ. (가)는 (나)보다 주거 지역과의 인접성이 높다.
ㄴ. (나)는 (다)보다 소비자 이용 가능 시간의 제약이 크다.
ㄷ. (다)는 (라)보다 고가 물품의 판매 비율이 낮다.
ㄹ. (가)와 (나)는 (다)와 (라)보다 2000~2020년 매출액 증가율이 높다.

① ㄱ, ㄴ ② ㄱ, ㄹ ③ ㄱ, ㄴ, ㄷ ④ ㄱ, ㄷ, ㄹ ⑤ ㄴ, ㄷ, ㄹ

[24018-0151]

3 그래프는 세 소매 업태의 영업시간 분포를 나타낸 것이다. (가)~(다)에 대한 설명으로 옳은 것은? (단, (가)~(다)는 각각 백화점, 슈퍼마켓, 편의점 중 하나임.)

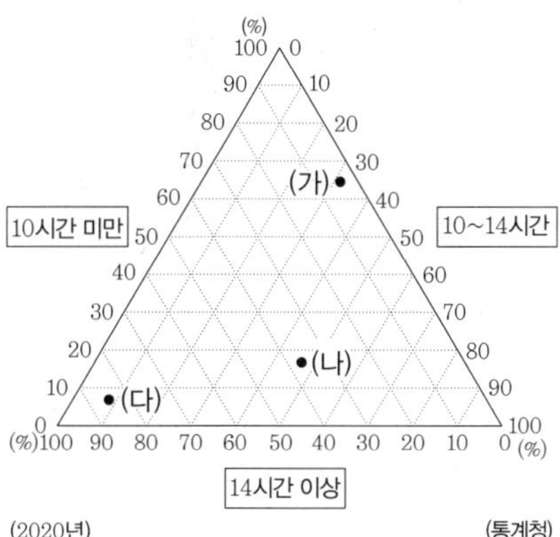

① (가)는 (나)보다 평균 매장 규모가 작다.
② (나)는 (가)보다 승용차 이용 방문객의 비율이 높다.
③ (다)는 (가)보다 고객의 회당 평균 이용 시간이 짧다.
④ (다)는 (나)보다 매장당 매출액이 많다.
⑤ 매장당 평균 종사자 수는 (가) > (다) > (나) 순으로 많다.

[24018-0152]

4 그래프는 세 소매 업태의 매출 상품군과 고객당 구매액을 나타낸 것이다. (가)~(다)에 대한 설명으로 옳은 것은? (단, (가)~(다)는 각각 대형 마트, 백화점, 편의점 중 하나임.)

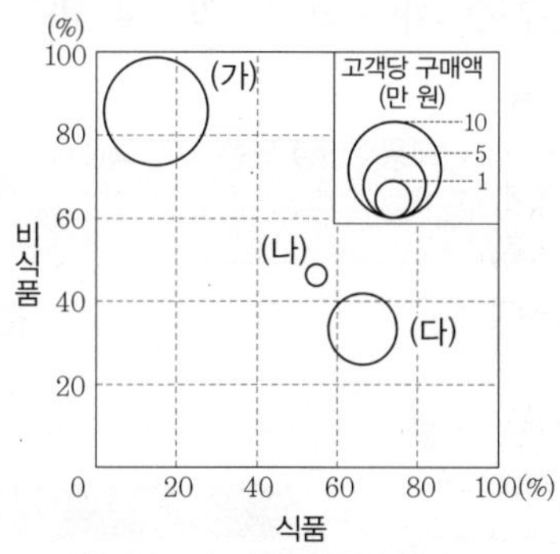

* 식품 및 비식품 비율은 원의 가운데 값임.
** 상품군 비율은 2022년 연간 비율이며, 고객당 구매액은 1회 방문시 구매액으로 2022년 12월 기준임.
(산업통상자원부)

① (가)는 (나)보다 사업체 간 평균 거리가 가깝다.
② (나)는 (다)보다 매장 내 총 상품 수가 많다.
③ (다)는 (가)보다 고가 수입 상품의 매출 비율이 높다.
④ (나)는 (가)와 (다)보다 2010~2020년 매출액 증가율이 높다.
⑤ (가)는 편의점, (나)는 백화점, (다)는 대형 마트이다.

[24018-0153]

5 다음 자료의 (가)~(다)에 대한 설명으로 옳은 것만을 〈보기〉에서 고른 것은? (단, (가)~(다)는 각각 도로, 철도(지하철 포함), 항공 중 하나임.)

〈교통수단별 에너지 소비량〉

(단위: 천 toe)

구분	(가)	해운	(나)	(다)
석유	2,557	3,111	31,624	84
전력	–	–	–	235
가스	–	–	1,099	–
신·재생 및 기타	–	–	690	–

(2020년) (에너지경제연구원)

〈국내 여객 수송 분담률〉

(가) 2.44, 해운 0.0, (다) 12.5, (나) 85.0(%)

* 인·km 기준임.

(2020년) (통계청)

● 보기 ●

ㄱ. (가)는 (나)보다 택배업에 이용되는 비율이 높다.
ㄴ. (나)는 (다)보다 대중 승·하차 시설의 수가 많다.
ㄷ. (다)는 (가)보다 상용화 시기가 이르다.
ㄹ. 기종점 비용은 (가)>(나)>(다) 순으로 높다.

① ㄱ, ㄴ ② ㄱ, ㄷ ③ ㄴ, ㄷ ④ ㄴ, ㄹ ⑤ ㄷ, ㄹ

[24018-0154]

6 그래프의 (가)~(라) 교통수단에 대한 설명으로 옳은 것은? (단, (가)~(라)는 각각 도로, 철도(지하철 포함), 항공, 해운 중 하나임.)

〈통행 거리별 교통수단(국내)〉

210km 이상
90~210km
30~90km
30km 미만
0 20 40 60 80 100(%)
□(가) ■(나) ▨(다) ■(라)

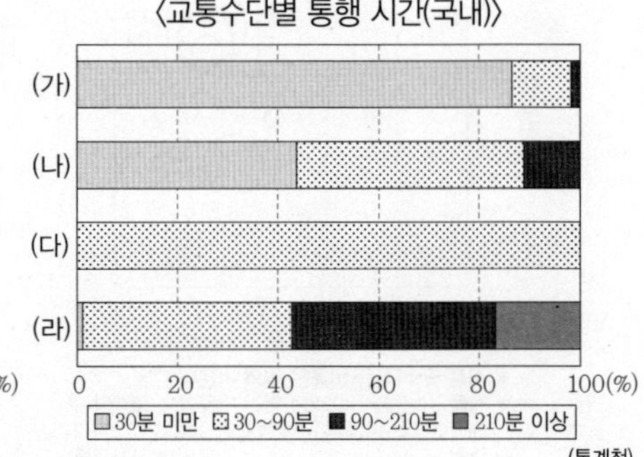

(2019년) (통계청)

① (가)는 (나)보다 시간대별 운행 속도의 변화 폭이 크다.
② (나)는 (가)보다 주행 비용 증가율이 높다.
③ (나)는 (다)보다 날씨에 따른 운행 제약이 크다.
④ (다)는 (라)보다 여행객이 이용을 위해 방문할 수 있는 도시 수가 많다.
⑤ (가)~(라) 중 (라)의 평균 운행 속도가 가장 빠르다.

14 인구 분포와 인구 구조의 변화

1. 우리나라의 인구 분포와 인구 이동

(1) 인구 분포에 영향을 미치는 요인

자연적 요인	기후, 지형, 토양 등 전통적 인구 분포에 크게 영향을 끼침
사회 · 경제적 요인	문화, 교육, 직업, 산업, 교통 등 과학 기술이 발달하고 경제가 성장하면서 영향력이 커짐

(2) 우리나라의 인구 분포

1960년대 이전	• 인구 밀집 지역: 기후가 온화하고 경지 비율이 높은 남서부 평야 지대 • 인구 희박 지역: 산지가 많은 북동부 지역
현재	• 인구 밀집 지역: 2·3차 산업이 발달하고 도시가 밀집되어 있는 수도권, 공업이 발달한 남동 임해 지역 • 인구 희박 지역: 태백 · 소백산맥의 산간 지역과 농어촌 지역

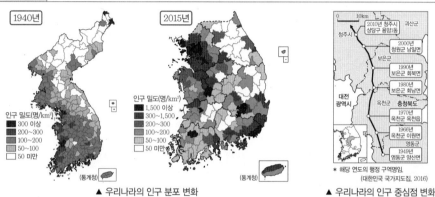

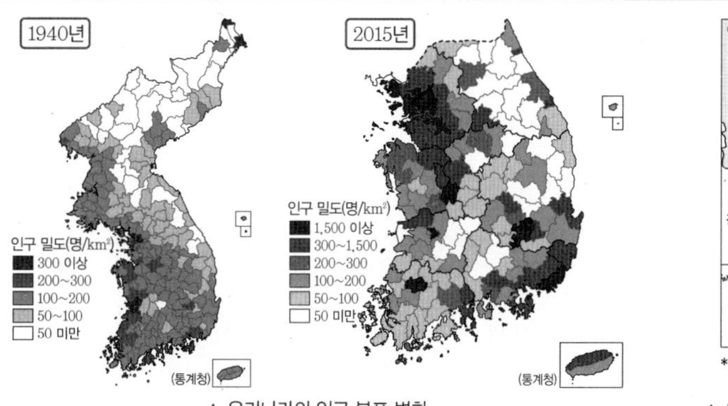

▲ 우리나라의 인구 분포 변화

0 10km
2010년 청주시 상당구 용암1동
괴산군
청주시
2000년 청원군 남일면
보은군
1990년 보은군 회북면
1980년 보은군 회남면
대전 광역시
옥천군
충청북도
1970년 옥천군 옥천읍
1966년 옥천군 이원면
영동군
1949년 영동군 양산면
* 해당 연도의 행정 구역명임.
(대한민국 국가지도집, 2016)

▲ 우리나라의 인구 중심점 변화

(3) 우리나라의 인구 이동

① 1960 ~ 1980년대: 산업화와 도시화가 진행되면서 농어촌에서 대도시, 공업 도시로의 이촌 향도 현상이 나타나고 수도권으로의 인구 유입이 활발함

② 1990년대 이후: 수도권과 대도시로 인구가 집중하는 한편, 대도시의 교외화 현상으로 대도시에서 주변 도시로의 인구 이동이 많아짐

자료 분석 우리나라의 시 · 도별 인구와 인구 순이동

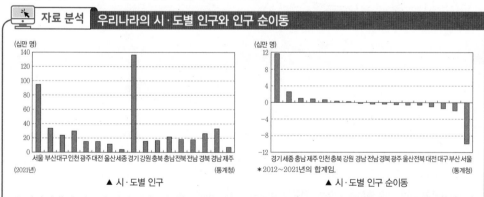

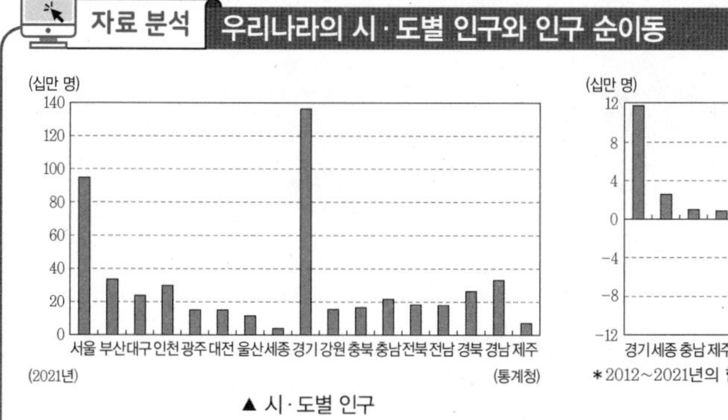

▲ 시 · 도별 인구

(십만 명)
12
8
4
0
-4
-8
-12
경기 세종 충남 제주 인천 충북 강원 경남 전남 경북 광주 울산 전북 대전 대구 부산 서울
* 2012~2021년의 합계임.
(통계청)

▲ 시 · 도별 인구 순이동

우리나라에서 인구가 가장 많은 지역은 경기이며, 그다음은 서울이다. 인구가 가장 적은 지역은 세종이며, 세종과 제주는 인구가 100만 명 이하이다. 인구 순유입 규모가 큰 지역은 경기, 세종 등이며, 인구 순유출 규모가 큰 지역은 서울, 부산 등의 대도시이다. 신규 택지 개발이 활발한 경기는 전국에서 인구가 가장 많이 유입되었으며, 특히 인구 순유출 규모가 가장 큰 서울로부터의 유입 인구가 가장 많았다. 세종은 행정 중심 복합 도시의 출범으로 인구 유입이 활발하였다. 서울, 부산 등의 대도시는 교외화 현상에 의해 주변 지역으로 인구가 유출되고 있다.

✪ 인구 밀도

단위 면적당(km²) 인구로 표현한다. 인구 밀도는 기후, 지형 등의 자연적 요인과 문화, 산업 등의 사회 · 경제적 요인을 반영한다.

✪ 인구 중심점

지도에 한 사람을 한 개의 점으로 나타낸 다음 모든 사람이 동일한 몸무게라고 가정할 때 무게 중심에 해당하는 곳이다. 우리나라는 수도권의 인구 비율이 높아지면서 인구 중심점이 북서쪽으로 이동하고 있다.

✪ 인구 순이동

인구 순이동은 전입 인구에서 전출 인구를 뺀 값으로, 전국 순이동은 0이 된다.

개념 체크

1. 우리나라는 현재 2 · 3차 산업이 발달하고 도시가 밀집한 수도권과 공업이 발달한 (　　) 지역에 인구가 밀집해 있다.
2. 1960~1980년대 우리나라의 인구 이동은 농어촌에서 대도시, 공업 도시로의 (　　) 현상이 나타났고, (　　)으로의 인구 유입이 활발하였다.
3. 전국 시 · 도 중 2010년대 이후 인구 순유입 규모가 가장 큰 지역은 (　　), 인구 순유출 규모가 가장 큰 지역은 (　　)이다.

정답
1. 남동 임해
2. 이촌 향도, 수도권
3. 경기, 서울

2. 우리나라의 인구 변화

(1) 인구 변동

① 자연적 증감(출생자 수−사망자 수)과 사회적 증감(전입자 수−전출자 수)에 의해 결정됨

② 의학 기술의 발달, 경제 발달 수준, 인구 정책 등의 영향을 받음

(2) 인구 변천 모형

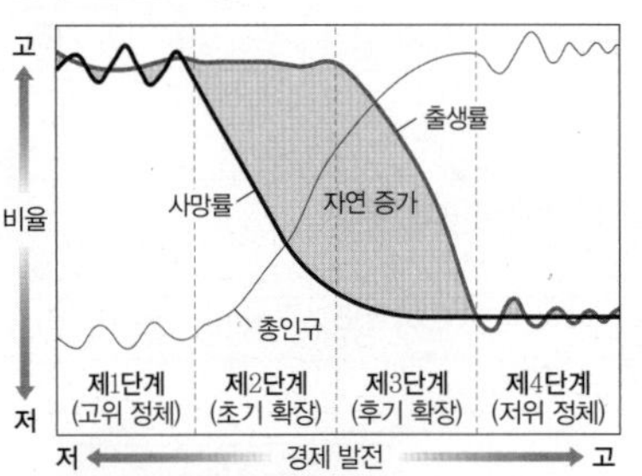

1단계	사망률과 출생률이 모두 높음
2단계	• 의학 기술의 발달로 사망률 급감 • 인구가 급속히 증가하는 초기 확장기
3단계	• 가족계획, 자녀에 대한 가치관 변화로 출생률이 낮아짐 • 인구 증가율이 다소 낮아지는 후기 확장기
4단계	사망률과 출생률이 모두 낮음

(3) 우리나라의 인구 성장

조선 시대 이전	출생률이 높았으나 낮은 농업 생산력, 질병과 기근 등으로 사망률도 높았음
일제 강점기	• 근대 의학 기술의 보급으로 사망률이 낮아짐 • 경지 면적 증가, 식량 증산 등으로 인구 부양력이 높아짐
광복~1960년대 초	• 광복~1950년대 초: 해외 동포의 귀국, 북한 주민의 월남으로 남한의 인구 증가(사회적 증가) • 6·25 전쟁 기간 중: 사망률 증가 • 전쟁 후 안정 시기: 출산 붐 현상에 의한 인구 증가(자연적 증가)
1960년대 중반~1980년대	• 산아 제한 정책 실시, 생활 수준 향상 • 1983년 합계 출산율이 2.06명으로 대체 출산율보다 낮아짐
1990년대 이후	초혼 연령 상승, 만혼과 비혼 등으로 합계 출산율이 크게 낮아짐

탐구 활동 우리나라의 인구 변천

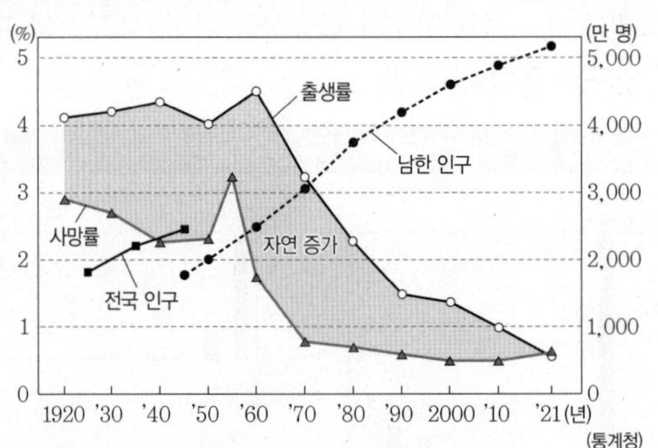

▸▸ 1950년에 비해 1960년에 출생률이 높게 나타난 이유를 설명해 보자.

6·25 전쟁 이후 불안정하였던 사회가 안정되면서 출산 붐(베이비 붐) 현상이 나타났기 때문이다.

▸▸ 1920년과 2021년의 출생률, 사망률, 인구의 자연 증가율을 비교해 보자.

2021년은 1920년보다 출생률과 사망률이 모두 낮다. 또한 2021년은 1920년보다 출생률에서 사망률을 뺀 인구의 자연 증가율이 낮으며, 출생률(0.51%)이 사망률(0.62%)보다 낮아 인구의 자연적 감소가 나타났다. 이러한 추세가 이어진다면 인구의 자연적 감소 현상은 앞으로도 지속될 것으로 예상된다.

▸▸ 1960년대~1980년대에 출생률이 급격히 하락한 이유를 설명해 보자.

인구의 급격한 증가를 억제하기 위해 정부 주도로 적극적인 산아 제한 정책이 추진되었고 결혼과 가족에 대한 가치관이 변화하였기 때문이다.

✪ 인구 변천 모형
사회·경제의 발전 과정에서 나타나는 자연적 증감(출생, 사망)에 의한 인구 변화를 나타낸 것이다.

✪ 출산 붐(베이비 붐)
불안정한 사회가 안정되면서 출생률이 급격히 증가하는 사회적 현상이다. 우리나라에서는 6·25 전쟁 후 1955년에서 1963년 사이에 태어난 세대를 출산 붐 세대라고 한다.

✪ 합계 출산율
여성 1명이 가임 기간(15~49세) 동안 낳을 것으로 예상되는 평균 출생아 수이다.

✪ 대체 출산율
한 국가가 현재의 인구 규모를 장기적으로 유지하는 데 필요한 출산율을 의미하며, 한 세대의 부부가 그들을 대체하기 위해 가져야 할 자녀 수(선진국은 대체로 2.1명)로 표현된다.

개념 체크

1. 인구의 (　　) 증감은 출생자 수에서 사망자 수를 뺀 값이며, 인구의 (　　) 증감은 전입자 수에서 전출자 수를 뺀 값이다.
2. 1960년대~1980년대 인구의 급격한 증가를 억제하기 위해 정부 주도로 적극적인 (　　) 정책이 추진되었다.
3. 1990년대 이후 우리나라는 초혼 연령 상승, 만혼과 비혼 등으로 (　　)이 크게 낮아졌다.

정답
1. 자연적, 사회적
2. 산아 제한
3. 합계 출산율

3. 우리나라의 인구 구조 변화

(1) 연령층별 인구 구조

① 출생률이 낮아지면서 유소년층 인구 비율이 감소함

② 청장년층 인구 비율은 2010년대 중반까지 증가하였으나 이후 감소하였으며, 지속적으로 감소할 것으로 예상됨

③ 평균 수명이 증가하면서 노년층 인구 비율이 증가함

(2) 시기별 인구 구조의 변화

1960년	출생률이 높아 유소년층 인구 비율이 매우 높음, 피라미드형 인구 구조가 나타남
2015년	낮은 출생률로 유소년층 인구 비율이 감소하고, 평균 수명 증가로 노년층 인구 비율이 증가함
2060년(예상)	평균 수명 증가와 저출산이 지속될 경우 노년층 인구 비율이 매우 높아질 것으로 예상됨

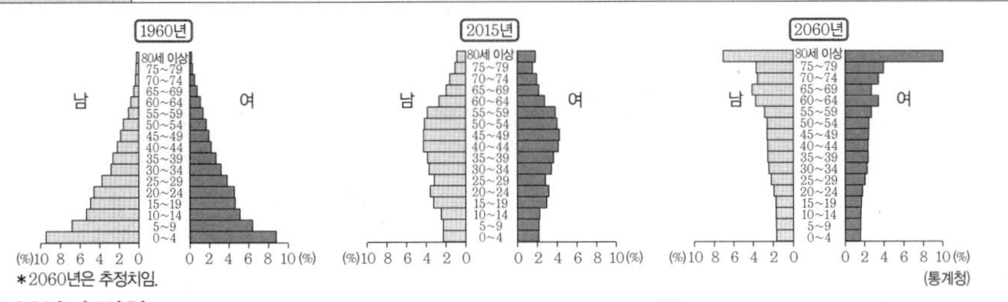

*2060년은 추정치임. (통계청)

(3) 인구 부양비 변화

① 1965년에 비해 2015년과 2065년은 유소년 부양비가 낮고 노년 부양비가 높음

② 1960년대부터 2010년대 중반까지는 청장년층 인구 비율이 증가하면서 총부양비가 낮아졌으나, 이후 청장년층 인구 비율이 감소하면서 총부양비가 높아질 것으로 예측됨

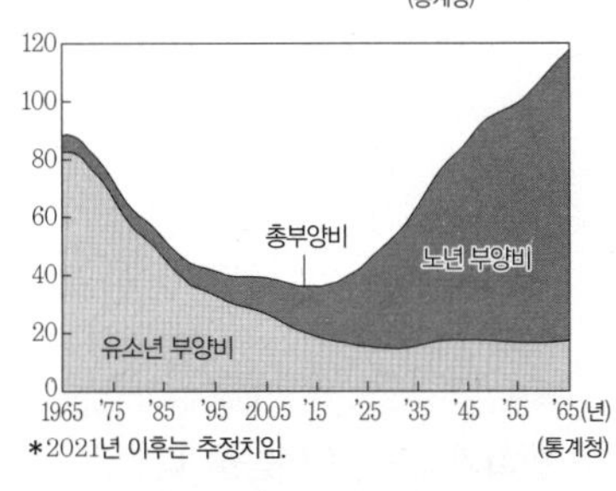

*2021년 이후는 추정치임. (통계청)

③ 유소년층 인구 비율은 감소하고 노년층 인구 비율은 증가하여 노령화 지수가 빠르게 증가함

자료 분석 다양한 인구 지표

(단위: %) 16 이상 / 14~16 / 12~14 / 10~12 / 8~10 / 8 미만

(단위: %) 35 이상 / 30~35 / 25~30 / 20~25 / 15~20 / 15 미만

110 이상 / 105~110 / 100~105 / 100 미만

(2021년) (통계청)

▲ 유소년층 인구 비율 ▲ 노년층 인구 비율 ▲ 성비

유소년층 인구 비율은 세종, 경기 일부 등에서 높게 나타나는데, 이 지역들은 청장년층 인구의 유입이 많아 유소년층 인구 비율도 높게 나타난다. 노년층 인구 비율은 경북 북부, 경남 서부, 호남 지방의 촌락 등에서 높게 나타나는데, 이 지역들은 청장년층 인구의 유출이 많아 노년층 인구 비율이 높게 나타난다. 일반적으로 도시는 유소년층 인구 비율이 높게 나타나며, 촌락은 노년층 인구 비율이 높게 나타난다. 또한 군부대가 많은 강원 및 경기 북부와 중화학 공업이 발달한 거제, 당진 등의 도시는 성비가 높게 나타나며, 노년층 인구 비율이 높은 촌락의 경우 여성 노년층 인구 비율이 높기 때문에 일반적으로 성비가 낮게 나타난다.

✪ 인구 피라미드
연령별과 성별에 따른 인구 구조를 나타내는 그래프이다. 피라미드형은 높은 출생률과 사망률을 보이며, 종형과 방추형은 낮은 출생률과 사망률을 보인다.

✪ 중위 연령
총인구를 나이순으로 줄 세웠을 때 중간에 있는 사람의 나이를 의미하며, 인구 고령화 정도를 파악하는 데 이용된다.

✪ 인구 부양비
- 총부양비 = 유소년 부양비 + 노년 부양비
- 유소년 부양비 = (유소년층 인구 ÷ 청장년층 인구) × 100
- 노년 부양비 = (노년층 인구 ÷ 청장년층 인구) × 100

✪ 노령화 지수
(노년층 인구 ÷ 유소년층 인구) × 100

✪ 성비
여성 100명당 남성의 수를 의미하며, 성비가 100보다 높으면 남초, 100보다 낮으면 여초라고 한다.

개념 체크

1. 우리나라의 청장년층 인구 비율은 2010년대 중반까지 (　　)하였으나, 이후 (　　)하였으며, 지속적으로 (　　)할 것으로 예상된다.
2. 우리나라는 유소년층 인구 비율이 감소하고 노년층 인구 비율이 증가하여 (　　)가 빠르게 증가하고 있다.
3. 군부대가 많은 강원 및 경기 북부와 중화학 공업이 발달한 거제, 당진 등의 도시는 성비가 (높게/낮게) 나타나며, 촌락은 여성 노년층 인구 비율이 높기 때문에 성비가 (높게/낮게) 나타난다.

정답
1. 증가, 감소, 감소
2. 노령화 지수 3. 높게, 낮게

[24018-0155]

01 그래프는 연령층별 인구 구성비 변화를 나타낸 것이다. 1960년과 비교한 2020년 인구의 상대적 특성을 그림의 A~E에서 고른 것은?

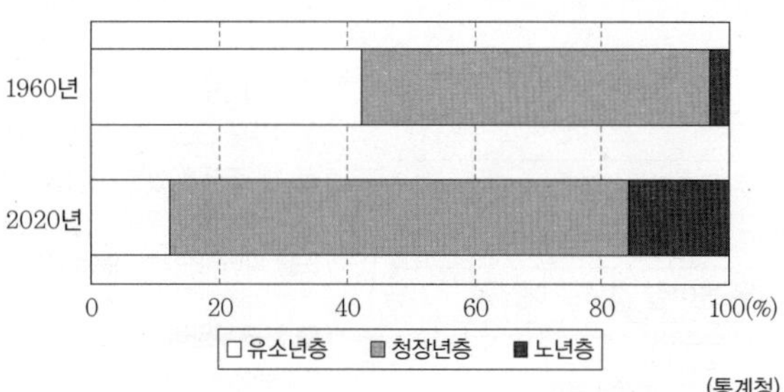

(통계청)

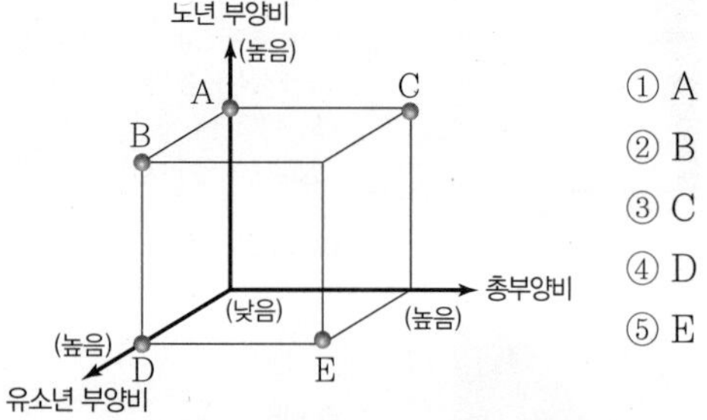

① A
② B
③ C
④ D
⑤ E

[24018-0156]

02 그래프는 네 지역의 인구 변화와 인구 순이동을 나타낸 것이다. (가)~(라) 지역을 그래프의 A~D에서 고른 것은? (단, (가)~(라)와 A~D는 각각 경기, 대전, 서울, 충남 중 하나임.)

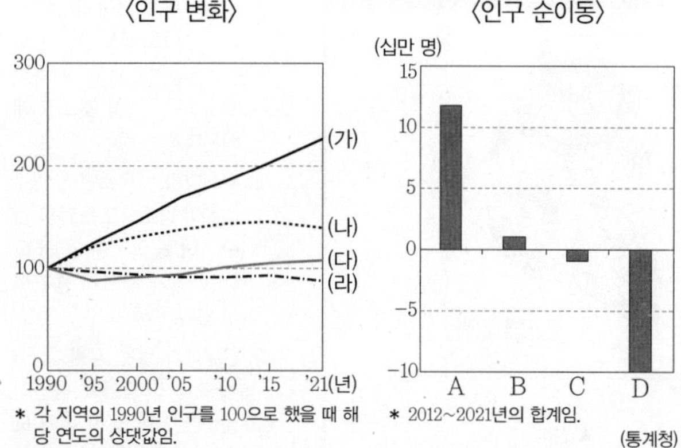

* 각 지역의 1990년 인구를 100으로 했을 때 해당 연도의 상댓값임.

* 2012~2021년의 합계임.

(통계청)

	(가)	(나)	(다)	(라)
①	A	B	C	D
②	A	C	B	D
③	B	A	D	C
④	D	A	C	B
⑤	D	C	B	A

[24018-0157]

03 다음 글의 ㉠~㉤에 대한 설명으로 옳지 않은 것은?

> 우리나라는 ㉠일제 강점기에 근대 의학 기술의 보급으로 사망률이 낮아졌으며, 경지 면적 증가와 식량 증산 등으로 인구가 급격히 증가하였다. 광복 후 1950년대 초까지 ㉡해외 동포의 귀국, 북한 주민의 월남으로 남한의 인구가 증가하였으며, ㉢한국 전쟁 후 안정된 시기에는 출산 붐 현상이 나타나면서 인구 구조에 많은 변화가 생겼다. 1960년대 이후에는 ㉣산아 제한 정책이 실시되었으며, 1990년대 이후에는 (㉤) 등으로 합계 출산율이 크게 낮아졌다.

① ㉠ – 인구 변천 모형의 초기 확장기에 해당한다.
② ㉡ – 인구의 사회적 증가 요인에 해당한다.
③ ㉢ – 피라미드형 인구 구조가 나타난다.
④ ㉣ – '다자녀 가구 세금 감면', '출산 장려금 지원' 등이 대표적이다.
⑤ ㉤ – '초혼 연령 상승'이 들어갈 수 있다.

[24018-0158]

04 표는 도별 인구 현황을 나타낸 것이다. (가)~(다) 지역에 대한 설명으로 옳은 것만을 〈보기〉에서 고른 것은?

지표 \ 지역	인구 밀도 (명/km^2)	지역 내 노년층 인구 비율(%)	성비
경기	1,325.3	12.8	102.2
제주	362.6	15.1	101.9
(가)	316.2	16.6	103.2
충남	264.0	17.9	105.5
(나)	223.4	20.6	99.5
충북	220.3	17.0	104.4
전남	144.9	22.9	102.0
경북	138.9	20.8	102.5
(다)	90.4	20.0	101.8

(2020년) (통계청)

● 보기 ●

ㄱ. (가)는 (다)보다 남성 인구가 적다.
ㄴ. (나)는 (다)보다 경지 면적 중 논 비율이 높다.
ㄷ. (가)는 영남 지방, (나)는 호남 지방에 속한다.
ㄹ. (가)~(다) 중 총인구는 (다)가 가장 많다.

① ㄱ, ㄴ ② ㄱ, ㄷ ③ ㄴ, ㄷ
④ ㄴ, ㄹ ⑤ ㄷ, ㄹ

[24018-0159]

1 그래프는 지도에 표시된 세 지역의 인구 현황을 나타낸 것이다. (가)~(다)에 대한 설명으로 옳은 것만을 〈보기〉에서 있는 대로 고른 것은?

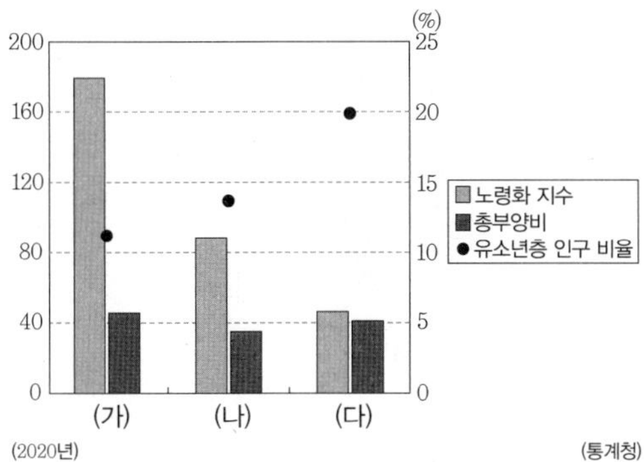

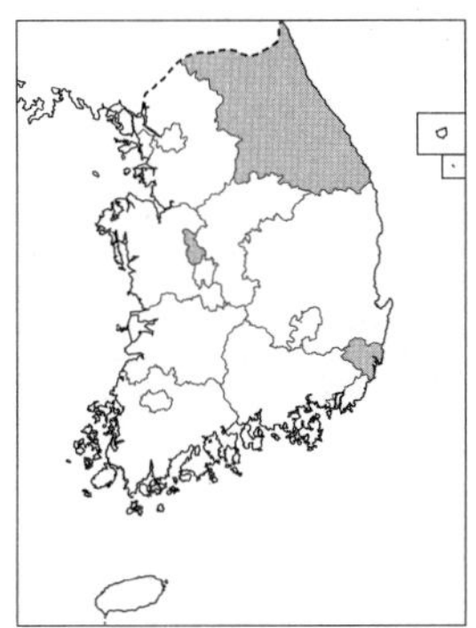

● 보기 ●

ㄱ. (가)는 (나)보다 청장년층 인구 비율이 높다.
ㄴ. (나)는 (다)보다 지역 내 2차 산업 취업자 수 비율이 높다.
ㄷ. (다)는 (가)보다 총인구가 많다.
ㄹ. (나)는 영남 지방, (다)는 충청 지방에 속한다.

① ㄱ, ㄷ ② ㄱ, ㄹ ③ ㄴ, ㄹ ④ ㄱ, ㄴ, ㄷ ⑤ ㄴ, ㄷ, ㄹ

[24018-0160]

2 다음 자료는 인구 단원의 형성 평가지이다. (가)에 들어갈 내용으로 옳은 것은?

※ 제시된 퀴즈의 정답을 오른쪽 낱말 카드에서 지워나가면 모든 글자가 지워집니다. (단, 중복되는 글자는 각각 지울 것)

〈퀴즈〉
(1) 여성 100명당 남성의 수
(2) 단위 면적에 분포하는 인구
(3) 총인구를 나이순으로 줄 세웠을 때 중간에 있는 사람의 나이
(4) 여성 1명이 가임 기간 동안 낳을 것으로 예상되는 평균 출생아 수
(5) (가)

〈낱말 카드〉

노	령	계	율	인
화	출	구	중	비
위	도	합	령	밀
지	연	산	성	수

① 유소년층 인구에 대한 노년층 인구의 비율
② 청장년층 인구에 대한 유소년층 인구의 비율
③ 연령별과 성별에 따른 인구 구조를 나타내는 그래프
④ 불안정한 사회가 안정되면서 출생률이 급격히 증가하는 사회적 현상
⑤ 한 국가가 현재의 인구 규모를 장기적으로 유지하는 데 필요한 출산율

[24018-0161]

3 그래프는 지도에 표시된 네 지역의 총인구 변화를 나타낸 것이다. (가)~(라) 지역에 대한 설명으로 옳은 것은?

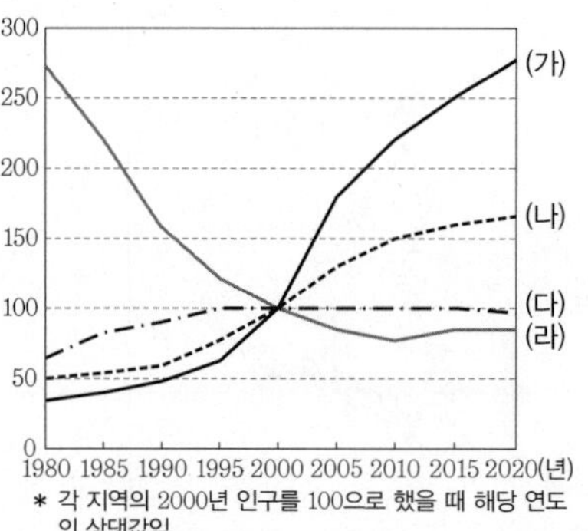

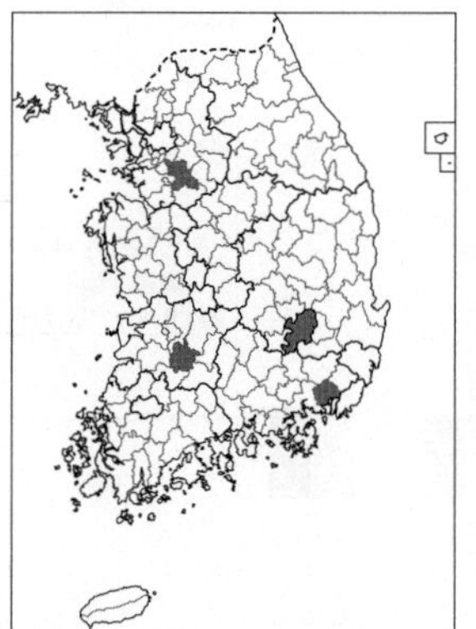

① (가)는 (라)보다 노령화 지수가 높다.
② (다)는 (나)보다 총인구가 많다.
③ (다)와 (라)는 모두 영남권에 속한다.
④ (가)~(라) 중 인구 밀도는 (나)가 가장 높다.
⑤ (가)~(라) 중 지역 내 1차 산업 취업자 수 비율은 (다)가 가장 높다.

[24018-0162]

4 그래프는 지도에 표시된 네 지역의 인구 현황을 나타낸 것이다. (가)~(라) 지역에 대한 설명으로 옳은 것은?

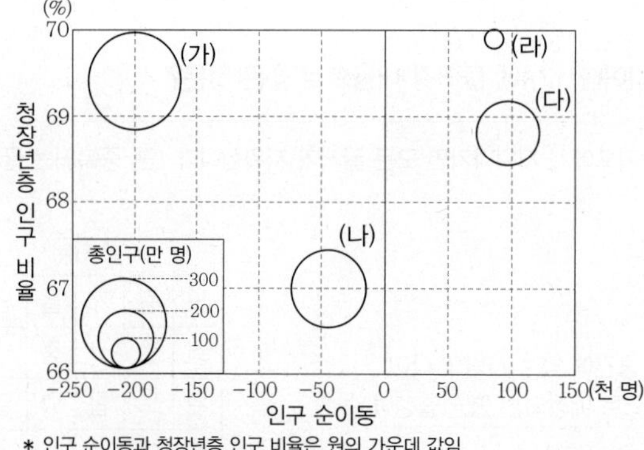

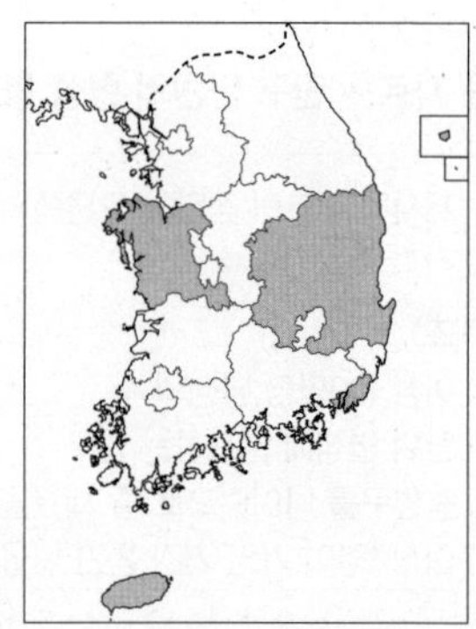

① (나)는 경기도와 행정 구역이 맞닿아 있다.
② (나)는 (라)보다 지역 내 3차 산업 취업자 수 비율이 높다.
③ 수도권에서의 인구 유입은 (다)가 (가)보다 많다.
④ (가)~(라) 중 인구 밀도는 (라)가 가장 높다.
⑤ (가)와 (다)는 모두 영남권에 속한다.

[24018-0163]

5 **그래프의 (가)~(마) 지역에 대한 설명으로 옳은 것은? (단, (가)~(마)는 각각 경기, 서울, 세종, 전남, 충남 중 하나임.)**

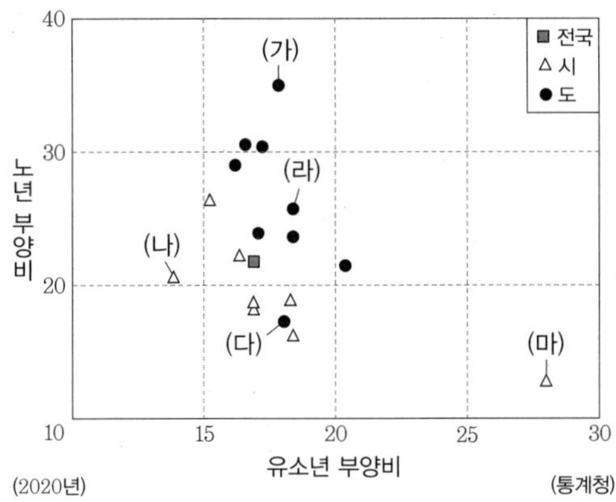

① (가)는 (나)보다 지역 내 청장년층 인구 비율이 높다.
② (다)는 (라)보다 지역 내 1차 산업 취업자 수 비율이 높다.
③ (마)는 (가)보다 총인구가 많다.
④ (라)와 (마)는 행정 구역이 맞닿아 있다.
⑤ (가)와 (나)는 수도권, (다)는 호남권에 속한다.

[24018-0164]

6 **그래프는 지도에 표시된 네 지역의 연령층별 인구 비율과 성비를 나타낸 것이다. (가)~(라) 지역에 대한 설명으로 옳은 것은?**

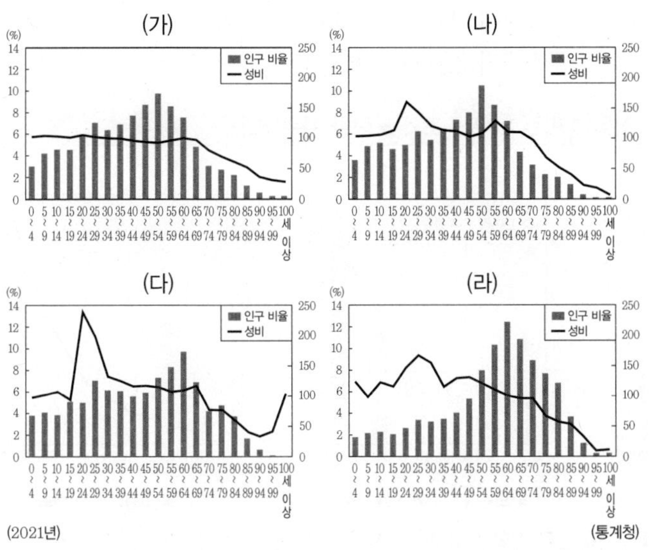

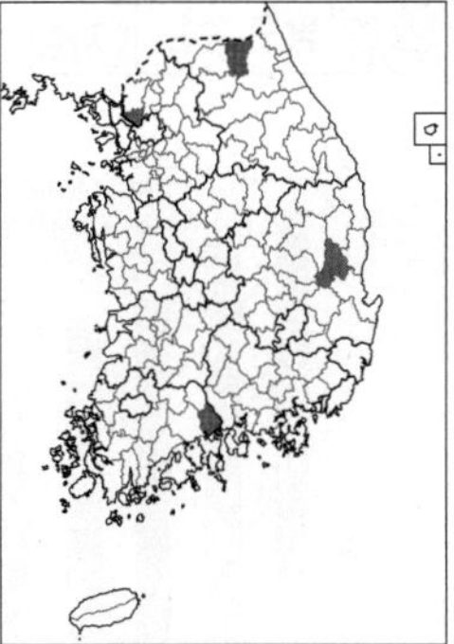

① (가)는 (나)보다 노년층 인구가 적다.
② (나)는 (다)보다 지역 내 2차 산업 취업자 수 비율이 높다.
③ (다)는 (라)보다 중위 연령이 높다.
④ (나)는 영남권, (라)는 강원권에 위치한다.
⑤ (가)~(라) 중 총부양비는 (가)가 가장 높다.

15 인구 문제와 다문화 공간의 확대

✪ 생산 가능 인구
경제 활동을 할 수 있는 연령의 인구를 말하며, 청장년층 인구에 해당하는 15~64세 인구이다.

✪ 고령화 · 고령 · 초고령 사회
전체 인구에서 노년층(65세 이상) 인구 비율이 7~14% 미만이면 고령화 사회, 14~20% 미만이면 고령 사회, 20% 이상이면 초고령 사회로 구분한다.

✪ 기대 수명
출생자가 출생 직후부터 생존할 것으로 기대되는 평균 생존 연수이다.

✪ 노령화 지수
유소년층 인구에 대한 노년층 인구의 비율이다.
• 노령화 지수
=(65세 이상 인구÷0~14세 인구)×100

1. 저출산 현상

(1) **현황**: 1960년대 이후 추진된 출산 억제 정책의 영향으로 합계 출산율 감소, 2022년 합계 출산율이 약 0.78명으로 초저출산 국가에 해당함

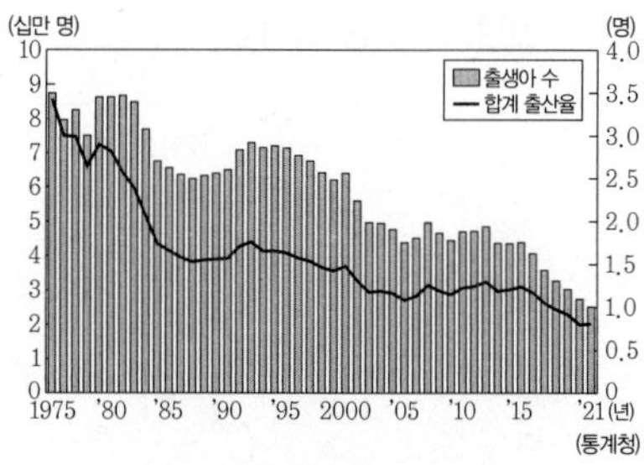

▲ 출생아 수와 합계 출산율 변화

(2) **원인**
① 결혼과 가족에 대한 가치관 변화로 평균 초혼 연령 상승, 비혼 및 무자녀 부부 증가에 따른 출생률 감소 등
② 자녀 양육 비용 증가, 고용 불안, 일과 가정 양립의 어려움 등

(3) **영향**
① 장기적으로 미래 생산 가능 인구와 총인구 감소 초래
② 경제 활동에 투입되는 노동력 부족, 소비와 투자 위축에 따른 국가 경쟁력 약화 유발

2. 고령화 현상

(1) **현황**: 2000년 고령화 사회 진입, 2018년 고령 사회 진입, 2025년에는 초고령 사회 진입 예상
(2) **원인**
① 저출산 현상에 따른 유소년층 인구 비율 감소와 노년층 인구 비율 증가
② 경제 수준 향상과 의학 기술 발달 → 사망률 감소, 기대 수명 증가
(3) **영향**
① 노년 부양비 증가에 따른 청장년층의 사회적 부담 증가
② 연금 · 의료 · 복지 등 사회적 비용 증가에 따른 국가 재정 부담 증가
③ 노동력 고령화, 노동력 감소 등으로 국가 경제의 활력 저하

탐구 활동 저출산 · 고령화에 따른 인구 구조와 노령화 지수 변화

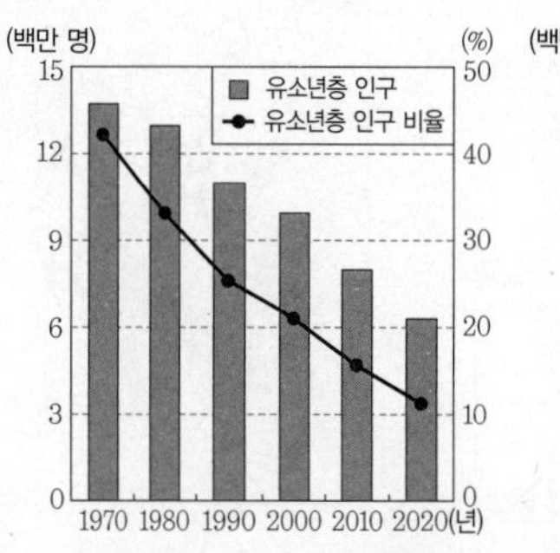

▲ 유소년층 인구와 비율 변화

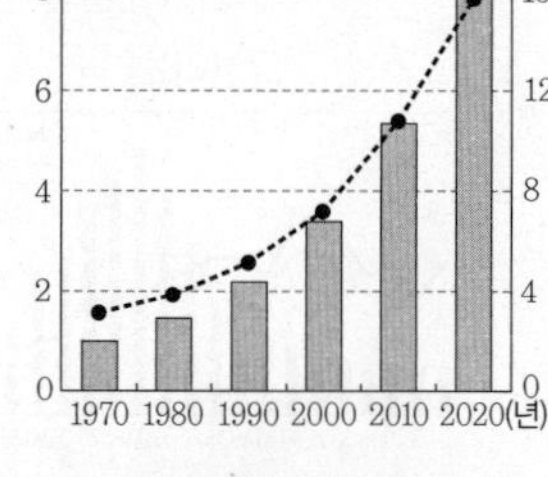

▲ 노년층 인구와 비율 변화

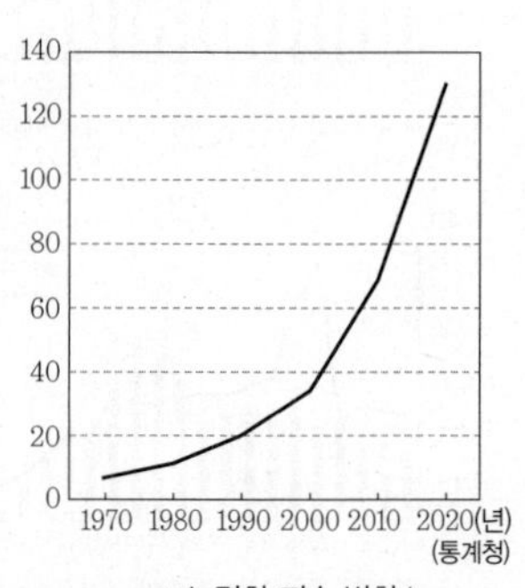

▲ 노령화 지수 변화

▸▸ **우리나라의 유소년층 인구와 노년층 인구 변화를 설명해 보자.** 저출산 현상이 심화되면서 유소년층 인구는 점차 줄어들어 유소년층 인구 비율은 1970년 42.5%에서 2020년 12.2%로 크게 감소하였다. 반면에 의료 기술의 향상과 평균 수명 연장에 따른 고령화 현상으로 같은 기간 노년층 인구 비율은 3.1%에서 15.7%로 증가하였는데, 우리나라는 2018년에 노년층 인구 비율이 14%를 넘어 고령 사회로 진입하였다.

▸▸ **노령화 지수의 변화를 설명해 보자.** 저출산 · 고령화 현상으로 유소년층 인구에 대한 노년층 인구의 비율인 노령화 지수는 1970년 7.2에서 2020년 129.3으로 크게 높아졌다.

개념 체크

1. 우리나라는 2022년 기준 ( )이 약 0.78명으로 초저출산 국가에 해당한다.
2. 우리나라는 2018년 노년층 인구 비율이 14%를 넘어 ( ) 사회로 진입하였다.
3. 우리나라는 유소년층 인구에 대한 노년층 인구의 비율인 ( )가 꾸준히 높아지고 있다.

정답
1. 합계 출산율
2. 고령
3. 노령화 지수

3. 저출산·고령화 현상에 따른 공간 변화

(1) 정주 여건의 격차 심화

① 정주 여건이 잘 갖추어진 지역은 대체로 유입 인구가 유출 인구보다 많음

② 고령화가 빠르게 진행되는 촌락, 지방 중소 도시, 대도시의 구(舊)시가지 등은 정주 여건이 악화되고 이에 따라 인구가 유출하는 악순환이 발생함

(2) 사회 기반 시설에 대한 수요 변화: 유소년층을 위한 문화·교육 시설보다 노년층을 위한 의료, 문화·평생 교육, 복지 시설에 대한 수요 증가

4. 저출산·고령화 현상에 대한 대책

(1) 저출산 대책

① 개인 및 사회적 인식 변화: 양성평등 문화 확립, 일과 가정 양립, 가족 친화적 사회 분위기 조성 등

② 정책적 지원

- 임신 및 양육에 대한 재정적 지원
- 출산 휴가 및 육아 휴직 제도 개선
- 신혼부부를 위한 주거·복지·행정적 지원 확대 및 다자녀 가구 우대 정책 실시
- 지역 및 직장에 안전하고 촘촘한 보육 시설 확충

(2) 고령화 대책

① 노년층의 경제적 기반 마련

- 정년 연장, 임금 피크제, 직업 재교육 등을 통한 경제 활동 참여 기회 확대
- 공적 연금 강화, 개인연금 준비 등 지속 가능한 연금 제도 정착

② 노인 복지 정책과 편의 시설 확대: 노인 전문 병원, 요양원 등의 시설 확충, 실버산업 육성 등

자료 분석 제4차(2021~2025년) 저출산·고령 사회 기본 계획

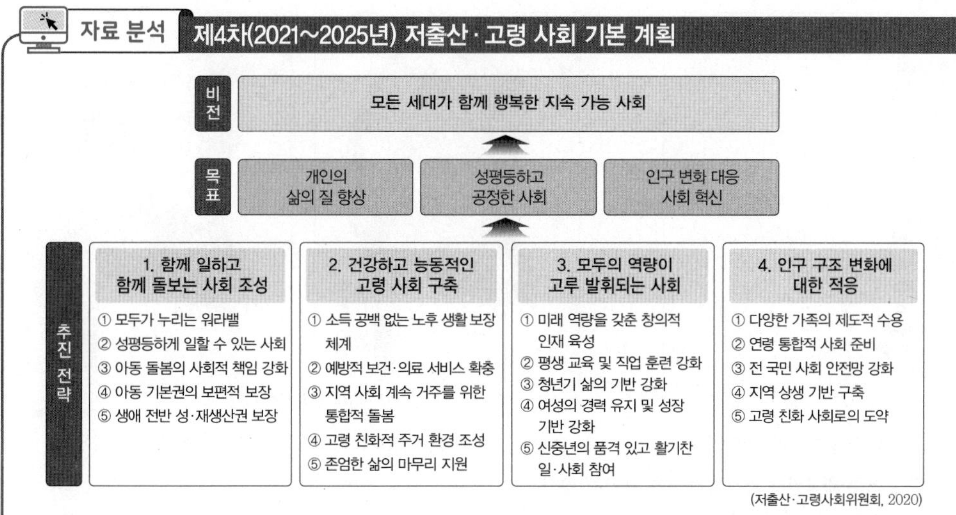

비전
모든 세대가 함께 행복한 지속 가능 사회
목표
개인의 삶의 질 향상
성평등하고 공정한 사회
인구 변화 대응 사회 혁신
추진 전략
1. 함께 일하고 함께 돌보는 사회 조성
① 모두가 누리는 워라밸
② 성평등하게 일할 수 있는 사회
③ 아동 돌봄의 사회적 책임 강화
④ 아동 기본권의 보편적 보장
⑤ 생애 전반 성·재생산권 보장
2. 건강하고 능동적인 고령 사회 구축
① 소득 공백 없는 노후 생활 보장 체계
② 예방적 보건·의료 서비스 확충
③ 지역 사회 계속 거주를 위한 통합적 돌봄
④ 고령 친화적 주거 환경 조성
⑤ 존엄한 삶의 마무리 지원
3. 모두의 역량이 고루 발휘되는 사회
① 미래 역량을 갖춘 창의적 인재 육성
② 평생 교육 및 직업 훈련 강화
③ 청년기 삶의 기반 강화
④ 여성의 경력 유지 및 성장 기반 강화
⑤ 신중년의 품격 있고 활기찬 일·사회 참여
4. 인구 구조 변화에 대한 적응
① 다양한 가족의 제도적 수용
② 연령 통합적 사회 준비
③ 전 국민 사회 안전망 강화
④ 지역 상생 기반 구축
⑤ 고령 친화 사회로의 도약

(저출산·고령사회위원회, 2020)

우리나라는 빠르게 진행되고 있는 저출산과 고령화 현상에 대응하기 위한 종합 대책으로 2005년 저출산·고령 사회 기본법을 제정하고 2006년에 저출산·고령 사회 기본 계획을 수립하였으며, 2020년에는 제4차 저출산·고령 사회 기본 계획을 발표하였다. 제4차 저출산·고령 사회 기본 계획의 주요 추진 방향은 '아이와 부모에 대한 사회적 투자 강화', '전 세대의 삶의 질 개선 지원', '사회 시스템의 탄력성과 지속 가능성 확보', '인구 문제 대응을 위한 추진 기반 강화'이다. 2022년에는 영아 수당, 부모 모두의 육아 휴직 등 주요 핵심 과제가 추가되었다.

✪ 정주
일정 지역에서 자리를 잡고 살아가는 인간 거주의 모습을 정주라고 한다.

✪ 임금 피크제
근로자의 고용을 보장해 주는 대신 일정 연령을 기점으로 단계적으로 임금을 줄여나가는 제도이다.

✪ 실버산업
노인을 위한 상품을 제조·판매하거나 의료·복지 시설을 세우고 운영하는 산업이다.

✪ 성·재생산권
개인이 어떠한 억압이나 차별, 폭력 없이 자녀를 가질지 여부와 시기, 방법, 자녀의 수 등을 자유롭게 결정할 수 있는 권리이다.

개념 체크

1. (　　)가 빠르게 진행되는 촌락, 지방 중소 도시 등은 정주 여건이 악화되고 인구가 유출되고 있다.
2. (　　) 대책으로는 출산 휴가 및 육아 휴직 제도 개선, 다자녀 가구 우대 정책 등이 있으며, (　　) 대책으로는 정년 연장을 통한 노년층의 경제 활동 참여 기회 확대, 노인 전문 병원 확충 등이 있다.
3. (　　)은 노인을 위한 상품을 제조·판매하거나 의료·복지 시설을 세우고 운영하는 산업이다.

정답
1. 고령화
2. 저출산, 고령화
3. 실버산업

✪ 국내 거주 외국인의 국적별 비율

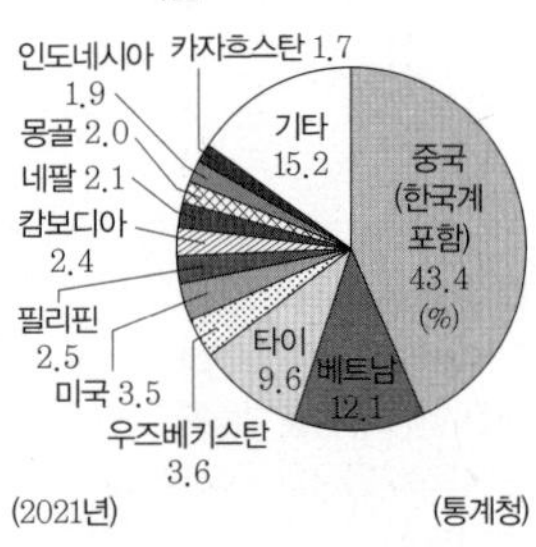

✪ 산업별·성별 외국인 취업자 수

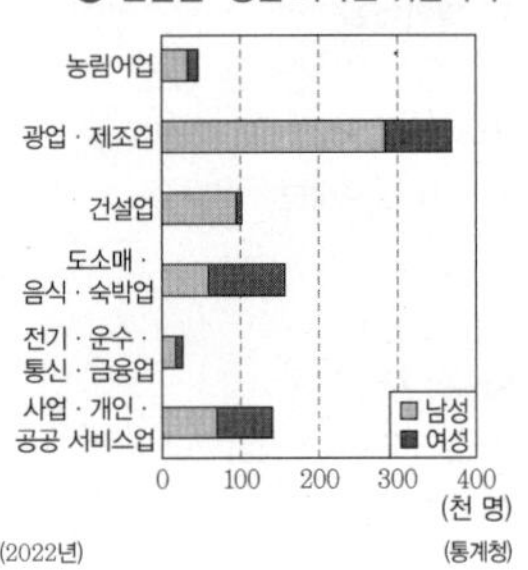

✪ 3D 업종

어렵고(Difficult), 더럽고(Dirty), 위험하여(Dangerous) 사람들이 일반적으로 기피하는 업종이다.

✪ 다문화 가정

다른 국적, 인종, 문화를 가진 가족 구성원이 포함된 가정이다.

개념 체크

1. 국내 거주 외국인 중 국적별 비율이 가장 높은 나라는 (　　)이다.
2. 외국인 취업자 중 광업·제조업 취업자 수는 도소매·음식·숙박업 취업자 수보다 (많다/적다).
3. 한국인 여성과 외국인 남성의 결혼 비율은 한국인 남성과 외국인 여성의 결혼 비율보다 (높다/낮다).

정답
1. 중국(한국계 포함)
2. 많다
3. 낮다

5. 외국인 이주자의 증가

(1) 국내 거주 외국인의 증가와 현황

① 배경: 세계화에 따른 노동 시장 개방, 외국인의 국내 취업 및 유학 증가, 국제결혼 증가 등
② 유형: 외국인 근로자, 결혼 이민자, 유학생 등
③ 출신 국가별 현황: 국적별로는 중국(한국계 포함)과 동남아시아 국가 출신 비율이 높음

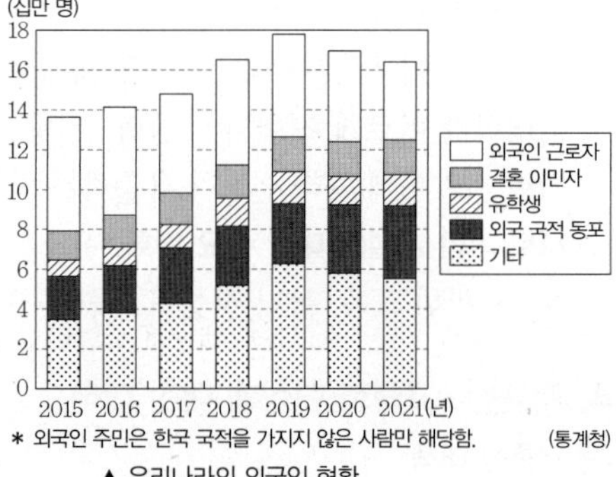

* 외국인 주민은 한국 국적을 가지지 않은 사람만 해당함. (통계청)

▲ 우리나라의 외국인 현황

(2) 외국인 근로자의 유입

① 배경: 국내 근로자의 임금 상승, 3D 업종에 대한 기피 현상 → 노동력 부족 현상 심화
② 현황: 중국·동남아시아·남부 아시아로부터 저임금 노동력이 유입됨, 최근에는 연구 개발, 국제 금융 등 전문직·고임금 외국인 근로자의 유입도 활발해짐
③ 주요 취업 업종: 제조업과 서비스업에 종사하는 비율이 높음

(3) 국제결혼과 다문화 가정의 증가

① 배경: 농어촌 지역에서 결혼 적령기의 성비 불균형 심화, 외국인에 대한 인식 개선, 결혼에 대한 가치관 변화 등
② 현황
- 2000년대 중반까지 국제결혼 건수가 급격히 증가하였으나 이후 대체로 감소 추세임
- 총 국제결혼 건수는 도시가 많지만, 국제결혼 비율은 촌락이 높음
- 한국인 여성과 외국인 남성의 결혼보다 한국인 남성과 외국인 여성의 결혼 비율이 높음

탐구 활동 | 외국인의 공간적 분포

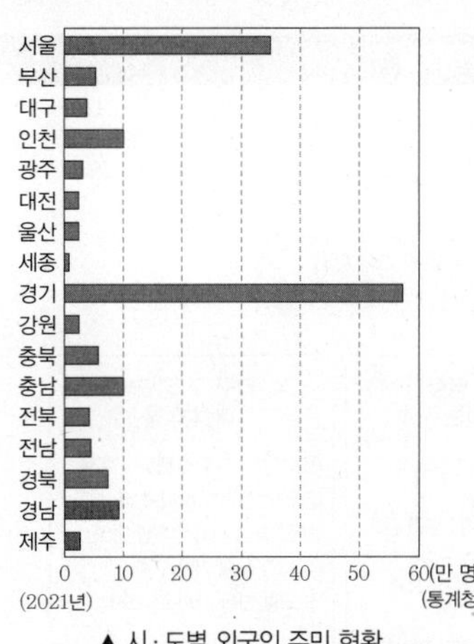

▲ 시·도별 외국인 주민 현황

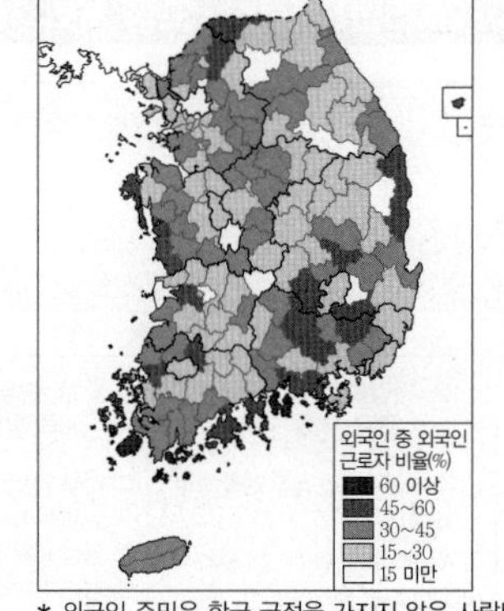

▲ 외국인 중 외국인 근로자 비율

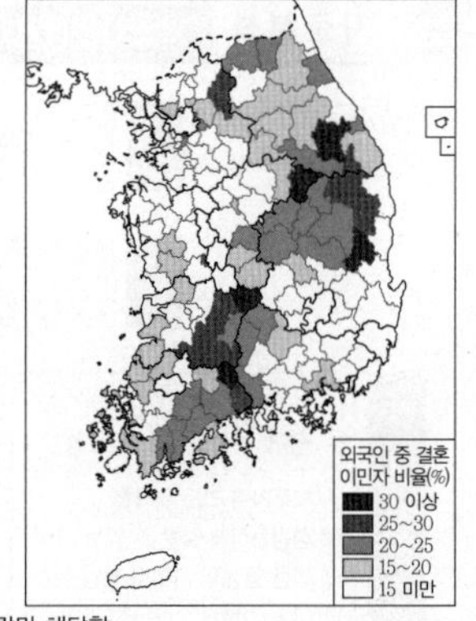

▲ 외국인 중 결혼 이민자 비율

* 외국인 주민은 한국 국적을 가지지 않은 사람만 해당함.
(2021년) (행정안전부)

▸ 국내 거주 외국인의 공간적 분포를 설명해 보자.

전체 거주 외국인의 절반 이상이 수도권에 분포하며, 경기도에 가장 많은 외국인이 거주한다.

▸ 외국인 근로자의 공간적 분포를 설명해 보자.

외국인 근로자의 비율이 높은 지역은 생산직 근로자의 수요가 많은 수도권 및 영남권 등의 제조업 발달 지역과 청장년층 인구의 유출로 노동력이 부족한 일부 촌락 등이다.

▸ 결혼 이민자의 공간적 분포를 설명해 보자.

결혼 이민자의 비율은 촌락에서 높게 나타나는데, 이는 젊은 여성 인구가 도시로 이주함에 따라 촌락에서 결혼 적령기의 성비 불균형이 나타났기 때문이다.

6. 다문화 사회의 형성과 영향

(1) 다문화 사회 및 다문화 공간의 형성

① 다문화 사회의 형성: 외국인 근로자와 결혼 이민자의 증가로 다문화 사회 형성

② 다문화 공간의 형성: 언어·종교 등 문화적 배경이 유사하거나 국적이 같은 이주자들이 일정 지역에서 정보 교환과 자국 문화 공유를 위한 공동체 형성 → 이주자들의 문화와 우리나라의 문화가 융합되어 독특한 공간 형성

자료 분석 우리나라의 대표적인 다문화 공간

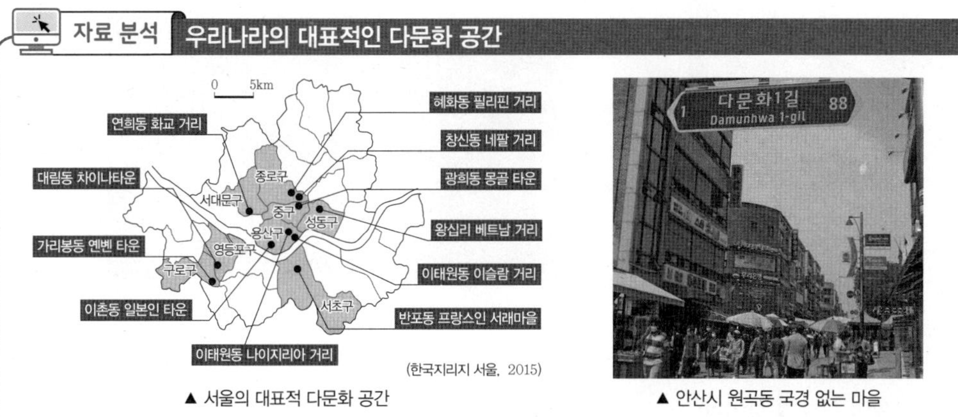

▲ 서울의 대표적 다문화 공간 ▲ 안산시 원곡동 국경 없는 마을

국내 체류 외국인이 증가하면서 국내 거주 외국인들의 정보 교환 및 자국 문화 공유를 위해 모이는 다문화 공간이 형성되고 있다. 서울시 이태원동 이슬람 거리는 우리나라 최초의 이슬람 사원인 서울 중앙 성원을 중심으로 이슬람교를 믿는 아시아, 아프리카 출신의 외국인들이 주로 모인다. 서울시 혜화동 필리핀 거리는 혜화동 성당에서 필리핀인을 위한 미사가 열려 일요일마다 필리핀인들이 모여 교류하는 장터가 형성되었다. 가리봉동 옌볜 타운은 1992년 한중 수교가 체결되면서 중국 동포와 중국인들이 유입되어 형성되었다. 안산시 원곡동 국경 없는 마을은 2009년 지식경제부로부터 지정받은 국내 최대 외국인 밀집 거주 지역으로 50여 개 국가 출신의 외국인들이 모여 있는 우리나라의 대표적인 다문화 공간이다.

(2) 다문화 사회의 영향

① 긍정적 영향
- 노동력 유입에 따른 인력난 완화 및 경제 성장
- 저출산·고령화 현상 완화 → 우리나라 인구 구조에 긍정적인 영향
- 다양한 문화적 자산 공유

② 부정적 영향
- 외국인 근로자와 내국인 근로자 간 일자리 경쟁
- 인종(민족)·종교적 차이에 대한 편견과 차별로 사회적 갈등 유발
- 결혼 이민자가 겪는 자녀 보육 및 적응 문제의 어려움
- 다문화 가정 자녀의 정체성 혼란과 사회 부적응 문제
- 의사소통의 어려움과 문화적 이질감에 따른 갈등

(3) 다문화 사회의 발전을 위한 노력

① 국가적·사회적 차원: 「다문화 가족 지원법」 제정과 같은 제도적 지원 확대, 다문화 가정을 지원하는 사회적 통합 시스템 구축, 시민 단체 등의 외국인 이주자 및 다문화 가정 자녀를 지원하는 프로그램 실시 등

② 개인적 차원: 문화 상대주의 관점에서 문화적 다양성 존중, 외국인과 상생할 수 있는 시민 의식 함양 등

✪ 국가별 다문화 수용에 대한 인식

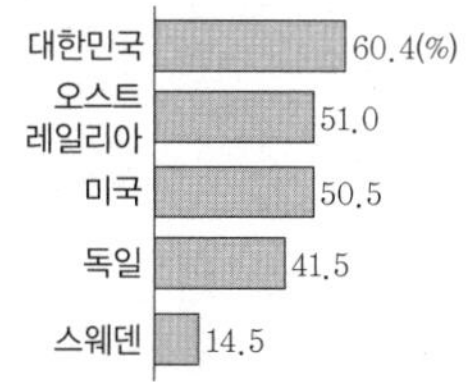
일자리가 귀할 때 자국민 우선 고용 찬성

	%
대한민국	60.4
오스트레일리아	51.0
미국	50.5
독일	41.5
스웨덴	14.5

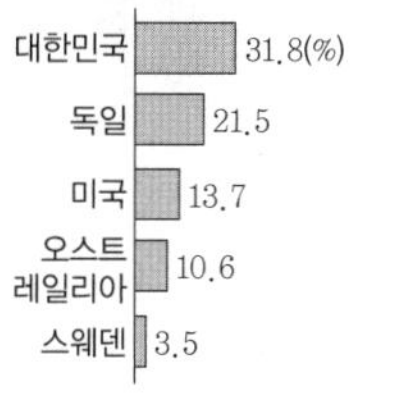
외국인 이주자를 이웃으로 삼고 싶지 않음

	%
대한민국	31.8
독일	21.5
미국	13.7
오스트레일리아	10.6
스웨덴	3.5

(여성가족부, 2015)

우리나라 국민들의 다문화 수용성은 선진국에 비해 낮은 편이다.

✪ 문화 상대주의

어떤 사회의 특수한 자연환경과 사회적 맥락, 역사적 배경 등을 고려하여 그 사회의 문화를 이해하는 태도를 말한다.

개념 체크

1. 국내 거주 외국인들의 정보 교환 및 자국 문화 공유를 위해 모이는 (   ) 공간이 형성되고 있다.
2. 안산시 원곡동 (   )은 국내 최대 외국인 밀집 거주 지역으로, 우리나라의 대표적인 다문화 공간이다.
3. 다문화 사회는 우리나라가 겪고 있는 저출산·고령화 현상을 (완화/심화)할 수 있다.

정답
1. 다문화
2. 국경 없는 마을
3. 완화

[24018-0165]

01 그래프와 같은 변화가 지속될 때 나타날 수 있는 현상으로 적절하지 않은 것은?

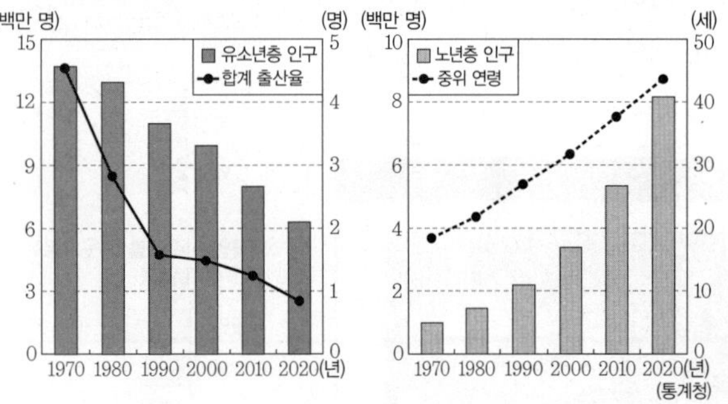

① 노령화 지수가 높아질 것이다.
② 피라미드형 인구 구조가 나타날 것이다.
③ 출산 휴가 및 육아 휴직 제도가 확대될 것이다.
④ 경제 활동에 투입되는 노동력이 감소할 것이다.
⑤ 노인 전문 병원, 요양원 등의 시설이 확충될 것이다.

[24018-0166]

02 그래프는 시·도별 유소년층 및 노년층 인구 비율을 나타낸 것이다. 이에 대한 설명으로 옳은 것은?

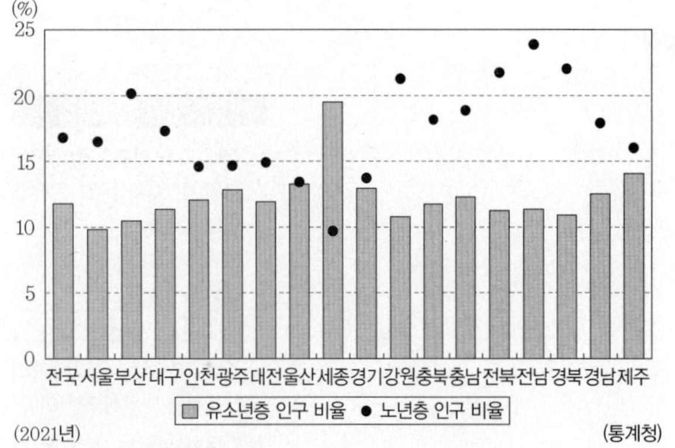

① 충북은 전북보다 노령화 지수가 높다.
② 세종은 경기보다 유소년층 인구가 많다.
③ 서울은 부산보다 청장년층 인구 비율이 높다.
④ 모든 시(市)는 전국 평균보다 총부양비가 높다.
⑤ 모든 도(道)는 유소년 부양비가 노년 부양비보다 높다.

[24018-0167]

03 그림은 우리나라의 시기별 인구 포스터를 나타낸 것이다. (가) 시기와 비교한 (나) 시기의 상대적 특성으로 옳은 것만을 〈보기〉에서 있는 대로 고른 것은? (단, (가), (나)는 각각 1970년대, 2000년대 중 하나임.)

(가)

(나)

아빠! 혼자는 싫어요.
엄마! 저도 동생을 갖고 싶어요.
보건복지부 · 대한가족보건복지협회

보기
ㄱ. 노년 부양비가 높다.
ㄴ. 인구의 자연 증가율이 높다.
ㄷ. 전체 인구에서 청장년층 인구가 차지하는 비율이 높다.

① ㄱ ② ㄷ ③ ㄱ, ㄴ
④ ㄱ, ㄷ ⑤ ㄴ, ㄷ

[24018-0168]

04 다음은 학생이 작성한 노트 필기의 일부이다. (가)에 들어갈 내용으로 적절하지 않은 것은?

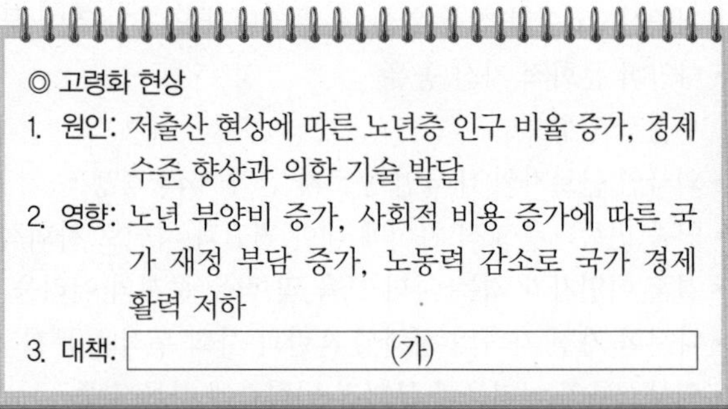
◎ 고령화 현상
1. 원인: 저출산 현상에 따른 노년층 인구 비율 증가, 경제 수준 향상과 의학 기술 발달
2. 영향: 노년 부양비 증가, 사회적 비용 증가에 따른 국가 재정 부담 증가, 노동력 감소로 국가 경제 활력 저하
3. 대책: (가)

① 적극적인 실버산업 육성
② 노인 복지 정책과 편의 시설 확대
③ 기업의 정년 단축 및 청년 취업 기회 확대
④ 국민연금 및 기초 연금 등의 공적 연금 제도 강화
⑤ 임금 피크제, 직업 재교육을 통한 노인의 경제 활동 참여 기회 확대

[24018-0169]

05 그래프는 유형별 외국인 주민 수를 나타낸 것이다. 이에 대한 설명으로 옳은 것만을 〈보기〉에서 고른 것은? (단, (가), (나)는 각각 남성, 여성 중 하나이며, A~C는 각각 결혼 이민자, 유학생, 외국인 근로자 중 하나임.)

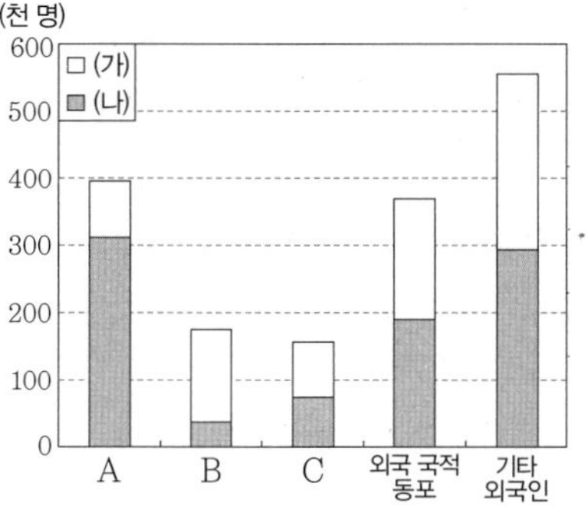

* 외국인 주민은 한국 국적을 가지지 않은 사람만 해당함.
(2021년) (통계청)

보기
ㄱ. (가)는 남성, (나)는 여성이다.
ㄴ. 우리나라 시·도 중 A가 가장 많은 지역은 경기이다.
ㄷ. 촌락에 거주하는 B는 여성이 남성보다 많다.
ㄹ. C는 B보다 우리나라에 거주하는 평균 기간이 길다.

① ㄱ, ㄴ ② ㄱ, ㄷ ③ ㄴ, ㄷ ④ ㄴ, ㄹ ⑤ ㄷ, ㄹ

[24018-0170]

06 그래프는 지도에 표시된 세 지역의 유형별 외국인 주민 비율을 나타낸 것이다. (가)~(다) 지역에 대한 설명으로 옳은 것은?

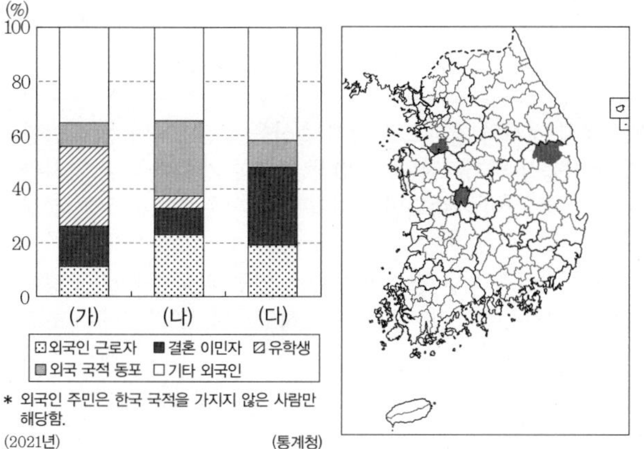

* 외국인 주민은 한국 국적을 가지지 않은 사람만 해당함.
(2021년) (통계청)

① (가)는 (나)보다 외국인의 성비가 높다.
② (나)는 (다)보다 노령화 지수가 높다.
③ (다)는 (가)보다 외국인 근로자 수가 많다.
④ (가)와 (나)는 모두 충청남도와 행정 구역이 맞닿아 있다.
⑤ (가)~(다) 중 인구 밀도는 (나)가 가장 높다.

[24018-0171]

07 그래프는 산업별·성별 외국인 취업자 수를 나타낸 것이다. 이에 대한 설명으로 옳은 것만을 〈보기〉에서 고른 것은? (단, (가), (나)는 각각 남성, 여성 중 하나이며, A, B는 각각 광업·제조업, 도소매·음식·숙박업 중 하나임.)

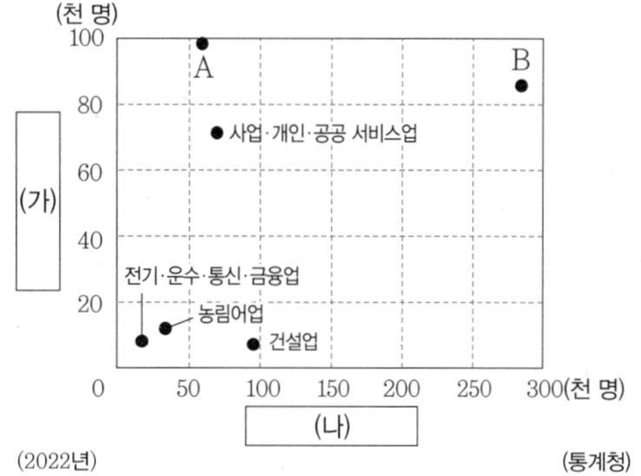

(2022년) (통계청)

보기
ㄱ. 외국인 취업자 수는 여성이 남성보다 많다.
ㄴ. 광업·제조업 취업자 수는 도소매·음식·숙박업 취업자 수보다 많다.
ㄷ. 결혼 이민자는 (나)가 (가)보다 많다.
ㄹ. A에 취업한 외국인은 성비가 100 미만, B에 취업한 외국인은 성비가 100 이상이다.

① ㄱ, ㄴ ② ㄱ, ㄷ ③ ㄴ, ㄷ ④ ㄴ, ㄹ ⑤ ㄷ, ㄹ

[24018-0172]

08 다음 글의 (가) 지역에 대한 설명으로 옳은 것은?

(가) 은/는 2021년 기준 외국인 주민이 79,928명으로 시 전체 인구의 약 11%에 이른다. ○○동의 국경 없는 마을은 전국에서 외국인 근로자가 많이 거주하는 대표적인 지역으로, 인근 산업 단지에서 일하는 외국인 근로자들이 모이면서 조성되었다. 이 지역은 2009년 국내 최초로 다문화 마을 특구로 지정되었는데, 주민 센터 옆에 자리한 외국인 주민 센터에는 세계 각국의 방향과 그곳까지의 거리를 알려 주는 표지판도 세워져 있다.

▲ 각국의 방향과 거리를 알려 주는 표지판

① 도청 소재지이다.
② 혁신 도시가 조성되어 있다.
③ 수도권 1기 신도시가 위치한다.
④ 우리나라 유일의 조력 발전소가 위치한다.
⑤ 세계 문화유산으로 등재된 화성이 위치한다.

수능 실전 문제

[24018-0173]

1 **그래프에 대한 설명으로 옳은 것만을 〈보기〉에서 고른 것은?**

〈연령층별 인구 구조 변화〉

(만 명)
4,000
3,000
2,000
1,000
0
1960 1980 2000 2020 2040 2060 2070(년)
1,370 1,059 73 3,738 815 631 1,747 1,737 282
0~14세 15~64세 65세 이상

〈연령층별 인구 구성비 변화〉

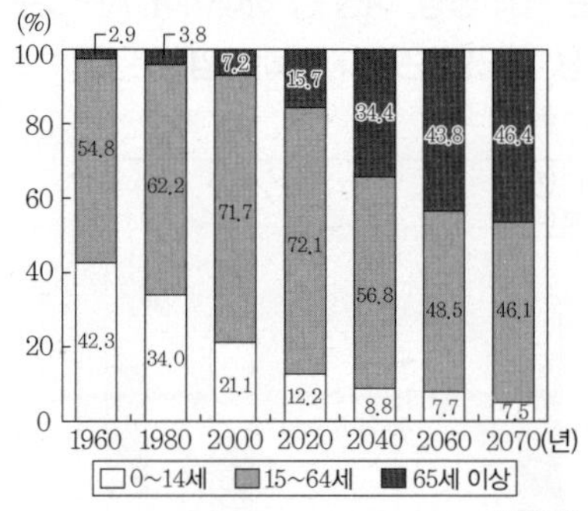

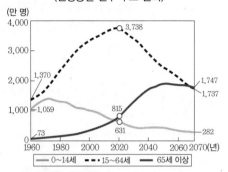

* 2021년 이후는 추정치임.

(통계청)

● 보기 ●

ㄱ. 2020년에는 노령화 지수가 100 이상이다.
ㄴ. 2040년 노년 부양비는 1960년 노년 부양비의 7배 이상일 것이다.
ㄷ. 1960~2070년 총부양비는 지속적으로 감소할 것이다.
ㄹ. 2020~2070년 유소년층 감소 인구는 노년층 증가 인구보다 많을 것이다.

① ㄱ, ㄴ ② ㄱ, ㄷ ③ ㄴ, ㄷ ④ ㄴ, ㄹ ⑤ ㄷ, ㄹ

[24018-0174]

2 **다음 글의 ㉠~㉣에 대한 설명으로 옳은 것만을 〈보기〉에서 있는 대로 고른 것은?**

우리나라는 1960년대 이후 출산 억제 정책의 영향으로 합계 출산율이 감소하여 ㉠2001년 이후 합계 출산율이 1.3명 미만인 초저출산 국가로 분류되었다. 결혼과 가족에 대한 가치관 변화로 ㉡출생률이 감소하고 있는데, 이 현상이 지속되면 소비와 투자 위축에 따른 국가 경쟁력이 약화될 수 있다.

한편, 저출산 현상에 따른 ㉢유소년층 인구 비율 감소와 노년층 인구 비율 증가로 고령화 현상이 나타나고 있는데, 우리나라는 2018년 ㉣고령 사회에 진입하였으며, 2025년에는 초고령 사회로의 진입이 예상된다.

● 보기 ●

ㄱ. ㉠의 영향으로 우리나라는 2001년부터 총인구가 감소하고 있다.
ㄴ. ㉡이 지속되면 2050년에는 현재보다 총부양비가 증가할 것이다.
ㄷ. ㉢으로 인해 노령화 지수가 높아지고 있다.
ㄹ. ㉣은 노년층 인구 비율이 20% 이상인 사회를 의미한다.

① ㄱ, ㄷ ② ㄱ, ㄹ ③ ㄴ, ㄷ ④ ㄱ, ㄴ, ㄹ ⑤ ㄴ, ㄷ, ㄹ

[24018-0175]

3 그래프는 도별 노년층 인구 및 비율을 나타낸 것이다. (가)~(라) 지역에 대한 설명으로 옳은 것은?

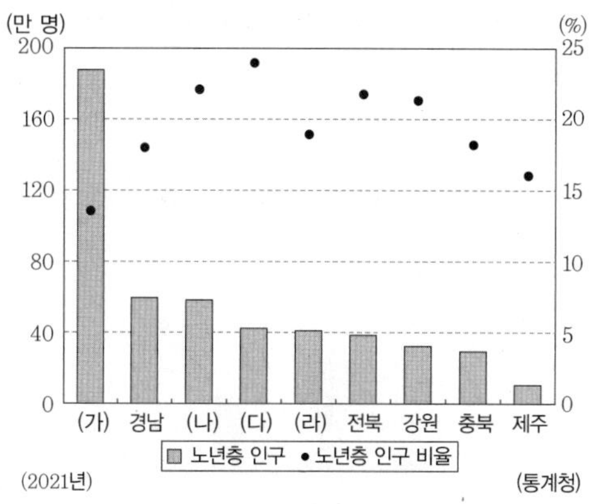

① (나)는 (가)보다 지역 내 유소년층 인구 비율이 높다.
② (라)는 (다)보다 총인구가 많다.
③ (가)와 (다)는 행정 구역이 맞닿아 있다.
④ (나)와 (라)는 모두 초고령 사회에 진입해 있다.
⑤ (가)~(라) 중 중위 연령은 (가)가 가장 높다.

[24018-0176]

4 다음 글의 ㉠~㉤에 대한 설명으로 옳지 않은 것은?

• 우리나라는 국내 근로자의 임금 상승, 3D 업종에 대한 취업 기피 현상으로 중국, 동남아시아, 남부 아시아로부터 저임금 노동력이 유입되고 있다. 산업별 ㉠외국인 취업자 수를 보면 광업·제조업 취업자 수가 가장 많고, 그다음으로는 ㉡도소매·음식·숙박업 취업자 수가 많다. 또한 외국인에 대한 인식 개선, 결혼에 대한 가치관 변화 등의 영향으로 ㉢국제결혼이 이루어지고 있는데, 특히 농어촌 지역은 결혼 적령기의 성비 불균형 심화로 도시보다 국제결혼 비율이 높다.
• 우리나라는 외국인 근로자와 ㉣결혼 이민자의 증가로 다문화 사회가 형성되고 있는데, 언어·종교 등 문화적 배경이 유사하거나 국적이 같은 이주자들이 일정 지역에서 정보 교환과 자국 문화 공유를 위한 공동체가 형성되고 있다. 우리나라의 대표적인 다문화 공간으로는 안산시의 국경 없는 마을, [㉤] 등이 있으며, 이러한 다문화 공간은 이주자들의 문화와 우리나라의 문화가 융합되어 있다.

① 우리나라의 시·도 중 ㉠이 가장 많은 지역은 경기이다.
② ㉡은 외국인 여성이 외국인 남성보다 많다.
③ ㉢은 한국인 남성과 외국인 여성의 결혼보다 한국인 여성과 외국인 남성의 결혼 비율이 높다.
④ 지역 내 외국인 주민 중 ㉣의 비율은 고양시가 봉화군보다 낮다.
⑤ ㉤에는 '서울시의 이태원 이슬람 거리'가 들어갈 수 있다.

[24018-0177]

5 그래프는 (가), (나) 지역의 연령대별 · 성별 외국인 수를 나타낸 것이다. 이에 대한 설명으로 옳은 것만을 〈보기〉에서 있는 대로 고른 것은? (단, (가), (나)는 각각 평창군, 화성시 중 하나임.)

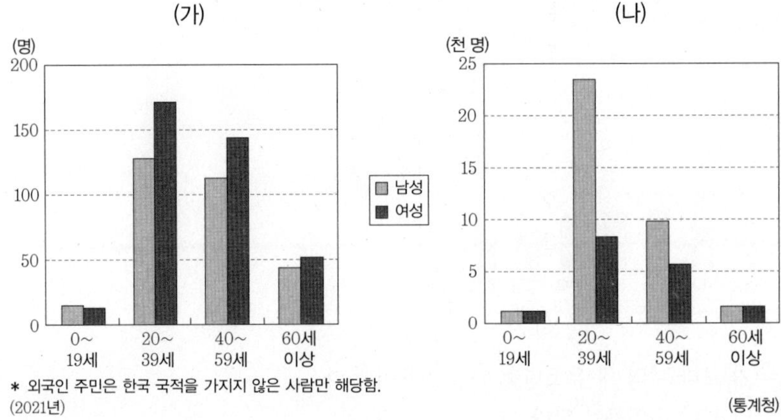

* 외국인 주민은 한국 국적을 가지지 않은 사람만 해당함.
(2021년) (통계청)

● 보기 ●

ㄱ. (가)는 (나)보다 지역 내 내국인의 노령화 지수가 높다.
ㄴ. (가)는 (나)보다 지역 내 외국인 주민 중 결혼 이민자 비율이 높다.
ㄷ. (나)는 (가)보다 지역 내 내국인의 2차 산업 종사자 비율이 높다.
ㄹ. (가)는 외국인 주민의 성비가 100 이상이고, (나)는 외국인 주민의 성비가 100 미만이다.

① ㄱ, ㄴ ② ㄱ, ㄹ ③ ㄷ, ㄹ ④ ㄱ, ㄴ, ㄷ ⑤ ㄴ, ㄷ, ㄹ

[24018-0178]

6 그래프는 지도에 표시된 세 지역의 유형별 외국인 주민 비율을 나타낸 것이다. (가)~(다) 지역에 대한 설명으로 옳은 것은?

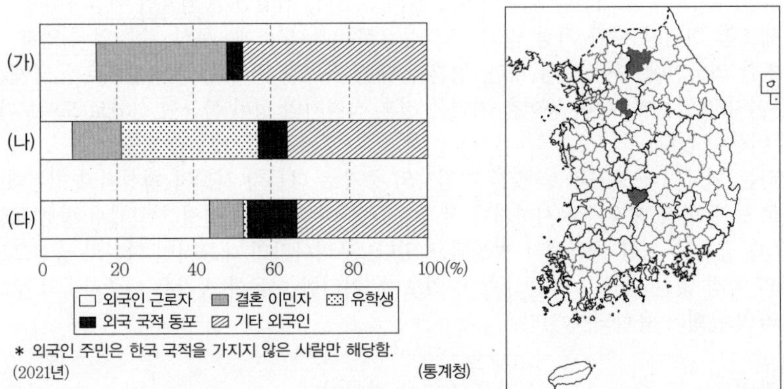

* 외국인 주민은 한국 국적을 가지지 않은 사람만 해당함.
(2021년) (통계청)

① (가)에는 지방 행정의 중심지인 도청이 위치한다.
② (가)는 (나)보다 인구 밀도가 높다.
③ (다)는 (나)보다 외국인 유학생 수가 많다.
④ (가)~(다) 중 외국인 주민의 성비는 (가)가 가장 높다.
⑤ (가)는 남부 지방, (나)와 (다)는 중부 지방에 위치한다.

16 지역의 의미와 북한 지역

1. 지역의 의미와 지역 구분

(1) 지역의 의미

① 지리적 특성이 다른 곳과 구별되는 지표상의 공간 범위

② 지역은 특정한 기준에 의해 구분되며, 다양한 자연환경과 인문 환경으로 구성됨

(2) 지역성

① 다른 지역과 구분되는 그 지역의 고유한 특성

② 지역의 자연환경과 인문 환경이 오랜 기간 상호 작용하여 형성됨

③ 지역성과 공간 범위는 시간의 흐름, 교통·통신의 발달, 지역 간 상호 작용 등에 따라 끊임없이 변화함

④ 교통·통신의 발달과 지역 간 교류의 활성화로 지역성은 점차 약화됨

(3) 지역 구분의 유형

① 동질 지역
- 의미: 특정한 지리적 현상이 동일하게 나타나는 공간 범위
- 사례: 기후 지역, 농업 지역, 문화권 등

② 기능 지역
- 의미: 중심지와 그 기능이 영향을 미치는 배후지가 기능적으로 결합한 공간 범위
- 사례: 상권, 통학권, 통근권, 도시 세력권 등

③ 점이 지대
- 의미: 인접한 두 지역의 특성이 함께 섞여 나타나는 곳
- 특징: 문화권, 방언권 등의 경계 지역에서 잘 나타남

✪ 지역 구분

지역은 대륙이나 국가와 같은 넓은 범위부터 마을과 같이 상대적으로 좁은 범위에 이르기까지 다양한 규모로 표현될 수 있다. 또한 하나의 지역은 여러 가지 특징을 동시에 지니고 있어 다양한 방식으로 구분할 수 있다.

✪ 점이 지대

지역과 지역 사이의 경계에 두 지역의 특성이 섞여 나타나는 곳이다.

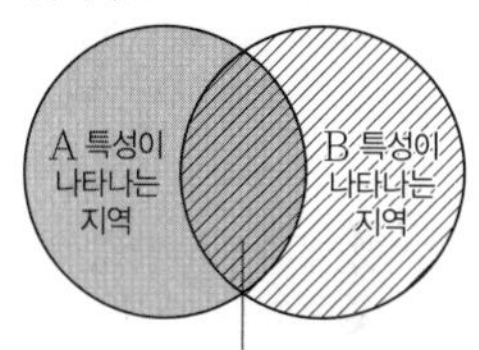

탐구 활동 | 동질 지역과 기능 지역

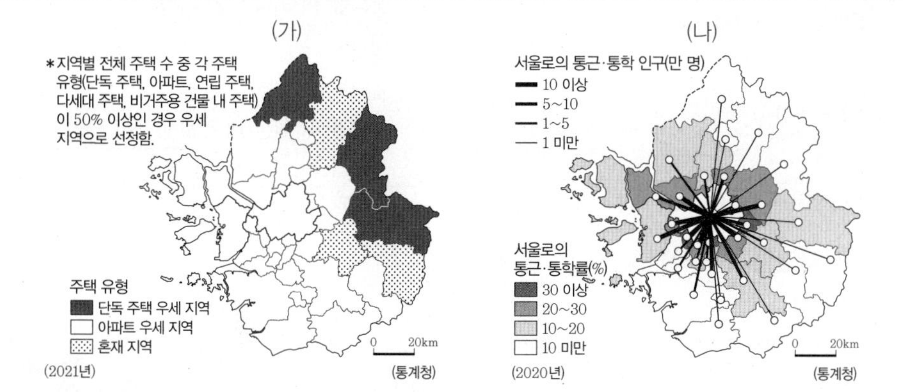

▸▸ (가), (나)의 지역 구분 방법과 그 차이를 설명해 보자.

(가)는 수도권의 시·군별 주택 유형 분포로, 이는 주택 유형이 유사한 특성을 지닌 지역을 나타내고 있다. 이처럼 특정한 지리적 현상이 동일하게 나타나는 공간적 범위를 동질 지역이라 하며, 그 사례로는 기후 지역, 농업 지역, 문화권 등이 있다. (나)는 인천과 경기에서 서울로의 통근·통학 인구 및 통근·통학률로, 이는 서울이라는 중심지가 주변 지역에 미치는 영향력을 보여 준다. 이처럼 중심지와 그 기능이 영향을 미치는 배후지가 기능적으로 결합한 공간 범위를 기능 지역이라고 하며, 그 사례로는 상권, 도시 세력권 등이 있다. 기능 지역은 중심에서 주변으로 갈수록 기능의 영향이 줄어들며, 그 범위는 교통과 통신이 발달하면서 변화한다.

개념 체크

1. 다른 지역과 구분되는 그 지역의 고유한 특성을 (　　)이라고 하며, 지역의 자연환경과 인문 환경이 오랜 기간 상호 작용하여 형성된다.
2. 특정한 지리적 현상이 동일하게 나타나는 공간적 범위를 (동질/기능) 지역이라고 하며, 그 사례로는 (기후 지역/통학권)이 있다.
3. 중심지와 그 기능이 영향을 미치는 배후지가 기능적으로 결합한 공간 범위를 (동질/기능) 지역이라고 하며, 그 사례로는 (기후 지역/통학권)이 있다.

정답

1. 지역성
2. 동질, 기후 지역
3. 기능, 통학권

✪ 우리나라의 행정 구역

우리나라의 행정 구역은 조선 시대의 8도에서 비롯되었으며, 도의 명칭은 지역 중심지의 이름을 따서 정하였다.

✪ 조선 시대 도(道) 행정 구역 명칭 부여

함경도	함흥, 경성
평안도	평양, 안주
강원도	강릉, 원주
황해도	황주, 해주
경기도	서울 주변
충청도	충주, 청주
전라도	전주, 나주
경상도	경주, 상주

도의 명칭은 주요 도시의 맨 앞 글자를 합쳐 지은 것이다.

개념 체크

1. 조선 8도 중 강원도는 도내 주요 도시인 (　　)과 (　　)의 앞 글자를 합쳐 지은 도명이다.
2. (　　) 지방과 (　　) 지방은 소백산맥과 섬진강을 경계로 구분된다.
3. 관동 지방의 영동 지방과 영서 지방을 나누는 경계는 (　　)이다.
4. 북한에서 압록강, 대동강 등 큰 하천은 대부분 (　　)로 유입되며, 두만강은 (　　)로 유입된다.

정답
1. 강릉, 원주
2. 영남, 호남
3. 대관령
4. 황해, 동해

2. 우리나라의 지역 구분

(1) 지역 구분의 필요성

① 지역 구분을 통해 각 지역의 지역성과 지역 간 차이를 파악할 수 있음

② 지역 구분은 지역 문제의 원인 분석이나 해결 방안 모색에 도움을 주기도 함

(2) 우리나라의 다양한 지역 구분

① 전통적 지역 구분: 주로 고개, 산줄기, 대하천 등의 자연적 요소를 기준으로 구분

자료 분석 　전통적 지역 구분

우리나라의 전통적 지역 구분은 산줄기, 고개, 하천 등의 지형지물이나 시설물을 기준으로 이루어졌다. 예를 들어 함경도 안변군과 강원특별자치도 회양군 사이에 있는 철령관을 기준으로 그 북쪽을 관북, 서쪽을 관서, 동쪽을 관동 지방으로 구분하였다. 그리고 한양(서울), 즉 도읍지를 둘러싸고 있는 곳을 경기 지방, 한양을 기준으로 바다 건너 서쪽에 있는 지역을 해서 지방이라고 불렀다. 관동 지방의 영서 지방과 영동 지방을 나눈 경계는 대관령이며, 경상도 일대를 가리키는 영남 지방은 조령(문경 새재)의 남쪽이라는 의미이다. 영남 지방은 소백산맥과 섬진강을 경계로 하여 호남 지방과 구분되며, 호남 지방은 호강(금강)의 남쪽 또는 전북특별자치도 김제의 벽골제 남쪽이라는 의미이다. 호강(금강) 상류의 서쪽 또는 제천 의림지를 기준으로 서쪽을 호서 지방이라고 한다.

② 대지역 구분: 북부 지방(북한 지역), 중부 지방(수도권, 강원권, 충청권), 남부 지방(영남권, 호남권, 제주권)

③ 행정 기준에 따른 지역 구분

- 조선 시대: 전국을 8도로 구분하고, 도내 주요 도시의 앞 글자를 따서 도의 이름을 만듦
- 남한의 행정 구역: 17개 광역 행정 구분, 6개 광역권

〈17개 광역 행정 구분〉

특별시(1)	서울
광역시(6)	부산, 대구, 인천, 광주, 대전, 울산
특별자치시(1)	세종
도(6)	경기, 충북, 충남, 전남, 경북, 경남
특별자치도(3)	제주, 강원, 전북

〈6개 광역권〉

수도권	서울, 인천, 경기
충청권	대전, 세종, 충남, 충북
호남권	광주, 전북, 전남
영남권	부산, 대구, 울산, 경북, 경남
강원권	강원
제주권	제주

3. 북한의 자연환경과 자원

(1) 북한의 지형

① 산지: 낭림산맥, 함경산맥, 마천령산맥이 위치한 북동부 지역에 백두산을 비롯한 높고 험준한 산지와 개마고원이 분포함

② 하천과 평야

- 압록강, 대동강 등 큰 하천은 대부분 황해로 유입되며, 대동강 하류 일대에 평양평야, 재령평야 등이 발달함
- 동해 쪽으로 흐르는 하천은 두만강을 제외하면 대부분 경사가 급하고 유로가 짧으며, 동해안을 따라 소규모 평야가 발달함

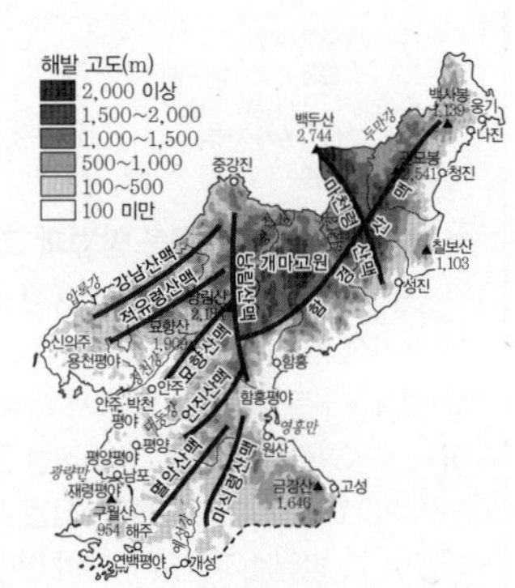

▲ 북한의 지형

(2) 북한의 기후

① 기온: 남한보다 위도가 높고 대륙의 영향을 많이 받아 기온의 연교차가 큰 편임, 지형과 바다의 영향으로 동해안 지역이 같은 위도의 서해안 지역보다 겨울 기온이 높음

② 강수: 연 강수량은 남한보다 적은 편이며, 지형과 풍향의 영향으로 강수량의 지역 차가 큼

다우지	강원도 해안 지역, 청천강 중·상류 지역
소우지	대동강 하류 지역, 관북 지방

탐구 활동 북한의 지역별 기후 특성

(℃) 30, 20, 10, 0, -10, -20 / (가) (나) (다) (라) (마) / 최난월 평균 기온, 최한월 평균 기온

*1991~2020년의 평년값임.

(℃) 14, 12, 10, 8, 6, 4, 2, 0 / (mm) 1,400, 1,200, 1,000, 800, 600, 400, 200, 0 / (가) (나) (다) (라) (마) / 연평균 기온, 연 강수량

(기상청)

중강진, 청진, 희천, 원산, 남포

▶ 북한 각 지역의 기후 특성을 고려하여 (가)~(마) 지역을 지도에서 찾아보자.

(가)는 기온의 연교차가 가장 크고 최한월 평균 기온이 가장 낮으므로 고위도 내륙에 위치한 중강진이다. (나)는 기온의 연교차가 (가) 다음으로 크고 연 강수량이 (마) 다음으로 많으므로 북한의 다우지에 해당하는 청천강 중·상류에 위치한 희천이다. (다)는 연 강수량이 가장 적고 기온의 연교차가 (마) 다음으로 작으므로 동해안에 위치한 청진이다. (라)와 (마)는 남포와 원산 중 하나인데, 서해안에 위치한 남포는 원산보다 연평균 기온이 낮고 기온의 연교차가 크며 지형적으로 저평하여 연 강수량이 적다. 따라서 (라)는 남포이며, 연 강수량이 가장 많고 최한월 평균 기온이 가장 높은 (마)는 원산이다.

(3) 북한의 자연환경과 주민 생활

① 농업: 산지가 많고 기후가 한랭하여 논농사보다 밭농사의 비율이 높음, 남한보다 경지 면적이 넓지만 경사지가 많고 작물의 생장 가능 기간이 짧아 토지 생산성이 낮음

② 음식: 옥수수, 밀, 메밀, 감자 등 밭작물을 이용한 음식 발달

③ 가옥: 겨울이 춥고 긴 관북 지방에서 폐쇄적인 가옥 구조가 나타남 – 전(田)자형 가옥, 정주간

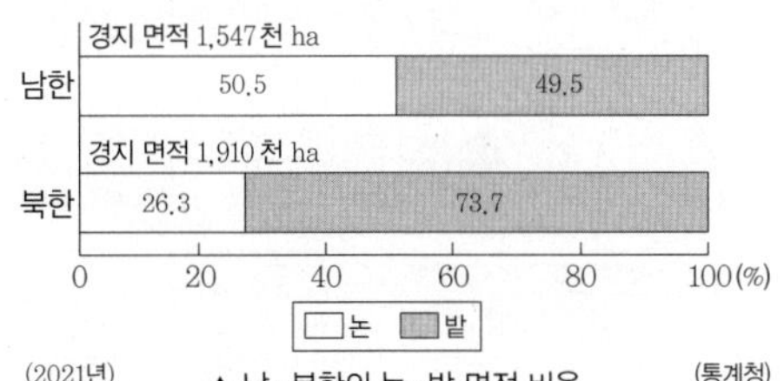

(2021년) ▲ 남·북한의 논·밭 면적 비율 (통계청)

남한 재배 면적 905천 ha
북한 재배 면적 1,863천 ha
0 1,000 2,000 3,000 4,000 5,000(천 톤)
쌀 옥수수 맥류 두류 서류 잡곡

(2021년) ▲ 남·북한의 식량 작물 생산량 (통계청)

(4) 북한의 자원

① 풍부한 지하자원: 석회석, 무연탄, 철광석, 텅스텐, 마그네사이트 등 지하자원이 풍부함

② 에너지 자원의 소비 구조: 석탄이 에너지 소비에서 가장 큰 비중을 차지함, 높고 험준한 산지가 발달해 있어 수력 발전에 유리함

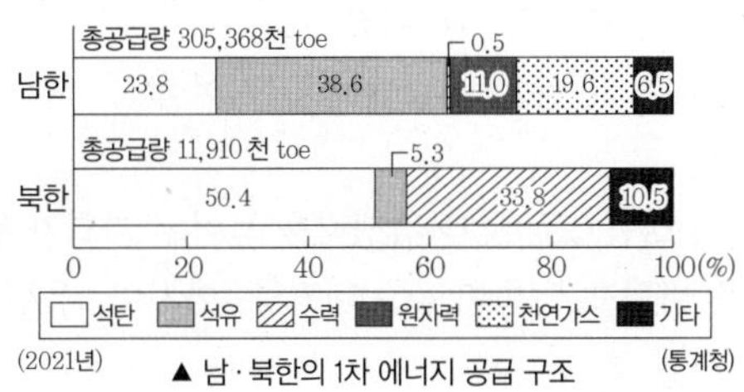

(2021년) ▲ 남·북한의 1차 에너지 공급 구조 (통계청)

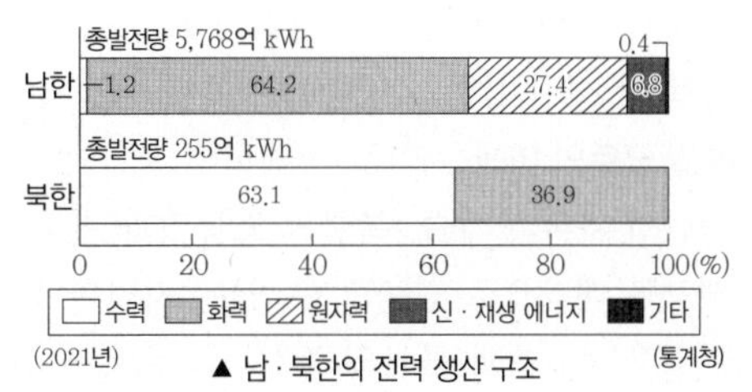

(2021년) ▲ 남·북한의 전력 생산 구조 (통계청)

✪ 남·북한의 주요 광물 자원 매장량

구분	북한	남한
금(톤)	2,000	46.1
은(톤)	5,000	1,510.5
구리(천 톤)	2,900	48.7
철(억 톤)	50	0.3
텅스텐(천 톤)	246	118.2
석회석(억 톤)	1,000	138.0
고령토(천 톤)	2,000	113,508.0
마그네사이트(억 톤)	60	–

(2021년) (통계청)

✪ 북한의 주요 발전 설비 분포

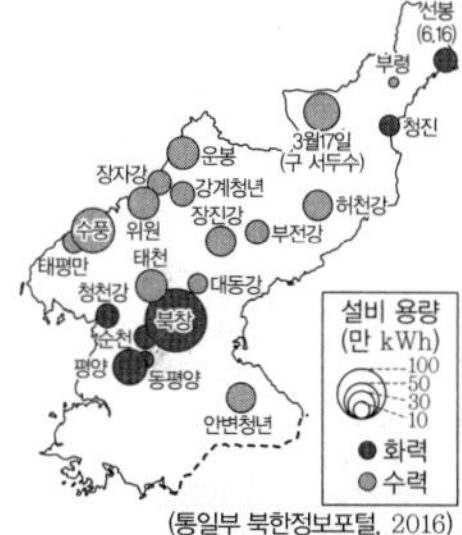

(통일부 북한정보포털, 2016)

북한의 수력 발전소는 1920년대 말부터 압록강 지류인 장진강, 부전강 등에 건설되었으며, 화력 발전소는 전력 소비가 많은 평양과 그 주변 지역을 중심으로 건설되었다.

개념 체크

1. 동해안에 위치한 원산은 서해안에 위치한 남포보다 기온의 연교차가 (크고/작고), 연 강수량이 (많다/적다).
2. 북한은 남한보다 (논/밭) 면적 비율이 높고, 옥수수 생산량이 (많다/적다).
3. 북한은 남한보다 1차 에너지 공급 구조에서 수력이 차지하는 비율이 (높다/낮다).

정답
1. 작고, 많다
2. 밭, 많다
3. 높다

✪ 남·북한의 연령층별 인구 구성

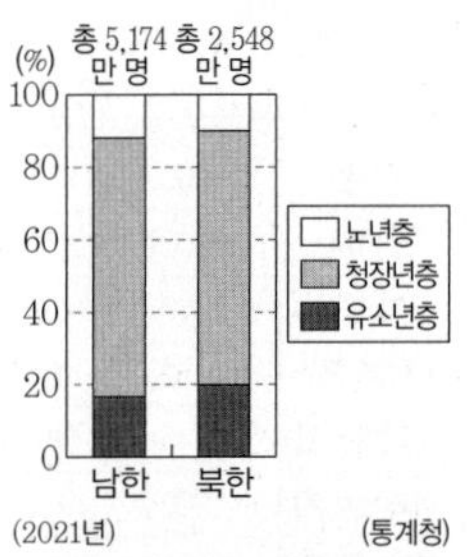

북한은 남한에 비해 유소년층 인구 비율이 높고 노년층 인구 비율이 낮다.

✪ 남·북한의 산업 구조

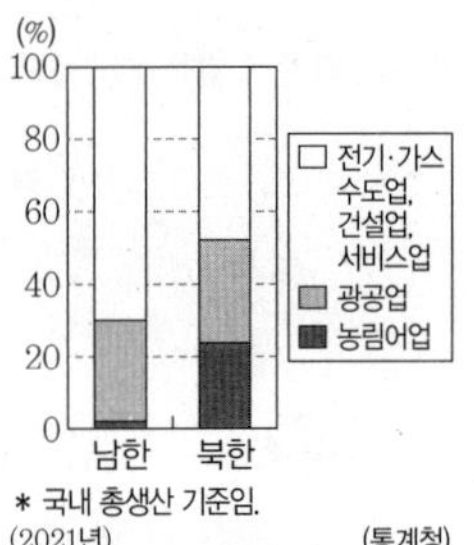

✪ 북한의 주요 교통망

북한의 교통망은 평양을 중심으로 서해안 평야 지대에 주로 발달해 있다. 북한은 철도가 수송의 주축을 이룬다.

4. 북한의 인문 환경

(1) 북한의 인구와 도시 분포

① 인구: 총인구 약 2,548만 명(2021년)으로 남한보다 인구가 적고 인구 밀도도 낮음

- 경제난의 영향으로 출산율이 낮아지면서 인구 증가율이 낮아지고 있으며, 노년층 인구 비율이 점차 늘고 있음 → 출산 장려 정책 추진
- 서부 평야 지역은 넓은 평야와 상대적으로 온화한 기후, 풍부한 용수를 바탕으로 농업과 공업이 발달하여 인구의 40% 이상이 집중됨, 북동부 내륙 지역은 인구가 희박함

② 도시: 주로 서부 지역의 평야와 동해 연안에 분포

관서 지방	• 평양: 인구 300만 명이 넘는 북한의 정치·경제·사회 중심지 • 남포: 평양의 외항으로 서해 갑문이 건설된 이후 그 기능이 강화됨 • 신의주: 철도 교통의 중심지로 중국과의 교역 통로 역할
관북 지방	동해안을 따라 청진, 원산 등의 항구 도시가 일제 강점기부터 공업 도시로 성장

(2) 북한의 산업과 교통

① 산업 구조

- 중공업 우선 정책 추진: 군수 공업과 관련된 기계, 금속, 화학 등의 공업 발달
- 산업 구조의 불균형: 경공업 발달이 미약하고 농업 생산성이 낮음 → 생활필수품과 식량 부족

② 주요 공업 지역

- 평양·남포 공업 지역: 편리한 교통, 풍부한 노동력과 자원을 바탕으로 발달
- 관북 해안 공업 지역: 일제 강점기부터 풍부한 지하자원을 바탕으로 발달(함흥, 청진)

③ 교통: 철도가 여객 수송의 약 60%, 화물 수송의 약 90% 담당, 도로와 하천 및 해상 수송은 철도 수송의 연계를 위한 보조적인 역할 수행

5. 북한의 개방 정책과 통일 국토의 미래

(1) 북한의 개방 정책과 남북 교류

① 주요 개방 지역

▲ 신의주 특별 행정구

신의주 특별 행정구는 홍콩을 거울삼아 외자 유치 및 교역 확대를 위해 경제특구로 지정되었으나 중국과의 마찰 등을 이유로 사업이 중단되었다. 2011년에는 신의주와 인접한 압록강 하구 황금평·위화도를 중국과 함께 개발하기로 하였다.

▲ 개성 공업 지구

수도권과 지리적으로 인접한 개성 공업 지구는 남한의 기업을 유치할 목적으로 조성되었다. 개성 공업 지구는 남한 기업이 부지의 개발과 이용을 맡고 북한이 노동력을 제공하는 형태로 합작이 이루어졌으나, 2016년 남북 간 마찰이 심화되면서 전면 중단되었다.

▲ 나선 경제특구

중국, 러시아와 인접한 나선 경제특구는 유엔 개발 계획의 지원을 계기로 1991년 북한 최초의 경제특구로 지정되었다. 북한은 이 지역을 수출 가공 및 금융 기반을 갖춘 동북아시아의 거점으로 개발하고자 하였다. 그러나 제도적 미비와 사회 기반 시설의 부족 등으로 큰 성과를 거두지 못하였다.

▲ 금강산 관광 지구

금강산 관광 지구는 금강산의 아름다운 자연 경관을 이용하여 남한과 일본 등의 관광객을 유치할 목적으로 조성되었다. 남북 회담 및 이산가족 상봉 등 남북 화합과 협력의 장으로 활용되었으나, 2008년 관광객 피격 사건 이후 남한의 금강산 관광이 중단되었다.

② 남북 교류

- 초기에는 단순 상품 교역 위주였으나 이후 위탁 가공 교역, 대북 직접 투자 등의 형태로 발달, 인도적 물자 지원, 사회·문화적 교류 등 다양한 남북 교류도 이루어짐
- 남북 간 정치 상황의 영향을 받으나 한반도 평화 도모 및 통일 기반 조성에 기여함

(2) 통일 국토의 미래

① 남한의 자본과 기술, 북한의 노동력과 지하자원의 결합으로 국가 경쟁력을 높이는 기회가 됨

② 해양과 대륙으로 진출할 수 있는 지리적 특성을 바탕으로 한반도는 태평양, 아시아, 유럽을 연결하는 교통과 물류의 중심 지역으로 부상할 것임

개념 체크

1. 북한은 남한보다 유소년층 인구 비율이 (높고/낮고) 노년층 인구 비율이 (높다/낮다).
2. 인구 300만 명이 넘는 북한의 정치·경제·사회 중심지는 (   )시이다.
3. (   ) 특별 행정구는 홍콩을 거울삼아 외자 유치 및 교역 확대를 위해 지정되었다.

정답
1. 높고, 낮다 2. 평양
3. 신의주

[24018-0179]

01 지도는 지역 구분의 사례를 나타낸 것이다. (가), (나)에 대한 설명으로 옳은 것만을 <보기>에서 있는 대로 고른 것은? (단, (가), (나)는 각각 기능 지역, 동질 지역 중 하나임.)

(가) (나)

보기

ㄱ. (가)의 사례로는 기후 지역, 문화권 등이 있다.
ㄴ. (나)는 특정한 지리적 현상이 동일하게 나타나는 공간 범위이다.
ㄷ. (가)는 (나)보다 교통과 통신의 발달에 따른 공간 범위의 변화 정도가 크다.
ㄹ. (나)는 (가)보다 지역 간 계층 구조가 뚜렷하게 나타난다.

① ㄱ, ㄷ ② ㄱ, ㄹ ③ ㄴ, ㄷ
④ ㄱ, ㄴ, ㄹ ⑤ ㄴ, ㄷ, ㄹ

[24018-0180]

02 지도는 전통적 지역 구분을 나타낸 것이다. A~F 지역에 대한 설명으로 옳은 것은?

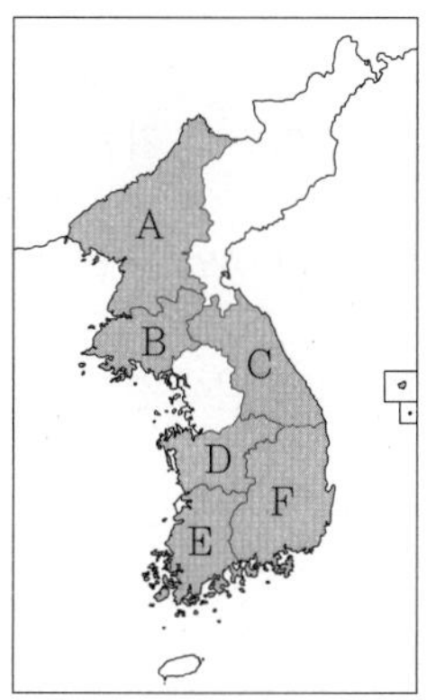

① A의 주요 도시로는 함흥, 청진 등이 있다.
② C는 대관령을 경계로 영동 지방과 영서 지방으로 구분된다.
③ D는 김제의 벽골제 남쪽을 의미한다.
④ E와 F 구분의 경계는 금강을 기준으로 한다.
⑤ A, B, C 지역은 철령관을 기준으로 구분된다.

[24018-0181]

03 다음 글의 ㉠~㉤에 대한 설명으로 옳지 않은 것은?

우리나라는 전통적으로 주로 고개, ㉠산줄기, 대하천 등의 자연적 요소를 기준으로 지역을 구분하였으며, 대지역 구분에 따라 크게 ㉡북부 지방, 중부 지방, 남부 지방으로 구분한다. 현재 남한의 행정 구역은 17개 광역 행정 구역으로 구분하는데, 1개의 특별시, ㉢6개의 광역시, 1개의 특별자치시, 6개의 도, 3개의 특별자치도가 있다. 최근 남한은 수도권, ㉣충청권, 호남권, 영남권, ㉤강원권, 제주권의 6개 권역으로 구분하기도 한다.

① ㉠ 중 소백산맥은 영남 지방과 호남 지방 경계의 일부이다.
② ㉡은 현재 북한 지역을 의미한다.
③ ㉢ 중 인구가 가장 많은 도시는 수도권에 위치한다.
④ ㉣에는 1개의 광역시, 1개의 특별자치시, 2개의 도(道)가 있다.
⑤ ㉤은 6개 권역 중 인구 밀도가 가장 낮다.

[24018-0182]

04 지도의 A~G에 대한 설명으로 옳지 않은 것은?

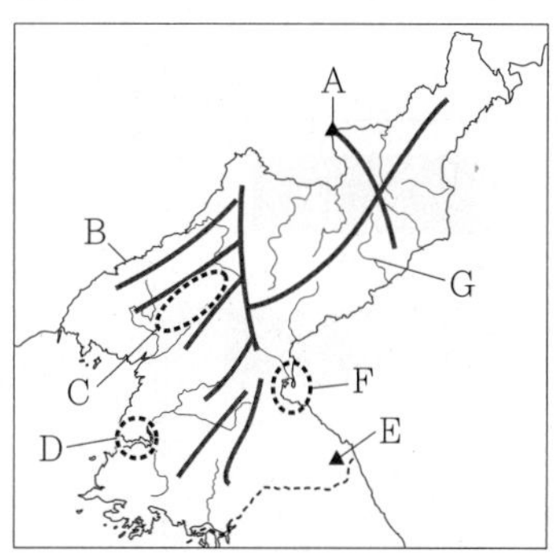

① A 산의 정상부에는 칼데라호가 있다.
② B 하천은 G 하천보다 유역 면적이 넓다.
③ C 지역은 D 지역보다 연 강수량이 많다.
④ E 산의 정상부는 A 산의 정상부보다 해발 고도가 낮다.
⑤ F 지역에는 신생대에 형성된 현무암 용암 대지가 분포한다.

[24018-0183]

05 그래프는 지도에 표시된 세 지역의 기후 특성을 나타낸 것이다. (가), (나)에 해당하는 지표로 옳은 것은?

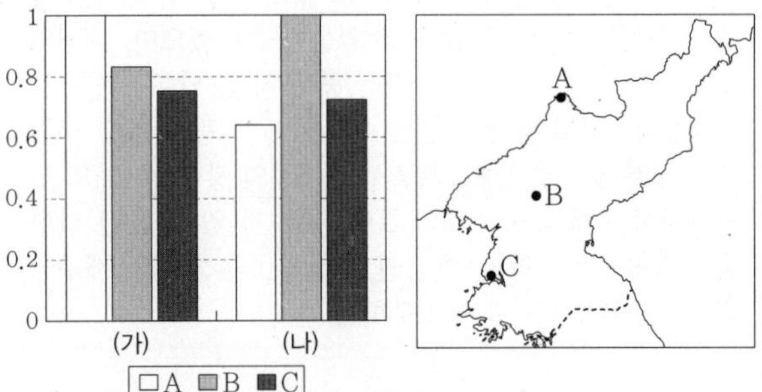

* 가장 높은 지역의 값을 1로 했을 때의 상댓값임.
** 1991~2020년의 평년값임.
(기상청)

	(가)	(나)
①	연 강수량	7월 평균 기온
②	7월 평균 기온	연 강수량
③	7월 평균 기온	기온의 연교차
④	기온의 연교차	연 강수량
⑤	기온의 연교차	7월 평균 기온

[24018-0184]

06 그래프는 남·북한의 1차 에너지 공급 구조를 나타낸 것이다. 이에 대한 설명으로 옳은 것은? (단, (가), (나)는 각각 남한, 북한 중 하나이며, A~D는 각각 석유, 석탄, 수력, 원자력 중 하나임.)

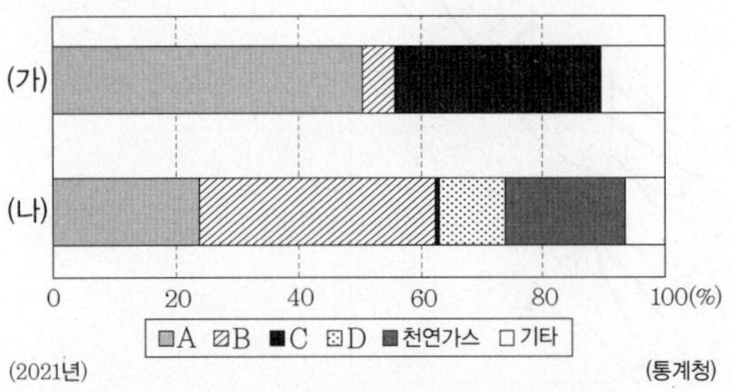

(2021년) (통계청)

① (가)는 (나)보다 수력이 차지하는 비율이 낮다.
② (나)는 (가)보다 A 생산량이 많다.
③ (가)에서 A를 이용한 발전소는 주로 북동부의 산지 지역에 입지한다.
④ (나)에서 D는 B보다 수송용으로 이용되는 비율이 높다.
⑤ (가)와 (나) 모두 B는 C보다 수입 의존도가 높다.

[24018-0185]

07 다음 글의 ㉠~㉦에 대한 설명으로 옳지 않은 것은?

> • 북한은 산지가 많고 기후가 한랭하여 [㉠]보다 [㉡]비율이 높으며, 주요 식량 작물 생산량은 쌀 다음으로 ㉢옥수수가 많다.
> • 북한의 도시는 주로 서부 지역의 평야와 동해 연안에 분포하는데, 관서 지방에는 ㉣평양, 남포, 신의주 등이 있고, 관북 지방에는 함흥, ㉤원산 등이 있다.
> • 북한은 ㉥중공업 우선 정책을 추진하여 군수 공업과 관련된 기계, 금속 등의 공업이 발달하였다. 주요 공업 지역으로는 평양·남포 공업 지역, ㉦관북 해안 공업 지역 등이 있다.

① ㉠에는 '논농사', ㉡에는 '밭농사'가 들어갈 수 있다.
② ㉢ 생산량은 북한이 남한보다 많다.
③ ㉣은 ㉤보다 최한월 평균 기온이 높다.
④ ㉥으로 산업 구조의 불균형이 발생하였다.
⑤ ㉦의 대표적인 도시로는 청진이 있다.

[24018-0186]

08 다음 자료의 (가)~(다) 지역을 지도의 A~D에서 고른 것은?

> (가) 평양의 외항으로 서해 갑문이 건설된 이후 그 기능이 강화되었다.
> (나) 남한의 기업을 유치할 목적으로 조성된 공업 지구가 위치한다.
> (다) 분단 이전 북한 지역 경원선의 종착지로, 일제 강점기부터 공업 도시로 성장하였다.

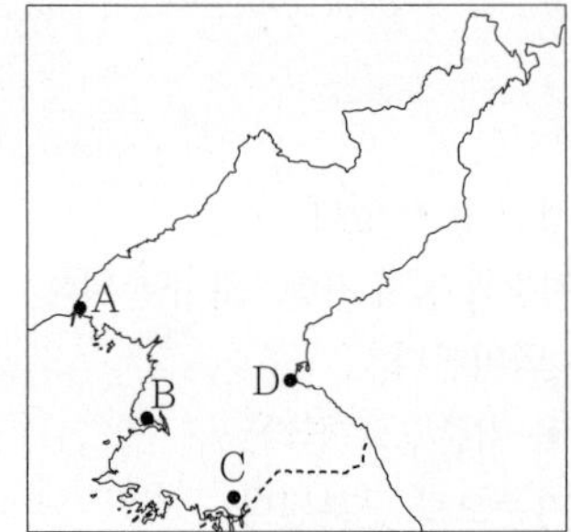

	(가)	(나)	(다)
①	A	C	B
②	B	C	D
③	B	D	A
④	C	A	D
⑤	C	B	A

[24018-0187]

1 다음은 우리나라 지역 구분에 대한 수업 장면이다. 발표 내용이 옳은 학생만을 있는 대로 고른 것은?

〈조선 시대 도(道) 행정 구역 명칭 부여〉

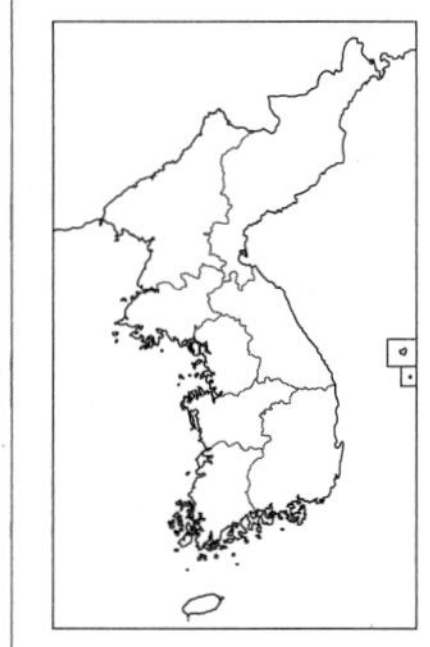

우리나라의 행정 구역은 조선 시대의 8도에서 비롯되었으며, 도의 명칭은 지역 중심지의 이름을 따서 정하였다. 함경도는 함흥과 경성, 평안도는 평양과 안주, 강원도는 강릉과 (가), 황해도는 황주와 해주, 충청도는 충주와 청주, 전라도는 (나)와 나주, 경상도는 (다)와 상주의 앞 글자를 합쳐 지은 것이다.

갑: (가)에는 기업 도시와 혁신 도시가 위치해 있어요.

을: (나)는 광역시와 행정 구역이 맞닿아 있어요.

병: (나)와 (다)에는 도청이 위치해 있어요.

정: (가)~(다) 중 서울과의 직선 거리는 (가)가 가장 가까워요.

① 갑, 병　② 갑, 정　③ 을, 병　④ 갑, 을, 정　⑤ 을, 병, 정

[24018-0188]

2 그래프는 지도에 표시된 다섯 지역의 기후 특성을 나타낸 것이다. (가)~(마) 지역에 대한 설명으로 옳은 것은?

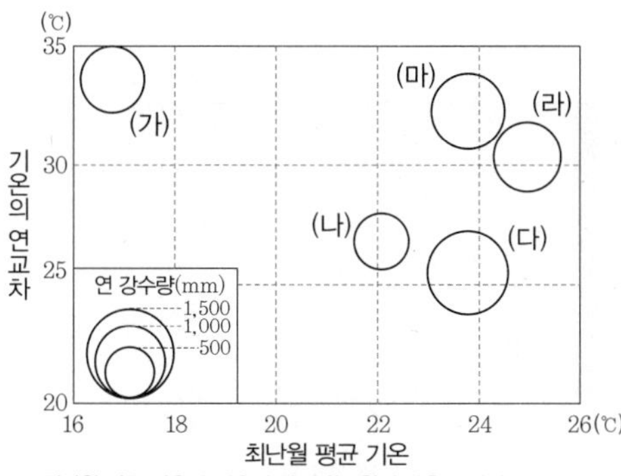

*최난월 평균 기온과 기온의 연교차는 원의 가운데 값임.
**1991~2020년의 평년값임.
(기상청)

① (가)는 (나)보다 최한월 평균 기온이 높다.
② (나)는 (다)보다 저위도에 위치한다.
③ (다)는 (가)보다 해발 고도가 높다.
④ (라)와 (마)는 모두 관서 지방에 위치한다.
⑤ (가)~(마) 중 연평균 기온이 가장 높은 지역은 (나)이다.

[24018-0189]

3 **다음 글의 ㉠~㉥에 대한 설명으로 옳은 것은?**

• 북한에서 마천령산맥과 ㉠함경산맥이 분포하는 북동부 지역은 높고 험준한 산지가 많으며, 서쪽은 동쪽보다 산지의 규모가 작고 밀도가 낮은 편이다. 산지의 분포에 따라 [㉡], ㉢대동강 등 큰 하천들은 주로 황해로 유입되며, 동해로 유입하는 하천은 [㉣]을 제외하면 대부분 경사가 급하고 유로가 짧다.
• 북한은 대륙의 영향을 많이 받아 기온의 연교차가 큰 편이며, 지형과 바다의 영향으로 ㉤동해안 지역이 같은 위도의 서해안 지역보다 겨울 기온이 높다. 연 강수량은 남한보다 적은 편이며, ㉥지형과 풍향의 영향으로 강수량의 지역 차가 크다.

① ㉠에는 한반도에서 해발 고도가 가장 높은 산이 위치한다.
② ㉡에는 두만강, ㉣에는 압록강이 들어갈 수 있다.
③ ㉢의 하류 지역은 북한의 다우지에 해당한다.
④ ㉤의 사례로는 남포가 신의주보다 최한월 평균 기온이 높은 것을 들 수 있다.
⑤ ㉥으로 인해 청천강 중·상류 지역이 함경북도 해안 지역보다 연 강수량이 많다.

[24018-0190]

4 **그래프는 남·북한의 식량 작물 생산 현황을 나타낸 것이다. 이에 대한 설명으로 옳은 것은? (단, (가), (나)는 각각 남한, 북한 중 하나이며, A~C는 각각 맥류, 쌀, 옥수수 중 하나임.)**

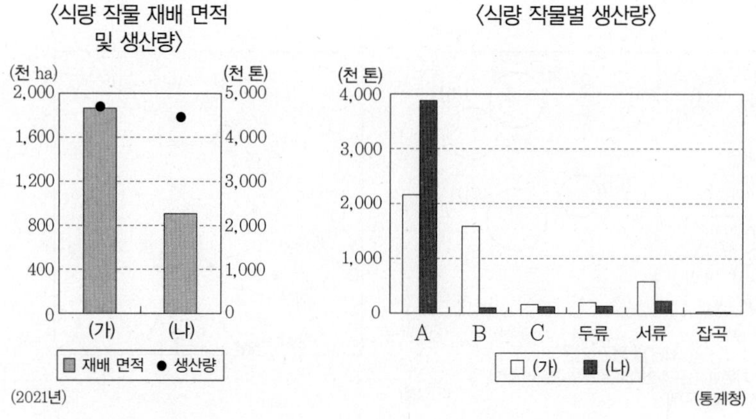

① 북한은 남한보다 식량 작물의 재배 면적당 생산량이 많다.
② A의 재배 면적은 관서 지방이 관북 지방보다 넓다.
③ (나)에서 C는 주로 B의 그루갈이 작물로 재배된다.
④ (가)는 (나)보다 B의 수입 의존도가 높다.
⑤ (나)는 (가)보다 경지 면적 중 밭 비율이 높다.

[24018-0191]

5 **그래프는 남·북한의 연령층별 인구 변화를 나타낸 것이다. 이에 대한 설명으로 옳은 것은? (단, (가), (나)는 각각 남한, 북한 중 하나임.)**

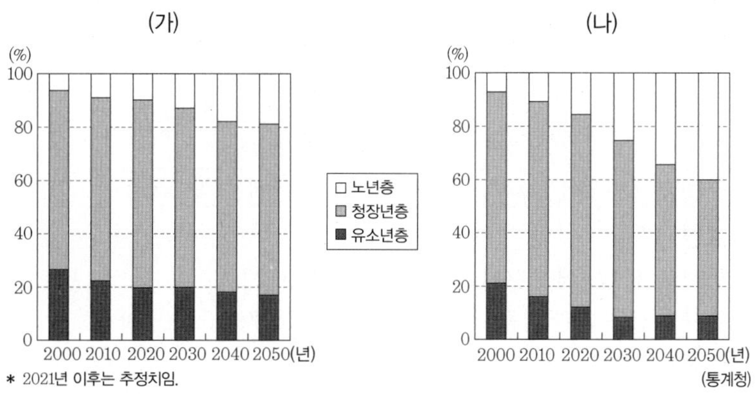

① (가)는 (나)보다 2020년 총인구가 많다.
② 2000년에 북한은 남한보다 유소년층 인구가 많다.
③ 2020년에 남·북한 모두 노령화 지수가 100 이상이다.
④ 2050년에 남한은 북한보다 총부양비가 높을 것이다.
⑤ 2000～2020년에 남·북한 모두 유소년 부양비가 증가하였다.

[24018-0192]

6 **다음 글의 (가)～(마) 도시에 대한 설명으로 옳은 것은? (단, (가)～(마)는 각각 지도에 표시된 다섯 지역 중 하나임.)**

> 북한의 도시는 주로 서부 지역의 평야와 동해 연안에 분포한다. 북한에서 인구가 가장 많은 도시인 (가) 은/는 북한 사회·정치·경제의 중심지이다. 철도 교통의 요충지인 (나) 은/는 외자 유치 및 교역 확대를 위해 특별 행정구로 지정되었다. 북한은 유엔 개발 계획의 지원을 계기로 1991년 (다) 을/를 경제특구로 지정하여 동북아시아의 거점으로 개발하고자 하였으며, 남한의 기업을 유치할 목적으로 (라) 공업 지구를 조성하였으나 2016년 중단되었다. 한편, 일제 강점기부터 중화학 공업이 발달한 (마) 은/는 연 강수량이 적은 소우지이며, 한류로 인해 여름철 기온이 낮은 편이다.

① (가)는 북한에서 최초로 개방된 경제특구이다.
② (마)는 관서 지방에 속한다.
③ (가)는 (라)보다 저위도에 위치한다.
④ (나)와 (라)는 모두 풍부한 지하자원을 바탕으로 공업이 발달한 항구 도시이다.
⑤ (나)와 (다)의 직선 거리는 (다)와 (마)의 직선 거리보다 멀다.

17 수도권과 강원 지방

1. 수도권의 특성

(1) 수도권의 지역 특색

① 공간 범위: 서울특별시, 인천광역시, 경기도로 구성, 서울을 중심으로 대도시권을 이룸

② 지역 특색

서울	조선 시대부터 우리나라의 수도로서 정치 · 경제 · 문화의 중심지 역할을 함
인천	인천 국제공항과 인천항을 중심으로 국제 물류 기능이 발달함
경기	수도권에서 가장 면적이 넓고 인구가 많으며, 서울의 배후지 역할을 담당함

(2) 집중도가 높은 수도권

① 인구: 우리나라 면적의 약 12%에 인구의 약 50.4%(2021년) 집중

② 경제력: 대기업 본사와 금융 기관 집중, 국내 총생산의 약 52.8%(2021년) 차지

③ 정치, 행정, 교육, 문화 기능 집중

④ 교통: 도로와 철도, 항공 노선 등이 서울을 중심으로 연결되어 접근성이 뛰어남

자료 분석 수도권의 인구 변화와 집중도

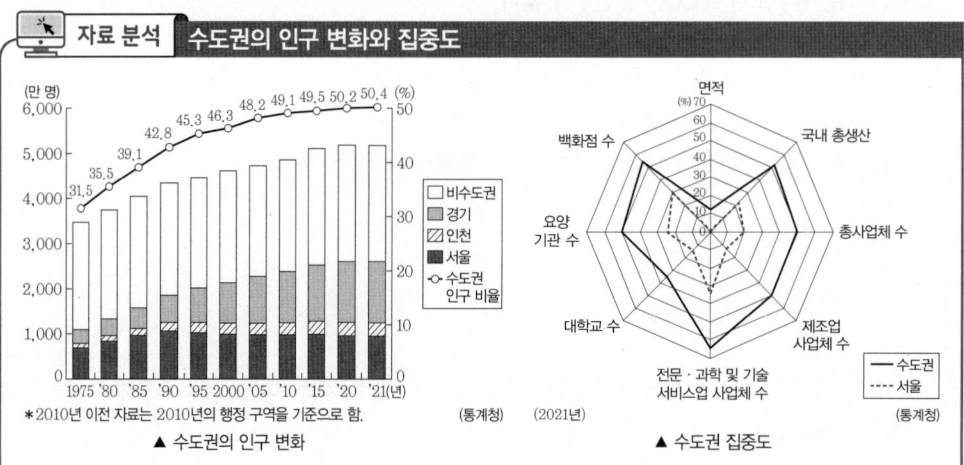

▲ 수도권의 인구 변화

▲ 수도권 집중도

수도권은 한양이 조선의 수도로 정해진 이후 현재에 이르기까지 오랜 시간 동안 우리나라 정치 · 경제 · 문화의 중심지 기능을 수행해 왔으며, 산업화 과정에서 경제 기능과 인구가 더욱 집중하였다. 그 결과 수도권은 남한 전체 인구의 절반 정도가 분포하고 기업체, 정부 · 금융 · 언론 기관, 문화 시설 등이 집중된 우리나라의 중심지가 되었다.

2. 수도권의 공간 구조 변화

(1) 산업 공간 구조의 변화

1960년대	정부 주도의 공업 정책을 기반으로 서울에 구로 공단이 조성되면서 섬유 · 봉제업 등의 경공업 발달
1970년대	지가 상승, 환경 오염, 교통 혼잡 등의 문제로 인해 서울 주변 지역인 인천 · 경기로 제조업 분산 시작
1980년대	인천의 남동 공단, 경기도 안산 · 시흥의 반월 · 시화 공단 등이 조성되면서 인천과 경기의 제조업 성장 가속화
1990년대	탈공업화가 진행되면서 2차 산업 비중이 줄어들고 3차 산업이 빠르게 성장
2000년대 이후	고급 기술 인력이 풍부하고 교통이 편리하며, 연구소 및 정보 통신 시설과 생활 편의 시설 등이 잘 구축되어 있어 기술 · 지식 집약적 첨단 산업의 중심지로 성장

✪ 수도권의 범위
수도권은 행정 구역상 서울특별시, 인천광역시, 경기도로 구분되지만, 실질적으로 생산 및 소비 활동, 교육, 주거 기능 등의 생활 여건은 연결되어 있어 하나의 거대한 대도시권을 형성하고 있다.

✪ 인천 국제공항
급증하는 국제 항공 수요에 대처하고 동북아시아 허브 공항으로서의 역할을 담당하기 위해 2001년 개항한 우리나라 최대 규모의 국제공항이다. 인천광역시 영종도 일대의 간석지를 매립하여 건설하였다.

✪ 구로 공단
1964년부터 1974년까지 수출 산업 공단으로 조성되었다. 2000년대에 들어 정부 주도로 IT 첨단 산업 단지가 육성되기 시작하면서 서울 디지털 국가 산업 단지로 명칭을 변경하였다.

개념 체크

1. 수도권은 행정 구역상 (   )특별시, (   )광역시, (   )도를 포함하는 지역이다.
2. 경기도는 서울특별시보다 제조업 종사자 수가 (많다/적다).
3. 수도권은 탈공업화가 진행되면서 (   ) 서비스업을 중심으로 3차 산업이 빠르게 성장하였다.

정답
1. 서울, 인천, 경기
2. 많다
3. 생산자

탐구 활동 수도권의 산업 구조

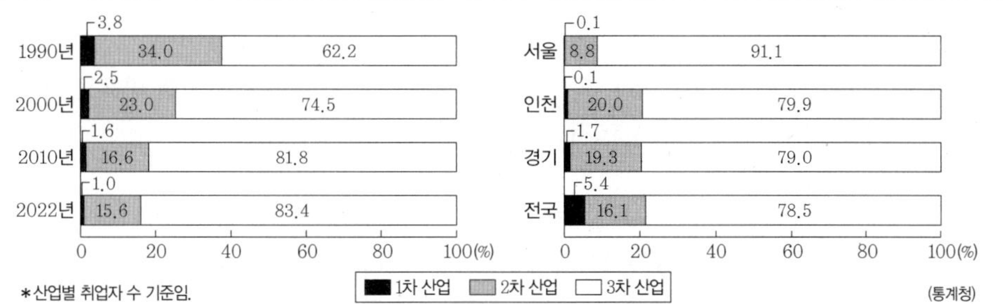

*산업별 취업자 수 기준임. (통계청)

▲ 수도권의 산업 구조 변화 ▲ 서울 · 인천 · 경기의 산업 구조(2022년)

▸ 수도권의 산업 구조 변화를 설명해 보자. 수도권의 산업 구조는 1990~2022년 모두 1차 산업 비율이 가장 낮고 3차 산업 비율이 가장 높다. 산업별 비율 변화를 보면 1990년 이후 1 · 2차 산업 비율은 감소한 반면 3차 산업 비율은 꾸준히 증가하였다. 이를 통해 수도권에서 탈공업화가 진행되었음을 알 수 있다.

▸ 2022년 서울, 인천, 경기의 산업 구조를 비교해 보자. 서울, 인천, 경기의 산업 구조를 보면 세 지역 모두 1차 산업 비율이 가장 낮으며 3차 산업 비율이 가장 높다. 특히 서울은 3차 산업 비율이 매우 높은 반면, 인천 · 경기는 상대적으로 2차 산업 비율이 높다. 이는 서울의 공업 기능이 인천 · 경기와 비수도권으로 이전한 결과로 볼 수 있다.

(2) 산업 유형에 따른 공간적 분화: 수도권은 지식과 정보가 집중되어 있고 고급 연구 인력이 풍부하며, 관련 업체와의 협력에 유리함 → 지식 기반 산업의 중심지로 성장

서울	연구 개발, 업무 관리 등 지식 기반 서비스업 발달
인천 · 경기	정보 통신 기기, 반도체 등 지식 기반 제조업 발달

탐구 활동 정보 통신 기술(ICT) 산업이 발달한 수도권

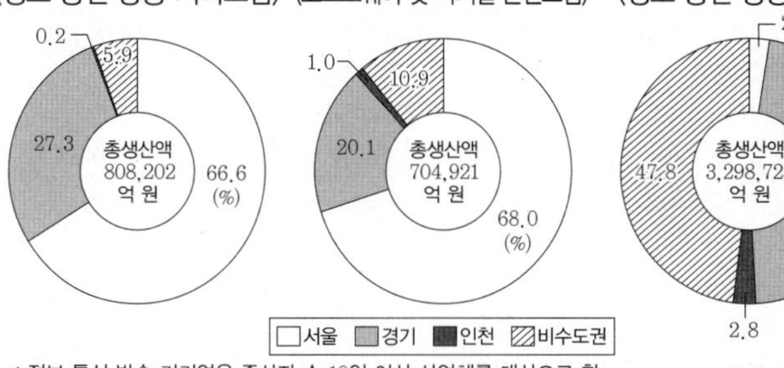

*정보 통신 방송 기기업은 종사자 수 10인 이상 사업체를 대상으로 함.

(2020년) (과학기술정보통신부)

▸ 수도권의 정보 통신 기술 산업 발달 현황을 설명해 보자. 서울은 우리나라에서 경제력이 가장 집중된 지역이며, 전문 기술 인력이 풍부하여 정보 통신 기술 서비스업이 발달하였다. 경기는 상대적으로 넓은 공장 부지를 확보하기 쉬워 정보 통신 기술 제조업이 발달하였다. 인천은 서울과 경기에 비해 정보 통신 기술 산업에서 차지하는 비율이 낮은 편이다. 한편, 정보 통신 기술 서비스업은 정보 통신 기술 제조업에 비해 전국에서 수도권이 차지하는 비율이 높다.

(3) 문화적 공간 구조의 변화

① 서울을 중심으로 발달하였던 문화적 기능이 도시의 성장과 함께 경기와 인천으로 확산

② 문화 공간의 다양화 ← 소득 수준의 향상, 근로 시간 단축, 교통수단의 발달 등

- 공연장 · 영화관 · 전시관 등의 문화 시설 증가, 전통문화 공간 복원
- 외국인 근로자 증가와 세계화 확산 등에 따라 다문화 공간 형성
- 토지 용도 변경에 따른 변화 사례: 공업 지역이었던 서울의 문래동과 성수동 일대는 예술의 거리로 변모, 쓰레기 매립장이었던 서울 마포구 상암동 일대는 월드컵 공원으로 재탄생 등

✪ 지식 기반 산업

고급 기술과 지식을 활용하여 고부가 가치를 창출하는 산업을 말한다.

✪ 수도권의 지역별 제조업 종사자 비율

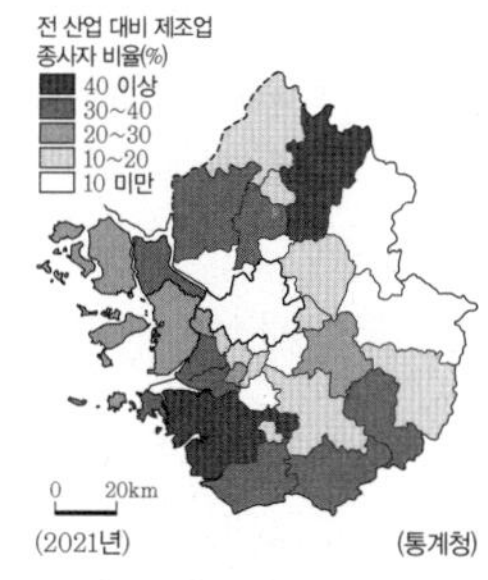

(2021년) (통계청)

✪ 수도권의 문화적 공간 구조 변화(수도권 극장 스크린 수 비율)

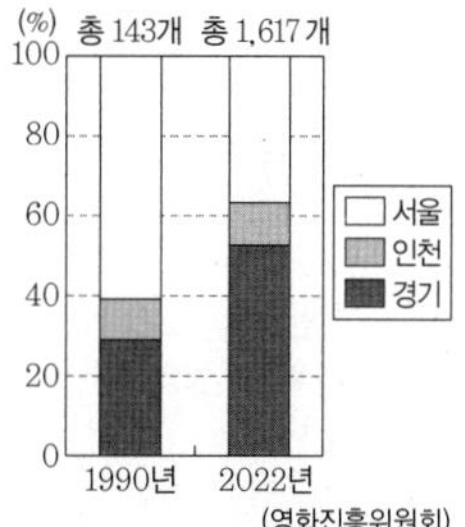

(영화진흥위원회)

최근에는 대형 공연장, 전시장, 경기장 및 다양한 문화 시설 등이 서울의 외곽 지역이나 경기 일대에 입지하면서 문화적 공간 구조의 변화가 나타나고 있다.

개념 체크

1. (   ) 현상의 진행으로 1990~2022년 수도권에서는 1 · 2차 산업 비율이 감소한 반면 3차 산업 비율은 꾸준히 증가하였다.

2. 경기는 서울보다 정보 통신 기술 제조업 생산액이 (많고/적고), 정보 통신 기술 서비스업 생산액이 (많다/적다).

정답

1. 탈공업화
2. 많고, 적다

✪ 과밀 부담금 제도
인구 집중을 유발하는 업무 및 상업 시설 등이 들어설 때 부담금을 부과하는 제도이다.

✪ 수도권 공장 총량제
수도권 공장 면적의 총량을 설정하고, 기준을 초과할 경우 공장의 신·증설을 제한하는 제도이다.

✪ 수도권 정비 권역

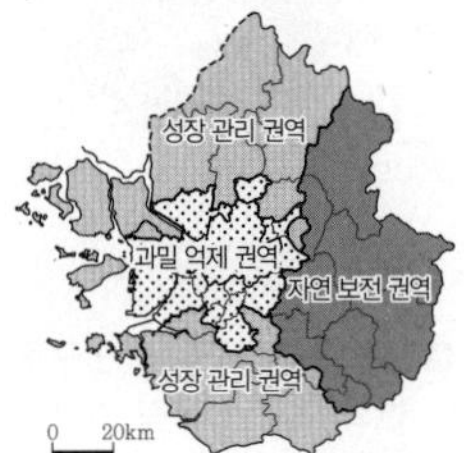

(국토교통부, 2006)

- 과밀 억제 권역: 인구와 산업이 집중되어 있어 이전 및 정비가 필요한 지역
- 성장 관리 권역: 과밀 억제 권역으로부터 인구와 산업을 유치하고 산업 및 도시 개발의 적정한 관리가 필요한 지역
- 자연 보전 권역: 한강 수계의 수질 및 자연환경의 보전이 필요한 지역

개념 체크

1. 수도권의 과도한 인구 및 기능 집중을 억제하기 위해 ( ) 부담금 제도와 수도권 공장 ( ) 등이 시행되고 있다.
2. 수도권 정비 권역 중 인구와 산업이 집중되어 있어 이전 및 정비가 필요한 지역은 ( ) 권역이다.
3. 영서 지방은 여름철에 ( ) 기류의 유입으로 지형성 강수가 많고, 영동 지방은 겨울철에 ( ) 기류의 영향으로 눈이 많이 내린다.

정답
1. 과밀, 총량제
2. 과밀 억제
3. 남서, 북동

3. 수도권의 문제점과 해결 방안

(1) 수도권의 문제점

① 인구와 산업의 과도한 집중: 주택 부족, 교통 혼잡, 환경 오염 등의 문제 발생
② 수도권과 비수도권 간의 격차 심화: 국토 공간의 불균형 심화로 인한 사회적 비용 증가
③ 수도권 내 불균형 문제: 수도권 내에서 서울에 대한 의존성이 높음

(2) 수도권 문제의 해결 노력

① 과도한 인구 및 기능 집중 억제: 과밀 부담금 제도, 수도권 공장 총량제 등
② 국토 공간의 불균형 완화: 세종특별자치시 건설, 혁신 도시 건설 등
③ 수도권 내 불균형 해소: 수도권 정비 계획을 통한 다핵 연계형 공간 구조로의 전환 등

자료 분석 | 제4차 수도권 정비 계획

(국토교통부) ◀ 제4차 수도권 정비 계획 공간 구조 구상

제4차 수도권 정비 계획(2021~2040년)은 저성장, 고령화, 인구 감소, 4차 산업 혁명 등의 변화에 대응하여 수도권 주민의 삶의 질 향상, 수도권의 질적 발전과 대도시 문제 해결 등을 위한 관리 방향을 마련하였다. 제5차 국토 종합 계획과 연계하여 상생 발전과 혁신 성장 등을 위한 기본 방향을 제시하고, 수도권의 인구 및 산업 집중을 억제하며, 인구 및 산업을 적정하게 배치하기 위한 공간 구조를 구상하였다.

4. 강원 지방의 특성

(1) 영서와 영동 지방의 자연환경

① 강원도는 태백산맥을 경계로 영서 지방과 영동 지방으로 구분됨
② 영서 지방과 영동 지방의 지형 및 기후 차이

구분	특징
영서 지방	• 경사가 완만한 편이며, 산간 지역에 해발 고도가 높지만 평탄한 고원 발달 • 한강 유역에 침식 분지가 발달하여 춘천, 원주 등의 도시 분포 • 내륙에 위치하여 영동 지방보다 기온의 연교차가 큼 • 여름철 남서 기류의 유입으로 지형성 강수가 많고 집중 호우가 자주 내림
영동 지방	• 급경사의 산지와 좁은 해안 평야(강릉, 속초 등의 도시 분포)로 이루어짐 • 태백산맥과 수심이 깊은 동해의 영향으로 영서 지방보다 겨울이 온화함 • 겨울철에 북동 기류의 영향으로 눈이 많이 내림

탐구 활동 | 영서 지방과 영동 지방의 자연환경 비교

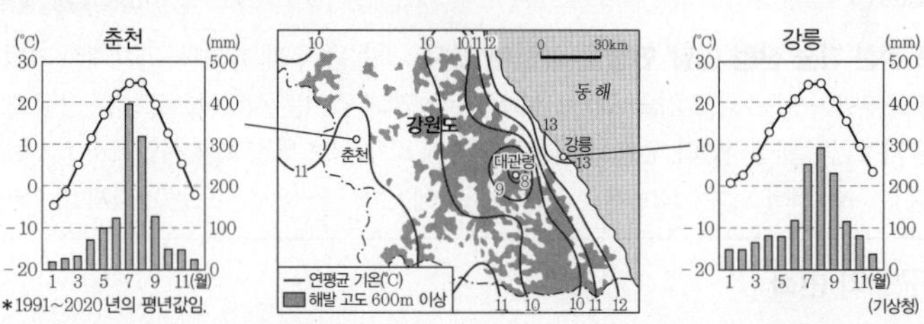

▶ **그래프를 보고 춘천과 강릉의 기후를 비교해 보자.** 춘천은 내륙에 위치하여 해안에 위치한 강릉보다 최한월 평균 기온이 낮으며 기온의 연교차도 크다. 춘천은 여름철 남서 기류의 유입으로 지형성 강수가 많고 집중 호우가 자주 내려 여름 강수 집중률이 높다. 반면에 강릉은 겨울철 북동 기류의 영향으로 춘천보다 겨울 강수량이 많다.

▶ **지도를 보고 대관령 일대의 연평균 기온이 주변 지역보다 낮은 이유를 추론하고, 이로 인해 나타나는 주민 생활을 설명해 보자.** 대관령 일대는 해발 고도가 높아 연평균 기온이 낮다. 이 지역의 고위 평탄면에서는 여름철 서늘한 기후를 이용하여 고랭지 농업, 목축업 등이 이루어진다.

(2) 영서와 영동 지방의 인문 환경

영서 지방	• 한강을 따라 경기도와 교류가 활발하여 점이 지대에서는 수도권과 비슷한 방언 사용 • 산지가 많아 밭농사 비율이 높고, 옥수수 · 감자 · 메밀 등을 활용한 음식 발달 • 태백 산지의 고위 평탄면에서는 고랭지 농업, 목축업 등이 이루어짐
영동 지방	• 경상북도 동해안 및 북부 해안 지방과 교류가 활발하여 점이 지대에서는 이들 지역과 비슷한 방언 사용 • 반농반어촌의 경관이 나타나며, 해안 지형과 항만을 바탕으로 관광 산업 발달 • 바다와 접해 있어 오징어, 명태 등 해산물을 활용한 음식 발달

5. 강원 지방의 산업과 주민 생활

(1) 산업 구조의 변화

① 밭작물 중심의 농업과 풍부한 임산 및 수산 자원을 바탕으로 1차 산업 발달

② 산업화 과정에서 풍부한 지하자원을 토대로 우리나라 최대의 광업 지역으로 성장

③ 1980년대 이후 가정용 연료의 변화와 석탄 산업 합리화 정책으로 석탄 산업 쇠퇴 → 영월, 정선, 태백, 삼척 등 광업 지역의 경제 침체 및 인구 감소

탐구 활동 | 태백시의 변화

(천 명) 120, 100, 80, 60, 40, 20, 0
1985 '90 '95 2000 '05 '10 '15 '20 2021(년)
(통계청)

▲ 인구 변화

1986년 총종사자 수 30,320명: 광업 61.0(%), 기타 서비스업 10.3, 농림어업 0.1, 운수, 창고 및 통신업 1.9, 금융, 보험, 부동산 및 사업 서비스업 2.5, 숙박 및 음식점업 6.3, 도매 및 소매업 11.8, 전기, 가스 및 수도 사업 0.3, 건설업 2.5, 제조업 3.3

2021년 총종사자 수 20,206명: 기타 서비스업 58.5, 농림어업 0.6, 제조업 6.1, 전기, 가스, 증기 및 공기 조절 공급업 0.9, 광업 2.6, 도매 및 소매업 13.1, 숙박 및 음식점업 10.6, 금융 및 보험업 2.7, 운수 및 창고업 4.9

(총사업체통계조사보고서, 통계청)

▲ 산업별 종사자 수 비율 변화

▶▶ 태백시의 산업 구조는 어떻게 변화하였는지 설명해 보자.

태백시는 1986년 광업 종사자 비율이 61%에 이를 정도로 석탄을 중심으로 한 광업 도시였지만, 석탄 산업 합리화 정책의 시행으로 석탄 생산량이 감소하면서 지역 경제가 침체되고 인구도 급속히 감소하였다. 태백시는 이러한 어려움을 극복하기 위해 폐광 지역에 석탄 박물관을 건설하고 각종 행사와 축제를 개최하는 등 관광 상품을 개발하며 신산업을 유치하여 지역 경제를 활성화하기 위해 노력하였다. 현재 태백시의 산업 구조는 광업으로 대표되던 2차 산업 중심에서 도매 및 소매업과 숙박 및 음식점업 등의 3차 산업 중심으로 변화하였다.

(2) 새로운 성장을 모색하는 강원 지방

① 특별자치도 출범(2023년): 지역 발전의 신성장 동력 확보, 남북 교류 협력 기반 평화 모델 마련 등

② 지식을 기반으로 한 첨단 산업 중심의 산업 구조 고도화 추진: 춘천의 바이오 산업, 원주의 의료 산업 클러스터, 강릉의 신소재 · 해양 바이오 산업 등

③ 1차 산업을 기반으로 한 새로운 소득 창출 노력: 지역 특산물을 활용한 제품 생산과 농어촌 체험 관광 연계 등

④ 풍부한 관광 자원을 활용한 관광 산업 육성

- 고랭지 농목업 경관, 석회 동굴 등의 카르스트 지형, 동해안을 따라 발달한 해수욕장 등 활용
- 폐광 지역의 산업 유산 활용: 태백의 석탄 박물관, 정선의 레일 바이크 등

⑤ 동계 스포츠 중심지로 발전: 2018 평창 동계 올림픽을 계기로 고속 철도 등의 교통망과 숙박 시설 등이 확충되어 관광객 유치 및 연관 산업 발달 기대

✪ 강원 지방의 산업별 특화도

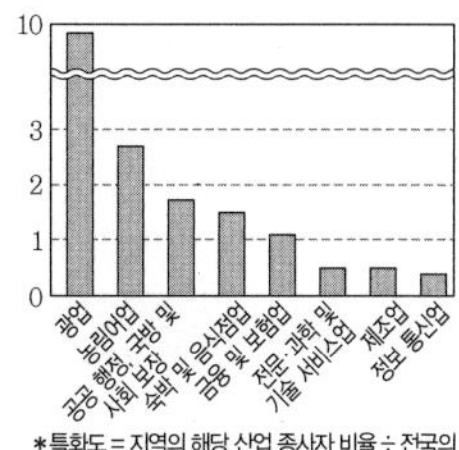

*특화도 = 지역의 해당 산업 종사자 비율 ÷ 전국의 해당 산업 종사자 비율
**1보다 크면 해당 산업이 지역에 특화되어 있다는 것을 의미함.
(2021년) (통계청)

✪ 석탄 산업 합리화 정책

석탄 산업의 채산성 악화에 따라 1989년에 경제성이 낮은 탄광의 폐광 및 생산량 감축을 추진한 정책이다.

✪ 강원 지방의 첨단 산업 육성 현황

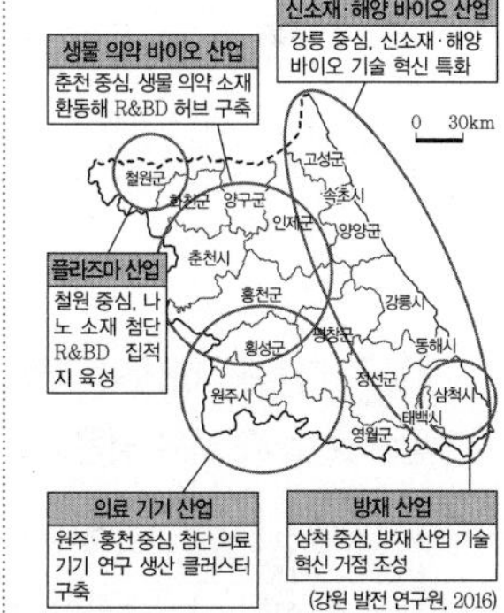

(강원 발전 연구원, 2016)

개념 체크

1. (   ) 지방은 경상북도 동해안 및 북부 해안 지역과 교류가 활발하여 이들 지역과 비슷한 방언이 나타난다.

2. 태백시는 1980년대 이후 가정용 연료의 변화와 (   ) 정책의 영향으로 폐광이 증가하고 인구가 감소하였다.

3. 원주시는 (   ) 산업 클러스터를 기반으로 첨단 산업 중심의 산업 구조 고도화를 추진하고 있다.

정답
1. 영동
2. 석탄 산업 합리화
3. 의료

[24018-0193]

01 그래프는 수도권 세 시·도가 차지하는 지표별 비율을 나타낸 것이다. (가)~(다) 지역에 대한 설명으로 옳은 것은?

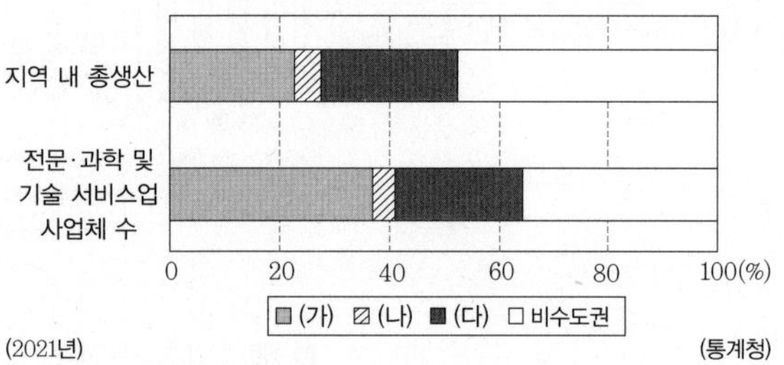

① (나)는 조선 시대부터 우리나라의 수도이다.
② (다)에는 우리나라 최대 규모의 국제공항이 있다.
③ (가)는 (다)보다 지역 내 3차 산업 취업자 비율이 높다.
④ (가)는 (가)~(다) 중 총인구가 가장 적다.
⑤ 행정 구역상 (가)는 도(道), (나)는 광역시, (다)는 특별시이다.

[24018-0194]

02 다음은 학생이 작성한 노트 필기이다. ㉠~㉤에 대한 설명으로 옳지 않은 것은?

〈수도권 산업 공간 구조의 변화〉
1. 1960년대: ㉠서울을 중심으로 제조업 발달 시작
2. 1970년대: ㉡서울 주변 지역으로 제조업 분산 시작
3. 1980년대: ㉢인천과 경기의 제조업 성장 가속화
4. 1990년대: 탈공업화의 진행으로 ㉣서비스업이 빠르게 성장
5. 2000년대 이후: ㉤기술·지식 집약적 첨단 산업의 중심지로 성장

① ㉠은 섬유·봉제업 등의 경공업이 주도하였다.
② ㉡의 배경으로 지가 상승, 교통 혼잡 등의 집적 불이익 발생을 들 수 있다.
③ ㉢의 사례 지역으로 인천의 남동 공단, 경기 안산·시흥의 반월·시화 공단을 들 수 있다.
④ ㉣ 중 생산자 서비스업은 소비자 서비스업보다 전국 대비 수도권 집중도가 높다.
⑤ ㉤ 중 정보 통신 기기 제조업 사업체 수는 서울이 경기보다 많다.

[24018-0195]

03 그래프는 지도에 표시된 두 지역의 시기별 건축 주택 수를 나타낸 것이다. (가) 지역과 비교한 (나) 지역의 상대적 특성을 그림의 A~E에서 고른 것은?

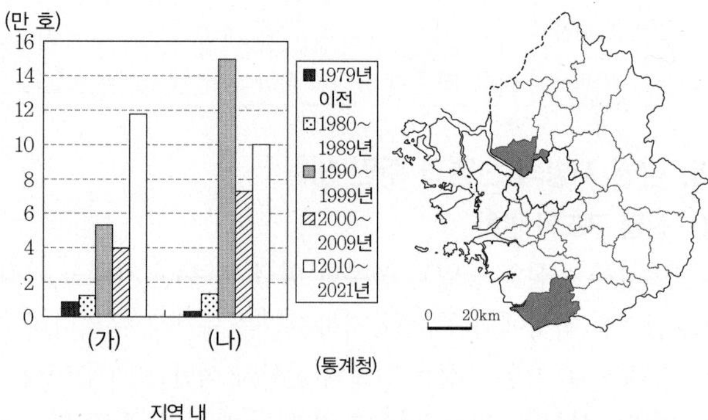

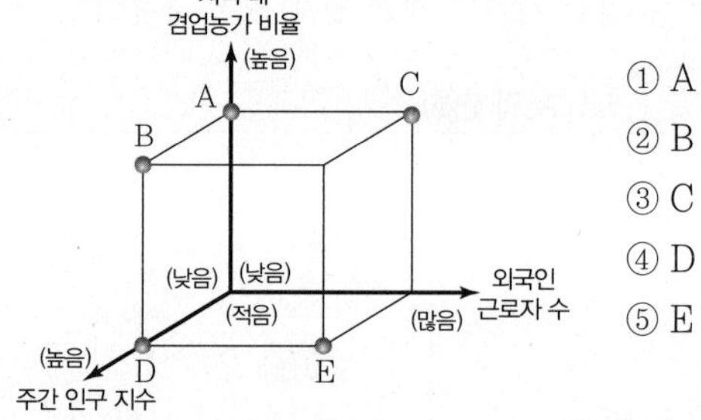

① A
② B
③ C
④ D
⑤ E

[24018-0196]

04 다음 글의 (가) 지역을 지도의 A~E에서 고른 것은?

경기도청 소재지인 (가) 은/는 2022년 기준 경기도 내에서 인구 100만 명이 넘는 세 도시 중 하나로, 경기도의 인구 100만 명이 넘는 다른 두 도시 및 경남 창원과 함께 2022년에 특례시로 지정되었다. (가) 의 대표 문화유산으로는 조선 시대 임금인 정조가 주민 거주 공간 마련과 방어 등의 이유로 축성한 화성(華城)이 있다. 이 성은 역사 문화적 가치를 인정받아 유네스코 세계 문화유산으로 등재된 전통문화 공간이다.

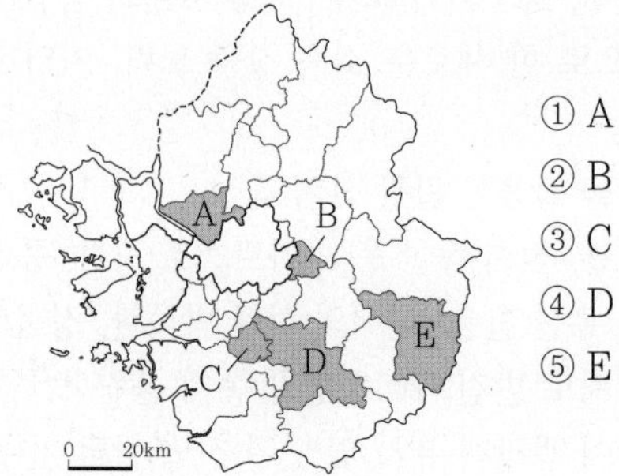

① A
② B
③ C
④ D
⑤ E

[24018-0197]

05 다음 글의 ㉠~㉤에 대한 설명으로 옳은 것은?

㉠강원도는 ㉡ 을/를 경계로 영서 지방과 영동 지방으로 나뉜다. 영서 지방의 일부에는 고랭지 농업, 목축업 등이 이루어지는 ㉢해발 고도가 높지만 평탄한 지형이 발달해 있고, 한강 유역의 침식 분지에는 춘천, ㉣원주 등의 도시가 분포한다. 영동 지방은 급경사의 산지와 좁은 해안 평야로 이루어져 있으며, 해안을 따라 ㉤강릉, 속초 등의 도시가 분포한다.

① ㉠은 우리나라의 도 및 특별자치도 중 총인구가 가장 적다.
② ㉡에는 '소백산맥'이 들어갈 수 있다.
③ ㉢은 신생대 화산 활동의 영향으로 형성되었다.
④ ㉣은 현재 강원특별자치도청 소재지이다.
⑤ ㉤과 서울은 고속 철도로 연결되어 있다.

[24018-0198]

06 그래프는 지도에 표시된 세 지역의 기후 특성을 나타낸 것이다. (가)~(다) 지역에 대한 설명으로 옳은 것만을 〈보기〉에서 고른 것은?

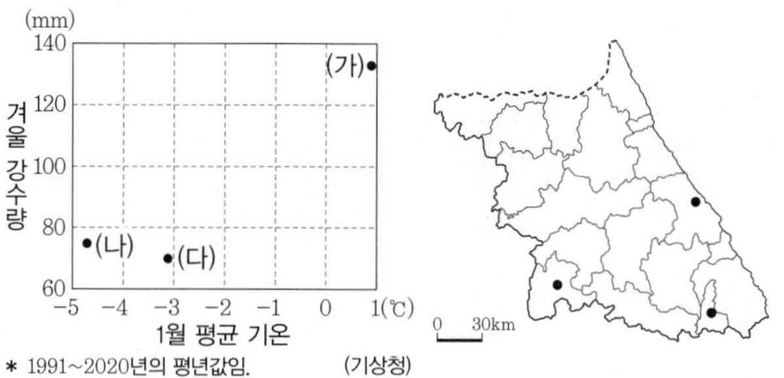

* 1991~2020년의 평년값임. (기상청)

보기

ㄱ. (나)는 (가)~(다) 중 무상 기간이 가장 길다.
ㄴ. (가)는 (다)보다 높새바람이 불 때 일평균 상대 습도가 낮다.
ㄷ. (나)는 (다)보다 해발 고도가 높다.
ㄹ. (다)는 (가)보다 기온의 연교차가 크다.

① ㄱ, ㄴ ② ㄱ, ㄷ ③ ㄴ, ㄷ
④ ㄴ, ㄹ ⑤ ㄷ, ㄹ

[24018-0199]

07 그래프의 (가)~(다)에 해당하는 지역을 지도의 A~C에서 고른 것은?

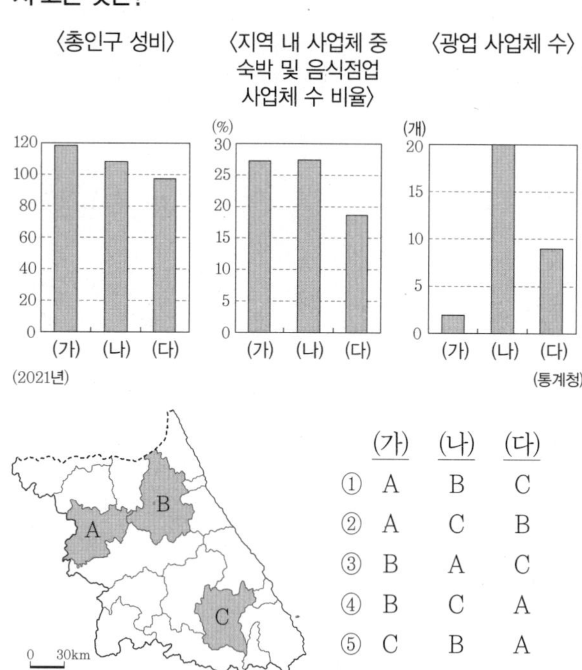

	(가)	(나)	(다)
①	A	B	C
②	A	C	B
③	B	A	C
④	B	C	A
⑤	C	B	A

[24018-0200]

08 다음 자료에서 설명하는 지역을 지도의 A~E에서 고른 것은?

▲ 지역 캐릭터는 탄광 지대 깊은 곳에 사는 광부 요정을 형상화하였다.

이 지역은 우리나라에서 손꼽히는 탄광 지역이었으나, 석탄 산업이 쇠퇴하면서 지역 경제가 침체되고 인구가 빠르게 감소하였다. 이 지역에서는 이러한 어려움을 극복하기 위해 폐광 지역 산업 유산을 활용한 관광 상품을 개발하는 등 경제 성장을 위한 노력을 기울였다.

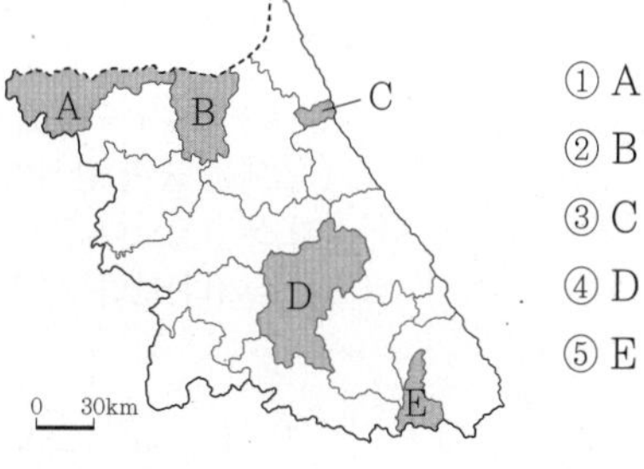

① A
② B
③ C
④ D
⑤ E

수능 실전 문제

[24018-0201]

1 **그래프는 지도에 표시된 두 지역의 통근·통학지별 통근·통학 인구 비율을 나타낸 것이다. 이에 대한 설명으로 옳은 것은? (단, A~C는 각각 경기, 서울, 인천 중 하나임.)**

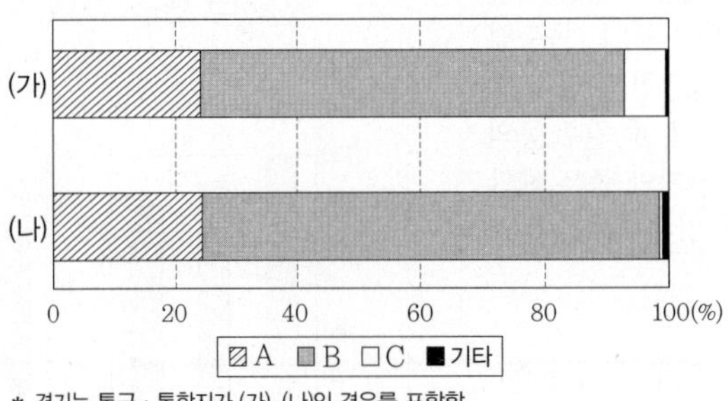

* 경기는 통근·통학지가 (가), (나)인 경우를 포함함.
(2020년) (통계청)

① (가)는 (나)보다 정보 통신업 사업체 수가 많다.
② (가)와 (나)에는 모두 수도권 1기 신도시가 있다.
③ A는 B보다 주간 인구 지수가 높다.
④ B는 C보다 인구 밀도가 높다.
⑤ C는 A보다 대형 마트 수가 많다.

[24018-0202]

2 **그래프는 지도에 표시된 네 지역의 인구 증가율 및 제조업 출하액을 나타낸 것이다. (가)~(라) 지역에 대한 설명으로 옳은 것은?**

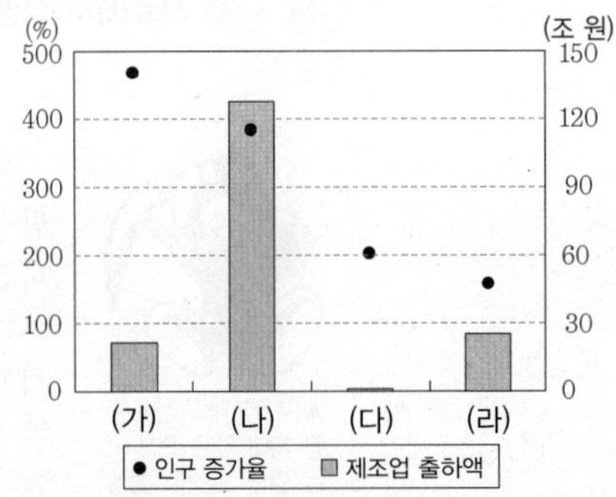

* 제조업 출하액은 2020년 자료이며, 종사자 수 10인 이상 사업체를 대상으로 함.
** 인구 증가율은 1990~2021년 값으로 해당 연도의 행정 구역을 기준으로 함. (통계청)

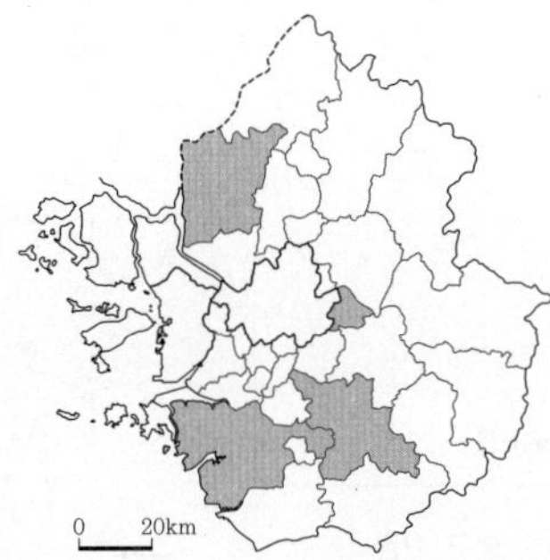

보기

ㄱ. (가)는 제4차 수도권 정비 계획의 평화 경제 벨트에 포함된다.
ㄴ. (라)에는 출판 단지가 조성되어 있다.
ㄷ. (가)는 (나)보다 총인구 성비가 높다.
ㄹ. (다)는 (나)보다 지역 내에서 서울로 통근·통학하는 인구 비율이 높다.

① ㄱ, ㄴ ② ㄱ, ㄷ ③ ㄴ, ㄷ ④ ㄴ, ㄹ ⑤ ㄷ, ㄹ

[24018-0203]

3 그래프의 (가)~(라) 지역을 A~D에서 고른 것은? (단, (가)~(라)와 A~D는 각각 강원, 경기, 서울, 인천 중 하나임.)

〈총인구의 상대적 변화〉

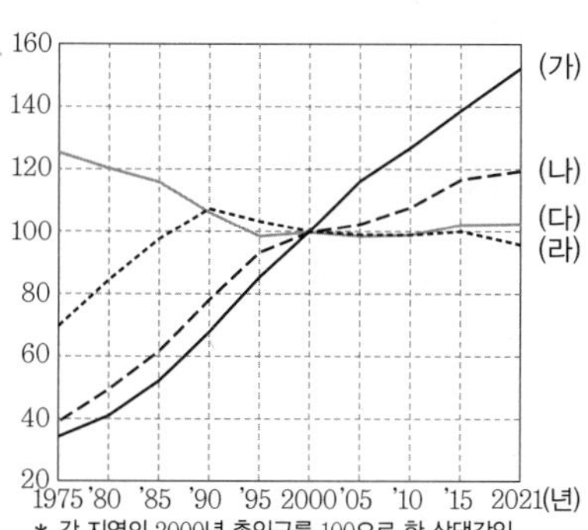

* 각 지역의 2000년 총인구를 100으로 한 상댓값임.
** 2010년 이전 자료는 2010년의 행정 구역을 기준으로 함.
(통계청)

〈지역 내 산업별 취업자 수 비율〉

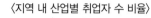

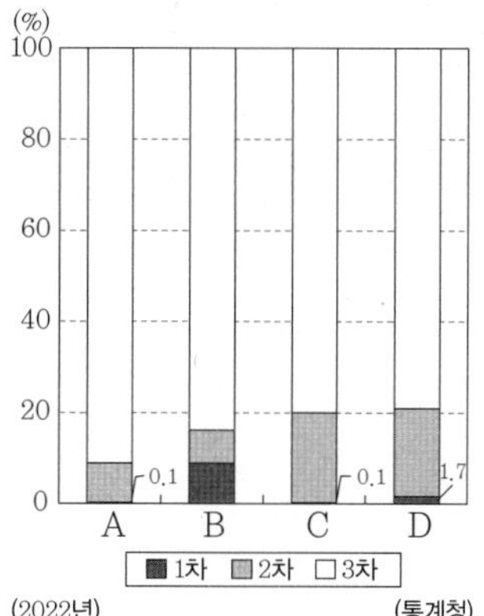

(2022년) (통계청)

	(가)	(나)	(다)	(라)
①	A	D	B	C
②	C	D	A	B
③	C	D	B	A
④	D	C	A	B
⑤	D	C	B	A

[24018-0204]

4 그래프는 지도에 표시된 네 지역의 논, 밭 면적과 제조업 출하액을 나타낸 것이다. (가)~(라) 지역에 대한 설명으로 옳지 않은 것은?

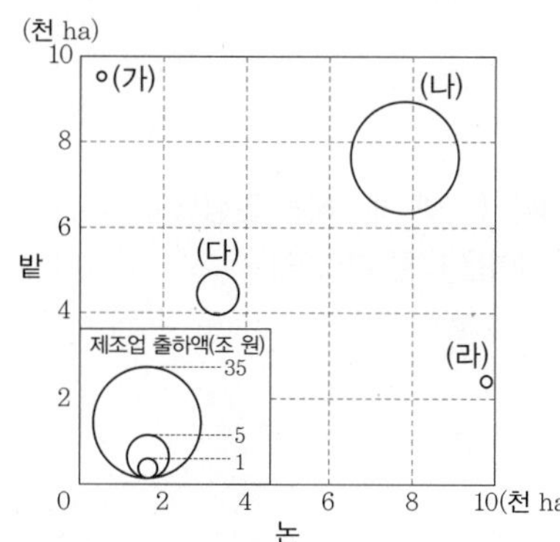

* 논, 밭 면적은 원의 가운데 값임.
** 제조업 출하액은 종사자 수 10인 이상 사업체를 대상으로함.
*** 논, 밭 면적은 2021년, 제조업 출하액은 2020년 값임.
(통계청)

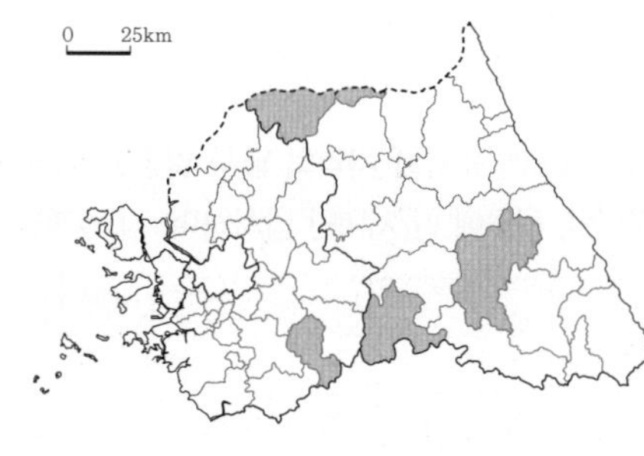

① (가)에서는 동계 올림픽이 개최되었다.
② (라)에는 용암의 열하 분출(틈새 분출)로 형성된 용암 대지가 있다.
③ (나)는 (라)보다 지역 내 겸업농가 비율이 높다.
④ (다)는 (가)보다 고랭지 배추 생산량이 많다.
⑤ (나)와 (다)는 모두 충청권과 행정 구역이 맞닿아 있다.

[24018-0205]

5 다음 자료의 (가)~(다)에 해당하는 지역을 지도의 A~C에서 고른 것은?

〈강원 지방 답사 계획서〉

• 주제: 다양한 지형 경관을 볼 수 있는 강원 지방
• 기간: 2024년 7월 □일 ~ 7월 △일
• 답사 지역 및 답사 내용

답사 지역	답사 목적 및 내용
(가)	• 침식 분지의 형성 과정 및 특징 이해 • '펀치볼'로도 불리는 ○○ 분지의 지형 경관 관찰
(나)	• 석호의 형성 과정 및 특징 이해 • 청초호, 영랑호 등 호수 둘레 산책
(다)	• 석회 동굴의 형성 과정 및 특징 이해 • 대이리 동굴 지대의 동굴 내부 종유석, 석순, 석주의 형태 관찰

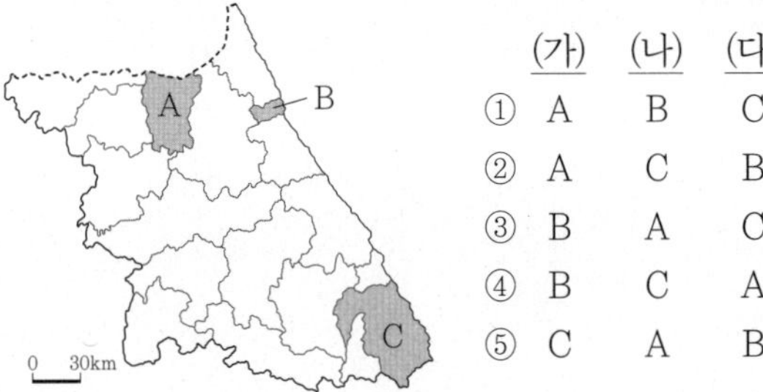

	(가)	(나)	(다)
①	A	B	C
②	A	C	B
③	B	A	C
④	B	C	A
⑤	C	A	B

[24018-0206]

6 표는 지도에 표시된 지역의 답사 일정을 정리한 것이다. (가)에 해당하는 일정으로 가장 적절한 것은? (단, 하루에 한 지역만 답사하며, 각 날짜별 답사 지역은 다른 지역임.)

구분	주요 일정
1일 차	(가)
2일 차	북한강과 소양강이 합류하는 곳에 발달한 침식 분지 지형 관찰
3일 차	수도권에서 이전해 온 공공 기관이 입지한 혁신 도시 견학
4일 차	고위 평탄면에 조성된 목장 및 풍력 발전소 탐방
5일 차	정동진 해안 단구 주변에 조성된 바다부채길 산책

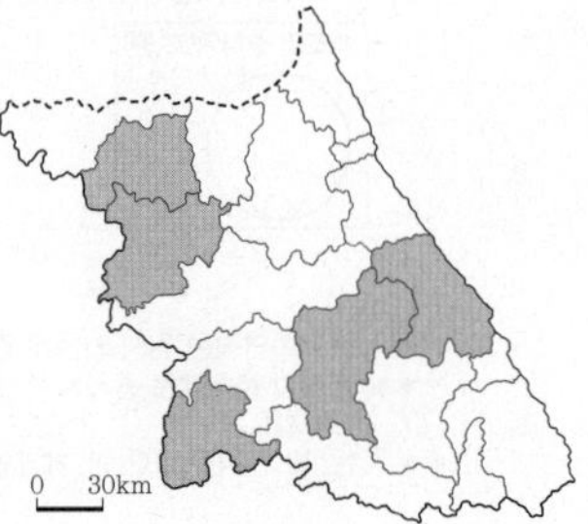

① 설악산 국립 공원 내 울산 바위 트래킹
② 산천어 축제에 참가하여 산천어 낚시 체험
③ 용암 대지 사이의 협곡에 발달한 주상 절리 관찰
④ 석탄 산업 전반에 대하여 체험할 수 있는 석탄 박물관 견학
⑤ 과거 무연탄 등을 운송했던 산업 철도에 조성된 레일 바이크 체험

18 충청·호남·영남 지방과 제주도

1. 빠르게 성장하는 충청 지방

(1) 충청 지방의 지역 특색

① 공간 범위: 대전광역시, 세종특별자치시, 충청북도, 충청남도를 포함

② 교통의 발달로 빠르게 성장하는 충청 지방

- 과거 한강과 금강을 이용한 내륙 수운이 황해와 연결되어 있을 때 충주, 공주, 부여, 강경 등이 하천 교통의 중심지로 성장
- 경부선(1905년), 호남선(1914년) 철도가 개통되면서 분기점인 대전이 철도 교통의 결절지로 성장
- 1970년대 이후 경부·호남·중부·서해안 고속 도로 등의 건설로 교통·물류의 중심지 역할 수행
- 2000년대 이후 수도권 전철 연장, 고속 철도 개통으로 수도권으로의 접근성 향상
- 최근 교통 발달과 수도권 과밀화에 따른 분산 정책의 시행으로 수도권의 행정, 산업, 교육 등 각종 기능이 이전함으로써 수도권과 밀접한 생활권을 형성하며 발달 가속화

탐구 활동 충청 지방의 교통망과 인구 변화

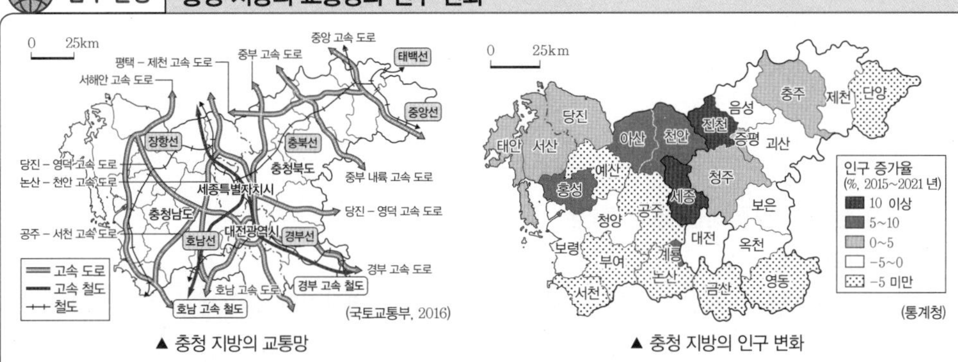

▲ 충청 지방의 교통망 ▲ 충청 지방의 인구 변화

» 교통망을 통해 알 수 있는 충청 지방의 지리적 특색을 설명해 보자. 충청 지방은 오늘날 경부·호남·중부·중부 내륙·서해안 고속 도로 등이 지나며, 고속 철도의 개통 등으로 전국 각 지역과의 접근성이 향상되면서 교통·물류의 중심지 역할을 하고 있다.

» 인구 증가율이 높은 지역과 낮은 지역의 특징을 설명해 보자. 행정 중심 복합 도시로 출범한 세종, 혁신 도시가 조성된 진천, 수도권과 전철로 연결된 천안·아산, 충청남도청이 이전한 홍성, 제조업이 발달한 서산·당진 등은 인구가 증가하였다. 반면에 충남 서남부에 위치한 서천, 부여, 충북의 영동, 단양 등은 인구가 감소하였다.

(2) 도시와 산업의 변화

① 산업 발달의 요인

- 수도권의 공장 신·증설을 규제하는 수도권 공장 총량제 시행에 따른 수도권 공업의 이전
- 교통 발달에 따른 수도권으로의 접근성 향상, 대중국 수출입의 전진 기지로서 성장 기대

② 산업의 입지

중화학 공업 중심의 산업 단지	서산(석유 화학), 당진(제철), 아산(자동차)
첨단 산업 단지	대전(대덕 연구 개발 특구), 청주(오송 생명 과학 단지, 오창 과학 산업 단지)

③ 도시의 성장과 변화

- 수도권과 인접한 천안·아산, 제조업이 발달한 당진·서산 등의 인구 급증
- 행정 중심 복합 도시(세종특별자치시) 건설, 충청남도청(내포 신도시) 이전
- 기업 도시(태안–관광 레저형, 충주–지식 기반형), 혁신 도시(진천·음성 등) 입지(대전, 예산·홍성은 2020년 혁신 도시로 지정)

✪ 수도권 전철로 이어지는 충청 지방

수도권 전철의 연장으로 충청 지방은 수도권으로의 통근·통학 인구가 증가하였으며, 수도권에서 유입되는 인구도 증가하였다.

✪ 내포 신도시

충청남도의 균형 발전을 위해 충청남도청이 2013년에 대전에서 홍성과 예산의 경계 부근에 조성된 내포 신도시로 이전하였다.

개념 체크

1. 충청 지방은 (　　)광역시, (　　)특별자치시, 충청북도, 충청남도를 포함한다.
2. 충청 지방에서 석유 화학 공업은 (　　), 제철 공업은 (　　)을 중심으로 발달하였다.
3. 대전광역시에 소재하였던 충청남도청은 2013년에 (　　) 신도시로 이전하였다.

정답
1. 대전, 세종
2. 서산, 당진
3. 내포

✪ 충청북도의 혁신 도시와 기업 도시

혁신 도시
• 위치: 진천군, 음성군 일원
• 면적: 6,899천 m²
• 수용 계획 인구: 39,476명
• 이전 기관: 한국가스안전공사 등 11개 공공 기관
강원특별자치도
충주
음성
제천
단양
진천
증평
괴산
경상북도
청주
세종특별자치시
보은
충청남도
대전광역시
옥천
영동
기업 도시
• 위치: 충주시 주덕읍, 대소원면, 중앙탑면 일원
• 면적: 7,009천 m²
• 수용 계획 인구: 28,400명
• 유치 업종: 첨단 전자 정보 부품 소재 산업
0 20km
전북특별자치도

(충북혁신도시누리집, 충주기업도시누리집, 2021)

✪ 권역별 경지 및 논 면적, 쌀 생산량 비율

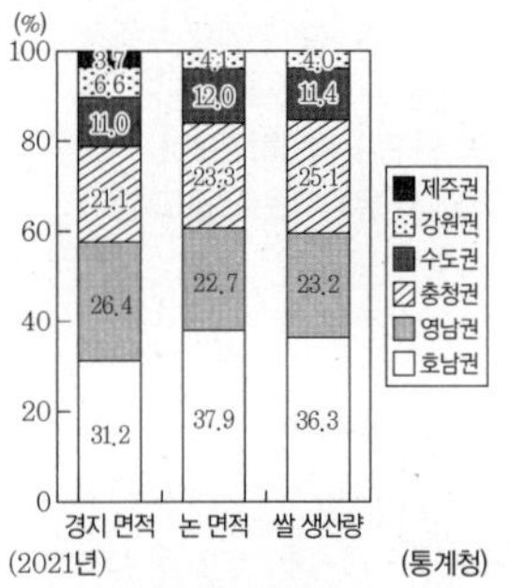

(2021년) (통계청)

✪ 새만금 간척 사업

전북 군산, 김제, 부안 앞바다를 연결하는 방조제를 세우고, 그 안쪽의 갯벌과 바다를 육지로 바꾸는 사업이다. 우리나라 최대의 간척 사업으로 1991년에 시작되어 두 차례 중단되었지만 여전히 진행 중이다.

개념 체크

1. (　　　) 지방은 (　　　)광역시, 전북특별자치도, 전라남도를 포함한다.
2. 호남 지방은 우리나라 최대의 곡창 지대로, 만경강, 동진강 주변의 호남평야와 영산강 주변의 (　　　)평야를 중심으로 농경지가 넓게 조성되어 있다.
3. 국내 최대의 (　　　) 간척지에서는 다양한 산업과 도시 개발 사업이 추진되고 있다.

정답
1. 호남, 광주
2. 나주
3. 새만금

탐구 활동 충청 지방의 제조업 특성

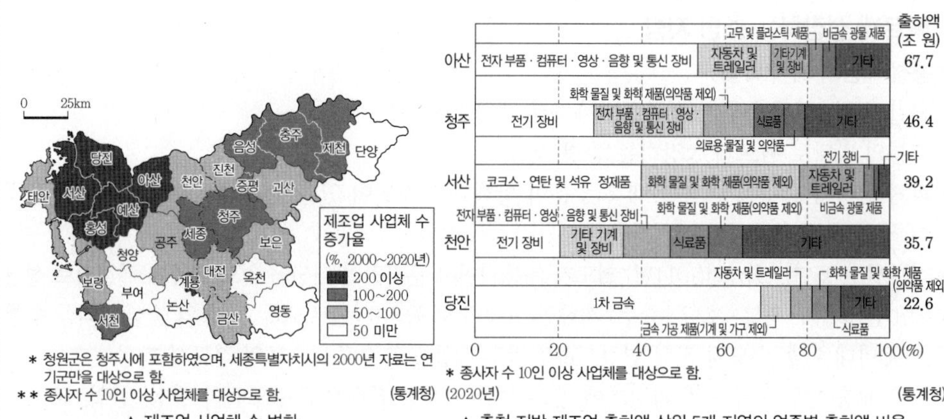

* 청원군은 청주시에 포함하였으며, 세종특별자치시의 2000년 자료는 연기군만을 대상으로 함.
** 종사자 수 10인 이상 사업체를 대상으로 함. (통계청)

▲ 제조업 사업체 수 변화

* 종사자 수 10인 이상 사업체를 대상으로 함.
(2020년) (통계청)

▲ 충청 지방 제조업 출하액 상위 5개 지역의 업종별 출하액 비율

▶ 충청 지방의 제조업 발달 배경을 설명해 보자.

충청 지방은 편리한 교통, 수도권의 공업 입지 규제에 따른 공업 기능 이전 효과, 중국과의 인접성 등을 바탕으로 제조업이 성장하고 있다.

▶ 아산, 청주, 서산, 천안, 당진에서 발달한 제조업을 설명해 보자.

아산은 전자 및 자동차, 청주는 전기 및 전자, 서산은 정유 및 석유 화학, 천안은 전기 및 기타 기계, 당진은 제철 공업의 출하액 비율이 높다.

2. 다양한 산업이 발전하는 호남 지방

(1) 호남 지방의 지역 특색

① 공간 범위: 한반도의 서남쪽에 위치, 광주광역시, 전북특별자치도(2024년), 전라남도를 포함

② 지역 특색

- 동부의 산지 지역, 서남부의 평야 및 도서 지역으로 이루어져 있음
- 농산물과 해산물이 풍부함
- 음식, 판소리, 민속놀이 등 다양한 문화가 발달함

(2) 농지 개간과 간척 사업

① 호남 지방은 우리나라 최대의 곡창 지대로 만경강, 동진강 주변의 호남평야와 영산강 주변의 나주평야를 중심으로 대규모 농경지 조성

② 대규모 농지 개간 및 간척 사업

일제 강점기	쌀을 수탈하기 위해 넓은 면적의 저습지와 갯벌을 농지로 개간 예 김제시 광활면
1960년대 이후	간척 기술의 발달로 정부와 민간이 주도하여 대규모 간척 사업 추진 예 부안군 계화도, 영산강 하구, 해남, 고흥, 새만금 일대

- 간척 사업을 통한 농지 확보는 우리나라 쌀 자급률 증대에 기여
- 금강 하구의 군산, 영산강 하구의 영암, 광양만 일대의 여수·광양 등의 간척지에는 산업 단지가 조성되어 지역 경제 발전에 기여
- 국내 최대의 새만금 간척지에는 최근 다양한 산업과 도시 개발 사업이 추진되고 있음

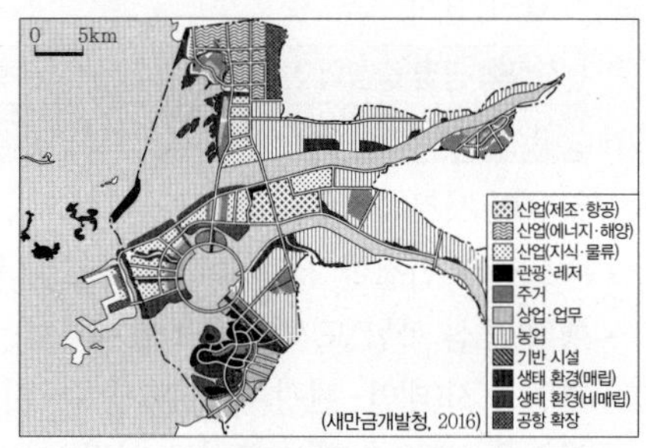

(새만금개발청, 2016)

▲ 새만금 개발 계획

(3) 산업 구조의 변화

① 1차 산업: 기후가 온화하고 비옥한 평야가 발달하였으며, 긴 해안선과 넓은 갯벌을 끼고 있어 농업과 어업 위주의 1차 산업 발달

② 제조업의 성장: 서해안 고속 도로와 호남 고속 철도 등의 개통과 균형 발전을 위한 정부의 지원을 바탕으로 제조업 및 첨단 산업 분야의 투자 진행

1970년대	여수 석유 화학 산업 단지와 이리(현재 익산) 수출 자유 지역을 중심으로 제조업 발달
1980년대	광양 제철소가 조성된 광양만을 중심으로 제철 공업 등 중화학 공업 발달
1990년대 이후	• 중국과의 교역에 유리한 군산 국가 산업 단지, 대불 산업 단지(영암) 등 조성 • 광주의 광(光) 산업 및 자동차 공업, 전주의 첨단 부품 소재 산업 등을 중심으로 산업 구조의 고도화 추진

탐구 활동 **호남 지방의 제조업 특성**

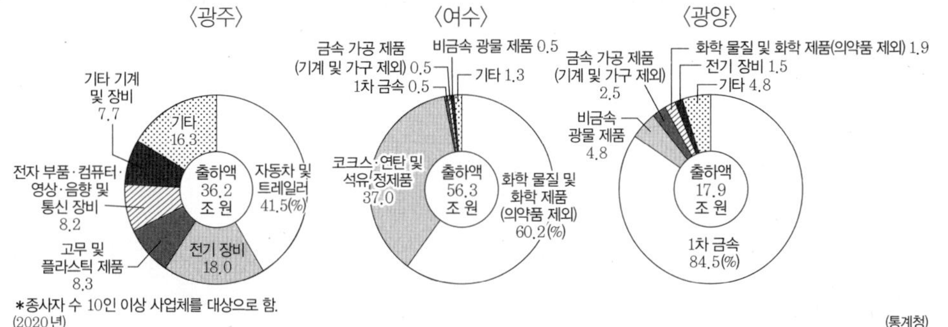

*종사자 수 10인 이상 사업체를 대상으로 함. (2020년) (통계청)

» **호남 지방 주요 도시의 제조업 발달 현황을 설명해 보자.** 광주는 자동차, 여수는 석유 화학, 광양은 제철 공업의 출하액 비율이 높다. 광주는 1990년대 이후 호남 지방의 자동차 공업 중심지로 크게 성장하고 있으며, 최근에는 차세대 성장 동력으로 광(光) 산업을 육성하고 있다. 1970년대에 여수에 석유 화학 단지가 조성되고 1980년대에 광양에 대규모 제철소가 건설되면서 광양만을 중심으로 중화학 공업이 발달하였다.

③ 경제 자유 구역과 혁신 도시
- 경제 자유 구역: 광양만권(동북아 최고의 산업 인프라 지향), 광주(융복합 신산업 허브 지향)
- 혁신 도시: 전주·완주(농업·생명), 나주(녹색 전력)

④ 관광 산업: 자연환경과 문화유산을 기반으로 관광 산업 발달
- 축제: 전주 대사습놀이와 세계 소리 축제, 남원 춘향제, 김제 지평선 축제, 보성 다향 대축제, 순창 장류 축제 등
- 슬로 시티: 신안군, 완도군, 담양군, 전주시, 목포시, 장흥군

(전라남·북도청, 2016)

▲ 호남 지방의 주요 관광 자원

3. 공업과 함께 발달한 영남 지방

(1) 영남 지방의 지역 특색

① 공간 범위: 부산광역시, 대구광역시, 울산광역시, 경상북도, 경상남도를 포함

② 지역 특색
- 태백산맥과 소백산맥으로 둘러싸여 있으며, 낙동강 유역에 크고 작은 평야와 분지 분포
- 조차가 작고 수심이 깊은 해안을 끼고 있어 대형 선박의 입·출항이 편리한 곳에 항만 발달
- 수도권과 함께 우리나라의 산업화를 이끌어 온 주요 공업 지역

✪ 호남 지방의 산업 구조 변화

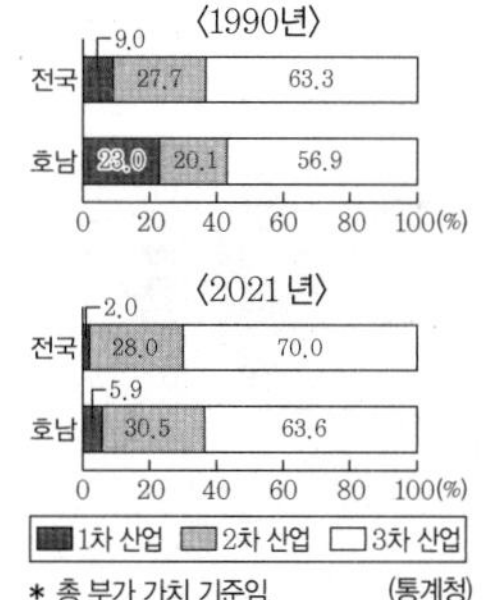

* 총 부가 가치 기준임. (통계청)

✪ 광주의 광(光) 산업 클러스터

(한국광산업진흥회, 2016)

광(光) 산업은 영상, 음성 등의 전기 신호를 빛의 신호로 바꾸어 보내는 광(光) 기술을 중심으로 한 산업이다.

✪ 김제 지평선 축제

우리나라 최대의 곡창 지대인 호남평야의 중심에 위치한 김제시에서 지평선을 테마로 열리는 농경 문화 축제이다.

개념 체크

1. 호남 지방은 1970년대에 (　　)에 석유 화학 산업 단지, 1980년대에 (　　)에 제철소가 건설되면서 공업 발달이 본격화되었다.
2. 호남 지방의 전주·완주와 나주 일대는 (　　) 도시로 지정되어 지역 개발이 추진되고 있다.
3. 영남 지방은 (　　)광역시, (　　)광역시, (　　)광역시, 경상북도, 경상남도를 포함한다.

정답
1. 여수, 광양
2. 혁신
3. 부산, 대구, 울산

✪ 영남 지방의 인구 분포

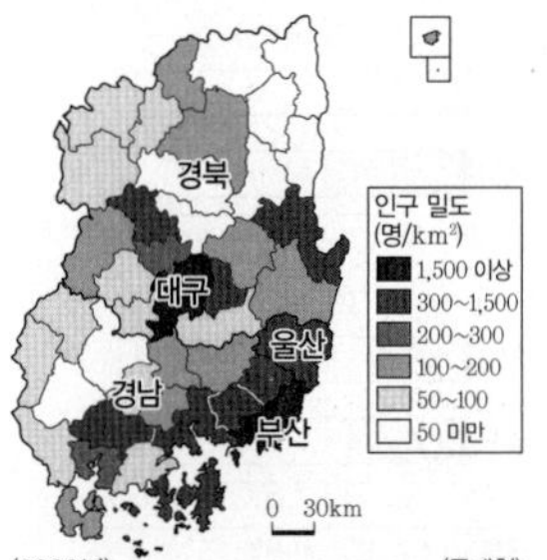

(2020년) (통계청)

대도시(부산, 대구), 산업 단지 조성 도시(울산, 창원, 포항, 구미, 거제 등), 대도시의 교외 도시(김해, 양산, 경산) 등은 인구 밀도가 높으며, 촌락이 대부분인 경북 내륙 지역과 경남 서부 내륙 지역은 인구 밀도가 낮다.

✪ 창원

기계 공업 발달과 경상남도청 이전을 바탕으로 성장한 창원시는 2010년에 마산, 진해와 통합하여 인구 100만 명이 넘는 도시로 성장하였다.

✪ 기타 운송 장비 제조업

선박, 철도 장비, 항공기 등의 운송 장비를 제조하는 산업이다.

(2) 산업 분포

① 1차 산업: 북부 내륙 지역에 과수 농업, 낙동강 하구 삼각주와 대도시 근교에 시설 원예 농업 발달

② 제조업: 정부의 거점 개발 정책과 수출 위주의 중화학 공업 육성 정책으로 발달

- 1960년대: 부산과 대구를 중심으로 신발과 섬유 공업 등의 노동 집약적 경공업 발달
- 1970년대 이후: 대규모 산업 단지가 조성되면서 중화학 공업을 중심으로 급성장

영남 내륙 공업 지역	• 풍부한 노동력과 편리한 도로 및 철도 교통을 바탕으로 성장 • 대구(자동차, 기계, 섬유), 구미(전자) 등
남동 임해 공업 지역	• 원료 및 제품 수출입에 유리한 항만과 정부의 중화학 공업 육성 정책을 바탕으로 우리나라 최대의 중화학 공업 지역으로 성장 • 울산(석유 화학, 정유, 자동차, 조선), 포항(제철), 창원(기계), 거제(조선) 등

자료 분석 영남 지방의 제조업 특성

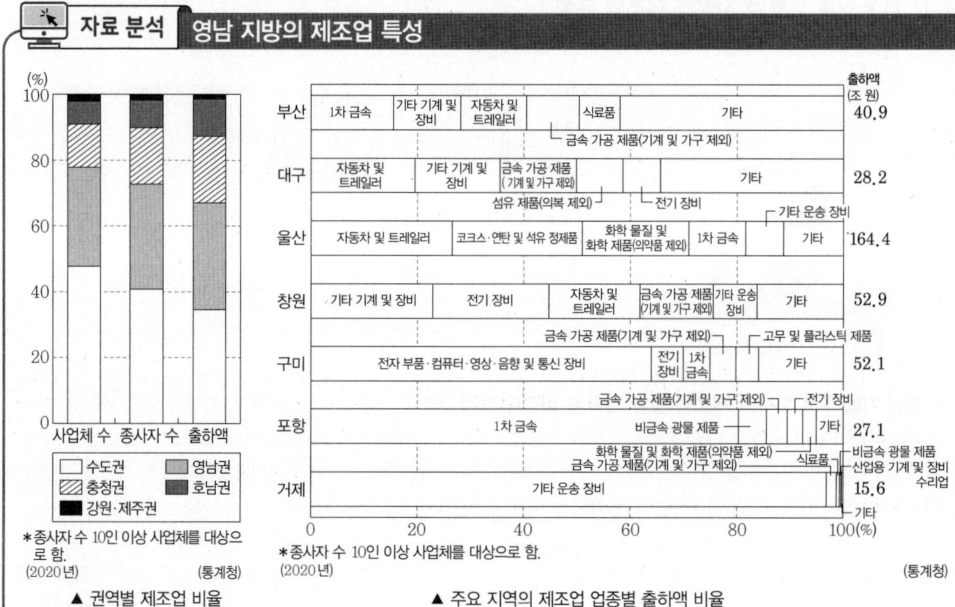

▲ 권역별 제조업 비율 ▲ 주요 지역의 제조업 업종별 출하액 비율

- 영남 지방은 우리나라 중화학 공업의 중심지로 제조업 출하액이 수도권 다음으로 많고, 수도권보다 사업체당 출하액이 많다.
- 부산은 1차 금속, 자동차 공업이 발달하였으며, 전통적으로 섬유 공업이 발달하였던 대구는 자동차, 기계 등 부가 가치가 큰 제조업 위주로 산업 구조가 변화하고 있다. 울산은 자동차, 석유 화학, 조선 공업, 창원은 기계 공업, 구미는 전자 공업, 포항은 제철 공업, 거제는 조선 공업이 발달하였다.

(3) 인구와 도시

① 인구 분포: 전통적 대도시인 부산과 대구, 공업 도시로 성장한 울산, 창원, 포항, 구미 등지에 인구가 많이 분포

② 대도시의 교외화: 1990년대 이후 부산, 대구의 인구와 기능이 주변 지역으로 분산되는 교외화 현상이 나타나 김해, 양산, 경산 등의 도시 성장

③ 군위가 대구에 편입(2023년 7월)

④ 역사 문화 도시

- 안동: 세계 문화유산으로 등재된 하회 마을 등의 전통 문화유산을 중심으로 관광 산업 육성, 경상북도청 이전으로 행정 기능 강화
- 경주: 석굴암과 불국사, 경주 역사 유적 지구, 양동 마을 등이 세계 문화유산으로 등재

개념 체크

1. 영남 지방의 북부 내륙 지역은 사과 등의 (　　) 농업이 활발하다.
2. 영남 지방에서 (　　)은 제철, (　　)는 전자, (　　)는 조선 공업이 발달한 대표적인 지역이다.
3. (　　)의 석굴암과 불국사, 역사 유적 지구, 양동 마을 등은 세계 문화유산으로 등재되었다.

정답
1. 과수
2. 포항, 구미, 거제
3. 경주

4. 세계적인 관광지로 발전하는 제주도

(1) 자연환경

① 기후

- 저위도에 위치하고 주변에 난류가 흘러 연평균 기온이 높으며, 기온의 연교차가 작은 해양성 기후가 나타남
- 해안 저지대는 겨울철에도 따뜻하여 난대성 식물이 자라고, 해발 고도가 높아질수록 기온이 낮아져 식생이 수직적으로 다양하게 분포함

② 지형: 신생대 화산 활동으로 형성

- 기생 화산, 용암 동굴, 주상 절리, 폭포 등 다양한 지형 발달
- 주된 기반암이 현무암이어서 물이 지하로 잘 스며들고 하천 발달이 미약하며, 비가 내릴 때만 하천에 물이 흐르는 건천이 주를 이룸
- 자연환경이 독특하고 아름다우며 유네스코 생물권 보전 지역(2002년), 세계 자연 유산(2007년), 세계 지질 공원(2010년)으로 등재되면서 세계적인 관광지로 성장

(2) 독특한 문화와 산업 발달

① 독특한 문화

- 전통 취락은 물을 얻기 쉬운 해안가의 용천대를 중심으로 발달
- 현무암을 이용하여 돌담을 쌓고, 경사가 완만한 지붕에 그물 모양으로 줄을 엮어 강풍에 대비
- 경지는 대부분 밭과 과수원으로 이용, 잡곡과 해산물을 활용한 음식 문화 발달

② 산업 발달: 1차 산업과 관광 산업 위주의 3차 산업을 중심으로 발달

자료 분석 제주도의 산업 구조와 관광 산업

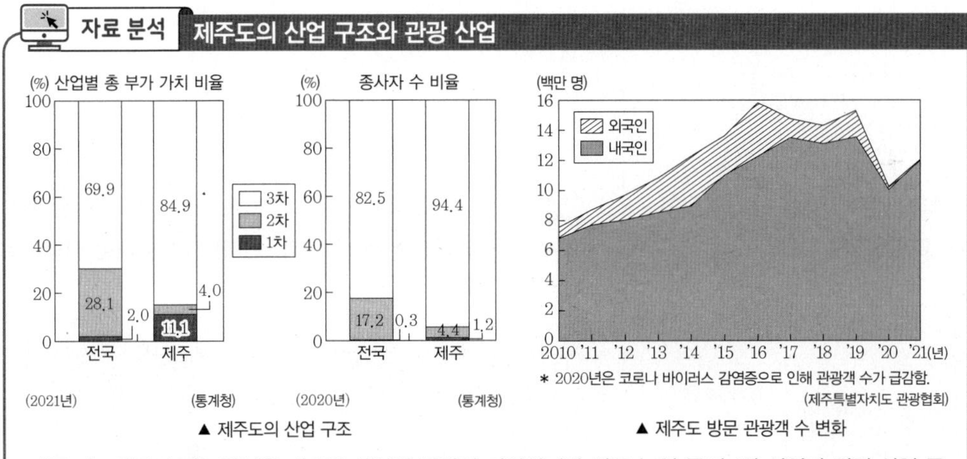

▲ 제주도의 산업 구조 ▲ 제주도 방문 관광객 수 변화

제주도는 전국과 비교하였을 때 2차 산업의 발달이 미약하지만 감귤 농업 등의 1차 산업과 관광 산업 등의 3차 산업이 발달하였다. 제주도는 화산 지형과 겨울철 온화한 기후 등을 바탕으로 독특한 문화가 나타나 세계적인 관광지로 성장하였다.

(3) 제주도의 미래와 노력

① 국제 자유 도시(2002년)와 제주특별자치도(2006년) 지정: 국내외 기업에 각종 규제 완화와 조세 혜택 등 제공, 국방·외교·사법 등을 제외한 광범위한 분야에 걸쳐 자치권 확보 → 관광, 교육, 의료, 첨단 산업 등을 핵심 산업으로 선정하여 육성

② 투자 활성화와 청정한 자연환경 등의 영향으로 유입 인구 증가: 각종 기반 시설 부족, 무분별한 개발과 환경 훼손, 개발 이익의 도(道)외 유출 등 부작용 우려

③ 발전 전략: 마이스 산업, 스포츠 관광, 의료 및 휴양 관광 등의 고부가 가치 산업 확충

✪ 제주도 식생의 수직적 분포

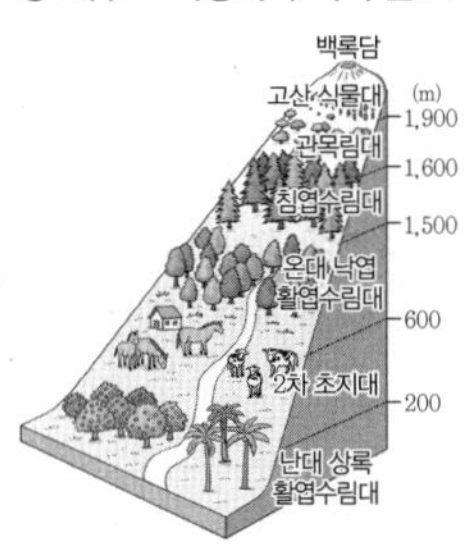

✪ 제주도의 세계 유산

한라산, 거문오름 용암 동굴계, 성산 일출봉은 뛰어난 자연미와 독특한 화산 지형 및 생태계를 인정받아 우리나라 최초로 유네스코 세계 유산 중 자연 유산에 등재되었다.

✪ 마이스(MICE) 산업

기관 및 기업 등의 회의(Meetings), 포상 여행(Incentives Travel), 국제회의(Conventions), 전시·행사(Exhibitions·Events)의 약자로, 이것을 유치하고 진행하는 것과 관련된 산업을 말한다.

개념 체크

1. 제주도는 연평균 기온이 높으며, 기온의 연교차가 작은 (　　) 기후가 나타난다.
2. 제주도는 신생대 (　　) 활동으로 형성되었으며, 독특하고 아름다운 자연환경을 토대로 세계적인 관광지로 성장하였다.
3. 제주도는 감귤 농업 등 (　　)차 산업과 관광 산업 위주의 (　　)차 산업이 발달하였다.

정답
1. 해양성
2. 화산
3. 1, 3

수능 기본 문제

[24018-0207]

01 다음 글의 ㉠~㉤에 대한 설명으로 옳지 않은 것은?

> 전통적으로 ㉠호서 지방으로 불려 온 ㉡충청 지방은 수도권과 영·호남 지방을 잇는 지역에 위치하여 오래전부터 ㉢교통의 요충지로 성장해 왔다. ㉣충청 지방의 제조업은 수도권의 과도한 집중을 억제하는 정책의 시행으로 수도권으로부터 공업 기능이 유입되면서 꾸준히 성장하고 있다. 한편, 충청 지방에 조성된 혁신 도시, ㉤기업 도시 등은 국토의 균형 발전에 큰 역할을 할 것으로 기대되고 있다.

① ㉠ – 영산강 상류의 서쪽 지역을 의미한다.
② ㉡ – 1개 광역시, 1개 특별자치시, 2개 도(道)를 포함한다.
③ ㉢ – 대전에 경부선 철도와 호남선 철도의 분기점이 위치하는 것을 사례로 들 수 있다.
④ ㉣ – 아산은 대전보다 자동차 및 트레일러 제조업의 출하액이 많다.
⑤ ㉤ – 충청 지방에는 충주와 태안에 조성되어 있다.

[24018-0208]

02 그래프는 충청 지방 세 지역의 인구 특성을 나타낸 것이다. (가)~(다) 지역을 지도의 A~C에서 고른 것은?

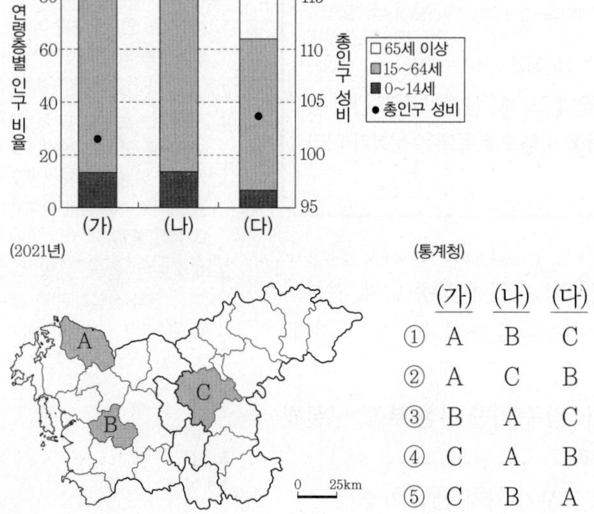

	(가)	(나)	(다)
①	A	B	C
②	A	C	B
③	B	A	C
④	C	A	B
⑤	C	B	A

[24018-0209]

03 다음 자료에서 설명하는 지역을 지도의 A~E에서 고른 것은?

> 이 지역은 고전 소설 '춘향전'의 배경이 되는 지역으로 광한루원 일대에서 개최되는 춘향제가 유명하다. 이 지역의 남동부에 위치한 지리산 국립 공원의 '뱀사골' 또한 유명하여 많은 관광객이 찾고 있다.
>
> 
> 〈지역 캐릭터 '성춘향과 이몽룡'〉

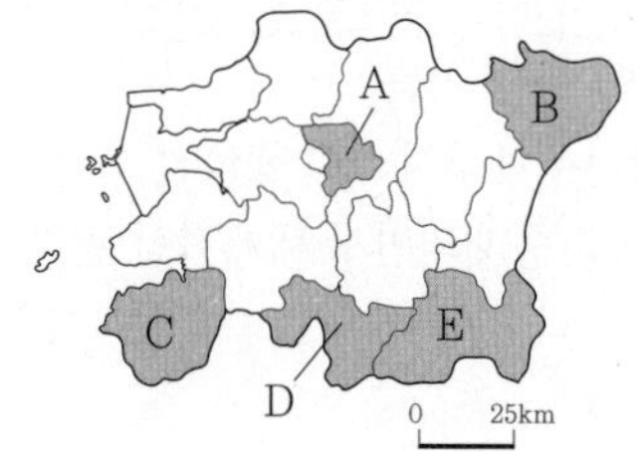

① A
② B
③ C
④ D
⑤ E

[24018-0210]

04 그래프는 지도에 표시된 세 지역의 지역 내 산업별 취업자 수 비율을 나타낸 것이다. (가)~(다) 지역에 대한 설명으로 옳은 것은?

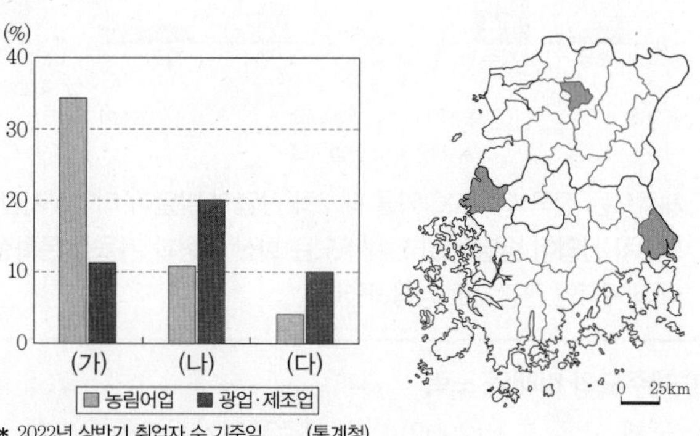

* 2022년 상반기 취업자 수 기준임. (통계청)

① (가)는 도청 소재지이다.
② (나)에는 원자력 발전소가 들어서 있다.
③ (다)의 특산품으로 굴비가 유명하다.
④ (가)는 (나)보다 1차 금속 제조업 출하액이 많다.
⑤ (다)는 (나)보다 총인구가 많다.

[24018-0211]

05 다음 자료는 영남 지방의 대표적인 축제에 관한 것이다. (가), (나) 지역을 지도의 A～D에서 고른 것은?

지역	(가)	(나)
특징	하회 마을에서 전승되는 탈놀이를 바탕으로 개최되는 축제	경상 누층군에서 발견되는 다양한 공룡 화석과 관련된 축제
포스터		

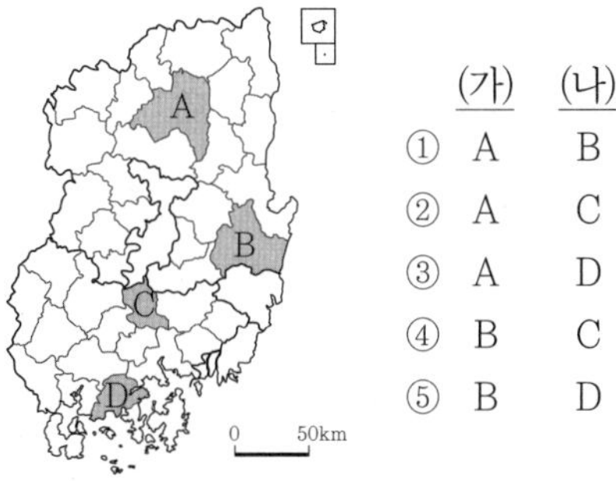

	(가)	(나)
①	A	B
②	A	C
③	A	D
④	B	C
⑤	B	D

[24018-0212]

06 그래프는 지도에 표시된 네 지역의 지역 내 산업별 취업자 수 비율을 나타낸 것이다. (가)～(라) 지역에 대한 설명으로 옳은 것은?

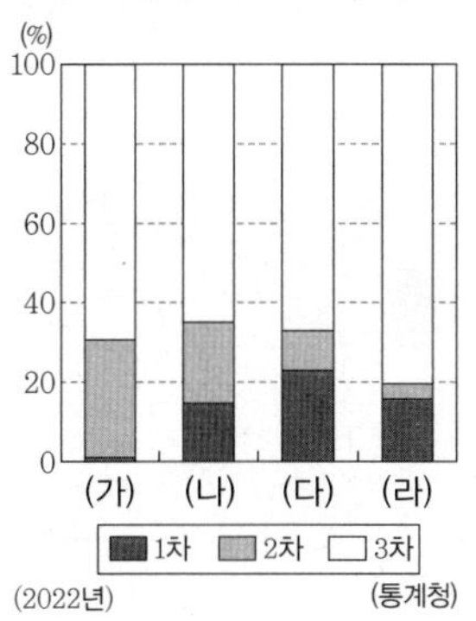

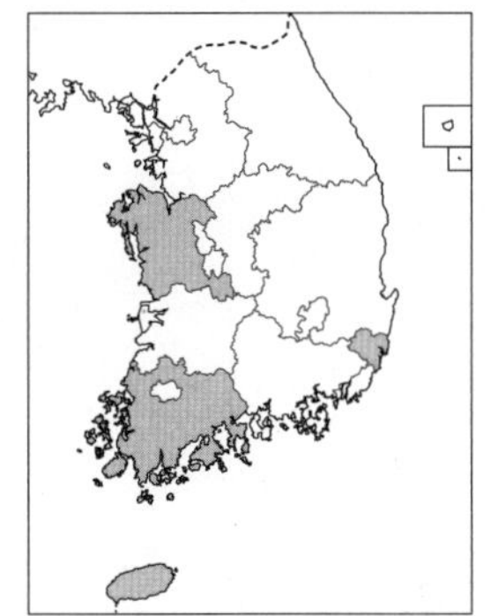

① (나)는 외교, 국방, 사법 등을 제외한 고도의 자치권이 보장되는 지역이다.
② (나)는 (가)보다 전자 부품·컴퓨터·영상·음향 및 통신 장비 제조업 출하액이 많다.
③ (라)는 (다)보다 쌀 생산량이 많다.
④ (가)는 호남 지방, (다)는 영남 지방에 포함된다.
⑤ (가)～(라) 중 1인당 지역 내 총생산은 (라)가 가장 많다.

[24018-0213]

07 다음은 학생이 작성한 노트 필기이다. ㉠～㉤에 대한 설명으로 옳은 것만을 〈보기〉에서 고른 것은?

〈영남 지방의 제조업 성장〉
- 1960년대: 부산과 대구를 중심으로 ㉠ 신발, 섬유 공업 등 발달
- 1970년대 이후: 대규모 산업 단지가 조성되면서 급성장
  - ㉡ 영남 내륙 공업 지역: 대구, 구미 등
  - ㉢ 남동 임해 공업 지역: 울산, ㉣ 포항, 창원, ㉤ 거제 등

● 보기 ●

ㄱ. ㉠은 노동 지향형 공업에 해당한다.
ㄴ. ㉡은 우리나라 최대의 중화학 공업 지역이다.
ㄷ. ㉢은 원료의 수입과 제품의 수출에 유리한 조건을 갖추고 있다.
ㄹ. ㉤의 주된 공업의 완제품은 ㉣의 주된 공업의 원자재로 이용된다.

① ㄱ, ㄴ ② ㄱ, ㄷ ③ ㄴ, ㄷ ④ ㄴ, ㄹ ⑤ ㄷ, ㄹ

[24018-0214]

08 다음은 한국지리 수업 시간에 사용한 게임이다. 방 탈출 게임에서 탈출할 수 있는 문을 게임판의 A～E에서 고른 것은?

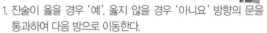

방 탈출 게임을 통한 '제주도의 자연환경' 학습

◎ **게임 방법**

1. 진술이 옳을 경우 '예', 옳지 않을 경우 '아니요' 방향의 문을 통과하여 다음 방으로 이동한다.
2. 이동한 방에서 동일한 방법으로 게임을 진행하며, 열리는 문을 찾아 방에서 탈출하면 게임이 종료된다. (단, 이동한 방의 진술에 모두 맞게 답해야만 A～E 중 탈출할 수 있는 문을 찾을 수 있다.)

◎ **게임판**

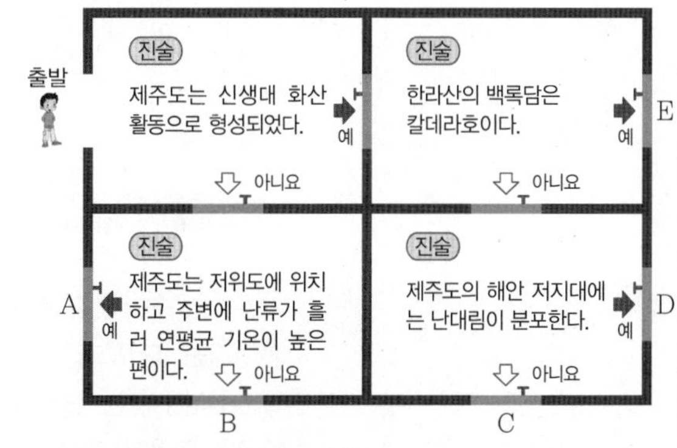

① A ② B ③ C ④ D ⑤ E

[24018-0215]

1 **그래프는 충청 지방 네 시·도의 인구 특성과 경제 활동별 부가 가치액 비율을 나타낸 것이다. (가)~(라) 지역에 대한 설명으로 옳은 것은?**

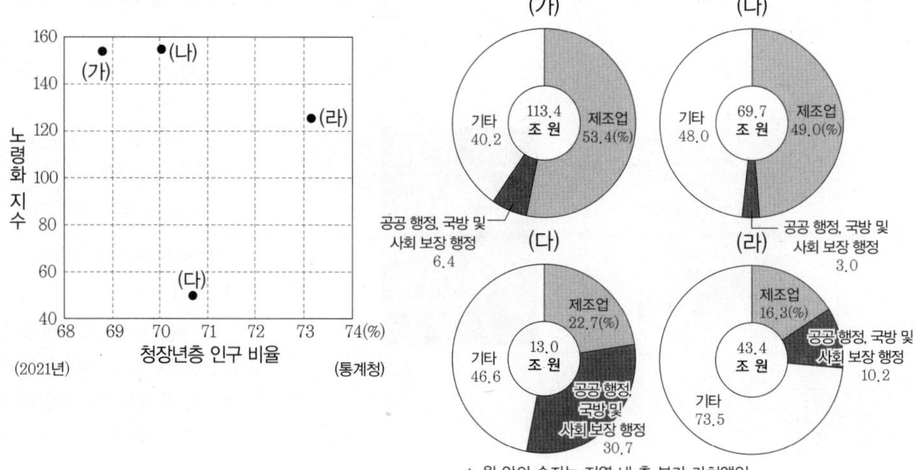

① (다)는 수도권과 행정 구역이 맞닿아 있다.
② (라)에는 국제공항이 들어서 있다.
③ (나)는 (가)보다 총인구가 많다.
④ (다)는 (라)보다 전문·과학 및 기술 서비스업 매출액이 많다.
⑤ (가)~(라) 중 화력 발전량은 (가)가 가장 많다.

[24018-0216]

2 **그래프는 네 제조업의 충청 지방 시·군별 출하액을 나타낸 것이다. 이에 대한 설명으로 옳은 것은? (단, (가)~(다)는 각각 지도에 표시된 세 지역 중 하나이며, A, B는 각각 자동차 및 트레일러, 화학 물질 및 화학 제품(의약품 제외) 제조업 중 하나임.)**

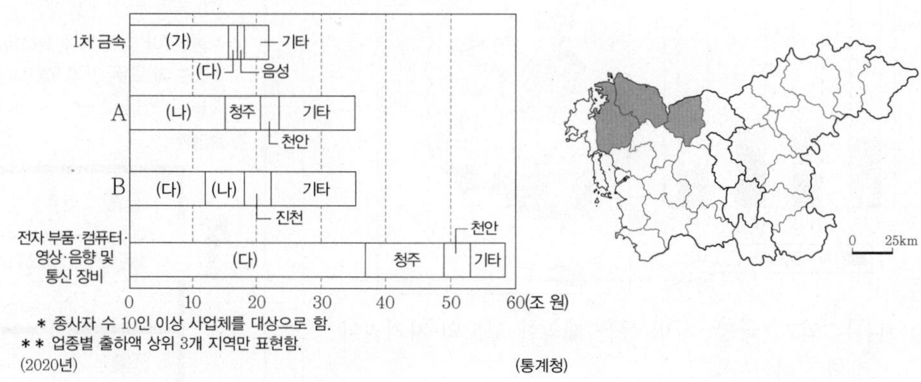

① (가)는 수도권과 전철로 연결되어 있다.
② (나)는 (다)보다 지역 내 제조업 출하액 중 정유 공업이 차지하는 비율이 높다.
③ (나)와 (다)는 행정 구역이 맞닿아 있다.
④ A는 많은 부품을 필요로 하는 조립형 공업이다.
⑤ A, B의 출하액은 모두 충청 지방이 영남 지방보다 많다.

[24018-0217]

3 다음 자료는 두 지역을 소개하는 가상의 누리 소통망 서비스 화면이다. (가), (나) 지역을 지도의 A~C에서 고른 것은?

geography
〈심벌마크〉
(가) 에서 생산된 고추장과 동쪽에 흐르는 섬진강을 표현함.
#장류 축제 #고추장 마을
좋아요 · 댓글 달기

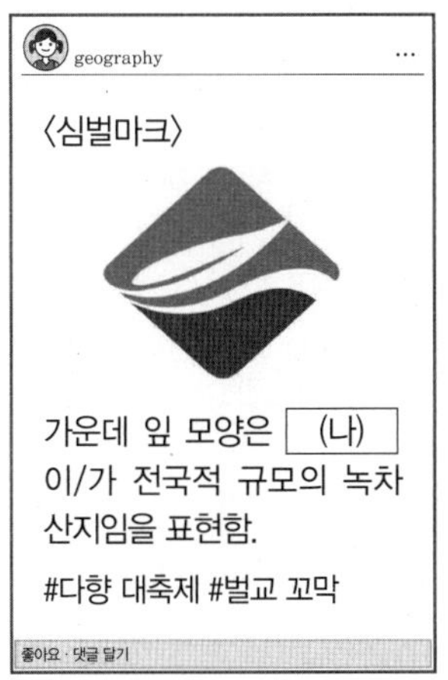

geography
〈심벌마크〉
가운데 잎 모양은 (나) 이/가 전국적 규모의 녹차 산지임을 표현함.
#다향 대축제 #벌교 꼬막
좋아요 · 댓글 달기

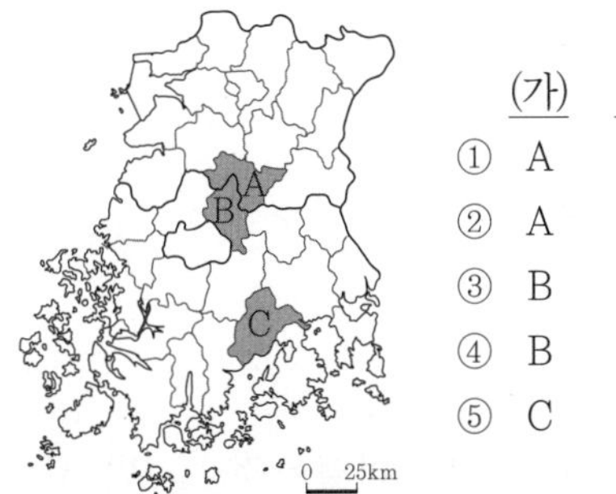

	(가)	(나)
①	A	B
②	A	C
③	B	A
④	B	C
⑤	C	A

[24018-0218]

4 표는 지도에 표시된 네 지역의 시기별 인구 증가율과 제조업 총출하액을 나타낸 것이다. (가)~(라) 지역에 대한 설명으로 옳은 것은?

지역	인구 증가율(%)		제조업 총출하액 (2020년, 조 원)
	1980~2000년	2000~2021년	
(가)	-59.7	-12.8	0.1
(나)	-46.5	15.7	3.0
(다)	59.0	8.8	3.4
(라)	68.7	8.7	17.9

* 2010년 이전 자료는 2010년의 행정 구역을 기준으로 함. (통계청)

0 25km

① (다)는 세계 소리 축제 개최지이다.
② (가)는 (나)보다 최한월 평균 기온이 높다.
③ (가)와 (다)는 모두 전라도라는 지명의 유래가 된 지역이다.
④ (다)와 (라)에는 모두 혁신 도시가 조성되어 있다.
⑤ (나)는 전남, (라)는 전북에 위치한다.

[24018-0219]

5 그래프는 지도에 표시된 네 지역의 1차 에너지 공급 구조를 나타낸 것이다. 이에 대한 설명으로 옳은 것은? (단, A～D는 각각 석유, 석탄, 원자력, 천연가스 중 하나임.)

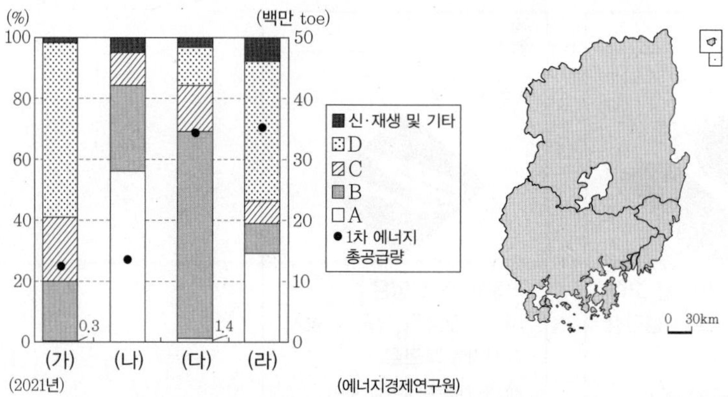

① (나)에는 우리나라 최대 규모의 무역항이 있다.
② (라)에는 세계 문화유산에 등재된 역사 마을이 있다.
③ (가)는 (다)보다 지역 내 2차 산업 취업자 수 비율이 높다.
④ A는 B보다 수송용으로 이용되는 비율이 높다.
⑤ 우리나라 1차 에너지 총공급량은 B>C>D>A 순으로 많다.

[24018-0220]

6 다음 자료는 학생이 작성한 수행 평가지이다. ㉠～㉣ 중 답안 내용이 옳은 것만을 있는 대로 고른 것은?

〈호남 지방과 영남 지방의 이해〉

※ 지도의 A~H 지역 중 두 지역 이상을 골라 공통점을 서술하시오. (단, 정답으로 중복되는 지역을 작성해도 무방함.)

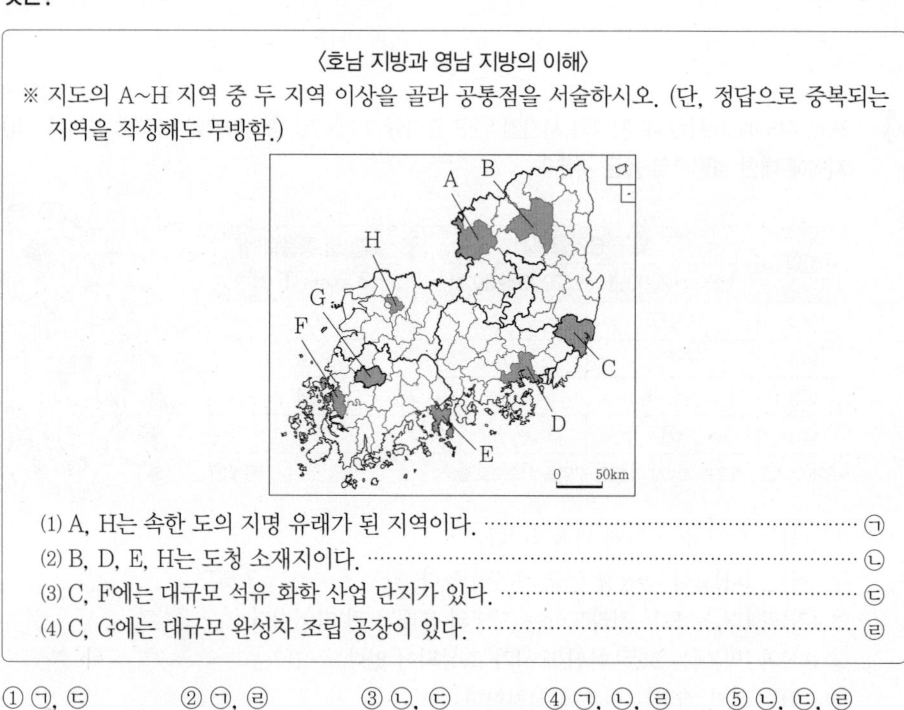

(1) A, H는 속한 도의 지명 유래가 된 지역이다. ········· ㉠
(2) B, D, E, H는 도청 소재지이다. ········· ㉡
(3) C, F에는 대규모 석유 화학 산업 단지가 있다. ········· ㉢
(4) C, G에는 대규모 완성차 조립 공장이 있다. ········· ㉣

① ㉠, ㉢　② ㉠, ㉣　③ ㉡, ㉢　④ ㉠, ㉡, ㉣　⑤ ㉡, ㉢, ㉣

[24018-0221]

7 **그래프는 지도에 표시된 세 지역의 영농 형태별 농가 수 비율을 나타낸 것이다. (가)~(다) 지역에 대한 설명으로 옳은 것은?**

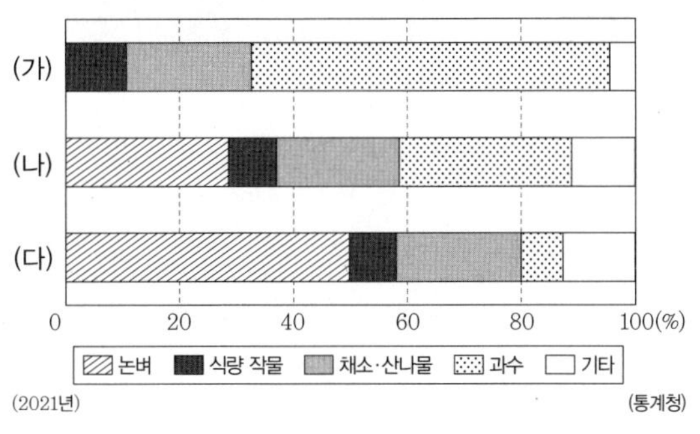

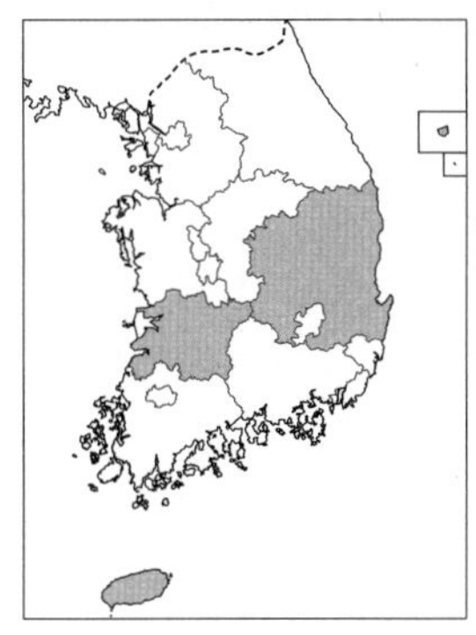

① (가)는 (나)보다 과수 재배 농가 수가 많다.
② (나)는 (다)보다 갯벌 면적이 넓다.
③ (다)는 (가)보다 지역 내 신·재생 에너지 발전량 중 풍력이 차지하는 비율이 높다.
④ (가)~(다) 중 지역 내 겸업농가 비율은 (나)가 가장 높다.
⑤ (가)~(다) 중 지역 내 총생산에서 서비스업 생산액이 차지하는 비율은 (가)가 가장 높다.

[24018-0222]

8 **다음 글의 ㉠~㉤에 대한 설명으로 옳지 <u>않은</u> 것은?**

> 우리나라에서 가장 큰 섬인 ㉠제주도는 신생대 화산 활동으로 형성되어 다양한 화산 지형이 분포한다. 제주도를 대표하는 ㉡한라산을 비롯하여 '오름' 또는 '악'이라고 부르는 기생 화산(측화산), ㉢용암 동굴, 주상 절리 등의 독특한 지형이 그 사례이다. 제주도의 화산 지형들은 학술적으로도 가치가 높아 생물권 보전 지역, 세계 자연 유산, 세계 지질 공원으로 등재되었다.
> 한편, 제주도는 독특한 전통문화가 나타난다. ㉣전통 취락의 가옥들은 ㉤돌담을 쌓고 새(띠)로 지붕을 엮어 강풍에 대비하였다. 잡곡과 해산물을 활용한 음식 문화가 발달하였고, 다양한 설화와 민간 신앙, 세시 풍속 등의 고유한 문화를 형성해 왔다.

① ㉠은 경지 중 밭 면적이 논 면적보다 넓다.
② ㉡의 정상부는 산록부보다 점성이 큰 용암이 굳어져 형성되었다.
③ ㉢은 주로 용암 표층부와 하층부의 냉각 속도 차이에 의해 형성되었다.
④ 제주도의 ㉣은 태풍 피해를 줄이기 위해 주로 산간 지역을 중심으로 발달하였다.
⑤ 제주도 전통 가옥 ㉤의 주요 재료는 현무암이다.

백지도 부록 - 서울

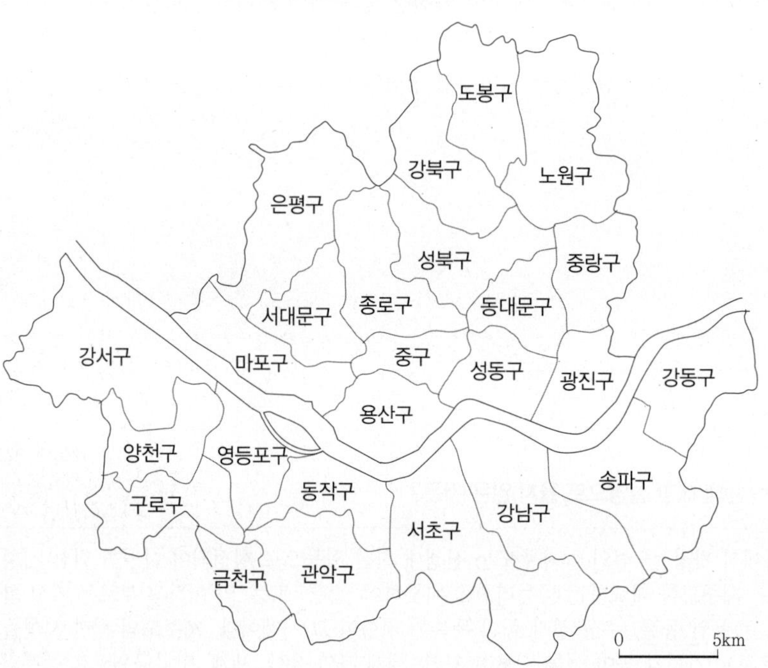
도봉구
강북구
노원구
은평구
성북구
중랑구
종로구
동대문구
서대문구
강서구
마포구
중구
성동구
광진구
강동구
용산구
양천구
영등포구
송파구
동작구
구로구
강남구
서초구
금천구
관악구
0
5km

백지도 부록-남한

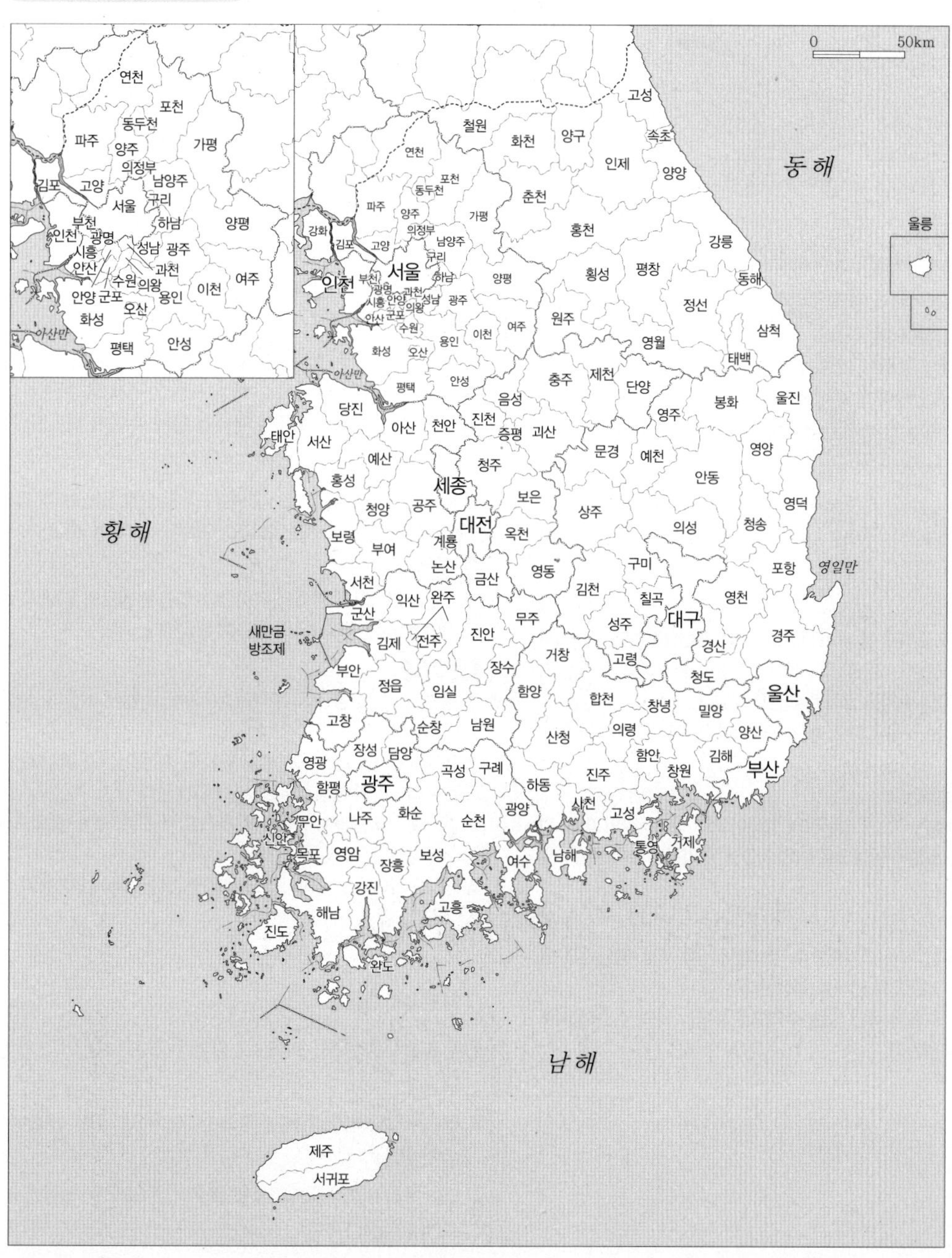

[2023학년도 수능]

1 다음 자료는 우리나라 영해에 관한 것이다. 이에 대한 설명으로 옳은 것은?

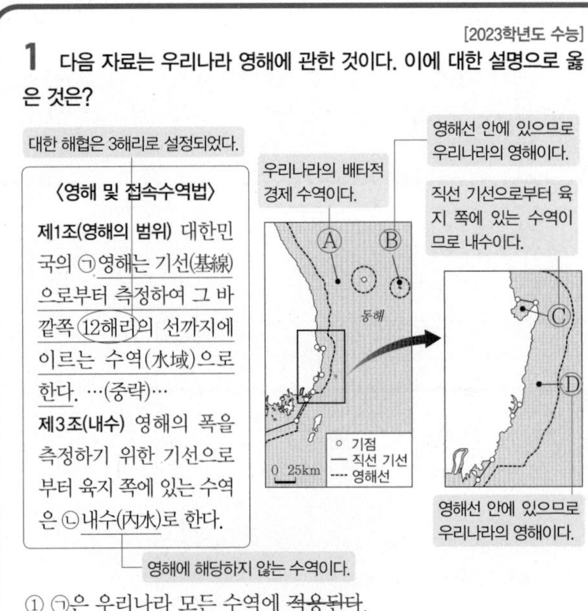

〈영해 및 접속수역법〉

제1조(영해의 범위) 대한민국의 ㉠영해는 기선(基線)으로부터 측정하여 그 바깥쪽 12해리의 선까지에 이르는 수역(水域)으로 한다. …(중략)…

제3조(내수) 영해의 폭을 측정하기 위한 기선으로부터 육지 쪽에 있는 수역은 ㉡내수(內水)로 한다.

대한 해협은 3해리로 설정되었다.
우리나라의 배타적 경제 수역이다.
영해선 안에 있으므로 우리나라의 영해이다.
직선 기선으로부터 육지 쪽에 있는 수역이므로 내수이다.
영해선 안에 있으므로 우리나라의 영해이다.
영해에 해당하지 않는 수역이다.
Ⓐ
Ⓑ
Ⓒ
Ⓓ
동해
○ 기점
— 직선 기선
---- 영해선
0 25km

① ㉠은 우리나라 모든 수역에 적용된다. (적용되는 것은 아니다)
② ㉡에 해당되는 곳은 A(C)이다.
③ B는 우리나라의 주권이 미치는 수역이다.
④ D는 우리나라의 배타적 경제 수역(영해)이다.
⑤ C와 D에서는 일본과 공동으로 어업 자원을 관리한다. (우리나라만 어업 자원을 관리할 수 있다)

정답 확인

③ 독도 주변 12해리에 이르는 수역은 우리나라의 주권이 미치는 수역(영해)이다.

오답 체크

① 우리나라 대부분의 수역은 통상 기선 또는 직선 기선으로부터 12해리까지 영해로 설정하고 있는데, 일본과의 거리가 가까운 대한 해협은 직선 기선으로부터 3해리까지의 수역을 영해로 설정하고 있다.
② 내수(㉡)에 해당되는 곳은 C이다. A는 우리나라의 배타적 경제 수역에 해당된다.
④ D는 우리나라의 영해이다.
⑤ C는 우리나라의 내수, D는 우리나라의 영해이므로 우리나라만 어업 자원을 관리할 수 있다. 일본과 공동으로 어업 자원을 관리하는 수역은 한·일 중간 수역이다.

함정 탈출

- 동해안 대부분은 통상 기선을 기준으로 영해를 설정하지만, 영일만과 울산만은 직선 기선을 기준으로 영해를 설정한다.
- 내수는 기선으로부터 육지 쪽에 있는 수역으로, 우리나라의 주권이 미치지만 영해에 속하지 않는다.

같은 주제 다른 문항 ①

[24018-0223]

지도의 A~D에 대한 설명으로 옳은 것은?

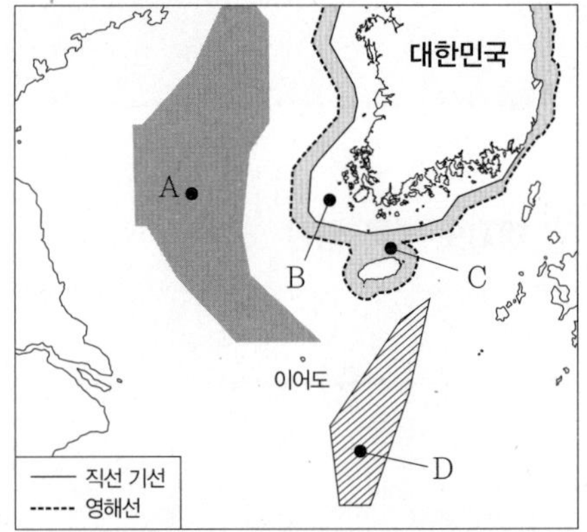

대한민국
A
B
C
D
이어도
—— 직선 기선
------ 영해선

* ▨, ▨ 수역은 각각 한·일 중간 수역, 한·중 잠정 조치 수역 중 하나임.

① A에서는 일본 어선의 조업 활동이 보장된다.
② B에서 간척 사업이 이루어지면 우리나라의 영해 범위는 확대된다.
③ C의 상공은 우리나라의 영공에 해당한다.
④ D에서는 중국 탐사선의 해양 자원 연구가 보장된다.
⑤ A와 B 사이에는 중국의 배타적 경제 수역이 위치한다.

자료 분석 지도의 A는 한·중 잠정 조치 수역, B는 우리나라의 내수, C는 우리나라의 영해, D는 한·일 중간 수역에 표시되어 있다.

정답 확인

③ C는 우리나라의 영해에 위치한다. 영공은 영토와 영해의 수직 상공이므로, C의 상공은 우리나라의 영공에 해당한다.

오답 체크

① A는 한·중 잠정 조치 수역에 위치하므로 일본 어선의 조업 활동은 보장되지 않는다.
② B에서 간척 사업이 이루어지더라도 직선 기선의 위치에는 변화가 없으므로 우리나라의 영해 범위 역시 변화가 없다.
④ D는 한·일 중간 수역에 위치하므로 중국 탐사선의 해양 자원 연구는 보장되지 않는다.
⑤ A와 B 사이에는 우리나라의 배타적 경제 수역이 위치한다.

정답 ③

자료 분석 Quiz

1. A에서는 우리나라 외에도 (일본 / 중국) 어선의 조업 활동이 보장된다.
2. B는 우리나라의 (내수 / 영해), C는 우리나라의 (내수 / 영해)에 위치한다.
3. D는 우리나라의 영해 기선으로부터 200해리 (이상 / 미만)의 수역에 위치한다.

정답 1. 중국 2. 내수, 영해 3. 미만

[2022학년도 9월 모의평가]

2 다음 자료의 A~D 암석에 대한 설명으로 옳은 것만을 〈보기〉에서 고른 것은? (단, A~D는 각각 석회암, 중생대 퇴적암, 현무암, 화강암 중 하나임.)

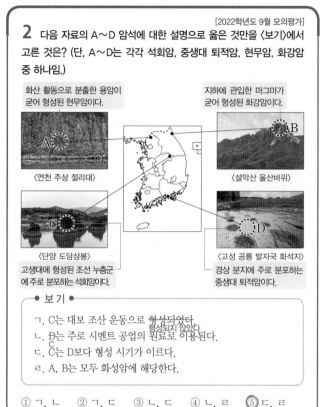

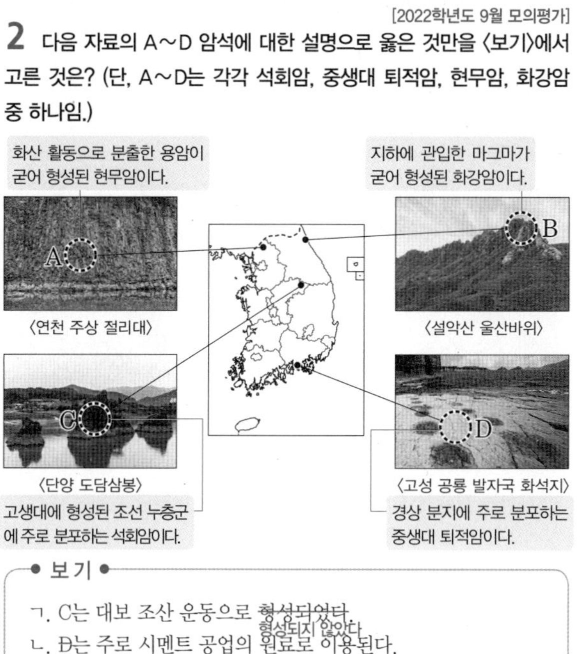
화산 활동으로 분출한 용암이 굳어 형성된 현무암이다.
지하에 관입한 마그마가 굳어 형성된 화강암이다.
A
B
C
D
고생대에 형성된 조선 누층군에 주로 분포하는 석회암이다.
경상 분지에 주로 분포하는 중생대 퇴적암이다.

〈연천 주상 절리대〉 〈설악산 울산바위〉 〈단양 도담삼봉〉 〈고성 공룡 발자국 화석지〉

보기

ㄱ. C는 대보 조산 운동으로 형성되었다.
ㄴ. D는 주로 시멘트 공업의 원료로 이용된다.
ㄷ. C는 D보다 형성 시기가 이르다.
ㄹ. A, B는 모두 화성암에 해당한다.

① ㄱ, ㄴ ② ㄱ, ㄷ ③ ㄴ, ㄷ ④ ㄴ, ㄹ ⑤ ㄷ, ㄹ

정답 확인

ㄷ. 단양 도담삼봉의 C는 석회암으로 고생대 초기에 형성된 조선 누층군에 주로 분포한다. 고성 공룡 발자국 화석지의 D는 중생대 퇴적암으로 경상 분지에 주로 분포한다. 따라서 C는 D보다 형성 시기가 이르다.

ㄹ. 연천 주상 절리대의 A는 현무암이다. 현무암(A)은 분출한 용암이 굳어 형성되었다. 설악산 울산바위의 B는 화강암이다. 화강암(B)은 지하에 관입한 마그마가 굳어 형성되었다. 따라서 현무암(A), 화강암(B)은 모두 화성암에 해당한다.

오답 체크

ㄱ. 대보 조산 운동은 중생대에 있었던 지각 변동으로, 대보 조산 운동으로 형성된 대표적인 암석은 화강암이다.

ㄴ. 주로 시멘트 공업의 원료로 이용되는 암석은 중생대 퇴적암(D)이 아니라 석회암(C)이다.

함정 탈출

- 우리나라의 지체 구조와 관련하여 각 암석의 형성 시기, 형성 원인, 특징 등을 알아 둔다.
- 조선 누층군은 고생대 초기 얕은 바다에서 퇴적된 해성층으로 석회암이 매장되어 있고, 석회암은 시멘트 공업의 주원료로 이용된다. 중생대 중기~말기에는 거대한 호수였던 경상 분지를 중심으로 육성층인 경상 누층군이 형성되었으며, 공룡 발자국 화석 등이 발견된다.
- 대보 조산 운동, 불국사 변동 등 중생대의 지각 변동으로 마그마가 관입하여 화강암이 형성되었으며, 신생대 제3기 말~제4기에 화산 활동이 나타난 지역에는 화산암이 분포한다.

같은 주제 다른 문항 ②

[24018-0224]

다음 자료의 A~D 암석에 대한 설명으로 옳은 것만을 〈보기〉에서 있는 대로 고른 것은? (단, A~D는 각각 변성암, 중생대 퇴적암, 현무암, 화강암 중 하나임.)

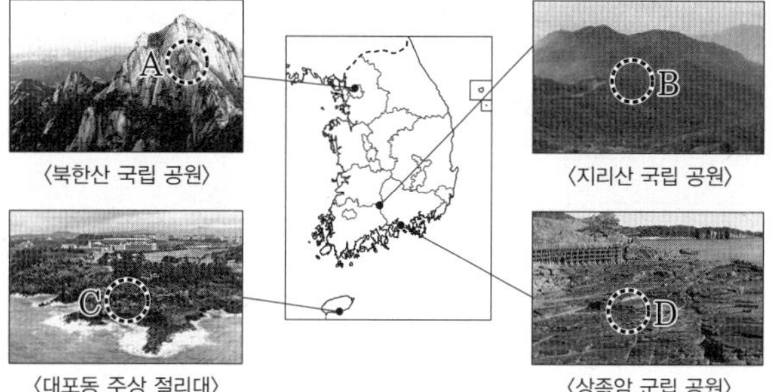
A
B
C
D

〈북한산 국립 공원〉 〈지리산 국립 공원〉 〈대포동 주상 절리대〉 〈상족암 군립 공원〉

보기

ㄱ. A에서는 공룡 발자국 화석이 자주 발견된다.
ㄴ. C는 마그마의 관입으로 형성되었다.
ㄷ. B는 D보다 한반도에서 분포 면적이 넓다.
ㄹ. B는 A~D 중 형성 시기가 가장 이르다.

① ㄱ, ㄴ ② ㄱ, ㄹ ③ ㄷ, ㄹ
④ ㄱ, ㄴ, ㄷ ⑤ ㄴ, ㄷ, ㄹ

자료 분석 북한산 국립 공원의 A는 대보 조산 운동에 의해 마그마가 관입하여 형성된 화강암, 지리산 국립 공원의 B는 시·원생대의 지괴에 주로 분포하는 변성암, 제주도 세계 지질 공원의 주요 지질 명소인 대포동 주상 절리대의 C는 신생대의 화산 활동에 의해 분출한 용암이 굳어 형성된 현무암, 상족암 군립 공원의 D는 경상 분지에 주로 분포하는 중생대 퇴적암이다.

정답 확인

ㄷ. 지리산 국립 공원의 B는 변성암으로, 변성암은 한반도 암석의 약 42.6%를 차지하여 한반도에서 분포 면적이 가장 넓다.

ㄹ. A~D 중 형성 시기가 가장 이른 암석은 시·원생대에 형성된 변성암(B)이다.

오답 체크

ㄱ. 지하에 관입한 마그마가 굳어 형성된 암석인 화강암에서는 공룡 발자국 화석이 발견되지 않는다. 중생대 퇴적암이 분포하는 주요 지층인 경상 누층군의 일부 지역에서는 공룡 발자국 화석이 다수 발견되는데, 경남 고성군의 상족암 군립 공원에는 천연기념물 제411호로 지정된 '고성 덕명리 공룡 발자국과 새 발자국 화석 산지'가 있다.

ㄴ. 현무암(C)은 분출한 용암이 굳어 형성되었다. 정답 ③

자료 분석 Quiz

1. 화강암으로 이루어진 산의 정상부는 주로 (돌산 / 흙산), 변성암으로 이루어진 산의 정상부는 주로 (돌산 / 흙산)의 모습을 보인다.
2. 중생대의 육성층인 (   )에서는 공룡 발자국 화석이 발견된다.

정답 1. 돌산, 흙산 2. 경상 누층군

[2023학년도 6월 모의평가]

3 표는 지도에 표시된 네 지역의 기후 값을 나타낸 것이다. (가)~(라) 지역에 대한 설명으로 옳은 것은?

(가)는 네 지역 중에서 최난월 평균 기온이 가장 낮은 대관령이다.

(나)는 네 지역 중에서 겨울 강수 집중률이 가장 높은 울릉도이다.

구분	최난월 평균 기온(℃)	강수 집중률(%)	
		여름(6~8월)	겨울(12~2월)
(가)	19.7	51.2	8.1
(나)	23.8	31.6	22.8
(다)	25.6	59.5	5.2
(라)	25.0	45.8	9.2

* 1991~2020년의 평년값임. (기상청)

강릉 / 인천 / 울릉도 / 대관령

(다)는 네 지역 중에서 여름 강수 집중률이 가장 높은 인천이다.

(라)는 (나) 다음으로 겨울 강수 집중률이 높은 강릉이다.

① (가)(나)의 전통 가옥에는 우데기가 설치되어 있다.
② (나)는 (가)보다 연 강수량이 많다(적다).
③ (다)는 (나)보다 기온의 연교차가 크다.
④ (라)는 (가)보다 해발 고도가 높다(낮다).
⑤ (다)는 동해안(서해안), (라)는 서해안(동해안)에 위치해 있다.

정답 확인

③ 서해안에 위치한 인천(다)은 동해에 위치하여 해양의 영향을 많이 받는 울릉도(나)보다 기온의 연교차가 크다.

오답 체크

① 전통 가옥에 우데기가 설치되어 있는 곳은 울릉도(나)이다.
② 대관령(가)은 울릉도(나)보다 연 강수량이 많다.
④ 대관령(가)은 강릉(라)보다 해발 고도가 높다.
⑤ 인천(다)은 서해안, 강릉(라)은 동해안에 위치해 있다.

함정 탈출

- 비슷한 위도에서 기온의 연교차는 쉽게 가열되고 냉각되는 내륙 지역이 해안 지역보다 크며, 서해안 지역이 동해안 지역보다 크다.
- 여름 강수 집중률은 한강 중·상류 지역과 서해안 지역이 동해안 지역보다 높다. 우리나라에서 가장 많은 눈이 내리는 울릉도와 겨울철 북동 기류가 유입할 때 비교적 많은 눈이 내리는 영동 지방은 겨울 강수 집중률이 높다.

같은 주제 다른 문항 ③

[24018-0225]

그래프는 지도에 표시된 세 지역의 기후 값을 나타낸 것이다. (가)~(다) 지역에 대한 설명으로 옳은 것은?

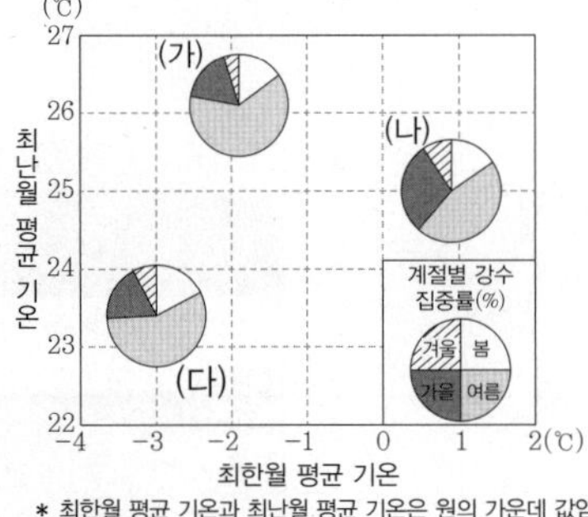

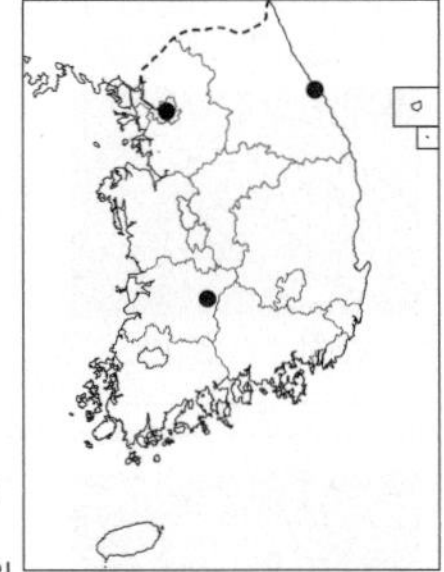

* 최한월 평균 기온과 최난월 평균 기온은 원의 가운데 값임.
** 1991~2020년의 평년값임. (기상청)

① (나)는 겨울에 북서풍이 불면 많은 눈이 내린다.
② (가)는 (나)보다 일출 시각이 이르다.
③ (나)는 (가)보다 기온의 연교차가 크다.
④ (다)는 (나)보다 고위도에 위치해 있다.
⑤ (다)는 (가)~(다) 중 해발 고도가 가장 높다.

자료 분석 지도에 표시된 지역은 서울, 강릉, 장수이다. (가)는 세 지역 중 기온의 연교차가 가장 크고, 여름 강수 집중률이 가장 높은 서울이다. (나)는 동해와 태백산맥의 영향으로 겨울이 온화하여 세 지역 중 최한월 평균 기온이 가장 높고, 북동 기류가 유입할 때 많은 눈이 내려 겨울 강수 집중률이 가장 높은 강릉이다. (다)는 해발 고도가 높은 진안고원에 위치하여 세 지역 중 최한월과 최난월 평균 기온이 가장 낮은 장수이다.

정답 확인

⑤ 장수(다)는 서울(가)과 강릉(나)보다 해발 고도가 높다.

오답 체크

① 영동 지방에 위치한 강릉(나)은 겨울에 북동 기류가 유입할 때 많은 눈이 내리는 지역이다. 북서풍이 불 때 많은 눈이 내리는 지역은 소백산맥 서사면에 위치한 장수(다)이다.
② 서울(가)은 강릉(나)보다 서쪽에 위치하므로 일출 시각이 늦다.
③ 강릉(나)은 서울(가)보다 기온의 연교차가 작다.
④ 장수(다)는 강릉(나)보다 저위도에 위치해 있다.

정답 ⑤

자료 분석 Quiz

1. 세 지역의 기온의 연교차는 (　　)>(　　)>(　　) 순으로 크다.
2. 세 지역 중 겨울 강수 집중률은 (　　)가 가장 높다.
3. 세 지역 중 최난월 평균 기온은 (　　)가 가장 낮다.

정답 1. (가), (다), (나) 2. (나) 3. (다)

[2023학년도 수능]

4 그래프에 대한 설명으로 옳은 것은? (단, (가)~(다)는 각각 영남권, 충청권, 호남권 중 하나임.)

1위 대전은 광역시이고, 2위 청주와 3위 천안과의 인구 차이가 작다.

1위 도시인 광주와 2위 도시인 전주의 인구 차이가 크다.

1, 2위 도시인 부산과 대구의 인구 차이가 호남권보다 작고, 3위 울산과 4위 창원의 인구가 비슷하다.

〈인구 규모에 따른 도시 및 군(郡) 지역의 인구 비율〉

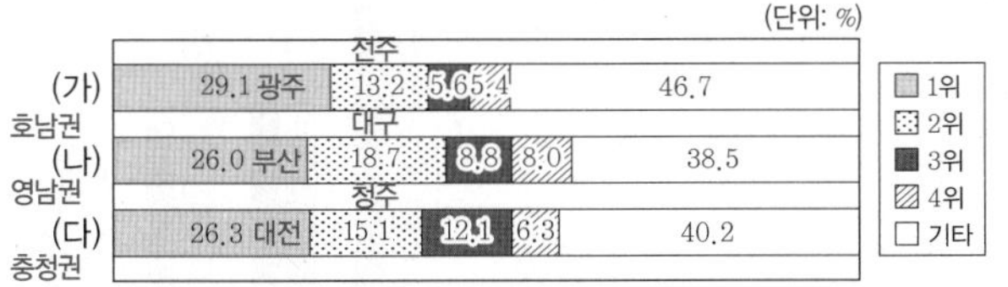

* 상위 4개 도시만 표현하고, 나머지 도시 및 군 지역은 기타로 함.
** 광역시에 속한 군 지역의 인구는 광역시 인구에 포함함.
(2020년) (통계청)

① (가)의 2위 도시는 ~~광역시이다~~. (전주는 광역시가 아니다)
② (가)는 (나)보다 총인구가 ~~많다~~ (적다).
③ (가)는 (다)보다 지역 내 총생산이 ~~많다~~ (적다).
④ (나)의 2위 도시는 (다)의 1위 도시보다 인구가 많다.
⑤ (나)는 ~~충청권~~ (영남권), (다)는 ~~영남권~~ (충청권)이다.

정답 확인

④ 영남권(나)의 2위 도시는 대구이고, 충청권(다)의 1위 도시는 대전이다. 대구는 대전보다 인구가 많다.

오답 체크

① 호남권(가)의 2위 도시는 전주이다. 전주는 광역시가 아니다.
② 총인구는 영남권(나)이 호남권(가)보다 많다.
③ 지역 내 총생산은 충청권(다)이 호남권(가)보다 많다.
④ (나)는 영남권, (다)는 충청권이다.

자료 분석 Quiz

1. 호남권은 영남권보다 지역 내 총인구에서 상위 4개 도시의 인구 비율이 (높다 / 낮다).
2. 호남권, 영남권, 충청권 중에서 지역 내 인구 1위 도시의 인구 비율이 가장 높은 권역은 (   )이다.
3. 영남권은 충청권보다 인구 규모 3위 도시와 4위 도시 간의 지역 내 인구 비율 격차가 (크다 / 작다).

정답 1. 낮다 2. 호남권 3. 작다

같은 주제 다른 문항 ④

[24018-0226]

그래프에 대한 설명으로 옳지 않은 것은? (단, (가)~(다)는 각각 영남권, 충청권, 호남권 중 하나임.)

〈인구 규모에 따른 도시 및 군(郡) 지역의 인구 비율〉

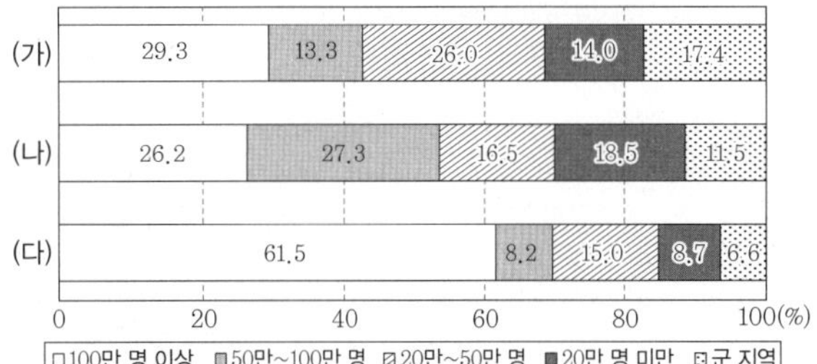

* 광역·특별자치시에 속한 군 지역은 광역시, 특별자치시 인구에 포함함.
(2021년) (통계청)

① (가)의 인구 2위 도시는 도청 소재지이다.
② (나)의 일부 지역은 수도권과 전철 노선이 연결되어 있다.
③ (다)의 인구 100만 명 이상의 도시는 4개이다.
④ (가)는 (나)보다 지역 내 총생산이 많다.
⑤ (나)는 (다)보다 수도권으로의 접근성이 좋다.

자료 분석 권역 내의 도시 인구 규모별 비율, 군(촌락) 지역 인구 비율을 통해 해당하는 권역을 파악할 수 있다. 군 지역 인구 비율이 높다는 것은 도시화율이 낮다는 것을 의미한다. 영남권, 충청권, 호남권의 도시화율은 영남권 > 충청권 > 호남권 순으로 높다. 권역별 인구 규모 100만 명 이상 도시는 충청권은 대전, 호남권은 광주, 영남권은 부산, 대구, 울산, 창원이다. 따라서 100만 명 이상 도시의 인구 비율이 가장 높은 곳은 영남권이다. (가)는 도시화율이 가장 낮으므로 호남권, (다)는 인구 규모 100만 명 이상의 인구 비율이 가장 높으므로 영남권, 나머지 (나)는 충청권이다.

정답 확인

④ 호남권(가)은 충청권(나)보다 지역 내 총생산이 적다.

오답 체크

① 호남권(가)의 인구 2위 도시는 전북특별자치도청 소재지인 전주이다.
② 충청권(나)에서 충남 북부의 천안, 아산 등은 수도권 전철로 연결되어 있다.
③ 영남권(다)의 인구 100만 명 이상의 도시는 부산, 대구, 울산, 창원으로 4개이다.
⑤ 수도권과 접해 있는 충청권(나)은 영남권(다)보다 수도권으로의 접근성이 좋다.

정답 ④

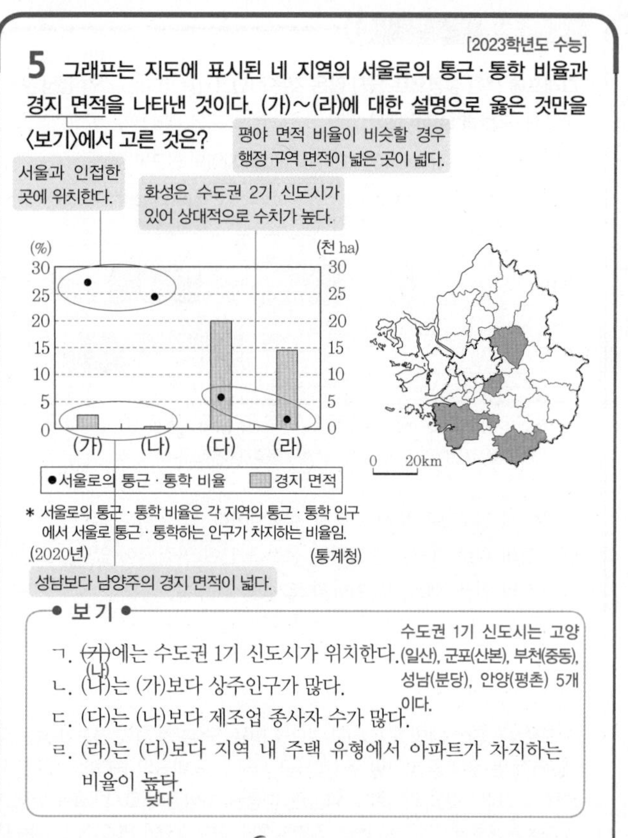

[2023학년도 수능]

5 그래프는 지도에 표시된 네 지역의 서울로의 통근·통학 비율과 경지 면적을 나타낸 것이다. (가)~(라)에 대한 설명으로 옳은 것만을 〈보기〉에서 고른 것은?

* 서울로의 통근·통학 비율은 각 지역의 통근·통학 인구에서 서울로 통근·통학하는 인구가 차지하는 비율임.
(2020년) (통계청)

성남보다 남양주의 경지 면적이 넓다.

보기

ㄱ. (가)(나)에는 수도권 1기 신도시가 위치한다.
ㄴ. (나)는 (가)보다 상주인구가 많다.
ㄷ. (다)는 (나)보다 제조업 종사자 수가 많다.
ㄹ. (라)는 (다)보다 지역 내 주택 유형에서 아파트가 차지하는 비율이 높다 낮다.

수도권 1기 신도시는 고양(일산), 군포(산본), 부천(중동), 성남(분당), 안양(평촌) 5개이다.

① ㄱ, ㄴ ② ㄱ, ㄷ ③ ㄴ, ㄷ ④ ㄴ, ㄹ ⑤ ㄷ, ㄹ

정답 확인

ㄴ. 성남(나)은 남양주(가)보다 상주인구가 많다. 2020년 기준 성남의 인구는 약 92만 명, 남양주의 인구는 약 70만 명이다.

ㄷ. 제조업이 발달한 화성(다)은 성남(나)보다 제조업 종사자 수가 많다.

오답 체크

ㄱ. 남양주(가)에는 수도권 1기 신도시가 위치하지 않는다.

ㄹ. 상대적으로 촌락적 성격이 강한 안성(라)은 화성(다)보다 지역 내 주택 유형 중 아파트가 차지하는 비율이 낮다.

자료 분석 Quiz

1. 성남은 남양주보다 경지 면적은 (넓고 / 좁고), 서울로의 통근·통학 비율은 (높다 / 낮다).
2. 화성은 안성보다 경지 면적은 (넓고 / 좁고), 서울로의 통근·통학 비율은 (높다 / 낮다).

정답 1. 좁고, 낮다 2. 넓고, 높다

같은 주제 다른 문항 ⑤

[24018-0227]

그래프는 네 지역의 인구 특성 변화를 나타낸 것이다. (가)~(라) 지역을 지도의 A~D에서 고른 것은?

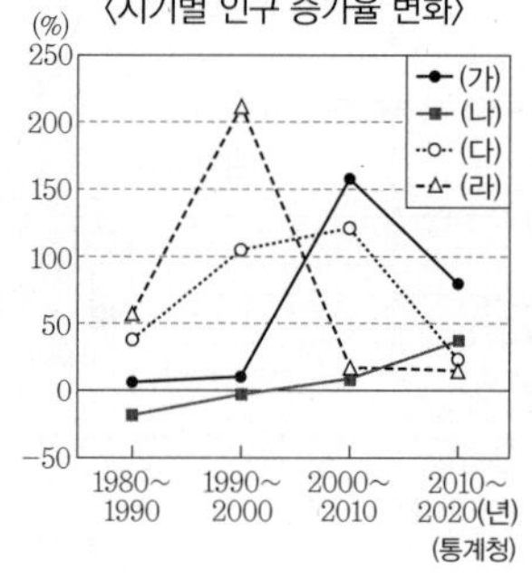

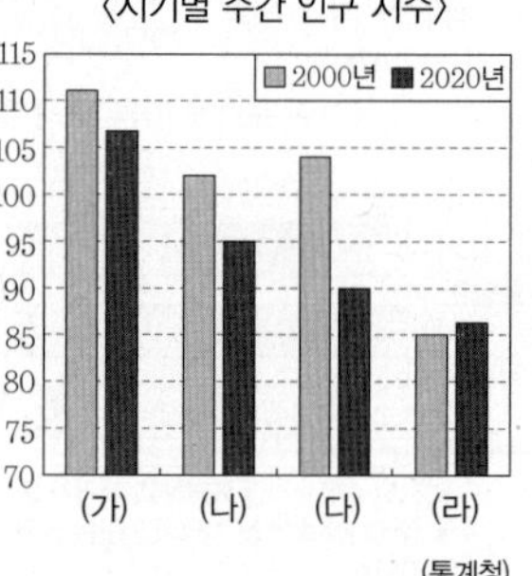

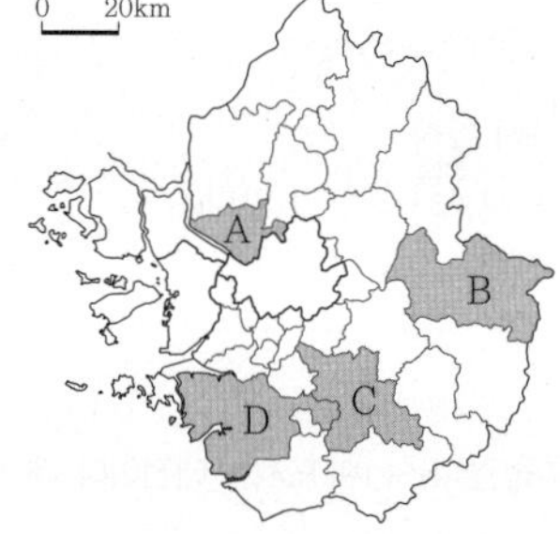

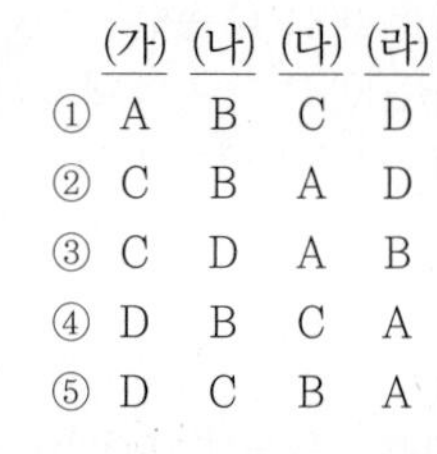

	(가)	(나)	(다)	(라)
①	A	B	C	D
②	C	B	A	D
③	C	D	A	B
④	D	B	C	A
⑤	D	C	B	A

자료 분석 지도의 네 지역은 고양(A), 양평(B), 용인(C), 화성(D)이다. 고양은 1990년대에 수도권 1기 신도시가 입지한 곳으로, 이 시기에 인구가 급증하였다. 양평은 서울의 동쪽에 위치하는 촌락(군)이다. 용인은 2000~2010년에 인구 증가율이 높고, 화성은 제조업이 발달하여 주간 인구 지수가 높은 편이다.

정답 확인

(가)는 2000~2010년에 인구 증가율이 높았고, 두 시기 모두 주간 인구 지수가 100보다 높으므로 제조업이 발달한 화성(D)이다.

(나)는 1980~1990년에 인구 증가율이 0 미만으로 인구가 감소하고 이후 인구 증가율이 높아졌으며, 근래 주간 인구 지수가 100 미만으로 낮아진 양평(B)이다.

(다)는 1990~2010년에 인구 증가율이 높았으며, 이와 더불어 주간 인구 지수가 낮아졌으므로 용인(C)이다.

(라)는 1990~2000년에 인구 증가율이 높았고, 2000년과 2020년 모두 주간 인구 지수가 가장 낮으므로 서울과 가깝고 서울의 주거 기능을 분담하면서 성장한 고양(A)이다. 고양은 1990년대에 수도권 1기 신도시가 입지하면서 인구가 급증하였다.

따라서 (가)는 D, (나)는 B, (다)는 C, (라)는 A가 해당한다. 정답 ④

[2023학년도 수능]

6 그래프는 (가)~(라) 에너지원별 발전량 비율의 변화를 나타낸 것이다. 이에 대한 설명으로 옳은 것은? (단, (가)~(라)는 각각 석유, 석탄, 원자력, 천연가스 중 하나임.)

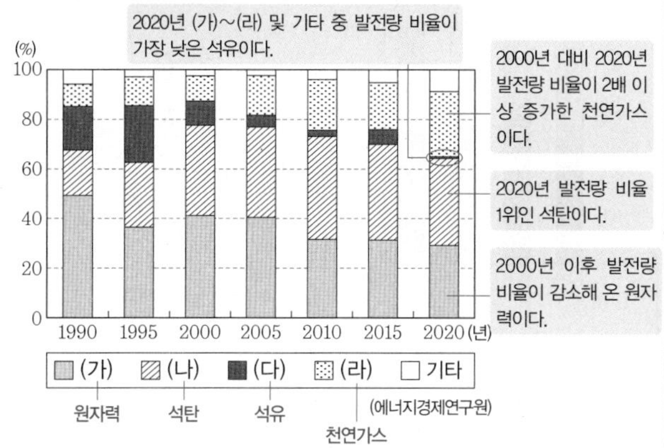

① 2020년에 원자력 발전량은 석탄 화력 발전량보다 많다. (적다)
② 총발전량에서 석유가 차지하는 비율은 1990년보다 2020년이 높다. (낮다)
③ (가)는 (다)보다 발전 시 대기 오염 물질 배출량이 많다. (적다)
④ (가)는 (라)보다 우리나라에서 전력 생산에 이용된 시기가 이르다.
⑤ (나)는 (다)보다 수송용으로 이용되는 비율이 높다. (낮다)

정답 확인

④ 원자력(가)은 1970년대, 천연가스(라)는 1980년대부터 우리나라 전력 생산에 이용되기 시작하였다.

오답 체크

① 2020년에 원자력(가) 발전량은 석탄(나) 화력 발전량보다 적다.
② 총발전량에서 석유(다)가 차지하는 비율은 1990년보다 2020년이 낮다.
③ 원자력(가)은 석유(다)보다 발전 시 대기 오염 물질 배출량이 적다.
⑤ 석탄(나)은 석유(다)보다 수송용으로 이용되는 비율이 낮다.

함정 탈출

- 화력 발전량에서 차지하는 비율은 석탄과 천연가스가 높고, 석유는 낮다.
- 2000년 이후 천연가스와 신·재생 에너지는 다른 1차 에너지원과 달리 발전량 증가율이 높았다.

같은 주제 다른 문항 6

[24018-0228]

그래프에 대한 설명으로 옳은 것은? (단, (가)~(다)는 각각 수력, 원자력, 화력 중 하나이며, A~D는 각각 석유, 석탄, 원자력, 천연가스 중 하나임.)

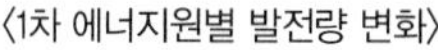

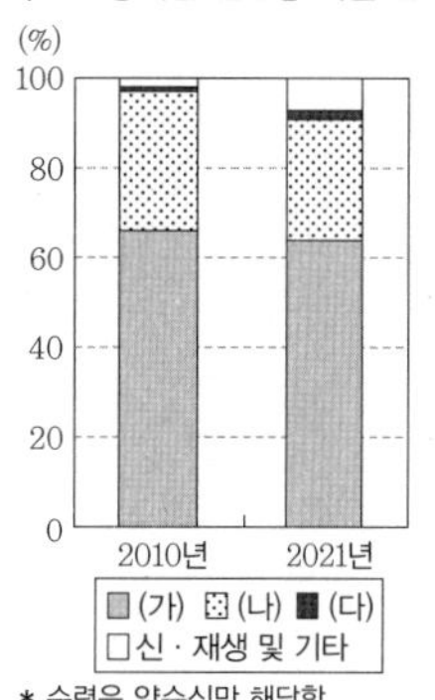

* 수력은 양수식만 해당함.

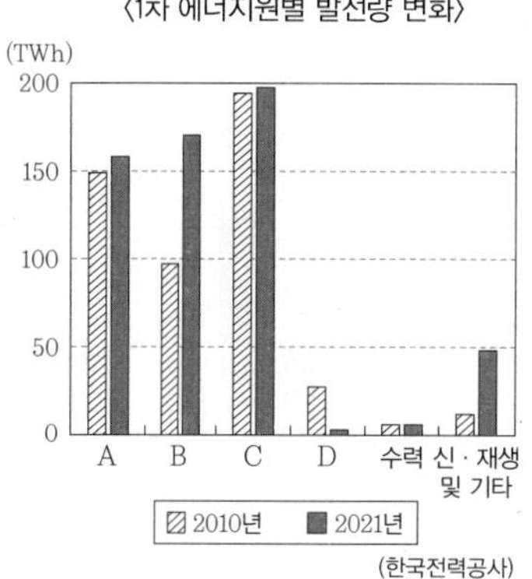

(한국전력공사)

① (가)는 (다)보다 발전 시 기상의 제약을 크게 받는다.
② (나)는 (가)보다 우리나라에서 본격적으로 발전에 이용된 시기가 이르다.
③ A는 (나)에 해당한다.
④ B는 D보다 발전 시 대기 오염 물질 배출량이 많다.
⑤ D는 C보다 제철 공업의 연료로 많이 이용된다.

자료 분석 2010년, 2021년 모두 발전 양식별 발전량은 화력>원자력>수력 순으로 많다. 따라서 발전 양식별 발전량 비율 변화를 나타낸 그래프에서 (가)는 화력, (나)는 원자력, (다)는 수력이다. 1차 에너지원별 발전량 변화를 나타낸 그래프에서 A~D 중 2010년, 2021년 모두 발전량이 가장 많은 C는 석탄이고, 가장 적은 D는 석유이다. A, B 중 2010년 대비 2021년 발전량이 크게 증가한 B는 천연가스, 나머지 A는 원자력이다.

정답 확인

③ 원자력(A)은 (가)~(다) 발전 양식 중 (나)에 해당한다.

오답 체크

① 수력(다)은 강수량의 많고 적음에 따라 큰 영향을 받는다. 따라서 수력(다)이 화력(가)보다 발전 시 기상의 제약을 크게 받는다.
② 화석 에너지 의존도를 낮추고자 개발된 원자력(나)은 화력(가)보다 우리나라에서 본격적으로 발전에 이용된 시기가 늦다.
④ 천연가스(B)는 석유(D)보다 발전 시 대기 오염 물질 배출량이 적다.
⑤ 석탄(C)이 석유(D)보다 제철 공업의 연료로 많이 이용된다. 정답 ③

자료 분석 Quiz

1. 2021년 발전 양식별 발전량 비율은 ( )>( )>수력 순으로 높다.
2. 2021년 화석 에너지원별 발전량은 ( )>( )>석유 순으로 많다.
3. 2010년 대비 2021년 석유의 발전량은 (증가 / 감소)하였다.

정답 1. 화력, 원자력 2. 석탄, 천연가스 3. 감소

기출 자료 집중 탐구 | 도(道)별 논·밭 비율 및 겸업농가 비율 특징 이해

[2022학년도 수능]

7 그래프는 지도에 표시된 다섯 지역의 논·밭 비율 및 겸업농가 비율을 나타낸 것이다. (가)~(마) 지역에 대한 설명으로 옳은 것은?

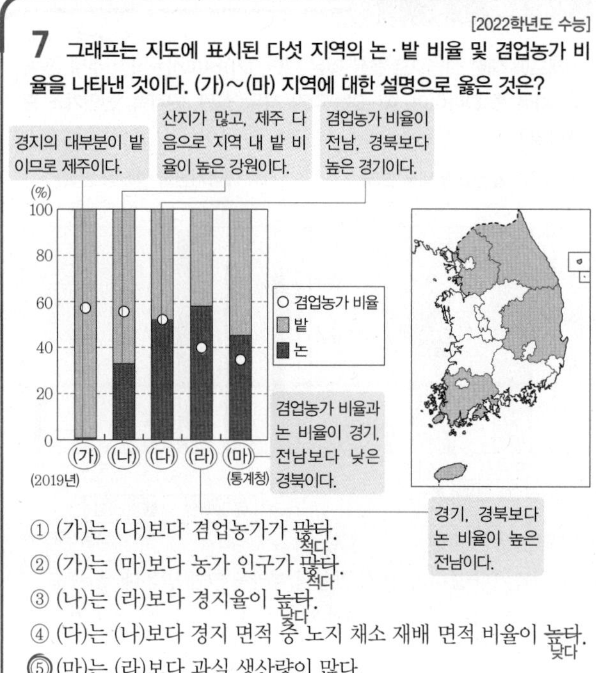
경지의 대부분이 밭이므로 제주이다.
산지가 많고, 제주 다음으로 지역 내 밭 비율이 높은 강원이다.
겸업농가 비율이 전남, 경북보다 높은 경기이다.
○ 겸업농가 비율
밭
논
겸업농가 비율과 논 비율이 경기, 전남보다 낮은 경북이다.
경기, 경북보다 논 비율이 높은 전남이다.
(가) (나) (다) (라) (마)
(2019년)
(통계청)

① (가)는 (나)보다 겸업농가가 많다. (→ 적다)
② (가)는 (마)보다 농가 인구가 많다. (→ 적다)
③ (나)는 (라)보다 경지율이 높다. (→ 낮다)
④ (다)는 (나)보다 경지 면적 중 노지 채소 재배 면적 비율이 높다. (→ 낮다)
⑤ (마)는 (라)보다 과실 생산량이 많다.

정답 확인

⑤ 사과를 중심으로 과수 재배가 활발한 경북은 벼농사가 활발한 전남보다 과실 생산량이 많다.

오답 체크

① 겸업농가는 강원(37,242가구)이 제주(17,871가구)보다 많다(2019년, 통계청).
② 제주는 인구 규모가 큰 경북보다 농가 인구가 적다.
③ 산지 비율이 높은 강원은 평야가 넓은 전남보다 경지율이 낮다.
④ 강원은 고랭지 채소 재배를 비롯한 노지 재배가 활발하며, 경기는 서울과 인접하여 시설 재배가 활발하다. 따라서 강원이 경기보다 경지 면적 중 노지 채소 재배 면적 비율이 높다.

함정 탈출

- 겸업농가 비율은 제주가 강원보다 조금 높지만, 실제 농가 수는 강원(66,659가구)이 제주(31,111가구)보다 월등하게 많다. 따라서 겸업농가 수는 강원이 제주보다 많다.

같은 주제 다른 문항 ⑦

[24018-0229]

그래프는 지도에 표시된 네 지역의 전업 및 겸업농가와 경지 중 밭 면적 비율을 나타낸 것이다. (가)~(라) 지역에 대한 설명으로 옳은 것은?

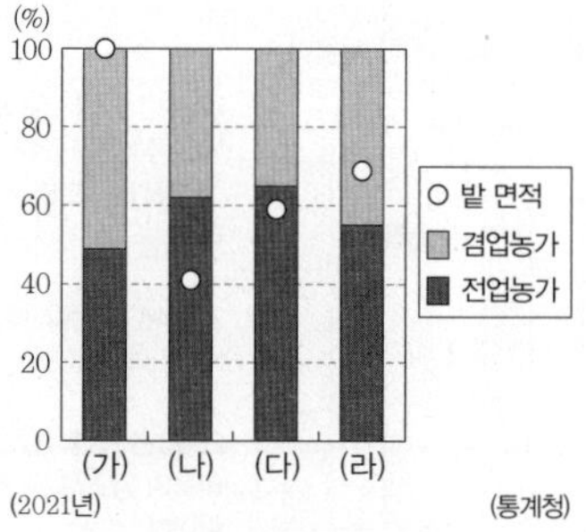
(%)
○ 밭 면적
겸업농가
전업농가
(가) (나) (다) (라)
(2021년)
(통계청)

① (가)는 (다)보다 겸업농가가 많다.
② (나)는 (다)보다 과실 생산량이 많다.
③ (다)는 (나)보다 쌀 생산량이 많다.
④ (라)는 (가)보다 고랭지 채소 재배 면적이 넓다.
⑤ (라)는 (나)보다 경지율이 높다.

자료 분석 지도에 표시된 지역은 강원, 경북, 전남, 제주이다. (가)는 밭 면적 비율이 가장 높은 제주이다. (나)는 평야가 발달하여 밭 면적 비율이 가장 낮은 전남이다. (다)는 밭 면적 비율이 전남보다는 높고, 전업농가 비율이 높은 경북이다. (라)는 밭 면적 비율이 높고 전업농가 비율이 낮은 강원이다.

정답 확인

④ 강원(라)은 산지 비율이 높고, 평창–정선–태백 일대에 고위 평탄면이 발달하여 고랭지 채소 재배가 활발하다.

오답 체크

① 제주(가)는 경북(다)보다 겸업농가 비율은 약간 높지만 농가 수가 많이 적다. 따라서 겸업농가는 경북이 제주보다 많다.
② 과실 생산량은 과수 재배 면적이 넓은 경북(다)이 전남(나)보다 많다.
③ 쌀 생산량은 논 면적이 넓은 전남(나)이 경북(다)보다 많다.
⑤ 경지율은 산지 비율이 높은 강원(라)이 평야가 발달한 전남(나)보다 낮다.

정답 ④

자료 분석 Quiz

1. (가)~(라) 중 논 면적 비율은 (   )가 가장 높다.
2. (가)~(라) 중 과수 재배 면적은 (   )가 가장 넓다.
3. (가)~(라) 중 농가 수는 (   )가 가장 적다.

정답 1. (나) 2. (다) 3. (가)

[2022학년도 9월 모의평가]

8 그래프는 지도에 표시된 네 지역의 산업별 취업자 수 비율을 나타낸 것이다. (가)~(라) 지역에 대한 설명으로 옳은 것은?

네 지역 중 2차 산업 비율이 가장 높은 울산이다.

2차 산업 비율이 두 번째로 높고 3차 산업 비율이 가장 낮은 충남이다.

3차 산업 비율이 두 번째로 높고, 1차 산업 비율이 가장 낮은 경기이다.

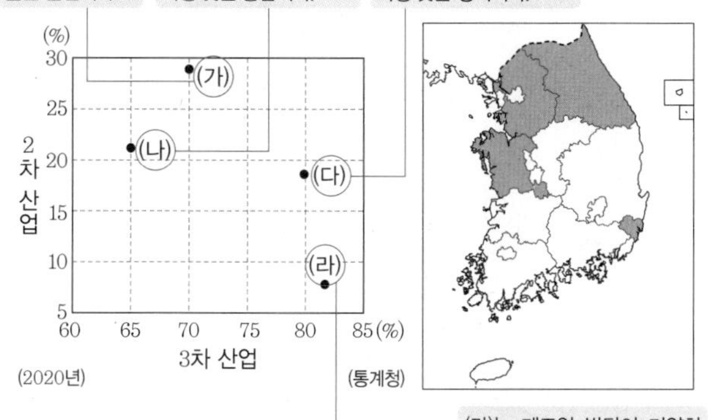

(라)는 제조업 발달이 미약하여, 2차 산업 비율이 가장 낮은 강원이다.

① (가)는 충남(울산), (나)는 울산(충남)이다.
② (가)는 (다)보다 제조업 출하액이 많다(적다).
③ (다)는 (라)보다 지역 내 1차 산업 취업자 수 비율이 높다(낮다).
④ (라)는 (나)보다 지역 내 총생산이 많다(적다).
⑤ (가)~(라) 중 생산자 서비스업 사업체 수는 (다)가 가장 많다.

정답 확인

⑤ 생산자 서비스업 사업체 수는 네 지역 중 경기(다)가 가장 많다. 생산자 서비스업은 기업과의 접근성이 높고 관련 정보 획득에 유리한 서울과 경기에 집중하여 입지한다.

오답 체크

① (가)는 울산, (나)는 충남이다.
② 경기(다)는 울산(가)보다 제조업 출하액이 많다.
③ 경기(다)는 강원(라)보다 지역 내 2차 산업과 3차 산업 취업자 수 비율의 합이 크므로 지역 내 1차 산업 취업자 수 비율이 낮다.
④ 충남(나)은 강원(라)보다 지역 내 총생산이 많다.

함정 탈출

- 울산이 지역 내 산업 중 2차 산업의 비율이 가장 높다. 하지만 경기와 울산을 비교할 때 경기가 인구와 전체 산업의 규모가 훨씬 크다. 따라서 제조업 출하액, 생산자 사업체 수, 2차 산업 취업자 수 모두 경기가 울산보다 많다.

같은 주제 다른 문항 8

[24018-0230]

그래프는 지도에 표시된 네 지역의 산업별 매출액 비율과 제조업 종사자 수를 나타낸 것이다. (가)~(라) 지역에 대한 설명으로 옳은 것은?

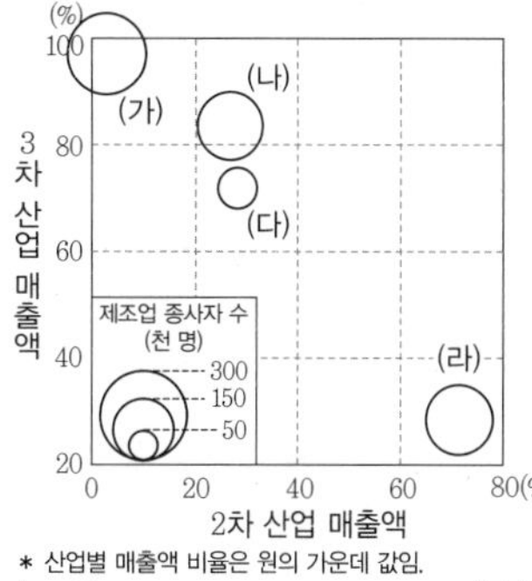

* 산업별 매출액 비율은 원의 가운데 값임.
(2020년) (통계청)

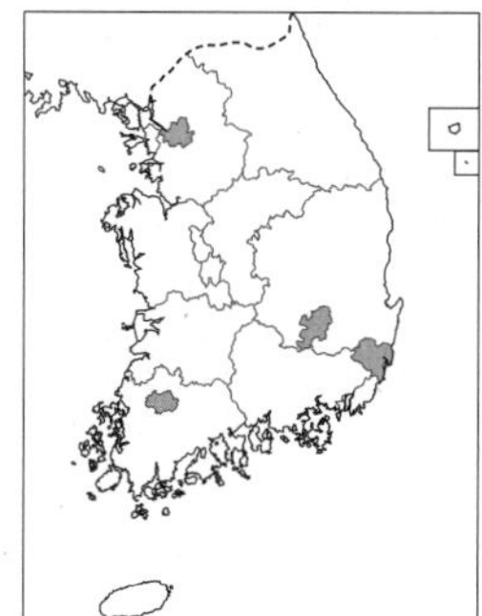

① (가)는 울산, (나)는 대구이다.
② (나)는 (다)보다 지역 내 총생산이 많다.
③ (다)는 (라)보다 지역 내 제조업 종사자 수 비율이 높다.
④ (라)는 (나)보다 인구가 많다.
⑤ (가)~(라) 중 소비자 서비스업 사업체 수는 (다)가 가장 많다.

자료 분석 지도에 표시된 네 지역은 서울, 대구, 울산, 광주이다. (가)는 3차 산업 매출액 비율이 가장 높고 제조업 종사자 수가 가장 많은 서울이다. (나)는 제조업 종사자 수는 울산과 큰 차이가 나지 않지만, 3차 산업 매출액 비율이 두 번째로 높은 대구이다. (다)는 제조업 종사자 수가 가장 적은 광주이다. (라)는 2차 산업 매출액 비율이 가장 높고 제조업 종사자 수가 두 번째로 많은 울산이다.

정답 확인

② 대구(나)는 광주(다)보다 지역 내 총생산이 많다.

오답 체크

① (가)는 서울, (나)는 대구이다.
③ 울산(라)이 광주(다)보다 지역 내 제조업 종사자 수 비율이 높다.
④ 대구(나)가 울산(라)보다 인구가 많다.
⑤ (가)~(라) 중 소비자 서비스업 사업체 수는 서울(가)이 가장 많다. 소비자 서비스업 사업체 수는 인구가 많은 지역일수록 많은 경향이 나타나는데, 네 지역 중 서울이 인구와 소비자 사업체 수가 가장 많다.

정답 ②

자료 분석 Quiz

1. (가)~(라) 중 총인구는 (   )가 가장 많다.
2. (가)~(라) 중 2차 산업 매출액은 (   )가 가장 많다.
3. (가)~(라) 중 지역 내 제조업 종사자 수 비율은 (   )가 가장 높다.

정답 1. (가) 2. (라) 3. (라)

[2023학년도 수능]

9 그래프는 세 지역의 인구 특성을 나타낸 것이다. (가)~(다)에 해당하는 지역을 지도의 A~C에서 고른 것은?

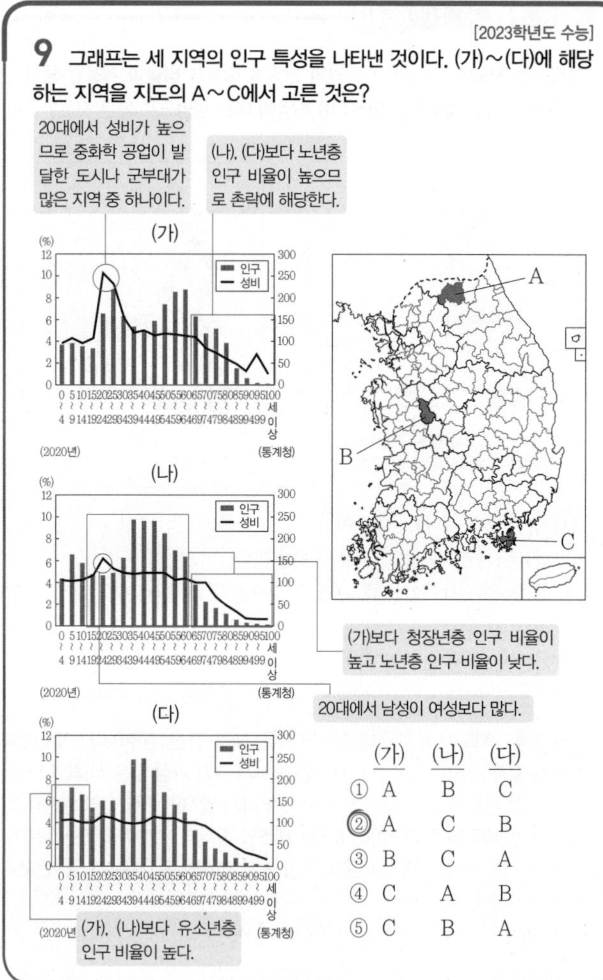
20대에서 성비가 높으므로 중화학 공업이 발달한 도시나 군부대가 많은 지역 중 하나이다.
(나), (다)보다 노년층 인구 비율이 높으므로 촌락에 해당한다.
(가)
(나)
(다)
인구
성비
(2020년)
(통계청)
A
B
C
(가)보다 청장년층 인구 비율이 높고 노년층 인구 비율이 낮다.
20대에서 남성이 여성보다 많다.
(가), (나)보다 유소년층 인구 비율이 높다.

	(가)	(나)	(다)
①	A	B	C
②	A	C	B
③	B	C	A
④	C	A	B
⑤	C	B	A

정답 확인

② (가)는 20대에서 성비가 매우 높으며, 노년층 인구 비율이 높으므로 군부대가 많은 촌락임을 알 수 있다. 지도의 A는 군부대가 많은 화천군이다. (나)는 20대에서 성비가 높으며, (가)보다 유소년층 인구 비율이 높고 노년층 인구 비율이 낮으므로 중화학 공업이 발달한 도시임을 알 수 있다. 지도의 C는 중화학 공업이 발달한 거제시이다. (다)는 (가), (나)보다 유소년층 인구 비율이 높으므로 청장년층 인구의 유입이 많은 지역임을 알 수 있다. 지도의 B는 인구 유입이 많은 세종시이다. 세종은 우리나라의 시·도 중 유소년층 인구 비율이 가장 높은 지역이다.

함정 탈출

- 다양한 인구 지표의 지역적 차이와 시·군별 지역성을 통한 인구 구조의 특성을 파악해야 한다.
- 청장년층 인구의 유입이 많은 세종, 경기, 대도시 주변 지역은 유소년층 인구 비율이 높게 나타나며, 경북 북부, 경남 서부, 호남 지방의 촌락 등은 노년층 인구 비율이 높게 나타난다. 군부대가 많은 강원 및 경기 지역과 중화학 공업이 발달한 지역은 성비가 높게 나타난다. 촌락은 결혼 적령기 성비는 높지만 여성 노년층 인구 비율이 높기 때문에 전체적인 성비는 낮게 나타난다.

같은 주제 다른 문항 9

[24018-0231]

그래프는 지도에 표시된 세 지역의 연령층별 인구 구조와 성비를 나타낸 것이다. (가)~(다)에 대한 설명으로 옳은 것은?

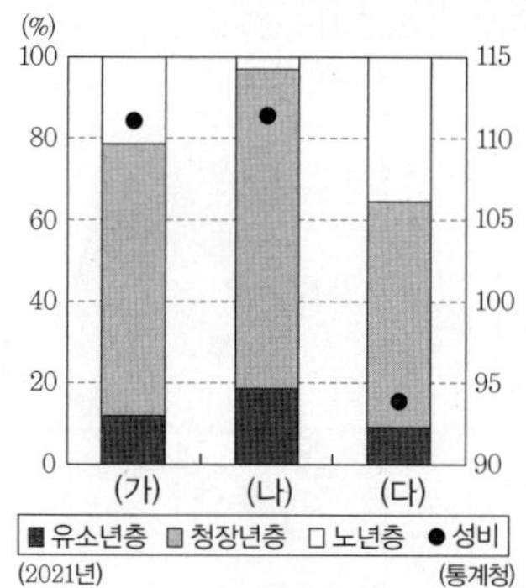
(%)
(가)
(나)
(다)
유소년층
청장년층
노년층
성비
(2021년)
(통계청)

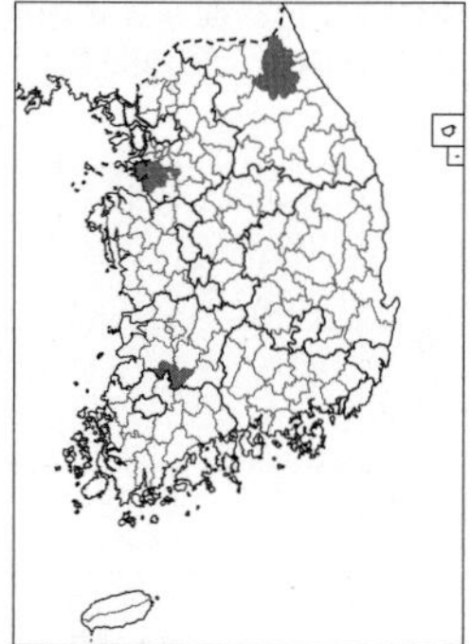

① (가)는 전라남도와 지리적으로 맞닿아 있다.
② (나)에는 수도권 2기 신도시가 위치한다.
③ (나)는 (가)보다 총부양비가 높다.
④ (나)는 (다)보다 노령화 지수가 높다.
⑤ (가)~(다) 중 총인구는 (다)가 가장 많다.

자료 분석 지도에 표시된 지역은 군사 지역인 강원 인제군, 중화학 공업이 발달하고 청장년층 인구 유입이 활발한 경기 화성시, 촌락 성격을 지닌 전북 순창군이다. (가)와 (나)는 성비가 높고, (다)는 성비가 낮다. 성비가 높은 지역은 군부대가 많은 강원 및 경기 북부 지역 또는 중화학 공업이 발달한 지역이다. (가)는 (나)보다 유소년층 인구 비율이 낮고 노년층 인구 비율이 높으므로 촌락에 해당하는 지역, (나)는 도시임을 알 수 있다. 따라서 (가)는 인제군, (나)는 화성시이다. (다)는 세 지역 중 노년층 인구 비율이 가장 높으므로 촌락에 해당한다. 촌락은 여성 노년층 인구 비율이 높기 때문에 전체적인 성비는 낮게 나타난다. (다)는 순창군이다.

정답 확인

② 화성(나)에는 수도권 2기 신도시인 동탄 신도시가 위치한다.

오답 체크

① 인제(가)는 군사 분계선과 접해 있다.
③ 화성(나)은 인제(가)보다 청장년층 인구 비율이 높으므로 총부양비는 낮다.
④ 화성(나)은 순창(다)보다 유소년층 인구 비율이 높고 노년층 인구 비율이 낮기 때문에 노령화 지수는 낮다.
⑤ 총인구는 수도권에 위치한 화성(나)이 가장 많다.

정답 ②

자료 분석 Quiz

1. (가)는 (나)보다 노년 부양비가 (높다 / 낮다).
2. (나)는 (다)보다 청장년층 인구가 (많다 / 적다).
3. (가)는 (강원 / 경기 / 전북), (나)는 (강원 / 경기 / 전북), (다)는 (강원 / 경기 / 전북)에 위치한다.

정답 1. 높다 2. 많다 3. 강원, 경기, 전북

[2023학년도 9월 모의평가]

10 다음 자료에 대한 설명으로 옳은 것만을 〈보기〉에서 고른 것은? (단, (가)~(다)는 각각 신의주, 청진, 평양 중 하나임.)

〈북한 (가)~(다) 도시의 인구와 위치 정보〉

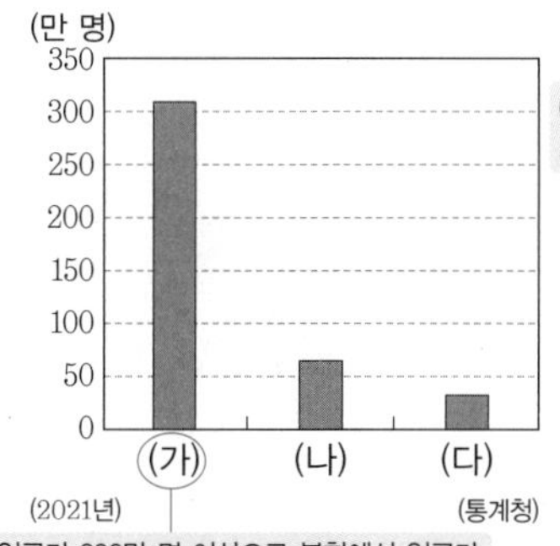

인구가 300만 명 이상으로 북한에서 인구가 가장 많은 지역이므로 평양이다.

(가)~(다) 중 경도상 가운데 위치한 지역이므로 평양이다.

도시	경도
(가)	125° 45′ E
(나)	129° 46′ E
(다)	124° 23′ E

(가)~(다) 중 가장 동쪽에 위치한 지역이므로 청진이다.

(가)~(다) 중 가장 서쪽에 위치한 지역이므로 신의주이다.

보기

ㄱ. (가)는 중국과의 접경 지대에 위치한다.
ㄴ. (나)는 북한 정치·경제·사회의 최대 중심지이다. (신의주)
ㄷ. (다)는 관서 지방에 위치한다. (평양)
ㄹ. (나)는 (다)보다 나선 경제특구(경제 무역 지대)와의 직선 거리가 가깝다.

① ㄱ, ㄴ ② ㄱ, ㄷ ③ ㄴ, ㄷ ④ ㄴ, ㄹ ⑤ ㄷ, ㄹ

정답 확인

ㄷ. 신의주는 관서 지방에 해당한다. 관서 지방은 철령관의 서쪽 지역을 의미하며, 평안도를 지칭한다.

ㄹ. 나선 경제특구는 함경북도에 위치하며, 중국·러시아와 인접해 있다. 청진(나)은 나선 경제특구보다 남쪽의 관북 해안에 위치하며, 신의주(다)는 압록강 하류에 위치한다. 따라서 나선 경제특구(경제 무역 지대)와의 직선 거리는 청진이 신의주보다 가깝다.

함정 탈출

- 북한 주요 도시의 수리적 위치를 지도에서 파악하고, 도시별 특성을 이해하고 있어야 한다.
- 평양은 인구 300만 명이 넘는 북한의 정치·경제·사회 중심지이며, 신의주는 철도 교통의 요충지로 중국과의 교역 통로 역할을 한다. 청진은 일제 강점기부터 공업 도시로 성장하였으며 관북 해안에 위치한 도시이다.

같은 주제 다른 문항 10

[24018-0232]

다음 자료의 (가)~(다) 도시에 대한 설명으로 옳은 것은? (단, (가)~(다)는 각각 지도에 표시된 세 지역 중 하나임.)

(가)	인구 300만 명이 넘는 북한의 정치·경제·사회 중심지
(나)	철도 교통의 중심지로 중국과의 교역 통로 역할을 함.
(다)	일제 강점기부터 공업 도시로 성장한 항구 도시

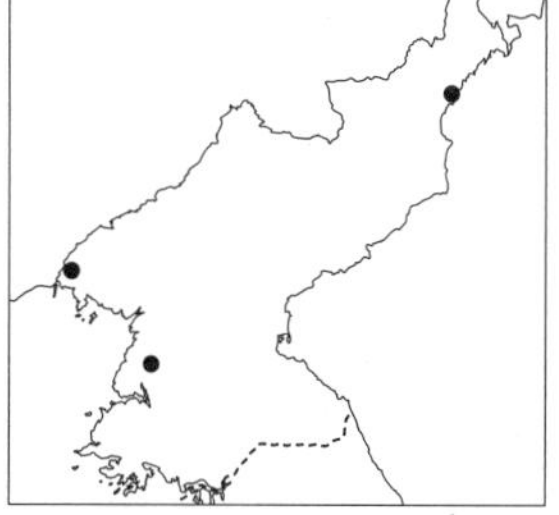

① (가)는 (나)보다 저위도에 위치한다.
② (나)는 (다)보다 7월 일출 시각이 이르다.
③ (다)는 (가)보다 연 강수량이 많다.
④ (가)는 관북 지방, (나)와 (다)는 관서 지방에 위치한다.
⑤ (가)~(다) 중 백두산 정상부와의 직선 거리는 (나)가 가장 가깝다.

자료 분석 (가)는 북한 최대의 도시인 평양, (나)는 신의주, (다)는 관북 해안에 위치한 청진에 대한 설명이다.

정답 확인

① 평양(가)은 신의주(나)보다 저위도에 위치한다.

오답 체크

② 신의주(나)는 청진(다)보다 서쪽에 위치하므로 일출 시각이 늦다.
③ 청진(다)은 관북 해안에 위치하여 평양(가)보다 연 강수량이 적다.
④ 평양(가)과 신의주(나)는 관서 지방, 청진(다)은 관북 지방에 위치한다.
⑤ 백두산 정상부와의 직선 거리는 청진(다)이 가장 가깝다. 정답 ①

자료 분석 Quiz

1. 평양은 신의주보다 (고위도 / 저위도)에 위치한다.
2. 신의주는 청진보다 개성 공업 지구와의 직선 거리가 (가깝다 / 멀다).
3. 평양, 신의주, 청진 중 인구가 가장 많은 도시는 (   )이다.

정답 1. 저위도 2. 가깝다 3. 평양

기출 자료 집중 탐구 | 경기도의 시·군별 주요 지표 이해

[2023학년도 6월 모의평가]

11 지도는 (가), (나) 지표의 경기도 내 상위 및 하위 5개 시·군을 나타낸 것이다. (가), (나) 지표로 옳은 것은?

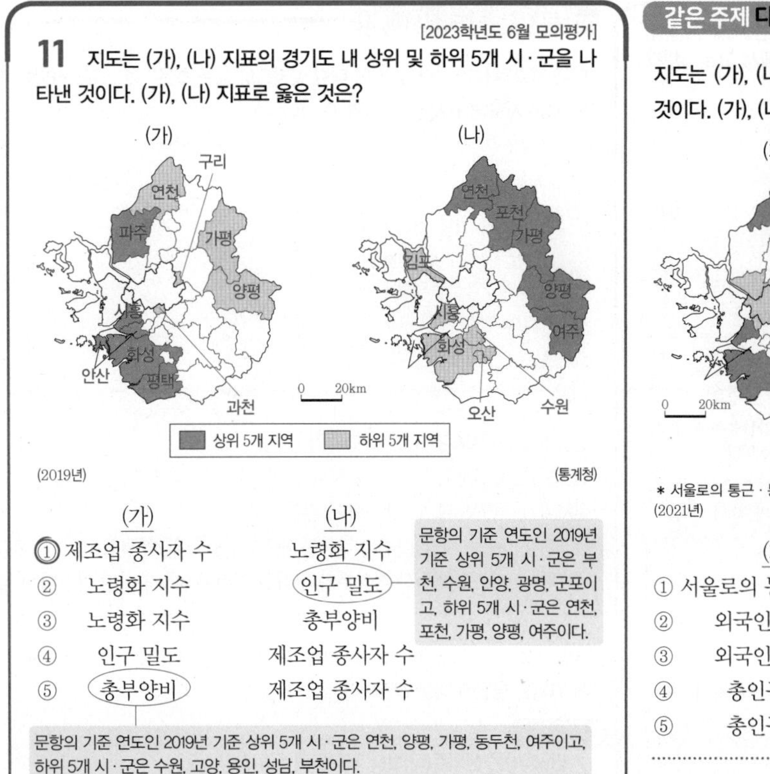

	(가)	(나)
①	제조업 종사자 수	노령화 지수
②	노령화 지수	인구 밀도
③	노령화 지수	총부양비
④	인구 밀도	제조업 종사자 수
⑤	총부양비	제조업 종사자 수

문항의 기준 연도인 2019년 기준 상위 5개 시·군은 부천, 수원, 안양, 광명, 군포이고, 하위 5개 시·군은 연천, 포천, 가평, 양평, 여주이다.

문항의 기준 연도인 2019년 기준 상위 5개 시·군은 연천, 양평, 가평, 동두천, 여주이고, 하위 5개 시·군은 수원, 고양, 용인, 성남, 부천이다.

정답 확인

① (가) 지표의 상위 5개 시·군은 파주, 시흥, 안산, 화성, 평택이고, 하위 5개 시·군은 연천, 가평, 양평, 과천, 구리이다. 따라서 (가) 지표는 제조업 종사자 수이다. (나) 지표의 상위 5개 시·군은 상대적으로 촌락적 성격이 강한 연천, 포천, 가평, 양평, 여주이고, 하위 5개 시·군은 상대적으로 도시적 성격이 강한 김포, 시흥, 화성, 수원, 오산이다. 따라서 (나) 지표는 노령화 지수이다.

오답 체크

②, ④ 인구 밀도의 상위 5개 시·군은 부천, 수원, 안양, 광명, 군포이다. 이들 지역은 서울과 접해 있거나 상대적으로 서울과 가까운 도시이다. 하위 5개 시·군은 연천, 포천, 가평, 양평, 여주이다. 이들 지역은 촌락적 성격이 강한 지역이다.

③, ⑤ 총부양비의 상위 5개 시·군은 연천, 양평, 가평, 동두천, 여주이다. 이들 지역은 상대적으로 촌락적 성격이 강한 지역이다. 하위 5개 시·군은 수원, 고양, 용인, 성남, 부천이다. 이들 지역은 서울과 접해 있거나 인구 규모가 큰 도시이다.

함정 탈출

- 수도권 주요 시·군의 위치를 지도상에서 파악한다.
- 수도권에서 제조업이 발달한 주요 지역을 알아 둔다.
- 노령화 지수는 촌락적 성격이 강한 지역에서 높게 나타난다는 점, 인구 밀도는 도시에서 높게 나타난다는 점에 유의한다.

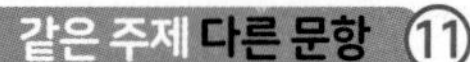

[24018-0233]

지도는 (가), (나) 지표의 수도권 내 상위 및 하위 5개 시·군을 나타낸 것이다. (가), (나) 지표로 옳은 것은?

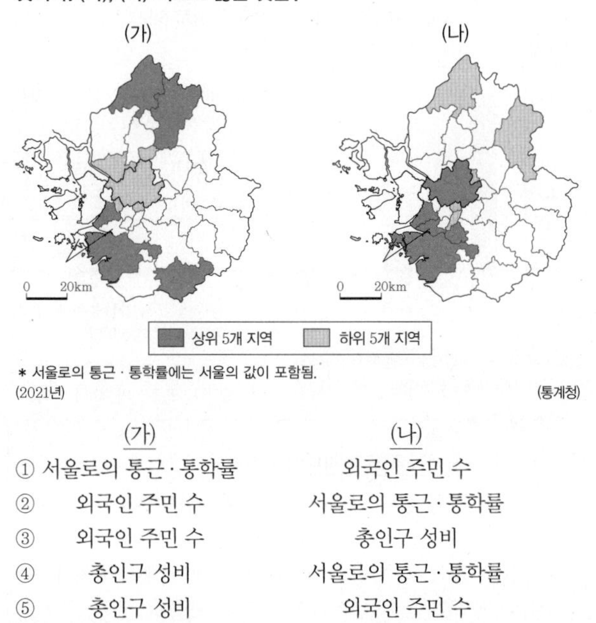

* 서울로의 통근·통학률에는 서울의 값이 포함됨.
(2021년) (통계청)

	(가)	(나)
①	서울로의 통근·통학률	외국인 주민 수
②	외국인 주민 수	서울로의 통근·통학률
③	외국인 주민 수	총인구 성비
④	총인구 성비	서울로의 통근·통학률
⑤	총인구 성비	외국인 주민 수

자료 분석 (가) 지표의 상위 5개 지역은 포천, 시흥, 연천, 화성, 안성이고, 하위 5개 지역은 서울, 고양, 의정부, 광명, 과천이다. (나) 지표의 상위 5개 지역은 서울, 안산, 수원, 시흥, 화성이고, 하위 5개 지역은 과천, 연천, 가평, 의왕, 구리이다.

정답 확인

⑤ (가) 지표의 상위 5개 지역은 북한과의 접경 지역이거나 제조업이 발달한 지역이고, 하위 5개 지역은 인구가 많은 도시이거나 서울과 접해 있는 지역이다. 따라서 (가) 지표는 총인구 성비이다. (나) 지표의 상위 5개 지역은 인구가 많거나 제조업이 발달한 지역이고, 하위 5개 지역은 인구가 적거나 제조업 발달이 미약한 지역이다. 따라서 (나) 지표는 외국인 주민 수이다.

오답 체크

①, ②, ④ 서울로의 통근·통학률은 서울 및 서울과 인접한 지역에서 높고, 서울과의 거리가 먼 지역일수록 낮아지는 편이다. 2020년 기준 서울로의 통근·통학률 상위 5개 지역은 서울, 과천, 하남, 광명, 구리이고, 하위 5개 지역은 연천, 여주, 평택, 이천, 안성이다. 정답 ⑤

자료 분석 Quiz

1. 연천은 서울보다 총인구 성비가 (높다 / 낮다).
2. 안산은 과천보다 외국인 주민 수가 (많다 / 적다).

정답 1. 높다 2. 많다

[2023학년도 6월 모의평가]

12 다음은 답사 계획서의 일부이다. (가), (나) 지역을 지도의 A～D에서 고른 것은?

〈답사 계획서〉

• 기간: 20△△년 △△월 △일~△일

• 답사 지역 및 주요 활동

주요 활동 \ 답사 지역	(가)	(나)
공공 기관 방문	○○○도청 방문	□□□도청 방문
전통 마을 탐방	슬로 시티로 지정된 전통 한옥 마을 탐방	세계 문화유산으로 등재된 전통 마을 탐방
지역 축제 체험	세계 소리 축제 체험	국제 탈춤 페스티벌 체험

하회 마을

C 안동

B 전주

A

D

전라남도청 소재지인 무안이다.

경상남도청 소재지인 창원이다.

	(가)	(나)
①	A	B
②	B	C
③	B	D
④	C	A
⑤	D	C

정답 확인

② (가) 지역은 슬로 시티로 지정된 전통 한옥 마을이 있고 세계 소리 축제가 개최된다는 것을 통해 전주라는 것을 알 수 있다. 전주는 전북특별자치도청 소재지이다. 전주는 지도의 B이다. (나) 지역은 세계 문화유산으로 등재된 전통 마을(하회 마을)이 있고 국제 탈춤 페스티벌이 개최된다는 것을 통해 안동이라는 것을 알 수 있다. 안동은 지도의 C이다.

오답 체크

A는 무안이다. 무안은 전라남도청 소재지이다.

D는 창원이다. 창원은 경상남도청 소재지이고, 기계 공업이 발달하였다.

함정 탈출

• 호남 지방과 영남 지방 주요 시·군의 위치를 지도상에서 파악한다.

• 세계 문화유산 분포, 주요 지역 축제 등 주요 지역의 지리적 특성을 알아 둔다.

• 각 도의 행정 중심지인 도청 소재지를 잘 정리해 둔다.

같은 주제 다른 문항 12

[24018-0234]

다음은 (가), (나) 지역에 대한 학습 노트의 일부이다. (가), (나) 지역을 지도의 A～E에서 고른 것은?

◎ (가) 의 특징

• 혁신 도시가 조성되어 있음.

• 전라도라는 지명의 유래가 된 도시 중 하나임.

• 영산강을 따라 물자를 운송하던 황포돛배를 체험할 수 있음.

◎ (나) 의 특징

• 혁신 도시가 조성되어 있음.

• 주요 지역 축제로 남강 유등 축제가 유명함.

• 주요 역사 유적으로 남강 변에 위치한 진주성과 촉석루가 있음.

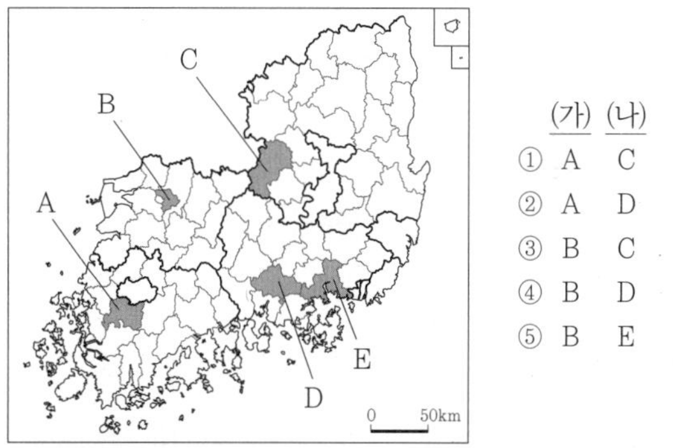

	(가)	(나)
①	A	C
②	A	D
③	B	C
④	B	D
⑤	B	E

자료 분석 지도의 A는 나주, B는 전주, C는 김천, D는 진주, E는 창원이다.

정답 확인

② 전라도라는 지명은 전주(B)와 나주(A)의 앞 글자를 따서 지은 것이고, 전주(B)와 나주(A)에는 혁신 도시가 조성되어 있다. 이 중 영산강과 관련한 체험 활동을 할 수 있다는 점을 통해 (가) 지역은 나주(A)임을 알 수 있다. 혁신 도시가 조성되어 있고 남강 유등 축제가 개최되며 진주성, 촉석루 등의 유적지가 유명하다는 점을 통해 (나) 지역은 진주(D)임을 알 수 있다.

오답 체크

B는 전주이다. 전주는 전라도라는 지명의 유래가 된 지역 중 하나이고 혁신 도시가 조성되어 있지만 영산강을 끼고 있지 않다.

C는 김천이다. 김천에도 혁신 도시가 조성되어 있지만 남강 유등 축제가 개최되지 않는다.

E는 창원이다. 창원에는 혁신 도시가 조성되어 있지 않다. **정답** ②

자료 분석 Quiz

1. 전라도라는 지명은 전주와 (   )에서 유래하였다.
2. 호남 지방의 전주와 나주, 영남 지방의 김천과 진주에는 (기업 도시 / 혁신 도시)가 조성되어 있다.

정답 1. 나주 2. 혁신 도시

[2024학년도 6월 모의평가]

1 지도의 (가)~(라)에 대한 설명으로 옳은 것은?

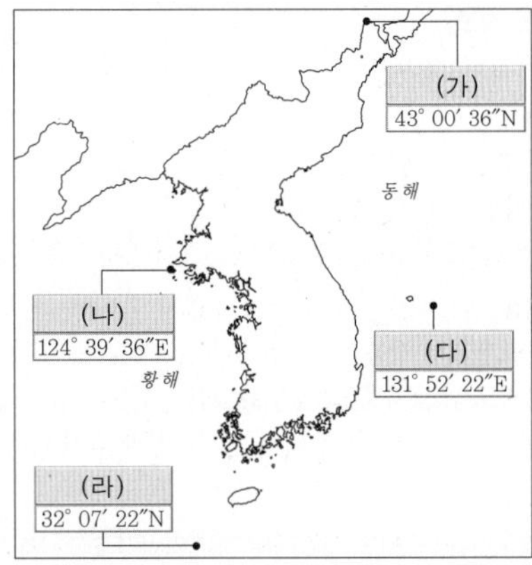

① (나)에는 종합 해양 과학 기지가 건설되어 있다.
② (다)에 위치한 섬은 영해 설정에 직선 기선을 적용한다.
③ (라)는 한 · 일 중간 수역에 위치한다.
④ (다)는 (나)보다 우리나라 표준 경선과의 최단 거리가 가깝다.
⑤ (가)~(라)는 우리나라 영토의 4극에 해당한다.

정답 및 해설

정답해설 (가)는 우리나라 영토의 4극 중 극북에 해당하는 함경북도 온성군 풍서리 북단, (나)는 남한의 최서단에 해당하는 백령도, (다)는 극동에 해당하는 경상북도 울릉군 독도 동단이다. (라)는 이어도이다.
④ 우리나라의 표준 경선은 동경 135° 선으로 극동인 독도의 동쪽 해상을 지난다. 따라서 극동에 해당하는 독도(다)는 백령도(나)보다 우리나라 표준 경선과의 최단 거리가 가깝다.

오답피하기 ① 종합 해양 과학 기지는 백령도(나)가 아니라 이어도(라)에 건설되어 있다.
② 독도(다)는 영해 설정에 통상 기선을 적용한다. 직선 기선을 적용하는 곳은 서 · 남해안 및 동해안 일부이다.
③ 이어도(라)는 한 · 일 중간 수역에 위치하지 않는다.
⑤ 함경북도 온성군 풍서리 북단(가), 경상북도 울릉군 독도 동단(다)은 우리나라 영토의 4극에 포함되나, 백령도(나), 이어도(라)는 포함되지 않는다.

정답 ④

[2024학년도 수능]

2 다음 자료의 (가)~(다) 섬에 대한 설명으로 옳은 것은?

구분	(가)	(나)	(다)
섬			
기준점(▲) 위 · 경도	34° 04′ 32″ N 125° 06′ 31″ E	33° 07′ 03″ N 126° 16′ 10″ E	37° 14′ 22″ N 131° 52′ 08″ E
특징	• 섬의 이름은 '사람이 살 수 있는 곳'이라는 뜻에서 유래. • 일제 강점기에 '소흑산도'로 불렸으나, 2008년에 현 지명으로 복원.	• 섬의 최고점이 약 39m로 해안 일부가 기암절벽으로 이루어진 화산섬. • 섬 전체가 남북으로 긴 고구마 모양으로 평탄한 초원이 있음.	• 섬의 이름은 돌섬이라는 뜻의 독섬에서 유래. '독'이 '홀로 독'으로 한자화됨. • 동도와 서도 외에 89개의 부속 도서로 구성.

① (가)는 우리나라 영토의 최서단(극서)에 위치한다.
② (나)의 남서쪽 우리나라 영해에 이어도 종합 해양 과학 기지가 건설되어 있다.
③ (다)로부터 200해리까지 전역은 우리나라의 배타적 경제 수역에 해당한다.
④ (나)와 (다)는 영해 설정에 통상 기선을 적용한다.
⑤ (가)~(다) 중 우리나라 표준 경선과의 최단 거리가 가장 가까운 곳은 (나)이다.

정답 및 해설

정답해설 (가)는 전라남도 신안군 가거도, (나)는 제주특별자치도 서귀포시 마라도, (다)는 경상북도 울릉군 독도이다.
④ 마라도와 독도는 영해 설정에 통상 기선을 적용한다.

오답피하기 ① 우리나라 영토의 최서단(극서)은 가거도(가)가 아니라 평안북도 신도군 비단섬 서단이다.
② 마라도(나)에서 남서쪽으로 약 149km 떨어진 이어도에는 종합 해양 과학 기지가 건설되어 있다. 그러나 이어도는 우리나라 영해에 위치하지는 않는다.
③ 독도(다)로부터 200해리 전역이 우리나라의 배타적 경제 수역에 해당하는 것은 아니다. 독도 인근에는 한 · 일 중간 수역이 설정되어 있다.
⑤ (가)~(다) 중 우리나라 표준 경선(동경 135° 선)과의 최단 거리가 가장 가까운 곳은 독도(다)이다.

정답 ④

[2024학년도 6월 모의평가]

1 다음은 지리 정보에 관한 수업 장면이다. ㉠~㉤에 대한 설명으로 가장 적절한 것은?

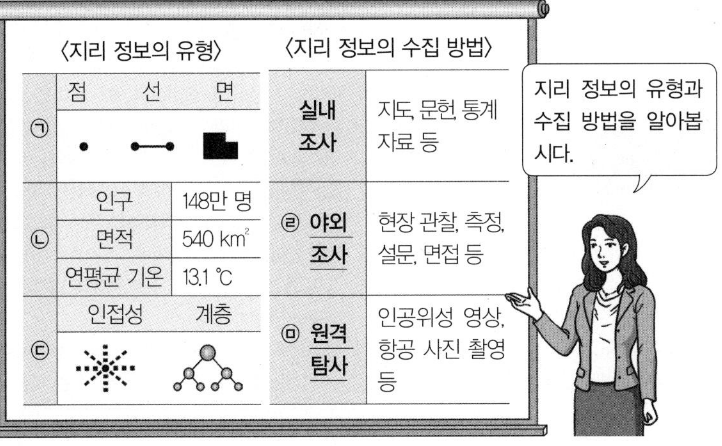

① ㉠의 예로 '대전광역시 연령층별 인구 비율'을 들 수 있다.
② ㉡은 어떤 장소나 현상의 위치나 형태를 나타내는 정보이다.
③ ㉢을 표현한 예로 36° 21′ 04″N, 127° 23′ 06″E가 있다.
④ ㉤은 조사 지역을 직접 방문하여 정보를 수집하는 활동이다.
⑤ ㉣은 ㉤보다 지리 정보 수집 방법으로 도입된 시기가 이르다.

정답 및 해설

정답해설 ㉠은 장소나 현상의 위치나 형태를 나타내는 공간 정보, ㉡은 장소나 현상의 인문적·자연적 특성을 나타내는 속성 정보, ㉢은 다른 장소나 지역과의 상호 작용 및 관계를 나타내는 관계 정보이다.
⑤ 현장 관찰, 설문과 같은 전통적인 방식의 야외 조사(㉣)는 첨단 기술이 적용된 원격 탐사(㉤)보다 지리 정보 수집 방법으로 도입된 시기가 이르다.

오답피하기 ① '대전광역시 연령층별 인구 비율'은 속성 정보(㉡)에 해당한다.
② 장소나 현상의 위치나 형태를 나타내는 정보는 공간 정보(㉠)이다.
③ 위도, 경도는 공간 정보(㉠)에 해당한다.
④ 조사 지역을 직접 방문하여 정보를 수집하는 활동은 야외 조사(㉣)이다.

정답 ⑤

[2024학년도 수능]

2 다음 〈조건〉만을 고려하여 아동 복지 시설의 입지를 선정하고자 할 때, 가장 적절한 곳을 지도의 A~E에서 고른 것은?

〈조건 1〉: '시(市)' 단위 행정 구역인 곳
〈조건 2〉: 유소년층 인구 비율이 10% 이상인 곳
〈조건 3〉: 〈조건 1〉과 〈조건 2〉를 만족한 지역 중 총부양비가 가장 높은 곳

〈연령층별 인구 비율〉

(단위: %)

구분	0~14세	15~64세	65세 이상
A	12.8	70.7	16.5
B	8.9	60.5	30.6
C	8.4	61.8	29.8
D	8.9	63.8	27.3
E	14.5	74.4	11.1

(2020) (통계청)

A B C D E
0 25km

① A ② B ③ C ④ D ⑤ E

정답 및 해설

정답해설 지리 정보 시스템의 중첩 원리를 이용하는 문제이다. A는 진주시, B는 고성군, C는 창녕군, D는 밀양시, E는 김해시이다.
① 〈조건 1〉은 '시' 단위 행정 구역인 곳으로, 진주시(A), 밀양시(D), 김해시(E)가 이에 해당한다. 〈조건 2〉는 유소년층(0~14세) 인구 비율이 10% 이상인 곳으로, 진주시(A), 김해시(E)가 이에 해당한다. 〈조건 3〉은 〈조건 1〉과 〈조건 2〉를 만족한 지역 중 총부양비가 가장 높은 곳이다. 〈조건 1〉과 〈조건 2〉를 만족한 진주시(A), 김해시(E) 중 총부양비가 높은 곳은 청장년층(15~64세) 인구 비율이 낮은 진주시(A)이다.

정답 ①

[2024학년도 6월 모의평가]

1 다음 자료의 A~C 기반암에 대한 대화 내용이 옳은 학생을 고른 것은? (단, A~C는 각각 변성암, 현무암, 화강암 중 하나임.)

A
836m
B
1,915m
C
▲ 산
* 수치는 최고 지점의 해발 고도임.
A에는 다각형의 주상 절리가 발달해 있어.
공룡 발자국 화석은 주로 B에서 발견되고 있어.
C는 시멘트의 주원료로 이용되고 있어.
A, B는 모두 화산 활동으로 형성되었어.
형성 시기는 B, A, C 순으로 오래되었어.
갑
을
병
정
무

① 갑 ② 을 ③ 병 ④ 정 ⑤ 무

정답 및 해설

정답해설 지도에 표시된 세 산은 북한산, 지리산, 한라산이다.

⑤ 북한산의 화강암(A)은 중생대, 지리산의 변성암(B)은 시·원생대, 한라산의 현무암(C)은 신생대에 형성되었다. 따라서 암석의 형성 시기는 변성암(B), 화강암(A), 현무암(C) 순으로 오래되었다.

오답피하기 ① 마그마가 지하에서 굳어 형성된 암석인 화강암(A)에는 다각형의 주상 절리가 발달해 있지 않다.

② 공룡 발자국 화석은 주로 중생대 퇴적암에서 발견된다.

③ 시멘트의 주원료로 이용되는 암석은 고생대 초기에 형성된 조선 누층군에 주로 분포하는 석회암이다.

④ 화강암(A)은 중생대에 마그마가 관입해 형성된 암석이며, 변성암(B)은 강한 열과 압력을 받아 본래의 성질이 변한 암석이다. 화산 활동으로 형성된 암석은 현무암(C)이다.

정답 ⑤

[2024학년도 수능]

2 다음 자료의 ㉠~㉤에 대한 설명으로 옳은 것은?

평창군 황병산 일대에서는 해발 고도 800m가 넘는 곳에 넓은 ㉠평탄면을 볼 수 있다. 이 평탄면은 과거 오랜 기간 풍화와 침식을 받아 평탄해진 곳이 ㉡경동성 요곡 운동으로 융기한 후에도 완만한 기복을 유지하고 있는 지형이며, 목초 재배에 유리하여 목축업이 발달하였다.

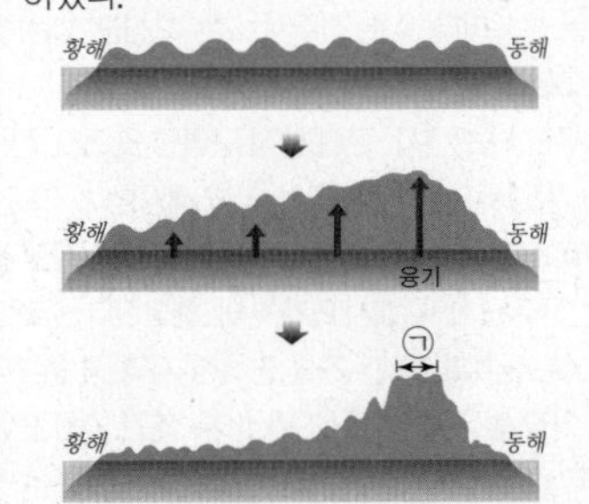

북한강 유역의 춘천은 주변이 산지로 둘러싸인 ㉢분지의 평탄면에 발달한 도시이다. 춘천 분지는 ㉣변성암과 ㉤화강암의 차별적인 풍화·침식 작용을 받아 형성된 지형으로, 용수 확보가 쉬워 일찍부터 농업 및 생활의 중심지로 이용되었다.

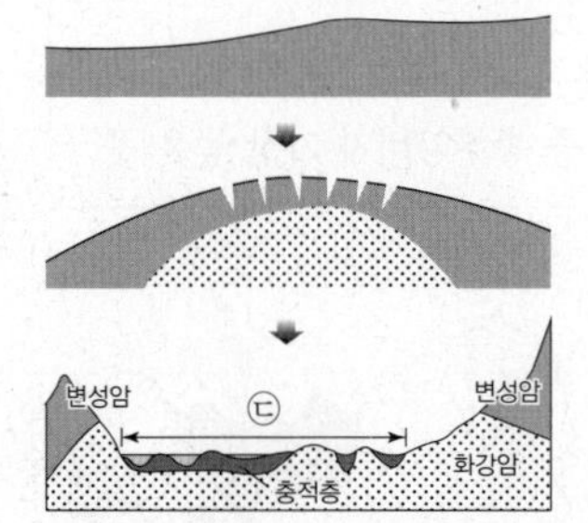

① ㉠에는 공룡 발자국 화석이 많이 분포한다.

② ㉣은 주로 시멘트 공업의 원료로 이용된다.

③ ㉡으로 한반도 전역에 ㉤이 관입되었다.

④ ㉢에서는 ㉠보다 바람이 강하여 풍력 발전에 유리하다.

⑤ ㉣은 ㉤보다 한반도 암석 분포에서 차지하는 비율이 높다.

정답 및 해설

정답해설 자료의 좌측 글과 모식도는 평창군 황병산 일대 고위 평탄면에 관한 내용이며, 우측 글과 모식도는 춘천 침식 분지에 관한 내용이다.

⑤ 한반도 암석 분포에서 변성암(㉣)이 차지하는 비율은 약 42.6%이며, 화강암(㉤)을 포함한 화성암이 차지하는 비율은 약 34.8%이다.

오답피하기 ① 평창군 황병산 일대의 평탄면(㉠)은 기반암이 화강암이며, 공룡 발자국 화석이 많이 분포하는 지역이 아니다. 공룡 발자국 화석은 경상 분지 지역에서 잘 나타난다.

② 시멘트 공업의 원료로 주로 이용되는 암석은 석회암이다.

③ 한반도 전역에 영향을 미쳤으며, 넓은 범위에 화강암(㉤) 관입이 이루어진 지각 변동은 대보 조산 운동이다.

④ 평창군 황병산 일대의 평탄면과 춘천 분지의 평탄면 중 바람이 강하여 풍력 발전에 유리한 곳은 평창군 황병산 일대의 평탄면(㉠)이다.

정답 ⑤

[2024학년도 9월 모의평가]

1 다음은 하천 지형에 대한 수업 장면의 일부이다. 교사의 질문에 옳게 답한 학생만을 있는 대로 고른 것은?

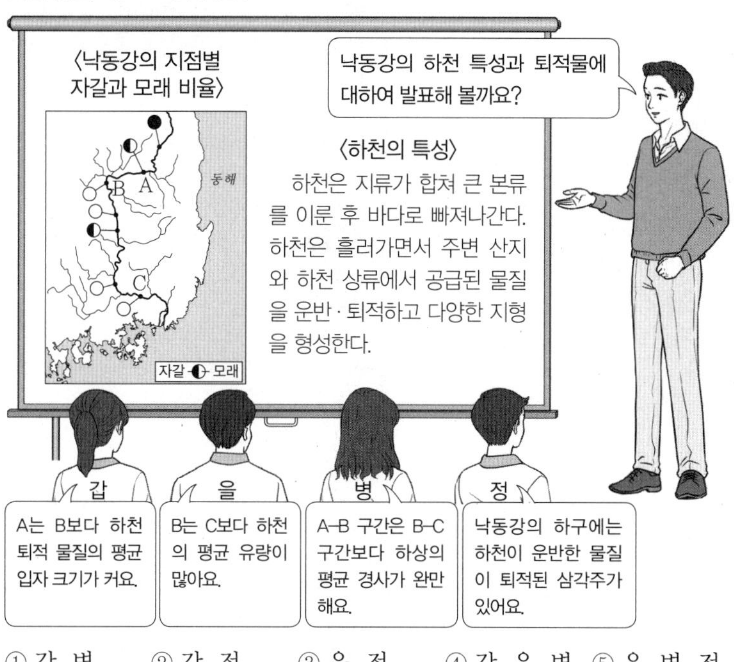

〈낙동강의 지점별 자갈과 모래 비율〉
B
A
C
동해
자갈 모래
낙동강의 하천 특성과 퇴적물에 대하여 발표해 볼까요?
〈하천의 특성〉
하천은 지류가 합쳐 큰 본류를 이룬 후 바다로 빠져나간다. 하천은 흘러가면서 주변 산지와 하천 상류에서 공급된 물질을 운반·퇴적하고 다양한 지형을 형성한다.
갑
을
병
정
A는 B보다 하천 퇴적 물질의 평균 입자 크기가 커요.
B는 C보다 하천의 평균 유량이 많아요.
A–B 구간은 B–C 구간보다 하상의 평균 경사가 완만해요.
낙동강의 하구에는 하천이 운반한 물질이 퇴적된 삼각주가 있어요.

① 갑, 병 ② 갑, 정 ③ 을, 정 ④ 갑, 을, 병 ⑤ 을, 병, 정

정답 및 해설

정답해설 자료는 낙동강의 지점별 자갈과 모래의 비율을 나타낸 것이다. A~C 지점 중 A에서는 자갈과 모래가 거의 같은 비율로 나타나며, B와 C에서는 대부분 모래로 구성된 하천 퇴적물이 나타난다.
갑. 지점별 하천 퇴적 물질의 평균 입자 크기는 자갈과 모래가 거의 같은 비율로 나타나는 A가 B보다 크다.
정. 낙동강의 하구에는 하천이 운반한 물질이 퇴적된 삼각주가 발달해 있다.

오답피하기 을. 하천의 평균 유량은 상대적으로 하류에 위치한 C가 B보다 많다.
병. 하상의 평균 경사는 상대적으로 하류에 위치한 B–C 구간이 A–B 구간보다 완만하다.

정답 ②

[2024학년도 수능]

2 다음은 지도에 표시된 세 지역의 하천 지형을 나타낸 사진이다. 이에 대한 설명으로 옳은 것은? (단, A~D는 각각 배후 습지, 삼각주, 자연 제방, 하안 단구 중 하나임.)

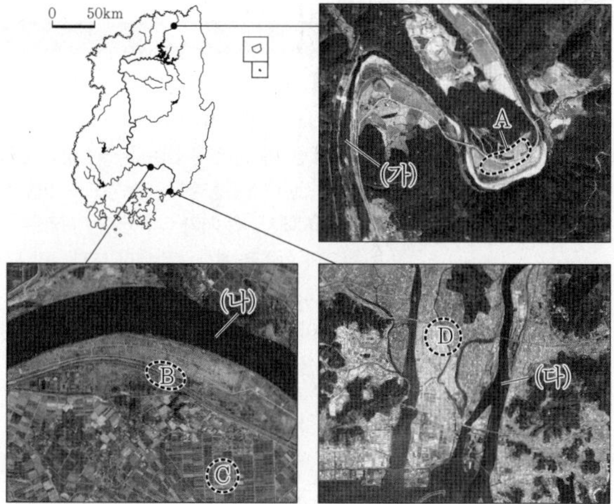

① (가)는 (다)보다 하방 침식이 활발하다.
② (나)는 (가)보다 하상의 해발 고도가 높다.
③ D는 하천 퇴적물의 공급량이 적고, 조차가 큰 하구에서 잘 발달한다.
④ A는 C보다 홍수 시 범람에 의한 침수 위험이 높다.
⑤ B는 C보다 토양 배수가 불량하다.

정답 및 해설

정답해설 자료는 낙동강 상류 및 중·하류의 하천 특성과 지형 요소를 나타낸 것이다. (가)는 하천의 상류, (나)는 하천의 중·하류, (다)는 하구, A는 하안 단구, B는 자연 제방, C는 배후 습지, D는 삼각주이다.
① 하천의 상류(가)는 하구(다)보다 하방 침식이 활발하다.

오답피하기 ② 하천의 상류(가)가 중·하류(나)보다 하상의 해발 고도가 높다.
③ 삼각주(D)는 하천 퇴적물의 공급량이 많고, 조차가 작은 하구에서 잘 발달한다.
④ 배후 습지(C)가 하안 단구(A)보다 홍수 시 범람에 의한 침수 위험이 높다.
⑤ 배후 습지(C)가 자연 제방(B)보다 토양 배수가 불량하다.

정답 ①

[2024학년도 9월 모의평가]

1 다음 글의 ㉠~㉣에 대한 설명으로 옳은 것만을 〈보기〉에서 고른 것은?

> 세계 자연 유산인 거문 오름 용암 동굴계는 ㉠만장굴, 김녕굴, 당처물 동굴 등 크고 작은 동굴들로 이루어져 있다. 이 중 당처물 동굴은 ㉡용암 동굴이지만 내부에는 ㉢석회 동굴에서 나타나는 지형이 발달하고 있다. 이 동굴에는 조개껍질이 부서져 만들어진 모래가 바람에 날려 동굴 위에 쌓인 후, 빗물에 ㉣용식되어 용암 동굴 내부로 흘러들어 형성된 종유석, 석순 등이 나타난다.

● 보 기 ●

ㄱ. ㉠ 주변에는 붉은색의 석회암 풍화토가 나타난다.
ㄴ. ㉡은 흐르는 용암 표면과 내부의 냉각 속도 차이로 형성된다.
ㄷ. ㉢이 가장 많이 분포하는 지역은 제주도이다.
ㄹ. ㉣은 화학적 풍화에 해당한다.

① ㄱ, ㄴ ② ㄱ, ㄷ ③ ㄴ, ㄷ ④ ㄴ, ㄹ ⑤ ㄷ, ㄹ

정답 및 해설

정답해설 글은 화산 지형으로 세계 자연 유산으로 등재된 제주도의 거문 오름 용암 동굴계에 대한 내용이다.
ㄴ. 용암 동굴(㉡)은 용암이 흘러가면서 표면과 용암 내부의 냉각 속도의 차이로 인해 형성된다.
ㄹ. 용식(㉣)은 암석이 물, 공기와 접촉하면서 용해되는 화학적 풍화이다.

오답피하기 ㄱ. 만장굴(㉠)은 화산 동굴이다. 주변에 붉은색의 석회암 풍화토가 나타나는 것은 석회 동굴의 특징이다.
ㄷ. 석회 동굴(㉢)은 고생대에 형성된 조선 누층군에서 주로 나타난다. 제주도는 신생대 이후 화산 활동으로 형성된 지역이다.

정답 ④

[2024학년도 수능]

2 그림의 (가)~(라)에 해당하는 지역을 지도의 A~D에서 고른 것은? (단, A~D는 각각 단양, 울릉도, 제주도, 철원 중 하나임.)

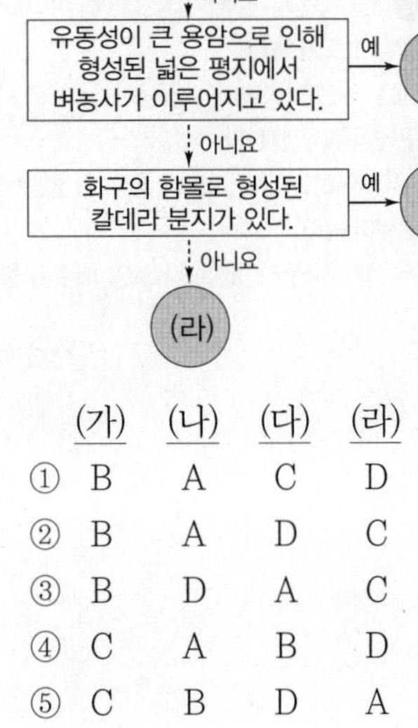

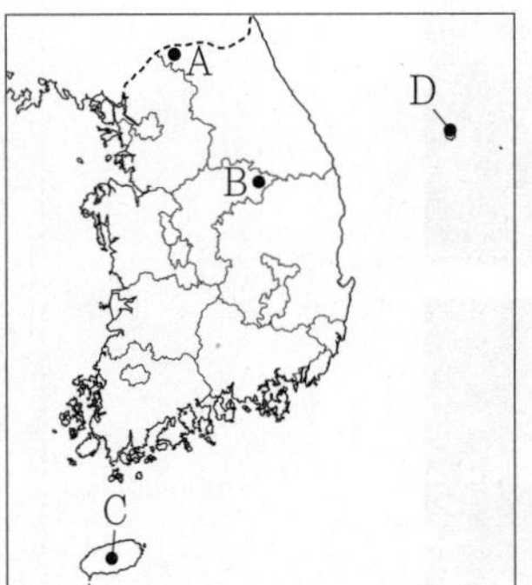

	(가)	(나)	(다)	(라)
①	B	A	C	D
②	B	A	D	C
③	B	D	A	C
④	C	A	B	D
⑤	C	B	D	A

정답 및 해설

정답해설 지도의 A는 철원, B는 단양, C는 제주도 한라산, D는 울릉도이다.
② 네 지역 중 해성층인 조선 누층군이 넓게 분포하는 지역은 단양(가), 유동성이 큰 용암으로 인해 형성된 용암 대지에서 벼농사가 이루어지는 지역은 철원(나), 화구의 함몰로 형성된 칼데라 분지(나리 분지)는 울릉도(다)에 위치한다. 제주도 한라산의 백록담은 화구호이다. 따라서 (가)는 단양(B), (나)는 철원(A), (다)는 울릉도(D), (라)는 제주도 한라산(C)이다.

정답 ②

[2024학년도 9월 모의평가]

1 그래프는 (가)~(다) 지역의 기후 특성을 나타낸 것이다. 이에 해당하는 지역을 지도의 A~C에서 고른 것은?

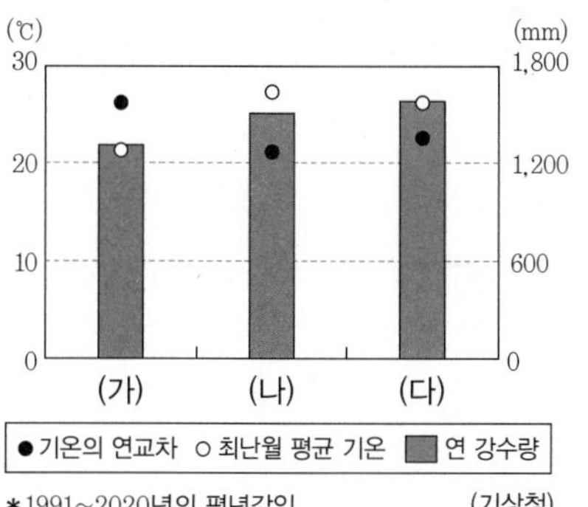

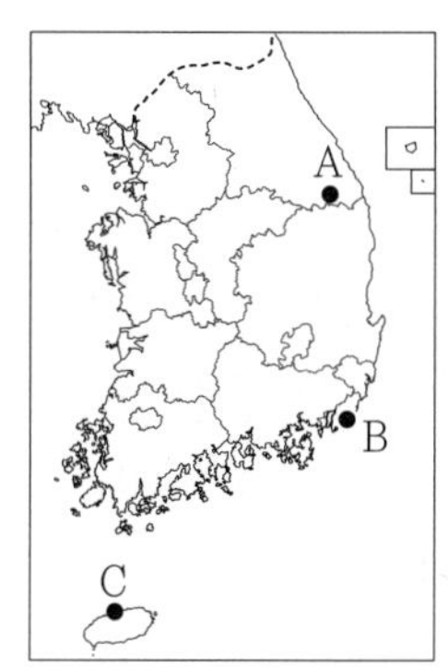

	(가)	(나)	(다)
①	A	B	C
②	A	C	B
③	B	A	C
④	B	C	A
⑤	C	A	B

정답 및 해설

정답해설 ② 그래프는 (가)~(다) 지역의 기후 특성으로 기온의 연교차, 최난월 평균 기온, 연 강수량을 나타낸 것이다. 기온의 연교차는 (가)>(다)>(나) 순으로 크게, 최난월 평균 기온은 (나)>(다)>(가) 순으로 높게, 연 강수량은 (다)>(나)>(가) 순으로 많게 나타난다. 지도의 A는 태백, B는 부산, C는 제주이다. 세 지역 중 태백(A)은 해발 고도가 높아 최난월 평균 기온이 가장 낮게 나타나며, 제주(C)는 기온의 연교차가 가장 작고 최난월 평균 기온이 가장 높으며, 부산(B)은 연 강수량이 가장 많다. 따라서 (가)는 태백(A), (나)는 제주(C), (다)는 부산(B)이다.

정답 ②

[2024학년도 수능]

2 그래프의 (가)~(라)는 지도에 표시된 네 지역의 상대적 기후 특성을 나타낸 것이다. 이에 대한 설명으로 옳은 것은?

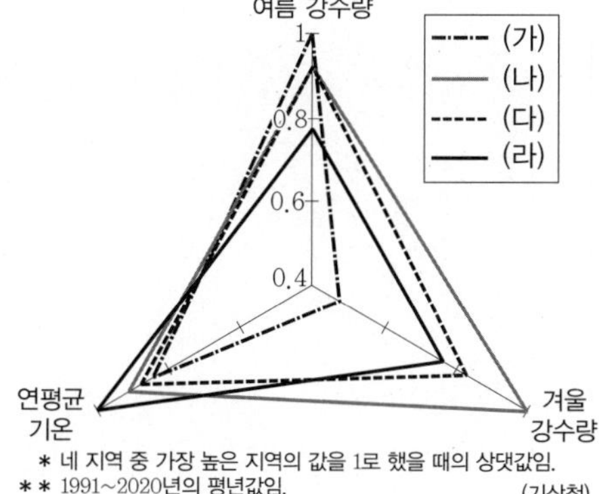

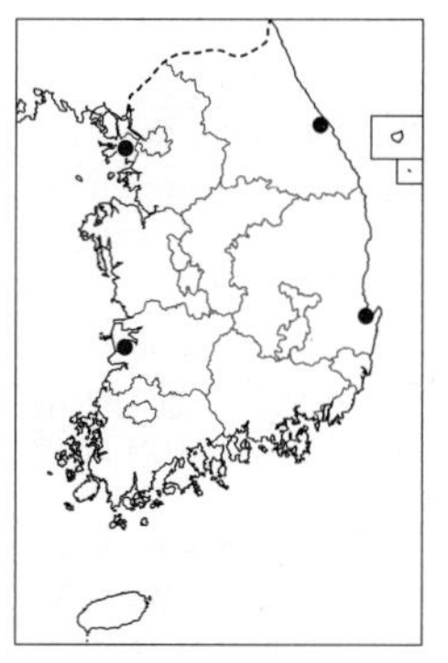

① (가)는 (나)보다 최한월 평균 기온이 높다.
② (다)는 (나)보다 연 강수량이 많다.
③ (다)는 (라)보다 기온의 연교차가 크다.
④ (가)와 (라)는 서해안, (나)와 (다)는 동해안에 위치한다.
⑤ (가)~(라) 중 여름 강수 집중률이 가장 높은 곳은 (라)이다.

정답 및 해설

정답해설 지도에 표시된 네 지역은 인천, 강릉, 부안, 포항이다. 네 지역 중 연평균 기온이 가장 높은 곳은 포항(라), 겨울 강수량이 가장 많은 곳은 강릉(나), 여름 강수량이 가장 많은 곳은 인천(가)이다. 겨울 강수량이 강릉(나) 다음으로 많은 곳은 부안(다)이다.
③ 서해안의 부안(다)은 동해안의 포항(라)보다 기온의 연교차가 크다.

오답피하기 ① 강릉(나)이 인천(가)보다 최한월 평균 기온이 높다.
② 강릉(나)이 부안(다)보다 연 강수량이 많다.
④ 인천(가)과 부안(다)은 서해안에 위치하며, 강릉(나)과 포항(라)은 동해안에 위치한다.
⑤ (가)~(라) 중 여름 강수 집중률이 가장 높은 곳은 인천(가)이다.

정답 ③

[2024학년도 9월 모의평가]

1 다음은 세 자연재해에 관한 재난 안전 문자 내용이다. (가)~(다)에 대한 설명으로 옳은 것만을 〈보기〉에서 고른 것은? (단, (가)~(다)는 각각 폭염, 한파, 호우 중 하나임.)

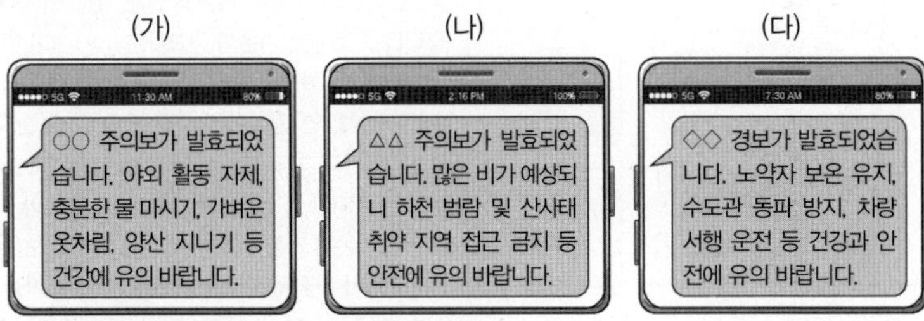

● 보기 ●

ㄱ. (가)는 난방용 전력 소비량을 증가시킨다.
ㄴ. (나)는 강한 일사로 인한 대류성 강수가 나타날 때 주로 발생한다.
ㄷ. (다)는 시베리아 기단이 한반도에 강하게 영향을 미칠 때 주로 발생한다.
ㄹ. (나)는 강수, (다)는 기온과 관련된 재해이다.

① ㄱ, ㄴ ② ㄱ, ㄷ ③ ㄴ, ㄷ ④ ㄴ, ㄹ ⑤ ㄷ, ㄹ

정답 및 해설

정답해설 (가)는 폭염, (나)는 호우, (다)는 한파이다.
ㄷ. 한파(다)는 한랭 건조한 시베리아 기단이 한반도에 강하게 영향을 줄 때 주로 발생한다.
ㄹ. 호우(나)는 강수, 한파(다)는 기온과 관련된 재해이다.

오답피하기 ㄱ. 폭염(가)이 발생하면 냉방용 전력 소비량이 증가한다. 난방용 전력 소비량은 한파 발생 시 증가한다.
ㄴ. 호우(나)는 주로 전선성 강수인 장마나 열대성 저기압으로 인한 태풍의 영향으로 나타난다.

정답 ⑤

[2024학년도 수능]

2 다음 자료는 자연재해에 대한 온라인 수업 자료의 일부 내용이다. (가)~(다)에 해당하는 자연재해를 A~C에서 고른 것은? (단, (가)~(다)와 A~C는 각각 대설, 태풍, 호우 중 하나임.)

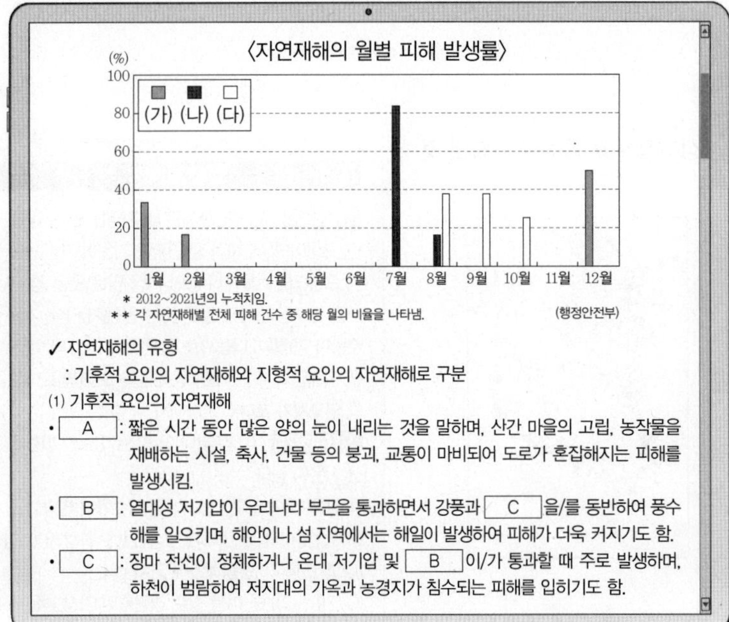

	(가)	(나)	(다)
①	A	B	C
②	A	C	B
③	B	A	C
④	B	C	A
⑤	C	A	B

정답 및 해설

정답해설 ② (가)는 대설, (나)는 호우, (다)는 태풍이다. A는 짧은 시간 동안 많은 양의 눈이 내리는 대설, B는 열대성 저기압이 우리나라 부근을 통과하면서 강풍과 호우를 동반하여 풍수해를 유발하는 태풍, C는 장마 전선이 정체하거나 하천이 범람하여 저지대의 가옥과 농경지의 침수 피해를 유발하는 호우이다. 따라서 대설(가)은 A, 호우(나)는 C, 태풍(다)은 B이다.

정답 ②

[2023학년도 9월 모의평가]

1 **(가)~(다) 지역에 대한 설명으로 옳은 것만을 〈보기〉에서 고른 것은? (단, (가)~(다)는 각각 지도에 표시된 세 지역 중 하나임.)**

〈인구 규모에 따른 시·군 지역 인구 비율〉

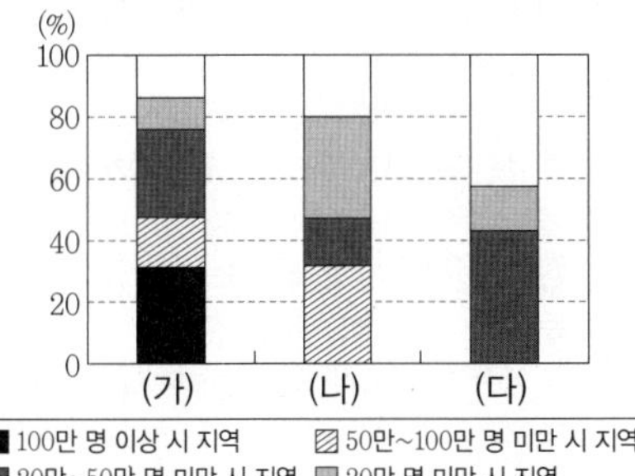

(2020) (통계청)

● 보기 ●

ㄱ. (나)의 도청 소재지는 '50만~100만 명 미만 시 지역'에 포함된다.
ㄴ. (가)는 (다)보다 시 지역 거주 인구 비율이 높다.
ㄷ. (나)는 (다)보다 지역 내 2차 산업 취업 인구 비율이 높다.
ㄹ. (가)는 충남, (나)는 경남이다.

① ㄱ, ㄴ ② ㄱ, ㄷ ③ ㄴ, ㄷ ④ ㄴ, ㄹ ⑤ ㄷ, ㄹ

정답 및 해설

정답해설 ㄴ. 시 지역 거주 인구 비율은 군(郡) 지역 거주 인구 비율이 낮은 경남(가)이 전남(다)보다 높다.
ㄷ. 지역 내 2차 산업 취업 인구 비율은 수도권과 인접하여 제조업이 발달하고 있는 충남(나)이 전남(다)보다 높다.

오답피하기 ㄱ. 충남(나)의 도청 소재지는 홍성군과 예산군의 경계부에 조성된 내포 신도시이다. 2020년 기준 홍성군의 인구는 약 10.3만 명, 예산군의 인구는 약 7.8만 명이며, 내포 신도시의 인구는 3만 명이 되지 않는다. 따라서 충남(나)의 도청 소재지는 '50만~100만 명 미만 시 지역'에 포함되지 않는다.
ㄹ. (가)는 경남, (나)는 충남이다.

정답 ③

[2021학년도 수능]

2 **그래프에 대한 설명으로 옳은 것은? (단, (가)~(다)는 각각 수도권, 영남권, 호남권 중 하나임.)**

〈인구 규모에 따른 도시 및 군(郡) 지역 인구 비율〉

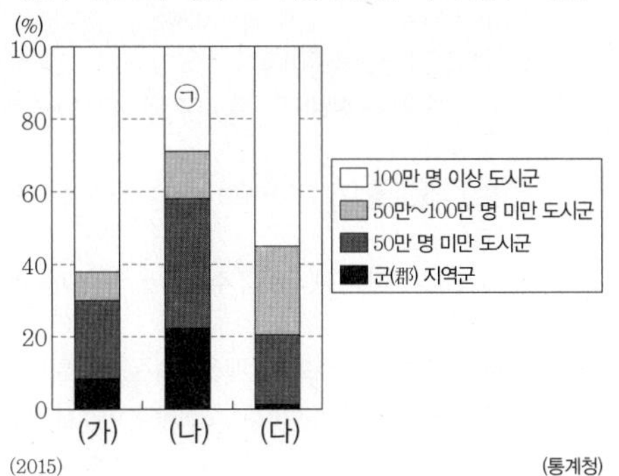

(2015) (통계청)

① (가)에는 우리나라 최상위 계층의 도시가 위치한다.
② (나)의 ㉠은 광역시이다.
③ (나)는 (가)보다 총인구가 많다.
④ (나)는 (다)보다 도시화율이 높다.
⑤ (나)와 (다)의 행정 구역 경계는 맞닿아 있다.

정답 및 해설

정답해설 권역별 총인구에서 도시 인구가 차지하는 비율이 각 권역의 도시화율이다. 그래프에서 도시화율은 (다)>(가)>(나) 순으로 높다. 수도권, 영남권, 호남권 중에서 도시화율은 수도권>영남권>호남권 순으로 높다. 따라서 (가)는 영남권, (나)는 호남권, (다)는 수도권이다.
② 호남권(나)에서 인구가 가장 많은 도시인 광주(㉠)는 광역시이다.

오답피하기 ① 우리나라 최상위 계층의 도시인 서울은 영남권(가)이 아니라 수도권(다)에 위치한다.
③ 호남권(나)은 영남권(가)보다 총인구가 적다.
④ 호남권(나)은 수도권(다)보다 도시화율이 낮다.
⑤ 호남권(나)과 수도권(다)의 행정 구역 경계는 맞닿아 있지 않다.

정답 ②

[2024학년도 9월 모의평가]

1 그래프는 지도에 표시된 부산광역시 세 구(區)의 용도별 토지 이용 비율을 나타낸 것이다. A～C 지역에 대한 설명으로 옳은 것은?

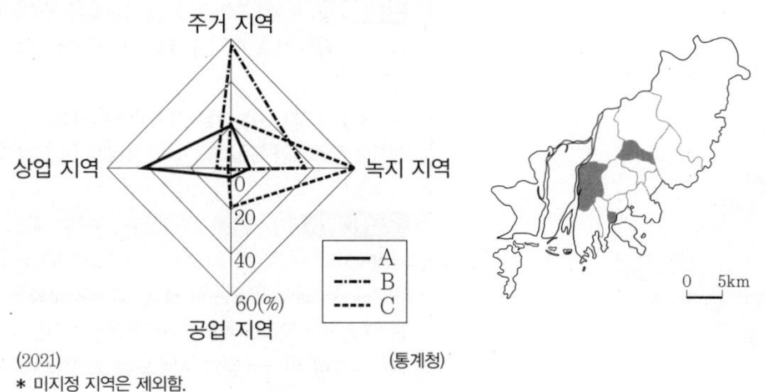

(2021) (통계청)

* 미지정 지역은 제외함.

① B는 바다와 인접하고 있다.
② A는 B보다 주간 인구 지수가 높다.
③ A는 C보다 상주인구가 많다.
④ B는 C보다 제조업 사업체 수가 많다.
⑤ C는 A보다 전체 사업체 수 중 금융 및 보험업의 비율이 높다.

정답 및 해설

정답해설 지도에 표시된 지역은 부산의 중구, 동래구, 사상구이다. A는 도심으로 상업 지역 비율이 높은 중구, B는 주거 지역 비율이 높은 동래구, C는 녹지 지역과 공업 지역 비율이 높은 사상구이다.
② 주간 인구 지수는 도심인 중구(A)가 주거 지역 비율이 높은 동래구(B)보다 높다.

오답피하기 ① 동래구(B)는 바다와 인접하지 않는다. 바다와 인접한 지역은 중구(A)이다.
③ 상주인구는 도심인 중구(A)보다 사상구(C)가 많다.
④ 제조업 사업체 수는 공업 지역 비율이 높은 사상구(C)가 동래구(B)보다 많다.
⑤ 전체 사업체 수 중 금융 및 보험업의 비율은 중구(A)가 사상구(C)보다 높다.

정답 ②

[2024학년도 수능]

2 다음 자료는 지도에 표시된 네 지역의 특성을 나타낸 것이다. (가)～(라)에 대한 설명으로 옳은 것은?

〈건축 연도별 주택 수〉

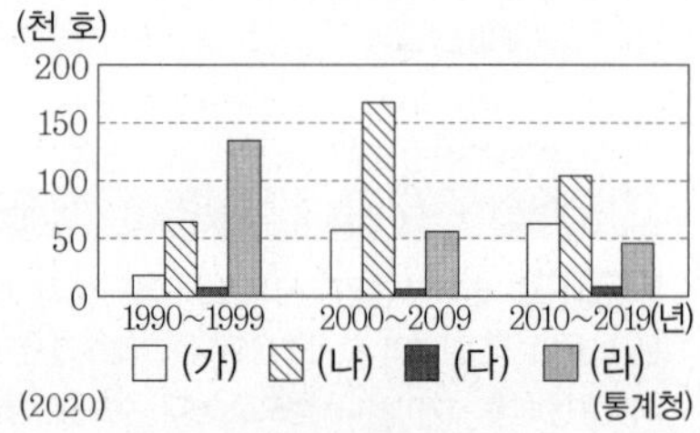

(2020) (통계청)

〈통근·통학지별 인구 비율〉

(단위: %)

지역	지역 내	서울	기타
(가)	70.9	12.0	17.1
(나)	56.8	15.7	27.5
(다)	83.4	6.4	10.2
(라)	60.1	24.5	15.4

(2020) (통계청)

0 20km

① (가)는 (라)보다 지역 내 농가 인구 비율이 높다.
② (나)는 (다)보다 주간 인구 지수가 높다.
③ (다)는 (라)보다 주택 유형 중 아파트 비율이 높다.
④ (가)에는 수도권 1기 신도시, (나)에는 2기 신도시가 건설되었다.
⑤ (가)～(라) 중 생산자 서비스업 종사자 수는 (가)가 가장 많다.

정답 및 해설

정답해설 1990～1999년에 건축된 주택이 가장 많고 서울로의 통근·통학 인구 비율이 가장 높은 (라)는 성남, 2000～2019년에 건축된 주택이 가장 많고 지역 내 통근·통학 인구 비율이 가장 낮은 (나)는 용인, 1990～2019년에 건축된 주택이 가장 적고 지역 내 통근·통학 인구 비율이 가장 높은 (다)는 가평, 2010～2019년 건축된 주택은 용인 다음으로 많고 지역 내 통근·통학 인구 비율은 가평(다) 다음으로 높은 (가)는 파주이다.
① 파주(가)는 성남(라)보다 지역 내 농가 인구 비율이 높다.

오답피하기 ② 가평(다)이 용인(나)보다 주간 인구 지수가 높다.
③ 성남(라)이 가평(다)보다 주택 유형 중 아파트 비율이 높다.
④ 파주(가)에는 수도권 2기 신도시 운정이 위치한다.
⑤ 파주(가)는 성남(라)보다 생산자 서비스업 종사자 수가 적다.

정답 ①

대표 기출 **확인하기**

[2024학년도 9월 모의평가]

1 다음 자료는 세 지역의 개발 사례이다. (가)~(다)에 대한 설명으로 옳은 것만을 〈보기〉에서 고른 것은?

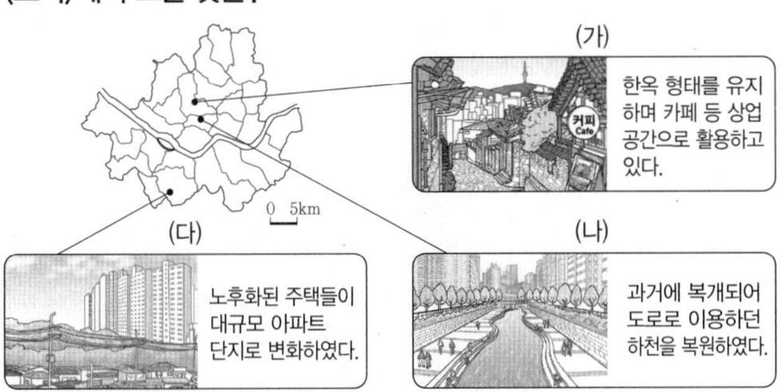

(가)
한옥 형태를 유지하며 카페 등 상업 공간으로 활용하고 있다.
커피 Cafe
0 5km
(다)
노후화된 주택들이 대규모 아파트 단지로 변화하였다.
(나)
과거에 복개되어 도로로 이용하던 하천을 복원하였다.

〈보기〉

ㄱ. (나)의 개발로 하천 주변 휴식 공간이 증가하였다.
ㄴ. (다)의 개발은 보존 재개발의 사례이다.
ㄷ. (가)의 개발은 (다)의 개발보다 기존 건물의 활용도가 높다.
ㄹ. (가)~(다)의 개발은 모두 지역 주민 주도로 이루어졌다.

① ㄱ, ㄴ ② ㄱ, ㄷ ③ ㄴ, ㄷ ④ ㄴ, ㄹ ⑤ ㄷ, ㄹ

정답 및 해설

정답해설 (가)는 북촌의 한옥 보존 지구 지정에 따른 재개발, (나)는 청계천 복원 사업, (다)는 난곡의 철거 재개발 사례이다.
ㄱ. 청계천 복원 사업(나)을 통해 하천 주변 산책로와 휴식 공간이 증가하였다.
ㄷ. 북촌의 한옥 보존 지구(가) 지정에 따른 재개발은 난곡의 철거 재개발(다)보다 기존 건물의 활용도가 높다.

오답피하기 ㄴ. (다)는 철거 재개발의 사례이다.
ㄹ. (가)~(다)의 개발이 모두 지역 주민 주도로 이루어진 것은 아니다. 북촌의 한옥 보존 지구 지정에 따른 재개발(가)은 서울시의 한옥 보전 구역 지정 이후 보존 재개발이 이루어졌으며, 청계천 복원 사업(나)은 서울시 주도의 환경 개선 사업 사례이다.

정답 ②

[2024학년도 수능]

2 다음은 한국지리 온라인 수업의 한 장면이다. 답글의 내용이 적절한 학생만을 있는 대로 고른 것은?

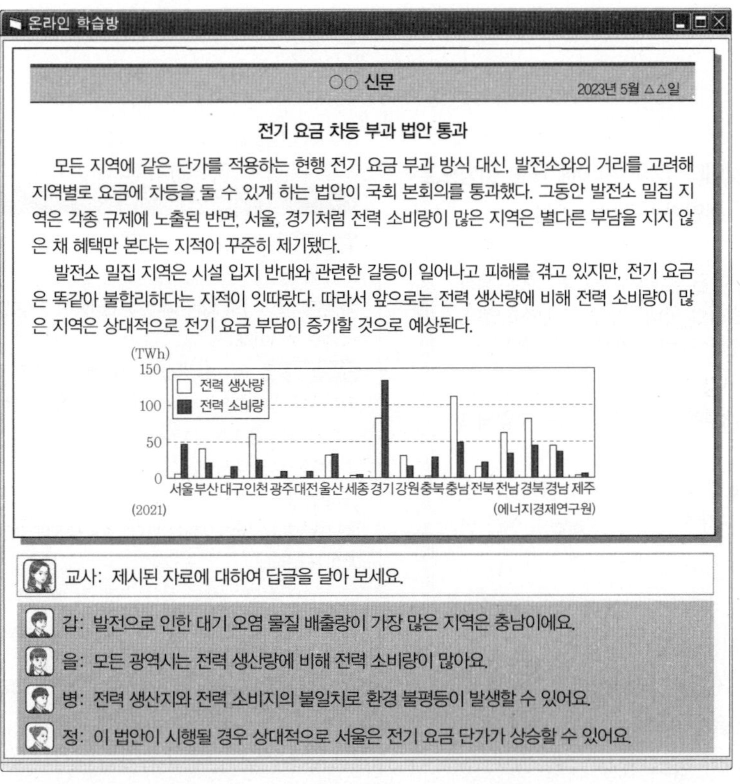

온라인 학습방

○○ 신문 2023년 5월 △△일

전기 요금 차등 부과 법안 통과

모든 지역에 같은 단가를 적용하는 현행 전기 요금 부과 방식 대신, 발전소와의 거리를 고려해 지역별로 요금에 차등을 둘 수 있게 하는 법안이 국회 본회의를 통과했다. 그동안 발전소 밀집 지역은 각종 규제에 노출된 반면, 서울, 경기처럼 전력 소비량이 많은 지역은 별다른 부담을 지지 않은 채 혜택만 본다는 지적이 꾸준히 제기됐다.

발전소 밀집 지역은 시설 입지 반대와 관련한 갈등이 일어나고 피해를 겪고 있지만, 전기 요금은 똑같아 불합리하다는 지적이 잇따랐다. 따라서 앞으로는 전력 생산량에 비해 전력 소비량이 많은 지역은 상대적으로 전기 요금 부담이 증가할 것으로 예상된다.

교사: 제시된 자료에 대하여 답글을 달아 보세요.

갑: 발전으로 인한 대기 오염 물질 배출량이 가장 많은 지역은 충남이에요.
을: 모든 광역시는 전력 생산량에 비해 전력 소비량이 많아요.
병: 전력 생산지와 전력 소비지의 불일치로 환경 불평등이 발생할 수 있어요.
정: 이 법안이 시행될 경우 상대적으로 서울은 전기 요금 단가가 상승할 수 있어요.

① 갑, 을 ② 을, 병 ③ 병, 정 ④ 갑, 을, 병 ⑤ 갑, 병, 정

정답 및 해설

정답해설 제시된 자료는 전력 생산량과 소비량의 지역적 차이로 인해 발생하는 환경 불평등에 관한 내용이다.
갑. 발전으로 인한 대기 오염 물질 배출량이 가장 많은 지역은 화력 발전이 활발하게 이루어지며 전력 생산량이 가장 많은 충남이다.
병. 전력 생산을 위한 발전소 밀집 지역은 각종 규제에 노출되고 발전 시설 입지 과정에서 지역 갈등이 발생하고 있어, 전력 생산량에 비해 전력 소비량이 많은 지역과 환경 불평등 문제가 나타나고 있다.
정. 서울은 전력 생산량보다 전력 소비량이 많은 지역으로 제시된 전기 요금 차등 부과 법안이 통과할 경우 전기 요금 단가가 상승할 것이다.

오답피하기 을. 광역시 중 부산과 인천은 전력 소비량에 비해 전력 생산량이 많다.

정답 ⑤

[2024학년도 9월 모의평가]

1 그래프는 지도에 표시된 네 지역의 최종 에너지 소비량 비율을 나타낸 것이다. (가)~(라) 지역에 대한 설명으로 옳은 것은?

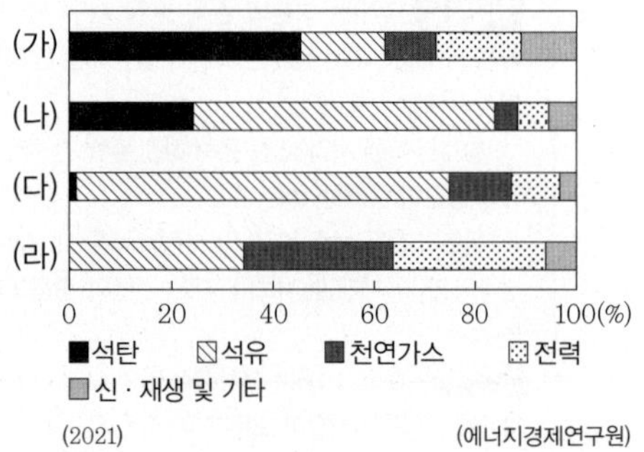

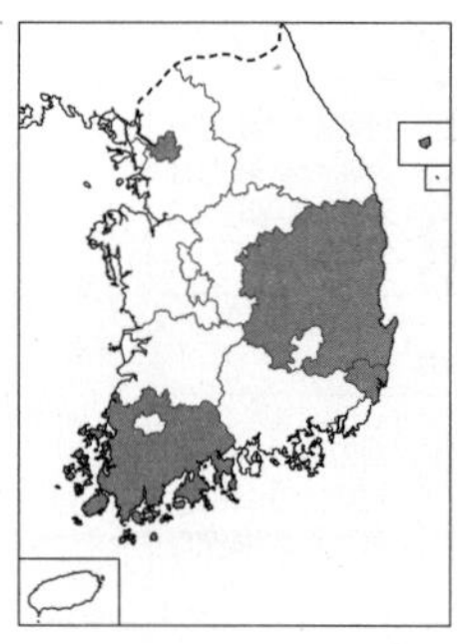

① 경북은 석유 소비량이 석탄 소비량보다 많다.

② 천연가스의 지역 내 소비 비율은 울산이 서울보다 높다.

③ 석유의 지역 내 소비 비율은 전남이 다른 세 지역보다 높다.

④ (가)와 (나)에는 대규모 제철소가 입지해 있다.

⑤ (나)와 (다)는 행정 구역 경계가 접해 있다.

정답 및 해설

정답해설 (가)는 석탄의 비율이 높고, 석유의 비율이 다른 지역보다 낮은 편인 경북이다. (나)는 석탄과 석유의 비율 합계가 높고, 천연가스의 비율이 다른 지역보다 낮은 편인 전남이다. (다)는 석유의 비율이 네 지역 중 가장 높은 울산이다. (라)는 석탄의 비율이 미미하고, 천연가스의 비율이 다른 지역보다 높은 편인 서울이다.

④ 경북(가)에는 포항에, 전남(나)에는 광양에 대규모 제철소가 입지해 있다.

오답피하기 ① 경북(가)은 석탄 소비량이 석유 소비량보다 많다.

② 천연가스의 지역 내 소비 비율은 서울(라)이 울산(다)보다 높다.

③ 석유의 지역 내 소비 비율은 울산(다)이 다른 세 지역보다 높다.

⑤ 전남(나)과 울산(다)은 행정 구역 경계가 접해 있지 않다.

정답 ④

[2024학년도 수능]

2 다음 글은 주요 에너지 자원의 특성에 관한 것이다. (가)~(다)에 대한 설명으로 옳은 것은? (단, (가)~(다)는 각각 석유, 석탄, 천연가스 중 하나임.)

> (가) 무연탄은 주로 평안 누층군에 분포하며, 강원 남부 지역을 중심으로 생산이 활발하였으나, 에너지 소비 구조의 변화로 국내 생산량이 감소하였다. 한편 제철 공업에서 주로 사용되는 역청탄은 전량 수입에 의존하고 있다.
>
> (나) 1차 에너지 자원 중 현재 우리나라에서 가장 많이 소비되며, 주로 화학 공업의 원료 및 수송용 연료로 이용된다. 대부분 서남 아시아에서 수입되고 있어 수입 지역의 다변화가 필요하다.
>
> (다) 주로 가정·상업용 연료로 이용되며 수송 및 발전용 소비량이 증가하는 추세이다. 다른 화석 에너지보다 연소 시 대기 오염 물질 배출량이 적은 편이다.

① (나)의 1차 에너지 공급량이 가장 많은 지역은 경북이다.

② (다)의 최종 에너지 소비량이 가장 많은 지역은 경기이다.

③ (나)는 (가)보다 발전용으로 사용되는 비율이 높다.

④ (다)는 (가)보다 전력 생산에 이용된 시기가 이르다.

⑤ 전남은 (나)보다 (가)의 1차 에너지 공급량이 많다.

정답 및 해설

정답해설 (가)는 석탄, (나)는 석유, (다)는 천연가스이다.

② 천연가스(다)의 최종 에너지 소비량이 가장 많은 지역은 경기이다.

오답피하기 ① 석유(나)의 1차 에너지 공급량이 가장 많은 지역은 전남이다. 2021년 기준 석유(1차 에너지) 공급량은 전남>충남>울산 순으로 많다.

③ 석탄(가)이 석유(나)보다 발전용으로 사용되는 비율이 높다.

④ 석탄(가)이 천연가스(다)보다 전력 생산에 이용된 시기가 이르다.

⑤ 전남은 석탄(가)보다 석유(나)의 1차 에너지 공급량이 많다. 2021년 기준 전남의 1차 에너지 공급량은 석유>석탄>원자력>천연가스 순으로 많다.

정답 ②

대표 기출 **확인하기**

[2023학년도 수능]

1 다음 자료는 도(道)별 농업 특성에 관한 것이다. 이에 대한 설명으로 옳은 것은? (단, (가)~(라)는 각각 A~D 중 하나임.)

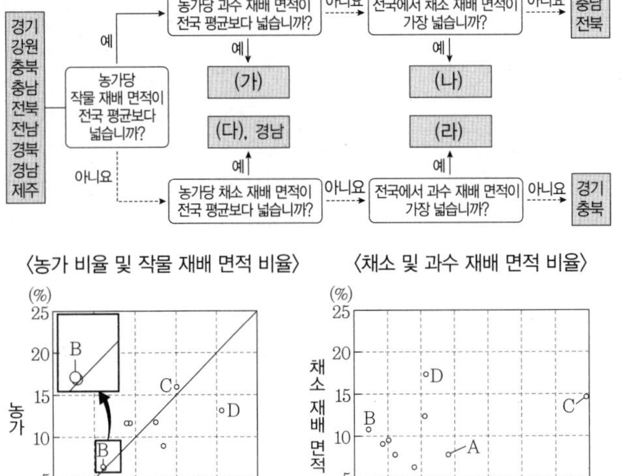

① A는 D보다 전업농가 수가 많다.

② (라)는 채소 재배 면적이 과수 재배 면적보다 넓다.

③ (다)는 (나)보다 농가당 작물 재배 면적이 넓다.

④ (라)는 (나)보다 경지율이 높다.

⑤ (가)는 A, (다)는 B이다.

정답 및 해설

정답해설 (가)~(라)와 A~D는 각각 강원, 경북, 전남, 제주 중 하나이다. 네 지역 중 과수 재배 면적 비율이 가장 높은 C는 경북, 두 번째로 높은 A는 제주, 채소 재배 면적 비율이 가장 높은 D는 전남이며, 나머지 B는 강원이다. 농가당 작물 재배 면적과 농가당 과수 재배 면적이 모두 전국 평균보다 넓은 (가)는 제주, 농가당 작물 재배 면적이 전국 평균보다 넓고, 전국에서 채소 재배 면적이 가장 넓은 (나)는 전남, 농가당 작물 재배 면적은 전국 평균보다 좁고, 농가당 채소 재배 면적은 전국 평균보다 넓은 (다)는 강원, 농가당 작물 재배 면적이 전국 평균보다 좁고, 전국에서 과수 재배 면적이 가장 넓은 (라)는 경북이다.
⑤ 제주(가)는 A, 강원(다)은 B이다.

오답피하기 ① 전남(D)이 제주(A)보다 전업농가 수가 많다.
② 경북(라)은 과수 재배 면적이 채소 재배 면적보다 넓다.
③ 전남(나)이 강원(다)보다 농가당 작물 재배 면적이 넓다.
④ 전남(나)이 경북(라)보다 경지율이 높다.

정답 ⑤

[2024학년도 수능]

2 그래프는 주요 농산물의 1인당 소비량 변화를 나타낸 것이다. (가)~(라)에 대한 설명으로 옳은 것은? (단, (가)~(라)는 각각 과실, 보리, 쌀, 채소 중 하나임.)

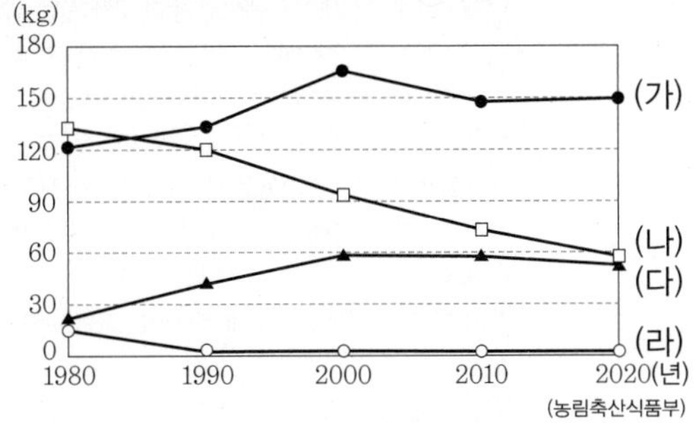

① (가)는 (나)보다 재배 면적이 넓다.

② (나)는 (가)보다 노지 재배 면적 비율이 높다.

③ 전남은 (가)보다 (다)의 생산량이 많다.

④ 제주는 (다)보다 (나)의 재배 면적이 넓다.

⑤ 강원은 전북보다 (라)의 생산량이 많다.

정답 및 해설

정답해설 1인당 소비량이 가장 많은 (가)는 채소, 1인당 소비량이 지속적으로 감소한 (나)는 쌀, 1인당 소비량이 1980~2000년에는 증가하다가 2000년대 이후 정체하는 (다)는 과실, 1인당 소비량이 네 작물 중 가장 적고 1980~1990년에 급감한 (라)는 보리이다.
② 쌀(나)은 채소(가)보다 노지 재배 면적 비율이 높다.

오답피하기 ① 쌀(나)이 채소(가)보다 재배 면적이 넓다.
③ 전남은 과실(다)보다 채소(가)의 생산량이 많다.
④ 제주는 쌀(나)보다 과실(다)의 재배 면적이 넓다.
⑤ 전북은 강원보다 보리(라)의 생산량이 많다.

정답 ②

[2024학년도 수능]

1 표는 지도에 표시된 세 지역의 교육 기관 수를 나타낸 것이다. 이에 대한 설명으로 옳은 것만을 〈보기〉에서 고른 것은? (단, A~C는 각각 대학교, 고등학교, 초등학교 중 하나임.)

지역 \ 교육 기관	A	B	C
(가)	152	62	17
(나)	27	10	2
(다)	18	7	0

*대학교는 전문대학을 포함함.
(2021) (통계청)

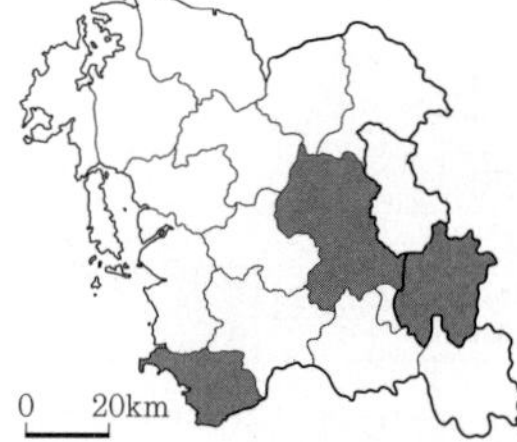

● 보기 ●

ㄱ. (다)는 (가)보다 보유하고 있는 중심지 기능이 다양하다.
ㄴ. (가)와 (나)는 모두 세종특별자치시와 경계를 접하고 있다.
ㄷ. A는 B보다 학교 간 평균 거리가 멀다.
ㄹ. C는 A보다 학생들의 평균 통학권 범위가 넓다.

① ㄱ, ㄴ ② ㄱ, ㄷ ③ ㄴ, ㄷ ④ ㄴ, ㄹ ⑤ ㄷ, ㄹ

정답 및 해설

정답해설 (가)는 대전, (나)는 공주, (다)는 서천이며, A는 초등학교, B는 고등학교, C는 대학교이다.
ㄴ. 대전(가)과 공주(나)는 모두 세종특별자치시와 경계를 접하고 있다.
ㄹ. 대학교(C)는 초등학교(A)보다 학생들의 평균 통학권 범위가 넓다.

오답피하기 ㄱ. 대전(가)이 서천(다)보다 보유하고 있는 중심지 기능이 다양하다.
ㄷ. 고등학교(B)가 초등학교(A)보다 학교 간 평균 거리가 멀다.

정답 ④

[2024학년도 9월 모의평가]

2 그래프는 네 지역의 산업별 취업자 수 비율을 나타낸 것이다. (가)~(라) 지역에 대한 설명으로 옳은 것은? (단, (가)~(라)는 각각 경기, 서울, 제주, 충남 중 하나임.)

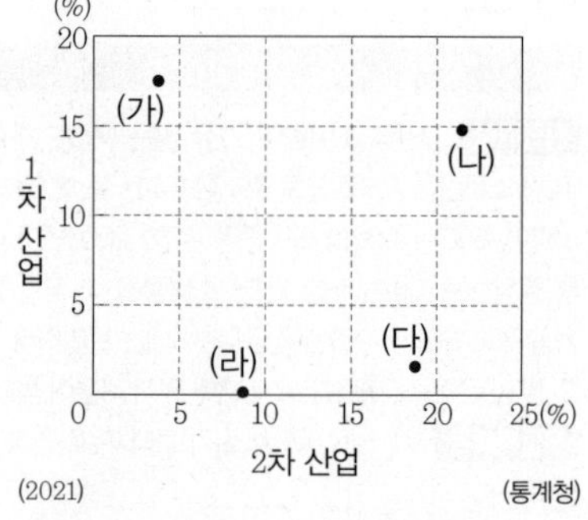

(2021) (통계청)

① (가)는 제주, (나)는 경기이다.
② (가)는 (나)보다 지역 내 3차 산업 취업자 수 비율이 낮다.
③ (나)는 (다)보다 제조업 출하액이 많다.
④ (다)는 (라)보다 전문, 과학 및 기술 서비스업체 수가 많다.
⑤ (가)~(라) 중 1인당 지역 내 총생산은 (나)가 가장 많다.

정답 및 해설

정답해설 (가)는 제주로 네 지역 중 1차 산업 취업자 수 비율이 가장 높고, 2차 산업 취업자 수 비율은 가장 낮다. (나)는 충남으로 네 지역 중 1차 산업 취업자 수 비율은 제주 다음으로 높고, 2차 산업 취업자 수 비율은 가장 높다. (다)는 경기로 네 지역 중 1차 산업 취업자 수 비율은 제주와 충남보다 낮고 서울보다 높으며, 2차 산업 취업자 수 비율은 충남 다음으로 높다. (라)는 서울로 네 지역 중 1차 산업 취업자 수 비율이 가장 낮고, 2차 산업 취업자 수 비율은 제주보다 높고 충남과 경기보다 낮다.
⑤ 네 지역 중 1인당 지역 내 총생산은 충남(나)이 가장 많다.

오답피하기 ① (가)는 제주, (나)는 충남이다.
② 제주(가)는 충남(나)보다 지역 내 3차 산업 취업자 수 비율이 높다.
③ 제조업 출하액은 경기(다)가 충남(나)보다 많다.
④ 전문, 과학 및 기술 서비스업체 수는 서울(라)이 경기(다)보다 많다.

정답 ⑤

[2024학년도 6월 모의평가]

1 그래프는 지도에 표시된 세 지역의 인구 특성을 나타낸 것이다. (가)~(다)에 대한 설명으로 옳은 것은?

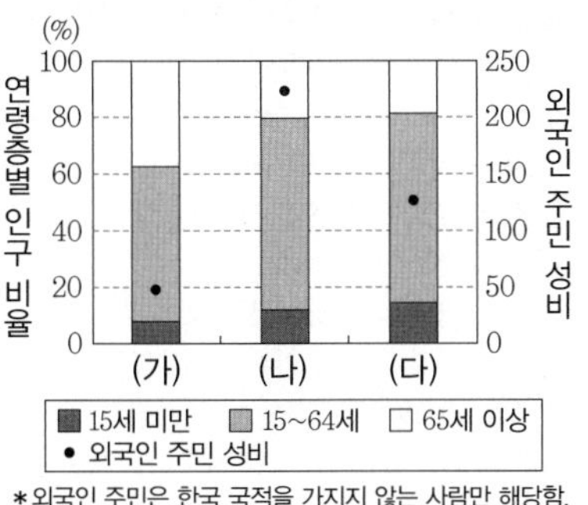

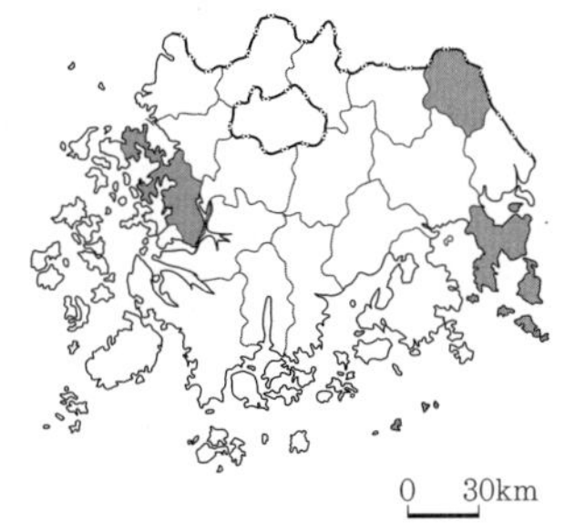

*외국인 주민은 한국 국적을 가지지 않는 사람만 해당함.
(2021) (통계청)

① (가)는 (다)보다 인구 밀도가 높다.
② (나)는 (가)보다 총부양비가 높다.
③ (나)는 (다)보다 제조업 종사자 수가 많다.
④ (다)는 (가)보다 노령화 지수가 높다.
⑤ (가)~(다) 중 (가)는 외국인 주민 수가 가장 많다.

정답 및 해설

정답해설 (가)는 노년층 인구 비율이 높은 구례, (나)는 제조업이 발달하여 외국인 주민 성비가 높은 여수, (다)는 무안이다.
③ 여수(나)에는 대규모 석유 화학 단지가 입지해 있어 무안(다)보다 제조업 종사자 수가 많다.

오답피하기 ① 인구 밀도는 도청이 있고 최근 인구가 증가하고 있는 무안(다)이 촌락 성격을 지닌 구례(가)보다 높다.
② 총부양비는 청장년층 인구 비율에 반비례한다. 총부양비는 청장년층 인구 비율이 낮은 구례(가)가 여수(나)보다 높다.
④ 노령화 지수는 유소년층 인구에 대한 노년층 인구의 비율이다. 구례(가)가 무안(다)보다 유소년층 인구 비율은 낮고 노년층 인구 비율이 높기 때문에 노령화 지수는 구례(가)가 무안(다)보다 높다.
⑤ 외국인 주민 수는 외국인 노동자가 많은 여수(나)가 가장 많다.

정답 ③

[2024학년도 9월 모의평가]

2 그래프는 지도에 표시된 세 지역의 인구 특성을 나타낸 것이다. A~C 지역에 대한 설명으로 옳은 것은?

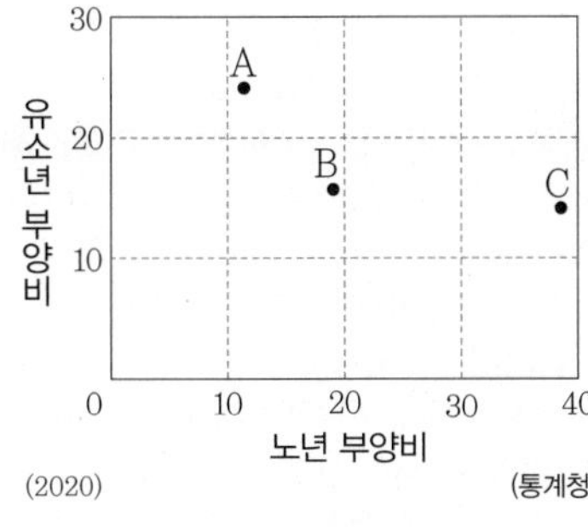

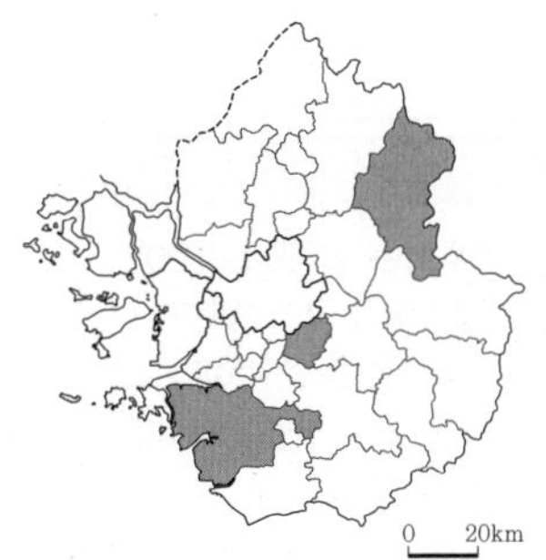

(2020) (통계청)

① A는 B보다 서울로 통근·통학하는 인구 비율이 높다.
② A는 C보다 청장년층 인구 비율이 낮다.
③ B는 A보다 성비가 높다.
④ C는 A보다 인구 밀도가 높다.
⑤ C는 B보다 노령화 지수가 높다.

정답 및 해설

정답해설 A는 세 지역 중 유소년 부양비가 가장 높고 노년 부양비가 가장 낮으므로 상대적으로 인구 유입이 많은 화성, C는 세 지역 중 유소년 부양비가 가장 낮고 노년 부양비가 가장 높으므로 상대적으로 촌락의 성격을 지닌 가평이다. B는 성남이다.
⑤ 노령화 지수는 촌락의 성격을 지닌 가평(C)이 성남(B)보다 높다.

오답피하기 ① 서울로 통근·통학하는 인구 비율은 서울에 인접한 성남(B)이 화성(A)보다 높다.
② 청장년층 인구 비율은 상대적으로 청장년층 인구 유입이 많은 화성(A)이 촌락의 성격을 지닌 가평(C)보다 높다.
③ 성비는 상대적으로 제조업이 발달한 화성(A)이 성남(B)보다 높다. 2020년 기준 화성의 성비는 111.6, 성남의 성비는 97.7이다.
④ 인구 밀도는 화성(A)이 가평(C)보다 높다. 2020년 기준 화성 인구는 약 88만 명, 가평 인구는 약 6만 명이다.

정답 ⑤

대표 기출 확인하기

[2023학년도 수능]

1 그래프는 지도에 표시된 세 지역의 외국인 주민 현황을 나타낸 것이다. 이에 대한 설명으로 옳은 것만을 〈보기〉에서 고른 것은?

〈유형별 외국인 주민 구성〉

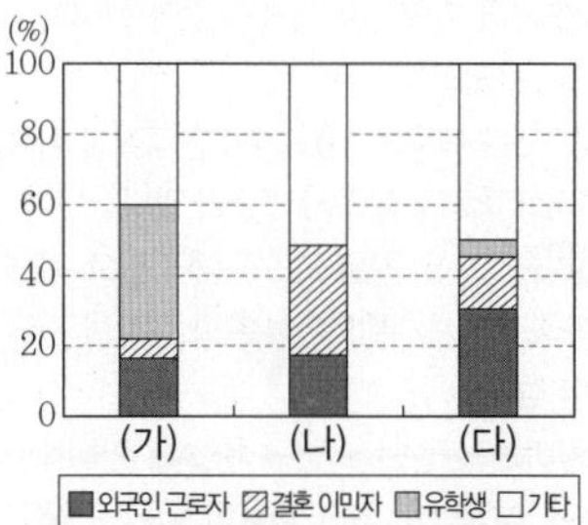

* 외국인 주민은 한국 국적을 가지지 않은 자만 해당함.
(2020년) (통계청)

● 보기 ●

ㄱ. 창원은 봉화보다 결혼 이민자 비율이 높다.
ㄴ. 경산은 창원보다 외국인 유학생 수가 많다.
ㄷ. (나)는 (가)보다 총 외국인 주민 수가 많다.
ㄹ. (다)는 (가)보다 외국인 근로자 수가 많다.

① ㄱ, ㄴ ② ㄱ, ㄷ ③ ㄴ, ㄷ ④ ㄴ, ㄹ ⑤ ㄷ, ㄹ

정답 및 해설

정답해설 (가)는 세 지역 중에서 유학생 비율이 가장 높으므로 인근 대도시(대구)에 대학이 많이 있는 경산, (나)는 세 지역 중 결혼 이민자 비율이 가장 높으므로 촌락의 성격을 지닌 봉화, (다)는 세 지역 중 외국인 근로자 비율이 가장 높으므로 상대적으로 제조업이 발달한 창원이다.

ㄴ. 경산(가)은 창원(다)보다 외국인 유학생 수가 많다. 2020년 기준 경산 인구는 283,733명, 창원 인구는 1,029,389명이다. 경산 인구는 창원 인구의 약 27.6%이지만 유학생 비율은 6배 이상 높으므로 외국인 유학생 수는 경산이 창원보다 많다.

ㄹ. 창원(다)은 경산(가)보다 총인구가 많고 외국인 근로자 비율도 높으므로 외국인 근로자 수가 많다.

오답피하기 ㄱ. 결혼 이민자 비율은 촌락의 성격을 지닌 봉화(나)가 창원(다)보다 높다.

ㄷ. 총 외국인 주민 수는 총인구가 많은 경산(가)이 봉화(나)보다 많다. 2020년 기준 봉화 인구는 60,233명이다.

정답 ④

[2024학년도 9월 모의평가]

2 다음은 우리나라 인구에 대한 신문 기사의 일부이다. ㉠~㉣에 대한 설명으로 옳은 것만을 〈보기〉에서 고른 것은?

□□ 신문 2020년 ○○월 ○○일

"거주 외국인 200만 명 돌파"

최근 내국인의 인구 감소가 예견되는 상황에서 국내에 거주하는 외국인은 200만 명을 돌파했다. 외국인을 유형별로 살펴보면 ㉠외국인 근로자와 외국 국적 동포가 전체 외국인 주민의 약 47%를 차지하며, 이어 ㉡결혼 이민자, 유학생 등의 순이다. 외국인은 경기도 ㉢안산시, 수원시 등에 많이 거주하고, …(중략)… 결혼 이민자의 비율이 높은 일부 지역은 ㉣합계 출산율이 높아 인구 문제에 시사점을 준다.

● 보기 ●

ㄱ. ㉠은 경남이 전남보다 많다.
ㄴ. ㉡은 우리나라 전체에서 시 지역보다 군 지역에 많이 거주한다.
ㄷ. ㉢에는 외국인 근로자가 결혼 이민자보다 많다.
ㄹ. 2020년 기준 우리나라의 ㉣은 현재 인구를 유지할 수 있는 기준인 2.1명보다 높다.

① ㄱ, ㄴ ② ㄱ, ㄷ ③ ㄴ, ㄷ ④ ㄴ, ㄹ ⑤ ㄷ, ㄹ

정답 및 해설

정답해설 국내 거주 외국인의 유형은 외국인 근로자, 결혼 이민자, 유학생 등이 있다.

ㄱ. 외국인 근로자(㉠)는 공업이 발달하고 인구 규모가 큰 경남이 전남보다 많다.

ㄷ. 안산시(㉢)는 제조업이 발달한 도시로 외국인 근로자가 결혼 이민자보다 많다.

오답피하기 ㄴ. 총 국제결혼 건수는 도시가 많으며, 국제결혼 비율은 촌락이 높다. 결혼 이민자(㉡)는 군(郡) 지역보다 시(市) 지역에 많이 거주한다.

ㄹ. 2020년 기준 우리나라의 합계 출산율은 0.84명으로 대체 출산율인 2.1명보다 낮다. 대체 출산율은 현재의 인구 규모를 장기적으로 유지하는 데 필요한 출산율을 의미한다.

정답 ②

[2024학년도 6월 모의평가]

1 그래프는 지도에 표시된 네 지역의 기후 자료이다. (가)~(라)에 대한 설명으로 옳은 것은?

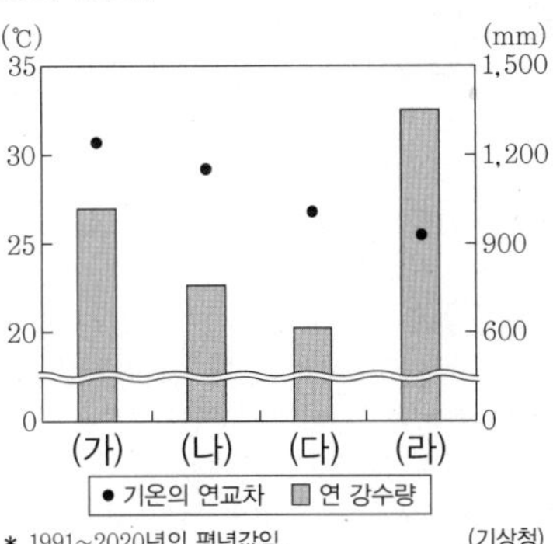

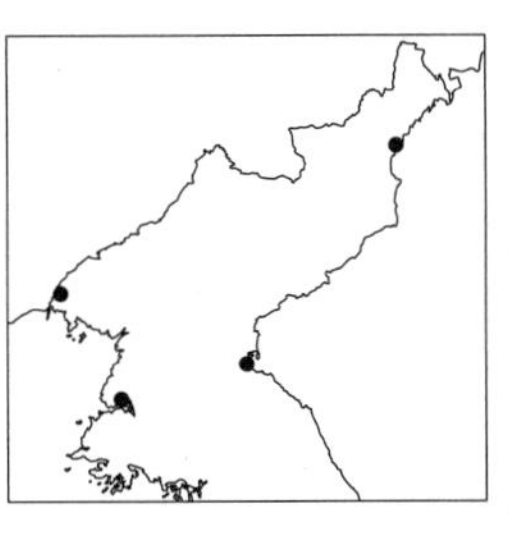

＊ 1991~2020년의 평년값임. (기상청)

① (가)는 (다)보다 연평균 기온이 높다.
② (가)는 (라)보다 겨울 강수 집중률이 높다.
③ (나)는 (라)보다 최한월 평균 기온이 높다.
④ (다)는 (가)보다 여름 강수량이 많다.
⑤ (가)~(라) 중 (라)는 가장 동쪽에 위치한다.

정답 및 해설

정답해설 지도에 표시된 지역은 신의주, 남포, 원산, 청진이다. (가)는 네 지역 중 기온의 연교차가 가장 크므로 신의주, (라)는 네 지역 중 연 강수량이 가장 많고 기온의 연교차가 가장 작으므로 원산, (다)는 연 강수량이 가장 적은 청진, (나)는 청진보다 연 강수량이 많고 기온의 연교차가 큰 남포이다.
① 연평균 기온은 상대적으로 저위도에 위치한 신의주(가)가 청진(다)보다 높다.

오답피하기 ② 겨울 강수 집중률은 겨울철 북동 기류의 영향을 받는 원산(라)이 신의주(가)보다 높다.
③ 최한월 평균 기온은 동해안에 위치한 원산(라)이 겨울에 북서풍의 영향을 강하게 받는 남포(나)보다 높다.
④ 여름 강수량은 연 강수량이 상대적으로 많고 여름에 남서 기류의 영향을 받는 신의주(가)가 청진(다)보다 많다.
⑤ (가)~(라) 중 가장 동쪽에 위치한 지역은 청진(다)이다.

정답 ①

[2024학년도 수능]

2 다음은 한국지리 수업 장면이다. 발표 내용이 옳은 학생만을 있는 대로 고른 것은?

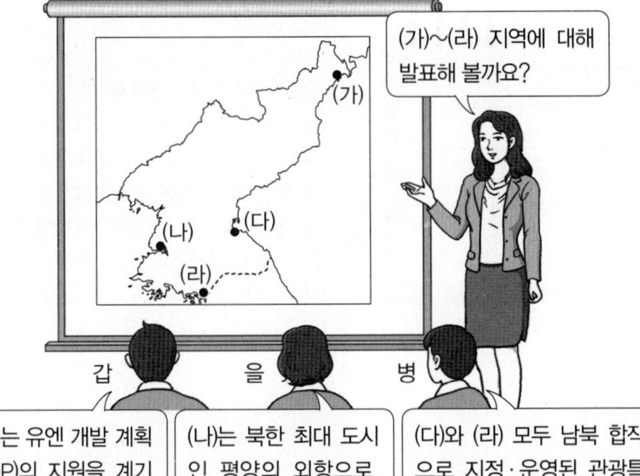

① 갑 ② 병 ③ 갑, 을 ④ 을, 병 ⑤ 갑, 을, 병

정답 및 해설

정답해설 (가)는 북한 최초의 경제특구로 지정된 나선, (나)는 평양의 외항인 남포, (다)는 원산, (라)는 개성이다.
갑. 나선(가)은 유엔 개발 계획의 지원을 계기로 1991년 북한 최초의 경제특구로 지정되었으나 제도적 미비와 사회 기반 시설의 부족 등으로 큰 성과를 거두지 못하였다.
을. 남포(나)는 평양의 외항으로, 서해 갑문이 설치된 이후 기능이 강화되었다.

오답피하기 병. (다)는 원산이다. 남북 합작으로 지정·운영된 관광특구는 금강산 관광 지구이다. 금강산 관광 지구는 남북 화합과 협력의 장으로 활용되었으나 2008년 관광객 피격 사건 이후 운영이 중단되었다. 개성(라)에 위치한 개성 공업 지구는 남한의 기업을 유치할 목적으로 조성되었으나 2016년 남북 간 마찰이 심화되면서 전면 폐쇄되었다.

정답 ③

대표 기출 확인하기

[2024학년도 6월 모의평가]

1 그래프는 지도에 표시된 세 지역의 시기별 주택 수 증가량을 나타낸 것이다. (가)~(다)에 대한 설명으로 옳은 것은?

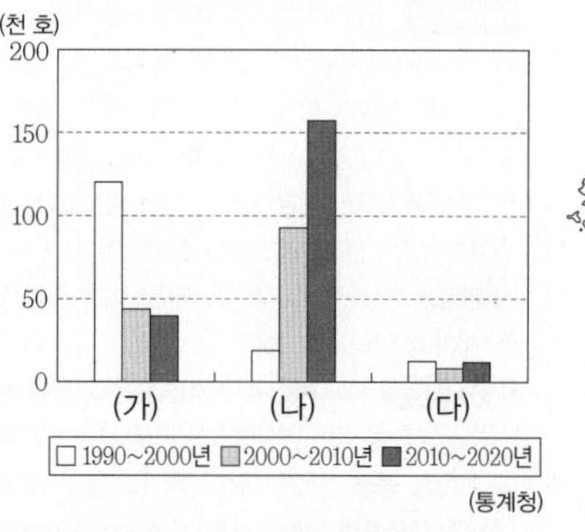

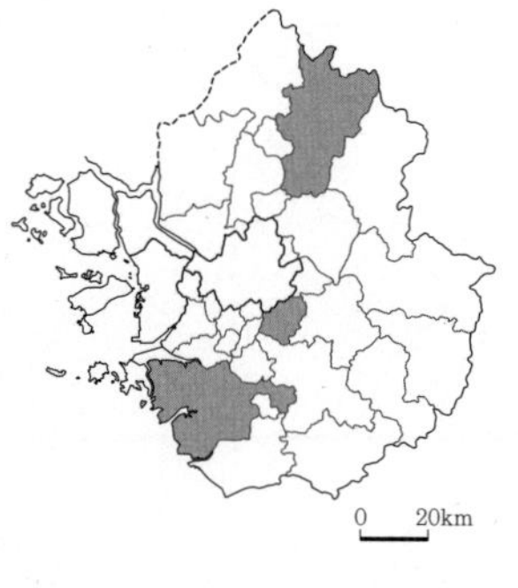

① (가)에는 수도권 1기와 2기 신도시가 건설되었다.
② (가)는 (다)보다 주간 인구 지수가 높다.
③ (나)는 (가)보다 정보서비스업 종사자 수가 많다.
④ (나)는 (다)보다 지역 내 농가 인구 비율이 높다.
⑤ (다)는 (나)보다 제조업 종사자 수가 많다.

정답 및 해설

정답해설 1990년대 주택 수 증가량이 가장 많은 (가)는 성남, 2000년대 이후 주택 수 증가량이 가장 많은 (나)는 화성, 모든 시기 주택 수 증가량이 가장 적은 (다)는 포천이다.

① 성남(가)에는 수도권 1기 신도시인 분당과 2기 신도시인 판교 등이 건설되었다.

오답피하기 ② 주간 인구 지수는 군사 시설 및 소규모 공장이 밀집한 포천(다)이 서울로의 통근·통학 인구 비율이 높은 성남(가)보다 높다.

③ 정보서비스업 종사자 수는 판교를 중심으로 IT 산업이 발달한 성남(가)이 화성(나)보다 많다.

④ 지역 내 농가 인구 비율은 촌락의 특성이 강한 포천(다)이 제조업이 발달한 화성(나)보다 높다.

⑤ 화성(나)은 세 지역 중 제조업 종사자 수가 가장 많다.

정답 ①

[2024학년도 6월 모의평가]

2 다음은 어느 모둠의 답사 일정을 나타낸 것이다. (가)~(다) 지역을 지도의 A~C에서 고른 것은?

답사 일정	답사 지역	답사 내용
1일 차	(가)	의료 산업 클러스터 단지 견학
2일 차	(나)	폐광 지역 산업 유산을 활용한 석탄 박물관 탐방
3일 차	(다)	서울의 정동 쪽에 위치하고 있다는 기차역과 모래 해안 답사

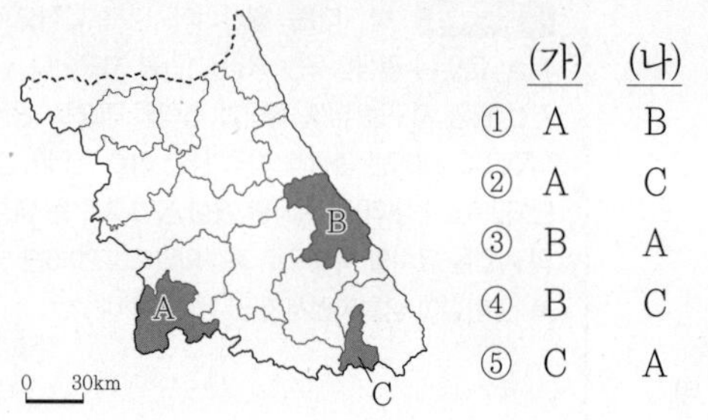

	(가)	(나)	(다)
①	A	B	C
②	A	C	B
③	B	A	C
④	B	C	A
⑤	C	A	B

정답 및 해설

정답해설 지도의 A는 원주, B는 강릉, C는 태백이다.

② 1일 차의 답사 내용에 해당하는 의료 산업 클러스터 단지는 기업 도시 및 혁신 도시가 건설되어 있는 원주(A)에 있다. 2일 차의 답사 내용에 해당하는 폐광 지역 산업 유산을 활용한 석탄 박물관은 태백(C)에 있다. 3일 차의 답사 내용에 해당하는 서울의 정동 쪽에 위치하고 있다는 기차역(정동진역)과 모래 해안 답사는 강릉(B)에서 할 수 있다.

정답 ②

[2024학년도 6월 모의평가]

1 **지도에 표시된 (가), (나) 지역의 특징을 그림으로 표현할 때, A～D에 해당하는 옳은 내용만을 〈보기〉에서 고른 것은?**

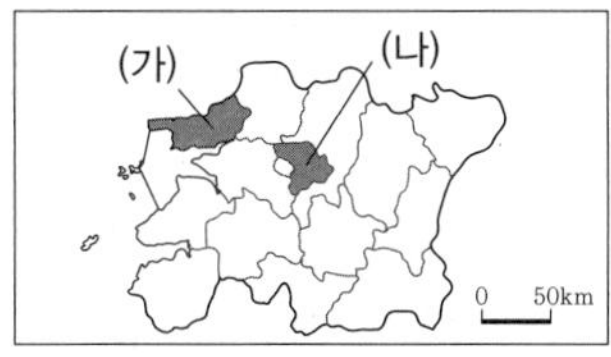

A C B D

〈범례〉
A: (가)에만 해당되는 특징임.
B: (나)에만 해당되는 특징임.
C: (가)와 (나) 모두 해당되는 특징임.
D: (가)와 (나) 모두 해당되지 않는 특징임.

● 보 기 ●

ㄱ. A: 하굿둑이 건설됨.
ㄴ. B: 세계 소리 축제가 개최됨.
ㄷ. C: 원자력 발전소가 입지함.
ㄹ. D: 혁신 도시가 조성됨.

① ㄱ, ㄴ ② ㄱ, ㄷ ③ ㄴ, ㄷ ④ ㄴ, ㄹ ⑤ ㄷ, ㄹ

정답 및 해설

정답해설 지도에 표시된 두 지역 중 (가)는 군산, (나)는 전주이다.
ㄱ. A는 군산(가)에만 해당하는 특징이다. 하굿둑은 두 지역 중 군산(가)에만 건설되어 있다.
ㄴ. B는 전주(나)에만 해당하는 특징이다. 세계 소리 축제는 전주(나)에서 개최된다.
오답피하기 ㄷ. 군산(가), 전주(나) 모두 원자력 발전소가 입지하지 않기 때문에 해당 진술은 D에 해당한다.
ㄹ. 두 지역 중 혁신 도시가 조성된 곳은 전주(나)이므로 해당 진술은 B에 해당한다.

정답 ①

[2024학년도 수능]

2 **다음 자료는 지도에 표시된 네 도시의 시청에서 출발해 광주광역시청으로 가는 길 찾기 안내의 일부이다. (가)～(라) 도시에 대한 설명으로 옳은 것은?**

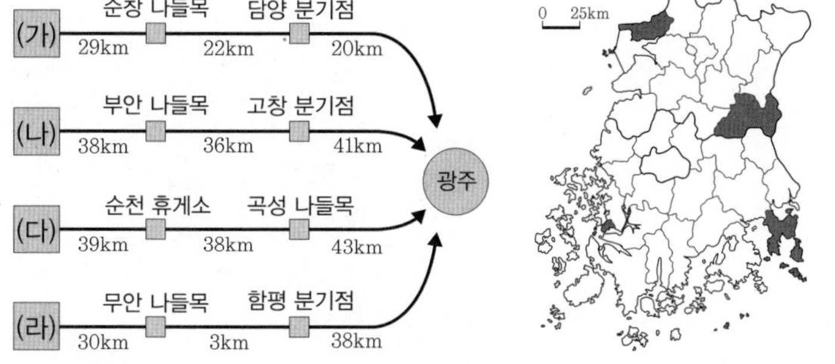

① (다)에는 춘향전의 배경이 되는 광한루원이 있다.
② (라)에는 대규모 완성형 자동차 조립 공장이 입지해 있다.
③ (가)와 (다)에는 모두 람사르 협약에 등록된 습지가 있다.
④ (나)와 (라)에는 모두 하굿둑이 건설되어 있다.
⑤ (가)～(라)에는 모두 국제공항이 입지해 있다.

정답 및 해설

정답해설 지도에 표시된 네 지역은 가장 북쪽에 서부터 시계 방향으로 군산, 남원, 여수, 목포이다. 순창 나들목, 담양 분기점을 거치는 경로로 안내된 (가)는 남원이다. 부안 나들목, 고창 분기점을 거치는 경로로 안내된 (나)는 군산이다. 순천 휴게소, 곡성 나들목을 거치는 경로로 안내된 (다)는 여수이다. 무안 나들목, 함평 분기점을 거치는 경로로 안내된 (라)는 목포이다.
④ 군산(나)에는 금강 하굿둑, 목포(라)에는 영산강 하굿둑이 건설되어 있다.
오답피하기 ① 춘향전의 배경이 되는 광한루원은 남원(가)에 있다.
② 목포(라)에는 대규모 완성형 자동차 조립 공장이 입지하지 않는다.
③ 남원(가), 여수(다)에는 람사르 협약에 등록된 습지가 없다.
⑤ (가)～(라) 지역 모두 국제공항이 입지해 있지 않다.

정답 ④

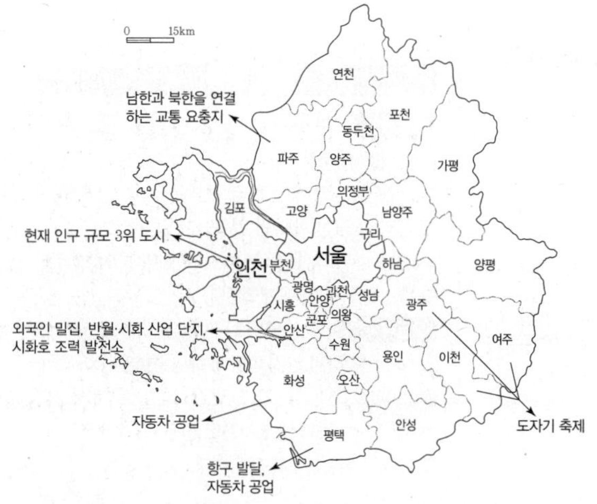
0 15km
연천
포천
동두천
파주
양주
가평
의정부
김포
고양
남양주
구리
서울
인천
부천
하남
양평
광명
과천
시흥
안양
성남
군포
의왕
광주
안산
수원
여주
용인
이천
화성
오산
안성
평택
남한과 북한을 연결하는 교통 요충지
현재 인구 규모 3위 도시
외국인 밀집, 반월·시화 산업 단지, 시화호 조력 발전소
자동차 공업
항구 발달, 자동차 공업
도자기 축제

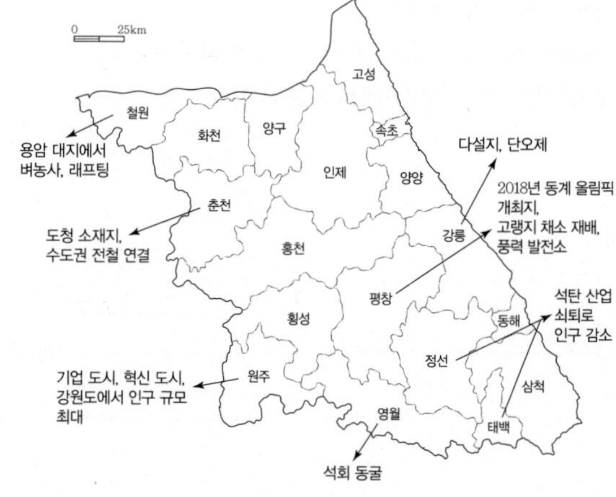
0 25km
고성
철원
화천
양구
속초
인제
양양
춘천
홍천
강릉
평창
횡성
동해
정선
원주
영월
삼척
태백
용암 대지에서 벼농사, 래프팅
도청 소재지, 수도권 전철 연결
기업 도시, 혁신 도시, 강원도에서 인구 규모 최대
석회 동굴
다설지, 단오제
2018년 동계 올림픽 개최지, 고랭지 채소 재배, 풍력 발전소
석탄 산업 쇠퇴로 인구 감소

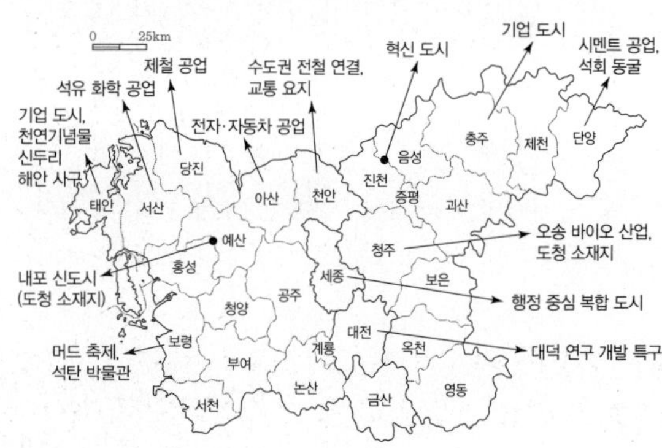
0 25km
제철 공업
석유 화학 공업
기업 도시, 천연기념물 신두리 해안 사구
전자·자동차 공업
수도권 전철 연결, 교통 요지
혁신 도시
기업 도시
시멘트 공업, 석회 동굴
당진
태안
서산
아산
천안
진천
음성
충주
제천
단양
증평
괴산
예산
청주
홍성
세종
보은
청양
공주
보령
대전
부여
계룡
옥천
논산
서천
금산
영동
오송 바이오 산업, 도청 소재지
내포 신도시 (도청 소재지)
행정 중심 복합 도시
머드 축제, 석탄 박물관
대덕 연구 개발 특구

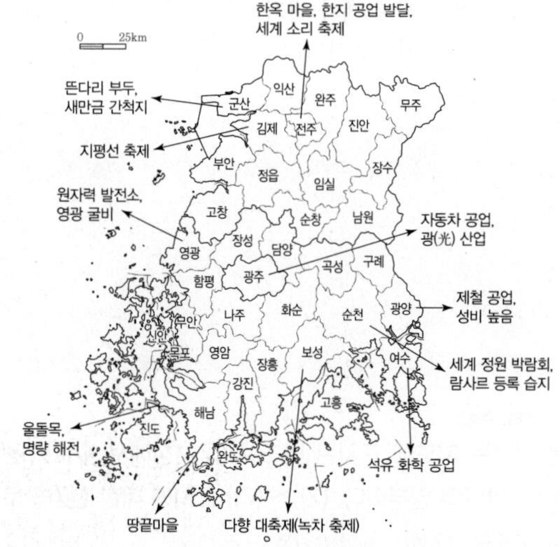
0 25km
한옥 마을, 한지 공업 발달, 세계 소리 축제
뜬다리 부두, 새만금 간척지
지평선 축제
원자력 발전소, 영광 굴비
군산
익산
완주
무주
김제
전주
진안
부안
정읍
임실
장수
고창
순창
남원
영광
장성
담양
곡성
구례
함평
광주
신안
나주
화순
순천
광양
목포
영암
보성
여수
장흥
강진
고흥
해남
진도
완도
자동차 공업, 광(光) 산업
제철 공업, 성비 높음
세계 정원 박람회, 람사르 등록 습지
울돌목, 명량 해전
석유 화학 공업
땅끝마을
다향 대축제(녹차 축제)

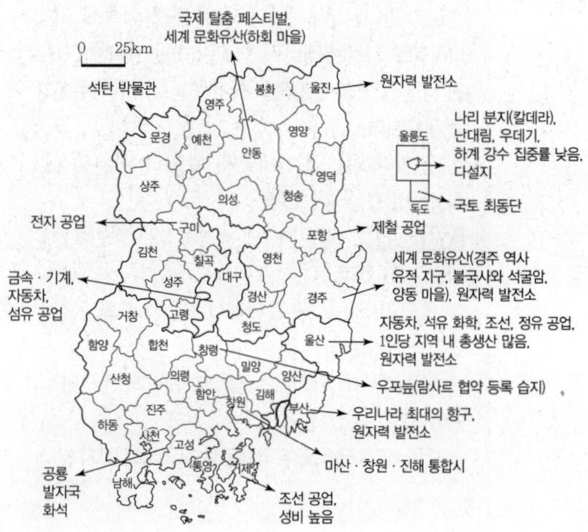
0 25km
국제 탈춤 페스티벌, 세계 문화유산(하회 마을)
석탄 박물관
원자력 발전소
봉화
울진
영주
문경
예천
영양
안동
울릉도
독도
나리 분지(칼데라), 난대림, 우데기, 하계 강수 집중률 낮음, 다설지
국토 최동단
상주
영덕
의성
청송
전자 공업
구미
포항
제철 공업
김천
칠곡
영천
대구
성주
경산
경주
금속·기계, 자동차, 섬유 공업
세계 문화유산(경주 역사 유적 지구, 불국사와 석굴암, 양동 마을), 원자력 발전소
거창
고령
청도
함양
합천
울산
창녕
자동차, 석유 화학, 조선, 정유 공업, 1인당 지역 내 총생산 많음, 원자력 발전소
산청
의령
밀양
양산
우포늪(람사르 협약 등록 습지)
함안
창원
김해
진주
부산
우리나라 최대의 항구, 원자력 발전소
하동
사천
고성
통영
거제
남해
마산·창원·진해 통합시
공룡 발자국 화석
조선 공업, 성비 높음

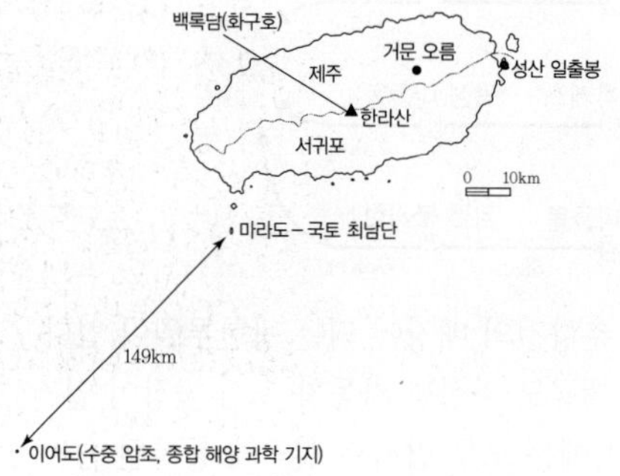
백록담(화구호)
거문 오름
제주
성산 일출봉
한라산
서귀포
0 10km
마라도 - 국토 최남단
149km
이어도(수중 암초, 종합 해양 과학 기지)

문제를 사진 찍고
해설 강의 보기
Google Play | App Store

EBS*i* 사이트
무료 강의 제공

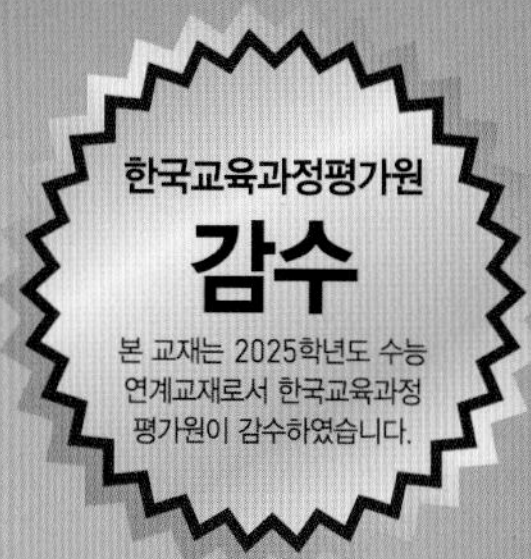

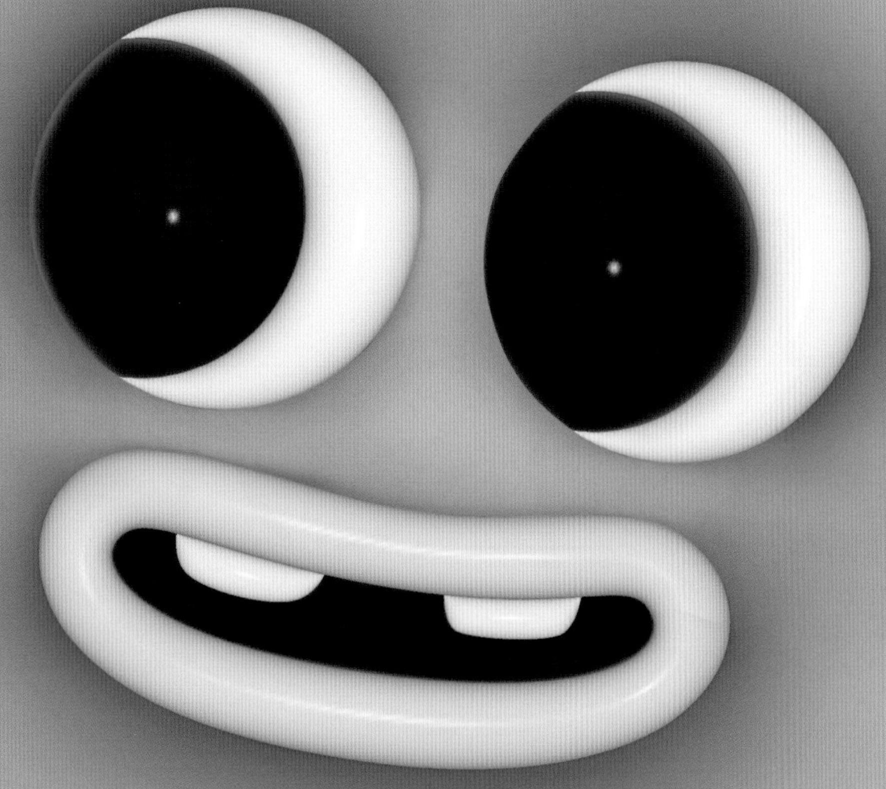

정답과 해설

수능특강

사회탐구영역
한국지리

2025학년도 수능 연계교재

본 교재는 대학수학능력시험을 준비하는 데 도움을 드리고자 사회과 교육과정을 토대로 제작된 교재입니다.
학교에서 선생님과 함께 교과서의 기본 개념을 충분히 익힌 후 활용하시면 더 큰 학습 효과를 얻을 수 있습니다.

서일대학교
SW
你好
AI
서일에서
LEVEL UP
서일대학교 2025학년도
신입생모집
수시 1차 2024.09.09.(월)~10.02.(수)
수시 2차 2024.11.08.(금)~11.22.(금)
정 시 2024.12.31.(화)~2025.01.14.(화)

01 우리나라의 위치 특성과 영토

수능 기본 문제 본문 10쪽

01 ④ 02 ② 03 ② 04 ⑤

01 우리나라의 수리적·지리적 위치 특징 이해

문제 분석 제시문은 우리나라의 수리적 위치와 지리적 위치 특성을 나타낸 것이다. 수리적 위치는 위도와 경도로 표현되며, 지리적 위치는 대륙, 해양, 반도와 같은 용어로 표현된다.

정답 찾기 ㄴ. 우리나라의 표준 경선(135°E)은 독도의 동쪽에 위치한다.

ㄹ. 반도국이라는 특성은 지리적 위치에 해당한다.

오답 피하기 ㄱ. 우리나라는 33°~43°N에 위치하므로 냉·온대 기후가 나타난다. 따라서 ㉠에는 '냉·온대'가 들어가는 것이 적절하다.

ㄷ. ㉢으로 인해 계절풍의 영향을 받으며, 기온의 연교차가 큰 대륙성 기후가 나타난다.

02 우리나라의 수리적 위치 특징 이해

문제 분석 지도에는 33°N, 38°N, 43°N에 해당하는 위선과 127°30′E에 해당하는 경선이 제시되어 있으며, A~D는 각각 지도를 구성하는 구역이다.

정답 찾기 ② 이어도는 마라도에서 남서쪽으로 약 149km 떨어진 지점에 위치한다. 따라서 지도의 C에는 이어도가 위치하지 않는다.

오답 피하기 ① A에는 우리나라의 최서단에 해당하는 비단섬이 있다.

③ D에는 한·일 중간 수역이 일부 포함되어 있다.

④ E 선에 태양이 남중하는 시각은 낮 12시 30분으로 정오보다 늦다.

⑤ B는 D보다 고위도에 위치하며 냉대 기후의 범위가 넓다. 우리나라는 북부 지방에 냉대 기후가 넓게 나타난다.

03 영해와 배타적 경제 수역 이해

문제 분석 자료의 (가)는 직선 기선, (나)는 내수, (다)는 배타적 경제 수역(EEZ)이다.

정답 찾기 ② 우리나라는 서·남해안 및 동해안 일부(영일만, 울산만)에 직선 기선이 설정되어 있다. 따라서 내수는 동·서·남해안에 모두 분포한다.

오답 피하기 ① 직선 기선(가)의 총길이는 남해안이 동해안보다 길다.

③ 배타적 경제 수역(다)의 상공은 연안국의 영공에 해당하지 않는다.

④ 내수(나)에서 간척 사업이 이루어지더라도 직선 기선(가)의 위치는 변함이 없다.

⑤ 내수(나)는 배타적 경제 수역(다)에서 제외된다. 배타적 경제 수역은 영해 기선으로부터 육지 반대편 바다 쪽으로 설정되기 때문이다.

04 마라도와 독도의 특징 이해

문제 분석 자료의 (가)는 제주도 모슬포항으로부터 남쪽으로 약 11km 떨어져 있는 마라도로 우리나라 최남단에 해당한다. (나)는 울릉도에서 동남쪽으로 약 87km 떨어져 있는 독도로 우리나라 최동단에 해당한다.

정답 찾기 ⑤ 마라도(가)와 독도(나)는 모두 영해 설정에 통상 기선이 적용된다.

오답 피하기 ① 독도(나)에 대한 설명이다.

② 독도(나)에는 종합 해양 과학 기지가 설치되어 있지 않다.

③ 마라도(가)는 독도(나)보다 저위도에 위치한다.

④ 독도(나)는 마라도(가)보다 일출 시각이 이르다.

수능 실전 문제 본문 11~12쪽

1 ⑤ 2 ③ 3 ③ 4 ④

1 우리나라의 수리적 위치 및 위·경도 의미 파악

문제 분석 지도에는 우리나라와 일본, 러시아 등의 국가들이 표현되어 있고, 각국의 수리적 위치를 가늠해 볼 수 있도록 일부 위선과 경선이 함께 제시되어 있다.

정답 찾기 ⑤ 무. 방글라데시와 과테말라는 경도상 180°의 간격을 두고 떨어져 있다. 따라서 두 국가는 낮과 밤이 서로 반대이다.

오답 피하기 ① 갑. 과테말라는 30°N의 남쪽에 위치하고, 우리나라는 33°~43°N에 위치한다. 따라서 과테말라는 우리나라보다 저위도에 위치한다.

② 을. 우리나라의 표준 경선인 135°E 선은 일본을 지나지만 몽골은 지나지 않는다.

③ 병. 러시아는 90°~180°E 전체에 걸쳐 있고 0°~90°E에도 일부 걸쳐 있다. 따라서 러시아를 지나는 15° 간격의 경선은 5개를 넘는다.

④ 정. 방글라데시와 우리나라는 동경(E)을 사용하는데, 우리나라는 방글라데시보다 동쪽에 위치한다. 따라서 영국과의 시차는 방글라데시가 우리나라보다 작다.

2 우리나라의 영해 및 배타적 경제 수역 파악

문제 분석 지도의 A는 우리나라 영해, B는 우리나라 배타적 경제 수역, E는 우리나라 내수(內水)에 위치한다. C는 3해리로 설정된 영해의 폭, D는 12해리로 설정된 영해의 폭을 나타낸 것이다.

정답 찾기 ③ 내수(E)의 상공은 우리나라의 영공이다.

오답 피하기 ① A는 영해에 위치한다.

② B는 우리나라 배타적 경제 수역에 위치하므로, 이곳에서는 일본 어선의 조업 활동이 이루어질 수 없다.

④ B는 동해, E는 전남 진도 앞바다에 위치하므로, B는 E보다 일출 시각이 이르다.

⑤ D 길이는 12해리, C 길이는 3해리이므로, D 길이는 C 길이의 4배이다.

3 위치를 이용한 지역 특징 파악

문제 분석 자료의 (가)는 강원특별자치도 고성군의 통일 전망대이다. 이 시설은 동해안의 군사 분계선 부근에 위치한다. (나)는 전라남도 해남군의 땅끝 전망대이다. 한반도 육지 최남단을 볼 수 있어 '땅끝'이라는 이름이 붙여졌다. (다)는 경상북도 포항시의 해맞이 광장이다. 동해안에 위치하며 해돋이 명소로 손꼽힌다.

정답 찾기 ③ 우리나라 표준 경선은 135°E 선으로 우리나라 최동단인 독도보다 동쪽에 위치한다. 우리나라 표준 경선과의 최단 거리는 경도상의 숫자가 상대적으로 작은 (나)가 (다)보다 멀다.

오답 피하기 ① (가)는 독도보다 고위도에 위치한다.

② 우리나라 영토 최남단은 제주특별자치도에 속한 마라도이다.

④ 전라남도 해남군(㉠)의 주변 해역은 영해 설정에 직선 기선이 적용된다.

⑤ 경상북도 포항시(㉡)에서는 영해가 모두 기선으로부터 12해리까지이다. 영해가 기선으로부터 3해리까지 설정된 수역은 대한 해협이다.

4 고지도와 독도 표기 이해

문제 분석 신증동국여지승람에 수록된 팔도총도에는 우산도(于山島)라고 표기된 독도(A)와 울릉도(B)가 그려져 있다. 동국대지도, 아국총도, 해좌전도 등 18세기 이후의 지도를 보면 독도(A)를 울릉도(B)의 동쪽 내지 동남쪽에 두어 보다 실제에 가깝게 표현하였다고 하였으므로, 팔도총도에서는 울릉도 서쪽에 독도를 두었음을 알 수 있다.

정답 찾기 ㄱ. 독도(A)는 우리나라의 최동단이다.

ㄷ. 독도(A)는 울릉도(B)보다 형성 시기가 이르다.

ㄹ. 울릉도(B)는 독도(A)보다 면적이 넓다.

오답 피하기 ㄴ. 섬 전체가 천연 보호 구역으로 지정되어 있는 곳은 울릉도(B)가 아니라 독도(A)이다.

02 국토 인식의 변화와 지리 정보

수능 기본 문제 본문 17쪽

01 ⑤ **02** ④ **03** ② **04** ③

01 조선 시대 고지도의 특징 이해

문제 분석 (가)는 크게 두 면(面)의 지도로 구성되어 있는 지구전후도, (나)는 지도 중앙에 중국이 그려져 있는 천하도, (다)는 백리척(百里尺)이라는 축척이 적용된 동국대지도이다.

정답 찾기 ⑤ 지구전후도(가)와 동국대지도(다)는 모두 조선 후기에 실학사상의 영향을 받아 제작되었다.

오답 피하기 ① 천하도(나)에 대한 설명이다.

② 지구전후도(가)에 대한 설명이다.

③ 분첩 절첩식으로 제작된 조선 후기의 지도로는 대동여지도가 있다.

④ 지구전후도(가)에는 아메리카가 표현되어 있으나, 천하도(나)에는 아메리카가 표현되어 있지 않다.

02 국토 인식의 변화 과정 파악

문제 분석 자료의 (가)에는 일제 강점기의 국토 인식, (나)에는 산업화 시대의 국토 인식, (다)에는 탈산업화 시대의 국토 인식에 관한 내용이 들어간다.

정답 찾기 ④ (가) 일제는 식민 지배 과정에서 우리 민족으로 하여금 국토에 대해 소극적이고 부정적인 인식을 갖게 하였다. 따라서 〈보기〉의 ㄴ과 연결된다.

(나) 우리나라는 1960년대 이후의 산업화 시대에 국토를 주로 경제 성장의 관점에서 개발의 대상으로 보고 적극적으로 개발하였다. 따라서 〈보기〉의 ㄷ과 연결된다.

(다) 우리나라는 탈산업화 시대에 접어들면서 생태 지향적 국토 인식이 자리 잡게 되었고, 미래 세대를 고려하여 지속 가능한 발전을 위한 노력이 활발히 이루어지고 있다. 따라서 〈보기〉의 ㄱ과 연결된다.

03 조선 시대 지리지의 특징 이해

문제 분석 지리지는 국가 주도로 제작된 관찬 지리지와 개인에 의해 제작된 사찬 지리지로 구분된다. 세종실록지리지, 신증동국여지승람은 관찬 지리지이고, 택리지, 아방강역고 등은 사찬 지리지이다. 제시문의 ㉢은 가거지의 네 가지 조건이 언급되어 있는 것으로 보아 택리지이다.

정답 찾기 ㄱ. 관찬 지리지(㉠)는 국가 통치에 필요한 자료 수집을 위해 제작되었다.

ㄹ. 택리지(ⓒ)는 실학자인 이중환이 저술하였으며, 사찬 지리지(ⓛ)에 해당한다.

오답 피하기 ㄴ. 사찬 지리지(ⓛ)는 지역의 지리 정보와 저자 개인의 해석이 설명식으로 서술되어 있다.

ㄷ. 살기 좋은 곳, 즉 가거지(可居地)의 조건 중 생리(生利)(ⓔ)는 농업, 상업, 교통 등의 측면에서 경제적 이익을 얻을 수 있는 지역에 대해 언급한 것이다. 풍수지리 사상의 명당을 언급한 것은 지리(地理)이다.

04 지리 정보 및 지역 조사 과정 이해

문제 분석 제시된 장면에는 지역의 통근·통학 인구 조사와 관련한 학생들의 대화가 나타나 있다.

정답 찾기 ③ 통근·통학 인구의 지역 간 이동량을 조사하는 활동이므로 지리 정보 중 관계 정보를 살펴볼 수 있는 주제가 선정되었다고 할 수 있다.

오답 피하기 ① 지리 정보 수집 과정에서 인터넷 조사의 방법을 사용하며, 원격 탐사가 활용되지는 않는다.

② 지리 정보 시스템을 통한 입지 분석이 이루어지는 활동은 아니다.

④ 수집되는 통계 자료는 지역 간 이동량과 이동 방향을 보여 줄 수 있는 유선도로 표현하는 것이 가장 적절하다.

⑤ 지리 정보 수집은 실내 조사로 이루어지며, 야외 조사 관련 내용은 학생들의 대화에 언급되어 있지 않다.

수능 실전 문제

본문 18~19쪽

1 ③	2 ①	3 ②	4 ⑤

1 조선 시대 고지도의 이해

문제 분석 (가)는 조선 후기(1834년)에 제작된 지구전후도, (나)는 조선 전기(1402년)에 국가 주도로 제작된 혼일강리역대국도지도이다.

정답 찾기 ③ 지구전후도(가)에는 아시아, 유럽, 아프리카 외에 아메리카도 제시되어 있다. 따라서 아시아, 유럽, 아프리카만 제시된 혼일강리역대국도지도(나)보다 표현된 육지의 실제 면적이 넓다.

오답 피하기 ① 혼일강리역대국도지도(나)에 대한 설명이다. 지구전후도(가)는 사실적이고 과학적인 지도이자 중국 중심의 세계관을 극복한 지도로 평가받고 있다.

② 지구전후도(가)에 대한 설명이다.

④ A는 남아메리카로 혼일강리역대국도지도(나)에는 표현되어 있지 않다.

⑤ B는 중국의 남쪽에 표시되어 있으므로 태평양의 일부를 나타낸 것이다.

2 대동여지도의 특징 이해

문제 분석 자료는 조선 후기에 제작된 대동여지도의 전체 모습과 함께 금강 하구 지역을 확대하여 나타낸 것이다.

정답 찾기 ① 대동여지도는 목판본이자 분첩 절첩식으로 제작되었으며, 동서 방향으로 나뉜 여러 권의 책으로 구성되어 있다. (가)와 (나)는 동서 방향으로 이어진 동일한 책에 수록된 부분을 표시한 것이다.

오답 피하기 ② 배를 타고 이동할 수 있는 하천은 쌍선으로 표시되어야 하는데, A와 내륙을 연결하는 쌍선의 하천은 보이지 않는다. 따라서 A에서 배를 타고 내륙으로 이동할 수 없다.

③ B에서 북쪽으로 도로를 따라가면 방점을 하나 지난 후에 창고와 진보가 나타난다. 도로 위의 방점은 10리 간격으로 찍혀 있으므로, B에서 북쪽으로 10리가 넘는 거리에 창고와 진보가 있음을 알 수 있다.

④ ㉠은 항시 수면 위로 드러나 있는 섬이다.

⑤ ㉡은 북쪽에서 남쪽으로 흘러 금강에 유입되는 하천이다.

3 조선 시대 지리지의 특징 이해

문제 분석 자료의 (가)는 조선 후기에 제작되었고, 지리 정보가 설명식으로 서술된 택리지이다. (나)는 조선 전기에 제작되었고, 지리 정보가 백과사전식으로 서술된 신증동국여지승람이다.

정답 찾기 ② 신증동국여지승람(나)은 택리지(가)보다 제작 시기가 이르다.

오답 피하기 ① 신증동국여지승람(나)에 대한 설명이다.

③ 택리지(가)는 이중환이라는 실학자에 의해 제작된 사찬 지리지, 신증동국여지승람(나)은 국가 주도로 제작된 관찬 지리지이다.

④ ㉠은 교통 발달에 따른 경제적 이익을 나타낸 것이므로 가거지(可居地)의 조건 중 생리(生利)에 해당한다. 지리(地理)는 풍수지리 사상의 명당과 관련이 있다.

⑤ ㉡은 해당 지역의 인문적 특성을 나타낸 것으로 지리 정보 중 속성 정보에 해당한다.

4 지리 정보 시스템을 이용한 최적 입지 파악

문제 분석 지리 정보 시스템의 중첩 원리를 이용하여 ○○ 커피 전문점이 입지할 가장 적합한 곳을 찾아야 한다.

정답 찾기 ⑤ 제시된 〈조건〉에 따라 입지 후보지별 평가 항목별 점수 및 합계를 도출한 결과는 다음 표와 같다.

(단위: 점)

입지 후보지 \ 평가 항목	유동 인구 (만 명/일)	간선 도로와의 최단 거리(km)	가장 가까운 경쟁 업체와의 최단 거리(km)	합계
A	2	1	1	4
B	2	3	2	7
C	1	1	3	5
D	3	2	1	6
E	3	3	2	8

이에 따라 점수의 합이 가장 큰 입지 후보지인 E(8점)가 ○○ 커피 전문점 입지의 최적 지점이 된다.

03 한반도의 형성과 산지 지형

수능 기본 문제

본문 24~25쪽

01 ② 02 ③ 03 ② 04 ①
05 ② 06 ⑤ 07 ⑤ 08 ⑤

01 화강암의 특징 이해

문제 분석 단단하고 색이 밝으며 궁궐, 사찰의 석탑, 석등의 재료로 널리 쓰여 온 (가)는 화강암이다. 경기도 포천시에 있는 포천 아트 밸리는 방치되었던 화강암 채석장이 포천시에 의해 새로운 모습으로 탈바꿈한 곳이다.

정답 찾기 ② 그래프에서 화강암(가)과 관련이 깊은 암석은 중생대의 화성암인 B이다. 대보 조산 운동, 불국사 변동과 같은 중생대의 지각 변동은 마그마의 관입을 수반하였으며, 화강암은 마그마가 지하에서 굳어 형성된 암석이다. 화강암은 화성암에 속한다.

오답 피하기 ① A는 시생대의 변성암으로 편마암, 편암 등이 해당한다.

③ C는 신생대의 화성암으로 백두산, 제주도, 울릉도, 독도 등에 분포한다.

④ D는 고생대의 퇴적암이다. 대표적인 고생대의 퇴적암으로는 조선 누층군에 주로 분포하는 석회암을 들 수 있다.

⑤ E는 중생대의 퇴적암이다. 중생대의 퇴적암은 주로 경상 분지에 분포한다.

02 편마암과 무연탄의 특징과 분포 이해

문제 분석 편마암(가)은 기존 암석이 열과 압력을 받아 성질이 변한 변성암에 해당하며, 무연탄(나)은 석탄의 한 종류로 고생대 말기에서 중생대 초기에 걸쳐 형성된 육성층인 평안 누층군에 주로 매장되어 있다. A는 신생대의 두만 지괴, 길주·명천 지괴이고, B는 시·원생대의 평북·개마 지괴, 경기 지괴, 영남 지괴이다. C는 고생대의 평남 분지, 옥천 습곡대이며, D는 중생대의 경상 분지이다.

정답 찾기 ③ 편마암(가)은 평북·개마 지괴, 경기 지괴, 영남 지괴(B)에 주로 분포하며, 무연탄(나)은 평남 분지, 옥천 습곡대(C)에 주로 분포한다. 조선 누층군, 평안 누층군은 평남 분지와 옥천 습곡대를 구성하는 주요 지층이며, 평안 누층군에는 무연탄이 매장되어 있다.

03 조선 누층군의 특징 이해

문제 분석 시멘트 공업의 주원료로 이용되는 광물 자원은 석회석으로, 석회석은 고생대 조선 누층군에 주로 매장되어 있다.

정답 찾기 ② 시 · 원생대의 지괴 사이에는 고생대의 평남 분지와 옥천 습곡대가 분포하는데, 고생대 초기에는 해성층인 조선 누층군이 형성되었다. 석회석은 생물 또는 화학 작용에서 기원한 탄산 칼슘이 주성분을 이루며, 조선 누층군에 주로 매장되어 있다.

04 한반도의 주요 지각 변동 이해

문제 분석 중생대 초기의 송림 변동은 랴오둥 방향, 중생대 중기의 대보 조산 운동은 중국 방향의 지질 구조선을 형성하였고, 중생대 말기의 불국사 변동은 영남 지방을 중심으로 일어났다. 신생대 제3기의 경동성 요곡 운동은 융기축이 동해안에 치우친 비대칭 융기 운동이며, 신생대의 화산 활동은 백두산, 제주도, 울릉도, 독도 등을 형성하였다.

정답 찾기 ① 낭림산맥, 마천령산맥은 신생대 제3기 경동성 요곡 운동의 영향으로 형성된 1차 산맥이며, 방향은 한국(북북서－남남동) 방향이다.

오답 피하기 ② 송림 변동(㉠)의 결과 랴오둥(동북동－서남서) 방향의 지질 구조선이 형성되었고, 대보 조산 운동의 결과 중국(북동－남서) 방향의 지질 구조선이 형성되었다.

③ 불국사 변동은 영남 지방을 중심으로 일어났다. 불국사 변동으로 형성된 화강암을 불국사 화강암이라고 하는데, 이는 불국사가 있는 경북 경주 토함산의 화강암을 통해 중생대 말기에도 우리나라에서 화강암이 형성되었음이 처음 밝혀진 것과 관련이 깊다.

④ 경동성 요곡 운동(㉤)의 결과 동고서저의 지형이 형성되었다. 이로 인해 황해로 흐르는 하천은 동해로 흐르는 하천보다 대체로 유로가 길다.

⑤ 신생대의 화산 활동은 울릉도, 독도 등을 형성하였다.

05 신생대 제4기 기후 변화에 따른 지형 형성 과정 이해

문제 분석 제시문은 신생대 제4기 기후 변화에 따른 지형 형성 과정에 대한 내용이다.

정답 찾기 ② 후빙기(㉣)가 최종 빙기(㉠)보다 육지 면적이 좁고 바다 면적이 넓기 때문에 동해의 면적이 넓다.

오답 피하기 ① 최종 빙기에 하천 상류 지역은 한랭 건조한 기후 환경으로 인해 화학적 풍화 작용보다 물리적 풍화 작용에 의한 산물이 많다.

③ 최종 빙기(㉠)는 후빙기(㉣)보다 해수면 하강으로 하천 유로가 길어졌기 때문에 한강 발원지와 하구 간의 거리가 멀다.

④ 후빙기(㉣)는 최종 빙기(㉠)보다 기온이 높고 강수량이 많아 식물 성장에 유리하므로 식생 밀도가 높다.

⑤ 최종 빙기에 하천 하류 지역에서는 해수면 하강으로 침식 작용이 활발해져 깊은 골짜기가 형성되었고, 후빙기에 하천 하류 지역에서는 해수면 상승으로 퇴적 작용이 활발해져 충적 평야가 형성되었다.

06 우리나라의 산맥 분포 특성 파악

문제 분석 (가)는 마천령산맥, (나)는 낭림산맥, (다)는 차령산맥, (라)는 소백산맥이다.

정답 찾기 ⑤ 신생대 경동성 요곡 운동의 직접적인 영향을 받아 형성된 1차 산맥은 마천령산맥(가), 낭림산맥(나), 소백산맥(라)이고, 지질 구조선을 따라 차별적인 풍화와 침식 작용을 받아 형성된 2차 산맥은 차령산맥(다)이다.

오답 피하기 ① 한반도에서 최고 지점의 해발 고도가 가장 높은 산은 백두산으로 마천령산맥에 위치한다.

② 소백산맥은 중국(북동－남서) 방향의 산맥이다.

③ 1차 산맥에 해당하는 마천령산맥이 2차 산맥에 해당하는 차령산맥보다 평균 해발 고도가 높고 연속성이 뚜렷하다.

④ 백두대간은 마천령산맥이 시작되는 백두산에서 소백산맥에 위치한 지리산까지의 큰 산줄기이다. 따라서 마천령산맥, 낭림산맥, 소백산맥은 백두대간에 위치하며, 차령산맥은 백두대간에 위치하지 않는다.

07 흙산과 돌산의 특징 이해

문제 분석 (가)는 덕유산의 일부이며, 덕유산은 흙산에 해당한다. (나)는 설악산 울산바위의 일부이며, 설악산 울산바위는 돌산에 해당한다.

정답 찾기 ㄷ. 흙산의 일부인 (가)는 돌산의 일부인 (나)보다 토양층의 두께가 두껍다.

ㄹ. (가)는 소백산맥, (나)는 태백산맥에 위치한다.

오답 피하기 ㄱ. (가)의 기반암은 시 · 원생대에 형성된 변성암으로, 용암이 냉각 및 수축되는 과정에서 형성되는 주상 절리가 발달하지 않는다.

ㄴ. (나)의 기반암은 화강암으로 화성암에 속한다.

08 고위 평탄면의 특징 이해

문제 분석 지도는 강원특별자치도 평창군 대관령면 일대를 나타낸 것이며, 해당 지역에는 고위 평탄면이 발달해 있다. 고위 평탄면은 오랜 풍화와 침식으로 평탄해진 지형이 융기 이후에도 평탄한 기복을 유지하고 있는 지형이므로 한반도가 융기 이전에 평탄했다는 증거가 되며, 해당 지역은 해발 고도가 높아 여름철에 서늘하고 수분 증발량이 적어 목초 재배에도 유리하다. 'Happy 700'은 해발 700m 지점이 가장 행복한 고도라는 의미를 가진 평창군의 표어이다.

정답 찾기 ㄷ. 고위 평탄면은 해발 고도가 높고 주변에 지형적 장애물이 적어 바람이 강하므로 풍력 발전 단지 조성에 유리하다.

ㄹ. 고위 평탄면은 고랭지 채소 재배지로 활용되기도 하는데, 과도한 개발로 인해 집중 호우 시 토양 침식에 따른 문제가 발생하기도 한다.

오답 피하기 ㄱ. 고위 평탄면의 형성은 화산 활동 및 용암의 분출과는 관련이 없다. 해당 지역은 신생대 화산 활동이 나타나지 않았으며, 유동성이 큰 용암이 분출하여 형성된 지형으로는 한라산 산록부의 순상 화산, 철원·평강 일대의 용암 대지 등을 들 수 있다.
ㄴ. 고위 평탄면은 충적층의 발달이 미약하여 토양의 비옥도가 낮은 편이며, 해발 고도가 높아 여름철에 기후가 서늘하므로 벼농사에 불리하다.

수능 실전 문제 본문 26~28쪽

1 ④	2 ⑤	3 ④	4 ②
5 ⑤	6 ③		

1 한반도 주요 암석의 특징 파악

문제 분석 총석정에 그려진 주상 절리의 기반암은 현무암, 삼도담도에 그려진 도담삼봉의 기반암은 석회암, 금강전도에 그려진 금강산 비로봉의 기반암은 화강암이다. 한편, 세 그림에 그려진 경관과 지형은 현재도 그 모습이 잘 유지되고 있지만, 그 모습이 많이 변했거나 남아 있지 않은 경관과 지형의 경우에는 풍경화 중에서도 진경산수화가 그 모습을 복원하는 데 좋은 자료가 된다.

정답 찾기 ④ 도담삼봉의 석회암(나)은 고생대 초기 바다 밑에서 형성된 퇴적암에 해당한다(A). 현무암(가)과 화강암(다)은 모두 화성암에 해당하는데, 현무암(가)은 마그마가 지표 위로 분출한 후 굳어 형성되었고(D), 화강암(다)은 관입한 마그마가 지하에서 천천히 식으면서 굳어 형성되었다(C).

오답 피하기 편마암은 기존 암석이 열과 압력을 받아 성질이 변화하여 형성된 변성암에 해당한다(B).

2 우리나라의 지질 시대별 지층과 암석 분포 파악

문제 분석 (가)는 중생대, (나)는 신생대, (다)는 고생대의 지층과 암석 분포를 나타낸 것이다. A는 중생대의 화강암(관입암), B는 중생대의 퇴적암, C는 신생대의 화산암, D는 고생대의 조선 누층군이다.

정답 찾기 ⑤ 고생대의 조선 누층군(D)은 고생대 초기 얕은 바다에서 형성된 지층으로 석회암이 분포하며, 석회암 지대에서는 지하수의 용식 작용을 받아 형성된 동굴인 석회 동굴이 발달한다. 신생대의 화산암(C)이 분포하는 지역에서는 용암 동굴이 발달하는 경우가 많다. 따라서 고생대의 조선 누층군(D)은 신생대의 화산암(C)보다 용식 작용을 받아 형성된 동굴의 발견 가능성이 높다.

오답 피하기 ① (가)~(다)를 오래된 지질 시대부터 배열하면 고생대(다) → 중생대(가) → 신생대(나) 순이다.
② 화강암은 마그마가 지하에 관입하여 형성되었다. 화산암에 속하는 다공질(多孔質)의 암석으로는 현무암을 들 수 있다.
③ 우리나라의 중생대 지층은 모두 육성층으로, 중생대의 퇴적암(B)이 분포하는 주요 지층인 경상 누층군이 있는 일부 지역에서는 공룡 발자국 화석이 많이 발견된다. 해양 생물 화석이 널리 분포하는 지층으로는 고생대 초기 얕은 바다에서 형성된 조선 누층군(D)을 들 수 있다.
④ 중생대의 화강암(A)이 신생대의 화산암(C)보다 석탑, 석등과 같은 우리나라 석조 문화재의 재료로 많이 이용되었다. 중생대의 화강암(A)은 신생대의 화산암(C)보다 우리나라의 암석 구성에서 차지하는 비율이 높으며 분포 지역도 넓다.

3 최종 빙기와 후빙기의 지형 형성 과정 이해

문제 분석 신생대 제4기에는 기후 변화에 따른 빙기와 간빙기가 반복되면서 해수면 변동이 나타났으며, 이는 지형 형성에 영향을 주었다. 약 2만 4,000년 전에서 1만 9,000년 전 사이(가)는 최종 빙기에서도 가장 한랭했던 시기에 해당하며, 현재보다 해수면이 100m 이상 낮아져 오늘날의 황해는 육지로 드러나 있었고 수심이 깊은 동해의 경우 호수의 형태로 존재하였다. 약 3,500년 전에서 3,000년 전 사이(나)는 약 1만 년 전부터 시작된 후빙기에 해당한다. 지도의 A는 현재 금강의 상류부, B는 현재 금강의 하류부, C는 제주도이다.

정답 찾기 ④ 최종 빙기에는 해수면이 현재보다 낮아 제주도(C)를 비롯한 황해와 남해의 섬들은 육지와 연결되어 있었다.

오답 피하기 ① 최종 빙기는 상대적으로 물리적 풍화 작용이 활발하였고, 후빙기는 상대적으로 화학적 풍화 작용이 활발하다.
② 후빙기에는 해수면의 상승으로 최종 빙기보다 평균 해수면이 높아졌다. 따라서 후빙기는 최종 빙기보다 속리산의 해발 고도가 낮다.
③ 최종 빙기에는 해수면의 하강으로 해안선은 제주도 이남에 형성되었고, 현재의 황·남해로 유입하는 많은 하천은 제주도 이남까지 유로가 연장되었다. 따라서 최종 빙기에 현재의 하천 하류부(B)에서 감조 구간이 나타났다고 보기 어렵다.
⑤ 후빙기는 최종 빙기보다 강수량이 많아 현재의 하천 상류부(A)에서는 최종 빙기에 퇴적된 물질들이 제거되면서 침식 작용이 우세하고, 현재의 하천 하류부(B)에서는 침식 기준면이 높아지면서 퇴적 작용이 우세하다.

4 한반도의 지체 구조와 지각 변동 및 산맥 분포 이해

문제 분석 한반도는 중생대에 송림 변동, 대보 조산 운동, 불국사 변동의 영향을 받았고, 세 지각 변동으로 마그마가 관입하여 형성된 ㉢은 화강암이다. 지도에 표시된 (가)는 한국 방향, (나)는 랴오둥 방향, (다)는 중국 방향의 산맥이다.

정답 찾기 ㄷ. (가)는 마천령산맥, 낭림산맥, 태백산맥이며, 모두 경동성 요곡 운동(ⓜ)의 직접적인 영향을 받아 형성된 1차 산맥에 해당한다.

ㄹ. (나)는 강남산맥, 적유령산맥 등과 같은 랴오둥(동북동－서남서) 방향의 산맥이며, (다)는 광주산맥, 차령산맥 등과 같은 중국(북동－남서) 방향의 산맥이다. 송림 변동(㉠)은 랴오둥 방향, 대보 조산 운동(㉡)은 중국 방향의 지질 구조선을 형성하였다.

오답 피하기 ㄱ. 화강암(㉢)은 북한산, 금강산과 같은 돌산의 주된 기반암을 이룬다.

ㄴ. 경기 지괴, 영남 지괴(㉣)에는 주로 시·원생대에 형성된 변성암이 분포한다. 중생대에 형성된 퇴적암은 주로 경상 분지에 분포한다.

5 북한산, 지리산, 한라산의 특징 이해

문제 분석 지도에 표시된 세 산은 북쪽에서부터 차례로 북한산, 지리산, 한라산이다. (가)는 용암과 오름, 유네스코 세계 유산 중 자연 유산에 등재되었다는 내용을 통해 한라산임을 알 수 있다. (나)는 여러 행정 구역에 걸쳐 있으며 산 정상부가 흙으로 덮여 있다는 내용을 통해 지리산임을 알 수 있다. (다)는 도심 인근에 위치하며 백운대 등의 바위 봉우리가 우뚝 솟아 있다는 내용을 통해 북한산임을 알 수 있다.

정답 찾기 ⑤ 한라산(가)의 주된 기반암은 신생대의 화산암, 지리산(나)의 주된 기반암은 시·원생대의 편마암, 북한산(다)의 주된 기반암은 중생대의 화강암이다.

오답 피하기 ① 한반도 암석 구성에서 신생대의 화산암은 시·원생대의 편마암이나 중생대의 화강암보다 차지하는 비율이 낮다.

② 북한산(다)은 화산이 아니기 때문에 정상부에 분화구가 존재하지 않는다.

③ 한라산(가)은 기후가 온화한 남부 지방에 위치하고 해발 고도가 높기 때문에 북한산(다)보다 식생의 수직적 분포가 뚜렷하게 나타난다.

④ 지리산(나)은 1차 산맥에 해당하는 소백산맥에 위치한다.

6 고위 평탄면의 특징 이해

문제 분석 강원특별자치도 평창군과 강릉시에 걸쳐 있는 안반데기 일대는 지형 특성상 고위 평탄면에 해당한다. 고위 평탄면은 여름철에 서늘하여 고랭지 채소 재배에 유리하고, 바람이 강하여 풍력 발전 단지 조성에도 유리하다.

정답 찾기 ㄷ. (가) 지역은 겨울철에 눈이 많이 내리고 눈이 내리는 기간도 길어 봄 이후에도 눈 녹은 물에 의해 수분이 안정적으로 공급되는 편이다.

오답 피하기 ㄱ. (가) 지역에서 이루어지는 고랭지 농업은 주로 노지 재배 형태로 이루어진다.

ㄴ. 기반암의 차별적인 풍화·침식으로 형성된 분지 형태의 지형은 침식 분지이며, (가) 지역은 고위 평탄면에 해당한다.

04 하천 지형과 해안 지형

수능 기본 문제 본문 34~35쪽

01 ①	02 ⑤	03 ②	04 ④
05 ①	06 ⑤	07 ②	08 ⑤

01 하천 상류와 하류의 상대적 특성 비교

문제 분석 (가)는 서울 뚝섬, (나)는 강원 영월 어라연 일대이다. (가), (나)는 모두 한강 유역에 위치하며, (가)는 하류, (나)는 상류에 해당한다.

정답 찾기 ① 하천 상류는 하류보다 퇴적물의 평균 입자 크기는 크고(A, B, C), 하천의 평균 폭은 좁으며(A, D), 하상의 해발 고도는 높다(A, B, D, E). 따라서 이에 해당하는 것은 A이다.

02 우리나라 하천의 특색 파악

문제 분석 우리나라의 하천은 지형적으로는 동고서저의 지형, 기후적으로는 강수의 계절 차가 반영되었다. 조차가 큰 황·남해로 유입하는 많은 하천에서는 감조 구간이 잘 나타난다. 영산강의 경우에는 하굿둑 건설로 감조 구간이 줄어들었다.

정답 찾기 ⑤ 영산포의 배들은 썰물 때 바다 쪽으로 운항하기에 유리하였다. 밀물 때는 바다 쪽에서 영산포 쪽으로 운항하기에 유리하였다.

오답 피하기 ① 우리나라의 큰 하천은 동해로 흘러드는 두만강을 제외하면 대부분 황·남해로 흘러드는데, 이에는 신생대 제3기 경동성 요곡 운동으로 형성된 동고서저의 지형 특성이 반영되어 있다.

② 우리나라의 하천은 강수의 계절 차가 커서 하상계수가 크기 때문에 하천 교통 발달에 불리하다.

③ 감조 구간에서는 하천 수위가 높아지는 밀물 때가 하천 수위가 낮아지는 썰물 때보다 홍수 발생 가능성이 크다.

④ 감조 하천은 밀물 때 바닷물의 유입으로 주변 농경지가 염해를 입을 수 있다. 영산강, 낙동강, 금강 하구에는 염해 방지, 용수 확보 등을 위해 하굿둑이 건설되어 있다.

03 하천 지형의 특성 이해

문제 분석 ㉢은 평야 위를 곡류하는 하천이므로 자유 곡류 하천, ㉦은 산지 사이를 곡류하는 하천이므로 감입 곡류 하천이다. 하천 중·상류 일대에는 감입 곡류 하천이 발달하며, 그 주변에는 하안 단구가 분포한다. 선상지는 주로 산지에서 평지로 이어지는 골짜기가 나타나는 하천 중·상류에 분포한다. 하천 중·하류 일대에는 자유 곡류 하천이 발달하며, 그 주변에는 범람원이 분포한다. 하천 하구에는 하천으로부터 공급된 물질이 퇴적된 지형인 삼각주가 형성된다.

정답 찾기 ② 땅 위를 흐르는 물이 일부 구간만 땅속으로 스며들어 흐르는 것을 복류라고 하며, 이는 퇴적물의 입자 크기가 큰 선상지(ⓜ)의 중앙, 즉 선앙에서 잘 나타난다.

오답 피하기 ① 삼각주(ⓔ)는 하천이 공급하는 물질의 양이 조류에 의해 제거되는 물질의 양보다 많은 지역에서 잘 형성된다.
③ 범람원에서 평균 해발 고도는 자연 제방(ⓖ)이 배후 습지(ⓛ)보다 높다.
④ 산지 사이를 곡류하는 감입 곡류 하천(ⓢ)이 평야 위를 곡류하는 자유 곡류 하천(ⓓ)보다 유로 변경이 제한적이다.
⑤ 대하천 중·상류의 산지 지역에 분포하는 하안 단구(ⓑ)가 하천 하구에 분포하는 삼각주(ⓔ)보다 퇴적 물질의 평균 입자 크기가 크다.

04 침식 분지의 특징 이해

문제 분석 지도는 화채 그릇(punch bowl)과 닮았다고 해서 펀치볼로도 불리는 강원특별자치도 양구군 해안면의 침식 분지를 나타낸 것으로, 산지의 주된 기반암은 변성암, 평지의 주된 기반암은 화강암이다. 침식 분지는 산지로 둘러싸여 있어 기온 역전 현상이 나타나기도 한다.

정답 찾기 ㄱ. 우리나라 하천 중·상류 지역에는 침식 분지(가)가 발달해 있다.
ㄴ. 해안면의 침식 분지는 변성암과 화강암의 차별 풍화·침식으로 형성되었다. 침식 분지(가)는 변성암이나 퇴적암이 화강암을 둘러싸고 있는 지역에서 주로 발달한다.
ㄹ. B의 주된 기반암인 시·원생대의 변성암이 A의 주된 기반암인 중생대의 화강암보다 형성 시기가 이르다.

오답 피하기 ㄷ. 기온 역전 현상은 겨울철 분지나 골짜기에서 잘 나타나는데, 20◇◇년 1월 19일 새벽 6시는 침식 분지의 지형적 특성 등으로 인해 기온 역전 현상이 매우 뚜렷하게 나타난 때이다. 따라서 기온이 −12.4℃로 관측된 곳은 평지인 A의 한 지점, 1.4℃로 관측된 곳은 산지인 B의 한 지점이다.

05 지역별 해안 특징 이해

문제 분석 우리나라의 동해안은 해안선과 평행하게 뻗은 함경산맥과 태백산맥의 영향으로 해안선이 비교적 단조롭고 섬이 적으며, 서·남해안은 산맥이 바다를 향해 뻗어 있고 후빙기에 해수면이 상승하여 침수되었기 때문에 해안선이 복잡하고 다도해를 이룬다. (가)~(라) 중 해안선이 가장 짧은 (라)는 동해와 접해 있고 섬이 적은 강원, 해안선이 가장 긴 (가)는 황·남해와 접해 있고 섬이 가장 많은 전남이다. (나), (다)는 경남, 충남 중 하나인데, (나)는 섬이 상대적으로 많고, 그중 거제도, 남해도와 같은 큰 규모의 섬도 상대적으로 많은 경남, 나머지 (다)는 충남이다.

정답 찾기 ㄱ. 조차가 큰 황·남해 모두 조류의 퇴적 작용이 활발하지만, 해안선이 가장 길고 섬도 가장 많은 전남(가)이 경남(나)보다 갯벌의 면적이 넓다. 전남은 우리나라에서 갯벌의 면적이 가장 넓다.

오답 피하기 ㄴ. 동해안은 서해안보다 신생대 지반 융기의 영향을 크게 받아 해안 단구 등이 널리 분포한다. 따라서 강원(라)의 해안 지역이 충남(다)의 해안 지역보다 신생대 지반 융기의 영향을 크게 받았다.
ㄷ. 경남(나)은 남해, 강원(라)은 동해와 접해 있다.

06 동해안의 해안 지형 특성 이해

문제 분석 지도의 A는 해식애, B는 해안 단구, C는 육계도, D는 사빈이다.

정답 찾기 ⑤ 해식애(A)는 파랑 에너지가 집중되어 침식 작용이 활발하게 나타나는 곶(串), 사빈(D)은 파랑 에너지가 분산되어 퇴적 작용이 활발하게 나타나는 만(灣)에서 주로 발달한다.

오답 피하기 ① 해식애(A)는 시간이 지날수록 파랑의 침식 작용에 의해 점차 육지 쪽으로 후퇴한다.
② 과거의 파식대나 해안 퇴적 지형이 지반 융기나 해수면 하강으로 높은 곳에 위치하게 된 지형인 해안 단구(B)에서는 과거 바닷물의 영향으로 만들어진 원마도가 높은 자갈이 발견된다.
③ 사주에 의해 육지와 연결된 섬을 육계도(C)라고 한다.
④ 사빈(D)은 파랑과 연안류의 퇴적 작용으로 형성된다.

07 동해안과 서해안의 해안 지형 특성 이해

문제 분석 사진의 A는 갯벌, B는 사빈, C는 해안 사구, D는 석호, E는 사주이다.

정답 찾기 ② 해안 사구(C)는 지하에 담수를 저장하고 있어 사구 식생의 성장을 돕는다.

오답 피하기 ① 갯벌(A)은 썰물 때 바닷물 위로 드러난다.
③ 석호(D)는 영랑호, 청초호, 경포호 등 강원도 동해안 지역에 잘 발달해 있다.
④ 다양한 생물의 서식처인 갯벌(A)이 사빈(B)보다 오염 물질을 정화하는 기능이 크다.
⑤ 석호(D)는 후빙기 해수면 상승 이후 사주(E)가 만의 입구를 막아 형성된 지형이다. 따라서 석호(D)와 사주(E)는 모두 후빙기 해수면 상승 이후에 형성되었다.

08 하천의 이용과 변화 이해

문제 분석 도시를 흐르는 하천은 도시화 과정에서 콘크리트 제방 공사로 직강화되거나 복개 사업 등이 이루어진 경우가 많다. 최근에는 생태 공간으로서 하천의 가치가 강조되면서 생태 하천 복원 사업이 활발하게 이루어지고 있다.

정답 찾기 ㄱ. 안양천은 한강의 지류에 해당하며, 서울특별시와 경기도 광명시 등의 지역에 걸쳐 흐른다. 제시된 자료를 통해 두 지역 사이의 행정 구역 경계 일부는 과거에 자유 곡류하던 안양천의 하도를 따라 설정되어 있음을 파악할 수 있다.
ㄷ. 하천 직강화, 하천 복개 등의 사업이 이루어진 도시의 하천들을 최근에는 생태 하천으로 복원하는 사업이 진행되고 있다. 이를 통해 자연 친화적 생태 하천으로 변모하면 도시의 열섬 현상이 완화될 수 있다.
ㄹ. 하천 직강화, 하천 복개 등의 사업은 하천 주변의 생태계를 파괴하며 하천의 자정 능력을 저하시킨다. 하천이 지닌 본래의 자연성과 생태적 기능이 최대화될 수 있도록 노력하는 생태 하천 복원 사업을 통해 하천의 자정 능력이 증가할 수 있다.
오답 피하기 ㄴ. 하천 직강화, 하천 복개 등의 사업은 하천 하류 일대의 홍수 위험성을 증가시킨다.

수능 실전 문제 본문 36~38쪽

1 ③	2 ③	3 ④	4 ②
5 ②	6 ③		

1 동해, 남해, 황해로 흐르는 하천의 이해

문제 분석 제시된 자료를 통해 삼수령(三水嶺)은 세 바다(동해, 남해, 황해)로 유입되는 물길을 가르는 분수령을 이룬다는 것을 파악할 수 있다. 삼수령을 기준으로 동쪽인 삼척 방향으로 흘러 동해로 유입하는 (가)는 오십천, 남쪽으로 흘러 남해로 유입하는 (나)는 낙동강, 서쪽으로 흘러 황해로 유입하는 (다)는 한강이다. 황지천은 낙동강, 골지천은 한강의 지류이다.
정답 찾기 ③ 낙동강(나)은 오십천(가)보다 유역 면적이 넓고 유로 연장도 월등히 길다. 따라서 낙동강(나)은 오십천(가)보다 경유하는 시·군 단위의 행정 구역 수가 많다.
오답 피하기 ① 하구에 삼각주가 넓게 발달해 있는 하천은 낙동강(나)이다.
② 한강(다) 하구 연안이 오십천(가) 하구 연안보다 갯벌이 넓게 발달해 있다.
④ (가)~(다) 중 하구 퇴적물의 평균 입자 크기는 동해로 흘러들어 유로의 총연장이 가장 짧은 오십천(가)이 가장 크다.
⑤ (가)~(다) 중 하구에 하굿둑이 설치되어 있는 하천은 낙동강(나)이다. 우리나라에서 하굿둑은 낙동강, 영산강, 금강에 설치되어 있다.

2 침식 분지와 선상지의 특성 이해

문제 분석 왼쪽 지도는 강원 춘천의 침식 분지를 나타낸 것이다. A는 침식 분지의 산지, B와 C는 침식 분지의 평지에 해당하고, B에는 하천의 범람에 의한 충적층이 넓게 분포한다. 오른쪽 지도는 전남 구례의 선상지를 나타낸 것이다. D는 선정, E는 선앙, F는 선단에 해당한다.
정답 찾기 ③ A의 기반암은 변성암, C의 기반암은 화강암이다. 상대적으로 기반암이 화강암인 산지의 정상부는 암석의 노출 비율이 높은 반면, 기반암이 변성암인 산지의 정상부는 암석의 노출 비율이 낮다.
오답 피하기 ① C의 기반암은 화강암으로, 화강암은 관입된 마그마가 지하에서 천천히 식으면서 굳어 형성되었다.
② 선앙(E)은 하천이 복류하여 지표수가 부족하기 때문에, 논농사를 위해서는 저수지와 같이 필요한 물을 일정한 곳에 확보할 수 있는 시설 등이 필요하다.
④ 계곡물을 이용할 수 있는 선정(D)은 지표수가 부족한 선앙(E)보다 전통 취락 발달에 유리하였다.
⑤ 찬 우물 마을이라는 의미를 지닌 전남 구례의 냉천리(가)는 용천이 나타나기에 알맞은 지형 조건을 갖추고 있는 곳으로, 선상지의 선단에 해당하는 F 일대에 발달해 있다. 택리지에서 강가에 살 만한 곳 중 평양 다음인 곳으로, 두 가닥 물이 합류하는 그 안쪽에 위치하였다고 서술되어 있는 우두촌(牛頭村)은 하천의 합류 지점에 침식 분지가 발달한 춘천과 관계가 깊다. 북한강과 소양강이 합류하는 지점 주변인 B, (나)에는 하천의 범람에 의한 충적층이 넓게 분포하는 우두평야가 발달해 있으며, 현재 행정 구역으로도 우두동(牛頭洞)이 있는 곳이다. 침식 분지는 변성암이나 퇴적암이 화강암을 둘러싸고 있는 지역에서 주로 발달하며, 일찍부터 주거 및 농경 생활의 중심지로 이용되어 왔다.

3 하천 상류와 하류 일대의 지형 비교

문제 분석 (가)는 황해로 흐르는 한강의 상류 지역에 해당하며, A는 하안 단구, B는 구하도, C에서 ㉠은 침식 사면, ㉡은 퇴적 사면이다. (나)는 남해로 흐르는 낙동강의 하류 지역에 해당하며, D는 범람원의 자연 제방, E는 범람원의 배후 습지이다.
정답 찾기 ④ 하안 단구는 현재의 하천 바닥보다 해발 고도가 높으므로, 홍수 시 침수 가능성은 배후 습지(E)가 하안 단구(A)보다 높다.
오답 피하기 ① 한강 상류 지역인 (가)는 낙동강 하류 지역인 (나)보다 신생대 지반 융기의 영향을 크게 받았다.
② 구하도(B)는 과거에 하천이 흘렀던 지형이다.
③ 하천에서 유속이 빠른 곳은 침식 작용이 활발하게 나타나 하상이 깊어지고, 유속이 느린 곳은 퇴적 작용이 활발하게 나타난다. 따라서 C에서 ㉠-㉡의 하천 바닥 단면은 유속이 빠른 쪽의 하천 바닥 경사가 급하기 때문에 ㉠에서 ㉡으로 가면서 대략 ╰╯와

같은 형태로 나타난다.

⑤ 자연 제방은 주로 모래질 토양, 배후 습지는 주로 점토질 토양이므로, 자연 제방(D)은 배후 습지(E)보다 토양의 투수성이 높고 배수가 양호하다.

4 해안 지형의 특성 이해

문제 분석 ○○섬은 충남 보령의 원산도로, 원산도는 2021년에 해저 터널이 개통되며 육지와 연결되었다. A는 해식애, B는 사빈, C는 갯벌이다.

정답 찾기 갑. 최종 빙기에는 해수면이 현재보다 낮아 황해와 남해의 섬들은 육지와 연결되어 있었다. 원산도(가)와 효자도, 소도(나)는 모두 황해에 위치한다.

병. B는 주로 모래가 퇴적되어 있는 사빈이고, C는 주로 점토가 퇴적되어 있는 갯벌이다. 따라서 B는 C보다 퇴적 물질의 평균 입자 크기가 크다.

오답 피하기 을. 사빈(B)은 파랑과 연안류의 퇴적 작용으로 형성된다.

정. 해식애(A)가 갯벌(C)보다 파랑의 침식 작용이 활발하게 나타난다. 갯벌(C)은 주로 조류의 퇴적 작용으로 형성된다.

5 동해안의 해안 지형 특성 이해

문제 분석 A는 석호인 경포호, B는 정동진의 해안 단구, C는 해식애와 시 스택 등의 지형이 발달해 있는 바다부채길 일대이다.

정답 찾기 ② 석호의 물은 민물보다 염도가 높기 때문에 농업용수로 이용되기 어렵다.

오답 피하기 ① 석호는 후빙기 해수면 상승으로 형성된 만의 입구에 사주가 발달하여 형성된 호수이다.

③ 해안 단구는 서해안보다 신생대 지반 융기의 영향을 크게 받은 동해안 지역에 많이 분포한다.

④ 자연 상태에서 시간이 지남에 따라 석호는 호수로 유입되는 하천 퇴적물에 의해, 시 스택은 파랑의 침식 작용에 의해 규모가 축소된다.

⑤ 해식애와 시 스택은 모두 파랑 에너지가 집중되는 곶(串)에서 주로 발달한다.

6 주요 하천 및 해안 구조물의 분포와 특징

문제 분석 (가), (나), (라)는 금강 유역에 설치된 구조물로, (가)는 공주보, (나)는 대청댐, (라)는 금강 하굿둑이다. (다)는 전북 군산과 고군산군도의 일부 섬, 부안을 연결하며 설치된 새만금 방조제이다.

정답 찾기 을. 대청댐 건설로 큰 규모의 담수호가 만들어지면서 댐 주변 지역에 안개 발생 일수가 증가하였다.

정. 하굿둑 건설로 하천 하구에 토사가 지속적으로 쌓이면서 평균 수심이 얕아졌다.

오답 피하기 갑. 보는 하천의 수량을 일정하게 유지하기 위한 목적으로 건설하는 수리 시설로, 보를 건설한다고 해서 대규모 수몰 지구가 발생하지는 않는다.

병. 방조제를 건설하면 인공 호수가 만들어지면서 갯벌의 면적이 축소되거나 사라지기도 하며, 생물종 다양성이 감소하는 데도 영향을 미친다. 또한 물의 흐름이 비교적 원활하지 않은 인공 호수의 수질 변화는 이에 적응하는 소수 종의 우점도가 높아지는 것과 생물종 다양성이 감소하는 데도 영향을 미친다.

05 화산 지형과 카르스트 지형

수능 기본 문제 본문 42쪽

01 ② 02 ① 03 ⑤ 04 ③

01 제주도의 특징 파악

문제 분석 제시된 지도는 제주도의 일부로 오름이 나타난다.

정답 찾기 ② 제주도는 대부분의 하천이 건천으로 물을 구하기 쉽지 않기 때문에 전통 취락은 물을 구하기 좋은 해안가의 용천을 중심으로 입지하였다.

오답 피하기 ① 제주도는 현무암이나 조면암과 같은 화산암으로 구성되어 있다.
③ 방설벽인 우데기는 울릉도의 전통 가옥에서 나타난다.
④ 제주도의 지표는 물이 잘 빠지는 화산암으로 구성되어 있어 주로 밭과 과수원으로 이용된다.
⑤ 제주도는 신생대 여러 차례의 화산 분화로 형성되었다.

02 세계 지질 공원으로 지정된 화산 지형의 특징 파악

문제 분석 한탄강 일대와 제주도의 화산 지형은 독특함과 아름다움을 인정받아 세계 지질 공원으로 인증되었다.

정답 찾기 ① 용암 대지는 유동성이 큰 용암이 열하 분출하여 형성된다.

오답 피하기 ② 주상 절리는 분출한 용암이 냉각되는 과정에서 다각형의 기둥 모양으로 형성된 절리이다.
③ 한라산 백록담은 화구호이다. 백두산 천지가 칼데라호에 해당한다.
④ 산방산은 경사가 급한 종상 화산체이다.
⑤ 제주도의 하천은 대부분 건천의 형태를 띠고 있어 임진강보다 연평균 유량이 적다.

03 카르스트 지형의 특징 이해

문제 분석 제시된 글은 단양팔경의 하나이며, 2008년에 명승 제45호로 지정된 단양 석문(丹陽 石門)에 관한 내용이다. 단양 석문은 카르스트 지형이 만들어 낸 자연 경관으로, 석회암으로 이루어진 동굴이 무너지면서 남은 흔적이다.

정답 찾기 ㄷ. 단양에는 석회석 채석장이 있으며, 이곳에서는 채굴된 석회석을 가공하여 시멘트를 생산한다.
ㄹ. 석회암이 용식된 후 남은 물질이 풍화되어 형성된 간대토양은 석회암 풍화토(테라로사)이며, 이 토양은 철분 등이 산화되어 붉은색을 띤다.

오답 피하기 ㄱ. 마그마가 지표로 분출하는 지역에서는 용암 대지와 같은 화산 지형이 나타난다.
ㄴ. 석회 동굴은 빗물이나 지하수가 석회암의 탄산 칼슘 성분을 용식하는 화학적 풍화 작용에 의해 형성된다.

04 고생대 조선 누층군 분포 지역의 이해

문제 분석 조사 지역 중 A와 E는 신생대 화산암 분포 지역, B는 고생대 평안 누층군 분포 지역, C는 고생대 조선 누층군 분포 지역, D는 중생대 퇴적암 분포 지역이다.

정답 찾기 ③ 종유석과 석순이 발달한 지하 동굴은 고생대 조선 누층군의 석회암 분포 지역에 발달한다.

오답 피하기 ① 돌리네는 카르스트 지형에서 나타난다. 따라서 돌리네에서 재배하는 주요 농작물 탐구를 위해서는 고생대 조선 누층군 분포 지역에 대한 조사가 필요하다.
② 유동성이 큰 용암이 분출하면서 형성된 넓은 평야는 용암 대지이다. 용암 대지는 철원·평강 일대의 한탄강·임진강 유역, 개마고원 등에서 나타난다.
④ 분화구의 함몰로 형성된 칼데라 분지는 울릉도 나리 분지에서 나타난다.
⑤ 중생대의 공룡 발자국을 따라 걷는 해안 산책로는 경상 분지에 나타난다. 제주도는 신생대 화산암 지대로 공룡 발자국 화석 조사 지역으로는 적합하지 않다.

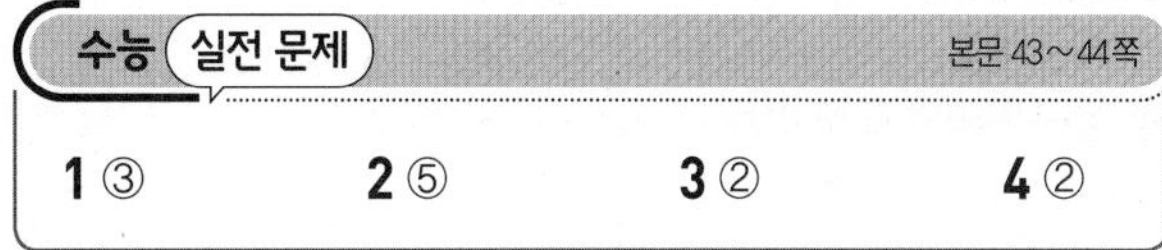

수능 실전 문제 본문 43~44쪽

1 ③ 2 ⑤ 3 ② 4 ②

1 국가 지질 공원으로 지정된 화산 지형과 카르스트 지형 이해

문제 분석 제시된 자료는 카르스트 지형이 발달한 강원 고생대 국가 지질 공원, 화산 지형이 발달한 제주도 국가 지질 공원 및 울릉도·독도 국가 지질 공원에 관한 내용이다.

정답 찾기 ③ 제주도 국가 지질 공원의 거문오름 주변에는 용암이 흘러가면서 표층부와 하층부의 냉각 속도 차이로 형성된 용암 동굴(만장굴, 김녕굴, 용천 동굴 등)이 다수 분포한다.

오답 피하기 ① 공룡 발자국 화석은 중생대에 형성된 지층에서 나타난다. 백룡 동굴은 고생대 조선 누층군에 속하는 지역이다.
② 거문오름은 기생 화산(측화산)이다.
④ 주상 절리는 분출한 용암이 냉각되는 과정에서 다각형의 기둥 모양으로 형성된 지형이다. 화강암은 마그마가 깊은 지하에서 천천히 식으면서 만들어진다.
⑤ 나리 분지는 분화구의 함몰로 형성된 칼데라이다.

2 화산 지형과 카르스트 지형의 이해

문제 분석 왼쪽 지형도는 카르스트 지형이 나타나는 충청북도 단양군, 오른쪽 지형도는 화산 지형이 나타나는 울릉도의 일부를 나타낸 것이다. A는 돌리네, B는 단양의 시멘트 공업 공장, C는 나리 분지를 형성한 칼데라 외륜의 일부, D는 알봉, E는 나리 분지의 일부분이다.

정답 찾기 ⑤ 울릉도의 이중 화산 구조는 섬 중앙부의 나리 분지(칼데라 분지)가 형성된 이후 알봉(중앙 화구구)이 만들어지는 과정에서 탄생하였다. 따라서 알봉(D)은 나리 분지를 형성한 칼데라 외륜(C)이 형성된 이후 형성된 중앙 화구구이다.

오답 피하기 ① 돌리네는 석회암이 용식 작용을 받아 형성된다.
② 시멘트 공업은 석회암을 주원료로 이용한다.
③ 회백색을 띠는 성대 토양은 냉대 기후 지역의 포드졸이다.
④ 종유석이 발달한 미로형 동굴은 주로 카르스트 지형에서 나타난다.

3 철원, 단양, 제주 구좌 지역의 이해

문제 분석 1일 차는 철원·평강·연천 일대의 한탄강 유역 용암 대지에서 행해지는 벼농사에 관한 내용이다. 2일 차는 단양 마늘 축제에 관한 내용이다. 3일 차는 우리나라의 대표적 당근 생산지인 제주 구좌읍 일대에 관한 내용이다.

정답 찾기 ② 철원－단양－제주(구좌읍)의 답사 경로이다.

오답 피하기 ① 철원－무주－군산의 경로이다.
③ 단양－군산－해남의 경로이다.
④ 무주－고성－해남의 경로이다.
⑤ 군산－고성－제주(구좌읍)의 경로이다.

4 정선 지역의 특징 이해

문제 분석 A는 철원, B는 정선, C는 상주, D는 곡성, E는 제주이다.
한 고개. 신생대 화산 활동으로 이루어진 지역은 철원, 제주이다.
두 고개. 백두대간에 속하는 산맥이 지나가는 지역은 정선, 상주이다.
세 고개. 유네스코 세계 지질 공원으로 인증된 지역은 철원, 제주에 있다.
네 고개. 천연 동굴이 발달한 지역은 정선, 제주이다. 카르스트 지형이 발달한 정선은 석회 동굴이, 화산 지형이 발달한 제주는 용암 동굴이 발달하였다.
다섯 고개. 기차 폐선로를 이용한 레일 바이크를 체험할 수 있는 지역은 곡성, 정선이다.

정답 찾기 ② 백두대간에 속하는 산맥이 지나가고, 천연 동굴 중 석회 동굴이 발달하였으며, 기차 폐선로를 이용한 레일 바이크 체험이 가능한 지역은 정선이다.

06 우리나라의 기후 특성과 주민 생활

수능 기본 문제 본문 50~51쪽

01 ④	02 ④	03 ②	04 ③
05 ⑤	06 ②	07 ③	08 ①

01 기후 요인과 기온의 관계 이해

문제 분석 기후는 기온, 강수, 바람 등의 기후 요소들로 구성되며, 기후 요소의 지역 차에 영향을 주는 위도, 수륙 분포, 해발 고도 등을 기후 요인이라고 한다.

정답 찾기 ④ 비슷한 위도에 위치한 수원과 태백 중 태백의 연평균 기온이 수원보다 낮은 것은 태백이 수원보다 해발 고도가 높기 때문이다. 남부 지방에 위치한 전주의 연평균 기온이 중부 지방에 위치한 수원보다 높은 것은 전주가 수원보다 저위도에 위치하기 때문이다. 남부 지방에 위치한 전주와 포항 중 전주의 기온의 연교차가 포항보다 큰 것은 전주가 내륙에 위치한 반면 포항은 해안에 위치하기 때문이다.

02 우리나라의 기후 특성 이해

문제 분석 우리나라는 북반구 중위도에 위치하여 계절의 변화가 뚜렷한 냉·온대 기후가 나타난다. 또한 우리나라는 유라시아 대륙 동안에 위치하여 계절풍 기후와 대륙성 기후의 특성이 나타난다.

정답 찾기 ㄴ. 우리나라는 겨울에 시베리아 고기압의 영향으로 한랭 건조한 북서 계절풍이 분다.
ㄹ. 대륙 동안에 위치한 우리나라는 같은 위도의 대륙 서안보다 기온의 연교차가 큰 대륙성 기후가 나타난다.

오답 피하기 ㄱ. 우리나라에서 계절풍 기후가 나타나는 이유는 대륙 동안에 위치하기 때문이다.
ㄷ. 기온의 지역 차는 겨울이 여름보다 크다.

03 지역별 기후 특성 이해

문제 분석 지도에 표시된 지역은 북부 내륙의 삼지연, 중부 내륙의 인제, 남해안의 거제이다. 기온의 연교차는 남부 해안에서 북부 내륙으로 갈수록 대체로 커진다. 세 지역 중 기온의 연교차는 삼지연>인제>거제 순으로 크다. 연 강수량은 지역 차가 큰 편이지만, 대체로 남쪽에서 북쪽으로 가면서 적어진다. 세 지역 중 연 강수량은 거제>인제>삼지연 순으로 많다. 따라서 (가)는 거제, (나)는 인제, (다)는 삼지연이다.

정답 찾기 ② 겨울이 길고 추운 삼지연 등의 관북 지방에서는 부엌과 방 사이에 정주간을 두었다.

오답 피하기 ① 거제를 비롯한 남해안 일대에는 주로 난대림이 분포한다.
③ 김장 적정 시기는 삼지연이 거제보다 이르다.
④ 단풍 절정 시기는 삼지연이 인제보다 이르다.
⑤ 거제가 삼지연보다 바다의 영향을 많이 받는다.

04 열섬 현상의 특징과 완화 방안 이해

문제 분석 (가) 현상은 도심(B)을 비롯한 시가지가 주변 지역(A)보다 기온이 높게 나타나는 열섬 현상이다. 열섬 현상은 건축물, 자동차, 공장 등에서 발생하는 인공 열과 포장 면적 증가가 주요 원인이다.

정답 찾기 ㄴ. 포장 면적 비율이 낮고 녹지 비율이 높은 주변 지역은 도심보다 지표면의 투수성이 높다.
ㄷ. 열섬 현상은 옥상 녹화, 바람길 조성, 하천 복원, 녹지 조성 등을 통해 완화될 수 있다.

오답 피하기 ㄱ. 도심이 주변 지역보다 인공 열 발생량이 많다.
ㄹ. 해발 고도가 높아질수록 기온이 상승하는 현상은 기온 역전 현상이다.

05 우리나라 강수 분포의 특징 파악

문제 분석 우리나라는 지형과 풍향 등의 영향으로 연 강수량의 지역 차가 크다.

정답 찾기 ⑤ 여름철 남서 기류의 바람받이 지역인 청천강 중·상류 지역(B), 한강 중·상류 지역(D), 남해안 일대(G)는 연 강수량이 많은 다우지이다.

오답 피하기 ① 대동강 하류 지역(C)은 비교적 저평한 지형으로 상승 기류가 발생하기 어려워 소우지를 이룬다.
② 영동 지역(E)은 겨울철 북동 기류가 유입할 때 많은 눈이 내린다.
③ 여름 강수 집중률은 한강 중·상류 지역(D)이 남해안 일대(G)보다 높다.
④ 개마고원(A)은 우리나라 고원 지역 중에서 해발 고도가 가장 높다. 개마고원(A)과 영남 내륙 지역(F)은 여름철 남서 기류의 비그늘에 해당하여 연 강수량이 적다.

06 겨울과 한여름의 기후 특성 비교

문제 분석 (가)는 서고동저형 기압 배치가 나타나는 겨울이고, (나)는 남고북저형 기압 배치가 나타나는 한여름이다.

정답 찾기 ② 한여름은 겨울보다 평균 상대 습도가 높고, 정오의 태양 고도가 높으며, 대류성 강수가 자주 발생한다. 따라서 그림에서 세 가지 조건을 모두 충족하는 것은 B이다.

07 서산, 충주, 울진의 기후 특성 파악

문제 분석 (가)~(다) 지역 중 최한월 평균 기온은 (다)가 가장 높고 (가)가 가장 낮으며, 최난월 평균 기온은 (가)와 (나)가 비슷하고 (다)가 가장 낮다. 최난월 평균 기온에서 최한월 평균 기온을 뺀 값인 기온의 연교차는 (가)>(나)>(다) 순으로 크다.

정답 찾기 ③ 지도에 표시된 A는 서산, B는 충주, C는 울진이다. 세 지역 중에서 기온의 연교차가 가장 큰 (가)는 내륙에 위치한 충주(B)이다. 한강 중·상류 지역에 속하여 여름 강수 집중률이 높은 충주는 다른 두 지역에 비해 겨울 강수량이 적다. 세 지역 중에서 기온의 연교차가 두 번째로 큰 (나)는 서산(A)이다. 비슷한 위도에서 기온의 연교차는 내륙이 해안보다 크고, 서해안이 동해안보다 크다. 세 지역 중에서 최한월 평균 기온이 가장 높은 (다)는 동해와 태백산맥의 영향으로 겨울이 온화한 울진(C)이다. 동해안에 위치한 울진은 북동 기류가 유입할 때 많은 눈이 내려 겨울 강수량이 많은 편이다.

08 기후 요소와 주민 생활의 관계 이해

문제 분석 기후 특성이 주민 생활에 끼친 영향을 기온, 강수, 바람 등의 기후 요소별 특징과 관련지어 파악한다.

정답 찾기 ① 대동강 하구를 비롯한 서해안 지역에서 천일제염업이 발달한 것은 강수량이 적고 일조 시간이 길기 때문이다. 따라서 (가)는 강수이다. 남부 지방에서 음식에 젓갈과 소금을 많이 활용하는 이유는 기온이 높은 지역일수록 음식이 쉽게 상하기 때문이다. 따라서 (나)는 기온이다. 제주도에서 처마를 낮게 하고 지붕을 그물처럼 얽어맨 것은 바람이 강하기 때문이다. 따라서 (다)는 바람이다.

수능 실전 문제

본문 52~55쪽

1 ②	2 ③	3 ④	4 ⑤
5 ③	6 ③	7 ①	8 ⑤

1 지역별 기후 특성 파악

문제 분석 지도에 표시된 네 지역은 인천, 대관령, 강릉, 울릉도이다. (가)는 네 지역 중에서 최한월 평균 기온이 가장 낮으므로 해발 고도가 높은 대관령이다. (나)는 네 지역 중에서 최한월 평균 기온이 가장 높으며, 겨울 강수량이 가장 많고 겨울 강수 집중률도 가장 높으므로 울릉도이다. (다)는 네 지역 중에서 최한월 평균 기온과 겨울 강수 집중률이 울릉도 다음으로 높은 동해안의 강릉이다. (라)는 최한월 평균 기온이 강릉보다 낮고, 네 지역 중에서 여름 강수 집중률이 가장 높으므로 서해안에 위치한 인천이다.

정답 찾기 ② 대관령은 바다의 영향을 많이 받는 울릉도보다 기온의 연교차가 크다.

오답 피하기 ① 우데기는 울릉도의 전통 가옥에 설치된 방설벽이다.
③ 여름 강수 집중률은 인천이 울릉도보다 높다.
④ 해발 고도는 대관령이 강릉보다 높다.
⑤ 강릉은 동해안, 인천은 서해안에 위치해 있다.

2 기온 역전 현상 이해

문제 분석 지도에서 분지 바닥에 위치한 지역은 −12.4℃까지 기온이 낮게 나타난 반면 분지를 둘러싼 산지 지역은 기온이 2.9℃에 달할 정도로 뚜렷한 기온 역전 현상이 나타났음을 확인할 수 있다.

정답 찾기 병. 기온 역전 현상은 해안 평야보다 산으로 둘러싸인 분지에서 잘 나타난다.
정. 기온 역전층이 형성되면 대기 하층의 기온이 낮아지면서 공기 중 수증기가 응결되어 안개가 자주 발생한다.

오답 피하기 갑. 기온 역전 현상은 맑고 바람이 없는 날에 잘 나타난다.
을. 장마철은 기온의 일교차가 가장 작은 시기이다. 기온 역전 현상은 기온의 일교차가 클 때 잘 나타난다.

3 중강진, 철원, 서귀포의 기후 특성 비교

문제 분석 용암 대지 위에 강원도 제일의 곡창 지대가 펼쳐진 (가)는 철원이다. 압록강 중류에 위치한다는 뜻의 (나)는 과거에 방어 목적의 촌락이 발달한 중강진이다. 우리나라에서 겨울이 가장 온화하며 관광 산업과 감귤 등의 과수 재배가 발달한 (다)는 서귀포이다.

정답 찾기 ④ 세 지역 중 연 강수량이 가장 많은 A는 서귀포이다. 서귀포 다음으로 연 강수량이 많고, 6~8월에 누적 강수량이 급격히 증가하는 B는 철원이다. 철원을 포함한 한강 유역은 여름 강수 집중률이 높다. C는 세 지역 중 연 강수량이 가장 적은 중강진이다. 따라서 (가)는 B, (나)는 C, (다)는 A이다.

4 1월과 7월의 풍향과 기후 특성 이해

문제 분석 (가)는 남서풍의 비율이 높게 나타나는 7월이며, (나)는 북서풍의 비율이 높게 나타나는 1월이다.

정답 찾기 ㄷ. 우리나라의 강수는 여름철에 집중되며, 세 지역 또한 7월 강수량이 1월 강수량보다 많다.
ㄹ. 호남 지방에서는 가옥의 처마 끝을 따라 까대기를 설치하여 겨울에 눈과 바람이 들이치는 것을 막았다.

오답 피하기 ㄱ. 7월에 여수는 남서풍이 북서풍보다 발생 빈도가 높다.
ㄴ. 1월 평균 풍속은 목포가 광주보다 빠르다. 해안 지역은 내륙 지역에 비해 대체로 풍속이 빠르다.

5 높새바람의 특성 이해

문제 분석 높새바람이 불 때 영서 지방에 위치한 홍천과 원주는 영동 지방에 위치한 강릉과 동해에 비해 기온이 높고 상대 습도가 낮다.

정답 찾기 ③ 늦봄에서 초여름 사이에 동해로 오호츠크해 기단이 세력을 확장하면 북동풍이 자주 분다. 북동풍이 불 때 영동 지방은 기온이 낮고 비가 자주 내리지만, 영서 지방은 푄 현상이 나타나 고온 건조해진다.

오답 피하기 ① 남서 기류가 유입하면 영서 지방은 상대 습도가 높고 지형성 강수가 나타나기도 한다.
② 기온 역전 현상은 차가운 공기가 분지 내에 집적됨으로써 상층부로 갈수록 기온이 높게 나타나는 현상이다.
④ 열섬 현상은 교외 지역보다 도심의 기온이 높게 나타나는 현상이다.
⑤ 한대 기단과 열대 기단의 경계면을 따라 형성되는 정체 전선은 장마 전선이다.

6 계절에 따른 기후 특성 이해

문제 분석 우리나라 기후에 영향을 주는 기단으로는 시베리아·오호츠크해·북태평양·적도 기단이 있다. 우리나라는 이들 기단의 영향을 교대로 받으면서 계절별로 독특한 기후 현상이 나타난다.

정답 찾기 ③ 봄은 겨울보다 강수량이 많지만, 기온이 높아짐에 따라 대기가 건조해져서 산불이 자주 발생한다.

오답 피하기 ① 봄에 시베리아 기단이 일시적으로 강해지면 꽃샘 추위가 발생하기도 한다.
② 봄에는 이동성 고기압과 저기압이 교대로 지나가는 경우가 많고, 이 때문에 날씨 변화가 심하게 나타난다.
④ 황사는 중국과 몽골 내륙의 사막 등지에서 발생한 모래 먼지가 편서풍을 타고 날아오는 현상이다.
⑤ 오호츠크해 기단은 고위도의 해양에서 발생하여 냉량 습윤한 특성을 보인다.

7 지역별 전통 가옥 구조의 특징 파악

문제 분석 (가)는 대청마루(A)가 설치되어 있고 방이 '일(一)자형'으로 배치된 남부형 전통 가옥이 분포하는 지역이다. (나)는 정주간(B)이 설치되어 있으며 방이 '전(田)자형'으로 배치된 관북형 전통 가옥이 분포하는 지역이다. (다)는 아궁이의 방향이 집 바깥쪽을 향하는 구조(C)를 보이는 제주도형 전통 가옥이 분포하는 지역이다.

정답 찾기 ① 그루갈이는 관북 지역보다 남부 지역에서 널리 이루어진다. 겨울이 온화한 남부 지역에서는 벼를 수확한 후 늦가을에 보리를 심어 이듬해 초여름에 수확하는 그루갈이가 많이 이루어진다.

오답 피하기 ② 봄꽃의 개화 시기는 제주도가 관북 지역보다 이르다.
③ 대청마루는 여름이 길고 무더운 남부 지역의 전통 가옥에서 주로 볼 수 있다.
④ 정주간은 보온을 중시하는 관북 지역의 폐쇄적 가옥 구조에서 주로 볼 수 있다.
⑤ 겨울이 비교적 온화한 제주도의 전통 가옥에는 온돌이 없는 경우가 많았고, 부엌의 아궁이를 집 바깥쪽으로 배치하여 주로 취사 용도로 이용하였다.

8 지역별 서리일 분석

문제 분석 서리는 대체로 늦가을~겨울에 첫서리가 내리고, 봄에 마지막 서리가 내린다. (가)는 첫 서리일, (나)는 마지막 서리일이다.

정답 찾기 ⑤ 무상 기간은 마지막 서리일부터 첫 서리일까지의 기간이다. 서귀포(E)는 지도에 표시된 다섯 지역 중에서 무상 기간이 가장 길다.

오답 피하기 ① 첫 서리일에서 마지막 서리일까지의 기간은 주로 시베리아 기단의 영향을 받는다.
② (가)는 첫 서리일, (나)는 마지막 서리일이다.
③ 해발 고도가 높은 대관령(B)이 해발 고도가 낮은 서울(A)보다 서리가 내리는 기간이 길다.
④ 남부 해안에 위치한 부산(D)이 진안고원에 위치한 장수(C)보다 최한월 평균 기온이 높다.

07 자연재해와 기후 변화

수능 기본 문제 본문 60~61쪽

01 ⑤	02 ④	03 ③	04 ④
05 ⑤	06 ①	07 ③	08 ②

01 폭염, 한파, 호우의 특성 이해

문제 분석 (가)는 '동파 방지'를 통해 한파, (나)는 '상습 침수 위험 지역에서 신속히 대피'를 통해 호우, (다)는 '무더위 쉼터 이용'을 통해 폭염임을 알 수 있다.

정답 찾기 ⑤ 호우는 폭염, 한파보다 연평균 피해액이 많다. 호우는 태풍과 더불어 우리나라 자연재해 중 피해액이 많은 편에 속하는 자연재해이다.

오답 피하기 ① 주로 장마 전선의 정체에 따라 발생하는 자연재해는 호우이다.
② 난방용 전력 소비량 증가와 관련된 자연재해는 한파이다.
③ 주로 시베리아 기단의 영향으로 발생하는 자연재해는 한파이다.
④ 온열 질환은 고온에 장시간 노출될 때 발생하는 열 탈진, 열사병 등의 급성 질환을 말한다. 폭염이 한파보다 온열 질환 발병에 영향이 크다.

02 지진의 발생 및 특징 파악

문제 분석 '탁자 아래로 들어가기', '전기와 가스 차단', '계단 이용 이동', '가방이나 손으로 머리 보호' 등의 내용을 통해 제시된 자연재해가 지진임을 알 수 있다.

정답 찾기 ④ 내진 설계는 지진에 견딜 수 있도록 건축물을 설계하는 것을 말한다.

오답 피하기 ① 도시화로 발생 빈도가 높아지는 것은 열대야와 같은 기후 관련 현상이다.
② 호흡기 및 안과 질환 발병률을 증가시키는 것은 황사이다.
③ 저위도와 고위도 지역 간 열 교환을 촉진하여 지구의 열평형을 유지하는 기능을 하는 것은 태풍이다.
⑤ 해안 지역에 강풍으로 인한 해일 피해를 일으키는 것은 태풍이다.

03 대설, 태풍, 호우의 발생 및 특징 파악

문제 분석 (가)는 12~2월에 발생한 대설, (나)는 7~8월에 발생한 호우, (다)는 8~10월에 발생한 태풍이다.

정답 찾기 ③ 태풍은 열대 해상에서 발생하여 중위도 지역으로 이동하는 열대 저기압으로, 강한 바람과 집중 호우를 동반하기 때문에 많은 인명 및 재산 피해를 가져오기도 한다.

오답 피하기 ① 대설은 시베리아 기단의 영향을 받는 겨울에 주로 발생한다.
② 우데기는 대설에 대비한 울릉도의 전통 가옥 시설이다.
④ 호우가 대설보다 우리나라 연 강수량에 미치는 영향이 크다.
⑤ 강한 바람을 동반하는 태풍은 호우보다 선박 파손 피해를 많이 일으킨다.

04 황사의 특성 이해

문제 분석 (가) 현상은 황사이다. 황사는 중국과 몽골 내륙의 사막 등지에서 발생한 모래 먼지가 편서풍을 타고 우리나라 쪽으로 날아오는 현상이다. 황사의 관측 일수는 대체로 이들 황사의 발원지와 가까울수록 많으므로 A는 백령도, B는 울릉도이다.

정답 찾기 ㄴ. 황사는 호흡기 및 안과 질환, 정밀 기계 및 전자 기기 고장 등의 피해를 발생시킨다. 황사가 발생할 때 이와 같은 피해를 줄이기 위해 실내 공기 정화기의 수요가 증가한다.
ㄹ. 백령도는 황해, 울릉도는 동해에 위치한 섬이다. 따라서 우리나라 표준 경선과의 최단 거리는 울릉도가 가깝다.

오답 피하기 ㄱ. 주로 저위도의 해상에서 발생하는 것은 태풍이다.
ㄷ. 늦봄에서 초여름 사이에 고온 건조한 높새바람이 불면 경기·영서 지방에는 가뭄이나 이상 고온 현상이 나타나 농작물에 피해를 주기도 한다.

05 지역별 자연재해 피해액 비율 파악

문제 분석 지역별 자연재해 피해액 비율은 각 자연재해의 주요 발생 지역과 이동 경로 등에 따라 달라진다.

정답 찾기 ⑤ 수도권, 강원도, 충청 지방은 태풍보다 호우로 인한 피해액 비율이 높다. 따라서 수도권에서 피해액 비율이 가장 높은 (가)는 호우이다. 태풍의 주요 이동 경로에 속하는 제주도, 영남 지방, 호남 지방은 태풍 피해액 비율이 호우 피해액 비율보다 높다. 따라서 영남 지방에서 피해액 비율이 가장 높은 (나)는 태풍이다. 2016년 경북 경주와 2017년 경북 포항에서 규모가 큰 지진이 발생하였다. 따라서 영남 지방에서 상대적으로 피해액 비율이 높은 (다)는 지진이다.

06 지구 온난화의 영향 이해

문제 분석 지구 온난화의 영향으로 우리나라 봄꽃의 개화 시기가 빨라지고 있다. 그래프에서 봄꽃 개화 시기에 주로 영향을 주는 2~3월 평균 기온이 상승하는 추세와 매화 개화일이 빨라지는 추세를 확인할 수 있다.

정답 찾기 ① 지구 온난화가 지속되면 서리가 주로 내리는 겨울이 짧아지면서 대관령의 무상 기간이 늘어날 것이다.

오답 피하기 ② 지구 온난화로 평균 기온이 상승하면 내장산 단풍의 시작 시기는 늦어질 것이다.
③ 지구 온난화로 한라산 고산 식물이 분포하는 한계 고도는 높아지고, 분포 범위는 좁아질 것이다.
④ 평균 기온 상승은 해수 온도 상승에도 영향을 주어 한류성 어족의 어획량이 줄어들 것이다.
⑤ 지구 온난화가 지속되면 감귤과 같은 난대성 작물의 재배 가능 지역이 늘어날 것이다.

07 우리나라의 식생 분포 파악

문제 분석 식생은 지표를 덮고 있는 식물 집단으로, 식생의 분포와 종류는 기온과 강수 등 기후 특성의 영향을 크게 받는다. 습윤 기후 지역에 속하는 우리나라의 식생 분포에는 강수량보다 기온이 큰 영향을 준다.

정답 찾기 ③ 위도가 높아질수록 기온이 낮아져 냉대림이 나타나는 해발 고도는 낮아진다. 백두산은 한라산보다 고위도에 위치하여 냉대림이 분포하는 해발 고도 하한선이 낮다.

오답 피하기 ① 식생의 수평 분포는 위도에 따른 기온 분포와 밀접한 관련이 있다.
② 난대림은 주로 동백나무, 후박나무 등의 상록 활엽수로 이루어져 있다.
④ 식생의 수직 분포는 해발 고도가 상승함에 따라 기온이 하강하기 때문에 나타난다.
⑤ 제주도 중산간 지역의 2차 초지대는 주로 목축을 위해 인위적으로 조성된 것이다.

08 우리나라의 토양 특징 이해

문제 분석 강원 남부와 충북 북동부 등지에 분포하는 A는 석회암 풍화토, 하천 주변에 주로 분포하는 B는 충적토, 서·남해안 일대의 간척지와 하구 부근에 주로 분포하는 C는 염류토이다.

정답 찾기 ② A~C 중에서 토양층의 발달이 뚜렷한 (가)는 석회암 풍화토(A)이다. (나)와 (다)는 토양의 생성 기간이 짧거나 운반 및 퇴적으로 형성되는 미성숙 토양에 해당한다. 이들 중 토양의 염분 농도가 높은 (나)는 염류토(C)이며, 그렇지 않은 (다)는 충적토(B)이다.

수능 실전 문제

본문 62~64쪽

1 ④	**2** ②	**3** ③	**4** ②
5 ③	**6** ⑤		

1 한파와 열대야 현상의 분포 특징 이해

문제 분석 (가)는 대체로 남부 지방보다 중부 지방에서 연간 일수가 많고, 비슷한 위도에서는 해안 지역보다 내륙 지역과 해발 고도가 높은 지역에서 연간 일수가 많다. 따라서 (가)는 겨울 추위와 관련된 한파이다. (나)는 대체로 중부 지방보다 남부 지방에서 연간 일수가 많은 경향을 보이고, 태백산맥과 소백산맥 일대의 해발 고도가 높은 지역에서 연간 일수가 적은 편이다. 따라서 (나)는 여름 더위와 관련된 열대야이다.

정답 찾기 ㄱ. 한파는 시베리아 기단이 세력을 확장하는 겨울에 주로 발생한다.

ㄷ. 비슷한 위도에서 내륙에 위치한 철원(A)이 동해안에 위치한 고성(B)보다 한파 일수가 많은 것은 수륙 분포와 지형의 영향 때문이다.

ㄹ. 보성(D)보다 고위도에 위치한 서울(C)의 열대야 일수가 많은 것은 도시화로 인한 열섬 현상 때문이다.

오답 피하기 ㄴ. 지구 온난화로 기온이 상승하면 열대야의 전국 평균 일수는 증가할 것이다.

2 자연재해의 시설별·지역별 피해 파악

문제 분석 (가)는 농경지와 건물 피해액 비율이 높은 호우이다. 호우가 발생하면 하천 범람 등으로 농경지와 건물이 침수 피해를 입는 경우가 많다. (나)는 건물과 농경지 피해액 비율이 높고, 다른 두 자연재해에 비해 상대적으로 선박 피해액 비율이 높은 태풍이다. (다)는 지표면에 진동을 일으켜 주로 건물에 심각한 피해를 주는 지진이다. A는 태풍 피해액이 호우 피해액보다 많은 전남이다. B는 지진 피해액이 상대적으로 많은 경북이다. C는 여름 강수 집중률이 높은 한강 유역에 속하는 면적이 넓어서 호우 피해액이 많은 충북이다.

정답 찾기 ② 태풍의 2012~2021년 피해액은 경북이 경남보다 많다.

오답 피하기 ① 주로 지형적 요인에 의해 발생하는 자연재해는 지진이다.

③ 호우는 주로 여름철에 발생하는 기후적 요인의 자연재해이지만, 지진은 발생 시기가 계절과 무관한 지형적 요인의 자연재해이다.

④ 경북은 대부분 낙동강 유역에 속한다.

⑤ 전남은 충북보다 저위도에 위치해 있다.

3 우리나라의 기후 변화 특징 파악

문제 분석 우리나라는 과거에 비해 모든 계절의 평균 기온이 상승하였다. 계절별 강수량은 겨울을 제외한 모든 계절에서 증가하였으며, 특히 여름 강수량의 증가 폭이 크다. 강수 일수는 모든 계절에서 감소하였다.

정답 찾기 ㄴ. 계절 평균 기온의 최대 차이는 1912~1940년에 23.4℃에서 1991~2020년에 22.2℃로 감소하였다.

ㄹ. 연 강수량은 1912~1940년에 1,178.0mm에서 1991~2020년에 1,314.8mm로 증가하였으나, 연 강수 일수는 1912~1940년에 154.3일에서 1991~2020년에 133.1일로 감소하였다. 따라서 연 강수 일수 대비 연 강수량 비율이 증가하였다.

오답 피하기 ㄱ. 겨울은 강수량이 감소하였다.

ㄷ. 평균 기온 상승 폭은 겨울이 2.1℃, 여름이 0.9℃이다.

4 우리나라의 기후 변화 파악

문제 분석 우리나라는 지구 온난화로 인해 여름철 기온과 관련된 고온 기후 현상이 증가하고, 겨울철 기온과 관련된 저온 기후 현상은 감소하였다. 한편, 우리나라는 과거에 비해 호우 발생 빈도가 증가하였다.

정답 찾기 ② (가)는 과거(1912~1940년)보다 최근(1991~2020년) 발생 일수가 감소한 기후 현상이다. 이에 해당하는 것은 결빙 일수, 서리 일수, 한파 일수이다. (나)는 과거(1912~1940년)보다 최근(1991~2020년) 발생 일수가 증가한 기후 현상이다. 이에 해당하는 것은 열대야 일수, 폭염 일수, 호우 일수이다.

5 우리나라의 식생 분포 파악

문제 분석 북부 지방과 고지대에 주로 분포하는 (가)는 냉대림이고, 제주도, 남해안, 울릉도에 주로 분포하는 (나)는 난대림이다. A는 우리나라에서 해발 고도가 가장 높은 백두산이고, B는 동해에 위치한 울릉도의 성인봉, C는 남한에서 해발 고도가 가장 높은 한라산이다.

정답 찾기 ③ 남해안과 제주도 및 울릉도의 저지대는 난대림 지대로 동백나무, 후박나무 등의 상록 활엽수가 주로 자란다.

오답 피하기 ① 냉대림 지대에서는 전나무, 가문비나무 등의 침엽수가 주로 자란다.

② 우리나라의 식생 중에서 분포 면적이 가장 넓은 것은 온대림이다.

④ 우리나라에서 식생의 수직 분포가 가장 다양하게 나타나는 곳은 한라산이다.

⑤ 지구 온난화의 영향으로 한라산의 냉대림 분포 면적은 축소될 것이다.

6 충적토와 석회암 풍화토의 분포 및 특징 이해

문제 분석 하천 주변에 주로 분포하는 (가)는 충적토, 강원 남부와 충북 북동부 등지에 주로 분포하는 (나)는 석회암 풍화토이다.

정답 찾기 ㄴ. 석회암이 용식되면서 석회암에 포함된 불순물이 녹지 않고 풍화되면 붉은색을 띠는 토양이 만들어지는데, 이를 석회암 풍화토라고 한다. 석회암은 고생대 초기에 형성된 해성층인 조선 누층군에 주로 분포한다.

ㄷ. 석회암 지대는 투수성이 높아 지표수가 부족하기 때문에 경지의 대부분이 밭으로 이용된다. 따라서 석회암 풍화토 분포 지역은 충적토 분포 지역보다 경지 중 밭 비율이 높다.

오답 피하기 ㄱ. 기후와 식생의 영향으로 형성된 성대 토양으로는 온대림 지역의 갈색 삼림토와 냉대림 지역의 회백색토 등이 있다.

08 촌락의 변화와 도시 발달

수능 기본 문제

본문 69쪽

01 ⑤ 02 ③ 03 ④ 04 ①

01 전통 촌락의 특징 이해

문제 분석 제시된 글은 자연적 조건에 따른 전통 촌락의 입지 특성을 나타낸 것이다.

정답 찾기 ⑤ 선상지는 선정, 선앙, 선단으로 구분하는데, 선앙에서는 하천이 복류하는 현상이 나타난다. 선상지에서 용천은 주로 선단에 분포한다.

오답 피하기 ① 역원 취락은 교통과 관련된 촌락의 입지 사례인데, 교통은 사회·경제적 요인에 해당한다.

② 우리나라는 북반구에 위치하므로 해는 북사면의 산기슭보다는 남사면의 산기슭을 잘 비춘다.

③ 하천과의 해발 고도 차이가 작은 범람원과 삼각주는 홍수 시 침수 가능성이 있다. 이들 지형은 자연 제방과 배후 습지로 구성되는데, 상대적으로 자연 제방이 배후 습지보다 해발 고도가 높다. 따라서 취락은 홍수 시 배후 습지보다 침수 피해 가능성이 상대적으로 낮은 자연 제방에 입지한다.

④ 제주도는 기반암의 특성으로 빗물이 지하로 잘 스며들기 때문에 지표수가 부족하다. 따라서 전통 취락은 주로 용천 주변에 위치하는데, 용천은 해안가에 많이 분포한다.

02 도시(동부)와 촌락(면부)의 특성 이해

문제 분석 산업화 및 도시화 과정에서 이촌 향도 현상이 활발하였는데, 촌락에서 도시로 이동한 연령층은 주로 청장년층과 이들의 자녀인 유소년층이다. 그 결과 촌락은 도시보다 노년층 인구 비율이 높다. 따라서 노년층 인구 비율이 높은 (가)는 촌락(면부)이고, (나)는 도시(동부)이다.

정답 찾기 ③ 도시는 촌락에 대하여 중심지 기능을 수행하므로, 도시(나)는 촌락(가)보다 상위 계층의 정주 공간이다.

오답 피하기 ① 인구 밀도는 단위 면적에 거주하는 인구로 나타낸다. 따라서 인구 밀도는 상대적으로 좁은 지역에 많은 인구가 거주하는 도시(나)가 촌락(가)보다 높다.

② 집약도는 일정한 토지 면적에 투입되는 노동과 자본의 양을 통해 비교할 수 있다. 도시는 대지, 공장용지 등으로 이용되는 토지 면적 비율이 높은 반면, 농촌은 경지 면적 비율이 높다. 따라서 토지 이용의 집약도는 도시(나)가 촌락(가)보다 높다.

④ 1차 산업인 농림어업의 지역 내 취업자 수 비율은 촌락(가)이 도시(나)보다 높다.

⑤ 귀농·귀촌은 도시(나)에서 촌락(가)으로의 인구 이동에 해당한다.

03 인구가 감소한 촌락의 특징 이해

문제 분석 그림은 경북 내륙의 촌락인 청송군의 1970년과 2021년의 연령별 인구 구조를 나타낸 것이다. 대도시와 멀리 떨어져 있는 촌락은 산업화 과정에서 청장년층의 인구 유출이 활발하여 노년층 인구 비율이 과도하게 높은 인구 구조를 나타낸다. (나)는 (가)에 비해 노년층 인구 비율이 높으므로 (나)는 2021년, (가)는 1970년의 인구 구조이다.

정답 찾기 ④ 청송은 1970~2021년에 인구가 많이 감소하였는데, 가구 감소율보다 인구 감소율이 높아 가구당 인구는 감소하였다. 또한 근래 외국인과의 결혼 건수가 많고 외국인 근로자도 증가하였으므로 외국인 수는 2021년이 1970년보다 많다. A~E 중 세 항목이 모두 옳은 것은 D이다.

04 산업화, 도시화 과정에서 나타난 지역별 인구 증감 차이 이해

문제 분석 우리나라는 산업화 시기에 지역별로 인구 증감의 차이가 크다. 대도시 및 대도시와 인접한 지역, 공업이 발달한 지역은 인구가 많이 증가하였다. 대도시와 멀고 산업화에서 소외된 지역은 인구가 감소하였는데, 지방 중소 도시 중에서도 인구가 정체 또는 감소한 경우도 있다.

정답 찾기 ① 그래프에서 (가)는 1975년 대비 2021년의 인구가 3배 정도 늘었는데, 특히 2000년대 들어 인구가 큰 폭으로 증가하였다. (나)는 인구가 소폭 감소하였고, (다)는 인구가 지속적으로 감소하였다. 지도에서 A는 천안, B는 충주, C는 단양이다. 수도권과 인접한 곳에 위치한 천안은 수도권과 전철로 연결되는 지역으로 2000년대 들어 인구가 크게 증가하였다. 지방 중소 도시인 충주는 인구가 정체하였으며, 대도시와 멀리 떨어져 있는 단양은 촌락으로 인구가 지속적으로 감소하였다. 따라서 (가)는 천안(A), (나)는 충주(B), (다)는 단양(C)이다.

수능 실전 문제

본문 70~71쪽

1 ① 2 ① 3 ① 4 ①

1 용인, 울산, 전주의 인구 변화 이해

문제 분석 지도의 세 지역은 위로부터 경기 용인, 전북 전주, 울산으로 시기별 인구 증감과 증감 형태에 다소 차이가 있다. 남동 임해 공업 지역에 위치한 울산은 1970~1980년대에 대규모 생산 공장이 입지하면서 인구가 빠르게 증가하였고, 수도권에 위치하지만 서울과 다소 거리가 있는 용인은 2000년대에 아파트 단지가 늘어나면서 인구가 급증하였다. 전북특별자치도청 소재지인 전주는 전통적인 지방 중심 도시로 인구가 완만하게 증가하였다. 따라서 1970~1980년대에 인구가 빠르게 증가한 (가)는 울산, 2000년대에 인구가 빠르게 증가한 (나)는 용인, 인구가 완만하게 증가한 (다)는 전주이다.

정답 찾기 ① 남동 임해 공업 지역에 위치한 울산(가)은 1970년대부터 중화학 공업 육성 정책을 배경으로 성장한 지역으로 자동차, 조선, 석유 화학 등 대규모 생산 공장이 입지하고 있다.

오답 피하기 ② (나)는 경기 용인이다. 고려 시대 이후 전라도의 중심 도시이고 현재 전북특별자치도청 소재지인 지역은 전주(다)이다.

③ (다)는 전주이다. 세 지역 중 서울의 주거 기능을 분담하면서 성장한 지역은 용인(나)이다.

④ 시(市) 승격 시기는 전주(다)가 용인(나)보다 이르다. 전주는 예부터 지역의 중심 도시(중심지)였고, 전주시의 명칭은 1949년에 전주부에서 전주시로 개칭되면서 사용되기 시작하였다. 용인은 1996년에 용인군에서 용인시로 승격되었다.

⑤ 울산(가)은 영남권, 용인(나)은 수도권, 전주(다)는 호남권에 위치한다.

2 영남권, 충청권, 호남권의 권역 내 시·군별 인구 규모와 순위 이해

문제 분석 영남권의 인구 규모 1위 도시는 부산이고, 충청권의 인구 규모 1위 도시는 대전인데, (가)는 (나)보다 인구 규모 1위 도시의 인구가 많으므로 (가)는 영남권, (나)는 충청권이다.

정답 찾기 ㄱ. 영남권(가)의 인구 규모 상위 1~3위 도시는 부산, 대구, 울산으로 모두 광역시이다. 영남권의 인구 규모 4위 도시는 창원으로 특례시이다.

ㄴ. 충청권(나)의 인구 규모 2위 지역인 청주는 충북의 도청 소재지이고, 호남권의 인구 규모 2위 지역인 전주는 전북의 도청 소재지이다.

오답 피하기 ㄷ. 2021년 기준 도시화율은 충청권(나)이 영남권(가)보다 낮다. 2021년 권역별 읍·면·동 거주 비율은 다음 표와 같다. 동부를 기준으로 한 도시화율은 영남권이 약 75.9%, 충청권이 약 65.7%이다.

(단위: %)

구분	동부	읍부	면부
영남권	75.9	13.4	10.7
충청권	65.7	16.1	18.2
호남권	70.2	11.8	17.9

(2021년) (통계청)

ㄹ. 영남권(가)의 인구 규모 1위 지역은 부산으로 해안에, 충청권(나)의 인구 규모 1위 지역은 대전으로 내륙에 위치한다.

3 정주 체계 이해

문제 분석 정주 체계에서 상대적으로 상위 중심지는 하위 중심지보다 기능이 다양하다. (가) 지역은 (나) 지역보다 의료 기관의 수가 많고 종류도 다양하므로 상위 중심지에 해당한다. (가)는 강원도에서 제조업이 발달한 도시인 원주이고, (나)는 촌락인 정선이다. 지도에 표시된 두 지역은 원주, 정선이다.

정답 찾기 ① 원주(가)는 정선(나)보다 의료 기관의 수가 많고 상위 의료 기관인 종합 병원(A)이 있으므로 정주 체계에서 상대적으로 상위 계층이다.

오답 피하기 ② 도시인 원주(가)는 촌락인 정선(나)보다 지역 내 1차 산업 취업자 수 비율이 낮다.

③ 원주(가)나 정선(나)에 있는 의료 기관 중에서 종합 병원이 한의원보다 수가 적으므로, 종합 병원(A)은 한의원보다 내원자들의 평균 이동 거리가 길다.

④ 병원은 두 지역 모두에 입지하고 그 수도 한방 병원보다 많으므로, 병원(B)은 한방 병원보다 최소 요구치 범위가 좁다.

⑤ 종합 병원은 의원보다 기능이 다양하므로, 종합 병원(A)당 연간 이용자 수는 의원(C)당 연간 이용자 수보다 많다.

4 구미, 춘천, 해남의 산업 구조와 인구 변화의 관계 이해

문제 분석 지도의 세 지역은 위로부터 강원 춘천, 경북 구미, 전남 해남이다.

정답 찾기 ① 세 지역 중 (가)는 광업·제조업의 취업자 수 비율이 가장 높으므로 구미, (나)는 도소매·음식 숙박업과 사업·개인·공공 서비스업 및 기타의 취업자 수 비율이 높으므로 춘천, (다)는 농업, 임업 및 어업의 취업자 수 비율이 가장 높으므로 해남이다. 강원특별자치도청 소재지인 춘천은 전통적인 지방 중심 도시로 인구 변화가 상대적으로 작다. 경북 구미는 제조업이 발달한 도시로 산업화 과정에서 인구 증가율이 높았다. 전남 해남은 촌락으로 산업화 과정에서 이촌 향도로 인구가 감소하였다. 따라서 (가)는 A, (나)는 B, (다)는 C가 해당한다.

09 도시 구조와 대도시권

수능 기본 문제 본문 76~77쪽

01 ②	02 ②	03 ③	04 ④
05 ④	06 ⑤	07 ③	08 ①

01 도심으로부터의 거리에 따른 기능별 지대 변화 이해

문제 분석 도심은 도시 내 여러 지역으로부터의 접근성이 좋은 곳이어서 지대와 지가가 높다. 도심에서의 지대 지불 능력은 세 기능 중 상업 기능이 가장 높지만, 상업 기능은 도심에서 거리가 멀어질수록 지대 지불 능력이 급격히 낮아진다. 주거 기능도 도심에서 거리가 멀어질수록 지대 지불 능력이 낮아지지만 상업 기능만큼 급격히 낮아지지는 않는다. 공업 기능은 상업 기능과 주거 기능의 중간 수준의 지대 곡선 기울기가 나타난다.

정답 찾기 ㄴ. ㉠ 지점은 공업 기능과 주거 기능의 지대 지불 능력이 같으므로 공업 기능과 주거 기능이 혼재하여 입지한다.

오답 피하기 ㄱ. 도시가 성장하면 상업 기능의 집심 현상이 나타나 도심의 상업 기능의 지대가 높아진다.

ㄷ. ㉠-㉡ 구간에서 지대 지불 능력이 가장 높은 기능은 주거 기능이다.

02 대도시에서 도심과 주변(외곽) 지역의 토지 이용 특징 이해

문제 분석 지도는 광주광역시의 두 지역을 나타낸 것이다. (가)는 광주광역시의 중심부에 위치하고 시청, 법원 등 행정 기능이 집중되어 있는 도심, (나)는 아파트 단지가 많은 주변(외곽) 지역이다.

정답 찾기 ② 주변(외곽) 지역인 (나)에 비해 도심인 (가)는 상업 지역의 평균 지가가 높고(A, B, C), 주간 인구 지수가 높으며(A, B, D), 인구 밀도는 낮다(B, C, D). 따라서 공통적으로 해당하는 것은 B이다.

03 대도시권의 형성과 변화 특징 이해

문제 분석 대도시권(大都市圈)은 대도시를 중심으로 대도시와 인근 지역이 마치 하나의 도시와 같은 성격을 나타내는 지역이다. 대도시권의 범위는 일반적으로 통근·통학 등 일일생활권까지의 범위이다.

정답 찾기 ㉡ 대도시권 형성의 주요 배경으로 대도시의 지가 상승, 교통 체증, 환경 문제 등에 따른 인구와 기능의 교외화 현상, 대도시와 인근 지역 간에 광역 교통 체계 발달, 정부의 인구 분산 정책에 따른 신도시 건설 등을 들 수 있다.

㉢ 대도시권에서 중심 도시와 인접하여 위치하는 교외 지역은 중심 도시의 주거 기능을 분담하면서 인구가 증가하는데, 중심 도시로 통근하는 인구 비율이 높아져 주간 인구 지수는 낮아진다.

오답 피하기 ㉠ 대도시권의 범위는 일반적으로 일일생활권까지이다.

㉣ 배후 농촌 지역은 대도시로 통근하는 인구 비율이 높아지면서 지역 내 전업농가 비율이 낮아진다.

04 대도시권 성장에 따른 통근 가능권의 인구 증감 변화 이해

문제 분석 서울 대도시권의 형성과 발전은 경기도 내 시·군의 인구 변화에 큰 영향을 미쳤다. 한편, 대도시권의 형성 과정에서는 중심 도시와 가까운 곳부터 인구가 성장한다.

정답 찾기 ④ 지도의 세 지역은 위로부터 성남(A), 용인(B), 안성(C)인데, 이 중 서울과의 거리는 성남이 가장 가깝고 안성이 가장 멀다. 서울 대도시권의 형성 과정에서 세 지역의 인구 증감을 보면 성남은 1990년대에 빠르게 증가하였고, 용인은 2000년대 들어 급증하였으며, 안성은 감소하다가 증가하는 경향을 띤다. 따라서 2000년대 이후 인구가 빠르게 증가한 (가)는 용인(B), 1970~1980년대에 인구가 감소하다가 이후 증가한 (나)는 안성(C), 수도권 1기 신도시가 입지하여 1990년대에 인구가 급증한 (다)는 성남(A)이다.

05 대도시권의 형성과 변화 관련 주요 개념 이해

문제 분석 제시된 퀴즈를 풀어 해당하는 개념에 속한 글자를 모두 지우고 남은 글자로 만들 수 있는 용어에 대한 설명을 찾는다.

정답 찾기 ④ (1) 대도시와 밀접한 관계를 맺고 그 기능의 일부를 분담하는 도시를 위성 도시라고 한다. (2) 주거 기능의 이심 현상으로 도심의 상주인구가 감소하는 현상을 인구 공동화라고 한다. (3) 수도권에 소재하였던 공공 기관을 지방으로 이전하여 조성한 도시를 혁신 도시라고 한다. 〈글자판〉에서 위성 도시, 인구 공동화, 혁신 도시의 글자를 모두 지우면 남는 것은 접근성이다. 접근성은 통행이 발생한 지역으로부터 특정 지역이나 시설로의 접근 용이성을 의미한다.

오답 피하기 ① 특정 장소에 가옥이 모여 있는 촌락은 집촌이다.

② 상업·업무 기능 등이 도심으로 집중하는 현상은 집심 현상이다.

③ 도시 내부가 기능에 따라 여러 지역으로 나뉘는 현상은 도시의 지역 분화 현상이다.

⑤ 토지 이용을 통해 얻을 수 있는 수익 또는 타인의 토지를 이용하고 지불해야 하는 비용은 지대이다.

06 대도시권 교외 지역의 변화 특성 이해

문제 분석 그래프는 대구와 인접한 경산시의 인구 변화를 나타낸 것이다. 경산시는 대구 대도시권의 형성 과정에서 대규모 아파트 단지가 입지하여 인구가 증가하였다.

정답 찾기 ⑤ 대구 대도시권의 형성으로 인구가 증가한 경산은 지역 내 1차 산업 취업자 비율이 감소하였다.

오답 피하기 ① 대도시권의 형성으로 인구가 증가하는 과정에서는 경지가 시가지로 개발되는 경우가 많다. 경산도 이에 해당하며, 이에 따라 경지 면적이 감소하였다.

② 토지 이용의 집약도란 단위 토지 면적당 투입되는 노동과 자본의 크기를 말한다. 경산도 인구가 증가하는 과정에서 각종 건물이 신축되고 도로가 건설되는 등의 변화가 나타났으므로 토지 이용의 집약도가 높아졌다.

③ 경산은 주거 기능을 분담하면서 아파트 거주 가구 수가 증가하였다.

④ 대도시권의 형성 과정에서 주거 기능을 분담하면서 성장한 도시인 경산은 인접한 대도시인 대구로 통근하는 사람이 많아졌다.

07 서울, 인천, 경기 간의 통근·통학 인구 이동 현황 파악

문제 분석 지역 간 통근·통학 인구 이동은 인구 규모와 비례하는 경향이 나타나며, 수도권의 지역별 주간 인구 지수는 서울이 높고 인천, 경기가 낮다. 수도권에서 통근·통학 인구는 경기가 가장 많고 인천이 가장 적다. 세 지역 간 통근·통학에서 서울은 유입자 수가 유출자 수보다 많다. 통근·통학 인구 규모가 가장 작은 (나)는 인천이다. 나머지 (가), (다) 간의 통근·통학 인구 이동 흐름에서 (가)는 유출자 수가 유입자 수보다 많으므로 경기, 나머지 (다)는 서울이다.

정답 찾기 ③ 서울(다)의 인구 분산을 위한 수도권 1기 신도시는 경기(가)에 건설되었다. 수도권 1기 신도시는 분당(성남시), 일산(고양시), 평촌(안양시), 산본(군포시), 중동(부천시)에 위치한다.

오답 피하기 ① 제조업 출하액은 경기(가)가 인천(나)보다 많다.

② 우리나라 최상위 계층 도시인 서울(다)이 인천(나)보다 정주 체계에서 상위 중심지이다.

④ 경기(가), 인천(나), 서울(다) 중 주간 인구 지수가 가장 높은 곳은 서울(다)이다.

⑤ 그림을 보면 인천(나)에서 경기(가)로의 통근·통학 인구는 18.2만 명, 경기에서 인천으로의 통근·통학 인구는 12.3만 명이므로, 인천은 경기로의 통근·통학 유출 인구가 경기로부터의 통근·통학 유입 인구보다 많다.

08 대도시권의 지역별 특성 이해

문제 분석 지도의 세 지역은 위로부터 가평, 구리, 안산이다. 구리는 서울과 인접하여 서울의 주거 기능을 분담하면서 성장한 도시로 주거 기능은 발달하였지만 공업 기능은 미약하다. 안산은 제조업이 발달한 도시이고, 가평은 촌락으로 세 지역 중 주거 기능이 약하고 산지가 많이 분포한다.

(가)~(다)의 토지 이용에서 뚜렷한 차이를 보이는 것으로 대지, 공장용지, 임야를 들 수 있다. 대지는 (다)의 비율이 가장 낮고, 공장용지는 (나)의 비율이 가장 높으며, 임야는 (다)의 비율이 가장 높다. 따라서 (가)는 대지 비율이 비교적 높고 공장용지 비율이 낮으므로 구리, (나)는 대지 비율이 비교적 높고 공장용지 비율이 세 지역 중 가장 높으므로 안산, (다)는 대지와 공장용지의 비율이 낮고 임야 비율이 높으므로 가평이다.

정답 찾기 ① 서울과 인접하여 위치하고 주거 기능이 발달한 구리(가)는 제조업이 발달한 안산(나)보다 주간 인구 지수가 낮다.

오답 피하기 ② 아파트는 좁은 지역에 많은 인구가 모여 살기에 적합한 주택 유형이다. 서울과 인접한 도시인 구리(가)는 촌락인 가평(다)보다 지역 내 아파트 거주 인구 비율이 높다.

③ 상대적으로 인구가 많고 제조업이 발달한 안산(나)은 주거 기능이 발달한 구리(가)보다 지역 내 총생산이 많다.

④ 제조업이 발달한 안산(나)은 촌락인 가평(다)보다 제조업 출하액이 많다.

⑤ 상대적으로 서울과의 거리가 먼 가평(다)은 구리(가)보다 서울로의 통근·통학 인구 비율이 낮다.

수능 실전 문제

본문 78~80쪽

1 ④	**2** ②	**3** ⑤	**4** ③
5 ①	**6** ⑤		

1 도시 내부 구조 이해

문제 분석 그래프는 서울시 세 구(區)의 상주인구와 주간 인구 지수 변화를 나타낸 것이다. 지도의 세 지역은 도심의 일부가 위치하는 종로구(B), 상업 및 업무 기능과 함께 주거 기능이 발달한 강남구(C), 주거 기능이 발달한 은평구(A)이다.

정답 찾기 ④ (가)는 세 지역 중 상주인구가 가장 적고 주간 인구 지수는 가장 높으므로 종로구(B), (나)는 상주인구가 많고 주간 인구 지수도 높으므로 강남구(C), (다)는 상주인구는 비교적 많지만 주간 인구 지수가 낮으므로 주거 기능이 발달한 은평구(A)이다.

2 부산광역시의 도시 구조 이해

문제 분석 부산광역시는 항구를 중심으로 발달한 도시로 부산항과 가까운 중구, 동구 일대에 도심이 형성되어 있다. 제조업은 서부 지역을 중심으로 발달하였다.

정답 찾기 ② (가)는 상대적으로 주변(외곽) 지역에서 수치가 높고 중심부에서 수치가 낮으므로 상주인구이다. (나)는 상대적으로 도심과 그 주변 지역에서 수치가 높으므로 주간 인구 지수이다. (다)는 서부 지역에서 수치가 높으므로 제조업 출하액이다.

3 대도시권의 공간 구조 이해

문제 분석 그림은 대도시권의 공간 구조를 나타낸 것이다. 그림에서 ㉠은 중심 도시, ㉡은 통근 가능권, ㉢은 교외 지역, ㉣은 대도시 영향권, ㉤은 배후 농촌 지역이다. 교외 지역은 중심 도시와 연속된 지역으로 중심 도시의 주거·공업 기능 등이 이전하며 확대된다. 대도시 영향권은 도시 경관은 미약하나 통근 형태 및 토지 이용이 중심 도시의 영향을 받는다. 배후 농촌 지역은 중심 도시로의 최대 통근 가능 지역으로 상업적 원예 농업이 발달한다.

정답 찾기 ㄷ. 배후 농촌 지역(㉤)은 중심 도시로의 최대 통근 가능 지역으로 상업적 원예 농업이 발달한다. 따라서 대도시권이 성장하면서 지역 내 식량 작물 재배 면적 비율이 낮아진다.

ㄹ. ㉡은 통근 가능권, ㉢은 교외 지역이다.

오답 피하기 ㄱ. 대도시권이 성장하면서 인구의 교외화 현상의 영향으로 대도시권의 총인구에서 차지하는 중심 도시(㉠)의 인구 비율은 낮아진다.

ㄴ. 대도시권에서 교통이 발달함에 따라 중심 도시로의 접근성이 향상되므로 통근 가능권 내의 교외 지역, 대도시 영향권(㉣), 배후 농촌 지역의 범위는 중심 도시와 가까운 쪽으로 축소되는 것이 아니라 먼 쪽으로 확대된다.

4 대도시권의 지역별 주간 인구 지수 변화 이해

문제 분석 지도의 세 지역은 북쪽에서부터 파주, 고양, 화성이다. 이 중 경기 서남부에 위치하는 화성은 제조업이 발달한 지역으로 주간 인구 지수가 100보다 높다. 파주보다 서울과의 거리가 가까운 고양은 서울로 통근하는 인구 비율이 높으므로 고양이 파주보다 주간 인구 지수가 낮다. 따라서 주간 인구 지수가 가장 높은 (가)는 화성, 가장 낮은 (다)는 고양, 나머지 (나)는 파주이다.

정답 찾기 ㄴ. 고양(다)은 1990년대 후반에 지역 내 일자리 수가 증가하면서 주간 인구 지수가 높아지는 현상이 나타났다.

ㄷ. 화성(가)은 제조업이 발달한 지역으로 파주(나)보다 제조업 출하액이 많다.

오답 피하기 ㄱ. 화성(가)은 주간 인구 지수가 100보다 높으므로 출근 시간대에 유출 인구보다 유입 인구가 많다.

ㄹ. 파주(나)는 고양(다)보다 서울과의 거리가 멀고 인구도 적으므로 서울로의 통근자 수가 적다.

5 부산·울산 대도시권의 통근·통학 인구 특성 이해

문제 분석 지도의 세 지역은 제조업이 발달한 창원, 부산의 위성 도시인 양산, 밀양이다. 그래프의 통근·통학 인구 규모는 인구 규모가 큰 지역에서 큰 편이다. 세 지역의 인구는 창원(가)>양산(나)>밀양(다) 순으로 많다. 양산은 부산 및 울산과 가까워 두 지역으로의 통근·통학 인구 비율이 높다. 따라서 (가)는 통근·통학 인구 규모가 가장 크고 부산으로의 통근·통학 인구 비율보다 울산으로의 통근·통학 인구 비율이 매우 낮으므로 창원이다. (나)는 다른 두 지역에 비해 부산 및 울산으로의 통근·통학 인구 비율이 높으므로 양산이다. (다)는 통근·통학 인구 규모가 가장 작으므로 밀양이다.

정답 찾기 ㄱ. 경상남도청은 창원(가)에 위치한다.

ㄴ. 기계 공업을 중심으로 제조업이 발달한 창원(가)은 양산(나)보다 제조업 출하액이 많다.

오답 피하기 ㄷ. 지역 내 1차 산업 취업자 비율은 촌락 특성이 상대적으로 강한 밀양(다)이 양산(나)보다 높다.

ㄹ. 창원(가)은 울산으로의 통근·통학 인구 비율이 매우 낮다. 반면에 양산(나)은 울산과 인접하여 위치하고 울산으로의 통근·통학 인구 비율도 창원에 비해 크게 높다. 따라서 창원에서 울산으로의 통근·통학 인구는 양산에서 울산으로의 통근·통학 인구보다 적다.

6 시·도별 총인구와 주간 인구 지수 특징 분석

문제 분석 A는 총인구가 가장 많고 도(道) 중에서 주간 인구 지수가 가장 낮으므로 경기이다. B는 시(市) 중에서 총인구가 세 번째로 많고 주간 인구 지수가 두 번째로 낮으므로 인천이다. C는 도(道) 중에서 총인구가 가장 적고 주간 인구 지수가 약 100이므로 섬이어서 다른 지역으로의 통근·통학이 어려운 제주이다. D는 시(市) 중에서 총인구가 두 번째로 적고 주간 인구 지수가 두 번째로 높으므로 울산이다. E는 시(市) 중에서 총인구가 가장 많고 주간 인구 지수가 가장 높으므로 서울이다.

정답 찾기 ㄴ. 제주(C)는 도(道) 중에서 총인구가 가장 적고 섬이어서 다른 시·도와 통근·통학이 어려우며 주간 인구 지수도 약 100이므로 다른 시·도와의 통근·통학 인구가 가장 적다.

ㄷ. 경기(A)와 서울(E)은 수도권, 울산(D)은 영남권에 위치한다.

오답 피하기 ㄱ. 인천(B)은 광역시 중에서 총인구가 부산에 이어 두 번째로 많은데 주간 인구 지수가 가장 낮으므로 출근 시간대에 순 유출 인구가 가장 적지 않다. 인천보다 총인구는 적고 주간 인구 지수가 높은 대구, 대전, 광주는 모두 인천보다 출근 시간대에 순 유출 인구가 적다.

10 도시 계획과 지역 개발

수능 기본 문제 본문 85쪽

01 ④ 02 ④ 03 ① 04 ⑤

01 도시 재개발 방법 이해

문제 분석 (가)는 수복 재개발, (나)는 철거 재개발의 사례이다. 수복 재개발은 기존 건물을 최대한 유지하는 수준에서 필요한 부분만 수리·개조하여 부족한 점을 보완하고, 철거 재개발은 기존의 시설을 완전히 철거하고 새로운 시설물로 대체하는 도시 재개발 방법이다.

정답 찾기 ㄴ. 수복 재개발(가)은 철거 재개발(나)보다 기존 건물의 활용도가 높다.

ㄹ. 철거 재개발(나)은 수복 재개발(가)보다 개발 후 건물의 평균 층수가 높다.

오답 피하기 ㄱ. 수복 재개발(가)은 철거 재개발(나)보다 투입될 자본의 규모가 작다.

ㄷ. 철거 재개발(나)은 수복 재개발(가)보다 원거주민의 재정착률이 낮다.

02 우리나라 국토 종합 (개발) 계획의 이해

문제 분석 제시문은 우리나라 국토 종합 (개발) 계획의 수립 과정에 관한 내용이다.

정답 찾기 ④ 혁신 도시, 기업 도시 정책은 행정 중심 복합 도시 건설과 함께 제4차 국토 종합 계획(1차 수정)(2006~2020년) 시기에 추진되었다.

오답 피하기 ① 제1차 국토 종합 개발 계획(1972~1981년)에 해당하는 1970년대의 거점 개발은 경제적 형평성보다 경제적 효율성을 중시하는 성장 거점 개발 방식에 해당한다.

② 1980년대의 국토 종합 개발 계획은 광역 개발 방식이 채택되었다. 수도권과 남동 연안 지역에 우선적으로 투자하는 지역 개발 정책은 제1차 국토 종합 개발 계획(1972~1981년)과 관련이 깊다.

③ 4대강의 수자원 개발을 위해 여러 개의 대규모 댐이 건설된 것은 1990년대의 제3차 국토 종합 개발 계획 시기가 아니라 제1차 국토 종합 개발 계획(1972~1981년) 시기이다.

⑤ 국토 계획에서 균형 발전을 추구하던 1990년대 이후에도 전국에서 수도권이 차지하는 인구 비율은 계속 높아졌다.

03 공간 불평등의 원인과 영향 이해

문제 분석 공간 불평등이란 지역 간 경제적, 사회적 발전 정도가 차이 나는 현상을 의미한다.

정답 찾기 ① 수도권과 비수도권의 격차가 커진 원인은 1960~1970년대에 성장 위주의 성장 거점 개발 방식을 채택한 것과 관계가 깊으며, 이의 영향으로 수도권으로 인구와 산업 시설 등의 집중 현상이 심화되었다. 1980년대 이후 광역 개발 및 균형 개발 방식을 채택하였지만, 수도권 집중 문제는 여전히 심각하다.

오답 피하기 수도권과 비수도권의 격차 확대로 인해 ㉡ 수도권에서는 집값 상승과 교통 혼잡 등의 집적 불이익 문제가 발생하였고, ㉢ 비수도권에서는 경제 침체와 인구 유출 현상 등의 문제가 발생하였다.

㉣ 도시와 농촌의 인구 분포 격차가 확대된 이유는 산업화 과정에서 도시를 중심으로 일자리가 증가하여 이촌 향도가 활발하였기 때문이다.

㉤ 이촌 향도가 이루어지면서 농촌에서는 노동력 부족 문제가 발생하였고, 학생 수 감소로 초등학교의 통폐합 현상이 나타나 교육 환경이 불리해졌다.

04 도시 계획과 지역 개발 기본 개념 이해

문제 분석 제시된 퀴즈를 풀어 해당하는 개념에 속한 글자를 모두 지우고 남은 글자로 만들 수 있는 용어에 대한 설명을 찾는다.

정답 찾기 (1) 혐오 시설이 자기 지역으로 들어오는 것을 반대하는 현상을 님비 현상이라고 한다. (2) 지역을 개발하고 이용하는 과정에서 발생하는 경제적 수혜 지역과 환경 오염 부담 지역이 일치하지 않는 현상을 환경 불평등이라고 한다. (3) 낙후된 지역이 재개발로 활성화된 이후 대규모 자본이 유입되면서 원거주민이 다른 지역으로 빠져나가는 현상을 젠트리피케이션이라고 한다. 〈글자판〉에서 (1)~(3)에 해당하는 글자를 모두 지우고 남는 글자는 수복 재개발이다.

⑤ 수복 재개발은 기존 건물을 최대한 유지하는 수준에서 필요한 부분만 수리·개조하여 부족한 점을 보완하는 도시 재개발 방법이다.

오답 피하기 ① 핵심부 성장의 영향으로 주변부가 발전하는 효과는 파급 효과이다.

② 성장 가능성이 큰 지역에 우선적으로 집중 투자하는 개발 방식은 성장 거점 개발이다.

③ 기존의 시설을 완전히 철거하고 새로운 시설물로 대체하는 도시 재개발 방법은 철거 재개발이다.

④ 주변 지역에서 성장 거점 지역으로 인구, 자본 등이 집중되어 주변 지역의 발전을 저해하는 효과는 역류 효과이다.

수능 실전 문제 본문 86~87쪽

1 ④ 2 ④ 3 ④ 4 ③

1 혁신 도시와 기업 도시 이해

문제 분석 (가)는 원주, 김천, 나주, 진천·음성 등에 위치한 도시이므로 혁신 도시, (나)는 원주, 충주, 태안, 영암·해남에 위치하므로 기업 도시이다.

정답 찾기 ④ 혁신 도시(가)와 기업 도시(나) 계획에는 모두 수도권 집중을 완화하려는 목적, 즉 공간 불평등 문제를 완화하려는 목적이 담겨 있다.

오답 피하기 ① 혁신 도시(가)는 낙후된 농촌이 아니라 원주, 김천, 나주 등 주로 도시에 조성되었다. 혁신 도시는 지방 이전 공공기관 및 산·학·연·관이 서로 긴밀히 협력할 수 있는 최적의 혁신 여건과 수준 높은 주거·교육·의료·문화 등 정주 환경을 갖춘 새로운 차원의 미래형 도시를 추구한다.

② (나)는 기업 도시이다. 수도권에서 이전한 공공 기관이 입지한 곳은 혁신 도시(가)이다.

③ 충북에서 혁신 도시(가)는 진천·음성에, 기업 도시(나)는 충주에 조성되었으므로 동일한 시·군이 아니다. 동일한 지역에 (가)와 (나)가 모두 조성된 사례로는 강원의 원주가 있다.

⑤ 혁신 도시(가)와 기업 도시(나)는 모두 제4차 국토 종합 계획 시행 기간부터 건설되기 시작하였다.

2 우리나라 국토 종합 (개발) 계획 이해

문제 분석 (가)는 제1차 국토 종합 개발 계획, (나)는 제3차 국토 종합 개발 계획, (다)는 제4차 국토 종합 계획이다.

정답 찾기 ④ 행정 중심 복합 도시가 건설되고 공공 기관의 지방 이전이 나타난 것은 제4차 국토 종합 계획(다) 추진 시기이다.

오답 피하기 ① (가)는 중앙 정부 주도의 하향식 개발 방식을 채택한 제1차 국토 종합 개발 계획이다. 시민 참여단의 의견을 바탕으로 수립된 것은 제4차 국토 종합 계획(다)이다.

② 제1차 국토 종합 개발 계획(가) 추진 시기에 수도권의 인구 집중도는 높아졌다.

③ 제3차 국토 종합 개발 계획(나)은 균형 개발 방식을 채택하였다. 파급 효과를 기대하는 성장 거점 개발 방식을 채택한 것은 제1차 국토 종합 개발 계획(가)이다.

⑤ (다) 시기의 개발 방식은 균형 개발 방식이다. 성장 가능성이 큰 지역에 집중적으로 투자하는 개발 방식은 제1차 국토 종합 개발 계획(가)에서 채택하였다.

3 지역 개발 사례 분석을 통한 지역 개발 특징 이해

문제 분석 (가)는 강원 동해의 지역 개발 사례, (나)는 경북 김천의 지역 개발 사례이다.

정답 찾기 ㄴ. (나)는 혁신 도시 조성으로 인한 원도심의 공동화 현상을 개선하기 위한 지역 개발이므로 원도심의 쇠퇴를 방지하기 위한 목적의 지역 개발에 해당한다.

ㄹ. (가)는 석회석 폐광산과 폐광된 낮은 곳에 물이 고여 형성된 호수 및 주변 경관을 활용하였고, (나)는 혁신 도시 입지로 인한 원도심의 쇠퇴를 예방하기 위해 원도심의 중심 기능을 활용할 수 있도록 설계된 지역 개발이다. 따라서 (가)와 (나)는 모두 지역 특성을 토대로 지역 개발 계획이 수립되었다고 할 수 있다.

오답 피하기 ㄱ. (가)는 폐광산을 관광 자원으로 활용한 지역 개발 사례에 해당한다.

ㄷ. (가)와 (나)는 모두 지방 정부 주도로 개발된 사례이므로 상향식 지역 개발에 해당한다.

4 권역별 인구와 1차 화석 에너지 공급량, 주요 대기 오염 물질별 배출량 분포 이해

문제 분석 (가)~(다) 중 인구 비율은 수도권>영남권>충청권 순으로 높고, 1차 화석 에너지 공급량 비율은 영남권이 다소 높은 편이다(2020년). (가)~(다) 중 황산화물 배출량 비율은 영남권이 가장 높고 수도권이 가장 낮다. 수도권은 자동차 운행에 따른 배기가스의 배출량이 많아 초미세 먼지 배출량 비율이 황산화물 배출량 비율보다 높다. 따라서 (가)는 수도권, (나)는 영남권, (다)는 충청권이다.

정답 찾기 ③ 영남권(나)은 (가)~(다) 중 황산화물 배출량 비율이 가장 높다.

오답 피하기 ① (가)는 수도권, (나)는 영남권, (다)는 충청권이다.

② 수도권(가)은 인구 비율은 약 50%이지만 초미세 먼지 배출량 비율은 약 24%이다. 반면에 영남권(나)과 충청권(다)은 인구 비율이 초미세 먼지 배출량 비율보다 낮다. 따라서 (가)~(다) 중 1인당 초미세 먼지 배출량은 수도권(가)이 가장 적다.

④ 영남권(나)은 수도권(가)보다 면적은 3배 이상 넓지만 초미세 먼지 배출량 비율은 약 5%p 높다. 따라서 단위 면적당 초미세 먼지 배출량은 영남권이 수도권보다 적다.

⑤ 충청권(다)은 초미세 먼지 배출량 비율이 1차 화석 에너지 공급량 비율보다 낮다.

11 자원의 의미와 자원 문제

수능 기본 문제

본문 92~93쪽

01 ④	02 ④	03 ⑤	04 ③
05 ②	06 ①	07 ③	08 ⑤

01 주요 광물 자원의 특징 이해

문제 분석 그래프의 (가)~(다) 자원 중 가채 연수가 가장 긴 (가)는 석회석, 가장 짧은 (다)는 철광석이다. 가채 연수가 석회석보다는 짧으나 철광석보다는 긴 (나)는 고령토이다.

정답 찾기 ④ 석회석(가)과 고령토(나)는 비금속 광물, 철광석(다)은 금속 광물이다.

오답 피하기 ① 철광석(다)에 대한 설명이다.
② 석회석(가)에 대한 설명이다.
③ 고령토(나)에 대한 설명이다.
⑤ 가채 연수는 자원의 매장량이 한정되어 있어 언젠가는 고갈된다는 것을 보여 준다. 따라서 ㉠에는 '유한성'이 들어가는 것이 적절하다.

02 자원의 유형 파악

문제 분석 (가)는 안산 시화호에서 가동 중인 조력 발전에 관한 내용이다. (나)는 동해 심해저에 분포하는 메테인 하이드레이트에 관한 내용이다.

정답 찾기 ④ (가)의 조력은 신·재생 에너지에 해당하므로 사용량과는 무관한 재생 가능 자원이다. 그리고 현재 시화호 조력 발전소에서 상업적으로 전력 생산을 하고 있는 상태이므로 경제적 의미의 자원이다. 따라서 그림의 D에 해당한다. (나)의 메테인 하이드레이트는 고체 천연가스로 사용함에 따라 고갈되는 재생 불가능 자원이다. 그리고 상용화는 아직 이루어지지 않고 있으며 현재는 개발과 이용을 위한 연구가 진행 중이므로 기술적 의미의 자원이기는 하나 경제적 의미의 자원은 아니다. 따라서 그림의 A에 해당한다.

03 고령토와 석회석의 지역별 생산 이해

문제 분석 (가), (나)는 각각 고령토, 석회석 중 하나이다. 석회석은 생산량 비율 1위가 강원, 2위가 충북인데, 고령토와 비교할 때 상위 두 지역의 생산량 비율 합계가 높다. 고령토는 경북, 경남 등 영남 지방 두 지역과 강원의 생산량 비율이 높은 편이다. 따라서 (가)는 (나)보다 상위 두 지역의 생산량 비율 합계가 상대적으로 낮으므로 (가)는 고령토, (나)는 석회석이다. 석회석(나)에서 생산량 비율 1위인 B는 강원, C는 충북이다. 고령토(가)에서 생산량 비율 상위 두 지역 중 하나인 A는 지도에 표시된 세 지역 중 강원, 충북을 제외하면 남는 경북이다.

정답 찾기 ⑤ 경북(A)은 충북(C)보다 1차 에너지 공급량이 많다.

오답 피하기 ① 고령토(가)는 석회석(나)보다 국내 생산량이 적다.
② 석회석(나)은 고령토(가)보다 국내 가채 연수가 길다.
③ 강원(B)에는 원자력 발전소가 없다.
④ 충북(C)에서는 석탄이 생산되고 있지 않다.

04 우리나라 1차 에너지원별 공급량 비율 이해

문제 분석 1996년, 2021년 모두 공급량 비율이 가장 높은 (나)는 석유, 2021년 석유(나)에 이어 공급량 비율 2위인 (다)는 석탄, 1996년 대비 2021년 공급량 비율이 상대적으로 크게 증가한 (라)는 천연가스, 1996년, 2021년 모두 천연가스(라)보다 공급량 비율이 낮은 (가)는 원자력이다.

정답 찾기 ③ 주로 가정용 연료로 이용되는 화석 에너지는 천연가스이므로, (라)는 A와 연결된다. 자동차 및 내연 기관의 발명으로 수요가 급증한 것은 석유이므로, (나)는 B와 연결된다. 발전에 이용될 때 방사능 관련 안전 대책이 요구되는 것은 원자력이므로, (가)는 C와 연결되고, 석탄(다)은 D와 연결된다.

05 지역별 1차 에너지원별 공급량 이해

문제 분석 경기, 경북, 울산, 전남 중 석탄, 석유 모두 공급량이 가장 많은 (나)는 제철 공업(광양)과 석유 화학 공업(여수)이 발달한 전남이다. 천연가스의 공급량이 가장 많은 (라)는 수도권의 인구 밀집 지역으로 가정용 연료 공급량이 많은 경기이다. 석탄의 공급량이 전남 다음으로 많은 (가)는 제철 공업(포항)이 발달한 경북이다. 석유의 공급량이 전남 다음으로 많은 (다)는 석유 화학 공업이 발달한 울산이다.

정답 찾기 ② 전남(나)은 경기(라)보다 태양광 발전량이 많다.

오답 피하기 ① 울산(다)은 영남권에 속한다.
③ 울산(다)은 전남(나)보다 인구 밀도가 높다.
④ 경북(가)과 경기(라)는 행정 구역 경계를 맞대고 있지 않다.
⑤ 네 지역 중 원자력 발전소는 경북(가), 전남(나), 울산(다)에 있다.

06 우리나라 1차 에너지원별 발전량 이해

문제 분석 A는 2010년, 2021년 모두 발전량이 가장 많은 석탄이다. B는 2010년 대비 2021년 발전량의 변화 폭이 비교적 작은 원자력이다. C는 2010년에 비해 2021년 발전량이 비교적 크게 증가한 결과 2021년 원자력(B)보다 발전량이 많은 천연가스(C)이다. D는 2021년 발전량이 미미한 석유이다.

정답 찾기 ① 충남은 당진에 대규모 제철소가 있고, 경기보다 석탄(A) 화력 발전 설비 용량이 많다. 따라서 석탄(A)은 경기보다 충남의 공급량이 많다.

오답 피하기 ② 천연가스(C)와 석유(D)에 대한 설명이다.
③ 석유(D)에 대한 설명이다.
④ 원자력(B)은 석유(D)보다 국내에서 상용화된 시기가 늦다.

⑤ 천연가스(C)는 석탄(A)보다 연소 시 대기 오염 물질 배출량이 적다.

07 주요 발전소의 분포 지역 파악

문제 분석 (가)는 람사르 협약에 등록된 갯벌 및 국내 최대 규모의 태양광 발전 단지가 있는 지역, (나)는 굴비가 주요 특산물이며 원자력 발전소가 있는 지역, (다)는 석유 화학 공업이 발달하고 화력 발전소가 입지한 지역이다.

정답 찾기 ③ (가)는 태양광 발전이 활발하게 이루어지고 있는 곳으로, 국내 최대 규모의 태양광 발전 단지가 있는 신안(C)이다. (나)는 특산물인 굴비가 유명하며, 호남 지방에서 유일하게 원자력 발전소가 있는 영광(B)이다. (다)는 석유 화학 공업이 발달하였고, 관련 공업 시설에 많은 양의 전력을 공급할 수 있도록 화력 발전소가 가동 중인 여수(D)이다.

오답 피하기 지도의 A는 김제로, (가)~(다) 중 어느 곳에도 해당하지 않는다.

08 신·재생 에너지의 지역별 발전량 이해

문제 분석 (가)는 강원, 경북, A, 전남 등의 발전량 비율이 높은 풍력이다. (나)는 충북, 강원, B, 경북 등의 발전량 비율이 높은 수력이다. (다)는 전남, 전북, 충남, 경북 등의 발전량 비율이 높은 태양광이다. A, B는 각각 경기, 제주 중 하나인데, A는 풍력(가)의 발전량 비율이 높은 지역이므로 제주이고, B는 수력(나)의 발전량 비율이 높은 지역이므로 경기이다.

정답 찾기 ⑤ 경기(B)는 제주(A)보다 총인구 및 산업 생산액이 많으므로 1차 에너지 공급량이 많다.

오답 피하기 ① 태양광(다)에 대한 설명이다.
② 수력(나)은 겨울보다 강수량이 많은 여름에 발전량이 많다.
③ 풍력(가)은 태양광(다)보다 국내 발전량이 적다.
④ 조력 발전소는 경기(B)에 있다.

수능 실전 문제

본문 94~96쪽

1 ⑤ 2 ④ 3 ① 4 ③
5 ③ 6 ③

1 광물 자원의 생산 지역 이해

문제 분석 (가)의 광산은 강원에만 있으므로 철광석이다. (나)는 경북에 광산 수가 많은 고령토이다. (다)는 강원, 충북, 경북을 합쳐 세 자원 중 광산 수가 가장 많으며, 특히 강원, 충북에 광산이 집중 분포하는 석회석이다. A는 시멘트의 원료인 석회석이다. B는 제철 공업의 용광로에 투입되는 것으로 보아 철광석이다. C는 도자기의 원료인 고령토이다.

정답 찾기 ⑤ 강원은 고령토(C, (나))보다 석회석(A, (다))의 광산 수가 많다.

오답 피하기 ① 고령토(나)는 비금속 광물이다.
② 철광석(가)은 석회석(다)보다 국내 가채 연수가 짧다.
③ 석회석(다)은 고생대 조선 누층군이 분포하는 강원, 충북의 생산량 비율이 압도적으로 높은 반면, 고령토(나)는 경북, 경남 등 영남 지방과 강원의 생산량 비율이 높은 편이다. 따라서 석회석(다)은 고령토(나)보다 전국 대비 경남의 생산량 비율이 낮다.
④ 석회석(A)은 철광석(B)보다 수입 의존도가 낮다.

2 특별·광역시의 1차 에너지 공급 특성 이해

문제 분석 특별·광역시 중 1차 에너지 공급량 비율이 가장 높은 (가)는 우리나라의 대표적인 중화학 공업 도시인 울산이다. (나), (다)는 각각 서울, 부산 중 하나인데, 〈(가)~(다)의 1차 에너지원별 공급량 비율〉 그래프를 보면 울산(가)과 (나)에서만 D가 나타나므로, D는 원자력, (나)는 부산, (다)는 서울이 된다. 한편, 울산(가)에서 지역 내 공급량 비율이 가장 높은 B는 석유이다. 서울(다)에서 지역 내 공급량 비율이 가장 높은 A는 천연가스이고, 나머지 C는 석탄이다.

정답 찾기 ④ 석유(B)는 천연가스(A)보다 수송용 연료로 많이 이용된다.

오답 피하기 ① 울산(가)은 부산(나)보다 총인구가 적다.
② 울산(가)과 서울(다)은 행정 구역 경계를 맞대고 있지 않다.
③ 천연가스(A)는 석탄(C)보다 연소 시 대기 오염 물질 배출량이 적다.
⑤ 경북은 석유(B)보다 원자력(D)의 공급량이 많다.

3 1차 에너지원별 발전 설비 용량 변화 이해

문제 분석 A는 발전 설비 용량이 증가하면서 2021년 석탄보다 그 수치가 높은 천연가스이다. B는 발전 설비 용량이 다소 증가하였으며, 2021년 천연가스, 석탄보다 발전 설비 용량이 적은 원자력이다. C는 제시된 1차 에너지원 가운데 발전 설비 용량이 가장 적은 석유이다.

정답 찾기 갑. 원자력(B)을 이용하는 발전소는 부산, 울산, 경북 울진·경주, 전남 영광에 있다.
을. 석유(C)는 플라스틱과 같은 화학 공업 제품의 주요 원료이다.

오답 피하기 병. 천연가스(A)는 석유(C)보다 국내에서 상용화된 시기가 늦다.
정. 원자력(B)은 천연가스(A)보다 2021년 국내 소비량이 적다. 2021년 1차 에너지원별 소비량은 석유>석탄>천연가스>원자력 순으로 많다.

4 화석 에너지원별 발전량의 권역별 분포 이해

문제 분석 (가)는 충청권의 발전량이 가장 많은 석탄, (나)는 수도권의 발전량이 가장 많은 천연가스, (다)는 영남권의 발전량이 가장 많은 석유이다.

정답 찾기 ③ 천연가스(나)는 석유(다)보다 국내 발전량이 많다.

오답 피하기 ① 석탄(가)에 대한 설명이다.

② 천연가스(나)에 대한 설명이다.

④ 석탄(가)이 석유(다)보다 제철 공업의 연료로 많이 이용된다.

⑤ 천연가스(나)가 석탄(가), 석유(다)보다 연소 시 대기 오염 물질 배출량이 적다.

5 원자력 발전과 조력 발전의 특징 비교

문제 분석 (가)는 우라늄을 연료로 이용하는 원자력 발전으로, 1970년대 국제 석유 파동을 계기로 본격 개발되기 시작하였다. (나)는 방조제에 수문을 설치한 후 조차에 따른 바닷물의 수위를 이용하는 조력 발전이다.

정답 찾기 ③ 조력 발전(나)은 2011년부터 시설이 가동되기 시작하였고, 원자력 발전(가)은 1978년부터 시설이 가동되기 시작하였다. 따라서 조력 발전(나)은 원자력 발전(가)보다 국내에서 최초로 발전소가 가동된 시기가 늦다(C, D, E). 조력 발전(나)은 한 곳(경기 안산)에 위치하고, 원자력 발전(가)은 다섯 곳(경북 울진·경주, 울산, 부산, 전남 영광)에 위치한다. 따라서 조력 발전(나)은 원자력 발전(가)보다 발전소가 위치한 시·군의 수가 적다(C, D). 조력 발전(나)은 밀물과 썰물의 주기적인 반복 현상을 이용하므로 발전이 가능한 시간이 일정한 간격을 두고 나타난다. 따라서 조력 발전(나)은 원자력 발전(가)보다 하루 중 발전 가능한 시간이 차지하는 비율이 낮다(C). 이를 모두 만족하는 상대적 특성은 그림의 C이다.

6 신·재생 에너지원별 발전량 비교

문제 분석 A~C는 각각 수력, 태양광, 풍력 중 하나이다. 신·재생 에너지 중 발전량이 월등히 많은 것은 태양광이므로, A~C 중 다섯 지역(경기, 강원, 경북, 전남, 제주)의 발전량 합계가 가장 많은 A는 태양광이다. B, C는 각각 수력, 풍력 중 하나인데, B가 C보다 경북에서 발전량이 많으므로 B는 풍력, C는 수력이다. 한편, (가)~(라) 중 태양광(A)의 발전량이 가장 많은 (라)는 전남, 수력(C)의 발전량이 가장 적은 (다)는 제주이다. 나머지 (가), (나)는 각각 강원, 경기 중 하나인데, (가)는 (나)보다 풍력(B)의 발전량이 많으므로 (가)가 강원, (나)가 경기이다.

정답 찾기 ③ 총인구가 많은 경기(나)는 전남(라)보다 천연가스 공급량이 많다.

오답 피하기 ① 전남(라)에 대한 설명이다.

② 강원(가), 전남(라)에 대한 설명이다.

④ 수력(C)은 전남보다 충북의 발전량이 많다.

⑤ 풍력(B)이 태양광(A)보다 발전 시 소음 발생량이 많다.

12 농업의 변화와 공업 발달

수능 기본 문제 본문 101~102쪽

01 ③	02 ⑤	03 ③	04 ③
05 ④	06 ②	07 ④	08 ②

01 우리나라 농업의 변화와 특징 이해

문제 분석 제시된 글은 2000년 이후 우리나라 주요 농업 지표의 변화를 나타내고 있다.

정답 찾기 ③ 산업화와 도시화의 영향으로 2000~2019년 경지 면적이 감소하였다.

오답 피하기 ① 이촌 향도 현상은 농촌 인구의 사회적 감소를 가져왔다.

② 농촌은 청장년층 인구가 감소하고 노년층 인구가 증가하면서 노동력 부족 현상이 심화되고 있다.

④ 농업 외 소득 비율은 증가하였으며, 이를 통해 농가의 겸업 규모가 확대되었음을 파악할 수 있다.

⑤ 농가 인구의 감소율이 경지 면적의 감소율보다 크게 나타나 농가 인구 1인당 경지 면적은 증가하였다.

02 우리나라 농업의 변화 이해

문제 분석 그래프는 2000~2021년 농가 수, 겸업농가 비율, 농가 인구, 경지 면적의 변화를 나타낸 것이다.

정답 찾기 ⑤ 2000~2021년 농가 수 감소율이 경지 면적 감소율보다 크므로 농가당 경지 면적은 증가하였다. 2000년 대비 2021년 겸업농가 비율은 증가하였다. 2010~2021년 농가 인구 감소가 농가 수 감소보다 크므로 농가당 가구원 수는 감소하였다. 따라서 (가)는 증가, (나)는 증가, (다)는 감소이다.

03 권역별 농업의 특징 이해

문제 분석 (가)는 벼가 재배 면적의 절반 정도를 차지하고, 나머지는 채소와 과수가 비슷하게 차지하며 맥류 재배 면적 비율이 낮다. (나)는 벼와 채소의 재배 면적 비율이 높으며, 맥류는 거의 재배되지 않는다. (다)는 벼가 거의 재배되지 않으며, 채소와 과수의 재배 면적 비율이 높은 지역으로, 맥류 재배 면적 비율이 약 5%이다.

정답 찾기 ③ A는 강원권, B는 영남권, C는 제주권이다. A(강원권)는 (나)에 해당한다. 강원권은 산지 비율이 높고 고랭지 농업이 발달하여 세 권역 중 채소 재배 면적 비율이 가장 높고 과수 재배 면적 비율이 낮게 나타난다. C(제주권)는 (다)에 해당한다. 제주권은 벼농사가 거의 행해지지 않고, 채소와 과수 중심의 농업이 나타나며, 제시된 세 권역 중에서는 기온이 온화하여 상대적으로 맥류 재배가 활발하게 이루어진다. B(영남권)는 (가)에 해당한다. 영남권은 벼, 과수, 채소 재배가 함께 이루어지며, 과수의 경우 제주를 제외한 다른 지역에 비해 재배 면적 비율이 높다. 따라서 (가)는 B, (나)는 A, (다)는 C이다.

04 주요 작물의 소비량과 생산량 이해

문제 분석 (가)는 쌀로 2000~2020년 식생활의 변화로 1인당 소비량이 감소하였으며, 강원과 경북보다 전남의 생산량이 많다. (나)는 채소로 2000~2020년 1인당 소비량이 감소하였다. (다)는 과실로 (가)와 (나)보다 1인당 소비량이 적고, 2000~2020년 1인당 소비량이 소폭 감소하였으며, 경북의 생산량이 많다.

정답 찾기 ③ 과실은 노지 재배 면적이 시설 재배 면적보다 넓다.

오답 피하기 ① 쌀은 우리나라의 주곡 작물이다.
② 김장철은 배추, 무 등 채소류의 소비량이 증가하는 시기이다.
④ 쌀은 과실보다 식량 자급률이 높다.
⑤ (가)는 쌀, (나)는 채소, (다)는 과실이다.

05 경기, 강원, 전남의 농업 특징

문제 분석 (가)는 세 지역 중 전업농가 비율과 벼 재배 면적 비율이 가장 높은 전남이다. (나)는 벼 재배 면적 비율은 전남보다 낮고, 전업농가 비율은 강원과 비슷한 경기이다. (다)는 전업농가 비율은 경기와 비슷하며, 세 지역 중 벼 재배 면적 비율이 가장 낮은 강원이다.

정답 찾기 ④ 경기(나)와 강원(다)은 행정 구역 경계가 접해 있다.

오답 피하기 ① 지역 내 겸업농가 비율은 경기(나)가 전남(가)보다 높다.
② 고랭지 채소 재배 면적은 강원(다)이 경기(나)보다 넓다.
③ 맥류 생산량은 전남(가)이 강원(다)보다 많다.
⑤ (가)는 전남, (나)는 경기, (다)는 강원이다.

06 농업과 공업의 주요 개념 이해

문제 분석 (1) 운송 수단이 바뀌는 지점으로 자동차나 철도에서 선박으로 바뀌는 항구는 적환지, (2) 기업 및 생산 공장, 연구 개발 기능을 갖춘 대학과 연구소 및 지원 서비스 업체가 한곳에 집적된 산업 공간은 클러스터, (3) 우리나라 최대의 중화학 공업 지역은 남동 임해 공업 지역이다.

정답 찾기 ② 그루갈이는 일 년 내 종류가 다른 작물을 같은 경지에서 경작하여 수확하는 농법이다.

오답 피하기 ① 농촌 인구가 도시로 이동하는 인구의 사회적 이동은 이촌 향도 현상이다.
③ 농산물 및 그 가공품이 해당 지역의 지리적 특성을 잘 반영하고 있음을 인증하는 제도는 지리적 표시제이다.
④ 기업의 규모가 확대되는 과정에서 본사, 생산 공장, 연구소 등이 나누어져 입지하는 현상은 공간적 분업이다.
⑤ 임대료 상승, 교통 체증, 환경 오염 등 공업이 특정 지역에 과도하게 집적하면서 발생하는 손실은 집적 불이익이다.

07 우리나라 공업의 특징 이해

문제 분석 제시된 글은 우리나라 공업의 특징과 1960년대 이후 시대별 변화의 특징을 설명하고 있다.

정답 찾기 ④ 우리나라는 1960~1990년대 수도권 · 영남권(남동 임해 공업 지역, 영남 내륙 공업 지역) 중심의 공업 발달 과정에서 국토의 지역적 불균형 발전이 심화되었다.

오답 피하기 ① 가공 무역은 원자재를 수입하여 제품으로 가공한 후 수출하는 방식이다.
② 금속 및 제철, 석유 화학 등의 중화학 공업이 섬유 및 의복, 신발 등의 경공업보다 자본 집약적이다.
③ 반도체, 컴퓨터 등 첨단 산업이 가장 발달한 공업 지역은 수도권 공업 지역이다.
⑤ 공업의 이중 구조는 대기업이 중소 기업보다 사업체 수 비율은 낮고 출하액 비율이 뚜렷하게 높게 나타나는 것이다.

08 포항, 부산, 광주, 울산의 공업 구조 파악

문제 분석 (가)는 우리나라 최초의 종합 제철소가 설립된 포항이다. (나)는 우리나라 인구 규모 2위, 과거 경공업에서 기계 및 운송 장비와 기타 제품 제조업으로 주력 산업이 변화한 부산이다. (다)는 호남 지방의 중심지로 자동차 공업과 광(光) 산업 육성에 집중하고 있는 광주이다.

정답 찾기 ② 지도에 표시된 네 지역은 광주, 부산, 울산, 포항이다. 이들 중 (가)~(다) 지역을 제외하면 울산이 남는다. 울산은 자동차, 석유 화학 공업이 발달하였다.

오답 피하기 ① 1차 금속 제조업이 발달한 포항의 제조업 업종별 출하액 그래프이다.
③ 석유 화학 공업이 발달한 여수의 제조업 업종별 출하액 그래프이다.
④ 자동차 공업과 광(光) 산업인 전기 장비 제조업이 발달한 광주의 제조업 업종별 출하액 그래프이다.
⑤ 1차 금속과 기계 및 운송 장비 제조업이 발달한 부산의 제조업 업종별 출하액 그래프이다.

수능 실전 문제 본문 103~105쪽

1 ①	2 ②	3 ②	4 ⑤
5 ①	6 ⑤		

1 과수, 맥류, 채소의 권역별 재배 면적 이해

문제 분석 (가)는 권역별 맥류의 재배 면적을 나타낸 것으로 호남권의 비율이 높다. (나)는 권역별 채소의 재배 면적을 나타낸 것으로 비교적 지역별 편차가 작다. (다)는 권역별 과수의 재배 면적을 나타낸 것으로 영남권의 비율이 가장 높으며, 제주권의 비율이 상대적으로 높다.

정답 찾기 ㄱ. 맥류는 주로 논에서 벼의 그루갈이 작물로 재배된다.

오답 피하기 ㄴ. 산업화 이전까지 쌀과 함께 대표적 주곡 작물로 인식된 것은 맥류(보리)이다.

ㄷ. 고랭지에서 재배되는 비율은 채소(고랭지 배추, 고랭지 무 등)가 맥류보다 높다.

2 농가당 과실 생산량, 외국인 농업 노동자 수, 전업농가 비율의 분포 이해

문제 분석 (가)는 제주가 가장 높고, 경남, 경북, 충북도 높은 지표이다. (나)는 전남, 전북, 경남, 경북에서 높고, 경기, 강원, 광주, 대전, 인천에서 낮은 지표이다. (다)는 특별시 및 광역시에서 모두 낮고, 경기, 충남, 전북, 강원, 경남에서 높은 지표이다.

정답 찾기 ② (가)는 농가당 과실 생산량으로 농가 수에 비해 과수 재배 면적이 넓은 제주가 가장 많으며, 경남, 경북 등 영남권도 많다. (나)는 전업농가 비율로 호남권과 영남권에서 높게 나타나며, 강원, 경기에서 낮게 나타난다. (다)는 외국인 농업 노동자 수로 특별시 및 광역시에서 모두 낮게 나타난다.

3 주요 공업의 특징과 대표 지역 이해

문제 분석 (가)는 전자 부품 및 컴퓨터 제조업으로 화성, 아산, 구미 등 수도권과 영남 내륙 공업 지역에서 출하액이 많다. (나)는 코크스·연탄 및 석유 정제품 제조업으로 석유 화학 공업이 발달한 A, 여수, 서산 등의 출하액이 많다. (다)는 섬유 및 의복 제조업으로 서울, B, 부산 등 인구 규모가 큰 대도시의 출하액이 많은 편이다.

정답 찾기 ② 전국 출하액은 전자 부품 및 컴퓨터 제조업(가)이 섬유 및 의복 제조업(다)보다 많다.

오답 피하기 ① 적환지에 입지하는 경향은 원유를 수입하여 정제 처리 과정을 통해 제품을 생산하는 코크스·연탄 및 석유 정제품 제조업(나)이 전자 부품 및 컴퓨터 제조업(가)보다 크다.

③ 우리나라 공업화를 주도한 시기는 섬유 및 의복 제조업(다)이 코크스·연탄 및 석유 정제품 제조업(나)보다 이르다.

④ 사업체당 종사자 수는 코크스·연탄 및 석유 정제품 제조업(나)이 섬유 및 의복 제조업(다)보다 많다.

⑤ A는 울산, B는 대구이다.

4 당진, 울산, 여수의 제조업 특징 이해

문제 분석 (가)는 울산으로 기타 운송 장비 제조업 근로자 급여액 비율이 두 번째로 높다. (나)는 여수로 B의 근로자 급여액 비율이 매우 높으며, 코크스·연탄 및 석유 정제품 제조업 근로자 급여액 비율이 두 번째로 높다. (다)는 당진으로 1차 금속 제조업 근로자 급여액 비율이 높다. A는 자동차 및 트레일러 제조업, B는 화학 물질 및 화학 제품(의약품 제외) 제조업이다.

정답 찾기 ㄴ. 울산(가)의 제조업 출하액은 여수(나)의 제조업 출하액보다 많다. 2010~2020년 제조업 출하액은 자동차, 석유 화학, 조선 등이 발달한 울산이 여수보다 많다.

ㄷ. 자동차 및 트레일러 제조업(A)은 계열화된 조립형 공업으로 화학 물질 및 화학 제품(의약품 제외) 제조업(B)보다 고용 파급 효과가 크다.

ㄹ. 화학 물질 및 화학 제품(의약품 제외) 제조업(B)은 석유 화학 공업으로 자동차 및 트레일러 제조업(A)보다 국제 원유 가격 변동이 생산비에 미치는 영향이 크다.

오답 피하기 ㄱ. 당진(다)은 남동 임해 공업 지역에 속하지 않는다.

5 식료품, 1차 금속, 자동차 및 트레일러 제조업의 특징 이해

문제 분석 (가)는 식료품 제조업으로 수도권(경기, 인천)과 충청권의 출하액 비율이 높다. (나)는 1차 금속 제조업으로 영남권(포항, 울산, 부산 등)의 출하액 비율이 높다. (다)는 자동차 및 트레일러 제조업으로 울산, 경기, 광주 등의 출하액 비율이 높다.

정답 찾기 ① 식료품 제조업(가)은 1차 금속 제조업(나)보다 농수산품을 주재료로 이용하는 비율이 높다.

오답 피하기 ② 자동차 및 트레일러 제조업(다)이 식료품 제조업(가)보다 총매출액 대비 연구 개발비 비율이 높다.

③ 자동차 및 트레일러 제조업(다)이 1차 금속 제조업(나)보다 완제품의 제조에 필요한 부품 수가 많다.

④ 2000년대 이후 우리나라의 주요 수출 품목은 자동차, 석유 제품, 선박 해양 구조물, 무선 통신 기기 등으로, 자동차 및 트레일러 제조업(다)의 수출액은 식료품 제조업(가)의 수출액보다 많다.

⑤ (가)는 식료품, (나)는 1차 금속, (다) 자동차 및 트레일러 제조업이다.

6 특별·광역시의 제조업 분포 및 특징 이해

문제 분석 (가)는 울산으로 제조업 부가 가치액이 가장 많으며, 사업체 수 비율은 세 번째로 낮고, 종사자 수 비율은 인천 다음으로 높다. (나)는 대구로 제조업 부가 가치액은 여섯 번째로 많으

며, 사업체 수 비율은 인천, 부산, 서울 다음으로 네 번째로 높고, 종사자 수 비율은 인천, 울산, 부산 다음으로 네 번째로 높다. (다)는 대전으로 특별·광역시 중 제조업 부가 가치액이 가장 적으며, 사업체 수 비율과 종사자 수 비율도 가장 낮다.

정답 찾기 ⑤ 제조업 노동 생산성은 제조업 종사자 수 비율 대비 부가 가치액의 규모를 통해 파악할 수 있다. 세 지역의 제조업 노동 생산성은 울산>대전>대구 순으로 높다.

오답 피하기 ① 대구(나)가 울산(가)보다 섬유 및 의복 제조업의 출하액이 많다.

② 울산(가)은 우리나라 광역시 중 가장 최근인 1997년에 광역시로 지정되었다.

③ 울산(가)이 대구(나)보다 지역 내 인구 중 제조업 종사자 비율이 높다.

④ 대구(나)는 영남 지방, 대전(다)은 충청 지방에 속한다.

13 교통·통신의 발달과 서비스업의 변화

수능 기본 문제 본문 110~111쪽

01 ①	02 ③	03 ④	04 ⑤
05 ②	06 ④	07 ①	08 ⑤

01 최소 요구치와 재화의 도달 범위 이해

문제 분석 A 식당은 주변 환경 변화에 맞춰 실시한 투자 및 시설 공사를 통해 최소 요구치의 범위가 재화의 도달 범위보다 커서 적자를 보던 상황에서 최소 요구치의 범위가 재화의 도달 범위보다 작아져 흑자를 보는 상황으로 변화하였다.

정답 찾기 ① 공사 전은 적자 상태로 재화의 도달 범위가 최소 요구치의 범위보다 좁게 나타난다. 공사 후는 주차장 및 내부 구조 공사 비용이 추가되어 최소 요구치는 증가할 것이며, 흑자 상태로 변화하였다는 점을 통해 재화의 도달 범위는 확대된 최소 요구치의 범위보다 넓게 나타날 것임을 알 수 있다.

오답 피하기 ② 공사 후 최소 요구치의 범위와 재화의 도달 범위는 줄어들지 않으며, 제시된 그래프와 같은 경우 적자가 지속된다.

③ 공사 전 흑자가 나타나는 그래프이며, 공사 후 재화의 도달 범위와 최소 요구치의 범위는 확대된다.

④ 공사 전 흑자가 나타나는 그래프이다.

⑤ 공사 전 흑자, 공사 후 적자가 나타나는 그래프이다.

02 소매 업태의 시기별 변화 이해

문제 분석 (가)는 2016년과 2021년 모두 편의점, 슈퍼마켓, 대형 마트, 백화점 순으로 높게 나타나는 지표이다. (나)는 2016년 슈퍼마켓, 대형 마트, 편의점, 백화점 순으로 높게, 2021년 슈퍼마켓, 편의점, 대형 마트, 백화점 순으로 높게 나타나는 지표이다. (다)는 2016년과 2021년 모두 백화점, 대형 마트, 슈퍼마켓, 편의점 순으로 높게 나타나는 지표이다.

정답 찾기 ③ 매출액, 종사자 수, 매장당 고객 수 중에서 두 시기 모두 백화점이 가장 높고 편의점이 가장 낮게 나타나는 지표는 매장당 고객 수이며, 두 시기 모두 편의점이 가장 높고 백화점이 가장 낮게 나타나는 지표는 종사자 수이다. 매출액은 2016년 슈퍼마켓, 대형 마트, 편의점, 백화점 순으로 높게 나타나던 것이 편의점의 성장으로 인해 2021년 슈퍼마켓, 편의점, 대형 마트, 백화점 순으로 높게 나타나게 되었다.

03 서비스업의 주요 개념 파악

문제 분석 (1) 일상생활에 필요한 기본적인 상품을 판매하며, 대체로 24시간 영업을 실시하는 소비 공간은 편의점이다.

(2) 일정한 주기로 열리는 시장으로, 주로 5일에 한 번 열리는 형태로 운영되는 것은 정기 시장이다.

(3) 중심지의 기능을 유지하기 위한 최소한의 수요로, 재화의 도달 범위보다 작아야 기능이 유지될 수 있는 것은 최소 요구치이다.

정답 찾기 ④ 금융업, 보험업, 부동산업 등에서 기업의 생산 활동을 위해 제공하는 3차 산업 활동은 생산자 서비스이다.

오답 피하기 ① 상설 시장에 관한 내용이다.

② 소매업에 관한 내용이다.

③ 무점포 소매업에 관한 내용이다.

⑤ 탈공업화 사회에 관한 내용이다.

04 생산자 서비스업과 소비자 서비스업의 특징 이해

문제 분석 서비스업은 수요 주체에 따라 생산자 서비스업과 소비자 서비스업으로 구분하며, ㉠은 소비자 서비스업, ㉡은 생산자 서비스업을 나타낸다.

정답 찾기 ⑤ 생산자 서비스업(㉡)은 기업과의 접근성이 높고 관련 정보 획득에 유리한 지역에 집중하려는 경향이 커서 주로 대도시의 도심 또는 부도심에 입지하는 경향이 크다. 한편, 소비자 서비스업(㉠)은 소비자의 이동 거리를 최소화하기 위해 분산 입지하는 경향이 크다.

오답 피하기 ① 공공 서비스업은 공급 주체에 따라 구분되는 서비스업 분류이다. 공공 서비스업은 공급 주체가 국가나 공공 단체로 공공의 복리를 위해 제공하는 교육, 의료 등을 나타낸다.

② 도·소매업과 숙박업은 소비자 서비스업의 대표적 업종이다. ㉡은 생산자 서비스업에 대한 설명이다.

③ 영남권이 강원권보다 서비스업의 매출액 규모가 크다.

④ 사업체당 매출액은 생산자 서비스업(㉡)이 소비자 서비스업(㉠)보다 많다.

05 서울, 경기, 경남의 소매 업태 매출액 비율 파악

문제 분석 지도에 표시된 세 지역은 경기, 서울, 경남이다. (가)는 슈퍼마켓과 무점포 소매업의 매출액 비율이 높고, 대형 마트, 편의점, 백화점 순으로 높게 나타난다. (나)는 슈퍼마켓의 매출액 비율이 가장 높고, 대형 마트, 편의점, 무점포 소매업, 백화점 순으로 높게 나타난다. (다)는 무점포 소매업의 매출액 비율이 약 57%로 매우 높으며, 편의점, 슈퍼마켓, 대형 마트, 백화점 순으로 높게 나타난다. (다)에서 백화점은 (가), (나)보다 차지하는 비율이 높을 뿐 아니라 대형 마트와 차이가 작게 나타난다.

정답 찾기 ② (다)는 서울로 다른 두 지역보다 백화점의 매출액 비율이 높고, 인터넷 쇼핑과 같은 통신 판매 기업이 집중하여 입지하는 특징을 보여 준다. (가)는 경기로 무점포 소매업의 매출액 비율이 서울(다) 다음으로 높고, 대형 마트의 매출액 비율이 (나), (다)보다 높다. (나)는 경남으로 무점포 소매업과 백화점의 매출액 비율이 다른 두 지역보다 낮으며, 슈퍼마켓의 매출액 비율이 높다.

06 도로, 항공, 해운의 특징 이해

문제 분석 (가)는 도로로 항공, 해운보다 1회당 평균 이동 거리가 짧다. (나)는 해운으로 항공보다 국제 화물 수송량이 많다. (다)는 항공이다.

정답 찾기 ㄴ. 항공(다)은 해운(나)보다 국제 여객 수송 분담률이 높다.
ㄹ. (가)는 도로, (나)는 해운, (다)는 항공이다.

오답 피하기 ㄱ. 문전 연결성은 도로(가)가 해운(나)보다 우수하다.
ㄷ. 기상 상태에 따른 운행 취소율은 항공(다)이 도로(가)보다 높다.

07 도로, 철도, 항공의 수송 분담률과 특징 이해

문제 분석 (가)는 도로이며, 여객 수송 분담률과 화물 수송 분담률이 모두 가장 높다. (나)는 철도(지하철 포함)이며, 여객 수송 분담률이 도로 다음으로 높다. (다)는 항공으로 (가)~(다) 중 여객 수송 분담률과 화물 수송 분담률이 모두 가장 낮다.

정답 찾기 ① 문전 연결성은 도로>철도(지하철 포함)>항공 순으로 높고, 기종점 비용은 항공>철도(지하철 포함)>도로 순으로 높게 나타난다. 따라서 (가)는 A, (나)는 E, (다)는 I이다.

08 교통수단별 국내 수송 분담률의 특징 이해

문제 분석 그래프에서 여객 수송 분담률이 가장 높고 화물 수송에 이용되지 않는 (가)는 지하철이고, 화물 수송 분담률이 가장 높은 (라)는 해운이다. (나)는 여객 수송 분담률이 지하철(가) 다음으로 높고, 화물 수송 분담률도 해운(라) 다음으로 높으므로 철도이다. 나머지 (다)는 해운보다 여객 수송 분담률이 높고 화물 수송 분담률이 낮은 항공이다.

정답 찾기 ㄷ. 항공(다)은 해운(라)보다 운행 시 평균 수송 속도가 빠르다.
ㄹ. 해운(라)은 지하철(가)보다 운행 시 기상 조건의 영향을 많이 받는다.

오답 피하기 ㄱ. 평균 수송 거리는 철도(나)가 지하철(가)보다 멀다.
ㄴ. 철도(나)는 항공(다)보다 기종점 비용이 저렴하다.

수능 실전 문제

본문 112~114쪽

1 ⑤	2 ④	3 ③	4 ④
5 ③	6 ①		

1 소매 업태별 특성 비교

문제 분석 (가)는 백화점으로 수가 2개인 반면, (나)는 편의점으로 주택가 및 상업 지역에 다수가 분포한다.

정답 찾기 ⑤ 편의점은 백화점보다 최초 등장 시기가 늦다. 우리나라에 편의점이 등장한 시기는 1989년으로 일제 강점기인 1930년대 우리나라에 최초 등장한 백화점보다 등장 시기가 늦다. 한편, 편의점은 백화점보다 최소 요구치는 작고, 재화의 도달 범위는 좁으므로 제시된 그림의 E에 해당한다.

2 소매 업태별 종사자의 고용 행태 및 특징 이해

문제 분석 (가)는 편의점으로 임시·일용 종사자 수가 상용 종사자 수의 2배 이상이다. (나)는 인터넷 쇼핑, TV 홈 쇼핑 등의 통신 판매업으로 2021년 매출액이 가장 많으며, 상용 종사자 수도 가장 많다. (다)는 대형 마트로 상용 종사자 수가 통신 판매업과 슈퍼마켓 다음으로 많으며, 2021년 매출액이 편의점과 비슷하다. (라)는 백화점으로 상용 및 임시·일용 종사자 수가 가장 적으며, 제시된 소매 업태 중에서 매출액이 가장 적다.

정답 찾기 ㄱ. 편의점(가)은 통신 판매업(나)보다 주거 지역과의 인접성이 높다.
ㄷ. 백화점(라)은 대형 마트(다)보다 고가 물품의 판매 비율이 높다.
ㄹ. 2000년 이후 편의점(가)과 통신 판매업(나)은 대형 마트(다)와 백화점(라)보다 매출액 증가율이 높다.

오답 피하기 ㄴ. 통신 판매업(나)은 대형 마트(다)보다 소비자 이용 가능 시간의 제약이 작다.

3 소매 업태별 영업시간과 특징 이해

문제 분석 (가)는 백화점으로 10시간 미만 영업 비율이 가장 높고, 14시간 이상 영업 비율이 가장 낮다. (다)는 편의점으로 14시간 이상 영업 비율이 약 85%이며, 10시간 미만 영업 비율은 매우 낮다. (나)는 슈퍼마켓이다.

정답 찾기 ③ 편의점(다)은 백화점(가)보다 고객의 회당 평균 이용 시간이 짧다.

오답 피하기 ① 백화점(가)은 슈퍼마켓(나)보다 평균 매장 규모가 크다.

② 백화점(가)은 슈퍼마켓(나)보다 승용차 이용 방문객의 비율이 높다.

④ 슈퍼마켓(나)은 편의점(다)보다 매장당 매출액이 많다.

⑤ 매장당 평균 종사자 수는 백화점(가)>슈퍼마켓(나)>편의점(다) 순으로 많다.

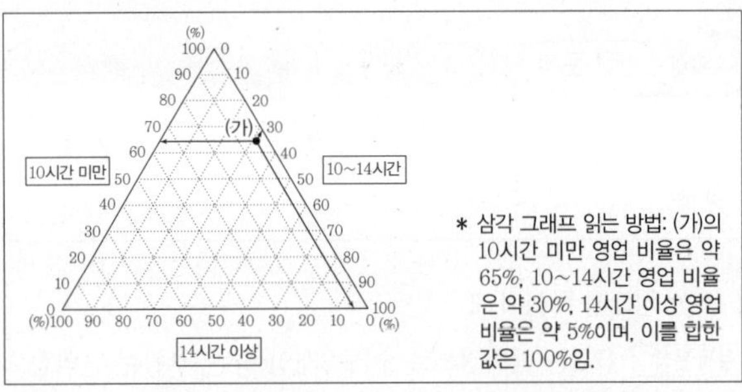

* 삼각 그래프 읽는 방법: (가)의 10시간 미만 영업 비율은 약 65%, 10~14시간 영업 비율은 약 30%, 14시간 이상 영업 비율은 약 5%이며, 이를 합한 값은 100%임.

4 세 소매 업태의 매출 상품군과 고객당 구매액 파악

문제 분석 (가)는 백화점으로 비식품 비율이 높으며, 고객당 구매액이 가장 많다. (나)는 편의점으로 식품과 비식품의 비율이 비슷하며, 고객당 구매액이 가장 적다. (다)는 대형 마트로 식품 비율이 가장 높으며, 고객당 구매액은 백화점보다 적고 편의점보다 많다.

정답 찾기 ④ 세 소매 업태 중 2010~2020년 매출액 증가가 가장 두렷한 것은 편의점(나)이다.

오답 피하기 ① 백화점(가)은 편의점(나)보다 사업체 수가 적고 사업체 간 평균 거리가 멀다.

② 대형 마트(다)는 편의점(나)보다 매장 내 총 상품 수가 많다.

③ 백화점(가)은 대형 마트(다)보다 고가 수입 상품의 매출 비율이 높다.

⑤ (가)는 백화점, (나)는 편의점, (다)는 대형 마트이다.

5 주요 교통수단의 특징 이해

문제 분석 (가)는 항공(비행기)으로 연료로 석유만 사용하며, 국내 여객 수송 분담률이 도로나 철도보다 낮다. (나)는 도로(자동차)로 석유를 가장 많이 사용하며 일부 차종(가스차, 전기차, 수소전기차)은 천연가스와 신·재생 및 기타 에너지를 사용하고, 국내 여객 수송 분담률이 가장 높다. (다)는 철도(기차 및 지하철)로 석유와 전력을 사용하며, 국내 여객 수송 분담률이 도로 다음으로 높다.

정답 찾기 ㄴ. 도로(나)는 철도(다)보다 대중 승·하차 시설인 정차 역의 수가 많다.

ㄷ. 상용화 시기는 철도(다)>도로(나)>항공(가) 순으로 이르다.

오답 피하기 ㄱ. 도로(나)는 항공(가)보다 택배업에 이용되는 비율이 높다.

ㄹ. 기종점 비용은 항공(가)>철도(다)>도로(나) 순으로 높다.

6 교통수단별 특징 이해

문제 분석 (가)는 도로로 모든 거리 구간 통행에서 차지하는 비율이 가장 높으며, 단거리를 짧게 이동하는 경우가 많으므로 30분 미만 이용 비율이 80%를 넘는다. (나)는 철도로 90km 이상 중·장거리 이용 비율이 높으며, 90~210분 이용 비율이 높은 편이다. (다)는 항공으로 모든 통행이 90km 이상이며, 30~90분 이용 비율이 높다. (라)는 해운으로 모든 거리 구간 통행에서 차지하는 비율이 매우 낮고, 30~210분 이용 비율이 높다.

정답 찾기 ① 철도(나)는 도로(가)보다 정시성이 높으며, 시간대에 따른 속도 차이가 작다. 도로(가)는 출퇴근 시간처럼 통행량이 많은 시간대와 통행량이 적은 심야 시간대의 운행 속도 차이가 크게 나타난다. 따라서 도로(가)는 철도(나)보다 시간대별 운행 속도의 변화 폭이 크다.

오답 피하기 ② 도로(가)는 철도(나)보다 주행 비용 증가율이 높다.

③ 철도(나)는 항공(다)보다 기상 상태에 따른 운행 제약이 작다.

④ 항공(다)은 공항 입지 지역에서 여행객이 이용 가능하며, 해운(라)은 해안의 항구 지역에서 여행객이 이용 가능하다. 우리나라는 공항이 입지한 도시 수보다 해안 및 도서 지역에 항구가 입지한 도시의 수가 많다. 따라서 항공(다)은 해운(라)보다 여행객이 이용을 위해 방문할 수 있는 도시 수가 적다.

⑤ (가)~(라) 중 평균 운행 속도가 가장 빠른 것은 항공(다)이다.

14 인구 분포와 인구 구조의 변화

수능 기본 문제 본문 118쪽

01 ①	02 ②	03 ④	04 ③

01 1960년과 2020년의 인구 특성 비교

문제 분석 1960년에는 출생률이 높아 유소년층 인구 비율이 매우 높고 노년층 인구 비율이 낮다. 2020년에는 낮은 출생률로 유소년층 인구 비율이 감소하고 노년층 인구 비율이 증가하였다.

정답 찾기 ① A. 2020년은 1960년에 비해 노년 부양비가 높고(A, B, C), 유소년 부양비가 낮으며(A, C), 청장년층 인구 비율이 높기 때문에 총부양비는 낮다(A, B, D). 따라서 이에 해당하는 것은 A이다. 노년 부양비는 청장년층 인구에 대한 노년층 인구의 비율이며, 유소년 부양비는 청장년층 인구에 대한 유소년층 인구의 비율이다. 총부양비는 노년 부양비와 유소년 부양비를 합한 값으로, 청장년층 인구 비율에 반비례한다.

02 경기, 대전, 충남, 서울의 인구 변화 및 인구 순이동 이해

문제 분석 (가)는 1990년 이후 인구가 지속적으로 증가하였으며, 네 지역 중 인구 증가율이 가장 높으므로 경기이다. (나)는 1990년 이후 인구가 증가하다가 2015년 이후 감소 추세인 대전이다. (다)는 1990년 이후 인구가 감소하다가 근래 수도권으로부터 인구가 유입되어 인구가 증가한 충남, (라)는 1990년보다 현재 인구가 감소한 서울이다.

정답 찾기 ② 네 지역 중 경기와 충남은 전입 인구가 전출 인구보다 많아 인구 순이동이 양(+)의 값을 나타내며, 대전과 서울은 전입 인구보다 전출 인구가 많아 인구 순이동이 음(−)의 값을 나타낸다. A, B 중에서 인구 순유입이 더 많은 A가 경기, 상대적으로 적은 B는 충남이다. C, D 중에서 인구 순유출이 더 많은 D는 서울이며, 상대적으로 적은 C는 대전이다.

03 우리나라 인구 성장 과정 이해

문제 분석 제시된 글은 일제 강점기부터 현재까지 우리나라의 인구 성장 과정을 서술한 것이다. 우리나라는 일제 강점기에 사망률이 낮아졌으며, 경지 면적 증가, 식량 증산 등으로 인구 부양력이 높아졌다. 광복~1950년대 초에는 해외 동포의 귀국, 북한 주민의 월남으로 남한의 인구가 증가하였다. 이처럼 인구가 계속 증가하자 1960년대 중반~1980년대에는 산아 제한 정책을 실시하여 1983년에는 합계 출산율이 2.06명으로 대체 출산율보다 낮아졌다. 1990년대 이후에는 초혼 연령 상승, 만혼과 비혼 등으로 합계 출산율이 크게 낮아졌다.

정답 찾기 ④ 산아 제한 정책은 합계 출산율을 줄이기 위한 인구 증가 억제 정책으로, 우리나라는 1960년대 들어 사회 운동 차원에서 가족계획 사업이라는 이름으로 산아 제한 정책을 추진하기 시작하였다. 다자녀 가구 세금 감면, 출산 장려금 지원 정책은 저출산 문제를 해결하기 위한 출산 장려 정책이다.

오답 피하기 ① 일제 강점기는 인구가 급격히 증가하였던 시기로 인구 변천 모형 중 초기 확장기에 해당한다.
② 인구의 사회적 증감은 전입에서 전출을 뺀 값으로 해외 동포의 귀국, 북한 주민의 월남은 인구의 사회적 증가 요인에 해당한다.
③ 출산 붐 현상이 나타나면 유소년층 인구 비율이 높은 피라미드형 인구 구조가 나타난다.
⑤ 1990년대 이후 초혼 연령 상승, 만혼과 비혼 등으로 합계 출산율이 낮아졌다.

04 도별 인구 특성 이해

문제 분석 표는 도별 인구 현황을 나타낸 것으로, (가)~(다)는 강원, 경남, 전북 중 하나이다. (가)는 세 지역 중 인구 밀도가 가장 높은 것으로 보아 세 지역 중 도시 인구가 많은 경남이다. (나)는 세 지역 중 노년층 인구 비율이 가장 높으므로 전북이다. (다)는 도 중에서 인구 밀도가 가장 낮으므로 산지 비율이 높은 강원이다.

정답 찾기 ㄴ. 전북(나)은 평야 지대가 넓게 발달하였으며, 강원(다)은 산지 비율이 높다. 따라서 전북(나)은 강원(다)보다 경지 면적 중 논 비율이 높다.
ㄷ. 경남(가)은 영남 지방, 전북(나)은 호남 지방에 속한다.

오답 피하기 ㄱ. 경남(가)은 강원(다)보다 총인구가 많고 성비도 높으므로 남성 인구가 많다.
ㄹ. 세 지역 중 총인구는 경남(가)>전북(나)>강원(다) 순으로 많다.

수능 실전 문제 본문 119~121쪽

1 ③	2 ①	3 ②	4 ③
5 ④	6 ②		

1 강원, 세종, 울산의 인구 특성 이해

문제 분석 지도에 표시된 지역은 강원, 세종, 울산이다. (가)는 세 지역 중 노령화 지수가 가장 높으므로 강원이다. (다)는 세 지역 중 유소년층 인구 비율이 가장 높으므로 전국 시·도 중 유소년층 인구 비율이 가장 높은 세종이다. (나)는 세 지역 중 총부양비가 가장 낮으므로 청장년층 인구 비율이 가장 높은 울산이다.

정답 찾기 ㄴ. 울산(나)은 중화학 공업이 발달한 도시로 세종(다)보다 지역 내 2차 산업 취업자 수 비율이 높다.

ㄹ. 울산(나)은 영남 지방, 세종(다)은 충청 지방에 속한다.

오답 피하기 ㄱ. 청장년층 인구 비율은 총부양비와 반비례한다. 강원(가)은 울산(나)보다 총부양비가 높으므로 청장년층 인구 비율은 낮다.

ㄷ. 세종(다)은 전국 시·도 중 총인구가 가장 적다. 따라서 세종(다)은 강원(가)보다 총인구가 적다.

2 주요 인구 지표의 개념 이해

문제 분석 제시된 퀴즈를 순서대로 해결하면 된다. 여성 100명당 남성의 수는 성비이다. 단위 면적에 분포하는 인구는 인구 밀도이다. 총인구를 나이순으로 줄 세웠을 때 중간에 있는 사람의 나이는 중위 연령이다. 여성 1명이 가임 기간 동안 낳을 것으로 예상되는 평균 출생아 수는 합계 출산율이다. 따라서 낱말 카드에서 성비, 인구 밀도, 중위 연령, 합계 출산율을 지우면 된다.

정답 찾기 ① 낱말 카드에서 성비, 인구 밀도, 중위 연령, 합계 출산율을 지우고 남는 글자를 이용하여 만들 수 있는 인구 관련 용어는 노령화 지수이다. 노령화 지수는 유소년층 인구에 대한 노년층 인구의 비율이다.

오답 피하기 ② 청장년층 인구에 대한 유소년층 인구의 비율은 유소년 부양비이다.

③ 연령별과 성별에 따른 인구 구조를 나타내는 그래프는 인구 피라미드이다.

④ 불안정한 사회가 안정되면서 출생률이 급격히 증가하는 사회적 현상은 출산 붐(베이비 붐)이다.

⑤ 한 국가가 현재의 인구 규모를 장기적으로 유지하는 데 필요한 출산율은 대체 출산율이다.

3 용인, 임실, 대구, 김해의 인구 변화 특성 이해

문제 분석 지도에 표시된 지역은 수도권에 위치한 경기 용인시, 촌락 성격을 지닌 전북 임실군, 대도시인 대구광역시, 이웃한 부산으로부터 인구가 유입되면서 총인구가 증가한 경남 김해시이다. 그래프에서 (가)는 인구가 지속적으로 증가하였으며 2000년대 이후 인구 증가율이 높은 것으로 보아 택지 개발로 인해 전입 인구가 많은 용인시이다. (라)는 1980~2020년 인구가 크게 감소하였으므로 촌락의 성격을 지닌 임실군이다. (다)는 1980년 대비 2000년 인구가 약간 증가하였지만 2000년대 이후는 정체하고 최근에는 인구가 감소하였으므로 교외화 현상이 진행되고 있는 대구광역시이다. (나)는 2000년대에 인구가 증가하였으며 (가)보다는 낮은 인구 증가율을 보이므로 김해시이다. 김해시는 주변 대도시로부터의 인구 유입과 택지 개발로 인해 인구가 증가하고 있다.

정답 찾기 ② 대구(다)는 김해(나)보다 총인구가 많다.

오답 피하기 ① 용인(가)은 임실(라)보다 노령화 지수가 낮다.

③ 대구(다)는 영남권, 임실(라)은 호남권에 속한다.

④ 인구 밀도는 광역시인 대구(다)가 가장 높다.

⑤ 지역 내 1차 산업 취업자 수 비율은 촌락 성격을 지닌 임실(라)이 가장 높다.

4 충남, 경북, 부산, 제주의 인구 특성 이해

문제 분석 지도에 표시된 지역은 충남, 경북, 부산, 제주이다. (가)는 네 지역 중 총인구가 가장 많고, 전입 인구보다 전출 인구가 많다. 이러한 특징을 지니는 지역은 교외화가 진행되어 인구가 감소하고 있는 대도시 부산이다. (나)는 네 지역 중 총인구가 두 번째로 많고 전출 인구가 전입 인구보다 많으므로 경북이다. (라)는 네 지역 중 총인구가 가장 적고 전입 인구가 전출 인구보다 많은 제주이다. (다)는 전입 인구가 전출 인구보다 많고 (라)보다 총인구가 많으므로 충남이다.

정답 찾기 ③ 충남(다)은 부산(가)보다 수도권으로의 접근성이 높아 수도권에서의 인구 유입이 많다.

오답 피하기 ① 경북(나)은 경기도와 행정 구역이 맞닿아 있지 않다.

② 경북(나)은 제주(라)보다 지역 내 3차 산업 취업자 수 비율이 낮다. 제주는 관광 산업이 발달하여 지역 내 3차 산업 취업자 수 비율이 상대적으로 높다.

④ 인구 밀도는 광역시인 부산(가)이 가장 높다.

⑤ 충남(다)은 영남권에 속하지 않는다.

5 시·도별 인구 부양비 비교

문제 분석 (가)는 전국 시·도 중에서 노년 부양비가 가장 높은 도이므로 전남이다. (나)는 전국 시·도 중에서 총부양비(노년 부양비+유소년 부양비)가 가장 낮은 지역이다. 따라서 (가)~(마) 중 청장년층 인구 비율이 가장 높은 시이므로 서울이다. (마)는 유소년 부양비가 가장 높은 시이므로 유소년층 인구 비율이 가장 높은 세종이다. (다)와 (라)는 경기와 충남 중 하나인데, 노년 부양비가 낮은 (다)가 경기, 노년 부양비가 높은 (라)는 충남이다.

정답 찾기 ④ 충남(라)과 세종(마)은 행정 구역이 맞닿아 있다.

오답 피하기 ① 전남(가)은 서울(나)보다 노년 부양비와 유소년 부양비의 합인 총부양비가 높다. 따라서 전남(가)은 서울(나)보다 지역 내 청장년층 인구 비율이 낮다.

② 경기(다)는 충남(라)보다 지역 내 1차 산업 취업자 수 비율이 낮다.

③ 세종(마)은 전남(가)보다 총인구가 적다.

⑤ 전남(가)은 호남권, 서울(나)과 경기(다)는 수도권에 속한다.

6 고양, 양구, 광양, 청송의 연령층별 인구 구조 이해

문제 분석 지도에 표시된 지역은 수도권 1기 신도시가 위치한 경기 고양시, 군사 분계선에 가까이 위치한 강원 양구군, 중화학 공업이 발달한 전남 광양시, 촌락 성격을 지닌 경북 청송군이다.

(가)는 네 지역 중 청장년층 인구 비율이 높고 노년층을 제외한 연령대에서 성비도 비교적 일정하게 나타나는 것으로 보아 고양시이다. (라)는 결혼 적령기의 성비가 높으며 네 지역 중 노년층 인구 비율이 가장 높으므로 촌락에 해당하는 청송군이다. (나)와 (다)는 20~30대에서 남초 현상이 나타나므로 군사 분계선에 가까이 위치하거나 중화학 공업이 발달한 지역이다. (나)는 (다)보다 노년층 인구 비율이 낮으므로 중화학 공업이 발달한 광양시이고, (다)는 20대의 남초 현상이 심하게 나타나므로 군사 분계선에 가까이 위치한 양구군이다.

정답 찾기 ② 대규모 제철소가 입지해 있는 광양(나)은 양구(다)보다 지역 내 2차 산업 취업자 수 비율이 높다.

오답 피하기 ① 고양(가)은 광양(나)과 노년층 인구 비율은 비슷하지만 인구가 5배 이상 많다. 따라서 노년층 인구는 고양(가)이 광양(나)보다 많다.

③ 연령층별 인구 비율을 보면 (라)가 (다)보다 노년층 인구 비율이 높다. 따라서 양구(다)는 청송(라)보다 중위 연령이 낮다.

④ 광양(나)은 호남권, 청송(라)은 영남권에 위치한다.

⑤ 총부양비는 청장년층 인구 비율이 가장 낮은 청송(라)이 가장 높다.

15 인구 문제와 다문화 공간의 확대

수능 기본 문제 본문 126~127쪽

01 ②	02 ③	03 ④	04 ③
05 ③	06 ④	07 ④	08 ④

01 저출산·고령화 현상의 영향 이해

문제 분석 그래프를 통해 합계 출산율이 낮아지면서 유소년층 인구가 감소하였으며, 노년층 인구가 증가하고 중위 연령이 높아졌음을 알 수 있다.

정답 찾기 ② 피라미드형 인구 구조는 유소년층 인구 비율이 높고 노년층 인구 비율이 낮은 시기에 나타나는 인구 피라미드로 1960년대 인구 구조이다. 유소년층 인구 비율이 낮아지고 노년층 인구 비율이 높아지면 종형 또는 방추형 인구 구조가 나타난다.

오답 피하기 ① 노령화 지수는 유소년층 인구에 대한 노년층 인구의 비율이다. 유소년층 인구가 감소하고 노년층 인구가 증가하면 노령화 지수는 높아진다.

③ 저출산 현상이 지속되면 합계 출산율을 높이기 위한 다양한 대책이 필요하므로 출산 휴가 및 육아 휴직 제도와 같은 정책적 지원이 확대될 것이다.

④ 저출산 현상이 지속되면 장기적으로 생산 가능 인구가 감소하면서 경제 활동에 투입되는 노동력이 감소하게 된다.

⑤ 고령화 현상이 지속되면 노인들을 위한 시설인 노인 전문 병원, 요양원 등이 증가할 것이다.

02 시·도별 유소년층 및 노년층 인구 비율 비교

문제 분석 그래프는 시·도별 유소년층 및 노년층 인구 비율을 나타낸 것이다. 전국 시·도 중 유소년층 인구 비율이 가장 높은 곳은 청장년층 인구의 유입이 많은 세종이다. 반면에 전남, 전북, 경북, 강원 등은 청장년층 인구의 유출이 많아 노년층 인구 비율이 높다.

정답 찾기 ③ 서울은 부산보다 유소년층 인구 비율과 노년층 인구 비율의 합이 작으므로 청장년층 인구 비율이 높다.

오답 피하기 ① 충북은 전북보다 유소년층 인구 비율이 높고 노년층 인구 비율이 낮으므로 유소년층 인구에 대한 노년층 인구의 비율인 노령화 지수는 낮다.

② 세종은 경기보다 유소년층 인구 비율은 높지만 총인구는 경기가 세종보다 월등히 많기 때문에 유소년층 인구는 경기가 세종보다 많다.

④ 총부양비는 청장년층 인구 비율에 반비례한다. 서울, 인천, 대전, 울산 등은 전국 평균보다 청장년층 인구 비율이 높으므로 총

부양비는 낮다.
⑤ 모든 도(道)는 유소년층 인구 비율보다 노년층 인구 비율이 높으므로 유소년 부양비가 노년 부양비보다 낮다.

03 인구 포스터를 통한 시기별 인구 특징 비교

문제 분석 (가)는 '둘만 낳아 잘 기르자'라는 표어를 통해 출생률이 높게 나타나는 시기임을 알 수 있다. 따라서 (가)는 1970년대의 인구 포스터이다. (나)는 '동생을 갖고 싶어요'라는 표어를 통해 출산을 장려하는 정책이 시행되었음을 알 수 있다. (나)는 2000년대의 인구 포스터이다.

정답 찾기 ㄱ. 2000년대는 1970년대보다 노년층 인구 비율이 높으므로 노년 부양비가 높다.
ㄷ. 2000년대는 1970년대보다 전체 인구에서 청장년층 인구가 차지하는 비율이 높다.

오답 피하기 ㄴ. 인구의 자연 증가율은 합계 출산율이 높았던 1970년대가 2000년대보다 높다.

04 고령화 현상의 대책 이해

문제 분석 제시된 자료는 고령화 현상의 원인과 영향, 대책을 나타낸 것이다. 저출산 현상에 따른 유소년층 인구 비율 감소와 노년층 인구 비율 증가로 고령화 현상이 나타나고 있다. 고령화 현상이 지속되면 청장년층 인구의 사회적 부담이 증가하고, 연금·의료·복지 등 사회적 비용 증가에 따른 국가 재정 부담 증가 등 다양한 문제가 나타난다. (가)에는 고령화 현상에 대한 대책이 들어가면 된다.

정답 찾기 ③ 정년이 단축되면 노년층 인구의 노후 대비가 어려워지므로 이는 고령화 현상의 대책이 될 수 없다.

오답 피하기 ① 실버산업은 노인을 위한 상품을 제조·판매하거나 의료·복지 시설을 세우고 운영하는 산업이므로 고령화 현상의 대책에 해당한다.
② 노인들을 위한 복지 정책을 확대하고 노인 전문 병원, 요양원 등의 시설을 확충해야 한다.
④ 국민연금 및 기초 연금 등의 공적 연금 제도를 강화하여 노년층의 경제적 기반을 마련해야 한다.
⑤ 임금 피크제는 근로자의 고용을 보장해 주는 대신 일정 연령을 기점으로 단계적으로 임금을 줄여나가는 제도로 노년층의 경제 활동 참여 기회 확대에 기여한다.

05 외국인 주민의 성별·거주 유형별 특징 이해

문제 분석 국내에 거주하는 외국인 주민 중 한국 국적을 가지지 않은 외국인의 유형은 외국인 근로자, 결혼 이민자, 유학생, 외국국적 동포, 기타 외국인으로 구분된다. A~C는 외국인 근로자, 결혼 이민자, 유학생 중 하나인데, 이 중 외국인 근로자가 가장 많고 그다음으로 결혼 이민자, 유학생 순으로 많다. 따라서 A는 외국인 근로자, B는 결혼 이민자, C는 유학생이다. 또한 외국인 근로자는 남성이 여성보다 많으며 결혼 이민자는 여성이 남성보다 많으므로 (가)는 여성, (나)는 남성이다.

정답 찾기 ㄴ. 외국인 근로자(A)는 생산직 근로자의 수요가 많은 경기에 가장 많다.
ㄷ. 결혼 이민자(B)의 비율은 촌락에서 높게 나타나는데, 이는 젊은 여성 인구가 도시로 이주함에 따라 촌락에서 결혼 적령기의 성비 불균형이 나타났기 때문이다. 따라서 촌락에 거주하는 결혼 이민자는 여성이 남성보다 많다.

오답 피하기 ㄱ. 결혼 이민자에서 비율이 높은 (가)는 여성, 외국인 근로자에서 비율이 높은 (나)는 남성이다.
ㄹ. 유학생(C)은 결혼 이민자(B)보다 우리나라에 거주하는 평균 기간이 짧다.

06 지역별 외국인 주민 유형 비교

문제 분석 그래프는 세 지역의 유형별 외국인 주민 비율을 나타낸 것이다. 외국인 근로자 비율이 높은 지역은 생산직 근로자의 수요가 많은 수도권 및 영남권 등의 제조업 발달 지역이며, 외국인 중 결혼 이민자 비율은 촌락에서 높게 나타난다. 또한 외국인 중 유학생 비율은 대학, 연구 단지 등 교육 시설이 집중한 도시에서 높게 나타난다. 지도에 표시된 지역은 제조업이 발달한 평택시, 촌락의 성격을 지닌 봉화군, 여러 대학과 연구 단지가 위치한 대전광역시이다. (가)는 세 지역 중 유학생의 비율이 가장 높으므로 대전광역시, (나)는 세 지역 중 외국인 근로자의 비율이 가장 높으므로 평택시, (다)는 세 지역 중 결혼 이민자의 비율이 가장 높으므로 봉화군이다.

정답 찾기 ④ 대전(가)과 평택(나)은 모두 충청남도와 행정 구역이 맞닿아 있다.

오답 피하기 ① 평택(나)은 외국인 근로자의 비율이 높아 외국인 남성 비율이 높다. 따라서 외국인의 성비는 평택(나)이 대전(가)보다 높다.
② 노령화 지수는 촌락의 성격을 지닌 봉화(다)가 평택(나)보다 높다.
③ 외국인 근로자 수는 인구 규모가 큰 대전(가)이 봉화(다)보다 많다.
⑤ 인구 밀도는 광역시인 대전(가)이 가장 높다.

07 산업별·성별 외국인 취업자 수 이해

문제 분석 외국인 취업자 수는 남성이 여성보다 많으므로 (가)는 여성, (나)는 남성이다. 외국인 남성은 광업·제조업 취업자 수가 가장 많으며, 외국인 여성은 도소매·음식·숙박업 취업자 수가 가장 많다. 따라서 A는 도소매·음식·숙박업이며, B는 광업·제조업이다.

정답 찾기 ㄴ. 광업·제조업(B) 취업자 수는 도소매·음식·숙박업(A) 취업자 수보다 많다.

ㄹ. 도소매·음식·숙박업(A) 취업자 수는 여성(가)이 남성(나)보다 많으므로 성비가 100 미만이다. 또한 광업·제조업(B) 취업자 수는 남성(나)이 여성(가)보다 많으므로 성비가 100 이상이다.

오답 피하기 ㄱ. 외국인 취업자 수는 남성(나)이 여성(가)보다 많다.
ㄷ. 결혼 이민자는 여성(가)이 남성(나)보다 많다.

08 다문화 도시 안산시의 지역성 이해

문제 분석 제시된 자료는 안산시에 대한 내용이다. 안산시의 국경 없는 마을은 외국인 근로자가 많이 거주하는 대표적인 지역으로 인근 시화 산업 단지에서 일하는 외국인 근로자들이 모이면서 조성되었다. 안산시는 다문화 중심 도시 조성을 위해 외국인 전담 부서를 신설하고 외국인 주민 센터를 여는 등의 기반 시설을 구축하고 있다. (가)는 안산시이다.

정답 찾기 ④ 안산시에는 시화 방조제에 건설된 국내 유일의 조력 발전소가 위치한다.

오답 피하기 ① 안산시는 도청 소재지가 아니다. 경기도의 도청 소재지는 수원시이다.
② 안산시에는 혁신 도시가 위치하지 않는다. 혁신 도시는 수도권에 집중되어 있는 공공 기관을 지방으로 이전시켜 조성되는 미래형 도시이다.
③ 수도권 1기 신도시는 성남(분당), 고양(일산), 부천(중동), 군포(산본), 안양(평촌)에 위치해 있다.
⑤ 세계 문화유산으로 등재된 화성은 수원에 위치한다.

수능 실전 문제

본문 128~130쪽

1 ①	2 ③	3 ②	4 ③
5 ④	6 ⑤		

1 우리나라의 연령층별 인구 구조 변화 이해

문제 분석 그래프는 우리나라의 연령층별 인구 수 및 구성비 변화를 나타낸 것이다. 우리나라는 1960년대에 출생률이 높아 유소년층 인구 비율이 매우 높았으나, 이후 출생률이 지속적으로 감소하여 유소년층 인구 비율이 감소하고 노년층 인구 비율이 증가하였다. 청장년층 인구 비율은 2020년까지 증가하였으나 이후 감소하고 있으며 지속적으로 감소할 것으로 예상된다.

정답 찾기 ㄱ. 2020년에 노년층 인구가 유소년층 인구보다 많으므로 노령화 지수는 100 이상이다.
ㄴ. 노년 부양비는 청장년층 인구에 대한 노년층 인구의 비율이다. 1960년과 2040년의 청장년층 인구 비율은 비슷하지만 노년층 인구 비율은 10배 이상 증가하였으므로 노년 부양비는 7배 이상 증가할 것이다.

오답 피하기 ㄷ. 총부양비는 청장년층 인구 비율과 반비례한다. 청장년층 인구 비율은 1960~2020년까지 증가하다가 2020년 이후 감소가 예상되므로 총부양비는 2020년 이후 증가할 것이다.
ㄹ. 2020~2070년에 유소년층 감소 인구는 약 349만 명(631만 명－282만 명), 노년층 증가 인구는 약 932만 명(1,747만 명－815만 명)이므로 노년층 증가 인구가 유소년층 감소 인구보다 많다.

2 저출산·고령화 현상의 영향 이해

문제 분석 제시된 글은 우리나라의 저출산·고령화 현상의 원인과 영향을 나타낸 것이다.

정답 찾기 ㄴ. 출생률 감소 현상이 지속되면 청장년층 인구 비율이 감소하게 되므로 총부양비가 증가할 것이다.
ㄷ. 노령화 지수는 유소년층 인구에 대한 노년층 인구의 비율이다. 유소년층 인구 비율이 감소하고 노년층 인구 비율이 증가하면 노령화 지수가 높아진다.

오답 피하기 ㄱ. 우리나라는 합계 출산율이 낮아지고 있지만 2020년까지는 인구 증가율이 양(+)의 값을 나타냈기 때문에 총인구가 증가하였으며, 그 이후 총인구가 감소하고 있다.
ㄹ. 전체 인구에서 노년층 인구 비율이 7~14% 미만이면 고령화 사회, 14~20% 미만이면 고령 사회, 20% 이상이면 초고령 사회이다.

3 도별 노년층 인구 특성 이해

문제 분석 (가)는 도 중 노년층 인구가 가장 많고 노년층 인구 비율이 가장 낮으므로 경기이고, (다)는 노년층 인구 비율이 가장 높으므로 전남이다. (나)와 (라)는 충남과 경북 중 하나인데, 경북이 충남보다 총인구가 많고 노년층 인구 비율이 높으므로 (나)는 경북, (라)는 충남이다.

정답 찾기 ② 충남(라)은 전남(다)과 노년층 인구는 비슷하지만 노년층 인구 비율은 낮다. 따라서 총인구는 충남(라)이 전남(다)보다 많다.

오답 피하기 ① 지역 내 유소년층 인구 비율은 청장년층 인구의 유입이 많은 경기(가)가 경북(나)보다 높다.
③ 경기(가)와 전남(다)은 행정 구역이 맞닿아 있지 않다.
④ 경북(나)은 노년층 인구 비율이 20% 이상이므로 초고령 사회, 충남(라)은 노년층 인구 비율이 14~20%이므로 고령 사회에 진입해 있다.
⑤ 중위 연령은 노년층 인구 비율이 가장 높은 전남(다)이 가장 높다.

4 거주 외국인 현황 및 다문화 사회 이해

문제 분석 제시된 글은 우리나라에 거주하는 외국인 현황을 나타낸 것이다. 우리나라는 세계화에 따른 노동 시장 개방, 외국인의 국내 취업 및 유학 증가, 국제결혼 등으로 거주 외국인이 점차 증가하고 있다.

정답 찾기 ③ 국제결혼의 경우 외국인 여성과 결혼한 한국인 남성이 외국인 남성과 결혼한 한국인 여성보다 많다.

오답 피하기 ① 우리나라에서 외국인 취업자 수가 가장 많은 지역은 근로자 수요가 많은 경기이다.
② 도소매·음식·숙박업에 취업한 외국인은 여성이 남성보다 많다.
④ 결혼 이민자 비율은 일반적으로 촌락에서 높게 나타나므로 봉화군이 고양시보다 높다.
⑤ 서울시의 이태원 이슬람 거리는 우리나라의 대표적인 다문화 공간이다. 국내 체류 외국인이 증가하면서 국내 거주 외국인들의 정보 교환 및 자국 문화 공유를 위해 모이는 다문화 공간이 형성되고 있다.

5 평창군과 화성시의 연령대별·성별 외국인 현황 이해

문제 분석 외국인 주민 유형에는 외국인 근로자, 결혼 이민자, 유학생 등이 있다. 촌락의 경우 결혼 이민자의 비율이 높으며, 남성보다 여성이 많다. 반면에 외국인 근로자의 비율은 생산직 근로자의 수요가 많은 제조업 발달 지역에서 높게 나타나며, 제조업에 종사하는 외국인의 경우 남성이 여성보다 많다. (가)는 20~30대에서 여성의 비율이 높고 전체 외국인 수가 적은 것으로 보아 결혼 이민자의 비율이 높은 촌락에 해당하는 평창군이다. (나)는 20~30대에서 남성의 비율이 여성보다 월등히 높고 전체 외국인 수가 많으므로 제조업이 발달한 화성시이다.

정답 찾기 ㄱ. 평창(가)은 화성(나)보다 지역 내 내국인의 노령화 지수가 높다.
ㄴ. 촌락의 성격을 지닌 평창(가)은 화성(나)보다 지역 내 외국인 주민 중 결혼 이민자 비율이 높다.
ㄷ. 제조업이 발달한 화성(나)은 평창(가)보다 지역 내 내국인의 2차 산업 종사자 비율이 높다.

오답 피하기 ㄹ. 평창(가)은 대부분의 연령대에서 외국인 여성이 외국인 남성보다 많으므로 성비가 100 미만이며, 화성(나)은 외국인 남성이 외국인 여성보다 많으므로 성비가 100 이상이다.

6 춘천, 이천, 무주의 유형별 외국인 주민 특성 비교

문제 분석 (가)는 세 지역 중 결혼 이민자의 비율이 높으므로 촌락에 해당한다. (나)는 세 지역 중 유학생의 비율이 가장 높으므로 대학 등 교육 기관이 집중된 지역이며, (다)는 세 지역 중 외국인 근로자의 비율이 높으므로 제조업이 발달한 지역임을 알 수 있다. 지도에 표시된 지역은 수도권과의 접근성이 좋고 상대적으로 인구 대비 대학 등의 교육 시설이 많은 춘천시, 반도체 산업 시설이 입지한 이천시, 촌락의 성격을 지닌 무주군이다. 따라서 (가)는 무주군, (나)는 춘천시, (다)는 이천시이다.

정답 찾기 ⑤ 무주(가)는 남부 지방, 춘천(나)과 이천(다)은 중부 지방에 위치한다.

오답 피하기 ① 무주(가)에는 도청이 위치하지 않는다. 세 지역 중 도청이 위치한 곳은 춘천(나)이다.
② 인구 밀도는 도시인 춘천(나)이 촌락인 무주(가)보다 높다. 2021년 기준 인구 밀도는 춘천시가 258명/km^2, 무주군이 37.9명/km^{2}이다.
③ 외국인 유학생 수는 총인구가 많고 외국인 주민 중 유학생 비율도 높은 춘천(나)이 이천(다)보다 많다. 2021년 기준 외국인 유학생은 춘천시가 1,886명, 이천시가 110명이다.
④ 외국인 주민의 성비는 외국인 남성 취업자 수가 많은 제조업 발달 지역에서 높게 나타나므로 이천(다)이 가장 높다. 촌락의 성격을 지닌 무주(가)는 외국인 여성의 비율이 높으므로 세 지역 중 외국인 주민의 성비가 가장 낮다.

16 지역의 의미와 북한 지역

수능 기본 문제

본문 135~136쪽

01 ②	02 ②	03 ③	04 ⑤
05 ④	06 ⑤	07 ③	08 ②

01 동질 지역과 기능 지역의 이해

문제 분석 지역은 다양한 방법으로 구분할 수 있는데, 크게 동질 지역과 기능 지역으로 구분할 수 있다. (가)는 주거 지역, 공업 지역 등 특정한 지리적 현상이 동일하게 나타나는 공간 범위이므로 동질 지역이다. (나)는 초등학교 통학권을 나타내고 있으므로 중심지와 그 기능이 영향을 미치는 배후지가 기능적으로 결합한 공간 범위인 기능 지역에 해당한다.

정답 찾기 ㄱ. 동질 지역의 사례로는 기후 지역, 농업 지역, 문화권 등이 있다.

ㄹ. 지역 간 상호 작용으로 형성되는 기능 지역이 동질 지역보다 지역 간 계층 구조가 뚜렷하게 나타난다.

오답 피하기 ㄴ. (나)는 기능 지역이다. 특정한 지리적 현상이 동일하게 나타나는 공간 범위는 동질 지역에 대한 설명이다.

ㄷ. 기능 지역이 동질 지역보다 교통과 통신 발달에 따른 공간 범위의 변화 정도가 크다.

02 우리나라의 전통적 지역 구분 이해

문제 분석 우리나라는 전통적으로 주로 고개, 산줄기, 대하천 등의 자연적 요소를 기준으로 지역을 구분하였다. 철령관을 기준으로 하여 그 북쪽을 관북, 서쪽을 관서, 동쪽을 관동 지방으로 구분하였으며, 한양을 기준으로 바다 건너 서쪽에 있는 지역을 해서 지방이라고 불렀다. 영남 지방은 조령의 남쪽이라는 의미이며, 호남 지방은 호강(금강) 또는 김제의 벽골제 남쪽을 의미한다. 호강(금강) 상류의 서쪽 또는 제천 의림지를 기준으로 서쪽을 호서 지방이라고 한다. 지도에서 A는 관서 지방, B는 해서 지방, C는 관동 지방, D는 호서 지방, E는 호남 지방, F는 영남 지방이다.

정답 찾기 ② 관동 지방은 대관령을 경계로 영서 지방과 영동 지방으로 구분한다.

오답 피하기 ① 관서 지방(A)의 주요 도시로는 평양, 신의주 등이 있다. 함흥과 청진은 관북 지방에 위치한다.

③ 호서 지방(D)은 호강(금강) 상류의 서쪽 또는 제천 의림지를 기준으로 서쪽을 의미한다. 김제의 벽골제 남쪽은 호남 지방이다.

④ 호남 지방(E)과 영남 지방(F)의 구분은 소백산맥과 섬진강을 기준으로 한다.

⑤ 철령관을 기준으로 구분되는 지역은 관서 지방(A), 관북 지방, 관동 지방(C)이다. 해서 지방(B)은 한양을 기준으로 바다 건너 서쪽에 있는 지역을 의미한다.

03 우리나라의 다양한 지역 구분 이해

문제 분석 우리나라는 전통적 지역 구분, 대지역 구분, 행정 기준에 따른 지역 구분 등 다양한 기준으로 지역을 구분한다.

정답 찾기 ③ 6개 광역시는 부산, 대구, 인천, 광주, 대전, 울산이다. 이 중 인구가 가장 많은 도시는 부산이며, 부산은 영남권에 위치한다.

오답 피하기 ① 영남 지방은 소백산맥과 섬진강을 경계로 하여 호남 지방과 구분된다.

② 북부 지방은 북한 지역, 중부 지방은 수도권, 강원권, 충청권, 남부 지방은 영남권, 호남권, 제주권을 의미한다.

④ 충청권에는 1개의 광역시(대전), 1개의 특별자치시(세종), 2개의 도(충남, 충북)가 있다.

⑤ 산지가 넓게 발달한 강원권은 6개 권역 중 인구 밀도가 가장 낮다.

04 북한의 자연환경 이해

문제 분석 A는 백두산, B는 압록강, C는 청천강 중·상류, D는 대동강 하류, E는 금강산, F는 동해안의 원산 일대, G는 동해로 유입되는 북대천이다.

정답 찾기 ⑤ 북한에서 용암 대지는 개마고원 및 평강 일대에 분포한다. 동해안의 원산 일대(F)에는 용암 대지가 발달해 있지 않다.

오답 피하기 ① 백두산(A)의 정상부에는 칼데라호(천지)가 있다.

② 북한에서 대부분의 큰 하천은 황해로 유입되며, 동해 쪽으로 흐르는 하천은 두만강을 제외하면 대부분 경사가 급하고 유로가 짧다. 유역 면적은 압록강(B)이 북대천(G)보다 넓다.

③ 청천강 중·상류(C)는 다우지, 대동강 하류(D)는 소우지에 해당한다.

④ 금강산(E) 정상부의 해발 고도는 백두산(A) 정상부의 해발 고도보다 낮다.

05 중강진, 희천, 남포의 기후 특성 이해

문제 분석 지도에서 A는 북부 내륙에 위치한 중강진, B는 청천강 중·상류에 위치한 희천, C는 대동강 하류에 위치한 남포이다. (가)는 중강진이 가장 높은 수치, 남포가 가장 낮은 수치를 보인다. (나)는 희천이 가장 높은 수치를 보인다.

정답 찾기 ④ (가)는 북부 내륙에 위치한 중강진의 수치가 가장 높고 세 지역 중 위도가 가장 낮은 남포의 수치가 가장 낮으므로 기온의 연교차에 해당한다. 기온의 연교차는 남에서 북으로, 해안에서 내륙으로 갈수록 대체로 크다. (나)는 북한의 다우지에 해당하는 청천강 중·상류에 위치한 희천에서 수치가 가장 높으므로 연 강수량이다.

오답 피하기 7월 평균 기온은 남포>희천>중강진 순으로 높다.

06 남·북한 1차 에너지 공급 구조 이해

문제 분석 (가)는 (나)보다 에너지 공급 유형이 다양하지 않으므로 북한이며, (나)는 남한이다. 북한은 원자력, 천연가스 공급량이 없다. A는 북한에서 가장 높은 비율을 차지하므로 석탄이며, B는 남한에서 가장 높은 비율을 차지하므로 석유이다. 북한에서 석탄 다음으로 높은 비율을 차지하지만 남한에서는 비율이 낮은 C는 수력이다. A~D 중 남한에만 있는 D는 원자력이다.

정답 찾기 ⑤ 북한(가)과 남한(나) 모두 석유(B)가 수력(C)보다 수입 의존도가 높다.

오답 피하기 ① 북한(가)은 남한(나)보다 수력(C)이 차지하는 비율이 높다.

② 석탄(A) 생산량은 북한(가)이 남한(나)보다 많다.

③ 북한(가)에서 석탄(A)을 이용한 화력 발전소는 주로 전력 소비량이 많은 평양과 그 주변 지역을 중심으로 분포한다.

④ 남한(나)에서 수송용으로 이용되는 비율은 석유(B)가 가장 높다.

07 북한의 농업, 도시, 산업 이해

문제 분석 북한은 산지가 많고 기후가 한랭하여 논농사보다 밭농사의 비율이 높다. 도시는 주로 서부 지역의 평야와 동해 연안에 분포하며 중공업 우선 정책을 추진하여 경공업 발달이 미약하고 농업 생산성이 낮은 편이다.

정답 찾기 ③ 북한은 지형과 바다의 영향으로 비슷한 위도의 동해안이 서해안이나 내륙 지역보다 겨울 기온이 높다. 내륙에 위치한 평양(㉣)은 동해안에 위치한 원산(㉤)보다 최한월 평균 기온이 낮다.

오답 피하기 ① 북한은 밭농사 비율이 논농사 비율보다 높다.

② 옥수수 생산량은 북한이 남한보다 많다. 남한에서 옥수수는 대부분 수입에 의존한다.

④ 북한의 중공업 우선 정책 추진은 산업 구조의 불균형을 초래하였으며, 이로 인해 생활필수품과 식량 부족 현상이 나타났다.

⑤ 관북 해안 공업 지역은 일제 강점기부터 풍부한 지하자원을 바탕으로 공업이 발달한 곳이며, 주요 도시로는 함흥, 청진 등이 있다.

08 북한 주요 도시의 지역성 이해

문제 분석 (가)는 평양의 외항인 남포, (나)는 남한 기업을 유치할 목적으로 공업 지구가 조성된 개성, (다)는 일제 강점기부터 공업 도시로 성장하였으며 경원선의 종착지인 원산에 대한 설명이다.

정답 찾기 ② 지도에서 B는 남포, C는 개성, D는 원산이다. 따라서 (가)는 B, (나)는 C, (다)는 D이다.

오답 피하기 A는 신의주이다.

수능 실전 문제

본문 137~139쪽

1 ②	2 ④	3 ⑤	4 ②
5 ④	6 ⑤		

1 우리나라의 지역 구분 이해

문제 분석 우리나라는 조선 시대에 전국을 8도로 구분하였다. 이때 도의 명칭은 주요 도시의 앞 글자를 합쳐 지은 것이다. 강원도는 강릉과 원주, 전라도는 전주와 나주, 경상도는 경주와 상주의 앞 글자를 따서 붙인 것이다. 따라서 (가)는 원주, (나)는 전주, (다)는 경주이다.

정답 찾기 갑. 원주(가)에는 기업 도시와 혁신 도시가 모두 조성되어 있다.

정. 세 지역 중 서울과의 직선 거리는 원주(가)가 가장 가깝다.

오답 피하기 을. 전주(나)는 광역시와 행정 구역이 맞닿아 있지 않다. 세 지역 중 광역시와 행정 구역이 맞닿아 있는 지역은 경주(다)이다.

병. 세 지역 중 전주(나)에만 도청이 위치해 있다.

2 북한 주요 지역의 기후 특징 이해

문제 분석 지도에 표시된 지역은 삼지연, 희천, 평양, 원산, 청진이다. (가)는 5개 지역 중 기온의 연교차가 가장 크고 최난월 평균 기온이 가장 낮으므로 북부 내륙에 위치한 삼지연이다. (나)는 5개 지역 중 연 강수량이 가장 적으므로 관북 해안에 위치한 청진이다. (다)는 5개 지역 중 기온의 연교차가 가장 작고 연 강수량이 가장 많으므로 동해안에 위치한 원산이다. (라)와 (마)는 평양과 희천 중 하나인데, (라)는 (마)보다 최난월 평균 기온이 높고 기온의 연교차가 작으므로 저위도에 위치한 평양이고 (마)는 희천이다.

정답 찾기 ④ 평양(라)과 희천(마)은 관서 지방에 해당한다. 관서 지방은 철령관의 서쪽이라는 의미로 평안도를 지칭한다.

오답 피하기 ① 최한월 평균 기온은 해안에 위치한 청진(나)이 해발 고도가 높고 내륙에 위치한 삼지연(가)보다 높다.

② 청진(나)은 원산(다)보다 고위도에 위치한다.

③ 원산(다)은 삼지연(가)보다 해발 고도가 낮다.

⑤ 5개 지역 중 연평균 기온은 원산(다)이 가장 높다.

3 북한의 지형과 기후 특징 이해

문제 분석 북한은 남한보다 산지와 고원의 비율이 높고, 평야의 비율이 낮다. 북동부 지역에는 백두산을 비롯한 높고 험준한 산지가 분포하고, 압록강, 청천강, 대동강 등 황해로 흐르는 하천의 하류 일대에는 평야가 발달해 있다. 또한 북한은 남한보다 위도가 높고 대륙의 영향을 많이 받아 기온의 연교차가 큰 대륙성 기후의 특징이 뚜렷하게 나타난다.

정답 찾기 ⑤ 북한은 지형과 풍향의 영향으로 강수량의 지역 차가 크며 연 강수량은 남한보다 적은 편이다. 강원도 해안 지역, 청천강 중·상류 지역은 다우지이며, 대동강 하류 지역, 관북 지방은 대부분 소우지이다.

오답 피하기 ① 한반도에서 해발 고도가 가장 높은 산은 백두산이며, 백두산은 마천령산맥에 위치한다.

② 두만강은 동해로, 압록강은 황해로 유입된다. 따라서 ㉡에는 압록강, ㉣에는 두만강이 들어갈 수 있다.

③ 대동강 하류 지역은 지형적으로 저평하여 북한의 소우지에 해당한다.

④ 남포가 신의주보다 최한월 평균 기온이 높은 것은 저위도에 위치하기 때문이다. ㉤의 사례로는 원산이 남포보다 최한월 평균 기온이 높은 것을 들 수 있다.

4 남·북한의 농업 특성 비교

문제 분석 북한은 산지가 많고 기후가 한랭하여 논농사보다 밭농사의 비율이 높으며 남한보다 경지 면적이 넓지만 경사지가 많고 작물의 생장 가능 기간이 짧아 토지 생산성이 낮은 편이다. (가)는 (나)보다 식량 작물 재배 면적이 넓고 토지 생산성이 낮으므로 북한이고, (나)는 남한이다. A는 남한과 북한에서 가장 많이 생산되는 작물이므로 쌀, B는 북한에서 생산량이 월등히 많으므로 옥수수, C는 맥류이다.

정답 찾기 ② 벼 재배 면적은 평야가 발달한 관서 지방이 산지가 많은 관북 지방보다 넓다.

오답 피하기 ① 북한(가)은 남한(나)에 비해 식량 작물 재배 면적이 넓지만 식량 작물 생산량은 남한과 북한이 비슷하다. 따라서 식량 작물의 재배 면적당 생산량은 남한(나)이 북한(가)보다 많다.

③ 남한(나)에서 맥류(C)는 쌀(A)의 그루갈이 작물로 많이 재배된다.

④ 남한(나)에서 옥수수(B)는 대부분 수입에 의존하므로 옥수수 수입 의존도는 남한(나)이 북한(가)보다 높다.

⑤ 북한(가)은 경지 면적 중 밭 비율이 높으며, 남한(나)은 경지 면적 중 논 비율이 높다.

5 남·북한의 연령층별 인구 구조 변화 비교

문제 분석 북한은 남한보다 유소년층 인구 비율이 높고 노년층 인구 비율이 낮다. 북한 또한 남한과 마찬가지로 출생률이 낮아지면서 유소년층 인구 비율이 감소하고 노년층 인구 비율이 점차 증가하고 있다. (가)는 (나)에 비해 유소년층 인구 비율이 높고 노년층 인구 비율이 낮으므로 북한이고, (나)는 남한이다.

정답 찾기 ④ 2050년에 남한(나)은 북한(가)보다 청장년층 인구 비율이 낮으므로 총부양비는 높을 것이다.

오답 피하기 ① 북한(가)은 남한(나)보다 2020년 총인구가 적다. 2020년 기준 북한은 약 2,537만 명, 남한은 약 5,184만 명이다.

② 2000년에 북한(가)은 남한(나)보다 유소년층 인구 비율이 약간 높지만 총인구는 약 절반 정도 되므로 유소년층 인구는 남한이 북한보다 많다.

③ 2020년에 남한은 유소년층 인구보다 노년층 인구가 많으므로 노령화 지수가 100보다 크지만, 북한은 유소년층 인구가 노년층 인구보다 많으므로 노령화 지수는 100보다 작다.

⑤ 2000~2020년에 남·북한 모두 청장년층 인구 비율이 큰 변화가 없는 것에 비해 유소년층 인구 비율이 뚜렷하게 감소하였으므로 청장년층 인구에 대한 유소년층 인구의 비율인 유소년 부양비는 감소하였다.

6 북한 주요 도시의 이해

문제 분석 지도에 표시된 도시는 나선, 청진, 신의주, 평양, 개성이다. (가)는 북한에서 인구가 가장 많은 도시인 평양, (나)는 특별 행정구로 지정된 철도 교통의 요충지 신의주, (다)는 1991년 북한 최초로 경제특구로 지정된 나선이다. (라)는 남한 기업을 유치할 목적으로 공업 지구가 조성된 개성, (마)는 관북 해안에 위치한 청진이다.

정답 찾기 ⑤ 신의주(나)와 나선(다)의 직선 거리는 나선(다)과 청진(마)의 직선 거리보다 멀다.

오답 피하기 ① 북한에서 최초로 개방된 경제특구는 나선(다)이다.

② 청진(마)은 관북 지방에 속한다.

③ 평양(가)은 개성(라)보다 고위도에 위치한다.

④ 개성(라)은 내륙에 위치한다. 풍부한 지하자원을 바탕으로 일제 강점기부터 공업이 발달한 도시로는 함흥, 청진 등이 있다.

17 수도권과 강원 지방

수능 기본 문제 본문 144~145쪽

01 ③	02 ⑤	03 ①	04 ③
05 ⑤	06 ⑤	07 ④	08 ⑤

01 지표별 수도권 집중도 이해

문제 분석 수도권에는 우리나라의 인구와 기능이 집중되어 있는데, 지역 내 총생산, 전문·과학 및 기술 서비스업 사업체 수 역시 전국의 절반 이상이 집중되어 있다. 수도권 내에서 보면 2021년 지역 내 총생산은 경기>서울>인천 순으로 많고, 2021년 전문·과학 및 기술 서비스업 사업체 수는 서울>경기>인천 순으로 많다. 따라서 (가)는 서울, (나)는 인천, (다)는 경기이다.

정답 찾기 ③ 서울(가), 경기(다) 모두 지역 내 3차 산업 취업자 수 비율이 가장 높지만, 서울(가)은 경기(다)보다 제조업 발달이 미약하다. 따라서 2021년 지역 내 3차 산업 취업자 수 비율은 서울(가)이 경기(다)보다 높다.

오답 피하기 ① 조선의 수도로 정해진 이후 현재에 이르기까지 우리나라의 수도는 서울(가)이다.

② 우리나라 최대 규모의 국제공항은 인천 국제공항이다. 인천 국제공항은 인천(나)에 있다.

④ 2021년 총인구는 경기(다)>서울(가)>인천(나) 순으로 많다.

⑤ 행정 구역상 서울(가)은 특별시, 인천(나)은 광역시, 경기(다)는 도(道)이다.

02 수도권 산업 공간 구조의 변화 이해

문제 분석 자료는 수도권의 산업 공간 구조 변화에 관한 것이다. 수도권의 산업 공간 구조는 시대에 따라 변화하였다.

정답 찾기 ⑤ 수도권은 우리나라 지식 기반 산업의 중심지로 성장하였다. 이 중 서울은 고급 기술 인력의 확보나 최신 정보의 획득이 중요한 지식 기반 서비스업이 상대적으로 발달하였고, 경기는 넓은 공장 부지를 필요로 하는 지식 기반 제조업이 상대적으로 발달하였다. 따라서 정보 통신 기기 제조업 사업체 수는 경기가 서울보다 많다.

오답 피하기 ① 1960년대 정부 주도의 공업 정책을 기반으로 서울에 구로 공단이 조성되면서 섬유·봉제업 등의 경공업이 발달하였다.

② 공업이 특정 장소에 지나치게 집적하여 발생하는 불이익을 집적 불이익이라고 하며, 지가 상승, 교통 혼잡, 환경 오염 등의 집적 불이익으로 서울의 제조업이 인천과 경기로 분산되기 시작하였다.

③ 1980년대에는 인천의 남동 공단, 경기 안산·시흥의 반월·시화 공단 등이 조성되면서 인천과 경기의 제조업 성장이 가속화되었다.

④ 생산자 서비스업은 기업의 생산 활동을 지원하는 서비스업을 의미하며, 기업과의 접근성이 높고 관련 정보 획득에 유리한 지역에 집중하려는 경향이 크다. 소비자 서비스업은 개인 소비자가 이용하는 서비스업을 의미하며, 소비자의 분포를 따라 분산 입지하려는 경향이 크다. 따라서 생산자 서비스업은 소비자 서비스업보다 전국 대비 수도권 집중도가 높다.

03 고양과 평택의 특성 비교

문제 분석 지도에 표시된 두 지역은 고양, 평택이다. 그래프의 (가) 지역은 (나) 지역보다 전체 주택 수가 적고, 특히 2010~2021년 건축된 주택 수가 가장 많은 것으로 보아 수도권 2기 신도시가 위치한 평택이다. (나) 지역은 (가) 지역보다 전체 주택 수가 많고, 특히 1990~1999년에 건축된 주택 수가 가장 많은 것으로 보아 수도권 1기 신도시가 위치한 고양이다.

정답 찾기 ① 주간 인구 지수는 상주인구에 대한 주간 인구의 비율이다. 고양(나)은 평택(가)보다 서울로의 통근·통학 인구 비율이 높기 때문에 주간 인구 지수가 낮다(그림의 A, C에 해당). 고양(나)은 평택(가)보다 대도시인 서울과의 거리가 가깝기 때문에 지역 내 겸업 농가 비율이 높다(그림의 A, B, C에 해당). 고양(나)은 평택(가)보다 제조업 발달이 미약하기 때문에 외국인 근로자 수가 적다(그림의 A, B, D에 해당). 따라서 평택(가)과 비교한 고양(나)의 상대적 특성은 그림의 A에 해당한다.

04 수원의 특징 및 위치 파악

문제 분석 제시된 글의 (가)는 수원이다. 수원은 경기도청 소재지이고, 경기도 내에서 인구 100만 명이 넘는 고양, 용인 및 경상남도 창원과 함께 2022년 특례시로 지정되었다. 또한 수원 화성은 유네스코 세계 문화유산에 등재된 수원의 대표적 문화유산이다.

정답 찾기 ③ 수원(가)은 지도의 C이다.

오답 피하기 지도의 A는 고양, B는 하남, D는 용인, E는 여주이다.

05 강원도의 지역성 이해

문제 분석 강원도는 영서 지방과 영동 지방으로 구분되며, 자연환경과 인문 환경의 지역 차가 나타난다.

정답 찾기 ⑤ 강릉(㉤)과 서울은 고속 철도 강릉선으로 연결되어 있다.

오답 피하기 ① 우리나라의 도 및 특별자치도 중 총인구가 가장 적은 곳은 제주이다.

② 강원도의 영서 지방과 영동 지방은 태백산맥을 경계로 나뉜다. 소백산맥은 영남 지방과 호남 지방을 나누는 경계이다.

③ 고랭지 농업, 목축업 등이 이루어지는 해발 고도가 높지만 평탄한 지형(㉢)은 고위 평탄면이다. 고위 평탄면은 오랜 풍화와 침식으로 평탄해진 지형이 신생대 경동성 요곡 운동으로 융기한 이후에도 평탄한 기복을 유지하고 있는 지형을 말한다.
④ 현재 강원특별자치도청 소재지는 춘천이다.

06 영서 지방과 영동 지방의 기후 특성 이해

문제 분석 지도에 표시된 세 지역은 강릉, 원주, 태백이다. 세 지역 중 1월 평균 기온이 가장 높고 겨울 강수량이 가장 많은 (가)는 강릉이다. 강릉(가)은 동해의 영향으로 겨울이 온화한 편이고 겨울철 북동 기류가 유입될 때 태백산맥의 영향으로 지형성 강수가 발생하여 겨울 강수량이 많은 편이다. 1월 평균 기온이 가장 낮은 (나)는 해발 고도가 높은 태백이다. 나머지 (다)는 원주이다.

정답 찾기 ㄷ. 태백(나)은 원주(다)보다 해발 고도가 높다.
ㄹ. 기온의 연교차는 내륙으로 갈수록 커지는 경향이 나타난다. 내륙에 위치한 원주(다)는 해안에 위치한 강릉(가)보다 기온의 연교차가 크다.

오답 피하기 ㄱ. 무상 기간은 서리가 내리지 않은 기간을 의미하며 겨울철이 온화할수록 대체로 길다. 세 지역 중 무상 기간은 강릉(가)이 가장 길다.
ㄴ. 높새바람이 불 때 영서 지방은 영동 지방보다 건조해진다. 따라서 높새바람이 불 때 일평균 상대 습도는 원주(다)가 강릉(가)보다 낮다.

07 강원도 시·군별 지역성 이해

문제 분석 (가) 지역은 세 지역 중 총인구 성비가 가장 높다. (나) 지역은 세 지역 중 광업 사업체 수가 가장 많다. (다) 지역은 세 지역 중 총인구 성비와 지역 내 사업체 중 숙박 및 음식점업 사업체 수 비율이 가장 낮다. 지도의 A는 춘천, B는 인제, C는 정선이다.

정답 찾기 ④ (가) 지역은 세 지역 중 총인구 성비가 가장 높은 지역이므로 접경 지역에 위치한 인제(B)이다. (나) 지역은 세 지역 중 광업 사업체 수가 가장 많으므로 정선(C)이다. (가), (나) 지역에 비해 성비가 균형적이고 지역 내 사업체 중 숙박 및 음식점업 사업체 수 비율이 상대적으로 낮은 (다) 지역은 세 지역 중 도시화가 가장 많이 진행된 춘천(A)이다.

08 태백의 특징 및 위치 파악

문제 분석 자료의 지역은 태백이다. 태백은 산업화 과정에서 주요 탄광 지역 중 하나로 성장하였으나 석탄 산업 쇠퇴의 영향으로 어려움을 겪게 되었다. 이후 관광 산업을 육성하여 지역 경제를 활성화하기 위해 노력하고 있다.

정답 찾기 ⑤ 태백은 지도의 E이다.

오답 피하기 지도의 A는 철원, B는 양구, C는 속초, D는 평창이다.

수능 실전 문제

본문 146~148쪽

1 ③	2 ④	3 ⑤	4 ④
5 ①	6 ②		

1 수도권의 지역성 이해

문제 분석 지도에 표시된 두 지역은 김포와 성남이다. 김포, 성남 모두 경기>서울>인천 순으로 통근·통학 인구 비율이 높기 때문에 A는 서울, B는 경기, C는 인천이다. 인천(C)으로의 통근·통학 인구 비율이 상대적으로 높은 (가)는 인천(C)과 거리가 가까운 김포이고, 나머지 (나)는 성남이다.

정답 찾기 ③ 주간 인구 지수는 통근·통학 순 유입 인구가 많은 서울(A)이 경기(B)보다 높다.

오답 피하기 ① 성남(나)의 판교에는 첨단 산업 연구 개발 단지인 테크노 밸리가 있어 김포(가)보다 정보 통신업 사업체 수가 많다.
② 두 지역 중 김포(가)에는 수도권 2기 신도시(한강 신도시)가, 성남(나)에는 수도권 1기 신도시(분당 신도시) 및 2기 신도시(판교 신도시, 위례 신도시)가 있다.
④ 인구 밀도는 서울(A)>인천(C)>경기(B) 순으로 높다.
⑤ 대형 마트 수는 총인구가 많은 서울(A)이 인천(C)보다 많다.

2 파주, 하남, 화성, 용인의 지역성 비교

문제 분석 지도에 표시된 네 지역은 파주, 하남, 화성, 용인이다. 네 지역 중 1990~2021년 인구 증가율이 가장 높은 (가)는 용인, 네 지역 중 제조업 출하액이 가장 많고 1990~2021년 인구 증가율이 두 번째로 높은 (나)는 화성, 네 지역 중 제조업 출하액이 가장 적은 (다)는 하남, 나머지 (라)는 파주이다.

정답 찾기 ㄴ. 파주(라)에는 출판 단지가 조성되어 있다.
ㄹ. 지역 내에서 서울로 통근·통학하는 인구 비율은 서울과 더 인접해 있는 하남(다)이 화성(나)보다 높다.

오답 피하기 ㄱ. 용인(가)은 제4차 수도권 정비 계획의 스마트 반도체 벨트에 포함된다. 네 지역 중 평화 경제 벨트에 해당하는 지역은 파주(라)이다.
ㄷ. 총인구 성비는 제조업이 발달한 화성(나)이 용인(가)보다 높다.

3 수도권, 강원 지방의 인구 변화 및 산업 구조 이해

문제 분석 네 지역 중 1975년 이후 인구 증가율이 가장 높은 (가)는 경기, 인구가 꾸준히 증가한 (나)는 인천이다. 인구가 감소 추세에 있다가 최근 증가한 (다)는 강원, 1990년대 이후 인구가 감소 추세인 (라)는 거주지의 교외화 현상이 나타나고 있는 서울이다.

정답 찾기 ⑤ 지역 내 1차 산업 취업자 수 비율이 매우 낮고 네 지역 중 지역 내 3차 산업 취업자 수 비율이 가장 높은 A는 서울이다. 네 지역 중 지역 내 1차 산업 취업자 수 비율이 가장 높은 B는 강원이다. C, D 중 지역 내 1차 산업 취업자 수 비율이 낮은 C는 인천, 나머지 D는 경기이다. 따라서 경기(가)는 D, 인천(나)은 C, 강원(다)은 B, 서울(라)은 A이다.

4 수도권과 강원 지방의 농업 및 제조업 특성 비교

문제 분석 지도에 표시된 네 지역은 경기 이천, 강원 철원, 원주, 평창이다. 밭 면적이 가장 넓은 (가)는 평창, 제조업 출하액이 가장 많은 (나)는 반도체 산업이 발달한 이천, 제조업 출하액이 두 번째로 많은 (다)는 원주이다. 원주는 강원의 시·군 중 2020년 제조업 출하액이 가장 많다. 논 면적이 가장 넓은 (라)는 용암 대지가 발달해 있는 철원이다.

정답 찾기 ④ 고랭지 농업이 발달한 평창(가)이 원주(다)보다 고랭지 배추 생산량이 많다.

오답 피하기 ① 평창(가)에서는 2018년 동계 올림픽이 개최되었다.
② 철원(라)에는 현무암질 용암의 열하 분출(틈새 분출)로 형성된 용암 대지가 있다.
③ 이천(나)과 철원(라) 중 제조업이 더 발달하고 도시적 성격이 강한 이천(나)이 철원(라)보다 지역 내 겸업농가 비율이 높다.
⑤ 이천(나)과 원주(다)는 모두 충청권(충청북도)과 행정 구역이 맞닿아 있다.

5 강원 지방의 주요 지형 이해

문제 분석 강원 지방에는 석호, 석회 동굴, 침식 분지 등 다양한 지형 경관이 있다. 지도의 A는 양구, B는 속초, C는 삼척이다.

정답 찾기 ① 양구(A)의 해안 분지는 침식 분지로 지형 단면이 화채 그릇과 비슷하여 '펀치볼'로 불리기도 한다. 속초(B)에는 영랑호, 청초호 등의 석호가 있다. 삼척(C) 대이리 동굴 지대의 환선굴, 관음굴 등의 동굴은 모두 석회 동굴로 종유석, 석순, 석주 등의 동굴 생성물이 있다.

6 강원 지방의 시·군별 지역성 파악

문제 분석 지도에 표시된 지역은 화천, 춘천, 원주, 평창, 강릉이다. 2일 차 답사 지역은 춘천, 3일 차 답사 지역은 원주, 4일 차 답사 지역은 평창, 5일 차 답사 지역은 강릉이다. 따라서 1일 차 답사 지역은 화천이다.

정답 찾기 ② 화천의 북한강 주변에서는 겨울철에 산천어 축제가 개최된다.

오답 피하기 ① 설악산 국립 공원은 고성, 속초, 인제, 양양에 걸쳐 있는데 울산 바위 트래킹은 속초에서 할 수 있다.
③ 철원에는 용암 대지가 발달해 있으며 용암 대지 사이의 협곡에서 주상 절리를 관찰할 수 있다.
④ 태백에는 석탄 박물관이 있다.
⑤ 전국의 여러 곳에 레일 바이크가 있는데 과거 무연탄 등을 운송했던 산업 철도인 정선선 철도에 조성된 레일 바이크를 체험할 수 있는 지역은 정선이다.

18 충청·호남·영남 지방과 제주도

수능 기본 문제 본문 154~155쪽

01 ①	02 ④	03 ⑤	04 ⑤
05 ③	06 ②	07 ②	08 ④

01 충청 지방의 특성 이해

문제 분석 충청 지방은 경부선과 호남선 철도 및 고속 철도, 경부·호남·중부·중부 내륙·서해안 고속 도로 등이 통과하는 교통의 요지이며, 수도권 과밀화에 따른 분산 정책의 시행 등으로 성장하고 있다.

정답 찾기 ① 호서 지방(㉠)은 금강(호강) 상류의 서쪽이나 제천 의림지의 서쪽을 의미한다.

오답 피하기 ② 충청 지방(㉡)은 대전광역시, 세종특별자치시, 충청북도, 충청남도를 포함한다.
③ 대전에는 경부선과 호남선 철도의 분기점이 위치한다. 참고로 경부선 고속 철도와 호남선 고속 철도의 분기점은 청주에 위치한다.
④ 아산은 대전보다 자동차 및 트레일러 제조업의 출하액이 많다.
⑤ 기업 도시(㉤)는 민간 기업의 주도로 개발이 이루어지는 도시로 산업·연구·관광 등 특정 경제 기능 중심의 자족적 복합 기능을 갖춘 도시를 말한다. 충북 충주와 충남 태안에는 기업 도시가 조성되어 있다.

02 당진, 청양, 청주의 인구 특성 이해

문제 분석 (가) 지역은 세 지역 중 지역 내 노년층 인구 비율이 가장 낮다. (나) 지역은 세 지역 중 총인구 성비가 가장 높다. (다) 지역은 세 지역 중 지역 내 청장년층 인구 비율이 가장 낮고 지역 내 노년층 인구 비율이 가장 높다. 지도의 A는 당진, B는 청양, C는 청주이다.

정답 찾기 ④ (가)는 세 지역 중 지역 내 노년층 인구 비율이 가장 낮은 청주(C)이다. (나)는 세 지역 중 총인구 성비가 가장 높은 지역으로 중화학 공업이 발달한 당진(A)이다. (다)는 세 지역 중 지역 내 노년층 인구 비율이 가장 높은 지역으로 촌락인 청양(B)이다.

03 전북의 지역별 특성 파악

문제 분석 지도의 A는 전주, B는 무주, C는 고창, D는 순창, E는 남원이다.

정답 찾기 ⑤ 춘향전의 배경이 되는 지역이라는 점, 춘향제가 지역에서 개최되는 축제라는 점, 지역의 남동부에 지리산 국립 공원이 위치한다는 점을 통해 이 지역은 남원(E)임을 파악할 수 있다.

오답 피하기 ① 전주(A)는 한옥 마을이 있고 소리 축제가 개최된다.
② 무주(B)에서는 반딧불 축제가 개최된다.
③ 고창(C)에는 세계 문화유산에 등재된 고인돌 유적이 있다.
④ 순창(D)은 고추장 마을이 있고 장류 축제가 개최된다.

04 호남 지방의 지역별 특색 파악

문제 분석 지도에 표시된 세 지역은 전주, 영광, 광양이다. (가)는 세 지역 중 지역 내 농림어업 취업자 수 비율이 가장 높으므로 촌락인 영광이다. (나)는 세 지역 중 지역 내 광업·제조업 취업자 수 비율이 가장 높은 지역으로 대규모 제철소가 들어서 있는 광양이다. 나머지 (다)는 전주이다.

정답 찾기 ⑤ 2021년 총인구는 전주((다), 약 66.6만 명)가 광양((나), 약 14.6만 명)보다 많다.

오답 피하기 ① 세 지역 중 도청 소재지는 전주(다)이다. 전주(다)는 전북의 도청 소재지이다. 참고로 전남의 도청 소재지는 무안이다.
② 세 지역 중 원자력 발전소가 들어서 있는 지역은 영광(가)이다.
③ 굴비는 조기를 소금으로 간해 말린 것이다. 세 지역 중 특산품으로 굴비가 유명한 지역은 영광(가)이다.
④ 1차 금속 제조업 출하액은 대규모 제철소가 들어서 있는 광양(나)이 영광(가)보다 많다.

05 영남 지방의 주요 지역 축제 파악

문제 분석 하회 마을에서 전승되는 탈놀이를 바탕으로 개최되는 축제는 국제 탈춤 페스티벌이다. 경상 누층군에서 발견되는 다양한 공룡 화석과 관련된 축제는 공룡 세계 엑스포이다. A는 안동, B는 경주, C는 창녕, D는 고성이다.

정답 찾기 ③ 국제 탈춤 페스티벌이 개최되는 (가) 지역은 안동(A)이고, 공룡 세계 엑스포가 개최되는 (나) 지역은 고성(D)이다.

오답 피하기 ①, ④, ⑤ 경주(B)의 석굴암과 불국사, 역사 유적 지구, 역사 마을(양동 마을) 등은 세계 문화유산에 등재되어 있다.
②, ④ 창녕(C)에는 람사르 협약에 등록된 내륙 습지인 우포늪이 있다.

06 울산, 충남, 전남, 제주의 산업 구조 이해

문제 분석 지도에 표시된 네 지역은 울산, 충남, 전남, 제주이다. 네 지역 중 지역 내 2차 산업 취업자 수 비율이 가장 높은 (가)는 울산, 지역 내 2차 산업 취업자 수 비율이 가장 낮고 3차 산업 취업자 수 비율이 가장 높은 (라)는 제주, 지역 내 1차 산업 취업자 수 비율이 가장 높은 (다)는 전남, 나머지 (나)는 충남이다.

정답 찾기 ② 전자 산업이 발달한 충남(나)이 울산(가)보다 전자 부품·컴퓨터·영상·음향 및 통신 장비 제조업 출하액이 많다.

오답 피하기 ① 네 지역 중 외교, 국방, 사법 등을 제외한 고도의 자치권이 보장되는 지역은 특별자치도인 제주(라)이다.
③ 쌀 생산량은 전남(다)이 제주(라)보다 많다.
④ 울산(가)은 영남 지방, 전남(다)은 호남 지방에 포함된다.
⑤ 네 지역 중 1인당 지역 내 총생산은 중화학 공업이 발달하고 상대적으로 대기업의 생산 공장 비율이 높은 울산(가)이 가장 많다.

07 영남 지방의 제조업 특징 이해

문제 분석 영남 지방은 수도권과 함께 우리나라의 산업화를 이끌어 온 주요 공업 지역으로 1960년대에는 노동력이 풍부하고 산업 기반 시설이 잘 갖추어진 부산과 대구를 중심으로 경공업이 발달하기 시작하였으며, 1970년대 이후에는 대규모 산업 단지가 조성되면서 중화학 공업을 중심으로 공업이 빠르게 성장하였다.

정답 찾기 ㄱ. 노동 지향형 공업은 생산비에서 노동비가 차지하는 비율이 높은 공업으로 신발과 섬유 공업(㉠)은 대표적인 노동 지향형 공업이다.
ㄷ. 남동 임해 공업 지역(㉢)은 해안에 위치하고 있어 원료 수입과 제품 수출에 유리한 조건을 갖추고 있다.

오답 피하기 ㄴ. 영남 내륙 공업 지역(㉡)은 전통적으로 풍부한 노동력을 바탕으로 경공업이 발달한 지역으로 최근 기술 집약적인 첨단 산업이 발달하고 있다.
ㄹ. 포항(㉣)의 주요 제조업은 제철 공업으로 거제(㉤)의 주요 제조업인 조선 공업의 원자재로 이용된다.

08 제주도의 자연환경 특성 이해

문제 분석 제시된 자료는 제주도의 지형과 기후 등 자연환경에 대한 내용이다.

정답 찾기 ④ 제주도는 신생대 화산 활동으로 형성된 화산섬이므로, 첫 번째 진술은 '예'에 해당한다. 한라산의 백록담은 분화구에 물이 고인 화구호이므로, 두 번째 진술은 '아니요'에 해당한다. 제주도는 저위도에 위치하고 주변에 난류가 흘러 겨울철이 온화하기 때문에 해안 저지대에는 난대림이 분포하므로, 세 번째 진술은 '예'에 해당한다. 따라서 D를 통해 방을 탈출할 수 있다. 제주도는 저위도에 위치하고 주변에 난류가 흐르기 때문에 연평균 기온이 높은 편이다.

수능 실전 문제

본문 156~159쪽

1 ⑤	2 ②	3 ②	4 ①
5 ②	6 ②	7 ⑤	8 ④

1 충청 지방 시·도의 인구 구조 및 산업 구조 이해

문제 분석 지역 내 청장년층 인구 비율이 가장 낮고 지역 내 총부가 가치액에서 제조업이 차지하는 비율이 가장 높은 (가)는 충남이다. 노령화 지수가 가장 낮고 지역 내 총 부가 가치액에서 공공 행정, 국방 및 사회 보장 행정이 차지하는 비율이 가장 높은 (다)는 세종이다. 지역 내 청장년층 인구 비율이 가장 높은 (라)는 대도시인 대전이고, 나머지 (나)는 충북이다.

정답 찾기 ⑤ 네 지역 중 화력 발전량이 가장 많은 지역은 해안에 대규모 화력 발전소가 들어서 있는 충남(가)이다.

오답 피하기 ① 네 지역 중 수도권과 행정 구역이 맞닿아 있는 지역은 충남(가), 충북(나)이다.

② 대전(라)에는 국제공항이 없다. 충청 지방에는 충북(나)의 청주에 국제공항이 들어서 있다.

③ 2021년 총인구는 충남(가)이 충북(나)보다 많다.

④ 대덕 연구 개발 특구가 입지해 첨단 산업이 발달한 대전(라)이 세종(다)보다 전문·과학 및 기술 서비스업 매출액이 많다.

2 충청 지방의 지역별 제조업 발달 이해

문제 분석 지도에 표시된 지역은 서산, 당진, 아산이다. 충청 지방에서 1차 금속 제조업 출하액이 가장 많은 (가)는 제철 공업이 발달한 당진이다. 충청 지방에서 전자 부품·컴퓨터·영상·음향 및 통신 장비 제조업 출하액이 가장 많은 (다)는 아산이다. 충청 지방에서 아산(다)의 출하액이 가장 많은 B는 자동차 및 트레일러 제조업이다. A는 화학 물질 및 화학 제품(의약품 제외) 제조업으로 충청 지방에서는 서산(나)의 출하액이 가장 많다.

정답 찾기 ② 서산(나)에는 대규모 석유 화학 산업 단지가 조성되어 있어 석유 화학 공업과 정유 공업의 출하액이 많다. 따라서 자동차 및 전자 공업의 출하액이 많은 아산(다)보다 지역 내 제조업 출하액 중 정유 공업이 차지하는 비율이 높다.

오답 피하기 ① 당진(가)은 수도권과 전철로 연결되어 있지 않다. 세 지역 중 수도권과 전철로 연결되어 있는 지역은 아산(다)이다.

③ 서산(나)과 아산(다)은 행정 구역이 맞닿아 있지 않다.

④ 많은 부품을 필요로 하는 조립형 공업은 자동차 및 트레일러 제조업(B)이다.

⑤ 화학 물질 및 화학 제품(의약품 제외) 제조업(A), 자동차 및 트레일러 제조업(B) 출하액은 모두 영남 지방이 충청 지방보다 많다.

3 호남 지방 시·군별 특성 파악

문제 분석 (가)는 전북 순창이다. 순창에서는 지리적 표시제에 등록된 고추장이 생산되며, 고추장 마을이 있고, 장류 축제가 개최된다. (나)는 전남 보성이다. 보성은 전국적으로 유명한 녹차 산지로 녹차를 주제로 한 축제인 다향 대축제가 개최되며, 벌교 꼬막이 유명하다.

정답 찾기 ② 지도의 A는 순창, B는 담양, C는 보성이므로, (가)는 A, (나)는 C이다.

오답 피하기 담양(B)은 대나무 숲으로 유명하고, 이와 관련한 죽세공품 생산지로 알려져 있다. 전통 음식으로는 대통밥, 떡갈비 등이 있다.

4 호남 지방 시·군별 인구 변화 특성 이해

문제 분석 지도에 표시된 네 지역은 전주, 장수, 나주, 광양이다. 두 시기 모두 인구가 감소하였고 제조업 총출하액이 가장 적은 (가)는 장수이다. 1980~2000년 인구는 감소하였지만 혁신 도시가 조성되어 2000~2021년 인구가 증가한 (나)는 나주이다. 두 시기 모두 인구가 증가한 (다), (라)는 각각 전주와 광양 중 하나인데, 제조업 총출하액이 많은 (라)가 광양, 나머지 (다)는 전주이다.

정답 찾기 ① 전주(다)는 세계 소리 축제 개최지이다.

오답 피하기 ② 장수(가)는 나주(나)보다 고위도에 위치하고 해발 고도가 높아 최한월 평균 기온이 낮다.

③ 전라도라는 지명은 전주(다)와 나주(나)의 앞 글자에서 유래하였다.

④ 네 지역 중 혁신 도시가 조성된 지역은 나주(나)와 전주(다)이다.

⑤ 나주(나)와 광양(라)은 모두 전남에 위치한다.

5 영남 지방 시·도별 1차 에너지 공급 구조 파악

문제 분석 지도에 표시된 네 지역은 부산, 울산, 경북, 경남이다(2021년 행정 구역 기준). 네 지역 중 부산, 울산, 경북에만 원자력이 공급되고 경남에는 공급되지 않기 때문에 D는 원자력이고, (나)는 경남이다. 경남(나) 내에서 가장 많이 공급되는 A는 석탄이다. 경남(나)에는 석탄(A)을 연료로 이용하는 화력 발전소가 많아 석탄(A)의 공급 비율이 높다. 원자력(D)과 석탄(A)의 지역 내 공급 비율이 상대적으로 높은 편인 (라)는 경북이다. 경북(라)에는 경주와 울진에서 원자력 발전소가 가동 중이고, 1차 금속 제조업이 발달하여(포항) 지역 내 석탄(A)의 공급 비율이 높은 편이다. 울산에는 석유 화학 산업 단지가 위치해 원자력(D)보다 석유의 지역 내 공급 비율이 높으므로 B는 석유이고, (다)는 울산이다. 나머지 (가)는 부산이고, C는 천연가스이다.

정답 찾기 ② 경북(라) 안동의 하회 마을, 경주의 양동 마을은 세계 문화유산에 등재되어 있다.

오답 피하기 ① 우리나라 최대 규모의 무역항은 부산항으로 부산(가)에 있다.

③ 지역 내 2차 산업 취업자 수 비율은 울산(다)이 부산(가)보다 높다.

④ 수송용으로 이용되는 비율은 석유(B)가 석탄(A)보다 높다.

⑤ 우리나라 1차 에너지 총공급량은 석유(B) > 석탄(A) > 천연가스(C) > 원자력(D) 순으로 많다.

6 호남, 영남 지방의 지역별 특색 파악

문제 분석 각 지역별 특색을 파악하고 문제를 해결한다. 지도의 A는 상주, B는 안동, C는 울산, D는 창원, E는 여수, F는 무안, G는 광주, H는 전주이다.

정답 찾기 ㉠ 상주(A)는 경상도, 전주(H)는 전라도의 지명 유래가 된 지역이다.

㉣ 울산(C), 광주(G)에는 대규모 완성차 조립 공장이 있다.

오답 피하기 ㉡ 안동(B)은 경북, 창원(D)은 경남, 전주(H)는 전북의 도청 소재지이다. 전남의 도청 소재지는 여수(E)가 아니라 무안(F)이다.

㉢ 지도에 제시된 지역 중 대규모 석유 화학 산업 단지는 울산(C), 여수(E)에 있다.

7 경북, 전북, 제주의 농업 특색 파악

문제 분석 지도에 표시된 세 지역은 경북, 전북, 제주이다(2021년 행정 구역 기준). 세 지역 중 지역 내 논벼 재배 농가 수 비율이 가장 낮고 과수 재배 농가 수 비율이 가장 높은 (가)는 제주이다. 세 지역 중 지역 내 과수 재배 농가 수 비율이 제주(가) 다음으로 높은 (나)는 경북이다. 세 지역 중 지역 내 논벼 재배 농가 수 비율이 가장 높은 (다)는 전북이다.

정답 찾기 ⑤ 제주(가)는 제조업의 발달은 미약하고 관광 산업을 비롯한 서비스업이 발달하였다. 따라서 세 지역 중 지역 내 총생산에서 서비스업 생산액이 차지하는 비율은 제주(가)가 가장 높다.

오답 피하기 ① 제주(가)는 경북(나)보다 과수 재배 농가 수 비율은 높지만, 전체 농가 수는 경북(나)이 제주(가)보다 훨씬 많기 때문에 과수 재배 농가 수는 경북(나)이 제주(가)보다 많다.

② 갯벌 면적은 서해안에 접해 있는 전북(다)이 동해안에 접해 있는 경북(나)보다 넓다.

③ 지역 내 신·재생 에너지 발전량 중 풍력이 차지하는 비율은 제주(가)가 전북(다)보다 높다.

④ 제주(가)는 우리나라의 대표적 관광지이다. 따라서 관광 산업과 관련된 서비스업에 종사하는 주민들의 비율이 상대적으로 높아 세 지역 중 지역 내 겸업농가 비율이 가장 높다.

8 제주도의 자연환경 및 인문 환경 특성 이해

문제 분석 제시문은 제주도의 자연환경 및 인문 환경의 특성에 대한 것이다. 해당 내용을 파악하고 문항을 풀이한다.

정답 찾기 ④ 제주도는 지표 대부분이 현무암으로 덮여 있어 물이 지하로 잘 스며들어 지표수가 부족하고, 지하로 스며든 물은 해안 지역의 용천에서 솟아난다. 그렇기 때문에 전통 취락(㉣)은 주로 해안의 용천대를 따라 발달하였다.

오답 피하기 ① 제주도(㉠)는 투수성이 높은 기반암의 영향으로 물이 지하로 잘 스며들기 때문에 경지 대부분이 밭 또는 과수원으로 이용된다.

② 한라산(㉡)의 정상부는 점성이 큰 용암이 굳어져 형성되었고, 산록부는 점성이 작은 용암이 굳어져 형성되었다.

③ 용암 동굴(㉢)은 주로 점성이 작은 용암이 흘러내릴 때 표층부와 하층부의 냉각 속도 차이에 의해 형성된다.

⑤ 제주도 전통 가옥 돌담(㉤)의 주요 재료는 주변에서 구하기 쉬운 현무암이다.

출처

인용 사진 출처

수원광교박물관 9쪽(삼국접양지도)

서울역사박물관 12쪽(팔도총도), 74쪽(성동구 성수동)

서울대학교규장각한국학연구원 13, 18쪽(지구전후도)

국립공원공단 23쪽(자연 휴식년제 시행 이전 지리산 노고단 일대의 모습)

포천문화관광재단 23쪽(포천 아트밸리)

개인소장 26쪽(겸재 정선 총석정)

삼성리움미술관 26쪽(겸재 정선 삼도담도)

삼성문화재단 호암미술관 26쪽(겸재 정선 금강전도)

국토지리정보원 35쪽, 36쪽(위성 사진)

㈜디노비즈 38쪽(경포호), 38쪽(정동진 바다부채길)

군산시청/디지털 군산문화대전 38쪽(새만금 방조제)

연합뉴스 38쪽(금강 하굿둑), 96쪽(원자력 발전소), 125쪽(안산시 원곡동 국경 없는 마을), 127쪽(각국의 방향과 거리를 알려 주는 표지판)

제주관광공사 39쪽(제주도 성불오름)

연천군청 40쪽(임진강 용암 대지와 주상 절리)

한국민족문화대백과사전 42쪽(단양 석문)

푸른길 출판사 49쪽(전남 까대기)

국가기록원 81쪽(여의도 종합 개발)

서울연구원 81쪽(잠실 지구 개발)

경기관광포털 96쪽(시화 조력 발전소)

인구보건복지협회 126쪽(1970년대 가족계획 포스터, 2000년대 가족계획 포스터)

남원시청 154쪽(남원 마스코트)

한국정신문화재단 155쪽(2023 안동 국제 탈춤 페스티벌 포스터)

경남고성공룡세계엑스포 155쪽(2023 경남 고성 공룡 엑스포 포스터)

보성군청 157쪽(전남 보성 심벌마크)

순창군청 157쪽(전남 순창 심벌마크)

인용 문헌 출처

「기후의 힘」, 바다출판사, 박정재, 2021 27쪽 3번

「삼수령을 활용한 지오투어리즘」, 한국지리학회지, 5권 1호, 김창환, 2016 36쪽 1번

고2~N수 수능 집중 로드맵

수능 입문		기출 / 연습	연계+연계 보완		심화 / 발전	모의고사
윤혜정의 개념/패턴의 나비효과	강의노트 수능개념	윤혜정의 기출의 나비효과	수능연계교재의 VOCA 1800	수능특강 사용설명서	수능연계완성 3주 특강	FINAL 실전모의고사
하루 6개 1등급 영어독해		수능 기출의 미래	수능연계 기출 Vaccine VOCA 2200	수능특강 연계 기출	박봄의 사회 · 문화 표 분석의 패턴	만점마무리 봉투모의고사
수능 감(感)잡기		수능 기출의 미래 미니모의고사	연계 수능특강	수능 영어 간접연계 서치라이트		만점마무리 봉투모의고사 시즌2
수능특강 Light		수능특강Q 미니모의고사	연계 수능완성	수능완성 사용설명서		

구분	시리즈명	특징	수준	영역
수능 입문	윤혜정의 개념/패턴의 나비효과	윤혜정 선생님과 함께하는 수능 국어 개념/패턴 학습		국어
	하루 6개 1등급 영어독해	매일 꾸준한 기출문제 학습으로 완성하는 1등급 영어 독해		영어
	수능 감(感) 잡기	동일 소재 · 유형의 내신과 수능 문항 비교로 수능 입문		국/수/영
	수능특강 Light	수능 연계교재 학습 전 연계교재 입문서		영어
	수능개념	EBSi 대표 강사들과 함께하는 수능 개념 다지기		전 영역
기출/연습	윤혜정의 기출의 나비효과	윤혜정 선생님과 함께하는 까다로운 국어 기출 완전 정복		국어
	수능 기출의 미래	올해 수능에 딱 필요한 문제만 선별한 기출문제집		전 영역
	수능 기출의 미래 미니모의고사	부담없는 실전 훈련, 고품질 기출 미니모의고사		국/수/영
	수능특강Q 미니모의고사	매일 15분으로 연습하는 고품격 미니모의고사		전 영역
연계 + 연계 보완	수능특강	최신 수능 경향과 기출 유형을 분석한 종합 개념서		전 영역
	수능특강 사용설명서	수능 연계교재 수능특강의 지문 · 자료 · 문항 분석		국/영
	수능특강 연계 기출	수능특강 수록 작품 · 지문과 연결된 기출문제 학습		국어
	수능완성	유형 분석과 실전모의고사로 단련하는 문항 연습		전 영역
	수능완성 사용설명서	수능 연계교재 수능완성의 국어 · 영어 지문 분석		국/영
	수능 영어 간접연계 서치라이트	출제 가능성이 높은 핵심만 모아 구성한 간접연계 대비 교재		영어
	수능연계교재의 VOCA 1800	수능특강과 수능완성의 필수 중요 어휘 1800개 수록		영어
	수능연계 기출 Vaccine VOCA 2200	수능-EBS 연계 및 평가원 최다 빈출 어휘 선별 수록		영어
심화/발전	수능연계완성 3주 특강	단기간에 끝내는 수능 1등급 변별 문항 대비서		국/수/영
	박봄의 사회 · 문화 표 분석의 패턴	박봄 선생님과 사회 · 문화 표 분석 문항의 패턴 연습		사회탐구
모의고사	FINAL 실전모의고사	EBS 모의고사 중 최다 분량, 최다 과목 모의고사		전 영역
	만점마무리 봉투모의고사	실제 시험지 형태와 OMR 카드로 실전 훈련 모의고사		전 영역
	만점마무리 봉투모의고사 시즌2	수능 완벽대비 최종 봉투모의고사		국/수/영

원서접수 2024. 09. 09(월)~10. 02(수)

수시1차	24. 09. 09월 — 10. 02수
수시2차	24. 11. 08금 — 11. 22금
정시	24. 12. 31화 — 25. 01. 14화

취업성공대학

연성대학교

14011 경기도 안양시 만안구 양화로 37번길 34 연성대학교

TEL 031) 441-1100 **FAX** 031) 442-4400

본 교재 광고의 수익금은 콘텐츠 품질개선과 공익사업에 사용됩니다.
모두의 요강(mdipsi.com)을 통해 연성대학교의 입시정보를 확인할 수 있습니다.

연성대학교 입학안내 홈페이지

연성대학교 입학안내 카카오톡

연성대학교 인스타그램

연성대학교 페이스북